Kohlhammer

Vorwort

Dass dieses hier vorgelegte Lehrbuch der Statistik nicht das erste auf diesem Gebiet ist – und nicht das letzte sein wird –, ist dem Verfasser sehr wohl bewusst. Weiter erkennt er durchaus an, dass einige der existierenden Lehrbücher durchaus hohe Qualitäten besitzen, insbesondere manche englischsprachige; aber auch deutsche Statistikbücher präsentieren oft korrekt den schwierigen Stoff und wurden – das sei ausdrücklich angemerkt – bei der Abfassung dieses Buches häufig zu Grunde gelegt. Die Schwierigkeit besteht meines Erachtens darin, dass in den meisten dieser Bücher viel mehr Stoff verarbeitet ist, als für ein Lehrbuch gut sein dürfte, dabei Stoff auch eher „exotischer" Natur. Es ist nun einmal Realität, dass Studierende der Medizin, Psychologie und Pädagogik nicht Statistik um ihrer selbst lernen, sondern es ihnen im Studium vorgeschrieben wird. Diese wollen aber nicht Hinweise auf seltene Prüfverfahren erhalten und haben das Anrecht, dass der schwierige Stoff ihren Vorkenntnissen und Interessen entsprechend präsentiert wird. Auf der anderen Seite gibt es (ebenfalls durchaus benutzenswerte) Statistiklehrbücher, die sich vornehmlich – hierbei nicht zuletzt zur Benutzung von Rechnerprogrammen anleitend – auf die Ausrechnung konzentrieren und Herleitungen der Sachverhalte so gut wie völlig übergehen.

Das hier vorliegende Buch soll nun manche der genannten Schwächen vermeiden: Zum einen versucht es, sich auf die wesentlichen Grundlagen und Anwendungen zu beschränken, will kein Nachschlagewerk für Statistiker sein, sondern ein elementares Lehrbuch dieses Fachs; daher ist es immer noch vergleichsweise kurz. Andererseits sollte doch auch ein wenig vom „Geist der Statistik" vermittelt werden und es wurde daher gewisser Wert auf die Ableitung von Formeln und die Erklärung ihres Inhalts gelegt; um dabei im Text nicht allzu ausführlich werden zu müssen, wurden große Teile der Beweisführung (etwa andere Darstellungsformen, weitere Möglichkeiten der Herleitung, spezielle Voraussetzungen) in die umfangreichen Anmerkungen verlegt. Ihre Lektüre ist im Wesentlichen freiwillig; die Anwendung der Formeln sollte auch aus dem Text allein hervorgehen.

Viel Wert wurde auf einfache Rechenbeispiele gelegt, wobei – es sei hier uneingeschränkt zugestanden – oft die Verletzung gewisser Voraussetzungen in Kauf genommen wurde (insbesondere die Stichprobenumfänge betreffend); dem didaktischen Zweck zu Liebe, eine Varianzanalyse, einen multivariaten t-Test, eine Faktorenanalyse selbst per Hand gerechnet zu haben, schien dieses Opfer erbringenswert. Erklärtes Ziel dieses Buches ist es, durch Rechnen Vertrautheit mit statistischen Verfahren zu schaffen; dazu gehört meines Erachtens auch die Kenntnis und das inhaltliche Verständnis einiger weniger Formeln. Der so häufige Hinweis, dass man diese bei Bedarf sich aneignen könne, scheint mir wenig stichhaltig. Man möge mir einen etwas frivolen Vergleich verzeihen: Wer vor oder gar während des Geschlechtsakts immer wieder einen Blick in Anatomielehrbücher werfen muss, wird es nie zu einem überzeugenden Liebhaber bringen.

Zwangsweise wird dieses Buch Fehler enthalten – ich könnte Statistikbücher nennen, wo dies auch noch nach der 3. oder gar höheren Auflage der Fall ist. Der Autor bittet höflich um diesbezügliche Hinweise und bei den Lesern bei der Entdeckung um Nachsicht; man möge selbst versuchen, ein entsprechendes Werk mit abertausenden von Zeichen abzufassen. Es ist im Übrigen eine äußerst schwierige Gradwanderung, statistische Verhalte so darzustellen, dass sie einerseits mathematisch exakt sind, andererseits von mathematisch weniger Interessierten auch begriffen werden können; kam es zu Konflikten, habe ich mich eher für die zweite Option entschieden.

Dass trotz der genannten Schwierigkeiten das Buch – so hoffe ich – keine gravierenden Fehler enthält, habe ich v.a. der gründlichen Durchsicht durch meinen Freund und Kollegen Dieter Lutz zu verdanken, der als „alter Hase" in der Statistiklehre Formeln und Beispiele korrigiert und mich so vor mancher öffentlichen Blamage bewahrt hat; hilfreich war auch die Durchsicht einzelner Kapitel durch Matthias Burisch und Manuel Hoch sowie Hinweise von meinen SeminarteilnehmerInnen, denen ich einige Passagen vorab als Begleitlektüre zu einer Statistikveranstaltung gegeben habe. Zu danken habe ich weiter meinen Kollegen Heinrich Berbalk, Bernhard Dahme, Jochen Eckert und Reinhold Schwab für ihre Anteilnahme am Fortgang des Werkes, außerdem wie schon so oft dem Lektorat des Kohlhammer Verlages, insbesondere Herrn Dr. R. Poensgen und seinen netten Mitarbeiterinnen, für das Publikationsangebot und die Hilfen bei der Erstellung. Susanne Elpel und Kai Kossow, die mir schon bei so vielen Büchern zur Hand gegangen sind, haben es liebenswürdigerweise auch diesmal getan. Sehr verbunden bin ich zudem meiner Augsburger Nachbarin Frau Schurrer, die mich in der Zeit der Immobilität nach einem Bergunfall kompetent mit Fachliteratur versorgt hat. Versorgt hat mich in dieser wenig schönen, für den Fortgang des Werkes aber besonders produktiven Zeit natürlich auch meine liebe Frau Carmen, die ihr übliches Verständnis für meine Buchprojekte überraschenderweise noch immer nicht verloren hat.

Hamburg, im März 2004　　　　　　　　　　　　　　　　　　　Thomas Köhler

Inhalt

1	**Einführung: Begriffsklärungen und Überblick**	11
1.1	Aufgaben und Subdisziplinen der Statistik	11
1.2	Arten wissenschaftlicher Aussagen	12
1.3	Überblick	13
2	**Messen und Messtheorie**	15
2.1	Messen (Skalieren); Skalenniveaus	15
2.2	Messfehler und Messgenauigkeit	17
3	**Deskriptive Statistik**	21
3.1	Einführung und Überblick	21
3.2	**Univariate Verteilungen**	22
3.2.1	Tabellarische und graphische Darstellung von Daten	22
3.2.2	Maße der zentralen Tendenz (Mittelwert und verwandte Größen)	24
3.2.3	Dispersionsmaße (Streuungsmaße)	28
3.2.4	Maße zur Beschreibung von Verteilungsformen	32
3.3	**Bivariate Verteilungen**	34
3.3.1	Darstellungsmöglichkeiten	34
3.3.2	Zusammenhangmaße (Assoziationsmaße) zwischen zwei Variablen	36
3.3.3	Lineare Regression	55
3.4	**Multiple Regression und Korrelation**	59
3.5	**Faktorenanalyse**	64
3.5.1	Ausgangspunkt und Ziel; terminologische Vorbemerkungen	64
3.5.2	Variablen als Vektoren im Personenraum; Grundzüge der Vektorrechnung	66
3.5.3	Extraktion der Faktoren nach der Zentroidmethode	70
3.5.4	Faktorenrotation	85
3.5.5	Bestimmung der Faktorwerte	89
3.5.6	Die Hauptkomponentenmethode	91
3.5.7	Interpretation faktorenanalytischer Ergebnisse	98
3.5.8	Voraussetzungen der Faktorenanalyse	99
	Anmerkungen Kapitel 3	100

4 Wahrscheinlichkeitsrechnung ... 106
4.1 Vorbemerkungen; Überblick ... 106
4.2 Mathematische Operatoren in der Wahrscheinlichkeitsrechnung ... 106
4.3 Definitionen; elementare Aussagen der Wahrscheinlichkeitsrechnung ... 107
4.4 Durchschnitt von Ereignissen und der Multiplikationssatz; bedingte Wahrscheinlichkeiten; Unabhängigkeit von Ereignissen ... 109
4.5 Kombination von Ereignissen; wichtige Regeln der Kombinatorik ... 113
4.6 Binomialverteilung; Prüfen von Zufälligkeiten und „Überzufälligkeiten" mittels Wahrscheinlichkeitsrechnung ... 116
Anmerkungen Kapitel 4 ... 119

5 Grundlagen der Inferenzstatistik: Grundgesamtheit und Stichprobe; theoretische und empirische Verteilungen; Parameterschätzung ... 121
5.1 Vorbemerkungen; Überblick ... 121
5.2 Grundgesamtheit (Population) und Stichprobe ... 121
5.3 Stichprobenkennwerte und Populationsparameter ... 125
5.4 Empirische und theoretische Verteilungen ... 126
5.4.1 Allgemeines ... 126
5.4.2 Verteilungsfunktion, Wahrscheinlichkeitsfunktion und Dichtefunktion ... 127
5.4.3 Die Normalverteilung ... 129
5.4.4 Weitere Verteilungsmodelle ... 139
5.5 Verteilung von Stichprobenwerten; Parameterschätzung ... 146
5.5.1 Verteilung von Stichprobenmittelwerten; zentraler Grenzwertsatz ... 146
5.5.2 Parameterschätzung und Konfidenzintervalle ... 149
Anmerkungen Kapitel 5 ... 151

6 Der statistische Induktionsschluss; spezielle univariate Prüfverfahren ... 158
6.1 Einführung; Überblick ... 158
6.2 Allgemeines zur Inferenzstatistik; der statistische Induktionsschluss ... 159
6.2.1 Ziele und Methoden der Inferenzstatistik ... 159
6.2.2 Der statistische Induktionsschluss ... 159
6.2.3 Überprüfung der Populationszugehörigkeit von Werten ... 163
6.3 Vergleich eines Stichprobenmittelwerts mit dem Mittelwert einer Grundgesamtheit ... 169

6.4	**Vergleich zweier Stichproben hinsichtlich Mittelwerten und anderer Maße der zentralen Tendenz**	170
6.4.1	t-Test für unabhängige Stichproben	170
6.4.2	Varianzanalyse ohne Messwiederholungen zur Überprüfung des Unterschiedes zweier Mittelwerte	179
6.4.3	t-Test für abhängige (korrelierende) Stichproben	183
6.4.4	Varianzanalyse mit Messwiederholung zum Vergleich korrelierender Stichproben	185
6.4.5	U-Test (Mann-Whitney-Test)	188
6.4.6	Wilcoxon-Test	194
6.5	**Varianzanalyse**	197
6.5.1	Vorbemerkungen; Begrifflichkeiten; Überblick	197
6.5.2	Einfaktorielle Varianzanalyse ohne Messwiederholungen	201
6.5.3	Einfaktorielle Varianzanalyse mit Messwiederholungen	217
6.5.4	Mehrfaktorielle Varianzanalyse ohne Messwiederholungen	223
6.5.5	Zweifaktorielle Varianzanalyse mit Messwiederholungen auf einem Faktor	233
6.5.6	Rangvarianzanalysen	239
6.6	**Kovarianzanalyse**	243
6.7	**Vergleich von Häufigkeiten (Chi-Quadrat-Test, Fisher-Test)**	247
6.7.1	Vorbemerkungen; Überblick	247
6.7.2	Vergleich von Häufigkeiten mehrerer Abstufungen einer nominalskalierten Variable	247
6.7.3	Vier-Felder-χ^2	248
6.7.4	Fisher-Yates-Test zur Bestimmung exakter Wahrscheinlichkeiten	252
6.7.5	Mehr-Felder-χ^2	254
6.7.6	Vergleich von Häufigkeiten bei mehr als zwei nominalskalierten Variablen; Konfigurationsfrequenzanalyse	254
6.7.7	McNemar-Test	257
6.8	**Prüfung der Signifikanz von Korrelations- und Regressionskoeffizienten**	258
	Anmerkungen Kapitel 6	266
7	**Multivariate Mittelwertvergleiche und Diskriminanzanalyse**	277
7.1	**Überblick; Exkurs über Clusteranalyse**	277
7.2	**Multivariate Mittelwertvergleiche**	278
7.2.1	Überblick	278
7.2.2	Multivariate t-Tests	280
7.2.3	Einfaktorielle multivariate Varianzanalyse ohne Messwiederholungen	285
7.3	**Diskriminanzanalyse**	290
	Anmerkungen Kapitel 7	298

8 Mathematische Grundlagen ... 301
8.1 Vorbemerkungen; Überblick ... 301
8.2 Reelle und natürliche Zahlen; Indexbildung; Summenoperator ... 302
8.2.1 Reelle Zahlen ... 302
8.2.2 Natürliche Zahlen; endliche Mengen; Indexbildung; der Summenoperator ... 303
8.3 Funktionen ... 305
8.3.1 Definition von Abbildungen; diskrete und kontinuierliche Abbildungen ... 305
8.3.2 Stetigkeit; Differenzierbarkeit; Integralrechnung ... 306
8.3.3 Beschreibung wichtiger Funktionen ... 314
8.4 Matrizen und Vektoren ... 315
8.4.1 Matrizen ... 315
8.4.2 Vektoren ... 323
Anmerkungen Kapitel 8 ... 328

9 Literaturverzeichnis ... 330

10 StatistischeTafeln ... 332

Tafel 1: Dichtefunktion der Standardnormalverteilung ... 332
Tafel 2: Verteilungsfunktion der Standardnormalverteilung ... 334
Tafel 3: Verteilungsfunktionen von t-Werten; kritische t-Werte ... 336
Tafel 4: Kritische F-Werte ... 338
Tafel 5: Kritische χ^2-Werte ... 340
Tafel 6: Kritische Werte für den Wilcoxon-Test ... 341
Tafel 7: Kritische Werte für den U-Test (Mann & Whitney-Test) ... 342
Tafel 8: Kritische Werte für den H-Test ... 344
Tafel 9: Kritische Werte für den Friedman-Test ... 344
Tafel 10: Transformation von Korrelationskoeffizienten in Fisher's Z ... 345
Tafel 11: Kritische Werte für Korrelationskoeffizienten ... 346
Tafel 12: Trendkoeffizienten ... 347
Tafel 13: Binomialkoeffizienten ... 347

11 Sachregister ... 348

1 Einführung: Begriffsklärungen und Überblick

1.1 Aufgaben und Subdisziplinen der Statistik

Etwas vereinfacht formuliert, versucht Statistik, mittels Zahlen in Sachverhalte Ordnung zu bringen. So werden etwa die einzelnen Parteivoten von Millionen Wählern in Prozentzahlen der abgegebenen Stimmen berechnet und optisch ansprechend als Segmente eines Kreises dargestellt; oder es wird das Durchschnittsalter des Renteneintritts im Verlauf der letzten 50 Jahre graphisch in Form von Säulen aufgetragen.

Das gerade Angeführte, was häufig mit Statistik schlechthin gleichgesetzt wird, ist in Wirklichkeit nur Gegenstand eines (eher kleinen) Zweiges von ihr, nämlich der beschreibenden oder deskriptiven Statistik, und auch die Leistungen dieser Subdisziplin sind mit dem Erstellen von Diagrammen keineswegs erschöpft. So bestimmt die deskriptive Statistik u.a. den Zusammenhang zwischen zwei Variablen (Größen) in einer Menge, z.B. zwischen Deutsch- und Mathematiknote bei Oberschülern oder zwischen Studiendauer und späterem Berufserfolg bei Hochschulabgängern. Die wichtigere Disziplin der Statistik – auf jeden Fall aber jene, die schwerer zu erarbeiten ist – stellt die schließende oder Inferenzstatistik dar. Sie entwickelt Methoden, um aus den Daten einer kleinen Menge (z.B. Befragungen weniger Bürger am Wahltag) das entsprechende Verhalten einer großen Menge vorherzusagen (in diesem Fall den Ausgang der Wahlen). Inferenzstatistische Verfahren werden in Fülle eingesetzt, etwa um durch Vergleich zweier kleiner, mit unterschiedlichen therapeutischen Methoden behandelter Patientenstichproben eine generelle Überlegenheit des einen oder anderen Verfahrens wahrscheinlich zu machen.

Neben dieser Gruppenstatistik, die Daten größerer Personenmengen bearbeitet (nur beschreibend oder auch schließend), existiert eine Einzelfallstatistik. Diese nach wie vor deutlich vernachlässigte Subdisziplin – in vielen Lehrbüchern findet sich nicht einmal dieses Stichwort im Sachregister – ordnet die Daten eines Individuums (allgemeiner: einer Untersuchungseinheit). Eine simple, weitgehend unreflektierte Form von Einzelfallstatistik ist eine Krankenkurve, in der gegen die Zeit u.a. die Körpertemperatur, der Stuhlgang, der Blutdruck des Patienten sowie die Art und Zahl der eingenommenen Medikamente notiert werden. Auch hier begnügt man sich meist nicht mit der isolierten Betrachtung der Werte, sondern macht den Versuch, zeitliche Zusammenhänge herauszufinden, etwa Ausbleiben von Stuhlgang mit der Einnahme eines bestimmten Pharmakons in Verbindung zu bringen. Auch Einzelfallstatistik geht oft über die Beschreibung eines isolierten zeitlichen Zusammenhangs hinaus und versucht – zunächst nur für das betrachtete Individuum gültige – Gesetzmäßigkeiten anzugeben. So könnte etwa ein Migränetagebuch, korrekt ausgewertet, einen nicht mehr durch Zufall zu erklärenden Zusammenhang zwischen mangelndem Schlaf und Häufigkeit von Kopfschmerzattacken am nächsten Tag nachweisen.

Die Verfahren, die hierfür zur Verfügung stehen, sind teils aus der Inferenzstatistik für Gruppendaten übernommen, teils (wie die Zeitreihenanalysen) speziell für die Einzelfallstatistik entwickelt worden und nur auf diesem Gebiet einzusetzen. Generell handelt es sich um eine schwierige Disziplin, die häufig von letztlich nicht streng bewiesenen Voraussetzungen ausgehen muss, um überhaupt die Daten statistischer Behandlung unterwerfen zu können.

1.2 Arten wissenschaftlicher Aussagen

Bunge (1967, S. 238) unterscheidet vier große Typen von wissenschaftlichen Hypothesen – wir werden an dieser Stelle „Hypothese" durch „Aussage" ersetzen und über einige weitere vom Autor gemachte Unterscheidungen hinwegsehen: 1) singuläre Aussagen: Sie beziehen sich auf ein bestimmtes Individuum (allgemeiner: ein Untersuchungsobjekt); ein Beispiel wäre: „Patientin XY hat nach der Therapie ihre sozialen Ängste verloren"; 2) Existenzaussagen des Typs: „Es gibt ein Objekt mit der Eigenschaft soundso"; in der Psychologie könnte eine Existenzaussage etwa lauten „Es gibt Patienten, die sich durch Expositionsverfahren in ihrem Befinden deutlich verschlechtern"; 3) universelle Aussagen: Sie gelten für alle Elemente einer Menge, z.B.: „Alle, die am Vorgespräch teilgenommen haben, haben sich für die Therapie entschieden". Eine universelle Aussage ist nichts weiter als eine auf sämtliche betrachtete Personen generalisierte singuläre Aussage, nämlich: Für alle Personen der betrachteten Menge gilt: „Erscheint ein Individuum zum Vorgespräch, nimmt es auch an der Therapie teil." 4) Aggregataussagen: Sie machen eine Aussage über eine Menge (ein Aggregat, von lat. aggregare = anhäufen) in ihrer Gesamtheit. Eine Aggregataussage wäre: „Der Altersdurchschnitt der Studierenden bei Erreichen des Abschlusses ist 28,75 Jahre"; oder: „Die Intelligenz unter Gymnasiasten ist normalverteilt"; oder: „Die Streuung des Alters in der betrachteten Stichprobe beträgt 2,6 Jahre". Wie aus diesen Beispielen zu erkennen, gestatten Aggregataussagen keinen Rückschluss auf einzelne Personen des Aggregats. Mit der Aussage, dass die Intelligenz unter Gymnasiasten normalverteilt ist, haben wir keine Erkenntnisse über die Intelligenz eines bestimmten Gymnasiasten gewonnen; dass die Altersstreuung in der Stichprobe 2,6 Jahre beträgt, lässt wenig Rückschluss auf das Alter eines einzigen Stichprobenmitglieds zu – höchstens dass es mit gewisser Wahrscheinlichkeit nicht mehr als 2,6 Jahre vom Stichprobenmittelwert entfernt liegt. Der Altersmittelwert wird wahrscheinlich von keinem oder bestenfalls wenigen Mitgliedern des Aggregats eingenommen; obwohl die deutsche Familie im Durchschnitt (die „deutsche Durchschnittsfamilie") 1,7 Kinder hat, gibt es (Gott sei Dank) keine einzige Familie mit dieser Eigenschaft.

Auch die Angabe von Wahrscheinlichkeiten ist, genau genommen, äußerst irreführend. Werden beispielsweise 70% aller Insassen in einer Justizvollzugsanstalt rückfällig, heißt das nicht, dass eine bestimmte Person aus dieser Gruppe mit 70% Wahrscheinlichkeit rückfällig wird. Für ein gegebenes Individuum kann angesichts seiner Vorgeschichte und der augenblicklichen Situation die Rückfallwahrscheinlichkeit fast 100% betragen, für ein anderes praktisch 0.

Trotz dieser Schwierigkeiten, aus Aggregataussagen Folgerungen für Individuen abzuleiten, sind sie durchaus nicht ohne Wert. Ist beispielsweise bekannt, dass eine bestimmte Therapieform bei Sozialphobikern eines bestimmten Typs (etwa weiblich, höhere Schulbildung, keine Alkoholprobleme) im Durchschnitt das Sozialverhalten verbessert, ist es gerechtfertigt, sie bei einer Person mit den genannten Eigenschaften einzusetzen. Zudem haben Aggregataussagen den unschätzbaren, an späterer Stelle ausgiebig zu diskutierenden Vorteil, dass sie mit einfachen Mitteln zu gewinnen sind; in der Regel genügt es, ihre Gültigkeit für eine (relativ) kleine Stichprobe nachzuweisen und dann bei Zutreffen gewisser Voraussetzungen (Repräsentativität der Stichprobe, positives Ausfallen bestimmter statistischer Tests) sie auf eine sehr viel größere Probandenmenge, die so genannte Grundgesamtheit, zu generalisieren (statistischer Induktionsschluss; s. 6.2).

Aggregataussagen dürfen also keineswegs mit universellen Aussagen verwechselt werden, auch wenn sie unscharf formuliert zuweilen sehr ähnlich klingen. Sagt man beispielsweise: „Italiener essen mehr Pasta als Spanier", so ist dies eine nachlässige Formulierung der Aggregataussage: „Der Pastakonsum der Italiener liegt im Durchschnitt höher als der der Spanier". Die universelle Aussage „Italiener essen mehr Pasta als Spanier" würde hingegen bedeuten: „Jeder Italiener konsumiert mehr Pasta als irgendein Spanier".

Wie Westmeyer (1979) zu Recht bemerkt hat, lassen sich mittels der üblichen Gruppen- oder Aggregatstatistik (die auch alleiniger Gegenstand dieses Buches sein wird) nur Aggregataussagen gewinnen. Zur Erstellung (bzw. zufallskritischen Absicherung) von singulären, universellen und Existenzaussagen muss man einzelfallstatistische Verfahren einsetzen.

1.3 Überblick

Kapitel 2 beschäftigt sich mit den Qualitäten von Daten, welche üblicherweise in statistische Berechnungen eingehen sowie den bei ihrer Gewinnung auftretenden Fehlern. Das umfangreiche 3. Kapitel ist der deskriptiven Statistik gewidmet: Zunächst besprechen wir unter der Überschrift „Univariate Verteilungen" Möglichkeiten, die Werte mehrerer Personen in einer Variable ökonomisch darzustellen und durch Kennwerte zu charakterisieren; die anschließenden Abschnitte befassen sich mit Werten von Personen in zwei oder mehr Variablen und Methoden, deren Zusammenhänge zu erfassen. Gegenstand des letzten Abschnitts dieses Kapitels sind faktorenanalytische Verfahren. Kapitel 4 über Wahrscheinlichkeitsrechnung stellt gewissermaßen die Verbindung zwischen beschreibender und schließender Statistik dar: Indem wir die Wahrscheinlichkeit für einen bestimmten Stichprobenbefund angeben (z.B. 6mal die Zahl 2 bei 6maligem Werfen eines Würfels), können wir beurteilen, ob die angenommenen Voraussetzungen für dieses Ergebnis noch plausibel sind (hier: gleichmäßiger Bau des Würfels). Kapitel 5 über Verteilungen liefert unmittelbar das Rüstzeug für die einzelnen inferenzstatistischen Verfahren und bereitet auf die anschließenden Kapitel vor; Kapitel 6 behandelt die zahlreichen univariaten, Kapitel 7 ausgewählte multivariate Prüfverfahren. Kapitel 8 schließlich systematisiert die mathematischen Grundlagen der einzelnen Kapitel; es wird empfohlen, dieses vornehmlich begleitend zu lesen (z.B. den Abschnitt über Matrizen und Vektoren beim Durcharbeiten der faktorenanalytischen Verfahren).

2 Messen und Messtheorie

2.1 Messen (Skalieren); Skalenniveaus

Messen bedeutet allgemein, einem Objekt oder Ereignis eine Zahl zuzuordnen; in der Psychologie sagt man meistens „skalieren", meint aber im Großen und Ganzen dasselbe. Die Variable, bezüglich welcher man die Messung vornimmt, wird – aus hier nicht zu diskutierenden Gründen – Zufallsvariable genannt und allgemein mit dem Großbuchstaben X symbolisiert (während die einzelnen Messwerte, die Ausprägungen von X, mit Kleinbuchstaben bezeichnet werden). Bei einer solchen Messung werden also Objekten O_i einer Menge (in der Psychologie und Medizin in der Regel Personen P_i) Werte der Variable X zugeordnet, welche das interessierende Merkmal definiert (operationalisiert) – die erhaltenen x_i nennen wir auch Messdaten oder einfach Daten. Beispielsweise könnte die Variable X die mit einem Meterstab bestimmte Körpergröße sein, die P_i die Schüler einer bestimmten Klasse (durchnummeriert von $i = 1$ bis $i = n$); dann wäre x_2 die so gemessene Körpergröße des mit P_2 bezeichneten Schülers (allgemein x_i der Wert des Schülers P_i). Ist Y die Turnleistung, wäre y_2 die Note von Schüler P_2 in Turnen; die Turnleistung ist also das Merkmal, der Variablenwert y_i eine die Merkmalsausprägung beschreibende Zahl.

An obigem Beispiel ist zu sehen, dass Variable X (Körpergröße) prinzipiell jeden Wert in einem bestimmten Intervall der reellen Zahlen (sagen wir: von 1,20 m bis 2,20 m) einnehmen kann, Y nur wenige Werte (an deutschen Schulen üblicherweise von 1 bis 6). Man nennt X eine kontinuierliche (weniger glücklich, weil missverständlich: stetige) Variable, Y eine diskrete Variable (s. dazu Anmerkung 2 in Kapitel 8).

Formal ausgedrückt, ist eine Variable X eine Abbildung von einer Teilmenge der natürlichen Zahlen (also aus einer abzählbaren Menge, die aber unendlich groß sein kann) in eine Teilmenge der reellen Zahlen; sie ordnet jeder der betrachteten natürlichen Zahlen i einen Wert $x(i)$, meist x_i geschrieben, zu.

Eine Variable X heißt nominalskaliert, wenn aus den Zahlenwerten x_i und x_j zweier Probanden P_i und P_j bei Ungleichheit lediglich geschlossen werden kann, dass sie sich hinsichtlich des durch X ausgedrückten Merkmals unterscheiden – wohingegen keine Information über Richtung und Quantität des Unterschiedes vorliegt. Ein Beispiel: Erhebt man – wie bei Untersuchungen an Studierenden üblich – u.a. das Studienfach (Variable Y), so wird man dieses bei Dateneingabe mit Zahlen versehen (was die automatische Zusammenfassung im Rechner ermöglicht). So ließe sich beispielsweise BWL-Studenten die

Zahl 1 geben, Jurastudenten die 2, Medizinern die 3, usw. Man hätte genauso gut die Kennzahlen anders verteilen können, z.B. Medizinern die 1, Psychologen die 2, Juristen die 7. Aus der Zahl ist also lediglich zu entnehmen, dass bei Gleichheit beide derselben Fakultät angehören, bei Ungleichheit verschiedenen; hat der Mediziner eine höhere Zahl erhalten als der Jurist und dieser wiederum eine höhere Zahl als der Betriebswirtschaftler, können wir aus dieser Rangreihe nichts weiter über das Merkmal Studienfach ableiten.

Eine Variable heißt ordinalskaliert (von lat. ordo = Ordnung), wenn ihre Werte eine Einordnung bezüglich der Größe des gemessenen Merkmals erlauben, also eine interpretierbare Rangreihe hinsichtlich der Merkmalsausprägungen bilden (daher auch „rangskaliert" als Synonym für „ordinalskaliert"). Zur Erläuterung sollen die Besoldungsklassen der deutschen Beamten dienen, die bekanntlich von A1 bis A16 eingeteilt werden. Erhält eine verbeamtete Person ein Gehalt nach der Klasse A14, ist dieses größer als das eines Kollegen mit A13, aber kleiner als das eines Beamten mit A15. Diese Variable ist jedoch nicht intervallskaliert (s. unten); der Unterschied im Grundgehalt zwischen A13 und A14 ist kleiner als der zwischen A14 und A15; gleiche Abstände auf der Besoldungsskala A bedeuten also nicht gleiche Abstände in der Besoldung (dem gemessenen Merkmal). Ähnliches gilt bekanntlich für Schulnoten: Je nach Lehrer können die Leistungsabstände zwischen 1 und 3 sehr gering sein, der Abstand zwischen 3 und 5 aber (weil die Note 4 große Bandbreite besitzt) leistungsmäßig groß. Ein Schüler mit Note 3 steht dann hinsichtlich seiner Leistung einem Einserschüler näher als einem Schüler mit der Note 5 (obwohl sein Notenabstand zu beiden gleich ist). Wie zu sehen, sind ordinalskalierte Daten gleichzeitig nominalskaliert: Unterscheiden sich zwei Schüler in der Note, unterscheiden sie sich auch in der Leistung; haben zwei Schüler die gleiche Note, befinden sie sich im selben (oft weit definierten) Leistungsbereich.

Man beachte den Unterschied zwischen Merkmal und Variable. Merkmal ist das, was eine Person in mehr oder weniger großer Ausprägung besitzt. Variable ist die Abbildung von Personen hinsichtlich dieses Merkmals in den Zahlenbereich; den Variablenwerten entsprechen dann unterschiedlich gut (je nach Skalenniveau) die zu Grunde liegenden Merkmalsausprägungen. Ob eine Variable mit einer zugehörigen Messvorschrift (z.B. IQ im HAWIE) das Merkmal (hier Intelligenz) gut repräsentiert (operationalisiert) ist die Frage der Validität der Messung.

Variablen heißen intervallskaliert (etwa synonym: metrisch skaliert), wenn sie nicht nur ordinalskaliert sind, sondern auch die Abstände der Variablenwerte exakt die Merkmalsabstände wiedergeben. Die mit einem Meterstab ermittelte Körpergröße ist eine intervallskalierte Variable; haben drei Personen P_1, P_2 und P_3 Werte für Körpergrößen $x_1 = 170$ cm, $x_2 = 175$ cm und $x_3 = 180$ cm, so ist nicht nur P_1 kleiner als P_2 und diese wiederum kleiner als P_3; auch ist der Unterschied zwischen P_1 und P_2 hinsichtlich Körpergröße genauso groß wie zwischen P_2 und P_3. Man erinnere sich: Die Gehaltsunterschiede (die Merkmalsunterschiede) zwischen A13 und A14 sind kleiner als zwischen A14 und A15, obwohl jeweils ein Sprung von 1 auf der Besoldungstabelle vorliegt.

(Zumindest) intervallskaliert sind die meisten Variablen der Physik, z.B. Temperatur in Celsius-, Fahrenheit- und Kelvingraden (letztere bildet sogar eine Absolutskala; s. unten), Geschwindigkeit oder Kraft (egal in welcher Einheit). Auf dem Niveau einer Intervallskala angesiedelt sind auch üblicherweise physiologische oder biochemische Variablen in der Medizin (Blutdruck, Laborwerte). In der Psychologie geht man meist (oft sehr optimistisch) von Intervallskalierung gewonnener Variablenwerte aus, denn nur dann ist es gerechtfertigt, die Daten statistischen Prozeduren wie Mittelwertbildung oder Varianzbestimmung zu unterwerfen. Im Rahmen solcher Datenbehandlung werden nämlich u.a. gleiche Differenzen, egal von welchem Datenpaar sie stammen, mathematisch gleich behandelt; dies macht aber nur Sinn, wenn diesen auch gleiche Differenzen von Merkmalsausprägungen entsprechen.

Bei einer Verhältnis- oder Absolutskala ist nicht nur voraus gesetzt, dass gleiche Differenzen der Variablenwerte gleichen Merkmalsdifferenzen entsprechen (Intervallskalierung); zusätzlich muss dem Quotienten zweier Variablenwerte ein entsprechender Quotient der Merkmalsausprägungen zu Grunde liegen; Voraussetzung dafür ist u.a. ein sinnvoll definierter Nullpunkt, der einer Merkmalsausprägung von 0 entspricht. Dies ist für die meisten physikalischen Variablen der Fall: Eine Geschwindigkeit von 0 m/s bedeutet, dass sich das Objekt nicht bewegt; daher bewegt sich ein Gegenstand mit 20 m/s doppelt so schnell wie einer mit 10 m/s. Keine Verhältnisskala wäre hingegen die Celsius-Temperaturskala: Eine Temperatur von 0° C (Gefrierpunkt des Wassers) bedeutet nicht völliges Fehlen von Temperatur; also ist es bei 20° C nicht doppelt so warm wie bei 10° C. Daten in der Medizin sind üblicherweise zwar absolutskaliert; jedoch stellt sich die Frage, ob das Verhältnis zwischen Differenzen zum Nullpunkt in jedem Fall eine sinnvolle Größe darstellt. Die oben als Beispiel herangezogene Körpergröße ist also nicht nur intervall-, sondern sogar absolutskaliert.

Die meisten psychologischen Daten bewegen sich nicht auf Absolutniveau (einige psychophysiologische Variablen ausgenommen). Das sei nicht weiter ausgeführt. Die üblichen statistischen Verfahren unterscheiden sich nicht für Daten auf Intervall- und Verhältnisniveau. Metrisch skaliert nennt man zuweilen Daten, die entweder auf Intervall- oder Absolutskalenniveau vorliegen; wir werden deshalb zwischendurch – nicht immer ganz eindeutig, aber klanglich besser – von metrisch skalierten statt von intervallskalierten Daten sprechen.

2.2 Messfehler und Messgenauigkeit

Allgemeines

Dass man beim Messen i. Allg. gewisse Fehler macht, ist bekannt; in Biologie und Medizin sind diese in aller Regel erheblich größer als in der Physik, da dort der Gegenstand – wenigstens im einfachen Fall von Strecken, Geschwindigkeit oder Temperaturen – nicht selbst seine Messung wesentlich beeinflusst. Besonders ausgeprägt ist das Problem der Messung in der Psychologie, wo die Probanden etwa beim Ausfüllen von Selbstbeschreibungsinventaren – auch bei bester Konstruktion des Messinstruments – durch ungenaues Durchlesen oder nachlässiges Ankreuzen den für sie zu ermittelnden Wert in der Persönlichkeitsvariable selbst verfälschen können. Bei der Diskussion der Fehler und ihrer Behandlung ist es sinnvoll, zwischen der Messung stabiler (zeitinvarianter) und instabiler (zeitvariabler) Merkmale zu unterscheiden.

Messung zeitinvarianter Merkmale

Es handelt sich also um Merkmale, welche – wenigstens über einen längeren Zeitraum – als hinreichend konstant betrachtet werden können (z.B. Intelligenz oder Körpergröße bei Erwachsenen). Hier kann man davon ausgehen, dass die Messung an einem Probanden zu einem bestimmten Zeitpunkt zwar möglicherweise ein anderes Ergebnis liefert als Messung zu einem anderen Zeitpunkt, dass dies aber nicht auf eine Merkmalsveränderung zurück zu führen ist (sondern auf Messfehler). Wir nehmen zunächst an, wir hätten nur Gelegenheit zu einer einzigen Messung.

Als wahren Wert x_i^* bezeichnet man den Wert, den der Proband P_i in der Variable X eigentlich von Natur aus hat (der aber nicht bekannt ist). Der ermittelte Wert x_i setzt sich aus diesem wahren Wert und einem Fehlerwert e_i zusammen (e für error). Also:

$$x_i = x_i^* + e_i \qquad 2.1$$

Dabei kann e_i sowohl positive wie negative Werte annehmen, der ermittelte Wert also den wahren Wert über- oder unterschätzen.

Man beachte, dass wir – im Gegensatz zu vielen Lehrbüchern der Statistik – als den Fehler e_i ausschließlich die Differenz zwischen gemessenem und wahrem Wert einer Person P_i definieren, nicht als Differenz etwa zwischen einem Stichproben- und einem Populationsmittelwert. Unter Fehler verstehen wir im ganzen Buch lediglich den Messfehler und durch den laufenden Index *i* drücken wir aus, dass sich dieser immer auf einzelne Personen (nicht auf Stichproben) bezieht.

Die klassische Testtheorie, welche methodische Grundlagen für die Entwicklung und Einschätzung leistungsfähiger Tests erstellen will, macht gewisse Annahmen über die eingeführten Größen, nämlich
a) dass der so genannte Erwartungswert von *e* oder Populationsmittelwert μ_e gleich 0 ist; also der Fehler bei Mittelwertbildung über unendlich viele Probanden sich 0 annähert, die e_i somit keine systematische Abweichung in einer Richtung zeigen, und b) dass die wahren Werte und die Fehlerwerte nicht korreliert sind, also die Größen x_i^* und e_i nicht voneinander abhängen.

Letzteren Satz möchte man spontan in seiner Gültigkeit bezweifeln; offensichtlich ist doch der Fehler beim Ausmessen einer langen Strecke größer als bei einer kurzen. Jedoch bezieht sich obige Aussage nicht auf den Absolutwert des Messfehlers (also seinen Betrag), sondern auf die

2.2 Messfehler und Messgenauigkeit

Größe des Messfehlers inklusive seines Vorzeichens. Bei einer großen Strecke ist ein großer Fehler nach oben wie nach unten möglich, der sich dann im Mittel aufhebt, ebenso wie die positiven wie negativen Abweichungen von einem kleinen wahren Wert. Der Sachverhalt leuchtet ein, wenn man die Logik des Korrelationskoeffizienten verstanden hat (s. 3.3). Hingegen besteht natürlich durchaus eine positive Beziehung zwischen Mess- und Fehlerwert.

Daraus folgt unmittelbar, dass der durch Mittelwertbildung berechnete durchschnittlich gemessene Wert sich mit steigender Probandenzahl dem durchschnittlichen wahren Wert immer mehr annähert, also für die Populationsmittelwerte oder Erwartungswerte gilt:

$$\mu_{x^*} = \mu_x \qquad 2.2$$

In vielen Darstellungen der klassischen Testtheorie ist nicht klar formuliert, ob x_i den Messwert der *i*-ten Person darstellen soll oder das Ergebnis der *i*-ten Messung des einzigen Probanden – oft vermeiden die Autoren überhaupt hier die Indizierung. Ich meine, dass nur ersteres Sinn gibt: Da der wahre Wert eine konstante Größe ist, lässt sich seine Korrelation mit dem Fehlerwert nur über Probanden definieren, nicht intraindividuell. Auch in die unten gegebene Reliabilitätsdefinition geht zweifellos die Streuung über Probanden ein, nicht die innerhalb eines Probanden. In jedem Fall würde man sich klare Indizierung wünschen.

Wir führen – eher oberflächlich – einige Begriffe ein, die wir erst in 5.3 mit Hilfe des so genannten Erwartungswerts präziser definieren können. Bezeichnet man als Populationsvarianz $\sigma_{x^*}^2$ des wahren Werts, als Populationsvarianz des Messwerts σ_x^2 und als Populationsvarianz des Fehlers σ_e^2 die Grenzwerte

$$\sigma_{x^*}^2 = \lim_{n \to \infty} \frac{1}{n-1} \cdot \sum_{i=1}^{n}(x_i^* - \mu_{x^*})^2, \quad \sigma_x^2 = \lim_{n \to \infty} \frac{1}{n-1} \cdot \sum_{i=1}^{n}(x_i - \mu_x)^2, \quad \sigma_e^2 = \lim_{n \to \infty} \frac{1}{n-1} \cdot \sum_{i=1}^{n}(e_i - 0)^2,$$

dann wird als Reliabilität (Zuverlässigkeit) der Messung definiert:

$$r_{tt} = \frac{\sigma_{x^*}^2}{\sigma_x^2}. \qquad 2.3$$

aus b) (Unkorreliertheit von Fehler und wahrem Wert) ergibt sich:

$$\sigma_x^2 = \sigma_{x^*}^2 + \sigma_e^2 \qquad 2.4$$

und damit gilt:

$$r_{tt} = 1 - \frac{\sigma_e^2}{\sigma_x^2}. \qquad 2.5$$

Hohe Zuverlässigkeit der Messung ist also (trivialerweise) dadurch zu erreichen, dass man versucht (etwa bei Fragebogenstudien durch klare Formulierung der Fragen oder gute Präsentation der Antwortmöglichkeiten) σ_e^2 möglichst klein zu halten; zusätzlich ist es aber in jedem Fall sinnvoll, ein großes σ_x^2 anzustreben, also dafür zu sorgen, dass die Werte der einzelnen Probanden stark streuen.

Die Reliabilität eines Messinstruments kann nur geschätzt werden, z.B. durch die Test-Retest-Reliabilität, die Korrelation der Messergebnisse zweier Messungen über Probanden (daher auch r_{tt} als Symbol für Reliabilität) oder durch Korrelation der Ergebnisse zweier Testhälften bei einmaliger Testung (Split-Half-Reliabilität; s. dazu Lehrbücher der Psychodiagnostik oder der Testtheorie; zur Paralleltest-Reliabilität s. unten); die dafür ermittelten Werte sollten zumindest in der Größenordnung von 0,8 liegen. Hat man durch Schätzung einen Anhalt für die Größe des Reliabilitätskoeffizienten r_{tt}, so ergibt sich durch Auflösung von 2.5:

$$\sigma_e = \sigma_x \sqrt{1 - r_{tt}}.\qquad 2.6$$

Die Größe σ_e heißt Standardmessfehler und lässt sich schätzen, wenn man für den unbekannten Wert σ_x die Standardabweichung s_x in einer Stichprobe einsetzt.

Aus dem Gesagten ergibt sich, dass bei einmaliger Messung kein Anhalt für den wahren Wert eines Probanden zu erhalten ist; lediglich zeigt der Reliabilitätskoeffizient des Messinstruments an, in welcher Größenordnung sich der Fehlerwert zum gemessenen Wert bewegt. Hat man die Möglichkeit zu wiederholten Messungen, so ist i. Allg. davon auszugehen, dass der gemittelte Messwert des Probanden seinem wahren Wert mit steigender Anzahl der Messungen beliebig nahe kommt.

Messung zeitvariabler Merkmale

Diese ohnehin schon komplizierten Sachverhalte werden noch schwieriger, wenn das gemessene Merkmal über die Zeit variiert (z.B. die Stimmung). Dann muss man in den obigen Formeln statt x_i $x_i(t)$ schreiben (entsprechend natürlich auch für die Symbole von Fehler- und wahrem Wert) und angeben, auf welchen Zeitpunkt man sich bezieht. Zwar gelten alle genannten Beziehungen nach wie vor (etwa die Unkorreliertheit von wahrem Wert und Fehlerwert). Jedoch lässt sich die Reliabilität nicht mehr über die Retest-Reliabilität schätzen; man muss hier auf die oben eingeführte Split-Half-Reliabilität zurück greifen oder zwei Instrumente zur Messung desselben Merkmals konstruieren („Paralleltests"); ihre Korrelation über Messwerte von Probanden zu einem bestimmten Zeitpunkt dient dann als Schätzung der (streng genommen nur für den Messzeitpunkt gültigen) Reliabilität (Paralleltest-Reliabilität). Weiter liefert Mittelwertbildung über die Daten eines Probanden bei wiederholter Messung nicht mehr unbedingt sinnvolle Werte; insofern ist in besonderem Maße auf Zuverlässigkeit der Einzelmessungen zu achten.

3 Deskriptive Statistik

3.1 Einführung und Überblick

Die deskriptive Statistik (von lat. describere = beschreiben) liefert Methoden, Datenmengen zu ordnen und durch Kennwerte zu charakterisieren. Wurden nur Daten in einer Variablen erhoben oder betrachtet man von mehreren erhobenen Variablen jede für sich getrennt, beschäftigt man sich mit univariaten (univariablen, monovariablen) Verteilungen. Eine solche Anhäufung von Daten, hier Werte mehrerer Personen in einer Variable, ist zunächst sehr unübersichtlich. Indem man aber die Häufigkeit von Werten angibt – wobei sie eventuell der Übersichtlichkeit halber zu Gruppen (Intervallen) zusammengefasst wurden – und diese in Tabellenform mitteilt, ist oft schon erhebliche Ordnung eingetreten; zur Förderung der Anschaulichkeit lässt sich der Inhalt von Tabellen auch graphisch darstellen, wobei Zahlen durch Strecken oder Flächen ersetzt werden und einen einprägsamen Eindruck von der Verteilung der Daten vermitteln. Eine solche graphische Darstellung genügt für viele Zwecke (beispielsweise zur Informationsvermittlung in Tageszeitungen); in der Statistik wird die Datenmenge in der Regel weiter durch Kennwerte wie Mittelwert (allgemeiner: Maße der zentralen Tendenz) und Standardabweichung (allgemeiner: Dispersionsmaße) charakterisiert. Was teilweise schon aus der graphischen Darstellung zu erkennen ist, nämlich die Verteilungsform, lässt sich ebenfalls in Maßzahlen (z.B. Schiefe) ausdrücken. Beschreibung univariater Verteilungen wird Gegenstand von Abschnitt 3.2 sein.

Wurden zwei Variable erhoben (z.B. Alter von Schülern und ihre täglichen Ausgaben für Handytelefonate) oder werden von mehreren Variablen immer nur einzelne Paare betrachtet, lässt sich der Zusammenhang der Variablenwerte durch bestimmte Maßzahlen beschreiben; die bekanntesten sind die verschiedenen, abhängig von der Verteilung der Daten und vom Skalenniveau auszuwählenden Korrelationskoeffizienten. Bei intervallskalierten Daten kann der Zusammenhang häufig nützlich durch Regressionsgleichungen beschrieben werden; Abschnitt 3.3 beschäftigt sich daher ausführlich mit einfachen (d.h. bivariaten) Korrelationen und Regressionen.

Ungebräuchlicher, aber oft von großem Erkenntniswert ist es, nicht nur Paare von Variablen zu betrachten, sondern die Zusammenhänge von drei oder mehr Variablen gleichzeitig zu studieren; in 3.4 werden daher (vergleichsweise kurz) multiple Korrelationen und Regressionen behandelt.

Eine spezielle Form der Behandlung von Daten in vielen Variablen ist die aus der Korrelationsrechnung entwickelte Faktorenanalyse; die verschiedenen Varianten dieses Verfahrens finden sich knapp in 3.5 dargestellt.

3.2 Univariate Verteilungen

3.2.1 Tabellarische und graphische Darstellung von Daten

Urliste und Häufigkeitstabelle; graphische Darstellung von Häufigkeiten

Die in einer so genannten Urliste stehenden Einzelwerte x_i der Probanden P_i wären, einfach aufgelistet, sehr unübersichtlich; sie werden deshalb – im Falle einer diskreten Variablen – zunächst nach Größe geordnet, wobei $\tilde{x}_1$ üblicherweise den kleinsten vorkommenden Wert bezeichnet, f_1 seine Häufigkeit. (Man nimmt also eine Umindizierung vor: Da x_i bisher den Wert des i-ten Probanden symbolisiert hatte, müssen wir ein anderes Symbol und anderen laufenden Index, etwa $\tilde{x}_j$, wählen.) Die daraus resultierende Häufigkeitstabelle ist bereits deutlich übersichtlicher und raumsparender; werden zudem in einer graphischen Darstellung gegen die Werte $\tilde{x}_j$ auf der x-Achse die Häufigkeiten f_j in Form eines Balkens aufgetragen (so genanntes Histogramm), ist eine anschauliche Präsentation geleistet. Das sei an der folgenden Urliste von Schulnoten bei 17 Schülern demonstriert: 3; 5; 3; 5; 1; 1; 4; 2; 6; 5; 1; 1; 4; 3; 3; 2; 4. (Der Einfachheit halber haben wir darauf verzichtet, jedes Mal das Symbol der Variable und den Index des Schülers hinzuschreiben; x_1 wäre in diesem Fall natürlich 3, $x_2 = 5$, $x_{17} = 4$). Die Häufigkeitstabelle hat dann folgende Gestalt:

Wert ($\tilde{x}_j$)	Häufigkeit (f_j)
1	4
2	2
3	4
4	3
5	3
6	1
	$\sum_{j=1}^{6} f_j = 17$, also gleich dem Stichprobenumfang n

Um sicher zu sein, beim Abzählen der Häufigkeiten keinen Fehler gemacht zu haben, prüfe man nach, ob die Summe der Häufigkeiten gleich dem Stichprobenumfang ist.

Graphisch dargestellt ergibt sich folgendes Bild:

3.2 Univariate Verteilungen

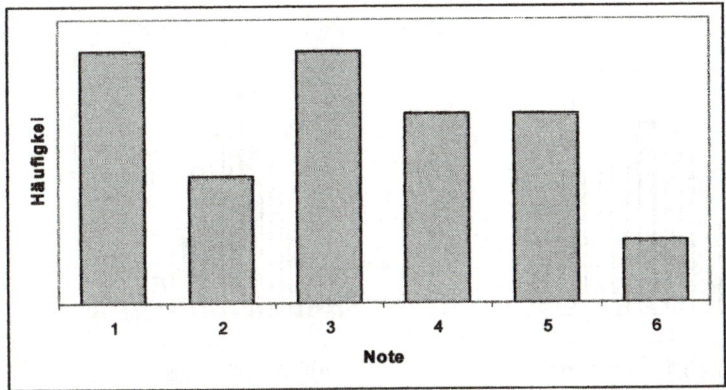

Abbildung 3.1: Häufigkeitsdiagramm zu den Daten der Tabelle oben

Nicht ganz korrekt ist es, die Häufigkeiten als Punkte aufzutragen und zur besseren Übersicht diese durch Streckenzüge zu verbinden (Polygonzug); dies impliziert fälschlicherweise, dass auch Zwischenwerte (z.B. die Note von 2,4) vorkommen können.

Man könnte natürlich, je nach Geschmack, auch andere Darstellungen wählen, beispielsweise – wie oft sinnvoll bei Häufigkeiten von Nominaldaten (etwa Parteienpräferenz oder Sitzverteilungen) – Ausschnitte aus einem Ganz- oder Halbkreis präsentieren. Anhand der Balkendarstellung lässt sich aber besonders gut die Form der Verteilung ersehen (in diesem Fall eine mit zwei Häufigkeitsgipfeln, eine „bimodale").

Handelt es sich um eine **kontinuierliche Variable**, beispielsweise Körpergröße, ist es sinnvoll, **Klassen zu bilden,** etwa die Häufigkeiten der Personen mit Größe zwischen 160 und 165, zwischen 165 und 170, usw. zu ermitteln (wobei man sich entscheiden muss, ob noch der obere oder der untere Wert in diese Klasse aufgenommen wird). Wieder werden die Häufigkeiten als Balken parallel zur y-Achse aufgetragen; sinnvollerweise sollte ihre Breite mit der auf der x-Achse aufgetragenen Klassenbreite zusammen fallen.

Verteilungsformen

Besonders häufig in der Medizin und Psychologie sind umgekehrt U-förmige Verteilungen, bei denen also kleine und große Werte seltener beobachtet werden – extrem kleine oder große gar nicht –, mittlere dafür häufiger. Ähnlich, aber doch davon zu unterscheiden, sind glockenförmige Verteilungen; hier ist die Häufigkeit sehr großer und kleiner Werte zwar gering, aber nicht 0. Umgekehrt U-förmige Verteilungen wie auch die Normalverteilung sind unimodal (eingipflig), besitzen also genau einen am häufigsten beobachteten Wert. Bei bimodalen (zweigipfligen) Verteilungen finden wir zwei (relative) Maxima, bei multimodalen noch mehr dieser Art (zur genaueren Charakterisierung s. 3.2.4). Bei J-förmigen Verteilungen sind niedrige Werte sehr selten, während höhere zunehmend häufiger beobachtet werden; genau anders liegen die Verhältnisse bei umgekehrt J-förmigen Verteilungen.

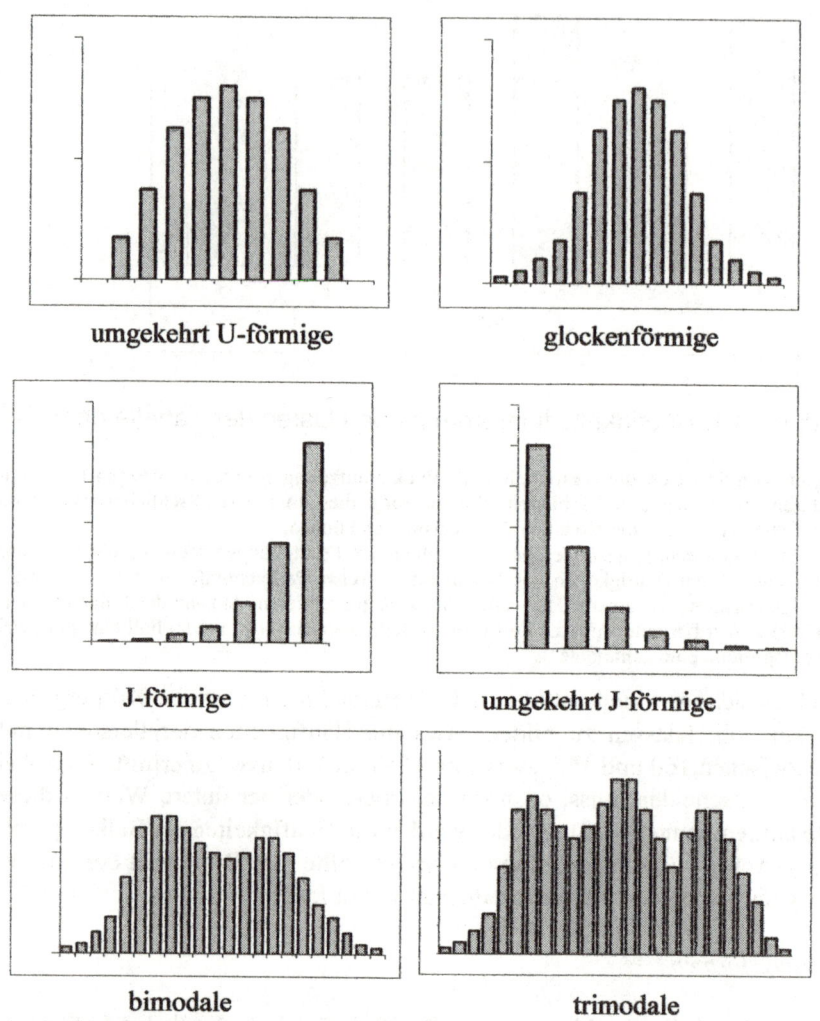

Abbildung 3.2: Häufigkeitsverteilungen

3.2.2 Maße der zentralen Tendenz (Mittelwert und verwandte Größen)

Überblick

Maße der zentralen Tendenz geben an, um welchen Wert sich die Daten herumgruppieren, welcher sie gewissermaßen am besten repräsentiert. Die bekanntesten dieser Maße sind die verschiedenen Formen von Mittelwerten,

3.2 Univariate Verteilungen

wobei sich aus guten Gründen von diesen das arithmetische Mittel im Wesentlichen allein durchgesetzt hat und deshalb oft (strenggenommen zwar ungenau, aber meist unmissverständlich) als Synonym für Mittelwert gebraucht wird. Manchmal ist es jedoch sinnvoller, den so genannten Median zur Beschreibung heranzuziehen, insbesondere wenn keine intervallskalierten Daten vorliegen oder die Variablenwerte ungewöhnlich verteilt sind; der Median ist jener Wert, der die Datenmenge hinsichtlich ihrer Größe teilt, unterhalb und oberhalb dessen also 50% der Werte liegen (s. unten für eine exaktere Definition). Ungebräuchlicher, insgesamt auch weniger aussagekräftig, in Einzelfällen aber informativ ist schließlich der Modalwert oder Modus, der in einer Datenmenge am häufigsten vorkommende Wert. Wir gehen hier, wie auch in den nächsten Abschnitten dieses Kapitels, zunächst von den Werten einer Stichprobe (also einer endlichen Menge) aus; wie diese Kennwerte für abzählbar unendliche Mengen definiert und bestimmt werden können, wird an anderer Stelle ausgeführt (s. 5.3).

Das arithmetische Mittel

Definition: Liegen intervallskalierte Daten vor, wird man routinemäßig das arithmetische Mittel bestimmen (symbolisiert durch $\bar{x}$, seltener m_x) – auch wenn sich in einzelnen Fällen andere Kennwerte, z.B. der Median, zur Beschreibung als besser erweisen sollten. Das arithmetische Mittel (den Durchschnittswert) erhält man, indem man die Werte sämtlicher Probanden aufsummiert und durch die Probandenanzahl teilt.

Also: $\bar{x} = \dfrac{1}{n} \cdot \sum_{i=1}^{n} x_i$. 3.1

Betrage beispielsweise in einer sehr kleinen Stichprobe ($n = 4$) x_1 (der Wert des ersten Probanden in unserer Zählung) 5, und seien $x_2 = 4$; $x_3 = 7$; $x_4 = 8$, so ergibt sich: $\bar{x} = (5 + 4 + 7 + 8)/4 = 24/4 = 6$. Man sieht, dass der Mittelwert selbst nicht Element der Datenmenge sein muss, also unter Umständen keiner der Probandenwerte durch ihn optimal repräsentiert sein kann.

Voraussetzung für Bildung des arithmetischen Mittels: Voraussetzung einer sinnvollen Mittelwertbildung ist metrische Skaliertheit; liegen lediglich ordinalskalierte Daten vor, ist das Ergebnis oft nicht klar interpretierbar; völlig unsinnig ist es stets, den Durchschnitt von Daten zu berechnen, die lediglich auf Nominalniveau vorliegen. Weiter sollten die Stichprobenwerte einigermaßen gleichmäßig verteilt sein, also keine großen „Ausreißer" nach oben oder unten enthalten. Diese verzerren nämlich das arithmetische Mittel stark, besonders bei kleinen Stichproben. In einer Erhebung über die Studiendauer kann bei einer Stichprobe mit $n = 20$ bereits ein einziger Langzeitstudent mit 40 Semestern (bekanntlich keine Seltenheit) die durchschnittliche Semesterzahl von 10 bis zum Abschluss (für die restliche Stichprobe) auf 11,5 heben. Der Median (s. unten) ist gegenüber einzelnen Extremwerten viel robuster.

Eigenschaften: Bezeichnet man als $d_i = x_i - \bar{x}$ die Abweichung eines Probandenwertes vom Stichprobenmittelwert, so ergeben diese Werte summiert (und damit auch ihr arithmetisches Mittel) den Wert 0. Also: Die durchschnittliche Abweichung der Probandenwerte vom Stichprobenmittelwert ist stets 0; daher ist es natürlich sinnlos, diese durchschnittliche Abweichung als Maß der Streuung zu verwenden (wohingegen die durchschnittliche quadrierte Abweichung sich als ausgesprochen geeignetes Maß erweist; s. 3.2.3).

Es gilt nämlich aufgrund der in 8.2 genauer dargestellten Eigenschaften des Summenoperators $\sum$:

$$\sum_{i=1}^{n} d_i = \sum_{i=1}^{n} (x_i - \bar{x}) = \sum_{i=1}^{n} x_i - \sum_{i=1}^{n} \bar{x} = n \cdot \bar{x} - n \cdot \bar{x} = 0. \qquad 3.2$$

Eine weitere wichtige Aussage ist: Diese Summe der quadrierten Abweichungen der Stichprobenwerte vom Mittelwert nimmt ein Minimum an. Präziser:

Für alle $x \neq \bar{x}$ gilt: $\sum_{i=1}^{n}(x_i - x)^2 > \sum_{i=1}^{n}(x_i - \bar{x})^2$. \qquad 3.3

Der Wert von $\sum_{i=1}^{n}(x_i - x)^2$ ist eine Funktion $f(x)$, hängt also davon ab, welches x man von den Stichprobenwerten abzieht. f hat dann bekanntlich ein Minimum an einer Stelle $\hat{x}$, wenn $f'(\hat{x}) = 0$ und $f''(\hat{x}) > 0$ (s. 8.3.2). Um nicht die praktische, aber vielleicht unbekannte Kettenregel der Differentiation anzuwenden, quadrieren wir die einzelnen Summanden und erhalten dann:

$$f(x) = \sum_{i=1}^{n}(x_i - x)^2 = \sum_{i=1}^{n} x_i^2 - \sum_{i=1}^{n} 2x_i \cdot x + \sum_{i=1}^{n} x^2 = \sum_{i=1}^{n} x_i^2 - 2x \cdot \sum_{i=1}^{n} x_i + nx^2;$$

damit gilt: $f'(x) = -2 \cdot \sum_{i=1}^{n} x_i + 2n \cdot x$;

setzen wir $f'(x)$ gleich 0, folgt: $\sum_{i=1}^{n} x_i = n \cdot x$ und daraus $x = \frac{1}{n} \cdot \sum_{i=1}^{n} x_i = \bar{x}$.

Da $f''(x) = 2$ für alle x, liegt tatsächlich ein Minimum vor. Man sieht auch, dass $f'(x) = 0$ genau eine Lösung hat, nämlich $x = \bar{x}$.

Es ist lehrreich, sich diese Eigenschaft des Mittelwerts am obigen Zahlenbeispiel zu verdeutlichen: Setzt man in

$f(x) = \sum_{i=1}^{n}(x_i - x)^2$ für x den Mittelwert $\bar{x} = 6$, erhält man:

$f(6) = (5-6)^2 + (4-6)^2 + (7-6)^2 + (8-6)^2 = 10$; für jeden anderen Wert von x ist diese Summe größer, z.B. für $x = 5$; dann ergibt sich nämlich:

$f(5) = (4-5)^2 + (5-5)^2 + (7-5)^2 + (8-5)^2 = 14$

Medianwert

Definition: Es ist jener Wert (hier mit *Md* symbolisiert), der die in eine nach ihrer Größe in Rangfolge gebrachte Datenreihe (mit *n* Elementen) halbiert; Zu seiner Bestimmung bringt man zunächst die Probandenwerte in eine aufstei-

3.2 Univariate Verteilungen

gende Reihenfolge mit $x_{i+1} \geq x_i$, also derart dass $x_1 \leq x_2 \leq x_3 ..... \leq x_n$; man beachte, dass entgegen der früher festgelegten Konvention, mit x_i den Wert des i-ten Probanden zu bezeichnen, nun x_i den i-ten der hinsichtlich ihrer Größe geordneten Probandenwerte benennt – will man formal korrekt vorgehen, muss man wie in 3.2.1 eine Umindizierung vornehmen.

Ist nun n eine ungerade Zahl, so ist der Medianwert identisch mit dem genau in der Mitte der Reihe stehenden Wert, also:

$$Md = x_{(n+1)/2} \qquad \text{3.4a}$$

bei geradem n wird der Median festgelegt als arithmetisches Mittel benachbarter Zahlen, also

$$Md = \frac{1}{2}(x_{n/2} + x_{n/2+1}). \qquad \text{3.4b}$$

Zur Erläuterung sei die Zahlenreihe 2; 2; 3; 3, 10; 10; 10; 11; 12 betrachtet; $n = 9$, also eine ungerade Zahl und der Medianwert ist daher identisch mit $Md = x_{(n+1)/2} = x_5 = 10$ (also dem 5. Wert der Reihe).

Man sieht, dass mehrere Werte der Zahlreihe mit Md identisch sein können. Die Zahlenreihe 2; 2; 3; 5; 6; 8; 8; 12 hat 8 Glieder, damit wird der Median als Mittelwert des 4. und 5. Elements berechnet, also zu $(5 + 6)/2 = 5{,}5$ (s. allerdings Anmerkung 1 zu einer anderen Definition des Medians).

Wie lässt sich somit der Medianwert inhaltlich genauer beschreiben? Lediglich kann man sagen, dass mindestens 50% der Werte größer oder gleich dem Medianwert sind, ebenso mindestens 50% der Werte kleiner oder ihm gleich. Beispielsweise besitzt die Reihe von Werten 4; 4; 4; 7 den Median 4; alle Werte sind in diesem Fall mindestens so groß wie der Medianwert, 75% sind so groß wie er oder kleiner. Würde man in diesem Fall eine Mediandichotomisierung durchführen, also die Werte danach einteilen, ob sie echt größer oder echt kleiner als der Medianwert sind, enthielte die erstgenannte Gruppe nur einen, die zweitgenannte gar keinen Wert – in diesem Fall liegen eben viele „Medianbindungen" vor. Man möge aber aus diesem Extrembeispiel keinen ungünstigen Eindruck vom Medianwert erhalten: Bei einigermaßen „normalen" Datenmengen sind Medianbindungen nicht allzu häufig und Mediandichotomisierung liefert in etwa gleich große Subgruppen.

Eigenschaften: Der Median ist dadurch charakterisiert, dass die Summe der absoluten Beträge der Abstände der Einzelwerte von ihm ein Minimum hat,

also $\sum_{i=1}^{n} |x_i - Md| < \sum_{i=1}^{n} |x_i - a|$ für alle $a \neq Md$.

Bestimmung des Medianwerts als Maß der zentralen Tendenz ist v.a. dann sinnvoll, wenn ausgefallene Verteilungen vorliegen, z.B. zweigipflige. So wäre es wenig aussagekräftig, in einem armen Land mit reicher Oberschicht das mittlere monatliche Einkommen zu berechnen; informativer ist die Aussage, dass 50% der Bevölkerung weniger als eine bestimmte Summe verdienen.

Ebenso lässt sich das Quartil einer Verteilung bestimmen, jener Wert, unterhalb dessen sich 25% der in eine Reihenfolge gebrachten Einzelwerte befinden; allgemein definiert sich das p-te Perzentil als derjenige Wert, der p% der Verteilungsfläche abschneidet (unterhalb dessen also p% der Werte liegen).

Modalwert

Als Modalwert oder Modus wird der am häufigsten vorkommende Wert einer Datenmenge bezeichnet – wie leicht zu sehen, muss ein solcher Modus nicht immer existieren bzw. stellt dann keinen eindeutigen Wert dar. Existiert ein einziger Modalwert, spricht man von einer unimodalen Verteilung. Im Falle diskreter Verteilungen wird zuweilen – intervallskalierte Daten vorausgesetzt – bei nebeneinander liegenden Modalwerten als (letztlich künstlicher) Modus deren Mittelwert gebildet. Ob es sich dabei um eine sinnvolle Größe handelt, sei dahingestellt; es hätte gegebenenfalls die Konsequenz, dass der Modus (der definitionsgemäß am häufigsten vorkommende Wert) in der Verteilung gar nicht auftritt; zur Bestimmung der Schiefe einer Verteilung (s. 3.2.4) ist eine solche Mittelung allerdings zuweilen unerlässlich. In Fällen, wo mehrere nicht nebeneinander liegende Modalwerte vorkommen, spricht man von einer bi-, tri-, allgemein von einer multimodalen Verteilung. Dies geschieht auch, wenn der zweite (dritte, vierte, usw.) Modalwert kein eigentlicher Modus, sondern kleiner als der eigentliche und einzige Modalwert ist; es genügt, dass die daneben liegenden Werte kleiner sind.

3.2.3 Dispersionsmaße (Streuungsmaße)

Überblick; Begrifflichkeiten

Dispersionsmaße (von lat. dispergere = zerstreuen) geben an, wieweit sich die Elemente der Menge voneinander und damit auch von den Kennwerten der zentralen Tendenz, etwa dem arithmetischen Mittel, unterscheiden; ihre Größe ist also ein Indikator dafür, wie schlecht das gewählte Maß der zentralen Tendenz die Menge tatsächlich repräsentiert. Statt Dispersions- sagt man nicht selten auch Streuungsmaße, insofern etwas missverständlich, als Streuung zuweilen als Synonym für ein spezifisches Dispersionsmaß, nämlich die Standardabweichung, gebraucht wird.

Bei der Darstellung beschränken wir uns hier zunächst auf Stichproben, also endliche Mengen; in Kap. 5 werden die Begriffe Varianz und Standardabweichung auch für Grundgesamtheiten (d.h. abzählbar unendliche Mengen) eingeführt.

Range und Variationsbreite

Am einfachsten wird die Stichprobe durch Angabe ihrer Extremwerte beschrieben; man sagt, der Range (englisch auszusprechen!) der Studiendauer reicht von z.B. von 8 bis 40 Semester. Unter Variationsbreite (meist ebenfalls als Range bezeichnet) versteht man die Differenz dieser Extremwerte, im be-

3.2 Univariate Verteilungen

trachteten Fall also 40 − 8 = 32 Semester. Bestimmung der Variationsbreite setzt Intervallskalierung der Daten voraus; sinnvoll kann es sein, den Range auch im Falle ordinalskalierter Daten anzugeben, etwa mitzuteilen, dass die Noten einer Klasse bei einer Schulaufgabe im Bereich zwischen 3 und 6 lagen.

Wie zu sehen, sind Angaben von Range und Variationsbreite extrem empfindlich gegenüber „Ausreißern". Eine einzige Person, etwa der 40-Semester-Student aus 3.2.2, kann die Variationsbreite vervielfachen und einen falschen Eindruck von der tatsächlich üblichen Studiendauer der Stichprobe geben.

Durchschnittliche absolute Abweichung (AD-Streuung)

Sie berechnet sich, indem man für jeden Probandenwert den Absolutbetrag seiner Abweichung vom arithmetischen Mittel bestimmt und von sämtlichen so erhaltenen Absolutbeträgen wiederum den Mittelwert bildet. Also:

$$AD = \frac{1}{n}\sum_{i=1}^{n}|x_i - \bar{x}| \qquad 3.5$$

Am Beispiel der Stichprobe aus 3.2.2:
$x_1 = 5; x_2 = 4; x_3 = 7; x_4 = 8$, also $\bar{x} = 6$; damit gilt:

$$AD = \frac{1}{4} \cdot (|5-6| + |4-6| + |7-6| + |8-6|) = \frac{6}{4} = 1,5.$$

Die erhaltene Größe wird genau dann 0, wenn alle Stichprobenwerte mit dem arithmetischen Mittel übereinstimmen (und damit gleich groß sind). Keinen Sinn würde es natürlich machen, die Absolutbeträge wegzulassen und die durchschnittliche Abweichung der reinen Differenzen zu berechnen; sie ist nach dem in 3.2.2 Gesagten notwendig 0. Insofern scheint auch die in der Literatur häufig auftauchende Bezeichnung durchschnittliche Abweichung oder AD-Streuung (von average deviation) eher missverständlich.

Bildung dieses Werts setzt intervallskalierte Daten voraus. Obwohl an sich sehr anschaulich (deutlich anschaulicher als Varianz und Standardabweichung) und auch weniger empfindlich als diese gegenüber „Ausreißern", ist die durchschnittliche absolute Abweichung ein eher ungebräuchliches Maß der Stichprobenbeschreibung. Zum einen ist ihre Berechnung durch die nötigen Fallunterscheidungen zwischen $x_i - \bar{x} \geq 0$ und $x_i - \bar{x} \leq 0$ kompliziert und fehlerträchtig; zum anderen sind Varianz bzw. Standardabweichung für viele weitere Kennwerte von Bedeutung (z.B. für die Berechnung von Korrelationskoeffizienten), während Kenntnis der mittleren absoluten Abweichung über die Stichprobenbeschreibung hinaus keine Information liefert.

Varianz und Standardabweichung; Exkurs über die z-Transformation

Definition: Als Varianz s_x^2 der Werte einer Variablen X in einer *n*-elementigen Menge sei **hier** die durch $n - 1$ dividierte Summe der quadrierten Abweichungen der Einzelwerte vom arithmetischen Mittel definiert; also

$$s_x^2 = \frac{1}{n-1} \cdot \sum_{i=1}^{n}(x_i - \bar{x})^2 \qquad 3.6$$

Als Standardabweichung s_x der Variablenwerte – oft auch mit S.D. = Standard Deviation symbolisiert – bezeichnen wir die (positive) Wurzel aus der Varianz, also $s_x = \sqrt{s_x^2}$. (Man komme nicht auf die Idee, der „Einfachheit" halber erst die Wurzeln aus den einzelnen Gliedern zu ziehen und dann zu summieren; das führt zu völlig anderen Ergebnissen; s. dazu 8.2.2).

Diese Definition bedarf natürlich der Erläuterung. In vielen Lehrbüchern – wahrscheinlich sogar in der Mehrzahl – wird die Varianz als mittlere quadrierte Abweichung eingeführt, also durch

$$s_x^2 = \frac{1}{n} \cdot \sum_{i=1}^{n}(x_i - \bar{x})^2$$

(entsprechend die Standardabweichung als Wurzel daraus). Diese Definition erscheint zunächst logischer, weil auch sonst (etwa bei Bestimmung des arithmetischen Mittels, bei der Berechnung der mittleren absoluten Abweichung) durch den Stichprobenumfang dividiert wird. Wenn wir hier durch $n-1$ dividieren, geben wir die Varianz in der Stichprobe etwas größer an und sind daher im Weiteren beim Umgang mit diesem wichtigen Kennwert vorsichtiger („konservativer"); dies hat den großen Vorteil, dass sich die so bestimmte Stichprobenvarianz sofort als beste Schätzung der Populationsvarianz einsetzen lässt und damit viele Formeln, beispielsweise die für den t-Test, deutlich einfachere Gestalt haben (s. Kap. 6).

Um es zusammenzufassen: Es gibt zwei unterschiedliche Definitionen der Varianz (und damit auch der Standardabweichung), wobei einmal die Summe der Abweichungsquadrate durch n, einmal durch $n-1$ dividiert wird. Als Definitionen sind beide weder richtig noch falsch, sondern zweckmäßig oder unzweckmäßig. Die zweite Definition (Division durch $n-1$) scheint zweckmäßiger, da sich dann viele Formeln einfacher gestalten. In jedem Fall ist klar, dass man im Laufe einer Berechnung bei der einmal verwendeten Varianzdefinition zu bleiben hat und bei der Übernahme von Formeln sich vergewissern muss, welche Definition von Varianz ihnen zu Grunde liegt.

Voraussetzung: Trivialerweise lässt sich Varianz und Standardabweichung nur für intervallskalierte Daten bilden; zu ihrer Berechnung wird der Mittelwert benötigt, der überhaupt nur sinnvoll unter dieser Voraussetzung gebildet werden kann.

Eigenschaften: Varianz und Standardabweichung – gleichgültig welche Definition man zu Grunde legt – sind genau dann 0, wenn sämtliche Stichprobenwerte gleich groß sind; hier gilt also dasselbe wie für die mittlere absolute Abweichung vom Mittelwert.

Die Breite der Verteilung, also das Intervall links und rechts vom Mittelwert, in dem ein bestimmter Prozentsatz der Werte (beispielsweise 2/3) liegt, gibt eine Vorstellung von der Standardabweichung (bzw. diese von der Breite der Verteilung): Ist die Standardabweichung 0, liegen sämtliche Stichprobenwerte

3.2 Univariate Verteilungen

direkt am Mittelwert; bei großer Standardabweichung muss man weit in beide Richtungen vom arithmetischen Mittel weggehen, um einen gewissen Prozentsatz der Probandenwerte zu umfassen. Eine anschauliche Vorstellung gibt die Tatsache, dass bei „Normalverteilung" der Werte einer sehr großen Stichprobe sich im Intervall von $-s_x$ und $+s_x$ um den Mittelwert etwa 2/3 der Messwerte befinden. Größer als $\bar{x}+s_x$ wären dann nur 1/6 der Werte (also etwa 16%), ein ebenso großer Anteil kleiner als $\bar{x}-s_x$ (s. dazu genauer 5.4).

Im Gegensatz zur mittleren absoluten Abweichung sind Varianz und Standardabweichung empfindlich gegenüber „Ausreißern" (zweifellos ein gewisser Nachteil). Da Differenzen vom Mittelwert ins Quadrat gesetzt werden, gehen große Abweichungen überproportional stark ein – man halte sich vor Augen, dass 3 nur um 1 größer als 2 ist, die Quadrate sich aber um 5 unterscheiden.

Exkurs über die z-Transformation: Um die größenmäßige Bedeutung eines Probandenwertes x_i zu beurteilen, muss man Mittelwert und Standardabweichung heranziehen. Hat beispielsweise eine Studentin in einem Messinstrument für soziale Ängste einen Wert von 17 erhalten, lässt sich daraus noch nichts entnehmen. Ist hingegen bekannt, dass der Mittelwert in der betrachteten Stichprobe von Studentinnen gerade 12 war und die Standardabweichung 3 betrug, sieht man, dass unsere Probandin ganz offenbar deutlich größere soziale Ängste zeigt als vergleichbare Personen. Als Maß für die Position eines Einzelwerts in einer Wertemenge hat sich der z-Wert (hinsichtlich der Variable X) eingebürgert. Für einen beliebigen Probanden P_i berechnet er sich als:

$$z_i = \frac{x_i - \bar{x}}{s_x} \qquad 3.7$$

Diese Abbildung heißt *z-Standardisierung* oder *z-Transformation* (nicht zu verwechseln mit der Fisher'schen Z-Transformation für Korrelationskoeffizienten; s. 3.3.2). Wurden zwei (oder mehr) Variable in der Stichprobe erhoben, z.B. X und Y, müsste man die zwei (oder mehr) z-Werte des Probanden P_i strenggenommen mit einem weiteren Index kennzeichnen, also z_{x_i} und z_{y_i} schreiben. Der Einfachheit halber verzichten wir im Regelfall auf diese Indizierung und gehen davon aus, dass sich z_i ausschließlich auf die gerade betrachtete Variable bezieht.

Für die Studentin im betrachteten Angsttest ergäbe sich damit ein z-Wert von (17−12)/3 = 5/3 = 1,67. (Im Falle einer sehr großen Stichprobe und normalverteilter Werte wüssten wir dann, dass nur knapp 5% der Stichprobenmitglieder noch ähnlich hohe oder höhere Angstwerte haben.)

Wie leicht zu sehen, ist z-Transformation nur bei Daten möglich, die zumindest intervallskaliert sind; sinnvoll ist die Bildung von z-Werten v.a. bei großen Stichproben (noch mehr bei Populationen), da dann Mittelwert und Standardabweichung weniger fehlerbehaftet sind.

Die z-Transformation hat einige wichtige Eigenschaften: Zunächst ist sie linear: Ist x_i doppelt so weit vom Stichprobenmittel entfernt wie x_j, ist z_i doppelt so groß wie z_j. Weiter ist der Stichprobenmittelwert der z-Werte stets 0 und ihre Stichprobenvarianz stets 1. Es gilt nämlich:

$$\overline{z} = \frac{1}{n} \cdot \sum_{i=1}^{n} (\frac{x_i - \overline{x}}{s_x}) = \frac{1}{s_x} \cdot \left[\frac{1}{n} \cdot \sum_{i=1}^{n} x_i - \frac{1}{n} \cdot \sum_{i=1}^{n} \overline{x}\right] = \frac{1}{s_x} \cdot (\overline{x} - \overline{x}) = 0 \quad 3.8a$$

sowie

$$s_z^2 = \frac{1}{n-1} \cdot \sum_{i=1}^{n} (z_i - \overline{z})^2 = \frac{1}{n-1} \cdot \sum_{i=1}^{n} z_i^2 = \frac{1}{n-1} \cdot \sum_{i=1}^{n} \left(\frac{x_i - \overline{x}}{s_x}\right)^2 =$$
$$\frac{1}{s_x^2} \cdot \frac{1}{n-1} \cdot \sum_{i=1}^{n} (x_i - \overline{x})^2 = \frac{1}{s_x^2} \cdot s_x^2 = 1. \quad 3.8b$$

3.2.4 Maße zur Beschreibung von Verteilungsformen

Allgemeines

Mit Angabe von Mittelwert und Standardabweichung ist längst nicht alle Information über die Probandenwerte mitgeteilt. So können bei gleichem arithmetischen Mittel und gleicher Standardabweichung in zwei Stichproben die Werte (z.B. des Alters in Gruppen) einmal linkssteil, einmal rechtssteil verteilt sein. Im ersten Fall weiß man, dass sich v.a. jüngere Personen in der Gruppe befinden, dass aber einige wesentlich ältere den Altersmittelwert nach oben treiben. Im zweiten Fall wird die Gruppe hauptsächlich von Senioren gebildet; einige sehr junge Personen sorgen dafür, dass der Altersdurchschnitt nicht allzu hoch ausfällt.

In 3.2.1 wurden bereits einige Verteilungen charakterisiert, u.a. die umgekehrt U-förmige. Auch der Begriff der mehrgipfligen Verteilung wurde im Zusammenhang mit Modalwerten erwähnt (3.2.2). Nun soll genauer auf die umgekehrt U-förmigen (oder besser: annähernd U-förmigen) unimodalen Verteilungen eingegangen werden. Wir betrachten entweder diskrete Verteilungen oder Verteilungen kontinuierlicher Variablenwerte, die zu Kategorien zusammengefasst werden. Es bezeichne im Folgenden x_j den hinsichtlich seiner Größe an j-ter Stelle stehenden in der Stichprobe vorkommenden Messwert.

Links- und rechtssteile (rechts- und linksschiefe) Verteilungen

Eine unimodale Verteilung heißt linkssteil (oder linksgipflig, weniger glücklich formuliert: rechtsschief), wenn der Modalwert weit links, bei den Werten des unteren Bereichs liegt; die Kurve steigt also zunächst steil an und flacht nach rechts hin (im Bereich höherer Werte) merklich ab. Umgekehrt wird eine rechtssteile (rechtsgipflige, linksschiefe) Verteilung definiert (s. Abb. 3.3).

Bei linkssteiler Verteilung ist der Modalwert kleiner als der Medianwert und dieser wiederum kleiner als der Mittelwert.

3.2 Univariate Verteilungen

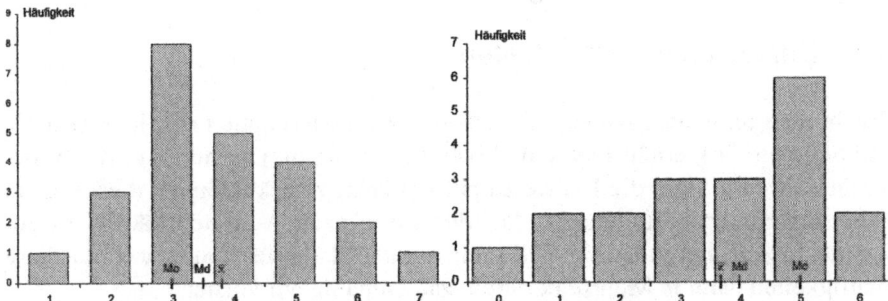

Abbildung 3.3: Bilder links- und rechtsgipfliger Verteilungen

Es sei x_k der Modalwert (es gilt $k < m/2$ ist; wobei m die Zahl der verschiedenen Messwerte ist), f_k seine Häufigkeit. Im linken Beispiel: Da die Kurve links vom Modalwert steil abfällt, rechts flacher verläuft, gilt: $\sum_{j=1}^{k} f_j < \sum_{j=k+1}^{m} f_j$.
Die Summe der Häufigkeiten der ersten k Glieder (bis einschließlich der des Modalwerts) ist somit kleiner als die der $m - k$ Glieder rechts vom Modus. Da die rechts vom Median gelegenen Werte stärker streuen als die eng um den Modus geballten links gelegenen Werte, muss das arithmetische Mittel noch weiter rechts liegen. Für eine linkssteile Verteilung gilt also: $Mo < Md < \bar{x}$; analog gilt für rechtssteile Verteilungen: $\bar{x} < Md < Mo$. Bei einer streng symmetrischen Verteilung fallen Mittel-, Median- und Modalwert zusammen.

Daraus leitet sich ein einfacher Kennwert der Verteilungsform intervallskalierter Daten ab, das Pearsonsche Schiefemaß Sp als Differenz von Modal- und Mittelwert, dividiert durch die Standardabweichung in der Verteilung.

Also: $Sp = \dfrac{Mo - \bar{x}}{s_x}$ \hfill 3.9

Bei linkssteilen Verteilungen ist Sp kleiner 0, bei symmetrischen genau 0, bei rechtssteilen (rechtsgipfligen) positiv.

Die Division durch s_x soll eine Standardisierung bewirken, insbesondere verhindern, dass man bei unterschiedlichen Maßeinheiten derselben Daten unterschiedliche Schiefe erhält. Ist der Mittelwert der Körpergröße in einer Menge 180 cm, der Modalwert 175 cm und die Standardabweichung 10 cm, berechnet sich die Schiefe zu $-0{,}5$. Bei Angabe der Größe in Metern wäre der Modalwert 1,75, das arithmetische Mittel 1,8 und die Standardabweichung 0,1; damit gilt für die Schiefe wiederum: $Sp = (1{,}75-1{,}8)/0{,}1 = -0{,}5$.

Neben der einfach zu bestimmenden Schiefe gibt es weitere (differenziertere) Maße, u.a. den Exzess (im Englischen Kurtosis), der die Breite des Gipfels beschreibt. Sie spielen in der üblichen statistischen Datenauswertung kaum eine Rolle; sollte ein Computerprogramm diese Kennwerte mitliefern, lassen sie sich meist ohne Schaden ignorieren; gegebenenfalls sind speziellere Statistikwerke zu konsultieren.

3.3 Bivariate Verteilungen

3.3.1 Darstellungsmöglichkeiten

Erhebt man an einer Menge von Personen zwei Merkmale (z.B. Körpergröße und Schuhgröße), erhält man eine bivariate (bivariable) Verteilung. Auch hier macht es wenig Sinn, die Urliste zu präsentieren; zweckmäßiger ist es, wie im Falle univariater Verteilungen, die Messwerte nach Auftretenshäufigkeit zusammenfassen; besonders in Falle nur nominalskalierter Daten werden diese Häufigkeiten dann in Mehrfeldertafeln zahlenmäßig aufgelistet.

Man habe beispielsweise die beiden Variablen Wahlverhalten und Zugehörigkeit zu alten oder neuen Bundesländern erhoben und die Ausprägungen skaliert (z.B. beim Wahlverhalten die Präferenzen der einzelnen Parteien von 1 bis 6; bei der regionalen Zugehörigkeit mit 1 die Bewohner der neuen, 2 die der alten Bundesländer); damit errechnet der Computer rasch die Häufigkeit der Personen in jeder der 12 möglichen Kombinationen. In einer 2x6-Tafel, deren Zeilen die regionale Zugehörigkeit beschreiben, deren Spalten das Wahlverhalten, lassen sich die Häufigkeiten übersichtlich eintragen. Solche mit Häufigkeiten besetzten Mehrfeldertafeln bilden den Ausgangspunkt zur Berechnung verschiedener Zusammenhangmaße, die im nächsten Abschnitt behandelt werden. Sie werden uns noch einmal bei statistischen Tests zur Überprüfung von Häufigkeitsunterschieden begegnen (s. 6.7).

Graphisch lässt sich die Mehrfeldertafel als Teil der xy-Ebene darstellen, wobei die Häufigkeiten als Balken parallel zur z-Achse eingetragen werden (s. Abb. 3.4).

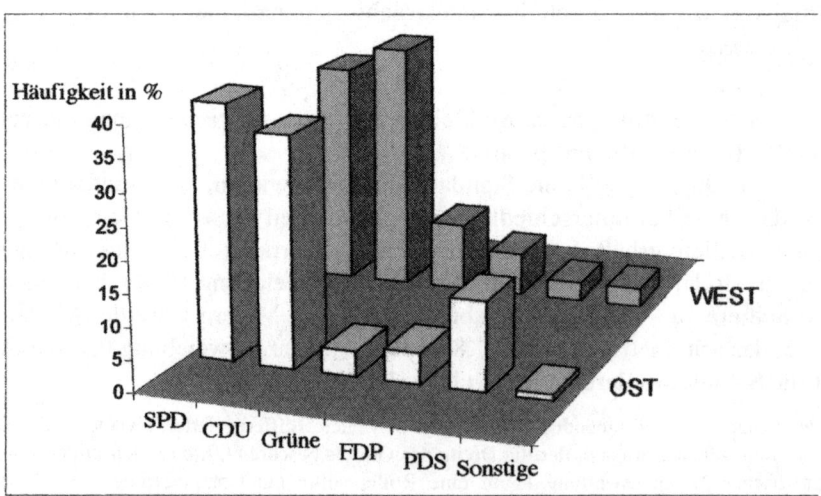

Abbildung 3.4: Beispiel einer bivariaten Häufigkeitsverteilung

3.3 Bivariate Verteilungen

In diesem speziellen Falle könnte auch die regionale Zugehörigkeit als Gruppierungsvariable betrachtet werden, sodass man nur zwei univariate Verteilungen, nämlich bezüglich Wahlverhalten, erhalten hätte. Dann wäre die graphische Darstellung durch zwei auf der x-Achse errichtete Säulenreihen (mit jeweils 6 Säulen) auch in einer Ebene möglich (s. Abb. 3.5).

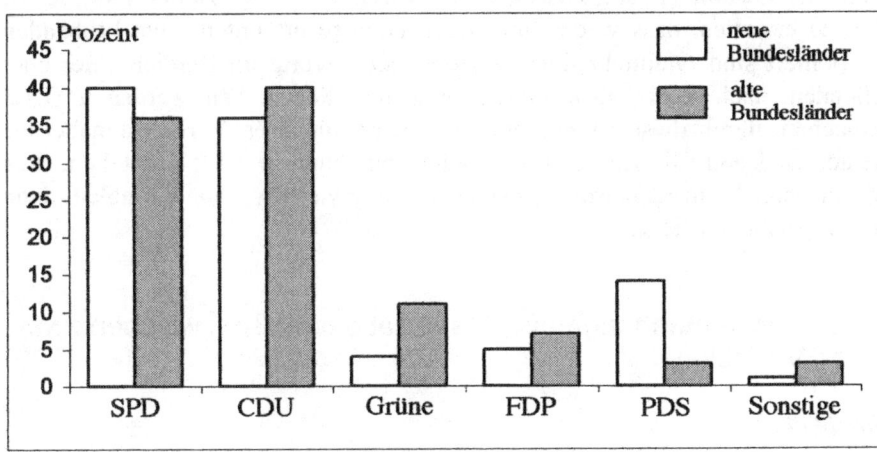

Abbildung 3.5: Andere Darstellung einer bivariaten Häufigkeitsverteilung

Ähnlich ließe sich vorgehen, wenn intervallskalierte Daten erhoben wurden; hier ist die Zusammenfassung zu Kategorien oft nicht zu umgehen.

Im Falle der Variablen Körper- und Schuhgröße könnte man etwa fünf Klassen von Körpergrößen bilden, z.B. < 160 cm; 160 cm ≤... < 170 cm; 170 cm ≤...< 180 cm; 180 cm ≤...< 190 cm; ≥190 cm, zudem vier Klassen von Schuhgrößen < 38; 38 ≤...< 40; 40 ≤...< 42; ≥42; in einer 5x4-Feldertafel ließe sich die Zahl der Probanden angeben, die hinsichtlich der beiden Variablen in eine der 20 möglichen Kombinationen von Klassen fallen. Ganz links oben wäre die Zahl jener zu finden, die kleiner als 160 m sind und zudem eine Schuhgröße von weniger als 38 haben; in der Zelle rechts oben (Personen mit Körpergröße ≥ 190 und Schuhgröße < 38) dürfte ein äußerst geringer Häufigkeitswert stehen. Graphisch lässt sich die Verteilung wieder als Projektion der Felder in die xy-Ebene und ihre Wertehäufigkeit als Balken parallel zur z-Achse darstellen.

Durch Zusammenfassung zu Klassen ginge in diesem Fall aber Information verloren. Illustrativer und den späteren statistischen Behandlungen angemessener wäre hier die Darstellung in einem Streuungsdiagramm (s. z.B. Abb. 3.7: Dort werden auf der x-Achse die Werte der Körpergröße für jeden Probanden aufgetragen, auf der y-Achse seine Schuhgröße. Der Schnittpunkt der von diesen Werten ausgehenden Parallelen zu den beiden Achsen gibt die Position des Probanden auf der xy-Ebene hinsichtlich seiner Werte in den beiden Variablen an. Weit links unten, eher in Richtung Nullpunkt, sind Probanden mit kleinen Körper- und Schuhgrößen, links oben Personen, die zwar klein sind, aber vergleichsweise große Schuhe haben. Ist dieser „Punkteschwarm" ziemlich regellos verteilt, nimmt er also das ganze Diagramm ein, besteht kein wesentlicher Zusammenhang zwischen den Variablen. Im speziellen Fall hier ist aber zu erwarten, dass weder links oben noch rechts unten viele Probanden positioniert sind; vielmehr dürften die meisten Werte im Bereich einer eher schmalen, nach rechts oben ziehenden Ellipse liegen. Wir werden in 3.3.3 versuchen, durch diese Ellipse eine möglichst gut ihren Verlauf annähernde Gerade zu legen (die Regressionsgerade) und schon in 3.3.2 feststellen, dass der Produkt-Moment-Korrelationskoeffizient zwischen den Variablen dann groß ist (nahe + 1 liegt).

3.3.2 Zusammenhangmaße (Assoziationsmaße) zwischen zwei Variablen

Überblick

Assoziationsmaße beschreiben den Zusammenhang zwischen verschiedenen Variablen (in den hier betrachteten Fällen nur zwischen deren zwei); diese Beschreibung darf nicht als Erklärung betrachtet werden. Insofern ist der ebenfalls in der Literatur zu findende Begriff Kontingenzmaße (von engl. contingency = Zufälligkeit) letztlich geeigneter, weil er nichts als die Quantifizierung eines (möglicherweise rein „zufälligen") gemeinsamen Auftretens impliziert – während „Assoziation" die Vorstellung gewisser inhaltlicher Verknüpfung nahe legt. Diese Assoziations- oder Kontingenzmaße hängen wesentlich davon ab, auf welchem Skalenniveau die Daten liegen. Zunächst wird der statistisch dankbarste Fall behandelt, dass beide Variablen auf Intervallskalenniveau vorliegen; in diesem Fall lässt sich – bei Erfüllung weiterer (vergleichsweise schwacher) Voraussetzungen – der Produkt-Moment-Korrelationskoeffizient (Pearson-Koeffizient) angeben. Liegen beide Variablen (oder nur eine davon) lediglich auf Ordinalniveau oder sind bestimmte Verteilungsvoraussetzungen nicht erfüllt, lässt sich nur die weniger aussagekräftige Rangkorrelation berechnen. Dafür gibt es zwei Möglichkeiten, nämlich Bestimmung des Spearman'schen Rangkorrelationskoeffizienten und von Kendalls τ (sprich: tau).

Kompliziert wird der Fall, wenn eine der Variablen lediglich nominalskaliert ist. Dann entscheidet sich die Wahl des geeigneten Koeffizienten daran, ob die zweite Variable ebenfalls nur Nominalniveau hat oder intervallskaliert ist; zudem muss noch die Unterscheidung zwischen echt und künstlich dichotomen Variablen durchgeführt werden. Auch wegen dieser bei Nominaldaten zu erwartenden Schwierigkeiten seien zunächst die Korrelationskoeffizienten für

3.3 Bivariate Verteilungen

höhere Skalenniveaus besprochen, die im übrigen erwähntermaßen in der psychologischen und v.a. medizinischen Forschung die häufigeren sind.

Produkt-Moment- oder Pearson-Korrelationskoeffizient

Allgemeines; Einführung der Kovarianz: Wir setzen voraus, dass die beiden betrachteten Variablen metrisch skaliert sind, was bei Körper- und Schuhgröße (unserem folgenden unpsychologischen, aber leicht nachvollziehbaren Beispiel) zweifellos der Fall ist. Als Kovarianz – symbolisiert meist mit cov (x;y) oder seltener mit s_{xy} – wird definiert:

$$\text{cov}(x;y) = s_{xy} = \frac{1}{n-1} \cdot \sum_{i=1}^{n}(x_i - \bar{x}) \cdot (y_i - \bar{y}). \qquad 3.10$$

Wie bei der Definition der Varianz, **dividieren** wir also auch zur Berechnung der Kovarianz durch $n-1$; dividiert man durch n, muss man das natürlich auch bei den Standardabweichungen tun, um dasselbe r_{xy} zu erhalten.

Es bezeichne X die Körpergröße in cm, Y die Schuhgröße, x_i also die Körpergröße, y_i die Schuhgröße des i-ten Probanden. In einer Stichprobe habe man die Messwerte erhalten: $x_1 = 185$, $y_1 = 44$; $x_2 = 200$, $y_2 = 46$; $x_3 = 175$; $y_3 = 43$; $x_4 = 170$, $y_4 = 42$; $x_5 = 180$, $y_5 = 44$; $x_6 = 170$, $y_6 = 39$; dann gilt: $\bar{x} = 180$ cm; $\bar{y} = 43$; somit berechnet sich für die Kovarianz von X und Y:

$\text{cov}(x;y) = s_{xy} =$

$$\frac{1}{6-1}\left\{\begin{array}{l}(185-180)\cdot(44-43)+(200-180)\cdot(46-43)+(175-180)\cdot(43-43)\\+(170-180)\cdot(42-43)+(180-180)\cdot(44-43)+(170-180)\cdot(39-43)\end{array}\right\} = \frac{115}{5} = 23.$$

Dieser Wert sagt zunächst nur wenig aus; lediglich ist aus dem positiven Vorzeichen zu entnehmen, dass die Messwerte in den beiden Variablen häufiger (oder stärker) gleichsinnig vom jeweiligen arithmetischen Mittel abweichen als ungleichsinnig, also $(x_i - \bar{x}) \cdot (y_i - \bar{y}) > 0$ der häufigere oder quantitativ bedeutsamere Fall ist. Der Betrag der Kovarianz hängt natürlich generell von der Höhe der Messwerte in X und Y ab, wäre beispielsweise anders ausgefallen, wenn man X nicht in cm, sondern in m gemessen hätte.

Definition: Der diesbezüglich sehr viel aussagekräftigere Produkt-Moment-Korrelationskoeffizient oder Pearson-Korrelationskoeffizient oder Maß-Korrelationskoeffizient (symbolisiert üblicherweise mit r_{xy}) wird erhalten, indem man die Kovarianz durch das Produkt der beiden Standardabweichungen dividiert; also:

$$r_{xy} = \frac{cov(x;y)}{s_x \cdot s_y} \qquad 3.11$$

Wie zu sehen, lässt sich die Produkt-Moment-Korrelation nur bestimmen, wenn jede der beiden Standardabweichungen ungleich 0 ist. Ist dies nicht der Fall, wird das Computerprogramm „error" anzeigen und auch persönliches Nachrechnen kann keinen sinnvollen Wert liefern.

Da gilt:

$-s_x \cdot s_y \leq \text{cov}(x; y) \leq +s_x \cdot s_y$, folgt: $-1 \leq r_{xy} \leq +1$.

Der Pearson-Korrelationskoeffizient liegt somit stets zwischen -1 und $+1$.

In unserer Stichprobe mit $s_x = 11{,}40$ und $s_y = 2{,}36$ berechnet sich r_{xy} zu $23/11{,}40 \cdot 2{,}36 = 0{,}85$. Man sieht nicht nur, dass X und Y positiv kovariieren, d.h. die Messwerte tendenziell gleichsinnig von ihren jeweiligen Mittelwerten abweichen, sondern dass sie dies auch in beträchtlichem Ausmaße tun; maximal hätte man, wie erwähnt, für r_{xy} einen Wert von $+1$ erreichen können. (Dass man eigentlich bei so kleinen Stichprobenumfängen auf die Berechnung der Produkt-Moment-Korrelation verzichten und stattdessen die Rang-Korrelation berechnen sollte, ignorieren wir des einleuchtenden Beispiels zu Liebe).

Es ist leicht zu ersehen, dass r_{xy} sich nicht ändert, wenn alle Messwerte einer oder auch beider Variablen um eine Konstante erhöht oder mit einer Konstante multipliziert werden. Zur Übung und Veranschaulichung dieses wichtigen Sachverhalts rechne man die Körpergrößen in m um und bestimme dann r_{xy}.

Besteht eine Korrelation r_{xy} von $+1$ zwischen den Variablen X und Y, liegt eine exakte lineare Beziehung mit positivem Steigungskoeffizienten vor (s. dazu 3.3.3); es gilt also für alle i

$$y_i = a + b \cdot x_i, \qquad \text{3.12a}$$

wobei a und b als Konstanten für die gesamte betrachtete Wertemenge dienen. Insbesondere ist die Rangreihe der Werte in beiden Variablen gleich: Der Proband mit höchstem Wert in X hat auch in Y den höchsten Wert, der hinsichtlich X an zweiter Stelle stehende tut dies auch hinsichtlich Y, usw.

Die wohl anschaulichste – und auch Laien am Besten zu vermittelnde – Vorstellung von der Bedeutung des Produkt-Moment-Korrelationskoeffizienten bekommt man, indem man auf zwei parallelen Geraden die Probandenwerte in beiden Variablen und die Stichprobenmittelwerte aufträgt. Unter zwei Bedingungen erhält man einen „perfekten" Wert von 1 für r. Zunächst muss gelten, dass die Rangfolge der Probanden hinsichtlich ihrer Messwerte in beiden Variablen identisch ist. Hinzu muss kommen, dass für zwei beliebige Personen in der Stichprobe sich die Abstände vom arithmetischen Mittel in beiden Variablen stets gleich verhalten. Formal ausgedrückt:

$$\frac{x_i - \bar{x}}{x_j - \bar{x}} = \frac{y_i - \bar{y}}{y_j - \bar{y}} \text{ für alle } i \text{ und } j; \qquad \text{3.12b}$$

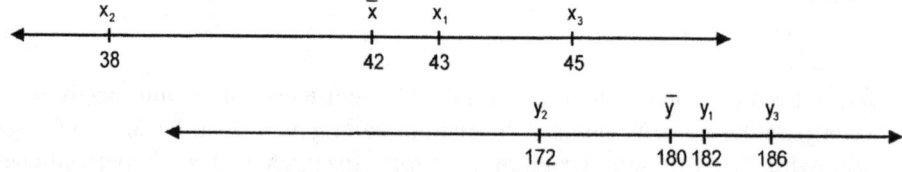

Abbildung 3.6: Relative Position von Werten bei $r = +1$

3.3 Bivariate Verteilungen

Ist die Korrelation − 1, besteht ein linearer Zusammenhang mit negativem Steigungskoeffizienten; damit hat der Proband mit dem größten Wert in X den kleinsten Wert in Y, der mit dem zweitgrößten in X den zweitkleinsten in Y, usw.; zudem muss er, wenn er hinsichtlich X z.B. 43% mehr über dem Mittelwert $\bar{x}$ liegt als eine zweite Person, hinsichtlich Y 43% mehr als diese unter dem Mittelwert $\bar{y}$ liegen. Beträgt die Produkt-Moment-Korrelation 0, besteht keine regelhafte lineare Beziehung zwischen den Werten in X und Y: jemand mit hohen Werten in X (relativ zum Stichprobenmittel) hat mit ähnlicher Wahrscheinlichkeit entweder auch hohe Werte in Y oder niedrige Werte in Y oder irgendwie im Mittelbereich (nahe $\bar{y}$) liegende Werte. (In 3.3.3 wird gezeigt, dass in diesem Fall im Streuungsdiagramm der Punktschwarm unsystematisch den Großteil des zur Verfügung stehenden Raumes einnimmt.)

Die nach der obigen Methode bestimmten Korrelationskoeffizienten werden genauer als interindividuelle Korrelationen bezeichnet. Sie werden ermittelt, indem man „über Personen korreliert", also Unterschiede zwischen den Werten der Personen als Grundlage der Berechnung nimmt. Wurden bei einer Person zwei Variablen zu verschiedenen Zeitpunkten erhoben, beispielsweise über zwei Monate täglich den Alkoholkonsum und das Ausmaß des Streits mit dem Ehepartner, kann man die Werte in beiden Variablen „über Zeitpunkte korrelieren" und erhält dann eine intraindividuelle Korrelation. Ist der erhaltene Wert stark positiv, so hat an Tagen, wo besonders viel getrunken wurde, auch besonders starker Streit stattgefunden.

Voraussetzung für die Bildung des Produkt-Moment-Korrelationskoeffizienten: Die wichtigste und absolut unverzichtbare wurde eingangs schon genannt: Intervallskaliertheit beider Variablen. Wie in 3.2.2 ausgeführt, ist die Bildung des arithmetischen Mittels wenig sinnvoll etwa bei bimodalen oder sehr asymmetrischen unimodalen Verteilungen und entsprechend sind dann auch Pearson-Korrelationskoeffizienten nur bedingt interpretierbar; weitere Voraussetzung ihrer Berechnung (wenigstens aber ihrer Interpretation und ihrer Signifikanzprüfung) ist somit zumindest annähernde Normalverteilung der Werte beider Variablen (also graphische Gestalt der Verteilung etwa in Form einer Glocke). Da bei sehr kleinen Stichproben die Normalverteiltheit nicht korrekt zu überprüfen ist und zudem die berechneten Mittelwerte, Varianzen und Kovarianzen stärker fehlerbehaftet sind, findet man zuweilen die Empfehlung, bei zu geringem Stichprobenumfang auf Berechnung des Produkt-Moment-Korrelationskoeffizienten zu verzichten. Allerdings macht man keinen eigentlichen Fehler, wenn man es trotzdem tut; um den Pearson-Koeffizienten hingegen auf seine Signifikanz zu überprüfen, muss aber von Normalverteiltheit ausgegangen werden können (s. 6.8).

Auch bei kleinen Stichproben lässt sich so allemal schnell ein erster Eindruck vom Zusammenhang der Variablenwerte erhalten und wir haben diese Berechnung im obigen Beispiel – mit mäßig schlechtem Gewissen – auch durchgeführt; auf jeden Fall ist bei der Interpretation der Werte gewisse Zurückhaltung angebracht. In 6.8 werden wir Verfahren kennen lernen, den Korrelationskoeffizienten auf Signifikanz zu überprüfen, also zu ermitteln, ob der an einer kleinen Stichprobe erhobene Koeffizient sich in ähnlicher Größe auch an einer umfangreicheren Datenmenge ergeben hätte.

Interpretation von Korrelationen: Selbst wenn die genannten Voraussetzungen der Berechnung alle erfüllt waren und die Werte hinreichend (positiv oder negativ) groß sind, darf man sich nicht immer wesentliche Erkenntnis erwarten. Insbesondere ist davor zu warnen, hohe Korrelationskoeffizienten – wie es häufig geschieht – im Sinne von (einseitiger) Kausalität zu interpretieren.

Ein banales Beispiel erläutere dies: Würde man das Einkommen X mit den Restaurantausgaben Y über eine aus Personen aller möglichen Berufsgruppen zusammengesetzte Stichprobe korrelieren, ergäbe sich vermutlich eine hoch positive Korrelation. Naheliegend wäre es dann zu sagen: Weil manche viel verdienen, gehen sie essen und weil jemand geringe Einnahmen hat, kann er sich den Restaurantbesuch nicht leisten; in diesem Fall nimmt man eine kausale Relation $X \rightarrow Y$ an. Ebenso könnte aber sein, dass eine Person viel verdient, weil sie ausgeht und geschäftliche Kontakte knüpft; in diesem Fall wäre die kausale Relation umgedreht, also $Y \rightarrow X$. Schließlich ist als weitere Möglichkeit in Betracht zu ziehen, dass X und Y nicht einander kausal bedingen, sondern beide von einer Drittvariable Z abhängen, dem sozioökonomischen Status, der – falls er hoch ist – einerseits viel Geld bringt, andererseits unzweifelhaft mit vielen (angenehmen oder unangenehmen) sozialen Verpflichtungen verknüpft ist. In diesem Fall wäre die Kausalrelation so symbolisieren:

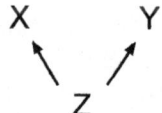

Abgesehen von der kausalen Interpretation von Korrelationskoeffizienten wird häufig der Fehler gemacht, die Höhe des Wertes zu überschätzen. Niedrige Korrelationskoeffizienten, etwa um 0.20, sind in der Psychologie nicht selten und werden dann oft zur Unterstützung kühner Theorien herangezogen. Die quantitative Bedeutung einer Produkt-Moment-Korrelation lässt sich dadurch erfassen, dass man den Koeffizienten quadriert und in Prozentwerten ausdrückt, in diesem Fall also $0{,}20^2 = 0{,}04 = 4\%$. Dieser Wert (den wir später bei multiplen Korrelationen als Determinationskoeffizient R kennen lernen werden, s. 3.4) ist die „gemeinsame Varianz" der beiden Variablen; dieser Prozentsatz der einen Variablen lässt sich durch die andere erklären.

Anders ausgedrückt: Untersuchte man eine Stichprobe, die hinsichtlich einer Variable völlig homogen ist, deren Mitglieder also sich in diesem Wert nicht unterscheiden, wäre die Varianz in der anderen Variable aufgrund weiterer Faktoren immer noch 96%. Zum Beispiel der Körper- und Schuhgröße: Nimmt man aus der Stichprobe, bei der die Korrelation mit 0,85 bestimmt wurde, nur Personen ein und derselben Körpergröße, würde sich die Varianz der Schuhgröße um den Faktor $0{,}85^2 = 0{,}72$ vermindern. Im Vergleich zur inhomogenen Stichprobe betrüge hier die Varianz nur noch 28%; der Besitzer des Schuhladens könnte – würde er sich auf Kunden einer bestimmten Körpergröße beschränken – sein Sortiment hinsichtlich Schuhgrößen deutlich reduzieren.

3.3 Bivariate Verteilungen

Exkurs über die Fisher'sche Z-Transformation: In diesem Kontext ist es bereits sinnvoll, ein Verfahren darzustellen, dessen eigentlicher Sinn erst später einleuchten wird, wenn wir weiter mit Korrelationskoeffizienten operieren und insbesondere ihre Signifikanz überprüfen (s. 6.8).

Wie bereits aus der gemeinsamen Varianz zu sehen, ist die Abbildung für den Zusammenhang zweier Variablen, eben der Korrelationskoeffizient, nicht intervallskaliert. Dies hat zur Folge, dass Korrelationswerte nicht gemittelt werden dürfen. Damit eng verbunden ist, dass für einzelne Stichproben berechnete Korrelationen nicht normal verteilt sind, sondern (bei positiver Korrelation) in der Grundgesamtheit eine rechtsgipflige Verteilung aufweisen. Wollte man durch Mittelung von Stichprobenkorrelationswerten daher den Populationsmittelwert schätzen, gelangte man unweigerlich zu allzu geringen Werten.

Man behilft sich nun damit, dass man die Korrelationskoeffizienten durch eine vergleichsweise einfache (nichtlineare) Transformation in die so genannten Fisher-Z-Werte umwandelt, die eher intervallskaliert sind (deren Differenzen also besser die tatsächlichen Unterschiede der Zusammenhänge widerspiegeln) und deren Stichprobenwerte zudem in etwa normal um den Korrelationskoeffizienten der Population streuen.

Für r_{xy} berechnet sich der zugehörige Z-Wert nach der Formel:

$$Z_{xy} = \frac{1}{2} \cdot ln\frac{1+r_{xy}}{1-r_{xy}}; \qquad 3.13$$

dabei ist *ln* der Logarithmus zur Basis *e* (der Euler'schen Zahl), der so genannte natürliche Logarithmus (s. 8.2).

Für $r_{xy} = 0{,}5$ lautet der entsprechende Z-Wert also:

$$Z_{xy} = \frac{1}{2} \cdot ln\frac{1+r_{xy}}{1-r_{xy}} = \frac{1}{2} \cdot ln\frac{1{,}5}{0{,}5} = \frac{1}{2} \cdot ln3 = \frac{1}{2} \cdot 1{.}099 = 0{,}549.$$

Diese natürlichen Logarithmen sind mit Hilfe etwas anspruchsvollerer Taschenrechner zu ermitteln und zudem sind die *r*- und Z-Werte in Tafelwerken tabelliert (s. Tafel 10). Aus ihr entnehmen wir für *r* = 0,5005 (als Wert **innerhalb** der Matrix) ein Z von 0,55 (aus der Randspalte und Zeilenspalte abzulesen); dies entspricht ziemlich genau unserem exakt berechneten Wert von 0,549. Zur Übung wandle man die Werte von *r* = 0,4, *r* = 0,6 und *r* = 0,8 in Fisher'sche Z-Werte um; man erhält dabei 0,42, 0,69 und 1,1.

Um r_{xy}-Werte zu mitteln, die aus verschiedenen Stichproben ein und derselben Grundgesamtheit stammen – etwa um daraus die Korrelation in der Grundgesamtheit zu schätzen –, sind zunächst für alle r_{xy} die Z-Werte zu bestimmen und deren Durchschnitt zu bilden. Der so errechnete Wert Z ist natürlich kein Korrelationskoeffizient – er kann ohne Weiteres u.a. Größen von über 1 annehmen –, sondern der Z-Wert eines Korrelationskoeffizienten, der inhaltlich viel besser dem durchschnittlichen Korrelationskoeffizienten entspricht; letzteren wird durch Rücktransformation erhalten. Ein Beispiel: Bei 5 Stichproben von Schülern mit jeweils *n* = 30 bestimmte man für die (intervallskalierten) Punktwerte in Physik und Mathematik Korrelationen von 0,57; 0,67; 0,87; 0,76 und 0,75. Welcher Korrelationswert gibt am Besten die Beziehung in der Grundgesamtheit wieder?

Wie in 6.8 ausgeführt, wird als Schätzwert für die Korrelation der Grundgesamtheit ein über modifizierte Mittelung erhaltener Wert verwendet. Zunächst wandelt man die r_{xy_i} der 5 Stichproben in Z-Werte Z_1 bis Z_5 um und erhält aus Tafel 10 dafür 0,65, 0,81, 1,33, 1,0 und 0,97; ihr arithmetisches Mittel (das bei den intervallskalierten Fisher'schen Z-Werten problemlos gebildet werden kann) ist 0,954; dieser Z-Wert ergibt rücktransformiert 0,74 und entspricht mit gewisser Wahrscheinlichkeit am Besten dem anhand der Daten der Grundgesamtheit zu ermittelnden Korrelationskoeffizienten zwischen Physik- und Mathematikleistung. (Bei Mittelung der nur ordinalskalierten r_{xy} aus den Stichproben hätte man 0,72 erhalten, also den Populationswert unterschätzt).

Anzumerken ist, dass die Fisher'schen Z-Werte, die entgegen aller Konvention zur Vermeidung von Missverständnissen mittels Großbuchstaben symbolisiert werden, nichts mit den durch die in 3.2.3 beschriebene Prozedur erhaltenen z-Werten zu tun haben. Der Mittelwert der Fisher'schen Z-Werte in einer Stichprobe ist nicht 0 und die Varianz nicht 1.

Partialkorrelationen: Darunter versteht man die Korrelation von zwei Variablen X und Y, wobei der Einfluss einer dritten Variablen W – eventuell noch weiterer Variabler – eliminiert („herauspartialisiert") wurde; der neue Wert wird üblicherweise mit $r_{xy.w}$ symbolisiert. Damit hofft man, den direkten Zusammenhang der Variablen X und Y besser beurteilen zu können.

Als Beispiel sei ein Untersucher betrachtet, der die Hypothese vertritt: „Mit langen Beinen läuft man schneller". Dazu hat er bei Kindern einer Grund- und Hauptschule die Beinlängen vermessen (Variable X) und mit den Geschwindigkeiten beim 100 m-Lauf (Variable Y) in Beziehung gesetzt. Tatsächlich findet er den beeindruckend hohen Wert von r_{xy} = 0,75. Da aber diese Messwerte an einer altersmäßig weit gestreuten Stichprobe erhalten wurden und bekanntlich die Beinlänge stark mit dem Alter (Variable W) korreliert (in der betrachteten Stichprobe zu r_{xw} = 0,91), zudem ältere Kindern schneller laufen (r_{yw} = 0,78), hat er dem Einwand Rechnung zu tragen, dass der hohe Wert für r_{xy} eine „Scheinkorrelation" darstellt, nichts über die Beziehung zwischen X und Y aussagt, sondern nur über ihren Zusammenhang mit dem Alter.

Die Partialkorrelation $r_{xy.w}$ berechnet sich zu:

$$r_{xy.w} = \frac{r_{xy} - r_{xw} \cdot r_{yw}}{\sqrt{1 - r_{xw}^2}\sqrt{1 - r_{yw}^2}}, \qquad 3.14$$

hier also zu

$$r_{xy.w} = \frac{0,75 - 0,91 \cdot 0,78}{\sqrt{1 - 0,91^2} \cdot \sqrt{1 - 0,78^2}} = \frac{0,04}{0,41 \cdot 0,63} = 0,15.$$

Tatsächlich bleibt von dem hohen Korrelationswert nicht viel übrig; würde man eine altershomogene Population untersuchen, ergäbe sich nur der schwache Zusammenhang von 0,15.

3.3 Bivariate Verteilungen

Zusammenhangmaße für ordinalskalierte Daten (Rangkorrelationen)

Allgemeines: Sie sind weniger bekannt und nicht so häufig in Gebrauch, wie es eigentlich sinnvoll wäre. Zwar haben sie gewisse Nachteile: So lässt sich aus ihnen nicht immer durch Quadrieren die gemeinsame Varianz der zu Grunde liegenden Variablen berechnen noch ist es möglich, durch Bilden von Partialkorrelationen den Einfluss anderer Variabler systematisch zu eliminieren. Andererseits lassen sich diese Kennwerte auch dann sinnvoll berechnen, interpretieren und inferenzstatistisch behandeln, wenn die Daten nicht mit Bestimmtheit normalverteilt sind und auf Intervallniveau vorliegen (ein sehr häufiger Fall). Damit können Rangkorrelationen schon bei kleineren Stichproben bestimmt werden; hinzu kommt, dass die Berechnung von Rangkorrelationskoeffizienten einfach ist und ohne größere Hilfsmittel schneller geleistet werden kann als die des Produkt-Moment-Korrelationskoeffizienten.

Intervallskalierte Daten liegen bekanntlich gleichzeitig auf Ordinalniveau vor; es ist daher möglich, die beschriebenen Verfahren auf intervallskalierte Daten anzuwenden – allerdings mit gewisser Informationseinbuße und daher Verlust von Aussagekraft, wenn die Voraussetzungen für die Bildung einer Produkt-Moment-Korrelation tatsächlich gegeben sind. Liegt eine der betrachteten Variablen zwar auf Intervallskalenniveau, die andere nur auf der Ebene der Ordinalskalierung, sind ebenfalls die genannten Verfahren zu verwenden.

Spearmansche Rangkorrelation: Zu ihrer Berechnung werden die Messwerte der beiden Variablen in (jeweils) eine Rangfolge gebracht (ihnen Rangplätze $R(x_i)$ und $R(y_i)$ zugeordnet); ob man dabei mit dem kleinsten oder größten Wert anfängt, ist gleichgültig – solange dies in gleicher Form bei beiden Variablen geschieht. Sind mehrere Messwerte gleich, wird jedem von ihnen ein mittlerer Rangplatz zugeteilt. Sind z.B. die 5 Messwerte 8; 11; 14; 14; 14 gegeben, erhält der Messwert 8 den Rangplatz 1, Messwert 11 Rangplatz 2, während die dreimal vorkommenden Werte 14 sich die Rangplätze 3, 4 und 5 teilen; man gibt jedem von ihnen Rangplatz 4. Allerdings wird, wenn allzu viele solcher „verbundenen" Rangplätze vorliegen (mehr als 20%), die Berechnung des Spearman'schen Rangkorrelationskoeffizienten ungenau; in solchem Fall suche man Abhilfe in Spezialwerken der Statistik (z.B. Bortz 1999, S. 223).

Bei Bildung solcher verbundener Ränge ist die Gefahr von Leichtsinnsfehlern ausgesprochen groß. Man vergewissere sich deshalb besser im Anschluss, dass die Summe der Rangplätze der n Probanden die Summe der Zahlen von 1 bis n ergibt, also:

$$\sum_{i=1}^{n} R(x_i) = \frac{n \cdot (n+1)}{2} = \sum_{i=1}^{n} R(y_i). \qquad 3.15$$

Wurden auf diese Weise beide Rangreihen erstellt, bildet man zur Bestimmung des Spearman'schen Rangkoeffizienten die Produkt-Moment-Korrelation der Rangplätze der x- und y-Werte. Dies ist insofern als legitim anzusehen, als die Rangplätze per se intervallskaliert sind: Der Unterschied zwischen den Rangplätzen 7 und 5 ist genauso groß wie der zwischen 9 und 11; jedesmal handelt es sich um einen Sprung von zwei Rangplätzen; Intervallskaliertheit war auch schon Voraussetzung für die zuvor beschriebene Mittelung der Rangplätze.

Andererseits wurden die Daten unserer Stichprobe nur als ordinalskaliert vorausgesetzt; also entsprechen die Abstände der Messwerte x_i nicht den tatsächlichen Merkmalsabständen, und es gibt keinen Grund anzunehmen, dass dann die Rangdifferenzen von x_i und x_j die Merkmalsdifferenzen der Probanden P_i und P_j abbilden. Diese in der Literatur kontrovers geführte Diskussion sei nicht vertieft; in jedem Fall hat sich dieses Verfahren eingebürgert, aus Ordinaldaten durch Umwandlung in Rangplätze Daten zu schaffen, die man wie intervallskaliert behandelt.

In diesem Fall ergibt sich für $\bar{x}$ und $\bar{y}$ jeweils der Wert von $(n+1)/2$ und für

$$s_x^2 = s_y^2 = \frac{12n}{(n^2-1)\cdot(n-1)}.$$

(Wie üblich wurde bei der Varianzbildung durch $n-1$ dividiert, was dann natürlich auch bei Berechnung der Kovarianz geschehen muss). Damit nimmt die Formel für den Spearman'schen Rangkorrelationskoeffizienten folgende einfache Gestalt an:

$$R_{xy}^{Sp} = 1 - \frac{6\cdot\sum_{i=1}^{n} d_i^2}{n\cdot(n^2-1)} \qquad 3.16$$

d_i bedeutet die Differenz zwischen dem Rangplatz des Probanden P_i hinsichtlich X und seinem Rangplatz hinsichtlich Y. (Was wovon abgezogen wird, ist hier ohne Belang, da die Differenzen quadriert werden; da bei anderen, später dargestellten Verfahren aber auch Vorzeichen von Differenzen berücksichtigt werden, gewöhne man sich jetzt schon an, konsequent entweder das Linke vom Rechten oder das Rechte vom Linken abzuziehen).

Bezüglich der Symbolisierung des Spearmanschen Rangkorrelationskoeffizienten besteht erhebliche Uneinheitlichkeit in der Literatur. Nicht selten wird er – um ihn klar vom Produkt-Moment-Korrelationskoeffizienten zu unterscheiden – mit ρ_{xy} (oder einfach ρ) bezeichnet; dies ist insofern wenig konsequent, als mit griechischen Buchstaben konventionsgemäß nur Populationsparameter symbolisiert werden (weshalb ρ in 6.8 die Produkt-Moment-Korrelation in der Grundgesamtheit bezeichnen wird). Verwendung des Großbuchstabens R ist ebenfalls nicht unproblematisch, da wir in der Berechnung des Rangkorrelationskoeffizienten mit $R(x_i)$ gewöhnlich den Rangplatz des i-ten Probanden hinsichtlich der Variablen X benennen. Wir hoffen, durch die zusätzliche Indizierung mit einem hochgestellten Sp hier Eindeutigkeit zu schaffen.

In einer Stichprobe mit 10 Personen wurden in einer lediglich ordinalskalierten Variable folgende Werte erhalten: $x_1 = 3$; $y_1 = 1$; $x_2 = 1$; $y_2 = 3$; $x_3 = 6$; $y_3 = 6$; $x_4 = 5$; $y_4 = 7$; $x_5 = 8$; $y_5 = 7$; $x_6 = 0$; $y_6 = 2$; $x_7 = 7$; $y_7 = 9$; $x_8 = 12$; $y_8 = 10$; $x_9 = 3$; $y_9 = 7$; $x_{10} = 2$; $y_{10} = 7$. Es ist R_{xy}^{Sp} zu bestimmen.

Dazu schreibt man am Besten die Werte in zwei Spalten auf, zwischen denen man zunächst drei weitere Spalten frei lässt. Einfacher dürfte es sein (und weniger fehlerträchtig), die Werte in der Reihenfolge der Probanden zu notieren – und nicht schon anfangs zu ordnen.

3.3 Bivariate Verteilungen

x_i	$R(x_i)$	d_i	$R(y_i)$	y_i
3	4,5	3,5	1	1
1	2	−1	3	3
6	7	2	5	6
5	6	−1	7	7
8	9	2	7	7
0	1	−1	2	2
7	8	−1	9	9
12	10	0	10	10
3	4,5	−2,5	7	7
2	3	−1	4	5
$\sum_{i=1}^{10} R(x_i) = 55$; $\frac{n \cdot (n+1)}{2} = \frac{10 \cdot 11}{2} = 55$, also korrekt berechnet.		$\sum_{i=1}^{10} d_i = 0$; also korrekt berechnet.	$\sum_{i=1}^{10} R(y_i) = 55$; $\frac{n \cdot (n+1)}{2} = 55$, also korrekt berechnet.	

Bei den x_i kommt der Messwert 3 zweimal vor, müsste somit auf den Rängen 4 und 5 stehen; im Sinne der oben beschriebenen Mittelwertbildung teilen wir jedem der gleichen Messwerte daher den Rangplatz 4,5 zu. Bei den y_i finden wir den Messwert 7 dreimal und zwar auf den Rangplätzen 6, 7 und 8; also erhält der Messwert 7 den mittleren Rangplatz (6 + 7 + 8)/3 = 7. (Man lasse sich durch die Zahlen des Beispiels nicht verwirren: Dass die Zahl 7 genau den Rangplatz 7 zugeteilt bekommt, ist reiner Zufall.) Empfehlenswert ist es, zur Probe die Summe der Rangplätze zu bilden; diese muss jedes Mal $n(n + 1)/2$ sein; außerdem muss die Summe der Rangplatzdifferenzen 0 ergeben.

Obwohl insgesamt 5 verbundene Ränge vorliegen (also mehr als 20%), bestimmen wir der Illustration zu Liebe trotzdem – übrigens ohne allzu großen Fehler – den Spearman'schen Rangkorrelationskoeffizienten und erhalten:

$$R_{xy}^{Sp} = 1 - \frac{6 \cdot \sum_{i=1}^{10} d_i^2}{10 \cdot (10^2 - 1)} = 1 - \frac{6 \cdot 31,5}{10 \cdot 99} = 0,81.$$

Die Rangkorrelation ist also recht hoch: Personen mit hohen Rangplätzen in X haben somit häufig auch hohe Rangplätze in Y; Entsprechendes gilt für Personen mit niedrigen Rangplätzen.

Aus der Formel ist sofort zu ersehen, dass der Spearman'sche Rangkorrelationskoeffizient genau dann den Wert 1 annimmt, wenn sämtliche Rangplatzdifferenzen 0 sind, also die Ränge aller Personen in beiden Variablen übereinstimmen. Würde die Person mit dem niedrigsten Rang in X den höchsten Rang in Y einnehmen, die mit dem zweitniedrigsten den zweithöchsten, usw., ergäbe sich der Wert − 1.

Kendalls τ: Dieser Koeffizient ist insgesamt etwas umständlicher zu berechnen, dürfte aber ähnlich häufig benutzt werden; er bietet den Vorteil, dass bei seiner Bestimmung auf die etwas umstrittene Bildung von Rangplatzdifferenzen verzichtet werden kann. Anders als beim Spearman-Koeffizienten ist es zunächst erforderlich, die Werte hinsichtlich ihrer Rangplätze in einer Variable (z.B. X) in bestimmter Weise zu indizieren (gegebenenfalls umzuindizieren); x_1 bezeichne den kleinsten Wert, x_2 den zweitkleinsten, usw.; die Rangplätze $R(x_i)$ haben also die Werte 1, 2,.., n. Die den x_i zugeordneten Werte $y_1, y_2, ..., y_n$ mit ihren Rangplätze $R(y_i)$ (in der Menge der y_i) steigen dann in der Regel nicht gleichmäßig an (wenn ja, ergibt sich ein τ von + 1). Die Übereinstimmung der Rangreihe der y_i mit der Reihe 1, 2, .., n misst Kendall's τ.

Q_i sei die Anzahl der in der Messwertreihe hinter (oder rechts bzw. unterhalb) y_i stehenden y-Werte mit Rangplätzen kleiner als $R(y_i)$; also wird mit Q_1 die Zahl der Messwerte in Y bezeichnet, die einen niedrigeren Rangplatz als y_1 belegen. (Ist auch y_1 der kleinste Wert in Y, dann hat Q_1 den Wert 0). Nach Bestimmung von Q_1 bis Q_n ist Kendalls τ wie folgt zu berechnen:

$$\tau = 1 - \frac{4 \cdot \sum_{i=1}^{n} Q_i}{n \cdot (n-1)}.$$ 3.17

Eine etwas anschaulichere Vorstellung erhält man sicherlich, wenn man $\sum_{i=1}^{n} Q_i$ als die Zahl der Vertauschungen um jeweils einen Rangplatz betrachtet, welche insgesamt nötig sind, um die Rangreihe der y_i jener der x_i anzugleichen. Bei kleinem n ist Vertauschung das einfachere Vorgehen, bei größerem n eher fehlerträchtig.

Ein Zahlenbeispiel soll das leider nicht einfach zu beschreibende Vorgehen verdeutlichen. Man habe in den Variablen X und Y 5 Messwerte vorliegen, wobei wir schon vorher so umindiziert haben, dass die x_i eine aufsteigende Reihe bilden, ihre Rangreihe also von 1 bis 5 läuft:
$x_1 = 1; y_1 = 6; x_2 = 2; y_2 = 5; x_3 = 4; y_3 = 3; x_4 = 7; y_4 = 8; x_5 = 8; y_5 = 9$.

i	x_i	$R(x_i)$	Q_i	$R(y_i)$	y_i
1	1	1	2	3	6
2	2	2	1	2	5
3	4	3	0	1	3
4	7	4	0	4	8
5	8	5	0	5	9

$y_1 = 6$ hat Rangplatz 3 (in der Anordnung der y-Werte); also sind zwei y-Werte (nämlich die Werte 3 und 5 mit Rangplätzen 1 und 2) kleiner und Q_1 beträgt 2; anders ausgedrückt: Bezüglich zwei Werten stimmt an dieser Stelle die Reihenfolge nicht. $y_2 = 5$ hat Rangplatz 2 zugewiesen bekommen; hinter ihm steht

3.3 Bivariate Verteilungen

ein niedrigerer Wert (nämlich 3) und daher gilt: $Q_2 = 1$. Wäre die Rangreihe der y_i gleich der der x_i, würde nie ein kleinerer Wert unterhalb stehen und sämtliche Q_i wären 0.

Für τ gilt dann:

$$\tau = 1 - \frac{4 \cdot \sum_{i=1}^{5} Q_i}{n \cdot (n-1)} = 1 - \frac{4 \cdot 3}{5 \cdot 4} = 1 - 0{,}6 = 0{,}4.$$

Die notwendige Zahl der Vertauschungen ergibt sich so: Erst muss in den Rangplätzen der y_i 2 gegen 3 vertauscht werden, dann 3 gegen 1 und schließlich 2 gegen 1; insgesamt wurden also drei Vertauschungen um jeweils einen Rangplatz vorgenommen.

Zur Übung bestimme man den Spearman'schen Rangkorrelationskoeffizienten und sollte dafür den Wert

$$R_{xy}^{Sp} = 1 - \frac{6 \cdot \left[(-2)^2 + 0^2 + 2^2\right]}{5 \cdot (25-1)} = 1 - \frac{48}{120} = 0{,}6 \text{ erhalten.}$$

Die beiden Koeffizienten unterscheiden sich numerisch nicht unbeträchtlich.

Das folgende Beispiel dient zur weiteren Einübung und führt die größenmäßigen Beziehungen zwischen r_{xy}, R_{xy}^{sp} und Kendalls τ vor Augen. Für 11 Personen wurden die intervallskalierten IQ-Werte und ihr (ebenfalls natürlich metrisch skaliertes) Bruttoeinkommen in Euro erhoben (Spalten 1 und 5 der Tabelle). Es soll die Beziehung zwischen Intelligenz und Einkommen berechnet werden und zwar a) mit dem Pearson-Korrelationskoeffizienten, b) mit dem Spearman'schen Rangkorrelationskoeffizienten und c) mittels Kendalls τ.

IQ-Werte (Variable X)	Rangplätze R_i der IQ-Werte	d_i (Differenz der Rangplätze)	Rangplätze R_i des Einkommens	Einkommen (Variable Y)
108	10	1	9	2200
112	11	1	10	2300
98	4	0	4	1900
97	3	–5	8	2100
100	6	0	6	2050
102	8	5	3	1800
101	7	2	5	1940
103	9	–2	11	2400
92	2	–5	7	2060
88	1	–1	2	1700
99	5	4	1	1550
$\bar{x} = 100$; $s_x = 6{,}66$; $n = 11$	$\sum_{i=1}^{n} R_i = 55 = \frac{n \cdot (n+1)}{2}$	$\sum_{i=1}^{n} d_i = 0$	$\sum_{i=1}^{n} R_i = 55 = \frac{n \cdot (n+1)}{2}$	$\bar{y} = 2000$; $s_y = 255{,}38$; $n = 11$

Aus den Daten der Spalten 1 und 5 berechnen wir die Kovarianz *cov(x;y)* und erhalten den Wert 936. Damit ergibt sich: $r_{xy} = 0{,}55$.
Einsetzen der d_i liefert für den Spearman-Rangkorrelationskoeffizienten:

$$R_{xy}^{Sp} = 1 - \frac{6 \cdot \sum_{i=1}^{n} d_i^2}{n \cdot (n^2 - 1)} = 1 - \frac{6 \cdot 102}{11 \cdot 120} = 0{,}54.$$

(Wer Lust hat, kann sich vergewissern, dass die Produkt-Moment-Korrelation der Rangplätze [Spalten 2 und 4] ebenfalls diesen Wert annimmt).

Zur Berechnung von Kendalls τ bringen wir in einer weiteren Tabelle die Werte in der Variable X (ohne die eigentlich notwendige Umindizierung vorzunehmen) in eine aufsteigende Rangfolge (Zeile 1) und schreiben darunter deren Rangplätze (Zeile 2); in Zeile 5 werden die zu den x_i gehörigen y_i niedergeschrieben, in Zeile 4 deren Rangplätze (innerhalb der 11 *y*-Werte); in der mittleren Zeile 3 wird zu jedem *i* das Q_i bestimmt, also die Zahl der rechts von y_i stehenden *y*-Werte mit niedrigeren Rangplätzen (zur komplizierten Behandlung möglicher Rangbindungen s. Bortz et al. 1990, S. 427 ff.).

i	1	2	3	4	5	6	7	8	9	10	11
x_i	88	92	97	98	99	100	101	102	103	108	112
$R(x_i)$	1	2	3	4	5	6	5	8	9	10	11
Q_i	1	5	5	2	0	2	1	0	2	0	0
$R(y_i)$	2	7	8	4	1	6	5	3	11	9	10
y_i	1700	2060	2100	1900	1550	2050	1940	1800	2400	2200	2300

Für Q_1 ergibt sich 1, weil rechts von y_1 (mit Wert 1700 und Rangplatz 2) noch ein y-Wert mit niedrigerem Rangplatz steht (nämlich der Wert $y_5 = 1550$ mit Rangplatz 1); Q_2 nimmt den Wert 5 an, weil rechts von y_2 (2060 mit Rangplatz 7) noch 5 Werte mit Rangplätzen kleiner als 7 stehen. Damit ergibt sich:

$$\tau = 1 - \frac{4 \cdot \sum_{i=1}^{n} Q_i}{n \cdot (n-1)} = 1 - \frac{4 \cdot 18}{10 \cdot 11} = 1 - \frac{72}{110} = 0{,}35.$$

Die Werte für Pearson- und Spearman-Koeffizienten sind sehr ähnlich, fast identisch. Ist also die Voraussetzung der Intervallskaliertheit nicht sicher erfüllt (oder Berechnung von Varianzen und Kovarianzen „von Hand" mühsam), so lässt sich i. Allg. ohne Schaden der Rangkorrelationskoeffizient nach Spearman berechnen. Hingegen nimmt Kendalls τ einen anderen Wert an.

In vielen Büchern ist die Formel für τ anders dargestellt. Man bildet die Differenz zwischen der Zahl der Proversionen (also der Fälle, in denen ein Element der $R(y_i)$ im Verhältnis zu einem anderen richtig steht, hier 37) und der Zahl der Inversionen (was die Summe der Q_i ist, hier 18). Das Verhältnis dieser Differenz zur dafür maximal möglichen Zahl $n \cdot (n-1)/2$ ergibt dann τ.

3.3 Bivariate Verteilungen

Zusammenhangmaße für nominal skalierte Daten

Überblick: Hier sind, wie erwähnt, die Verhältnisse besonders kompliziert. Am einfachsten und unproblematischsten lässt sich ein solcher Zusammenhang quantifizieren, wenn beide Variablen echt dichotom sind, d.h. nur in zwei Ausprägungen vorkommen können (z.B. Männer – Frauen, Besitz von Führerschein – Nichtbesitz von Führerschein); dann stellt der (wie die bisher genannten Koeffizienten ebenfalls zwischen – 1 und + 1 variierende) Φ-Koeffizient (Phi-Koeffizient) ein leicht zu berechnendes und recht aussagekräftiges Maß dar. Liegt hingegen mindestens eine Variable in mehr als zwei Abstufungen vor (z.B. Deutsche – Italiener – Spanier) gelingt es nicht, ein den übrigen Korrelationskoeffizienten vergleichbares Maß zu finden.

Ist eine Variable X (echt oder künstlich) dichotom, die andere (Y) intervallskaliert, kann der punktbiseriale bzw. der biseriale Korrelationskoeffizient bestimmt werden; sind die Werte in beiden Variablen zwar an sich normalverteilt, aber für die Auswertung künstlich dichotomisiert, bietet sich der tetrachorische Korrelationskoeffizient als Maß des Zusammenhanges an.

Der Φ-Koeffizient (Phi-Koeffizient): Er ist, wie oben ausgeführt, nur dann einzusetzen, wenn beide nominalskalierte Variablen echt dichotom sind. In diesem Fall lässt sich jedem Probanden ein Wertepaar zuordnen, etwa (1;1), (1;2), (2;1) oder (2;2). Zieht man das oben angeführte Beispiel heran, könnte 1 bei der ersten Variable (X) bedeuten: Geschlecht weiblich, und 2: Geschlecht männlich, bei der zweiten Variable 1 (Y): Nichtbesitz von Führerschein, 2: Besitz von Führerschein. Für diese aus Wertepaaren bestehende „Urliste" lässt sich die Häufigkeitstabelle in Form einer Vierfeldertafel darstellen. Im linken oberen Quadranten steht die Häufigkeit der Personen mit Wertepaar (1;1), also der Frauen ohne Führerschein, im rechten oberen die Häufigkeit des Wertepaares (2;1), also der Männer, die keinen Führerschein besitzen, usw. Wie sofort zu sehen, ist die Skalierung willkürlich – man hätte auch Frauen die 2, Männern die 1 zuordnen können (oder beiden irgendwelche anderen Zahlen) – ebenso ist es natürlich freigestellt, ob man in der Vierfeldertafel nach rechts oder nach unten das Geschlecht aufträgt. Im Folgenden bezeichne *a, b, c* und *d* die Häufigkeiten in den einzelnen Feldern (beginnend mit *a* links oben).

	Ausprägung 1 in Variable X	Ausprägung 2 in Variable X	Zeilensumme
Ausprägung 1 in Variable Y	*a* (Zahl der Probanden, die sowohl in X wie Y die Ausprägung 1 haben)	*b*	$a + b$
Ausprägung 2 in Variable Y	*c*	*d*	$c + d$
Spaltensumme	$a + c$	$b + d$	Gesamtsumme: $a + b + c + d = n$

Dann berechnet sich Φ nach der Formel:

$$\Phi = \frac{a \cdot d - b \cdot c}{\sqrt{(a+b) \cdot (c+d) \cdot (a+c) \cdot (b+d)}} \qquad 3.18$$

Im Nenner steht also die Quadratwurzel aus dem Produkt der Zeilen- und Spaltensummen, im Zähler die Differenz der Produkte sich diagonal gegenüberstehender Felderhäufigkeiten. (Man hätte ebenso gut $bc - ad$ in die Formel einsetzen können; in diesem Fall würde sich bei gleichem Absolutwert – den wir allein interpretieren – lediglich das Vorzeichen verändern.)

In einer Stichprobe wurden für Geschlecht und Besitz bzw. Nichtbesitz eines Führerscheins folgende Häufigkeiten erhalten: a (Zahl der Frauen ohne Führerschein) = 30; b (Zahl der Frauen mit Führerschein) = 30; c (Zahl der Männer ohne Führerschein) = 10; d (Zahl der Männer mit Führerschein) = 40. Besteht ein Zusammenhang zwischen Geschlecht und Besitz des Führerscheins?

Der Übersicht halber stellen wir unsere Häufigkeiten in einer Vierfeldertafel (2x2-Felder-Tafel) zusammen:

	kein Führerschein	Führerschein	Zeilensumme
weiblich	$a = 30$	$b = 30$	$a + b = 60$
männlich	$c = 10$	$d = 40$	$c + d = 50$
Spaltensumme	$a + c = 40$	$b + d = 70$	Gesamtsumme: $n = a + b + c + d = 110$

Dann gilt:

$$\Phi = \frac{a \cdot d - b \cdot c}{\sqrt{(a+b) \cdot (c+d) \cdot (a+c) \cdot (b+d)}} = \frac{30 \cdot 40 - 10 \cdot 30}{\sqrt{(30+30) \cdot (10+40) \cdot (30+10) \cdot (30+40)}}$$

$$= \frac{1200 - 300}{\sqrt{60 \cdot 50 \cdot 40 \cdot 70}} = \frac{900}{\sqrt{8400000}} = \frac{900}{2898{,}2} = 0{,}30.$$

Es besteht also in unserer Stichprobe ein gewisser Zusammenhang zwischen Geschlecht und Besitz des Führerscheins, wobei Letzteres bei Frauen etwas seltener ist; ob dieser Wert ein Zufallsbefund ist oder sich an weiteren und größeren Stichproben mit gewisser Wahrscheinlichkeit ebenso erheben ließe, werden wir an anderer Stelle überprüfen.

Dieser Φ-Koeffizient ist nichts anders als die Produkt-Moment-Korrelation über die Paare des Typs (x_i;y_i) mit nur zwei unterschiedlichen Werten in jeder der Variablen (z.B. 1 und 2); er variiert damit zwischen – 1 und + 1. Allerdings werden diese hohen Korrelationswerte außer bei extrem unterschiedlichen Felderbesetzungen nicht erreicht, sodass Φ vielfach deutlich unterschätzt wird; für entsprechende (nicht unumstrittene) Korrekturformeln sei auf speziellere Werke verwiesen (etwa Bortz 1999, S. 218 f.).

Vierfeldertafeln werden uns an anderer Stelle noch einmal begegnen, wenn zu überprüfen ist, ob die Unterschiede in den Besetzungen der einzelnen Felder noch durch Zufall erklärt werden können (s. 6.7); wir werden dann – um im obigen Beispiel zu bleiben – testen, ob sich Männer und Frauen signifikant

3.3 Bivariate Verteilungen

noch durch Zufall erklärt werden können (s. 6.7); wir werden dann – um im obigen Beispiel zu bleiben – testen, ob sich Männer und Frauen signifikant hinsichtlich der Häufigkeit des Führerscheinbesitzes unterscheiden. Die dazu herangezogene Prüfgröße χ^2 („Chi-Quadrat") berechnet sich ebenfalls aus den Produkten von Felderhäufigkeiten und aus Zeilen- und Spaltensummen und es gilt die Beziehung:

$$\Phi^2 = \frac{\chi^2}{n}. \qquad 3.19$$

Sind allgemein *kxm*-Feldertafeln mit $k > 2$ und/oder $m > 2$ gegeben (ist also mindestens eines der betrachteten Merkmale mehr als zweifach gestuft), so wird anhand des *kxm*- χ^2 ein Kontingenzmaß *C* zur Beschreibung des Zusammenhanges abgeleitet, welches allerdings nur sehr bedingt den sonst betrachteten Korrelationskoeffizienten entspricht. Für *C* gilt die Formel:

$$C = \sqrt{\frac{\chi^2}{\chi^2 + n}}. \qquad 3.20$$

Da die Quadratwurzel definitionsgemäß stets positiv ist, kann C nur Werte zwischen 0 und + 1 annehmen.

Tetrachorische Korrelation: Diese wird man dann einsetzen, wenn die Werte in beiden Variablen an sich intervallskaliert und normalverteilt sind, aber der Einfachheit halber dichotomisiert werden, etwa wenn anhand der Einkünfte (beispielsweise ≤ 2000 Euro und > 2000 Euro) zwei Gruppen gebildet werden und das Gleiche anhand des Intelligenzquotienten geschieht (z.B. IQ ≤ 100 und IQ > 100); der häufigste Fall ist dabei die Dichotomisierung anhand des Medianwerts (Mediandichotomisierung) – was den Vorteil hat, dass in jeder der beiden Gruppen jeweils etwa gleich viele Probandenwerte liegen. Man erhält dann wieder die schon bekannte Vierfeldertafel:

	$x_i \leq x_{krit}$	$x_i > x_{krit}$
$y_i \leq y_{krit}$	a	b
$y_i > y_{krit}$	c	d

In diesem Falle berechnet man sinnvollerweise nicht Φ, sondern:

$$r_{tet} = \cos(\frac{180° \cdot \sqrt{b \cdot c}}{\sqrt{a \cdot d} + \sqrt{b \cdot c}}); \qquad 3.21$$

wie erinnerlich, beträgt der Cosinus von 0° 1, von 90° 0 und von 180° – 1; zudem gilt cos (270°) = 0 und cos (360°) = cos (0°) = 1. Im Falle perfekt positiver Korrelation lässt sich sagen: Alle Probanden mit *x*-Werten unter dem für die Unterscheidung festgelegten Kriteriumswert liegen auch hinsichtlich Y darunter und Gleiches gilt für Probanden mit hohen Werten in beiden Variablen; damit sind *b* und *c* gleich 0 und man erhält für r_{tet} den Wert cos (0) = 1; bei perfekt negativem Zusammenhang gilt: $a = d = 0$, daher $r_{tet} = \cos(180°) = -1$; andere Werte für den Cosinus sind aus Tabellen oder leicht mit Hilfe von

Taschenrechnern zu ermitteln – zu beachten ist allerdings, ob diese abgelesenen Cosinuswerte sich, wie im obigen Beispiel, auf Winkelgrade α oder deren Bogenmaß ($a = \frac{\pi}{180} \cdot \alpha$) beziehen.

Beispiel: Es seien die Werte von 100 Personen in den beiden normalverteilten Variablen Intelligenz und Einkommen gegeben; Dichotomisierung anhand der Durchschnittswerte liefert folgende Häufigkeiten: Anzahl der Probanden mit unterdurchschnittlichen Werten in Intelligenz und Einkommen: 32; mit überdurchschnittlicher Intelligenz, aber unterdurchschnittlichem Einkommen: 19; mit unterdurchschnittlicher Intelligenz, aber überdurchschnittlichem Einkommen: 18 und schließlich: Anzahl der Personen sowohl mit überdurchschnittlichem Einkommen als auch überdurchschnittlicher Intelligenz: 31. In eine Vierfeldertafel eingetragen:

	Intelligenz unterdurchschnittlich	Intelligenz überdurchschnittlich
Einkommen unterdurchschnittlich	32 (*a*)	19 (*b*)
Einkommen überdurchschnittlich	18 (*c*)	31 (*d*)

Damit berechnet sich die tetrachorische Korrelation wie folgt:

$$r_{tet} = cos\left(\frac{180° \cdot \sqrt{b \cdot c}}{\sqrt{a \cdot d} + \sqrt{b \cdot c}}\right) = cos\left(\frac{180° \cdot \sqrt{19 \cdot 18}}{\sqrt{32 \cdot 31} + \sqrt{19 \cdot 18}}\right) = cos\left(\frac{180° \cdot \sqrt{342}}{\sqrt{992} + \sqrt{342}}\right) =$$

$$cos\left(\frac{180° \cdot 18,5}{31,5 + 18,5}\right) = cos(66,58°) = 0,40.$$

Hätte man stattdessen den Φ-Koeffizienten berechnet, hätte sich ergeben:

$$\Phi = \frac{31 \cdot 32 - 19 \cdot 18}{\sqrt{(32+19) \cdot (18+31) \cdot (32+18) \cdot (19+31)}} = \frac{992 - 342}{\sqrt{51 \cdot 49 \cdot 50 \cdot 50}} = \frac{650}{2499,5} = 0,26,$$

also ein wesentlich kleinerer Wert. Da die Voraussetzungen für die Berechnung von Φ nicht vorliegen (nämlich echt dichotome Daten), betrachten wir r_{tet} als Maßzahl des Zusammenhangs. Hätten wir bei unseren normalverteilten intervallskalierten Daten auf Dichotomisierung verzichtet und stattdessen, wie naheliegend, den Produkt-Moment-Korrelationskoeffizienten berechnet, hätte sich ein ähnlicher Wert ergeben. Wird nicht anhand des Durchschnitts bzw. des Medians dichotomisiert und liegen entsprechend stärker unterschiedliche Häufigkeitswerte in den einzelnen Feldern vor, wird durch r_{tet} der Zusammenhang unterschätzt (allerdings nur wesentlich bei extrem ungleicher Besetzung).

Punktbiseriale Korrelation: Liegt eine Variable X echt dichotom vor (wie etwa das Geschlecht) und ist die andere (Y) intervallskaliert, so wird üblicherweise der punktbiseriale Korrelationskoeffizient berechnet, häufig symbo-

3.3 Bivariate Verteilungen

lisiert mit r_{pbis}. Er leitet sich aus der Produkt-Moment-Korrelation der (für diesen Rechenprozess als intervallskaliert angenommenen) Werte in X (also beispielsweise 0 und 1) mit den intervallskalierten y-Werten ab. Durch Umformungen ergibt sich ein einfacher Bestimmungsweg, welcher die Korrelationsberechnung mittels Einzelwerten überflüssig macht. Für r_{pbis} gilt nämlich:

$$r_{pbis} = \frac{\bar{y}_p - \bar{y}_q}{s_y} \cdot \sqrt{\frac{n_p \cdot n_q}{n^2}}.\qquad 3.22$$

Dabei bezeichnet n_p die Anzahl der Probanden mit der einen möglichen Ausprägung p des dichotomen Merkmals X (also beispielsweise die Zahl der Frauen in der Stichprobe), n_q die Zahl derer mit der anderen Ausprägung q (also im gewählten Beispiel die Anzahl der Männer), $n_p + n_q = n$ den Gesamtumfang der Stichprobe. $\bar{y}_p$ ist das arithmetische Mittel der y-Werte in der ersten Probandengruppe (also der Personen mit Ausprägung p in der dichotomen Variable X) $\bar{y}_q$ das der zweiten Probandengruppe, schließlich s_y die Streuung der y-Werte in der gesamten Stichprobe.

Dies sei an einem einfachen Beispiel erläutert: Wir wollen an unserer (zugegebenermaßen sehr kleinen) Stichprobe junger Frauen überprüfen, ob ein Zusammenhang zwischen Schwangerschaft und Konsum von Essiggurken (bezogen auf eine Woche) besteht. Nichtschwangerschaft sei mit 0, Schwangerschaft mit 1 skaliert; dabei erhält man folgende Wertepaare (0;2); (1;4); (1;3); (0;1) und (0;0); die Zahl n_p (Frauen mit Merkmalsausprägung 0, also Nichtschwangere) beträgt 3, deren durchschnittlicher Konsum von Essiggurken y_p errechnet sich zu 1; n_q beträgt 2 und $y_q = 3,5$; s_y schließlich berechnet sich zu $\sqrt{2,5} = 1,58$. Damit ergibt sich für die punktbiseriale Korrelation:

$$r_{pbis} = \frac{\bar{y}_p - \bar{y}_q}{s_y} \cdot \sqrt{\frac{n_p \cdot n_q}{n^2}} = \frac{3,5 - 1}{1,58} \cdot \sqrt{\frac{2 \cdot 3}{5^2}} = 0,77.$$

Es besteht also ein deutlicher Zusammenhang, woraus natürlich noch keine allgemeine Regel abzuleiten ist; dazu müsste ausgeschlossen werden, dass es sich lediglich um einen Zufallsbefund an einer kleinen Stichprobe handelt. Wie beim Φ-Koeffizienten, lässt sich das Vorzeichen von r_{pbis} i. Allg. nicht interpretieren – man hätte ebenso Schwangerschaft mit 0 skalieren können.

Als deskriptives Maß ist r_{pbis} bei beliebiger Verteilung der y-Werte zu bestimmen (und auch auf Stichprobenebene sinnvoll interpretierbar). Will man allerdings seine Signifikanz überprüfen, muss Normalverteiltheit der y-Werte vorausgesetzt werden.

Biseriale Korrelation: Den biserialen Korrelationskoeffizienten (oft symbolisiert mit r_{bis}) wird man dann bestimmen, wenn die Werte in der Variablen X nicht echt dichotom sind, sondern durch künstliche Dichotomisierung aus normalverteilten Werten einer intervallskalierten Variable erhalten werden. Das ist beispielsweise der Fall, wenn anhand der Lohneinkünfte zwei Gruppen (beispielsweise ≤ 2000 Euro und > 2000 Euro) gebildet werden. Dann gilt:

$$r_{bis} = \frac{\bar{y}_p - \bar{y}_q}{s_y} \cdot \frac{n_p \cdot n_q}{n^2 \cdot \vartheta}; \qquad 3.23$$

dabei bedeutet ϑ einen vom Verhältnis n_p/n_q abhängigen Wert. Es ergibt sich aus der Standardnormalverteilung (s. 5.4.3) als Dichtewert desjenigen Wertes z_{pq}, der die Fläche unter der Normalkurve im Verhältnis $n_p/n : n_q/n$ zerlegt. Sei beispielsweise $n_p/n = 0{,}40$ (entsprechend $n_q/n = 0{,}60$), so finden wir aus Tabelle 2, dass links von $z_{pq} = -0{,}25$ 40 % der Fläche unter der Normalkurve liegt (rechts davon 60%); die Ordinate von $z_{pq} = -0{,}25$ entnehmen wir aus Tabelle 1 zu 0,387 (aufgrund der in 5.4.3 ausgiebig zu besprechenden Symmetrieeigenschaften der Normalverteilung nämlich die Ordinate von $+0{,}25$).

In einigen Büchern ist der Quotient $n_p \cdot n_q / n^2 \cdot \vartheta$ in Abhängigkeit von n_p/n und n_q/n direkt tabelliert, so dass sich das Nachschlagen vereinfacht; wir verzichten auf diese Darstellung, da solche Berechnungen – sollten sie in größerem Umfange erforderlich sein – heutzutage in der Regel von Computerprogrammen geleistet werden.

Zusammenfassende Darstellung der Korrelationskoeffizienten

In Tabelle 3.1 sind – abhängig vom Skalenniveau bzw. der Form der Dichotomisierung – noch einmal die einzusetzenden Zusammenhangmaße angeführt:

Tabelle 3.1: Übersicht über Zusammenhangmaße

		Variable X		
		Intervallskala	Ordinalskala	Nominalskala
Variable Y	Intervallskala	Produkt-Moment-Korrelationskoeffizient (Pearson-K.) oder nach künstlicher Dichotomisierung tetrachorischer Korrelationsk.	am einfachsten: Spearman'scher Rangkorrelationsk.	Bei echt dichotomen Daten in X: punktbiserialer Korrelationsk.; bei künstlich dichotomen Daten in X: biserialer Korrelationsk.
	Ordinalskala	am einfachsten: Spearman'scher Rangkorrelationsk.	Spearman'scher Rangkorrelationsk. oder Kendalls τ	s. Spezialwerke
	Nominalskala	Bei echt dichotomen Daten in Y: punktbiserialer Korrelationsk.; bei künstlich dichotomen Daten in Y: biserialer Korrelationsk.	s. Spezialwerke	echt dichotome Daten: Φ-Koeffizient bei zwei Abstufungen; sonst: Kontingenzk. (nicht unproblematisch)

3.3.3 Lineare Regression

Vorbemerkungen; Begrifflichkeiten

Ist eine Anzahl von Wertepaaren ($x_i;y_i$) gegeben, die sich im Streuungsdiagramm (s. 3.3.1) als mehr oder weniger geordneter Punkteschwarm darstellen, liegt es nahe, eine Abbildung *f* zu suchen, mittels welcher sich die Werte in der Variablen Y möglichst gut aus denen von X vorhersagen lassen; diese Gleichung wird Regressionsgleichung genannt, ihr Graph (ihr Bild im Streuungsdiagramm) Regressionslinie. Da die *y*-Werte durch die *x*-Werte vorhergesagt werden (Werte in Y auf Werte in X zurückgeführt werden), spricht man hier von einer Regression von Y auf X (von lat. regredi = zurückschreiten). Ebenso lässt sich eine Funktion *g* suchen, mittels welcher die *x*-Werte aus den *y*-Werten vorhergesagt werden (Regression von X auf Y); je näher diese beiden Regressionslinien im Streuungsdiagramm liegen, desto besser (fehlerfreier) sind die Werte gegenseitig auseinander vorherzusagen. Da man die Zahlenwerte einer Variablen nur mittels der in einer **einzigen** anderen Variablen vorherzusagen versucht, handelt es sich um eine **einfache** Regression; in Abschnitt 3.4 werden wir **multiple** Regressionen besprechen, bei denen **zwei oder mehr** Variable zur Vorhersage benutzt werden.

Welche Funktionen *f* und *g* gewählt werden, hängt von der Form des Punkteschwarmes im Streuungsdiagramm ab (eventuell auch von Vorannahmen über die Beziehung der Variablen). Ähnelt beispielsweise der Punkteschwarm einem umgekehrten U, könnte eine Parabelgleichung der Form $y = ax^2 + bx + c$ mit $a < 0$ eine gute Annäherung leisten. Wir beschränken uns im Weiteren auf den Fall der linearen Regression, versuchen also, mittels zweier Geradengleichungen $\hat{y}_i = a_1 + b_1 x_i$ und $\hat{x}_i = a_2 + b_2 y_i$ die Werte möglichst genau auseinander vorherzusagen; dies ist nur sinnvoll, wenn durch Inspektion des Streuungsdiagramms bzw. auf Grund theoretischer Erwartungen eine solche lineare Beziehung zwischen den Variablen X und Y nahe gelegt wird.

Bestimmung der Regressionsgleichungen; Methode der kleinsten Quadrate

Der Anschauung wegen gehen wir zunächst von einer sehr kleinen Punktmenge aus, nämlich $x_1 = 4$; $y_1 = 3$; $x_2 = 2$; $y_2 = 1$; $x_3 = 6$; $y_3 = 2$; (x_i und y_i bezeichnen dabei, wie meist, die Werte des Probanden P_i); dann gilt: $\bar{x} = 4$ und $\bar{y} = 2$. Offenbar gibt es keine Gerade, die diese Punkte im Streuungsdiagramm perfekt annähert. Als Regressionsgerade (für die Regression von Y auf X) wählen wir jene, von der die Summe der quadrierten Differenzen zwischen tatsächlichen Werten y_i und vorhergesagten Werten $\hat{y}_i$ (die mit $n-1$ multiplizierte „Residualvarianz") ein Minimum besitzt (die auf den Mathematiker C.F. Gauss zurück gehende „Methode der kleinsten Quadrate").

Es sind also die Konstanten a_1 und b_1 so zu wählen, dass für die durch die Regressionsgleichung aus x_i vorgesagten Werte $\hat{y}_i = a_1 + b_1 \cdot x_i$ gilt:

$$\sum_{i=1}^{n}(\hat{y}_i - y_i)^2 = \sum_{i=1}^{n}(a_1 + b_1 \cdot x_i - y_i)^2 = min.\qquad 3.24$$

$(a_1 + b_1 \cdot 4 - 3)^2 + (a_1 + b_1 \cdot 2 - 1)^2 + (a_1 + b_1 \cdot 6 - 2)^2$ soll also minimal werden.

Leitet man diese Summe (eine Funktion h von a_1 und b_1) nach a_1 und b_1 (partiell) ab und setzt die beiden Ableitungen 0, erhält man zwei Gleichungen, aus denen a_1 und b_1 zu berechnen sind (s. Anmerkung 2). Hier ergibt sich $a_1 = 1$ und $b_1 = 1/4$. Somit lautet die Regressionsgleichung: $\hat{y}_i = 1 + 0{,}25 \cdot x_i$.

Um die Regressionsgerade von Y auf X in das Streuungsdiagramm einzuzeichnen, wählt man zwei beliebige Werte für X (z.B. $x_4 = 0$ und $x_5 = 4$ zweier fiktiver Probanden) und erhält aus der Geradengleichung dann Werte für Y (in diesem Fall $\hat{y}_4 = 1$ und $\hat{y}_5 = 2$); durch die Punkte (0;1) und (4;2) verläuft also die Gerade für die Regression von Y auf X (s. Abb. 3.7).

Diese Geradengleichung erfüllt tatsächlich die genannte Minimumsbedingung; würde man eine andere Gerade wählen, z.B. die durch $(x_1, y_1) = (4;3)$ und $(x_2, y_2) = (2;1)$ verlaufende mit der Gleichung $y = -1 + x$ würde sich als Summe der Abweichungsquadrate zwischen tatsächlichen und geschätzten y-Werten (die mit $n-1$ multiplizierte Residualvarianz) 9 ergeben (im Gegensatz zu 1,5 bei unserer Regressionsgeraden) – das, obwohl zwei der drei Punktepaare exakt auf dieser Geraden liegen, die Abweichungen von den Schätzungen für zwei y-Werte also 0 betragen (s. gestrichelte Gerade).

Für die Koeffizienten der Regression von X auf Y ergeben sich mit dem oben skizzierten Verfahren $a_2 = 2$ und $b_2 = 1$; um die zugehörige Regressionsgerade einzuzeichnen, werden zwei beliebige Werte für Y gewählt, z.B. $y_6 = 0$ und $y_7 = 1$; als zugehörige Werte $\hat{x}_6$ und $\hat{x}_7$ ergeben sich dann 2 und 3. Auch hier ließe sich leicht zeigen, dass diese Gerade die beste Annäherung darstellt, die zugehörige Geradengleichung die genannte Minimumsbedingung erfüllt.

Wir merken weiter an, dass auf beiden solcherart ermittelten Regressionsgeraden der Punkt $(4;2) = (\bar{x}; \bar{y})$ liegt, sie sich also genau in diesem Punkt schneiden. Berechnet man außerdem r_{xy}, so ergibt sich: $r_{xy} = 1/2$ und damit

$$r_{xy}^2 = \frac{1}{4} = \frac{1}{4} \cdot 1 = b_1 \cdot b_2.$$

Weiter stellt man fest: b_1 und b_2 haben dasselbe Vorzeichen und zwar dasselbe wie r_{xy}. Dies leuchtet insofern ein, als bei positivem b_1 mit wachsenden Werten in X i. Allg. auch die y-Werte zunehmen (entsprechend mit wachsendem Y die Werte in X), und genau diese Beziehung fanden wir als Voraussetzung für das Auftreten einer positiven Korrelation r_{xy} (s. 3.3.2; umgekehrt nehmen bei negativem b_1 mit wachsenden Werten für X die Werte in Y ab, bei wachsenden Y-Werten die X-Werte, so dass b_2 und r_{xy} ebenfalls negativ sein müssen).

3.3 Bivariate Verteilungen

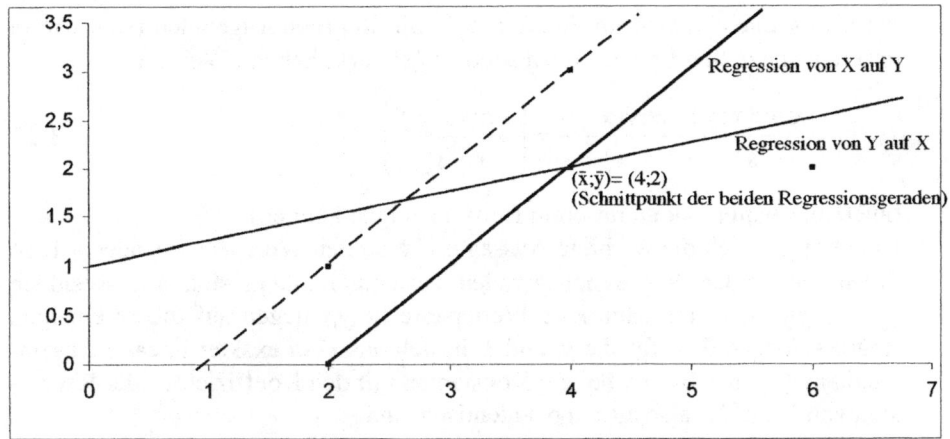

Abbildung 3.7: Streuungsdiagramm mit Regressionsgeraden zu obigen Daten

Nach dieser Illustration an einem einfachen Beispiel mit „schönen" Zahlen gehen wir allgemeiner die Fragestellung an. Es seien also die Werte von n Probanden in zwei intervallskalierten Variablen X und Y gegeben. Gesucht sind die beiden Gleichungen der linearen Regression von Y auf X und X auf Y sowie ihre Bilder im Streuungsdiagramm.

Allgemein bestimmt man mittels der beschriebenen Methode der kleinsten Quadrate für den Steigungskoeffizienten der linearen Regression von Y auf X:

$$b_1 = \frac{\sum_{i=1}^{n}(x_i - \bar{x}) \cdot (y_i - \bar{y})}{\sum_{i=1}^{n}(x_i - \bar{x})^2}; \qquad 3.25$$

dividiert man Zähler und Nenner jeweils durch $n-1$ (was nichts am Wert des Bruches ändert), so ist im Zähler die Formel für die Kovarianz von X mit Y, im Nenner die für die Varianz von X zu erkennen (s. Anmerkung 3); also gilt

$b_1 = \dfrac{\text{cov}(x;y)}{s_x^2}$; für die Konstante a_1 ergibt sich: $a_1 = \bar{y} - b_1 \cdot \bar{x}$.

Die Koeffizienten der Regression von X auf Y berechnen sich wie folgt:

$$b_2 = \frac{\sum_{i=1}^{n}(x_i - \bar{x}) \cdot (y_i - \bar{y})}{\sum_{i=1}^{n}(y_i - \bar{y})^2} = \frac{\text{cov}(x;y)}{s_y^2} \text{ und } a_2 = \bar{x} - b_2 \cdot \bar{y}. \qquad 3.26$$

Wird in $\hat{y} = a_1 + b_1 \cdot x$ für x der Wert $\bar{x}$ eingesetzt, erhält man als zugehörigen $\hat{y}$-Wert auf der Regressionsgeraden den Stichprobenmittelwert $\bar{y}$; setzt man in $\hat{x} = a_2 + b_2 \cdot y$ für y den Wert $\bar{y}$ ein, erhält man als zugehörigen Wert

$\bar{x}$; also schneiden sich im Punkt $(\bar{x}; \bar{y})$ die Regressionsgeraden (was wir an unserem speziellen Beispiel oben schon angemerkt haben). Weiter gilt:

$$b_1 \cdot b_2 = \frac{\operatorname{cov}(x;y)}{s_x^2} \cdot \frac{\operatorname{cov}(x;y)}{s_y^2} = \left(\frac{\operatorname{cov}(x;y)}{s_x \cdot s_y} \right)^2 = r_{xy}^2 \qquad 3.27$$

(auch dies hatten wir an unserem Beispiel zeigen können).
Damit ergibt sich die wichtige Aussage: Hat r_{xy} den Wert von $+1$ oder -1, so fallen die beiden Regressionsgeraden zusammen; dann sind alle Residuen $\hat{y}_i - y_i$ gleich 0 und sämtliche Wertepaare $(x_i; y_i)$ liegen auf dieser einzigen Regressionsgeraden; für die y_i und x_i besteht also ein exakter linearer Zusammenhang $y_i = a + bx_i$, wobei die Konstanten mit den Koeffizienten der Regression von Y auf X (also a_1 und b_1) identisch sind.

Der erste Teil des Satzes ist leicht zu beweisen. Wegen

$b_1 \cdot b_2 = r_{xy}^2 = 1$ gilt nach 3.26: $b_2 = \dfrac{1}{b_1}$ sowie $a_2 = \bar{x} - \dfrac{1}{b_1} \cdot \bar{y}$.

Dann lauten die beiden Regressionsgleichungen:

$\hat{y}_i = \bar{y} - b_1 \cdot \bar{x} + b_1 \cdot x_i$ und $\hat{x}_i = \bar{x} - \dfrac{1}{b_1} \cdot \bar{y} + \dfrac{1}{b_1} \cdot y_i$.

Den Punkt $(\bar{x}; \bar{y})$ haben die beiden Regressionsgeraden ohnehin immer gemeinsam. Es ist also nur noch zu zeigen, dass dies für einen weiteren Punkt gilt: Für $x_5 = 0$ beispielsweise erhält man für $\hat{y}_5 = \bar{y} - b_1 \cdot \bar{x}$.

Setzt man umgekehrt diesen Wert in die Gleichung der Regression von X auf Y ein, ergibt sich $\hat{x}_5 = 0$. Somit haben die beiden Regressionsgeraden die Punkte $(\bar{x}; \bar{y})$ und $(0; \bar{y} - b_1 \cdot \bar{x})$ gemeinsam, sind also identisch (s. Anmerkung 4).

Der zweite Teil der obigen Aussage, nämlich dass bei $r = \pm 1$ und Zusammenfallen der Regressionsgeraden die Residualvarianz 0 wird, also die Regressionsgleichung die Einzelwerte exakt vorhersagt, ergibt sich aus der Tatsache, dass die Residuen $\hat{y}_i - y_i$ (die Unterschiede zwischen den aufgrund der Regressionsgleichungen vorausgesagten und den tatsächlichen Werten) ein arithmetisches Mittel von 0 annehmen und zudem für ihre Varianz $s_{\hat{y}-y}^2$ gilt: $s_{\hat{y}-y}^2 = s_y^2 \cdot (1 - r^2)$. Daraus folgt nämlich, dass für $r = +1$ oder $r = -1$ die Varianz der Residuen 0 ist, sie also sämtlich ihren Mittelwert annehmen (ebenfalls 0). Daher sind alle Residuen gleich 0 und die tatsächlichen Werte liegen ausnahmslos auf der einzigen Regressionsgeraden (s. Anmerkung 5).

Regressionsgeraden werden natürlich nicht bestimmt, um innerhalb einer untersuchten Stichprobe die bekannten y-Werte mittels einer Regressionsgleichung noch einmal fehlerhaft zu schätzen. Vielmehr will man aus den Daten der Stichprobe die beste lineare Beziehung zwischen den Werten der Variablen X und Y ermitteln, um künftig bei ausschließlich gegebenen Werten von X für die in der anderen Variable Schätzungen vornehmen zu können. Daher wird es an späterer Stelle unsere Aufgabe sein, Vertrauungsintervalle für die Regressionskoeffizienten zu bestimmen und so Anhalt für den Schätzfehler in einer Grundgesamtheit zu erhalten (s. 6.8).

3.4 Multiple Regression und Korrelation

Vorbemerkungen

Werden mehr als zwei Variablen erhoben, beispielsweise Probanden Werte in der nominalskalierten, echt dichotomen Variable Geschlecht, der in drei Stufen vorliegenden nominalskalierten Variable Staatsangehörigkeit (etwa 1 = Deutsche, 2 = Niederländer, 3 = Italiener) und dem metrisch skalierten wöchentlichen Gemüseverzehr zugeordnet, erhält man eine multivariate Verteilung (in diesem speziellen Fall also mit drei Variablen). Anders als univariate und bivariate Verteilungen sind multivariate Verteilungen nicht einfach in einer Häufigkeitstabelle darzustellen; oft begnügt man sich damit, eine oder mehrere Variable zunächst unbeachtet zu lassen und die bivariate Verteilung bezüglich der verbleibenden beiden anzugeben (z.B. die Frauen aller drei Nationen „zusammenzuwerfen" und deren Gemüseverbrauch mit dem der Männer zu vergleichen). Trotzdem lassen sich auch hier viele bei bivariaten Verteilungen gebräuchliche Maße des Zusammenhanges angeben. Wir betrachten lediglich den Fall, dass sämtliche Variable metrisch skaliert sind, beispielsweise die bei einer Menge von n Probanden für den Zeitraum eines Tages bestimmten Daten der drei Variablen X_1 (Alkoholkonsum), X_2 (Fettverzehr) und X_3 (Kalorienaufnahme). Man verwechsele im Weiteren nicht X_1 mit x_1; X_1 bezeichnet die erste der betrachteten Variablen, x_1 den Wert des ersten Probanden in einer X genannten Variable. Da wir die Variablen von jetzt ab X_1, X_2, usw. nennen, wird der Wert des 1. Probanden in der Variable X_1 mit x_{11} bezeichnet, der Wert des zweiten in dieser Variable mit x_{12} (also immer: zuerst Index der Variable, dann der des Probanden). Allgemein bezeichne x_{ji} den Wert des i-ten Probanden in der Variable X_j. j ist der „laufende Index" für die Variablen, i für die Probanden; $\bar{x}_j$ bedeutet dann den Mittelwert der Probandenwerte in X_j.

Unsere Aufgabe soll es sein, die tägliche Kalorienaufnahme mittels Alkoholkonsum und Fettverzehr vorherzusagen; wir nennen deshalb X_3 die Kriteriumsvariable, X_1 und X_2 Prädiktorvariablen. (Die Kriteriumsvariable hat sinnvollerweise den höchsten Index, da auf diese Weise sich viele Formeln einfacher schreiben; gegebenenfalls ist also eine Umindizierung vorzunehmen.)

Multiple Regression

Hatten wir in 3.3.3 einfache Regressionen betrachtet, also die Werte in einer Variable aus denen einer einzigen anderen vorherzusagen versucht, soll dies nun mit Hilfe mehrerer Variabler geschehen (daher die Bezeichnung multiple Regression); wieder betrachten wir ausschließlich lineare Zusammenhänge. Für die weiteren Berechnungen werden zunächst die Werte der einzelnen Variablen z-transformiert, also z.B.

$$z_{1i} = \frac{x_{1i} - \overline{x}_1}{s_1}$$

wobei s_1 die Standardabweichung in der Variablen X_1 bezeichne, $\overline{x}_1$ – um es zu wiederholen – das arithmetische Mittel der Probandenwerte in X_1 bedeuten soll; x_{1i} ist der Wert des i-ten Probanden in der Variable X_1. (Die Standardabweichung in der Variable X haben wir immer mit s_x symbolisiert und müssten daher konsequenterweise eigentlich s_{x_1} schreiben; der Einfachheit halber und weil es keine Missverständnisse geben kann, sei die sparsamere Schreibweise s_1 bevorzugt.) Mit r_{12} (Abkürzung für $r_{x_1 x_2}$) bezeichnen wir dann die Korrelation zwischen den Variablen X_1 und X_2).

Man betrachte zunächst einmal den vertrauten bivariaten Fall, nämlich dass X_3 allein aus X_1 vorhersagt werden soll. Dann gilt: $\hat{z}_{3i} = r_{13} \cdot z_{1i}$ wie in Anmerkung 3 gezeigt; entsprechend würde $\hat{z}_{3i} = r_{23} \cdot z_{2i}$ gelten. Soll nun $\hat{z}_{3i}$ durch die z-Werte des Probanden in den beiden Variablen X_1 und X_2 vorhergesagt werden, geht dies leider nicht so einfach; es darf nicht einfach das nächste Glied $r_{23} \cdot z_{2i}$ hinzugefügt werden (nur im Falle von $k = 1$, also bei einfacher Regression, ist der standardisierte Regressionskoeffizient mit dem Korrelationskoeffizienten identisch). Vielmehr machen wir zunächst den Ansatz:

$$\hat{z}_{3i} = b_1 \cdot z_{1i} + b_2 \cdot z_{2i}; \qquad 3.28$$

b_1 und b_2, die Steigungskoeffizienten der Regressionsgleichung, werden b- oder häufiger β (beta)-Gewichte genannt (beta deshalb, weil später v.a. die Beziehungen in Grundgesamtheiten betrachtet werden und dort griechische Buchstaben zur Symbolisierung herangezogen werden). Unter der schon bei einfachen Regressionen eingeführten Minimumsbedingung (dass nämlich die Varianz der Residuen $\hat{z}_{3i} - z_{3i}$ einen möglichst geringen Wert annimmt), berechnen sich die b-Werte aus den Korrelationskoeffizienten mit Hilfe eines (nur scheinbar) komplizierten Gleichungssystems. Will man mit Hilfe von k Prädiktorvariablen die Werte der Kriteriumsvariablen X_{k+1} linear vorhersagen, so ergeben sich diese aus folgendem Gleichungssystem, wobei l alle Werte bis einschließlich k durchläuft (s. Anmerkung 6):

$$b_1 \cdot r_{l1} + b_2 \cdot r_{l2} + \ldots + b_k \cdot r_{lk} = r_{lk+1} \text{ für } l = 1, 2, \ldots, k \qquad 3.29$$

wobei stets $r_{hj} = r_{jh}$ und $r_{hh} = 1$.

Für die k Unbekannten $b_1, b_2, \ldots, b_k$ liegen also k Gleichungen vor, sodass es immer – vorausgesetzt die Korrelationen der Prädiktorvariablen untereinander nehmen nie den Wert 1 an – eindeutig bestimmte Lösungen gibt. Ist beispielsweise $k = 2$, sollen also die z-transformierten Werte z_{3i} in einer Variable X_3 durch z-Werte in den Variablen X_1 und X_2 vorgesagt werden, lautet das Gleichungssystem:

$$b_1 \cdot r_{l1} + b_2 \cdot r_{l2} = r_{l3} \text{ für } l = 1, 2.$$

Setzt man für l die beiden möglichen Werte 1 und 2 ein, erhält man demnach

3.4 Multiple Regression und Korrelation

$b_1 \cdot r_{11} + b_2 \cdot r_{12} = r_{13}$ und

$b_1 \cdot r_{21} + b_2 \cdot r_{22} = r_{23}$,

also unter Benutzung von $r_{jh} = r_{hj}$ und $r_{hh} = 1$ (für h und j = 1,2):

$b_1 + b_2 \cdot r_{12} = r_{13}$ und

$b_1 \cdot r_{12} + b_2 = r_{23}$.

Die Werte der einzelnen Korrelationen sind bekannt und können in die Gleichung eingesetzt werden. Etwas mühevolles (und leider auch fehlerträchtiges) Auflösen liefert die gesuchten b-Gewichte (s. dazu das unten angeführte Beispiel mit k = 2). Im Falle von k = 1 (also der einfachen Regression) erhalten wir als einzige Gleichung des Systems $b_1 = r_{12}$ und somit als Regressionsgleichung $\hat{z}_{2i} = r_{12} \cdot z_{1i}$, wie bereits oben gezeigt (s. Anmerkung 7).

Will man die Regressionsgleichung nicht für die z-Werte erstellen, sondern für die untransformierten Daten, also

$$\hat{x}_{k+1,i} = a + b_1^* \cdot x_{1,i} + b_2^* \cdot x_{2,i} + \ldots + b_k^* \cdot x_{k,i}$$

so ergeben sich die b_j^* als $b_j \cdot \frac{s_{k+1}}{s_j}$; a berechnet sich nach der Gleichung:

$$a = \overline{x}_{k+1} - (b_1^* \cdot \overline{x}_1 + b_2^* \cdot \overline{x}_2 + \ldots + b_k^* \cdot \overline{x}_k)$$

Streng genommen hätte man sich den Rechenschritt der z-Transformierung also ersparen können. Da die Korrelationen der Rohwerte gleich denen ihrer z-Werte sind, könnte man erstere in das Gleichungssystem einsetzen. Die daraus bestimmten b-Gewichte für die Rohwerte (die b_j^*) und a wären dann mittels der dargestellten Rechenschritte aus den b_j und den Stichprobenmittelwerten zu erhalten.

Wir wollen das Vorgehen an dem schon kurz angedeuteten Beispiel erläutern und durch ein kleines n und „schöne" Zahlen den Rechenaufwand dabei gering halten: Gegeben sei die Werte von 5 Personen in den drei Variablen X_1 (täglicher Alkoholkonsum in g), X_2 (täglicher Fettverzehr in g) und X_3 (tägliche Energieaufnahme in kcal). X_3 sei die Kriteriumsvariable; zu bestimmen ist jene lineare Gleichung, mit der die Werte der Kriteriumsvariable (Kalorienaufnahme) durch die Werte in den Prädiktorvariablen X_1 (Alkoholkonsum) und X_2 (Fettverzehr) am Besten vorhergesagt werden können.

	X_1 (Alkoholkonsum in g)	X_2 (Fettverzehr in g)	X_3 (Energieaufnahme in kcal)
P_1	40	90	2000
P_2	0	80	1800
P_3	20	70	1900
P_4	0	90	2000
P_5	40	70	1800
	$\overline{x}_1 = 20$; $s_1 = 20$	$\overline{x}_2 = 80$; $s_2 = 10$	$\overline{x}_3 = 1900$; $s_3 = 100$

Wir wandeln zunächst in z-Werte um und erhalten:

	Z_1(z-standardisierter Alkoholkonsum)	Z_2 (z-standardisierter Fettverzehr)	Z_3 (z-standardisierte Energieaufnahme)
P_1	1	1	1
P_2	−1	0	−1
P_3	0	−1	0
P_4	−1	1	1
P_5	1	−1	−1
	$\bar{z}_1 = 0$	$\bar{z}_2 = 0$	$\bar{z}_3 = 0$

Für die Korrelationskoeffizienten ergibt sich: $r_{12} = -0{,}25$; $r_{13} = 0$; $r_{23} = 0{,}75$.
Im Falle $k = 3$ lautet das Gleichungssystem 3.29 zur Bestimmung der Regressionskoeffizienten:

$b_1 + b_2 \cdot r_{12} = r_{13}$ und

$b_1 \cdot r_{12} + b_2 = r_{23}$.

Setzt man die Werte für die Korrelationskoeffizienten ein, erhält man:

$b_1 + b_2 \cdot (-0{,}25) = 0$ und

$b_1 \cdot (-0{,}25) + b_2 = 0{,}75$;

aus der ersten Gleichung ergibt sich: $b_1 = 0{,}25 b_2$ oder $b_2 = 4 b_1$;
dies eingesetzt in die zweite Gleichung liefert:
$-0{,}25 b_1 + 4 b_1 = 0{,}75$ und somit $b_1 = 0{,}2$ sowie $b_2 = 0{,}8$.
Die Regressionsgleichung für die z-transformierten Werte lautet daher:

$\hat{z}_{3i} = 0{,}2 \cdot z_{1i} + 0{,}8 \cdot z_{2i}$.

Für die Rohwerte ergeben sich die Regressionskoeffizienten a, b_1^*, b_2^* mittels der oben angegebenen Umformungen:

$b_j^* = b_j \cdot \dfrac{s_{k+1}}{s_j}$ und $a = \bar{x}_{k+1} - (b_1^* \cdot \bar{x}_1 + b_2^* \cdot \bar{x}_2 + \ldots + b_k^* \cdot \bar{x}_k)$,

hier also $b_1^* = b_1 \cdot \dfrac{s_3}{s_1} = 0{,}2 \cdot \dfrac{100}{20} = 1$; $b_2^* = b_2 \cdot \dfrac{s_3}{s_2} = 0{,}8 \cdot \dfrac{100}{10} = 8$;

$a = \bar{x}_3 - (b_1^* \cdot \bar{x}_1 + b_2^* \cdot \bar{x}_2) = 1900 - (1 \cdot 20 + 8 \cdot 80) = 1240$; also lautet die Regressionsgleichung für die Rohwerte:

$\hat{x}_{3i} = 1240 + 1 \cdot x_{1i} + 8 \cdot x_{2i}$;

damit ergibt sich als Schätzung für die Energieaufnahme des 1. Probanden:
$\hat{x}_{31} = 1240 + 1 \cdot x_{11} + 8 \cdot x_{21} = 1240 + 1 \cdot 40 + 8 \cdot 90 = 2000$; da $x_{31} = 2000$, errechnet sich das Residuum an der Stelle 1 (d.h. für die Werte von Person 1):
$\hat{x}_{31} - x_{31} = 2000 - 2000 = 0$; hingegen würde sich der Wert des vierten Probanden weniger genau vorhersagen lassen:
$\hat{x}_{34} - x_{34} = 1240 + 1 \cdot 0 + 8 \cdot 90 - 2000 = -40$.

3.4 Multiple Regression und Korrelation

Multiple Korrelationen

Wir kehren zum bivariaten Fall mit den Variablen X und Y (mit X als Prädiktor-, Y als Kriteriumsvariable) zurück und halten die wichtige Beziehung fest:

$$r_{xy} = r_{y\hat{y}}.\qquad 3.30$$

In Worten: Die Korrelation der Prädiktorvariablen mit der Kriteriumsvariablen ist gleich der Korrelation der tatsächlichen Werte der Kriteriumsvariablen mit den dafür aus der Prädiktorvariablen vorhergesagten Werten.

Dieses folgt aus der Tatsache, dass die Transformation, welche die x_i in $\hat{y}_i$ überführt (nämlich $\hat{y}_i = a_1 + b_1 x_i$) linear ist, folglich am Wert der Korrelation nichts ändert. Diese Äquivalenz gestattet nun, die Korrelation allgemeiner für den Fall zu definieren, dass eine Kriteriumsvariable X_{k+1} durch k Prädiktorvariablen vorhergesagt werden soll. Dieser oft mit $R_{k+1,1,2,...,k}$ symbolisierte Wert ist dann die gewöhnliche bivariate Produkt-Moment-Korrelation zwischen vorausgesagten und tatsächlichen Werten der Kriteriumsvariable X_{k+1}, also:

$$R_{k+1,1,2,...,k} = r_{x_{k+1}\hat{x}_{k+1}}\qquad 3.31$$

Als (verkappter) bivariater Korrelationskoeffizient bewegt sich R im Bereich von 0 und $+1$ und berechnet sich aus den b-Gewichten und den Korrelationen der einzelnen Variablenpaare zu

$$R_{k+1,12...k} = \sqrt{\sum_{j=1}^{k} b_j \cdot r_{jk}}\qquad 3.32$$

Im speziellen Fall von $k = 1$, also der einfachen Korrelation und Regression, ergibt sich – wie zu erwarten – demnach:

$R_{2,1} = \sqrt{b_1 \cdot r_{12}} = r_{12}$ (da nach Anmerkung 3 für z-transformierte Werte: $b_1 = r_{12}$).

Bildung dieser multiplen Korrelation setzt voraus, dass der Wert unter der Wurzel nicht kleiner als 0 ist; bei empirischen Daten wird dies in der Regel der Fall sein, sodass eine weitere Diskussion dieser Möglichkeit sich hier erübrigt.

Es ist zugegeben, dass dieses $R_{k+1,1,2,...,k}$ eine sehr unanschauliche Größe darstellt. Sie wird vornehmlich dazu benutzt, die Güte eine linearen Regression abzuschätzen. Das Quadrat von R, der Determinationskoeffizient, gibt nämlich an, welcher Anteil der Varianz der Kriteriumsvariablen X_{k+1} durch die Varianz der Schätzwerte $\hat{x}_{k+1,i}$ aufgeklärt wird (s. dazu 3.3.2), also wie gut mittels der Regressionsgleichung die Werte in X_{k+1} vorhergesagt werden. Im obigen Beispiel (Energieaufnahme) errechnet sich für R aus den b-Gewichten und den Korrelationskoeffizienten:

$$R_{3,12} = \sqrt{b_1 \cdot r_{13} + b_2 \cdot r_{23}} = \sqrt{0{,}2 \cdot 0 + 0{,}8 \cdot 0{,}75} = \sqrt{0{,}6} = 0{,}77\ ;$$

damit würde durch die Vorhersage mittels der Werte in X_1 (Alkoholkonsum) und X_2 (Fettverzehr) insgesamt $R^2 = 0{,}77^2 = 0{,}59 = 59\%$ der Varianz von X_3 (Kalorienaufnahme) aufgeklärt.

3.5 Faktorenanalyse

3.5.1 Ausgangspunkt und Ziel; terminologische Vorbemerkungen

Datenmatrizen

Ausgangspunkt einer Faktorenanalyse (FA) sind die Daten einer Anzahl von Probanden in mehreren intervallskalierten Variablen, z.B. Leistungspunkte von 50 Schülern in den Fächern Mathematik, Physik, Englisch, Französisch und Musik. Sie werden üblicherweise in Form einer Datenmatrix dargestellt: In den einzelnen Spalten (hier fünf) stehen untereinander die Werte der Probanden in der jeweiligen Variable; in den Zeilen befinden sich entsprechend die Variablenwerte der einzelnen Probanden. In der zweiten Spalte sind also im gewählten Beispiel die Werte der 50 Schüler in der mit X_2 bezeichneten Variable (hier Physik) aufgelistet (also $x_{1,2}$, $x_{2,2}$...., $x_{50,2}$), in der 28. Zeile die Punkte des in der Zählung 28. Schülers in den Variablen X_1 (Mathematik), X_2 (Physik), X_3 (Englisch), X_4 (Französisch) und X_5 (Musik), also die Werte ($x_{28,1}$; $x_{28,2}$; $x_{28,3}$; $x_{28,4}$; $x_{28,5}$). Wir schreiben, wie in 3.4 eingeführt, zunächst den Index des Probanden (allgemein bezeichnet mit i) und anschließend den der Variable – für den laufenden Index wird dabei zur Symbolisierung der Buchstabe j gewählt; anders als bei konkreten Zahlen für Indexwerte lässt sich hier das Komma zur Vermeidung von Missverständnissen sparen. Die einzelnen Werte innerhalb der Matrix bezeichnen wir als ihre Elemente. Bezeichne m die Anzahl der betrachteten Variablen, n die Zahl der untersuchten Probanden, so hat man eine (mxn-elementige) Matrix vom Typ (n,m) oder eine (n,m)-Matrix vor sich, also eine Matrix mit n Zeilen und m Spalten.

Konventionsgemäß bezeichnet in der Matrizenrechnung der 1. Index die Zeile, der 2. die Spalte; daran wollen wir uns ebenfalls halten – obwohl die andere Anordnung, die zuerst das Allgemeinere (hier die Variable oder bei der Faktorladungsmatrix den Faktor) indiziert, eingängiger sein dürfte. Generell sei i der laufende Index für die Probanden, ihre Gesamtzahl n, j der Index für Variablen (Gesamtzahl m), k der für die Faktoren (Gesamtzahl meist mit q bezeichnet).

Matrizen wurden früher gerne mit deutschen Großbuchstaben symbolisiert (wie wir es auch für Korrelationsmatrizen weiter tun werden, die wir mit $\mathfrak{R}$ bezeichnen); allgemeiner ist es mittlerweile üblich, eine Matrix mit dem Element x_{ij} in der i-ten Zeile und j-ten Spalte mit ((x_{ij})) oder einfacher mit **X** zu symbolisieren. Eine Matrix mit der gleichen Anzahl von Zeilen wie Spalten heißt quadratisch; gilt für ihre Elemente $a_{ij} = a_{ji}$, wird die Matrix symmetrisch genannt. In einer symmetrischen Matrix steht also in der 3. Spalte der 2. Zeile das gleiche Element wie in der 2. Spalte der 3. Zeile.

Da wir zunächst Matrizen lediglich zur Darstellung benutzen, genügt hier diese Einführung; Ergänzungen zum Rechnen mit Matrizen werden in 3.5.6 notwendig werden. In 8.4.1 sind kurz die Grundlagen der Matrizenrechnung zusammenhängend dargestellt.

3.5 Faktorenanalyse

Ziel und Prinzip von Faktorenanalysen

Ziel einer Faktorenanalyse ist die Rückführung der betrachteten Variablen auf eine geringe Anzahl neuer hypothetischer, im Regelfall der orthogonalen Rotation nicht miteinander korrelierender Variablen, welche sparsam und zugleich hinreichend genau die Werte der Probanden in den alten Variablen vorhersagen können. Die anschließend anstehende, nicht mehr mathematische, sondern psychologische Aufgabe ist es, die neuen, allein durch mathematische Prozesse gewonnenen Variablen sinnvoll zu interpretieren.

Durch FA erhalten wir aus der Ausgangsmatrix mit den Daten von n Probanden in m Variablen eine neue Matrix $\mathbf{A} = ((a_{jk}))$ des Typs (m,q), die Faktorladungsmatrix. Sie hat m Zeilen (m = Zahl der betrachteten Variablen) und q Spalten (q = Anzahl der extrahierten Faktoren). In der j-ten Zeile und der k-ten Spalte steht das Element a_{jk} (Wert der Faktorladungsmatrix für die Variable X_j und den Faktor F_k), welches stets eine Zahl zwischen -1 und $+1$ ist (im Anschluss an die „Rotation" fast ausschließlich eine positive oder bestenfalls größenmäßig unbedeutende negative Zahl); die Elemente a_{jk} entsprechen Korrelationen der (alten) Variablen mit den neuen (hypothetischen) Variablen (den Faktoren) und werden als Ladungen der Variablen X_j auf den Faktoren F_k bezeichnet. Quadriert man die Faktorladungen a_{jk} und summiert diese quadrierten Werte in jeder Zeile (für jede der [alten] Variablen), so erhält man die so genannten Kommunalitäten; diese geben an, wo gut die betreffende Variable durch die q Faktoren wiedergegeben wird – genauer: welcher Varianzanteil dieser Variable durch die Varianz der Faktoren, also der neuen Variablen, erklärt wird. Kommunalitäten werden üblicherweise durch h^2 symbolisiert; h_j^2 bedeutet also die Kommunalität der j-ten (alten) Variable. (Um Missverständnisse zu vermeiden, wurde deshalb auch darauf verzichtet, h als Bezeichnung für einen laufenden Index zu wählen). Summiert man die quadrierten Faktorladungen a_{jk}^2 über die Elemente einer Spalte, erhält man die durch den betreffenden Faktor aufgeklärte Varianz; sie wird entweder als Anteil der Gesamtvarianz sämtlicher alten Variablen angegeben oder als Anteil der durch die q Faktoren insgesamt aufgeklärten Varianz. Im letzteren Fall addieren sich die aufgeklärten Varianzen über die Faktoren trivialerweise zu 100%, im ersteren Fall zu einem meist deutlich geringeren Wert (oft unter 50%); durch die gefundenen neuen (zahlenmäßig geringeren) Faktoren kann also in der Regel nur ein Teil der ursprünglichen Varianz erklärt werden. Schließlich ist anzumerken, dass als Endresultat diverser Rechenschritte in der Faktorladungsmatrix die Faktoren nach ihrer Varianzstärke angeordnet sind: Faktor 1 erklärt also am meisten Varianz, Faktor q am wenigsten. Wie viele Faktoren überhaupt „extrahiert" werden – mit welchem Anteil an erklärter Varianz man sich also zufrieden gibt –, hängt vom angesetzten Kriterium und damit in der Regel von Vorannahmen ab; hier ist zweifellos eine gewisse subjektive Komponente in dem an sich standardisierten Verfahren gegeben.

Unsere Faktorladungsmatrix, ausgehend von den Leistungen der 50 Probanden in den fünf genannten Fächern, könnte (unter Weglassung der Klammersymbolik) beispielsweise so aussehen:

	I	II	III	h^2
X_1	0,81	0,20	0,10	0,71
X_2	0,75	0,20	0,13	0,62
X_3	0,20	0,80	0,15	0,70
X_4	0,25	0,74	0,10	0,62
X_5	0,25	0,22	0,86	0,85
% Varianz	27,6	26,4	16,0	70,00

In der ersten Zeile stehen die römischen Zahlen für die Faktoren, in der ersten Spalte die für die Variablen; die eigentliche Faktorladungsmatrix $((a_{jk}))$ besteht aus den Werten $a_{1,1} = 0{,}81$ bis $a_{5,3} = 0{,}86$. In der letzten, mit h^2 überschriebenen Spalte sind die Kommunalitäten der Variablen aufgelistet; die Varianz der 1. Variable lässt sich zu 71% durch die 3 Faktoren aufklären. In der letzten Zeile ist angegeben, wie viel Prozent der Gesamtvarianz die Faktoren im Einzelnen und in ihrer Gesamtheit erklären (hier mit 70 % ein eher hoher Wert angesichts der geringen Faktorenzahl). Die Zahlen errechnen sich, indem die Quadrate der Faktorladungen (z.B. 1,38 für Faktor I) durch die Gesamtvarianz (Zahl der Variablen, hier 5) dividiert wird.

Die psychologische Aufgabe besteht nun darin, die neuen Variablen, eben die Faktoren, zu interpretieren und ihnen sinnvolle Bezeichnungen zu geben; diese sollen einerseits möglichst umfassend sein, andererseits sich aber eng an das tatsächliche Datenmaterial anlehnen. Faktor I (auf dem Mathematik und Physik hoch laden) könnte etwa naturwissenschaftliche Begabung genannt werden, Faktor II Sprachbegabung und Faktor III musische Begabung. Während an unserem einfach gewählten Beispiel diese Interpretation vergleichsweise unbestritten sein dürfte, ist in vielen Fällen von Faktoranalysen die Interpretation der schwierigste und am stärksten kontrovers diskutierte Part.

3.5.2 Variablen als Vektoren im Personenraum; Grundzüge der Vektorrechnung

Variablenvektoren

Die Werte x_{ij} von n Personen in einer Variable X_j lassen sich als n-elementiger Spaltenvektor auffassen; wir bezeichnen ihn mit $\vec{X}_j$; im obigen Beispiel wäre $\vec{X}_2$ der Vektor mit den Werten der 50 Probanden in Variable 2 (Physik). Die Elemente eines Vektors werden auch seine Komponenten genannt.

3.5 Faktorenanalyse

Diese Wertevektoren lassen sich nun anschaulich als Vektoren im „Personenraum" darstellen: Jede der Personen definiert eine Achse des n-dimensionalen Koordinatensystems. Der Wert x_{ij} wird als Abstand vom Nullpunkt auf der i-ten Achse aufgetragen; der Vektor vom Nullpunkt zum Punkt im Raum mit den Koordinaten $x_{1,j}$; $x_{2,j}$;..; $x_{n,j}$ repräsentiert damit die Variable X_j; üblicherweise bringt man an dem freien Ende einen Pfeil an, um auch grafisch zu betonen, dass es sich um einen Vektor handelt (s. Abbildung 3.8).

Ein einfaches Beispiel: In Variable X_1 (Mathematik) haben drei Schüler intervallskalierte Leistungswerte $x_{1,1} = 1$; $x_{2,1} = 4$; $x_{3,1} = 4$; in Physik (X_2) ergaben sich $x_{1,2} = 1$; $x_{22} = 2$; $x_{3,2} = 3$, in Variable X_3 (Englisch): $x_{1,3} = 1$; $x_{2,3} = 0$; $x_{3,3} = 2$, in Variable X_4 (Französisch): $x_{1,4} = 3$; $x_{2,4} = 0$; $x_{3,4} = 3$. (Es ist ein ähnliches Beispiel wie oben; lediglich haben wir die Variable Musik weggelassen und nur drei Schüler betrachtet). Die Variablenvektoren sehen dann so aus:

$$\vec{X}_1 = \begin{pmatrix} 1 \\ 4 \\ 4 \end{pmatrix}; \vec{X}_2 = \begin{pmatrix} 1 \\ 2 \\ 3 \end{pmatrix}; \vec{X}_3 = \begin{pmatrix} 1 \\ 0 \\ 2 \end{pmatrix}; \vec{X}_4 = \begin{pmatrix} 3 \\ 0 \\ 3 \end{pmatrix}.$$

Trägt man die Wertevektoren in das von den drei Schülern definierte Koordinatensystem ein, ergibt sich folgendes Bild:

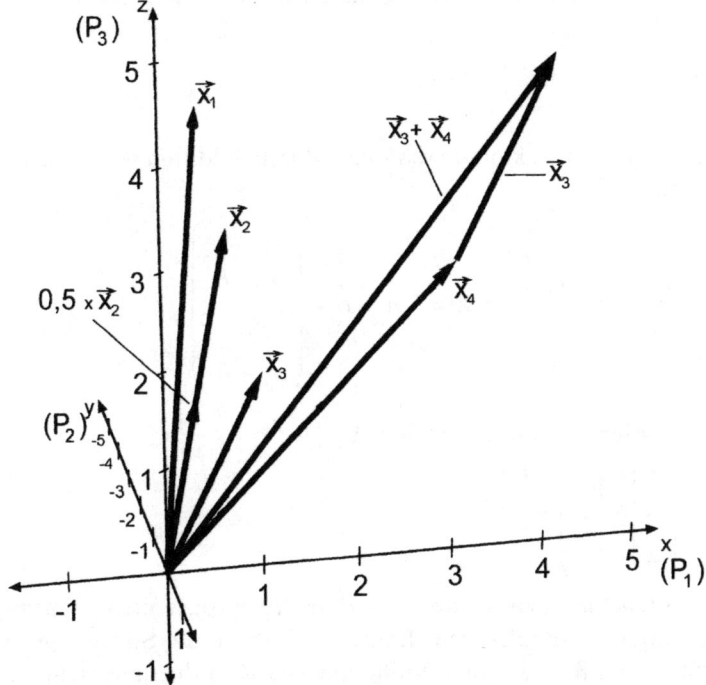

Abbildung 3.8: Darstellung von Variablen als Vektoren

Offenbar haben bei unterschiedlichen Längen $\vec{X}_1$ und $\vec{X}_2$ gewisse räumliche Nähe und Gleiches gilt für $\vec{X}_3$ und $\vec{X}_4$; hingegen scheinen die Gruppen $\vec{X}_1$ und $\vec{X}_2$ einerseits, $\vec{X}_3$ und $\vec{X}_4$ andererseits keine wesentliche Beziehung aufzuweisen (Paare dieser Vektoren stehen teilweise senkrecht aufeinander), und diesen räumlichen Relationen der Vektoren entsprechen wertemäßige der Variablen – im nächsten Abschnitt werden wir erfahren, dass bei z-transformierten Werten die Variablen genau dann eine Nullkorrelation aufweisen, wenn die Vektoren im Personenraum senkrecht aufeinander stehen und dass die Korrelation um so höher ist, je näher die Vektoren beisammen liegen. Es bietet sich hier an, in dieses Koordinatensystem zwei neue Vektoren (eben Faktoren) einzufügen, deren einzelne Koordinaten (die Werte der Personen in diesen Faktoren) letztlich ähnliche Information über die Schüler geben wie die insgesamt vier bisher betrachteten Variablen.

Mit diesen Daten wollen wir im Weiteren das Prinzip der Faktorenanalyse erklären, obwohl wir natürlich zu gegebener Zeit erfahren werden, dass eine solche Rechnung wenig Sinn macht, dass für eine FA die Zahl der Probanden mindestens fünfmal höher als die der Ausgangsvariablen sein soll (hier also mindestens 20 betragen sollte). Vorläufig freuen wir uns, in diesem Koordinatensystem die einzelnen Rechenschritte der FA sichtbar machen zu können.

Zuvor müssen einige elementare Regeln der Vektorrechnung dargestellt werden, für viele hoffentlich nur Wiederholung (zu Vektoren s. auch 8.4.2).

Grundlagen der Vektorrechnung

Die Summe von zwei Vektoren erhält man durch Addition der einzelnen Komponenten; mit

$$\vec{A} = \begin{pmatrix} a_1 \\ a_2 \\ .. \\ a_n \end{pmatrix} \text{ und } \vec{B} = \begin{pmatrix} b_1 \\ b_2 \\ .. \\ b_n \end{pmatrix} \text{ gilt also: } \vec{A} + \vec{B} = \begin{pmatrix} a_1 + b_1 \\ a_2 + b_2 \\ .. \\ a_n + b_n \end{pmatrix} \qquad 3.33$$

Am Beispiel unserer Vektoren $\vec{X}_1$ und $\vec{X}_4$:

$$\vec{X}_1 + \vec{X}_4 = \begin{pmatrix} 1 \\ 4 \\ 4 \end{pmatrix} + \begin{pmatrix} 3 \\ 0 \\ 3 \end{pmatrix} = \begin{pmatrix} 4 \\ 4 \\ 7 \end{pmatrix}.$$

Graphisch erhält man den Vektor $\vec{A}+\vec{B}$ dadurch, dass man $\vec{B}$ parallel verschiebt und zwar so, dass dessen „hinteres" Ende an die Spitze von $\vec{A}$ zu liegen kommt. Der Pfeil, der den Nullpunkt des Koordinatensystems mit dem vorderen Ende des verschobenen Vektors $\vec{B}$ verbindet, ist dann der Vektor $\vec{A}+\vec{B}$. In unserem Koordinatensystem lässt sich dies schön an $\vec{X}_3$ und $\vec{X}_4$

3.5 Faktorenanalyse

demonstrieren, da deren zweite Komponenten den Wert 0 annehmen, beide also in einer Ebene liegen (s. Abb. 3.8). Rechnerisch gilt:

$$\vec{X}_3 + \vec{X}_4 = \begin{pmatrix} 1 \\ 0 \\ 2 \end{pmatrix} + \begin{pmatrix} 3 \\ 0 \\ 3 \end{pmatrix} = \begin{pmatrix} 4 \\ 0 \\ 5 \end{pmatrix},$$

und der Summenvektor endet genau dort, wo die nach der obigen Vorschrift verschobene Spitze von $\vec{X}_3$ zu liegen kommt.

Weiter lassen die Vektoren mit einer beliebigen reellen Zahl λ, einem so genannten Skalar, dadurch multiplizieren, dass jede einzelne Komponente mit dieser Zahl multipliziert wird:

$$\lambda \cdot \begin{pmatrix} a_1 \\ a_2 \\ .. \\ a_n \end{pmatrix} = \begin{pmatrix} \lambda\, a_1 \\ \lambda\, a_2 \\ .. \\ \lambda\, a_n \end{pmatrix}. \qquad 3.34$$

Der resultierende Vektor hat die gleiche Lage im Raum wie $\vec{A}$, ist nur entsprechend längenmäßig verändert. Beispielsweise gilt:

$$2 \cdot \vec{X}_2 = 2 \cdot \begin{pmatrix} 1 \\ 2 \\ 3 \end{pmatrix} = \begin{pmatrix} 2 \\ 4 \\ 6 \end{pmatrix}.$$

Die Subtraktion zweier Vektoren gestaltet sich als Addition mit dem mit -1 multiplizierten, zu subtrahierenden Vektor; also:

$$\vec{X}_3 - \vec{X}_4 = \vec{X}_3 + (-1) \cdot \vec{X}_4 = \begin{pmatrix} 1 \\ 0 \\ 2 \end{pmatrix} + \begin{pmatrix} -3 \\ 0 \\ -3 \end{pmatrix} = \begin{pmatrix} -2 \\ 0 \\ -1 \end{pmatrix}.$$

Graphisch würde man $\vec{X}_3 - \vec{X}_4$ erhalten, indem an die Spitze von $\vec{X}_3$ die Spitze des verschobenen Vektors $\vec{X}_4$ gelegt wird. Der Vektor vom Nullpunkt an den Anfang des verschobenen Vektors $\vec{X}_4$ ergibt dann den Differenzvektor.

Weiter sei der wichtige Begriff der Linearkombination von k Vektoren eingeführt; darunter versteht man einen Ausdruck der Form:

$$\lambda_1 \cdot \vec{X}_1 + \lambda_2 \cdot \vec{X}_2 + ... + \lambda_k \cdot \vec{X}_k. \qquad 3.35$$

Der Betrag $|\vec{A}|$ eines Vektors $\vec{A}$ (seine Länge) berechnet sich aufgrund des berühmten Lehrsatzes von Pythagoras zu:

$$|\vec{A}| = \sqrt{a_1^2 + a_2^2 + .. + a_n^2}\,;\ \text{z.B.}\ |\vec{X}_1| = \sqrt{1 + 16 + 16} = 5{,}74.$$

Man definiert als Skalarprodukt von zwei Vektoren $\vec{A} = \begin{pmatrix} a_1 \\ a_2 \\ .. \\ a_n \end{pmatrix}$ und $\vec{B} = \begin{pmatrix} b_1 \\ b_2 \\ .. \\ b_n \end{pmatrix}$:

$$\vec{A} \cdot \vec{B} = a_1 \cdot b_1 + a_2 \cdot b_2 + \ldots + a_n \cdot b_n.\qquad 3.36$$

Dieses Skalarprodukt ist also immer eine Zahl, kein Vektor; anders wäre es beim Vektorprodukt, welches uns hier nicht beschäftigen soll. Als Skalarprodukt von $\vec{X}_1$ und $\vec{X}_3$ ergibt sich:

$$\vec{X}_1 \cdot \vec{X}_3 = \begin{pmatrix} 1 \\ 4 \\ 4 \end{pmatrix} \cdot \begin{pmatrix} 1 \\ 0 \\ 2 \end{pmatrix} = 1 \cdot 1 + 4 \cdot 0 + 4 \cdot 2 = 9.$$

Für das Skalarprodukt gilt folgende wichtige Beziehung:

$$\vec{A} \cdot \vec{B} = |\vec{A}| \cdot |\vec{B}| \cdot cos\,(\varphi)\;,\qquad 3.37$$

wobei φ der Winkel zwischen den beiden Vektoren ist.

Der Cosinus des Winkels φ zwischen den Vektoren $\vec{X}_3$ und $\vec{X}_4$ beträgt also:

$$cos(\varphi) = \frac{\vec{X}_3 \cdot \vec{X}_4}{|\vec{X}_3| \cdot |\vec{X}_4|} = \frac{1 \cdot 3 + 0 \cdot 0 + 2 \cdot 3}{\sqrt{1^2 + 0^2 + 2^2} \cdot \sqrt{3^2 + 0^2 + 3^2}} = \frac{9}{\sqrt{5} \cdot \sqrt{18}} = \frac{9}{\sqrt{90}} = 0,95$$

und damit errechnet sich für den Winkel selbst: $\varphi = 18,4°$.

Da cos (90°) = 0, ergibt sich folgende wichtige Aussage: Zwei Vektoren stehen genau dann aufeinander senkrecht, wenn ihr Skalarprodukt den Wert 0 hat. So stehen z.B. die in Richtung der Koordinatenachsen zeigenden Vektoren

$$\begin{pmatrix} 1 \\ 0 \\ 0 \end{pmatrix};\; \begin{pmatrix} 0 \\ 1 \\ 0 \end{pmatrix};\; \begin{pmatrix} 0 \\ 0 \\ 1 \end{pmatrix}$$

aufeinander senkrecht, denn ihre Skalarprodukte ergeben 0.

Wir sehen auch, dass jeder Vektor als Linearkombination aufeinander senkrecht stehender Vektoren dargestellt werden kann, z.B. der Vektor

$$\begin{pmatrix} 1 \\ 4 \\ 4 \end{pmatrix}\text{ als }1 \cdot \begin{pmatrix} 1 \\ 0 \\ 0 \end{pmatrix} + 4 \cdot \begin{pmatrix} 0 \\ 1 \\ 0 \end{pmatrix} + 4 \cdot \begin{pmatrix} 0 \\ 0 \\ 1 \end{pmatrix}.$$

Diese Tatsache soll ausgenutzt werden, um Variablenvektoren durch neue, aufeinander senkrecht stehende Vektoren, eben die Faktoren, auszudrücken.

3.5.3 Extraktion der Faktoren nach der Zentroidmethode

Einführung des Begriffes Faktoren

Zur Bestimmung der Faktoren aus der Ursprungsmatrix der Variablenwerte (bzw. der Matrix der Variablen-Interkorrelationen) gibt es verschiedene Verfahren. Das älteste ist die Zentroidmethode – so genannt, weil der jeweils ext-

3.5 Faktorenanalyse

rahierte Faktor im Schwerpunkt der Variablenvektoren liegt (s. unten); es hat den Vorteil rechnerischer Einfachheit, weshalb es vor den Zeiten computerisierter Rechenverfahren beliebt war; heute ist es weitgehend verlassen. Wir stellen es hier deshalb genauer vor, weil an ihm gut das Prinzip der Faktorenanalyse demonstriert und wichtige Begriffe eingeführt werden können.

Für das Weitere führen wir erst eine z-Transformation unserer Daten durch – und werden stillschweigend, bei der allgemeinen Herleitung des Verfahrens, von Standardisiertheit der Variablenwerte ausgehen. Da für die Mittelwerte und Standardabweichungen unserer Variablen gilt:

$\bar{x}_1 = 3, s_1 = \sqrt{3}; \bar{x}_2 = 2, s_2 = 1; \bar{x}_3 = 1; s_3 = 1; \bar{x}_4 = 2, s_4 = \sqrt{3}$,

ergeben sich (in Vektorenform) folgende z-transformierte Variablenwerte:

$$\vec{Z}_1 = \begin{pmatrix} \frac{-2}{\sqrt{3}} \\ \frac{1}{\sqrt{3}} \\ \frac{1}{\sqrt{3}} \end{pmatrix}; \vec{Z}_2 = \begin{pmatrix} -1 \\ 0 \\ 1 \end{pmatrix}; \vec{Z}_3 = \begin{pmatrix} 0 \\ -1 \\ 1 \end{pmatrix}; \vec{Z}_4 = \begin{pmatrix} \frac{1}{\sqrt{3}} \\ \frac{-2}{\sqrt{3}} \\ \frac{1}{\sqrt{3}} \end{pmatrix}.$$

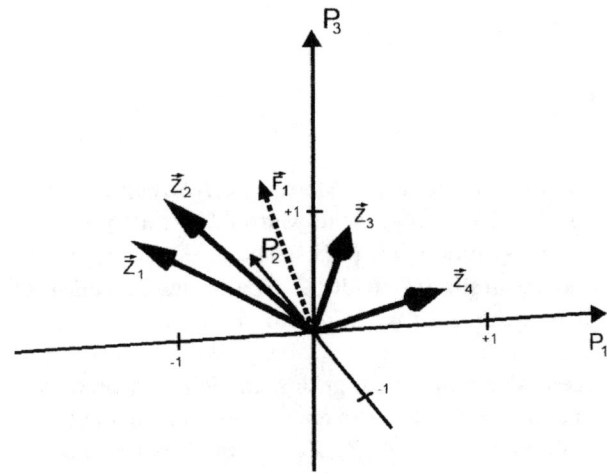

Abbildung 3.9: z-transformierte Werte als Vektoren im Personenraum

Jeder dieser Vektoren hat eine Länge von $\sqrt{2}$.

Allgemein gilt für die Länge (den Betrag) eines standardisierten Vektors:

$$|\vec{Z}_k| = \sqrt{z_{1,k}^2 + z_{2,k}^2 + .. + z_{n,k}^2} = s_{z_k} \cdot \sqrt{n-1} = \sqrt{n-1}, \qquad 3.38$$

da $s_{z_k} = \sqrt{\dfrac{z_{1,k}^2 + z_{2,k}^2 + .. + z_{n,k}^2}{n-1}}$ den Wert 1 annimmt.

Man halte also auseinander: Für z-transformierte Daten gilt $s_{z_k}=1$, aber die Länge des Vektors $\vec{Z}_k$ beträgt $\sqrt{n-1}$.

Für Vektoren mit z-transformierten Daten notieren wir folgende wichtige Beziehung:

$\cos(\varphi_{z_k,z_l})$ [der Cosinus des Winkels zwischen $\vec{Z}_k$ und $\vec{Z}_l$] =

$$\frac{\vec{Z}_k \cdot \vec{Z}_l}{|\vec{Z}_k| \cdot |\vec{Z}_l|} = \frac{z_{k1} \cdot z_{l1} + z_{k2} \cdot z_{l2} + \ldots + z_{kn} \cdot z_{ln}}{\sqrt{n-1} \cdot \sqrt{n-1}} = \frac{cov(z_k; z_l)}{s_{z_k} \cdot s_{z_l}} = r_{kl} \qquad 3.39$$

(da $\bar{z}_k = \bar{z}_l = 0$ und $s_{z_k} = s_{z_l} = 1$),
also gleich der Korrelation der Variablen.

Für die Korrelation zwischen den zwei Variablen X_1 (Mathematik) und X_2 (Physik) berechnet mittels ihres Skalarproduktes, ergibt sich:

$$r_{12} = \frac{\vec{Z}_1 \cdot \vec{Z}_2}{|\vec{Z}_1| \cdot |\vec{Z}_2|} = \frac{\vec{Z}_1 \cdot \vec{Z}_2}{n-1} = \frac{(-\frac{2}{\sqrt{3}}) \cdot (-1) + \frac{1}{\sqrt{3}} \cdot 0 + \frac{1}{\sqrt{3}} \cdot 1}{3-1} = \frac{\sqrt{3}}{2} = 0{,}87.$$

Wie sich als Übung leicht nachrechnen lässt, errechnet sich für die Matrix der Korrelationen zwischen den vier Variablen (der Interkorrelationsmatrix) $\Re$:

$$\Re = \begin{pmatrix} 1 & 0{,}87 & 0 & -0{,}5 \\ 0{,}87 & 1 & 0{,}5 & 0 \\ 0 & 0{,}5 & 1 & 0{,}87 \\ -0{,}5 & 0 & 0{,}87 & 1 \end{pmatrix},$$

wobei in der j-ten Zeile und k-ten Spalte der Matrix die Korrelation zwischen den Variablen Z_j und Z_k steht. Die quadratische Matrix $\Re$ ist also nach der in 3.5.1 eingeführten Definition symmetrisch (z.B. steht in der 3. Spalte der 2. Zeile das Element 0,5 und ebenfalls 0,5 in der 2. Spalte der 3. Zeile). Diese Interkorrelationsmatrix wird später sehr wichtig sein, da wir aus ihr die Faktoren extrahieren.

Wie am Ende des vorigen Abschnitts gezeigt, lassen sich Vektoren stets als Linearkombination aufeinander senkrecht stehender Vektoren darstellen; dies gilt auch für unsere Variablenvektoren $\vec{Z}_1, \vec{Z}_2, \vec{Z}_3, \vec{Z}_4$. Im Rahmen der Faktorenanalyse werden nun q paarweise aufeinander senkrecht stehende Vektoren $\vec{F}_1, \vec{F}_2, \ldots, \vec{F}_k, \ldots, \vec{F}_q$ mit jeweils n Komponenten gesucht, welche sich gut zur Darstellung der Variablen eignen; diese $\vec{F}_k$ nennen wir im Weiteren Faktoren. Beispielsweise hat also $\vec{F}_1$ die Gestalt:

$$\vec{F}_1 = \begin{pmatrix} f_{11} \\ f_{21} \\ .. \\ f_{i1} \\ .. \\ f_{n1} \end{pmatrix} \text{; allgemein: } \vec{F}_k = \begin{pmatrix} f_{1k} \\ f_{2k} \\ .. \\ f_{ik} \\ .. \\ f_{nk} \end{pmatrix}.$$

3.5 Faktorenanalyse

Die f_{ik} sind die Werte der Probanden auf den neuen Variablen, welche wir Faktorwerte nennen wollen; f_{21} würde also den Wert von Person P_2 auf Faktor $\vec{F}_1$ bedeuten.

Dabei ist vorausgesetzt, dass die Faktoren z-standardisiert sind; also:

$$\sum_{i=1}^{n} f_{ik} = 0 \text{ und } s_{f_k} = 1; \qquad 3.40$$

Dann haben nach dem oben Gesagten die Faktoren sämtlich den Betrag $\sqrt{n-1}$. Weiter sollen sie aufeinander senkrecht stehen, also gelten:

$$\vec{F}_k \cdot \vec{F}_l = 0 \text{ für } k \neq l \text{ und } \vec{F}_k \cdot \vec{F}_l = 1 \text{ für } k = l; \qquad 3.41a$$

ausgeschrieben:

$$f_{1k} \cdot f_{1l} + f_{2k} \cdot f_{2l} + ... + f_{nk} \cdot f_{nl} = 0 \text{ für } k \neq l \text{ und}$$
$$f_{1k} \cdot f_{1l} + f_{2k} \cdot f_{2l} + ... + f_{nk} \cdot f_{nk} = 1 \text{ für } k = l; \qquad 3.41b$$

leider war es nicht zu vermeiden, den Index l zu wählen, der sich in Kleinschrift nur schwer von 1 unterscheiden lässt.

Diese Faktoren gewinnen („extrahieren") wir aus der Interkorrelationsmatrix $\Re$ und werden zur Beurteilung der Güte der Extraktion prüfen, wie gut sich diese Interkorrelationsmatrix aus den Faktorladungen reproduzieren lässt.

Prinzip der Extraktion

Wir machen zur Darstellung des Vektors $\vec{Z}_j$ mittels einer Linearkombination der (noch unbekannten) Faktoren den Ansatz:

$$\vec{Z}_j = a_{j1} \cdot \vec{F}_1 + a_{j2} \cdot \vec{F}_2 + .. + a_{jk} \cdot \vec{F}_k + .. + a_{jq} \cdot \vec{F}_q + b_j \cdot \vec{T}_j; \qquad 3.42$$

der letzte Term $b_j \cdot \vec{T}_j$ trägt der Tatsache Rechnung, dass nicht alle Varianz der Variable $\vec{Z}_j$ durch die Faktorenvariablen $\vec{F}_1; \vec{F}_2; .. \vec{F}_q$ aufgeklärt werden kann, dass wir einen weiteren Vektor in Betracht ziehen müssen, der einerseits spezifische, nur auf Variable $\vec{Z}_j$ wirkende Einflüsse und andererseits Fehlerkomponenten berücksichtigt; im Weiteren sei angenommen, dass $\vec{T}_j$ von den zur Vorhersage benutzten Faktoren unabhängig ist und entsprechend mit einer eigenen Konstante b_j zu gewichten ist. Den Skalar a_{jk} bezeichnen wir als die Ladung des Variablenvektors $\vec{Z}_j$ auf dem Faktor $\vec{F}_k$. Für das Weitere nehmen wir an, dass nicht nur die verschiedenen Vektoren $\vec{F}_k$ aufeinander senkrecht stehen, sondern dies auch immer für die Beziehung zwischen der spezifischen Variablen $\vec{T}_j$ und $\vec{F}_k$ gilt; also:

$\vec{F}_k \cdot \vec{F}_g = 0$ für $k \neq g$; wohingegen $\vec{F}_k \cdot \vec{F}_g = n - 1$ für $k = g$.

$\vec{T}_g \cdot \vec{F}_k = 0$ für alle k und alle g. $\qquad 3.43$

$\vec{T}_g \cdot \vec{T}_k = 0$ für $j \neq k$; wohingegen $\vec{T}_j \cdot \vec{T}_j = n - 1$.

Für einen zweiten Vektor $\vec{Z}_l$ gilt dann entsprechend:

$$\vec{Z}_l = a_{l1} \cdot \vec{F}_1 + a_{l2} \cdot \vec{F}_2 + ... + a_{lq} \cdot \vec{F}_q + b_l \cdot \vec{T}_l.$$

Bildet man das Skalarprodukt der Vektoren $\vec{Z}_j$ und $\vec{Z}_l$, ergibt sich:

$$\vec{Z}_j \cdot \vec{Z}_l = (a_{j1} \cdot \vec{F}_1 + a_{j2} \cdot \vec{F}_2 + ... + a_{jq} \cdot \vec{F}_q + b_j \cdot T_j) \cdot (a_{l1} \cdot \vec{F}_1 + a_{l2} \cdot \vec{F}_2 + ... + a_{lq} \cdot \vec{F}_q + b_l \cdot T_l) =$$

$$a_{j1} \cdot a_{l1} \cdot \vec{F}_1 \cdot \vec{F}_1 + a_{j2} \cdot a_{l2} \cdot \vec{F}_2 \cdot \vec{F}_2 + ... + a_{jq} \cdot a_{lq} \cdot \vec{F}_q \cdot \vec{F}_q, \text{falls } j \neq l. \qquad 3.44$$

Unter Berücksichtigung der Tatsache, dass

$\dfrac{\vec{Z}_j \cdot \vec{Z}_l}{n-1} = r_{z_j, z_l} = r_{jl}$ und dass der Ausdruck $\dfrac{\vec{F}_k \cdot \vec{F}_k}{n-1}$

die Korrelation des Faktors $\vec{F}_k$ mit sich selbst darstellt (also 1 annimmt), folgt nach Division beider Seiten durch $n-1$ die wichtige Beziehung:

$$r_{jl} = a_{j1} \cdot a_{l1} + a_{j2} \cdot a_{l2} + ... + a_{jq} \cdot a_{lq}, \text{sofern } j \neq l. \qquad 3.45$$

Die Korrelation zwischen zwei verschiedenen Variablen ist also gleich der Summe der Produkte ihrer Ladungen auf den einzelnen Faktoren; den komplizierteren Fall $j = l$ betrachten wir unten.

Weiter gilt: Die Ladung a_{jk} einer Variablen $\vec{Z}_j$ auf einem Faktor $\vec{F}_k$ ist gleich der Korrelation von Z_j mit der Faktorvariablen F_k und entspricht dem Cosinus des Winkels zwischen den Vektoren $\vec{Z}_j$ und $\vec{F}_k$. Es gilt nämlich:

$$\vec{Z}_j \cdot \vec{F}_k = (a_{j1} \cdot \vec{F}_1 + a_{j2} \cdot \vec{F}_2 + ... + a_{jk} \cdot \vec{F}_k + ... + a_{jq} \cdot \vec{F}_j + b_j \cdot \vec{T}_j) \cdot \vec{F}_k = a_{jk} \cdot \vec{F}_k \cdot \vec{F}_k$$

(da nach dem oben Gesagten alle anderen Skalarprodukte 0 ergeben). Damit:

$$cos(\phi) = \frac{\vec{Z}_j \cdot \vec{F}_k}{|\vec{Z}_j| \cdot |\vec{F}_k|} = r_{Z_j F_k} = a_{jk} \cdot \frac{\vec{F}_k \cdot \vec{F}_k}{|\vec{Z}_j| \cdot |\vec{F}_k|} = a_{jk} \cdot \frac{\vec{F}_k \cdot \vec{F}_k}{|\vec{F}_k|^2} = a_{jk} \cdot cos(\vec{F}_k; \vec{F}_k) = a_{jk}.$$

Kehren wir zur Gleichung 3.44 zurück. Im Falle $j = l$ fällt der Term
$b_j \cdot \vec{T}_j \cdot b_l \cdot \vec{T}_l$
nicht mehr weg, sondern nimmt den Wert $b_j \cdot b_j \cdot (n-1)$ an (da in diesem Fall
$\dfrac{\vec{T}_j \cdot \vec{T}_l}{n-1}$ die Korrelation des Fehlerterms T_j mit sich selbst bedeutet, also 1 ist).

Damit gilt:

$$\vec{Z}_j \cdot \vec{Z}_j = a_{j1}^2 \cdot \vec{F}_1 \cdot \vec{F}_1 + a_{j2}^2 \cdot \vec{F}_2 \cdot \vec{F}_2 + ... + a_{jq}^2 \cdot \vec{F}_q \cdot \vec{F}_q + b_j \cdot b_j \cdot (n-1). \qquad 3.46a$$

Division durch $n-1$ liefert daher:

$$r_{jj} = 1 = a_{j1}^2 + a_{j2}^2 + ... + a_{jk}^2 + ... + a_{jq}^2 + b_j^2; \qquad 3.46b$$

1 ist aber der Betrag der Varianz der standardisierten Variable Z_j. Daher gilt:

$$s_{z_j}^2 = a_{j1}^2 + a_{j2}^2 + ... + a_{jq}^2 + b_j^2 = h_j^2 + b_j^2 = 1. \qquad 3.47$$

Diese Varianz zerlegt sich also in einen Betrag, der durch Korrelation mit den Faktoren $\vec{F}_1$ bis $\vec{F}_q$ aufgeklärt werden kann (die so genannte Kommunalität h_j^2 der Variable $\vec{Z}_j$) und einen auf diese Weise nicht aufzuklärenden Betrag.

3.5 Faktorenanalyse

Fassen wir zusammen: für $j \neq l$ gilt:

$$r_{jl} = a_{j1} \cdot a_{l1} + a_{j2} \cdot a_{l2} + .. + a_{jq} \cdot a_{lq} = \sum_{k=1}^{q} a_{jk} \cdot a_{lk}.$$

Hingegen gilt für $j = l$: $r_{jl} = r_{jj} = r_{ll} = h_j^2 = h_l^2$.

Setzt man, wie oben gezeigt, für r_{jl} mit $j \neq l$ die Summe der multiplizierten Ladungen ein und in die Diagonale die (unbekannten) Kommunalitäten h_j^2, erhält man folgende Matrizengleichung (3.48):

$$\mathfrak{R}_0 = \begin{pmatrix} h_1^2 & r_{12} & r_{13} & .. & r_{1m} \\ r_{21} & h_2^2 & r_{23} & .. & r_{2m} \\ .. & .. & .. & .. & .. \\ .. & .. & .. & .. & .. \\ r_{m1} & r_{m2} & .. & .. & h_m^2 \end{pmatrix} = \begin{pmatrix} a_{11} \cdot a_{11} + .. + a_{1q} \cdot a_{1q} & a_{11} \cdot a_{21} + .. + a_{1q} \cdot a_{2q} & .. & a_{11} \cdot a_{m1} + .. + a_{1q} \cdot a_{mq} \\ a_{21} \cdot a_{11} + .. + a_{2q} \cdot a_{1q} & a_{21} \cdot a_{21} + .. + a_{2q} \cdot a_{2q} & .. & .. \\ .. & .. & .. & .. \\ .. & .. & .. & .. \\ a_{m1} \cdot a_{11} + .. + a_{mq} \cdot a_{1q} & a_{m1} \cdot a_{21} + .. + a_{mq} \cdot a_{2q} & .. & a_{m1} \cdot a_{m1} + .. + a_{mq} \cdot a_{mq} \end{pmatrix}.$$

Man unterscheide: $\mathfrak{R}$ ist die eigentliche Interkorrelationsmatrix, enthält als Diagonalelemente nur die 1, bei $\mathfrak{R}_0$ hingegen stehen in der Diagonale die Kommunalitäten. $\mathfrak{R}_0$ ist symmetrisch und Entsprechendes gilt für die rechte Matrix.

Man erhält also ein Gleichungssystem, bei dem auf der linken Seite die Interkorrelationen der unterschiedlichen Variablen sowie die Kommunalitäten stehen, auf der rechten Seite die unbekannten Ladungen. Dies werden wir benutzen, um schrittweise die Ladungen a_{jk} zu berechnen (nacheinander Faktoren zu extrahieren).

Exakt lässt sich diese Gleichung in jedem Fall dann lösen, wenn wir so viele Faktoren wie Variablen ansetzen (also $m = q$). Setzen wir weniger an, so werden beide Seiten nicht gleich sein, sondern sich mehr oder weniger stark unterscheiden. Es wird dann eine Ermessensfrage sein, bei welcher Zahl von Faktoren wir die Unterschiede als vernachlässigbar betrachten.

Am konkreten Beispiel mit den vier Schulfächern sei nun der Gang einer Faktorenextraktion mittels der Zentroidmethode illustriert und dabei einige Schritte des Gedankenganges wiederholt. Im übernächsten Abschnitt wollen wir dann eine allgemeine und abstraktere Beschreibung dieses Extraktionsverfahrens versuchen; dass sich Redundanzen ergeben werden, nehmen wir in Kauf und sehen dies angesichts der schwierigen Materie sogar als Gewinn an.

Technik der Extraktion nach der Zentroidmethode

Zunächst versuchen wir eine 1-Faktoren-Lösung – obwohl unsere Daten eindeutig gegen ein solch einfaches Modell sprechen. Wir können es ohne Schaden tun, denn die für den einzigen Faktor hier ermittelten Ladungen lassen sich später unverändert als die Ladungen auf dem 1. Faktor bei einer Mehr-Fak-

toren-Lösung übernehmen. (Wir schreiben deshalb von vornherein a_{j1}, weil wir mindestens noch Koeffizienten der Form a_{j2} erwarten).
Wir machen also zur Darstellung der 1. Variable den Ansatz:

$$\vec{Z}_1 = a_{11} \cdot \vec{F}_1 + b_1 \cdot \vec{T}_1 ; \qquad 3.49a$$

$\vec{T}_1$ ist – um es zu wiederholen – der bei der Darstellung zu erwartende, ausschließlich von $\vec{Z}_1$ abhängige Fehlervektor, der mit einer nur von $\vec{Z}_1$ abhängigen Konstante b_1 zu gewichten ist; das Gewicht a_{11} haben wir als die Ladung der Variable $\vec{Z}_1$ auf dem Faktor $\vec{F}_1$ bezeichnet. (Streng genommen handelt es sich nicht um Gleichheit im mathematischen Sinne; wir nehmen hier lediglich eine Gleichsetzung vor und überprüfen, ob sie zu Widersprüchen führt.)

Zur Darstellung von $\vec{Z}_2$ setzen wir denselben Faktor an, den wir aber anders zu gewichten haben; wieder müssen wir annehmen, dass ein spezifischer Fehlervektor $\vec{T}_2$, zu gewichten mit einer allein von $\vec{Z}_2$ abhängigen Konstanten b_2, zur Beschreibung erforderlich ist; daher ergibt sich die Gleichung:

$$\vec{Z}_2 = a_{21} \cdot \vec{F}_1 + b_2 \cdot \vec{T}_2 \qquad 3.49b$$

Multiplikation dieser Gleichungen liefert:

$$\vec{Z}_1 \cdot \vec{Z}_2 = (a_{11} \cdot \vec{F}_1 + b_1 \cdot \vec{T}_1) \cdot (a_{21} \cdot \vec{F}_1 + b_2 \cdot \vec{T}_2) = a_{11} \cdot a_{21} \cdot \vec{F}_1 \cdot \vec{F}_1 , \qquad 3.50$$

weil die Faktoren sowohl untereinander wie mit den Fehlern $\vec{T}_1$ und $\vec{T}_2$ unkorreliert sind, diese Skalarprodukte somit 0 ergeben.
Dividiert man beide Seiten durch $n - 1$, folgt:

$$r_{12} = \frac{\vec{Z}_1 \cdot \vec{Z}_2}{n-1} = a_{11} \cdot a_{21}, \qquad 3.51$$

weil $\dfrac{\vec{F}_1 \cdot \vec{F}_1}{n-1} = 1$ (Korrelation des Faktors mit sich selbst).

Als Übung stelle man $\vec{Z}_3$ mittels eines Faktors dar und multipliziere damit $\vec{Z}_1$ sowie $\vec{Z}_2$. Man erhält in Analogie zu 3.51:

$$\vec{Z}_1 \cdot \vec{Z}_3 = (a_{11} \cdot \vec{F}_1 + b_1 \cdot \vec{T}_1) \cdot (a_{31} \cdot \vec{F}_1 + b_3 \cdot \vec{T}_3) = a_{11} \cdot a_{31} \cdot \vec{F}_1 \cdot \vec{F}_1 = a_{11} \cdot a_{31} \cdot (n-1);$$
$$\vec{Z}_2 \cdot \vec{Z}_3 = (a_{21} \cdot \vec{F}_1 + b_2 \cdot \vec{T}_2) \cdot (a_{31} \cdot \vec{F}_1 + b_3 \cdot \vec{T}_3) = a_{21} \cdot a_{31} \cdot \vec{F}_1 \cdot \vec{F}_1 = a_{21} \cdot a_{31} \cdot (n-1).$$

Insgesamt lautet also unser Gleichungssystem:

$$\mathfrak{R}_0 = \begin{pmatrix} h_1^2 & 0{,}87 & 0 & -0{,}5 \\ 0{,}87 & h_2^2 & 0{,}5 & 0 \\ 0 & 0{,}5 & h_3^2 & 0{,}87 \\ -0{,}5 & 0 & 0{,}87 & h_4^2 \end{pmatrix} = \begin{pmatrix} a_{11}^2 & a_{11}a_{21} & a_{11}a_{31} & a_{11}a_{41} \\ a_{21}a_{11} & a_{21}^2 & a_{21}a_{31} & a_{21}a_{41} \\ a_{31}a_{11} & a_{31}a_{21} & a_{31}^2 & a_{31}a_{41} \\ a_{41}a_{11} & a_{41}a_{21} & a_{41}a_{31} & a_{41}^2 \end{pmatrix}.$$

(Wir hätten diese Gleichung natürlich ebenso erhalten können, wenn wir in der allgemeinen Gleichung 3.48 $m = 4$ und $q = 1$ gesetzt hätten.) Man erinnere sich daran, dass Summation über die quadrierten Faktorladungen (hier nur ein

3.5 Faktorenanalyse

Summand) nicht die Korrelation der Variablen mit sich selbst (also 1) ergibt, sondern einen kleineren Wert, den wir als Kommunalität der Variablen bezeichnet haben.

Zwei Matrizen sind bekanntlich genau dann gleich, wenn ihre Zeilen- und Spaltenzahl dieselbe ist und alle einzelnen Elemente übereinstimmen; diese Gleichheit wollen wir zur Ermittelung der Faktorladungen a_{jk} benutzen. Die Schwierigkeit ist hier, dass wir die Kommunalitäten nicht kennen, sie deshalb zunächst schätzen müssen (möglicherweise ist danach unsere Schätzung noch einmal zu korrigieren). Als Schätzwert für h_j^2 (symbolisiert mit $\hat{h}_j^2$) hat es sich bewährt, den Betrag des höchsten Korrelationskoeffizienten einzusetzen, den die Variable Z_j mit einer anderen aufweist, in diesem speziellen Fall also $\hat{h}_1^2 = \hat{h}_2^2 = \hat{h}_3^2 = \hat{h}_4^2 = 0{,}87$; man lasse sich durch dieses Beispiel nicht verwirren: Üblicherweise sind natürlich die geschätzten Kommunalitäten unterschiedlich.

Damit erhalten wir folgendes Gleichungssystem, in dem die Ladungen a_{11}, a_{21}, a_{31} und a_{41} unbekannt sind:

$$\begin{pmatrix} 0{,}87 & 0{,}87 & 0 & -0{,}5 \\ 0{,}87 & 0{,}87 & 0{,}5 & 0 \\ 0 & 0{,}5 & 0{,}87 & 0{,}87 \\ -0{,}5 & 0 & 0{,}87 & 0{,}87 \end{pmatrix} = \begin{pmatrix} a_{11}^2 & a_{11}a_{21} & a_{11}a_{31} & a_{11}a_{41} \\ a_{21}a_{11} & a_{21}^2 & a_{21}a_{31} & a_{21}a_{41} \\ a_{31}a_{11} & a_{31}a_{21} & a_{31}^2 & a_{31}a_{41} \\ a_{41}a_{11} & a_{41}a_{21} & a_{41}a_{31} & a_{41}^2 \end{pmatrix}.$$

Wir könnten nun gleich setzen: $0{,}87 = a_{11}^2$; $0{,}87 = a_{11} \cdot a_{21}$, usw. Dabei zeigt sich aber, dass es nur vier Unbekannte gibt, während die Zahl der Gleichungen deutlich größer ist; es sind also mehrere Lösungsmöglichkeiten für a_{11} (ebenso natürlich für die anderen Koeffizienten) zu erwarten (s. Anmerkung 8). Man reduziert nun künstlich die Zahl der Gleichungen, indem man nur noch Gleichheit der Zeilensummen fordert; mit $S_1 = a_{11} + a_{21} + a_{31} + a_{41}$ (Summe der Ladungen auf dem 1. und einzigen Faktor) erhält man:

$a_{11}^2 + a_{11} \cdot a_{21} + a_{11} \cdot a_{31} + a_{11} \cdot a_{21} + a_{11} \cdot a_{41} = a_{11} \cdot S_1$; also:

$0{,}87 + 0{,}87 + 0 + (-0{,}5) = 1{,}24 = a_{11} \cdot S_1$; zudem

$0{,}87 + 0{,}87 + 0{,}5 + 0 = 2{,}24 = a_{21} \cdot S_1$;

$0 + 0{,}5 + 0{,}87 + 0{,}87 = 2{,}24 = a_{31} \cdot S_1$;

$(-0{,}5) + 0 + 0{,}87 + 0{,}87 = 1{,}24 = a_{41} \cdot S_1$.

Summation schließlich liefert:

$a_{11} \cdot S_1 + a_{21} \cdot S_1 + a_{31} \cdot S_1 + a_{41} \cdot S_1 = S_1 \cdot S_1 = S_1^2 = 6{,}96$ und damit $S_1 = 2{,}64$.

Somit ergibt sich für die Ladungen:

$a_{11} = \dfrac{1{,}24}{2{,}64} = 0{,}47$; $a_{21} = \dfrac{2{,}24}{2{,}64} = 0{,}85$; $a_{31} = \dfrac{2{,}24}{2{,}64} = 0{,}85$; $a_{41} = \dfrac{1{,}24}{2{,}64} = 0{,}47$.

Allgemein berechnen sich bei m Variablen Z_j ihre Ladungen a_{j1} auf dem 1. Faktor:

$$a_{j1} = \frac{\sum_{l=1}^{m} r_{jl}}{\sqrt{\sum_{j=1}^{m}\sum_{l=1}^{m} r_{jl}}}.$$ 3.52a

Man addiert also zur Berechnung von a_{j1} die Elemente der j-ten Zeile der modifizierten Interkorrelationsmatrix $\mathfrak{R}_0$ und dividiert durch die Wurzel aus der Summe sämtlicher Elemente (vorausgesetzt, letztere ist positiv; s. unten).

Die Lage dieses Faktors als Vektor im Personenraum erkennt man unter Berücksichtigung der Tatsache, dass die Ladungen der vier Variablen auf ihm zahlenmäßig dem Cosinus der Winkel zwischen Variablen- und Faktorvektor entsprechen, d.h. den a_{j1}. $\vec{F}_1$ würde somit relativ nahe an den beiden Variablenvektoren $\vec{Z}_2$ und $\vec{Z}_3$ liegen (mit einem Winkel dazwischen von jeweils etwa 32°), entfernter von $\vec{Z}_1$ und $\vec{Z}_4$ (Winkel jeweils 62°; s. Abb. 3.9).

Wenn wir die vier Variablen unseres Beispiels durch den einzigen Faktor $\vec{F}_1$ bereits erklärt hätten, müssten

$$a_{11} \cdot \vec{F}_1 + b_1 \cdot T_1 \text{ und } a_{21} \cdot \vec{F}_1 + b_2 \cdot T_2$$

schon hinreichend genaue Ansätze für $\vec{Z}_1$ bzw. $\vec{Z}_2$ darstellen, sich somit $\vec{Z}_1 \cdot \vec{Z}_2 = (n-1) \cdot r_{12}$ durch $(n-1) \cdot a_{11} \cdot a_{21}$ gut annähern lassen, r_{12} folglich durch $a_{11} \cdot a_{21}$, entsprechend r_{13} durch $a_{11} a_{31}$ (allgemein: r_{jl} durch $a_{j1} \cdot a_{l1}$); dann wäre mittels der Ladungen die Korrelationsmatrix vollständig zu reproduzieren (was natürlich mit wenigen Faktoren kaum je der Fall sein wird); wir bezeichnen deshalb mit $\hat{r}_{jl} = a_{j1} a_{l1}$ die Annäherung von r_{jl} im Falle einer 1-Faktor-Lösung und stellen die an unserem Beispiel berechnete tatsächliche Korrelationsmatrix $\mathfrak{R}_0$ und die mittels der Ladungen reproduzierte Korrelationsmatrix $((\hat{r}_{jl})) = \hat{\mathfrak{R}}_0$ gegenüber:

$$\mathfrak{R}_0 = \begin{pmatrix} 0{,}87 & 0{,}87 & 0 & -0{,}5 \\ 0{,}87 & 0{,}87 & 0{,}5 & 0 \\ 0 & 0{,}5 & 0{,}87 & 0{,}87 \\ -0{,}5 & 0 & 0{,}87 & 0{,}87 \end{pmatrix}; \hat{\mathfrak{R}}_0 = \begin{pmatrix} 0{,}22 & 0{,}40 & 0{,}40 & 0{,}22 \\ 0{,}40 & 0{,}72 & 0{,}72 & 0{,}40 \\ 0{,}40 & 0{,}72 & 0{,}72 & 0{,}40 \\ 0{,}22 & 0{,}40 & 0{,}40 & 0{,}22 \end{pmatrix}.$$

(Der Wert 0,22 hat sich beispielsweise durch Quadrierung von 0,47, den für a_{11} ermittelten Wert, berechnet, 0,40 als Produkt von a_{11} mit a_{21}). Würden diese Matrizen gut übereinstimmen, könnte man bereits den Vorgang abbrechen. Dass hier erhebliche Unterschiede vorliegen, sticht sofort ins Auge, ohne dass wir die erst später zu besprechenden Abbruchkriterien heranziehen; es ist also ein erneuter Ansatz zu machen, diesmal mit zwei Faktoren. Erfreulicherweise ist aber unsere Berechnung der Ladungen des 1. Faktors nicht vergebens gewesen. Wir können auch bei Extraktion weiterer Faktoren die einmal für $\vec{F}_1$ ermittelten Ladungen beibehalten (s. Anmerkung 9). Bildet man nun die Differenz der beiden Matrizen $\mathfrak{R}_0$ und $\hat{\mathfrak{R}}_0$ und bezeichnet diese als $\mathfrak{R}_1$ (Restmatrix), so bestehen deren Elemente aus den Differenzen $r_{jl} - a_{j1} \cdot a_{l1}$. Die Ele-

3.5 Faktorenanalyse

mente von $\Re_0$ wollen wir nun mit $r_{jl}^{(0)}$ bezeichnen (r_{jl} in bisheriger Schreibweise), die der 1. Restmatrix mit $r_{jl}^{(1)}$, die der später eventuell zu berechnenden 2. Restmatrix mit $r_{jl}^{(2)}$, usw. In unserem Fall ergibt sich also:

$$\Re_1 = \begin{pmatrix} 0{,}65 & 0{,}47 & -0{,}40 & -0{,}72 \\ 0{,}47 & 0{,}15 & -0{,}22 & -0{,}40 \\ -0{,}40 & -0{,}22 & 0{,}15 & 0{,}47 \\ -0{,}72 & -0{,}40 & 0{,}47 & 0{,}65 \end{pmatrix};$$

auch diese Matrix muss natürlich als Differenz zweier symmetrischer Matrizen symmetrisch sein. Macht man nun einen 2-Faktoren-Ansatz, so gilt zunächst, dass sich – wie erwähnt – die Ladungen auf dem 1. Faktor aus der 1-Faktoren-Lösung übernehmen lassen (s. Anmerkung 9); für sie gilt (mit leicht veränderter Schreibweise) also die schon bekannte Beziehung:

$$a_{j1} = \frac{\sum_{l=1}^{m} r_{jl}^{(0)}}{\sqrt{\sum_{j=1}^{m}\sum_{l=1}^{m} r_{jl}^{(0)}}} \qquad \text{3.52b}$$

Die Ladungen a_{j2} der Variable $\vec{Z}_2$ auf dem 2. Faktor berechnen sich nach folgender Gleichung (s. Anmerkung 10):

$$a_{j2} = \frac{\sum_{l=1}^{m} r_{jl}^{(1)}}{\sqrt{\sum_{j=1}^{m}\sum_{l=1}^{m} r_{jl}^{(1)}}}, \qquad \text{3.52c}$$

wobei, wie oben eingeführt, $r_{jl}^{(1)}$ die Elemente der Restmatrix $\Re_1$ sind (die Hochstellung bedeutet in diesem Fall als keine Potenzbildung, wie sonst üblich, sondern eine weitere Kennzeichnung der Korrelationskoeffizienten).

Diese Restmatrix müssen wir allerdings zunächst in der Regel einer Veränderung unterwerfen. Es ist nämlich sicher zu stellen, dass ihre Elemente im Wesentlichen positiv sind, auf jeden Fall aber die Zeilen- und Spaltensummen diese Bedingung erfüllen. Dazu multipliziert man Zeilen mit vorwiegend negativen Elementen mit – 1 und muss dies mit den entsprechenden Spalten dann auch tun; dies ist später insofern zu berücksichtigen, als bei einer solchen Behandlung der j-ten Zeile (Spalte) die aus Gleichung 3.51c ermittelten a_{j2} (und alle weiteren Ladungen a_{jk} dieser Variable) ein negatives Vorzeichen erhalten. (Wäre dieses Problem schon bei $\Re_0$ aufgetreten, hätten wir dort ebenso verfahren müssen.)

Wir behandeln also die Restmatrix $\Re_1$ unseres Beispiel auf die beschriebene Weise und führen eine erste „Spiegelung" durch (s. Anmerkung 11). Multiplikation der 1. Zeile und Spalte mit – 1 liefert $\Re_1'$:

$$\mathfrak{R}_1 = \begin{pmatrix} 0{,}65 & 0{,}47 & -0{,}40 & -0{,}72 \\ 0{,}47 & 0{,}15 & -0{,}22 & -0{,}40 \\ -0{,}40 & -0{,}22 & 0{,}15 & 0{,}47 \\ -0{,}72 & -0{,}40 & 0{,}47 & 0{,}65 \end{pmatrix}; \mathfrak{R}_1' = \begin{pmatrix} 0{,}65 & -0{,}47 & +0{,}40 & +0{,}72 \\ -0{,}47 & 0{,}15 & -0{,}22 & -0{,}40 \\ +0{,}40 & -0{,}22 & 0{,}15 & 0{,}47 \\ +0{,}72 & -0{,}40 & 0{,}47 & 0{,}65 \end{pmatrix}.$$

(0,65 bleibt unverändert, weil doppelt mit -1 multipliziert). In Folge dessen wird das ermittelte a_{12} ein negatives Vorzeichen haben. Dies genügt offenbar nicht, wir müssen die 2. Zeile und die 2. Spalte von $\mathfrak{R}_1'$ ebenfalls mit -1 multiplizieren und erhalten:

$$\mathfrak{R}_1'' = \begin{pmatrix} 0{,}65 & +0{,}47 & +0{,}40 & +0{,}72 \\ +0{,}47 & +0{,}15 & +0{,}22 & +0{,}40 \\ +0{,}40 & +0{,}22 & 0{,}15 & 0{,}47 \\ +0{,}72 & +0{,}40 & 0{,}47 & 0{,}65 \end{pmatrix}.$$

Daher wird das berechnete a_{22} ein negatives Vorzeichen haben. Somit ergibt sich ausgehend von $\mathfrak{R}''$ gemäß Formel 3.51c für die Ladungen auf dem 2. Faktor:

$$a_{12} = -\frac{r_{11}^{(1)}+r_{12}^{(1)}+r_{13}^{(1)}+r_{14}^{(1)}}{\sqrt{\sum_{j=1}^{4}\sum_{l=1}^{4}r_{jl}^{(1)}}} = -\frac{2{,}24}{2{,}64} = -0{,}85; \; a_{22} = -\frac{r_{21}^{(1)}+r_{22}^{(1)}+r_{23}^{(1)}+r_{24}^{(1)}}{\sqrt{\sum_{j=1}^{4}\sum_{l=1}^{4}r_{jl}^{(1)}}} = -0{,}47;$$

$$a_{32} = \frac{r_{31}^{(1)}+r_{32}^{(1)}+r_{33}^{(1)}+r_{34}^{(1)}}{\sqrt{\sum_{j=1}^{4}\sum_{l=1}^{4}r_{jl}^{(1)}}} = \frac{1{,}24}{2{,}64} = 0{,}47; \; a_{42} = \frac{r_{41}^{(1)}+r_{42}^{(1)}+r_{43}^{(1)}+r_{44}^{(1)}}{\sqrt{\sum_{j=1}^{4}\sum_{l=1}^{4}r_{jl}^{(1)}}} = 0{,}85.$$

Man kann nun wieder $\mathfrak{R}_1$ mit der Matrix der aus den Ladungen auf Faktor 2 reproduzierten Restkorrelationen $\hat{\mathfrak{R}}_1$ vergleichen. Dann müsste $a_{j2} \cdot a_{l2}$ eine Schätzung für $r_{jl}^{(1)}$ darstellen. Wir stellen $\mathfrak{R}_1$ und $\hat{\mathfrak{R}}_1$ gegenüber:

$$\mathfrak{R}_1 = \begin{pmatrix} 0{,}65 & 0{,}47 & -0{,}40 & -0{,}72 \\ 0{,}47 & 0{,}15 & -0{,}22 & -0{,}40 \\ -0{,}40 & -0{,}22 & 0{,}15 & 0{,}47 \\ -0{,}72 & -0{,}40 & 0{,}47 & 0{,}65 \end{pmatrix}; \hat{\mathfrak{R}}_1 = \begin{pmatrix} 0{,}72 & 0{,}40 & -0{,}40 & -0{,}72 \\ 0{,}40 & 0{,}22 & -0{,}22 & -0{,}40 \\ -0{,}40 & -0{,}22 & 0{,}22 & 0{,}40 \\ -0{,}72 & -0{,}40 & 0{,}40 & 0{,}72 \end{pmatrix}.$$

Dies scheint nun recht gut gelungen. Dennoch versuchen wir sicherheitshalber, noch den 3. Faktor zu extrahieren, u.a. um den sinnvollen Abbruch des Verfahrens nach Extraktion des 2. Faktors begründen zu können. $\mathfrak{R}_2$, die zweite Restmatrix, errechnet sich als Differenz von $\mathfrak{R}_1$ und $\hat{\mathfrak{R}}_1$ zu:

3.5 Faktorenanalyse

$$\mathfrak{R}_2 = \begin{pmatrix} -0{,}07 & 0{,}07 & 0 & 0 \\ 0{,}07 & -0{,}07 & 0 & 0 \\ 0 & 0 & -0{,}07 & 0{,}07 \\ 0 & 0 & 0{,}07 & -0{,}07 \end{pmatrix}.$$

Da die Summe der Matrixelemente 0 ergibt, ist aber hier eine Extraktion nicht möglich und dieses Manko lässt sich auch nicht durch noch so geschickte Spiegelung beheben. Wir müssen uns also mit einer 2-Faktoren-Lösung zufrieden geben und stellen die Faktorladungsmatrix zusammen.

$$((a_{jk})) = \begin{pmatrix} & \vec{F}_1 & \vec{F}_2 & h_j^2 \\ \vec{Z}_1 & 0{,}47 & -0{,}85 & 0{,}94 \\ \vec{Z}_2 & 0{,}85 & -0{,}47 & 0{,}94 \\ \vec{Z}_3 & 0{,}85 & 0{,}47 & 0{,}94 \\ \vec{Z}_4 & 0{,}47 & 0{,}85 & 0{,}94 \\ \sum_{j=1}^{4} a_{jk}^2 & 1{,}89 & 1{,}89 & 3{,}78 \end{pmatrix}.$$

Bestimmen wir die Summe der Ladungsquadrate für die einzelnen Faktoren, erhalten wir (mit gewissen Rundungsfehlern) 1,89 für die des 1. Faktors und ebenfalls 1,89 für die des 2., zusammen also 3,78. Da die Kommunalitäten jeder der 4 Variablen maximal 1 beträgt, zusammen also 4, könnte der durch einen eventuellen 3. Faktor aufgeklärte Varianzanteil nur klein sein, höchstens im Bereich von etwa 5%. Da wir ohnehin die Extraktion wiederholen müssen (s. unten), wollen wir das Problem nicht genauer hier diskutieren.

Wir versuchen nun, unsere Ursprungsmatrix der Variablen-Interkorrelationen (mit den geschätzten Kommunalitäten in der Diagonalen) mittels der Ladungen auf den beiden Faktoren zu rekonstruieren (wir wollen sie $\hat{\mathfrak{R}}_0$ nennen). Dann muss die Korrelation zweier Variablen Z_j und Z_l durch die Summe ihrer Ladungsprodukte auf den beiden Faktoren gut zu schätzen sein, also:

r_{jl} durch $a_{j1} \cdot a_{l1} + a_{j2} \cdot a_{l2}$, z.B. r_{24} durch $a_{21} \cdot a_{41} + a_{22} \cdot a_{42}$.

Da wir erhalten haben:

$a_{11} = 0{,}47; a_{21} = 0{,}85; a_{31} = 0{,}85; a_{41} = 0{,}47;$

$a_{12} = -0{,}85; a_{22} = -0{,}47; a_{32} = 0{,}47; a_{42} = 0{,}85,$

ergibt sich also für die tatsächliche und die rekonstruierte Matrix der Variableninterkorrelationen folgendes Bild:

$$\mathfrak{R}_0 = \begin{pmatrix} 0{,}87 & 0{,}87 & 0 & -0{,}5 \\ 0{,}87 & 0{,}87 & 0{,}5 & 0 \\ 0 & 0{,}5 & 0{,}87 & 0{,}87 \\ -0{,}5 & 0 & 0{,}87 & 0{,}87 \end{pmatrix}; \hat{\mathfrak{R}}_0 = \begin{pmatrix} 0{,}94 & 0{,}80 & 0 & -0{,}50 \\ 0{,}80 & 0{,}94 & 0{,}50 & 0 \\ 0 & 0{,}50 & 0{,}94 & 0{,}80 \\ -0{,}50 & 0 & 0{,}80 & 0{,}94 \end{pmatrix}.$$

Tatsächliche und reproduzierte Korrelationsmatrix sind sehr ähnlich, was zeigt, das wir uns mit der Extraktion von zwei Faktoren begnügen konnten. Jedoch weichen die sich nun ergebenden Kommunalitäten von den geschätzten nicht wenig ab – mehr als 0,05 in allen Fällen, so dass wir unseren ganzen Rechenvorgang wiederholen müssen; dabei sind nun statt der geschätzten die sich nach Extraktion von 2 Faktoren ergebenden Kommunalitäten einzusetzen.

Wir benutzen die Gelegenheit, den ganzen Vorgang noch einmal, diesmal schematischer, darzustellen – dass es nun schwieriger wird, lässt sich angesichts unseres Vorwissens in Kauf nehmen.

1. Schritt: $\mathfrak{R}$, die Ausgangsmatrix der Variablen-Interkorrelationen (die in der Diagonalen stets die Werte 1 stehen hat) wandeln wir in $\mathfrak{R}_0$ um, indem wir in die Diagonale die geschätzten Kommunalitäten einsetzen (entweder jeweils die höchste Korrelation dieser Variable mit einer der anderen oder Kommunalitäten aus früheren Versuchen der FA). Damit hat $\mathfrak{R}_0$ folgendes Aussehen:

$$\mathfrak{R}_0 = \begin{pmatrix} 0,94 & 0,87 & 0 & -0,5 \\ 0,87 & 0,94 & 0,5 & 0 \\ 0 & 0,5 & 0,94 & 0,87 \\ -0,5 & 0 & 0,87 & 0,94 \end{pmatrix}.$$

2. Schritt: Wir stellen die Variablenvektoren $\vec{Z}_j$ mittels einer Linearkombination von Faktoren $\vec{F}_1; \vec{F}_2; ...; \vec{F}_q;$ und dem spezifischen Term $\vec{T}_j$ dar (wie in Formel 3.42):

$$\vec{Z}_j = a_{j1} \cdot F_1 + a_{j2} \cdot F_2 + .. + a_{jq} \cdot F_q + b_j \cdot T_j;$$

multiplizieren wir Paare von Vektoren $\vec{Z}_j$ und $\vec{Z}_l$, erhalten wir folgendes Gleichungssystem:

$$\mathfrak{R}_0 = \begin{pmatrix} 0,94 & 0,87 & 0 & -0,5 \\ 0,87 & 0,94 & 0,5 & 0 \\ 0 & 0,5 & 0,94 & 0,87 \\ -0,5 & 0 & 0,87 & 0,94 \end{pmatrix} = \begin{pmatrix} a_{11} \cdot a_{11} + .. + a_{1q} \cdot a_{1q} & & a_{11} \cdot a_{41} + .. + a_{1q} \cdot a_{4q} \\ a_{21} \cdot a_{11} + .. + a_{2q} \cdot a_{1q} & & a_{21} \cdot a_{41} + .. + a_{2q} \cdot a_{4q} \\ & & \\ a_{41} \cdot a_{11} + .. + a_{4q} \cdot a_{1q} & & a_{41} \cdot a_{41} + .. + a_{4q} \cdot a_{4q} \end{pmatrix}.$$

Wählt man q genügend groß, handelt es sich um eine tatsächliche Identität; wir versuchen q hingegen möglichst klein zu wählen, aber so, dass wir der Identität genügend nahe kommen. Zunächst extrahieren wir einen einzigen Faktor (d.h. ermitteln Ladungen $a_{11}, a_{21}, a_{31}, a_{41}$).

3. Schritt:
Mit $S_1 = a_{11} + a_{21} + a_{31} + a_{41};\ S_2 = a_{12} + a_{22} + a_{32} + a_{42}; ...;\ S_q = a_{1q} + a_{2q} + a_{3q} + a_{4q}$, (also der Summe der Ladungen auf den einzelnen Faktoren) lässt sich diese Matrix etwas anders darstellen. Zur Extraktion des 1. Faktors setzen wir nun $S_2 = S_3 = .. = S_q = 0$; also die Summe aller Ladungen (mit Ausnahme der auf dem 1. Faktor) gleich 0; damit liegt der 1. Faktor genau im Schwerpunkt des Variablensystems und dies hat auch der Extraktionsmethode ihren Namen

3.5 Faktorenanalyse

Zentroidmethode gegeben. Mit Hilfe des oben beschriebenen Verfahrens ergeben sich nach Gleichung 3.52b für die Ladungen auf dem 1. Faktor:

$$a_{11} = \frac{1{,}31}{2{,}69} = 0{,}49;\, a_{21} = \frac{2{,}31}{2{,}69} = 0{,}86;\, a_{31} = \frac{2{,}31}{2{,}69} = 0{,}86;\, a_{41} = \frac{1{,}31}{2{,}69} = 0{,}49.$$

Damit ist die Extraktion des 1. Faktors abgeschlossen.

4. Schritt: Mittels dieser Ladungen versuchen wir die Ausgangsmatrix $\mathfrak{R}_0$ zu rekonstruieren und stellen die „Schätzmatrix" $\hat{\mathfrak{R}}_0 = ((a_{j1} \cdot a_{l1}))$ der Ausgangsmatrix gegenüber:

$$\mathfrak{R}_0 = \begin{pmatrix} 0{,}94 & 0{,}87 & 0 & -0{,}5 \\ 0{,}87 & 0{,}94 & 0{,}5 & 0 \\ 0 & 0{,}5 & 0{,}94 & 0{,}87 \\ -0{,}5 & 0 & 0{,}87 & 0{,}94 \end{pmatrix}; \hat{\mathfrak{R}}_0 = \begin{pmatrix} 0{,}24 & 0{,}42 & 0{,}42 & 0{,}24 \\ 0{,}42 & 0{,}74 & 0{,}74 & 0{,}42 \\ 0{,}42 & 0{,}74 & 0{,}74 & 0{,}42 \\ 0{,}24 & 0{,}42 & 0{,}42 & 0{,}24 \end{pmatrix}.$$

Dass diese Übereinstimmung äußerst schlecht ist, sticht ins Auge.

5. Schritt: Wir extrahieren daher einen weiteren Faktor und bestimmen dazu: $\mathfrak{R}_1 = \mathfrak{R}_0 - \hat{\mathfrak{R}}_0$; es ergibt sich:

$$\mathfrak{R}_1 = \begin{pmatrix} 0{,}70 & 0{,}45 & -0{,}42 & -0{,}74 \\ 0{,}45 & 0{,}20 & -0{,}24 & -0{,}42 \\ -0{,}42 & -0{,}24 & 0{,}20 & 0{,}45 \\ -0{,}74 & -0{,}42 & 0{,}45 & 0{,}70 \end{pmatrix}.$$

Aufgrund der Konstruktion dieser Restmatrix gilt folgende Gleichung:

$$\mathfrak{R}_1 = \begin{pmatrix} a_{12} \cdot a_{12} + .. + a_{1q} \cdot a_{1q} & & a_{12}a_{42} + .. + a_{1q} \cdot a_{4q} \\ & & \\ & & \\ a_{42} \cdot a_{12} + .. + a_{4q} \cdot a_{1q} & & a_{42} \cdot a_{42} + .. + a_{4q} \cdot a_{4q} \end{pmatrix}.$$

Setzt man zur Extraktion des 2. Faktors die Summe sämtlicher Ladungen auf den weiteren Faktoren gleich 0 – also: $S_3 = .. = S_q = 0$ – lassen sich nach 3.52b die Ladungen auf dem 2. Faktor berechnen. Allerdings ist durch Spiegelung zuvor dafür zu sorgen, dass unter der Wurzel positive Werte stehen. Zunächst multiplizieren wir 1. Zeile und 1. Spalte von $\mathfrak{R}_1$ mit -1 und erhalten:

$$\mathfrak{R}'_1 = \begin{pmatrix} 0{,}70 & -0{,}45 & 0{,}42 & 0{,}74 \\ -0{,}45 & 0{,}20 & -0{,}24 & -0{,}42 \\ 0{,}42 & -0{,}24 & 0{,}20 & 0{,}45 \\ 0{,}74 & -0{,}42 & 0{,}45 & 0{,}70 \end{pmatrix}.$$

Das Element $r_{11}^{(1)}$ (hier 0,70) wird zweimal mit −1 multipliziert und behält deshalb sein Vorzeichen bei. Multiplikation der 2. Spalte und 2. Zeile mit −1 ergibt:

$$\Re_1'' = \begin{pmatrix} 0,70 & 0,45 & 0,42 & 0,74 \\ 0,45 & 0,20 & 0,24 & 0,42 \\ 0,42 & 0,24 & 0,20 & 0,45 \\ 0,74 & 0,42 & 0,45 & 0,70 \end{pmatrix}.$$

Aufgrund der Spiegelung haben a_{12} und a_{22} negative Vorzeichen. Gemäß Formel 3.52c ergeben sich für die Ladungen auf dem 2. Faktor:
$a_{12} = -0,86;\ a_{22} = -0,49;\ a_{32} = 0,49;\ a_{42} = 0,86$.
Damit ist die Extraktion des 2. Faktors abgeschlossen.
6. Schritt: Wieder stellen wir $\Re_1$ und die mittels der Ladungsprodukte auf dem 2. Faktor rekonstruierte Matrix $\hat{\Re}_1$ gegenüber:

$$\Re_1 = \begin{pmatrix} 0,70 & 0,45 & -0,42 & -0,74 \\ 0,45 & 0,20 & -0,24 & -0,42 \\ -0,42 & -0,24 & 0,20 & 0,45 \\ -0,74 & -0,42 & 0,45 & 0,70 \end{pmatrix}; \hat{\Re}_1 = \begin{pmatrix} 0,74 & 0,42 & -0,42 & -0,74 \\ 0,42 & 0,24 & -0,24 & -0,42 \\ -0,42 & -0,24 & 0,24 & 0,42 \\ -0,74 & -0,42 & 0,42 & 0,74 \end{pmatrix}.$$

Diese Übereinstimmung ist per Augenschein gut; gleichwohl wollen wir den Ansatz der Extraktion eines 3. Faktors machen.
7. Schritt: Wir bilden die Differenz $\Re_2 = \Re_1 - \hat{\Re}_1$ und erhalten:

$$\Re_2 = \begin{pmatrix} -0,04 & 0,03 & 0 & 0 \\ 0,03 & -0,04 & 0 & 0 \\ 0 & 0 & -0,04 & 0,03 \\ 0 & 0 & 0,03 & -0,04 \end{pmatrix}.$$

Nachdem diese Matrix in der Diagonalen nur negative Werte hat, sich letztere aber als Quadrate von Ladungen ergeben müssen, ist das Gleichungssystem nicht lösbar. Da der 3. Faktor, wie wir unten sehen werden, aber ohnehin kaum mehr Varianz erklären kann, begnügen wir uns mit einer 2-Faktoren-Lösung.
8. Schritt: Wir stellen nun die Faktorladungsmatrix zusammen:

$$((a_{jk})) = \begin{pmatrix} & \vec{F}_1 & \vec{F}_2 & h_j^2 \\ \vec{Z}_1 & 0,49 & -0,86 & 0,98 \\ \vec{Z}_2 & 0,86 & -0,49 & 0,98 \\ \vec{Z}_3 & 0,86 & 0,49 & 0,98 \\ \vec{Z}_4 & 0,49 & 0,86 & 0,98 \\ \sum_{j=1}^{4} a_{jk}^2 & 1,96 & 1,96 & 3,92 \end{pmatrix}.$$

3.5 Faktorenanalyse

Wir sehen, dass selbst im günstigsten Fall ein 3. Faktor nur eine Varianz 0,08 (nämlich 4,00 − 3,92) erklären kann. Während sich durch Extraktion des 2. Faktors die aufgeklärte Varianz verdoppelt (der 2. Faktor zur aufgeklärten Varianz 1,96 : (1,96 + 1,96) x 100% = 50% beiträgt), ist der diesbezügliche Beitrag des 3. Faktors maximal gerade 0,08 : (1,96 + 1,96 + 0,08) = 2%. Wächst durch Extraktion eines weiteren Faktors die aufgeklärte Varianz um weniger als 5%, wird man es in der Regel bei der letzten Faktorenzahl belassen, in diesem Fall bei zwei (s. 3.5.6 zu Abbruchskriterien der Extraktion).

9. Schritt: Nun wird mittels der Summe der Ladungsprodukte auf den beiden extrahierten Faktoren die geschätzte Korrelationsmatrix $\hat{\Re}_0$ konstruiert und mit $\Re_0$ verglichen:

$$\Re_0 = \begin{pmatrix} 0,94 & 0,87 & 0 & -0,5 \\ 0,87 & 0,94 & 0,5 & 0 \\ 0 & 0,5 & 0,94 & 0,87 \\ -0,5 & 0 & 0,87 & 0,94 \end{pmatrix} ; \hat{\Re}_0 = \begin{pmatrix} 0,98 & 0,84 & 0 & -0,5 \\ 0,84 & 0,98 & 0,5 & 0 \\ 0 & 0,5 & 0,98 & 0,84 \\ -0,5 & 0 & 0,84 & 0,98 \end{pmatrix}.$$

Insgesamt ließ sich $\Re_0$ gut rekonstruieren; auch die nun errechneten Kommunalitäten stimmen mit den zunächst geschätzten gut überein – wenn nicht, hätte der Ansatz noch einmal wiederholt werden müssen.

3.5.4 Faktorenrotation

Sinn der Rotation; Einfachstruktur

Man betrachte die in 3.5.3 erhaltene Faktorladungsmatrix $\mathbf{A} = ((a_{jk}))$:

$$((a_{jk})) = \begin{pmatrix} & \vec{F}_1 & \vec{F}_2 & h_j^2 \\ \vec{Z}_1 & 0,49 & -0,86 & 0,98 \\ \vec{Z}_2 & 0,86 & -0,49 & 0,98 \\ \vec{Z}_3 & 0,86 & 0,49 & 0,98 \\ \vec{Z}_4 & 0,49 & 0,86 & 0,98 \\ \sum_{j=1}^{4} a_{jk}^2 & 1,96 & 1,96 & 3,92 \end{pmatrix}.$$

Offenbar ist es schwer, hier eine Interpretation der Faktoren zu liefern; jede der Variablen lädt auf ihnen mit einem gewissen Betrag, manche deutlich negativ. Um klarer interpretierbare Werte zu erhalten, führen wir in unserem Personenraum nun eine Drehung des Faktorsystems durch; dabei sollen sich die Kommunalitäten nicht (oder bestenfalls geringfügig) ändern und jede Variable soll eine möglichst hoch positive Ladung auf mindestens einem Faktor haben (auf wenigstens einem anderen dafür eine Ladung nahe 0 aufweisen).

Die genauen Anforderungen an eine solche „Einfachstruktur" darzustellen und ihre Realisierbarkeit zu diskutieren, erscheint hier wenig sinnvoll (s. dazu beispielsweise Clauß u. Ebner 1977, S. 401 f.). Letztlich geht es hier nur um das prinzipielle Verständnis; die Rotation wird in der Regel ein Computerprogramm durchführen (und zwar nach dem Varimax-Prinzip).

Vielfach lässt sich bei orthogonaler Rotation – wo also die Faktoren senkrecht aufeinander stehen – Einfachstruktur nicht erreichen. Manchmal behilft man sich dann durch schiefwinklige Rotation; dabei müssen die Faktoren keinen rechten Winkel aufweisen, wodurch die Freiheiten bei ihrer Auswahl größer werden. Aus diesen untereinander korrelierten Faktoren 1. Ordnung lassen sich durch erneute Faktorenanalyse – dann meist orthogonale – Faktoren 2. Ordnung gewinnen. Dieses Verfahren ist allerdings nicht unumstritten und scheint mittlerweile außer Gebrauch zu kommen.

„Intuitive" Rotation zur Erreichung der Einfachstruktur

In unserem Personenraum tragen wir zunächst die beiden ursprünglichen Faktoren $\vec{F}_1$ und $\vec{F}_2$ als Vektoren ein; zwar können wir dies streng genommen erst dann exakt machen, wenn wir die „Faktorwerte" unser 3 Personen kennen (s. 3.5.5); zur Illustration des Folgenden reicht jedoch die angedeutete Lage. Dann lässt sich jeder Variabler ein Vektor $\vec{Z}_j^*$ in diesem System zuordnen – um eine Verwechslung mit unseren ursprünglichen Wertevariablen $\vec{Z}_j$ im Personenraum zu vermeiden, haben wir eine andere Kennzeichnung gewählt. $\vec{Z}_1^*$ hat in diesem System die Koordinaten a_{11} und a_{12}.

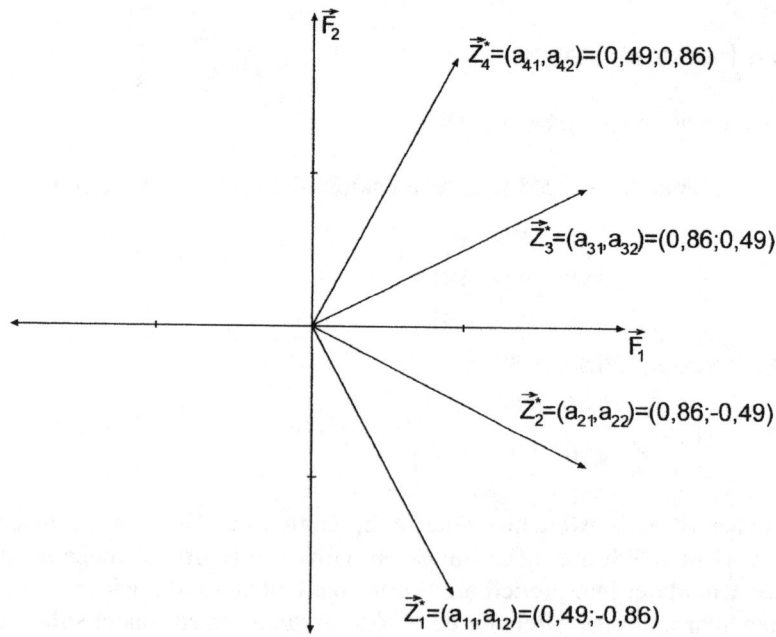

Abbildung 3.10: Unrotiertes System der Faktorladungen

3.5 Faktorenanalyse

Dieses Koordinatensystem aus $\vec{F}_1$ und $\vec{F}_2$ drehen wir nun – unter Beibehaltung der Positionen der Variablenvektoren $\vec{Z}_j^*$ so, dass neue Faktorvektoren F_1' und F_2' entstehen und die Ladungen unserer Variablen auf diesen eine klarere Beurteilung zulassen. Ist α der Drehungswinkel, gilt für die Ladungen a_{j1}' und a_{j2}' der Variablen $\vec{Z}_j^*$ im neuen Koordinatensystem:

$a_{j1}' = a_{j1} \cdot cos\alpha - a_{j2} \cdot sin\alpha; a_{j2}' = a_{j1} \cdot sin\alpha + a_{j2} \cdot cos\alpha$ (s. Anmerkung 12 sowie 8.4.2).

Den Drehungswinkel α (bzw. seine Winkelfunktionen) erhält man mittels folgender Überlegung (s. auch Abbildung 3.11): Sind b_1 und b_2 die (alten) Koordinaten eines auf dem neuen Vektor $\vec{F}_2'$ gelegenen (beliebigen) Punktes, so gilt:

$$cos\alpha = \frac{b_2}{\sqrt{b_1^2 + b_2^2}} \quad \text{und} \quad sin\alpha = \frac{b_1}{\sqrt{b_1^2 + b_2^2}}.$$

In unserem Fall wählen wir $\vec{F}_2'$ nun so, dass er zur Deckung kommt mit:

$$\vec{Z}_4^* = \begin{pmatrix} 0{,}49 \\ 0{,}86 \end{pmatrix}$$

– mit gutem Recht hätte man ihn aber auch anders legen können, etwa zwischen $\vec{Z}_3^*$ und $\vec{Z}_4^*$. Da $\vec{Z}_4^*$ näher an $\vec{F}_2$ als an $\vec{F}_1$ liegt, handelt es sich um eine kleinere Drehung (mit α < 45°, also sinα < cosα); daher berechnet sich:

$$cos\alpha = \frac{0{,}86}{\sqrt{0{,}49^2 + 0{,}86^2}} = 0{,}87; \quad sin\alpha = \frac{0{,}49}{\sqrt{0{,}49^2 + 0{,}86^2}} = 0{,}495.$$

Somit ergibt sich:

$a_{11}' = a_{11} \cdot cos\alpha - a_{12} \cdot sin\alpha = 0{,}49 \cdot 0{,}87 - (-0{,}87) \cdot 0{,}49 = 0{,}85; a_{12}' = -0{,}50;$
$a_{21}' = 0{,}99; a_{22}' = 0; a_{31}' = 0{,}50; a_{32}' = 0{,}85; a_{41}' = 0; a_{42}' = 0{,}99;$

Die rotierte Faktorladungsmatrix hat dann folgende Gestalt:

$$((a_{jk}')) = \begin{pmatrix} & \vec{F}_1' & \vec{F}_2' & h_j^2 \\ \vec{Z}_1 & 0{,}85 & -0{,}50 & 0{,}97 \\ \vec{Z}_2 & 0{,}99 & 0 & 0{,}98 \\ \vec{Z}_3 & 0{,}50 & 0{,}85 & 0{,}97 \\ \vec{Z}_4 & 0{,}00 & 0{,}99 & 0{,}98 \\ \sum_{j=1}^{4} a_{jk}^2 & 1{,}95 & 1{,}95 & 3{,}85 \end{pmatrix}.$$

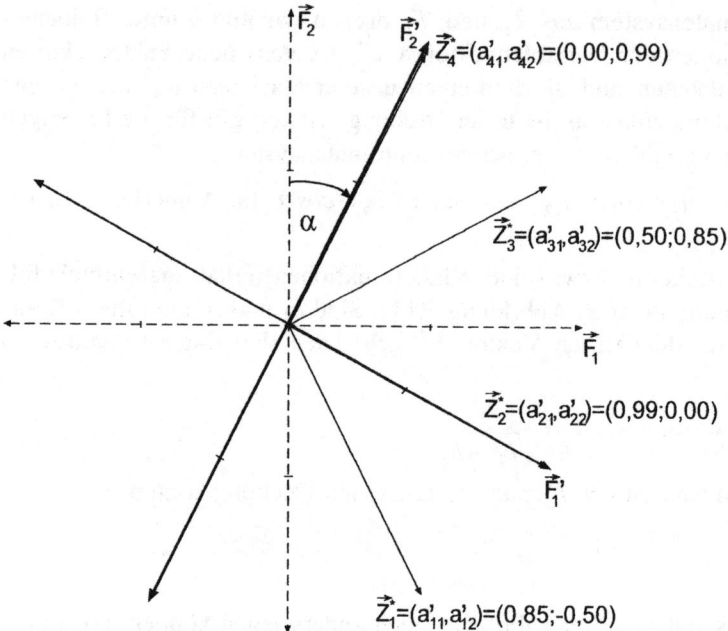

Abbildung 3.11: System der Faktorladungen nach Rotation

(Üblicherweise werden die Faktoren vertauscht, sodass der varianzstärkste am Anfang steht; hier ist dies unnötig.)

Wie zu sehen, sind die Kommunalitäten – von Rundungsfehlern abgesehen – in rotierter und unrotierter Matrix gleich. Wie bei einer kleinen Zahl von Faktoren und Variablen nicht überraschend, erfüllt die rotierte Matrix nicht alle Anforderungen an die Einfachstruktur (insbesondere findet sich eine substantiell negative Ladung von Variable 1 auf dem 2. Faktor). Mit erneuter Drehung ließe sich diese zwar verkleinern oder gar beseitigen; dafür würde dann Variable 4 auf dem 2. Faktor negativ laden. Dieses Beispiel macht auch klar, dass bei der Rotation nach dem beschriebenen Verfahren eine gewisse Willkür vorliegt; ein anderer Statistiker hätte möglicherweise eine andere Interpretationen anbietende Faktorladungsmatrix erhalten.

Hinzu kommt, dass bei Anwendung dieses Verfahrens der Aufwand bald so groß wird, dass er schwerlich ohne Computerprogramme bewältigt werden kann. Gibt es bei zwei Faktoren nur eine mögliche Drehungsebene, sind es bei drei Faktoren schon deren drei: Zuerst muss in der Ebene der Faktoren $\vec{F}_1$ und $\vec{F}_2$ eine Rotation durchgeführt werden (welche die neuen Faktoren $\vec{F}_1'$ und $\vec{F}_2'$ mit ihren Ladungen liefert), dann in der Ebene der Faktoren $\vec{F}_1'$ und $\vec{F}_3$ (woraus die neuen Faktoren $\vec{F}_1''$ und $\vec{F}_3'$ mit ihren Ladungen hervorgehen), usw. Bei vier Faktoren sind bereits sechs Rotationen durchzuführen, bei fünf schließlich zehn Rotationen.

Varimaxrotation

Mit dieser Methode lässt sich die Rotation stärker standardisieren und damit das oben angeführte subjektive Moment ausschalten. Nachteil ist, dass dieses Verfahren deutlich größeren Rechenaufwand erfordert und zudem weniger leicht inhaltlich nachzuvollziehen ist. Mittlerweile ist dank leistungsfähiger Computerprogramme die Varimaxrotation allerdings Standardverfahren und wird der intuitiven – bei mehreren Faktoren ohnehin gleichfalls aufwendigen – Rotation vorgezogen.

Man versucht dabei, innerhalb der einzelnen Faktoren eine möglichst große Unterschiedlichkeit der Faktorladungen durch Rotation zu erzeugen. Diese Drehungen werden so lange wiederholt, bis die Ladungen in den einzelnen Faktoren deutlich verschieden sind und damit in der Regel auch eine Einfachstruktur erreicht wird (s. Anmerkung 13).

3.5.5 Bestimmung der Faktorwerte

Es sei an das Ziel der FA erinnert, eine geringere Zahl neuer Variablen, eben die Faktoren, zu finden, welche die Werte der Personen ähnlich gut ausdrücken und eine leichtere Interpretation liefern. Nachdem mittels der Zentroidmethode und anschließender Rotation (entweder intuitiv nach der Einfachstruktur oder nach dem Varimaxprinzip) die Faktorladungsmatrix gefunden wurde, bleibt es nun, die Werte f_{ik} der Personen P_i auf diesen q Faktoren $\vec{F}_k$ zu bestimmen.

In Gleichung 3.42 machten wir folgenden Ansatz zur Darstellung der normierten Variablenvektoren:

$$\vec{Z}_j = a_{j1} \cdot \vec{F}_1 + \ldots + a_{jq} \cdot \vec{F}_q + b_j \cdot \vec{T}_j.$$

Für den Wert z_{ji} des i-ten Probanden in der Variable $\vec{Z}_j$ gilt dann:

$$z_{ji} = a_{j1} \cdot f_{i1} + \ldots + a_{jq} \cdot f_{iq} + b_j \cdot t_{ij};$$

wobei $f_{i1}, f_{i2}, \ldots, f_{iq}$ die zu bestimmenden Faktorwerte von P_i darstellen.

Wir lassen den letzten Term, der den gewichteten Wert auf dem spezifischen Faktor T_j angibt, weg und erhalten in unserem Beispiel mit vier Variablen und zwei extrahierten Faktoren für den Probanden P_i folgendes Gleichungssystem:

$$z_{1i} = a_{11} \cdot f_{1i} + a_{12} \cdot f_{2i}; \quad z_{2i} = a_{21} \cdot f_{1i} + a_{22} \cdot f_{2i};$$
$$z_{3i} = a_{31} \cdot f_{1i} + a_{32} \cdot f_{2i}; \quad z_{4i} = a_{41} \cdot f_{1i} + a_{42} \cdot f_{2i}.$$

Es liegen somit vier Gleichungen mit den zwei Unbekannten f_{i1} und f_{i2} vor – ein im strengen Sinne nicht allgemein lösbares Gleichungssystem. Es ist daher eine weitere Randbedingung einzuführen; hier hat es sich bewährt, zusätzlich zu fordern, dass

$$S_i^* = \sum_{j=1}^{4} (a_{j1} \cdot f_{i1} + a_{j2} \cdot f_{i2} - z_{ij})^2$$

ein Minimum aufweist: Die Faktorwerte sollen also so bestimmt werden, dass die quadrierten Unterschiede zwischen den aufgrund der Ladungen der Faktoren in den Variablen und der Faktorwerte geschätzten Werte dieses Probanden einerseits und seinen tatsächlichen Variablenwerten andererseits in allen Variablen möglichst gering sind.

Leitet man S_i^* partiell nach den beiden Variablen f_{i1} und f_{i2} ab und setzt die Ableitungen gleich 0, lassen sich die beiden Faktorwerte des i-ten Probanden bestimmen. Die Lösung wird durch ein – selbst bei nur vier Variablen und zwei Faktoren relativ kompliziertes – Matrixsystem angegeben:

Es ist zunächst eine konstante, nur von den Faktorladungen, nicht aber von den Probandenwerten abhängige, der Standardisierung dienende Matrix zu berechnen:

$$\Im = \begin{pmatrix} \sum_{j=1}^{4} a_{j1}^2 & \sum_{j=1}^{4} a_{j1} \cdot a_{j2} \\ \sum_{j=1}^{4} a_{j1} \cdot a_{j2} & \sum_{j=1}^{4} a_{j2}^2 \end{pmatrix} ; \text{also hier } \Im = \begin{pmatrix} 1{,}95 & 0{,}00 \\ 0{,}00 & 1{,}95 \end{pmatrix}.$$

In der Diagonale stehen die Summen der quadrierten Ladungen auf den Faktoren (entsprechend der durch den Faktor erklärten Varianz), an den übrigen Stellen die Kreuzprodukte der Faktorladungen (entsprechend den Skalarprodukten der Faktoren); im speziellen Fall ergibt sich der Wert 0; nach Rotation zur Einfachstruktur finden sich hierfür in der Regel positive Werte, die jedoch kleiner als die durch jeden einzelnen Faktor erklärten Varianz sind.

Ihre Inverse $\Im^{-1}$ berechnet sich mittels ihrer Determinante dann zu (s. 8.4.1):

$$\Im^{-1} = \frac{1}{1{,}95 \cdot 1{,}95 - 0{,}00 \cdot 0{,}00} \cdot \begin{pmatrix} 1{,}95 & 0 \\ 0 & 1{,}95 \end{pmatrix} = \begin{pmatrix} 0{,}51 & 0 \\ 0 & 0{,}51 \end{pmatrix}.$$

Die Faktorwerte f_{11} und f_{12} des 1. Probanden unseres Beispiels ergeben sich aus seinen Variablenwerten nach folgender Gleichung (zur Matrizenmultiplikation s. 3.5.6 sowie 8.4.1):

$$\begin{pmatrix} f_{11} \\ f_{12} \end{pmatrix} = \Im^{-1} \cdot \begin{pmatrix} \sum_{j=1}^{4} a_{j1} \cdot z_{1j} \\ \sum_{j=1}^{4} a_{j2} \cdot z_{1j} \end{pmatrix} = \begin{pmatrix} 0{,}51 & 0 \\ 0 & 0{,}51 \end{pmatrix} \cdot \begin{pmatrix} 0{,}85 \cdot \left(-\frac{2}{\sqrt{3}}\right) + 0{,}99 \cdot (-1) + 0{,}50 \cdot 0 + 0 \cdot \frac{1}{\sqrt{3}} \\ (-0{,}50) \cdot \left(-\frac{2}{\sqrt{3}}\right) + 0 \cdot (-1) + 0{,}85 \cdot 0 + 0{,}99 \cdot \frac{1}{\sqrt{3}} \end{pmatrix}$$

$$= \begin{pmatrix} 0{,}51 & 0 \\ 0 & 0{,}51 \end{pmatrix} \cdot \begin{pmatrix} -1{,}98 \\ 1{,}15 \end{pmatrix} = \begin{pmatrix} -1 \\ 0{,}58 \end{pmatrix}; \text{also: } f_{11} = -1; f_{12} = 0{,}58.$$

Für die Faktorwerte der beiden anderen Probanden des Beispiels erhält man:
$f_{21} = 0; f_{22} = -1{,}16; f_{31} = 1; f_{32} = 0{,}58.$

3.5 Faktorenanalyse

(zur Übung prüfe man für die Faktorwerte zumindest des 1. Probanden nach, dass sie obiges Gleichungssystem lösen.)
Die ermittelten Faktorwerte sind z-standardisiert, denn es gilt:

$$f_{11} + f_{21} + f_{31} = -1 + 0 + 1 = 0; \sqrt{\frac{f_{11}^2 + f_{21}^2 + f_{31}^2}{3-1}} = 1;$$

$$f_{12} + f_{22} + f_{32} = 0{,}58 + (-1{,}16) + 0{,}58 = 0; \sqrt{\frac{f_{12}^2 + f_{22}^2 + f_{32}^2}{3-1}} = 1.$$

Es ist zu betonen, dass wir nicht exakt die Faktorwerte bestimmt, sondern – weil wir den spezifischen Term dabei wegließen – nur geschätzt haben. Das hier nach Clauß u. Ebner (1977) dargestellte, letztlich auf Thurstone zurück gehende Verfahren ist zwar einfach, aber relativ ungenau. Weitere Methoden zur Schätzung von Faktorwerten sind ausführlich u.a. bei Überla (1968) beschrieben.

3.5.6 Die Hauptkomponentenmethode

Nachdem wir die rechnerisch einfache und illustrative Zentroidmethode der Faktorextraktion und die Rotation nach der Einfachstruktur kennen gelernt haben, soll nun die mathematisch kompliziertere (und weniger anschauliche) Faktorbestimmung nach der Hauptkomponentenmethode (etwa synonym: Hauptachsenmethode) kurz besprochen werden. Da mit Computerprogrammen der rechnerische Aufwand gut zu bewältigen ist, haben sich diese Verfahren heute allgemein durchgesetzt. Zuvor sind einige Ergänzungen zur Matrizenrechnung zu machen.

Grundlagen der Matrizenrechnung

Hat eine Matrix $\mathbf{A} = ((a_{gi}))$ n Zeilen und m Spalten, eine Matrix $\mathbf{B} = ((b_{jh}))$ m Zeilen und p Spalten, lässt sich ihr Produkt $((c_{kl})) = ((a_{gi})) \cdot ((b_{ih}))$ bilden; die resultierende Matrix hat dann n Zeilen und p Spalten (s. genauer 8.4.1).

Ein Beispiel: Gegeben seien eine Matrix mit 3 Zeilen und 2 Spalten und eine weitere mit 2 Zeilen und 4 Spalten; da die erste Matrix so viele Spalten hat, wie die zweite Zeilen, lässt sie sich „von links an letztere heranmultiplizieren"; das Produkt wird eine Matrix mit 3 Zeilen und 4 Spalten sein. Mit:

$$((a_{ij})) = \begin{pmatrix} 1 & 3 \\ 4 & 0 \\ 2 & 1 \end{pmatrix}; \quad ((b_{ij})) = \begin{pmatrix} 2 & 1 & 0 & 3 \\ 1 & 0 & 1 & 3 \end{pmatrix}$$

berechnet sich $\mathbf{C} = ((c_{ij})) = ((a_{ij})) \cdot ((b_{ij}))$ folgendermaßen:

$$((c_{ij})) = \begin{pmatrix} 1 & 3 \\ 4 & 0 \\ 2 & 1 \end{pmatrix} \cdot \begin{pmatrix} 2 & 1 & 0 & 3 \\ 1 & 0 & 1 & 3 \end{pmatrix} = \begin{pmatrix} 1 \cdot 2 + 3 \cdot 1 & 1 \cdot 1 + 3 \cdot 0 & 1 \cdot 0 + 3 \cdot 1 & 1 \cdot 3 + 3 \cdot 3 \\ 4 \cdot 2 + 0 \cdot 1 & 4 \cdot 1 + 0 \cdot 0 & 4 \cdot 0 + 0 \cdot 1 & 4 \cdot 3 + 0 \cdot 3 \\ 2 \cdot 2 + 1 \cdot 1 & 2 \cdot 1 + 1 \cdot 0 & 2 \cdot 0 + 1 \cdot 1 & 2 \cdot 3 + 1 \cdot 3 \end{pmatrix} =$$

$$= \begin{pmatrix} 5 & 1 & 3 & 12 \\ 8 & 4 & 0 & 12 \\ 5 & 2 & 1 & 9 \end{pmatrix}.$$

Wie betont, lassen sich Matrizen nur multiplizieren, wenn die Zahl der Spalten der linken Matrix gleich der Zahl der Zeilen der rechten ist. Lässt sich sowohl das Produkt $((a_{ij})) \cdot ((b_{ij}))$ wie $((b_{ij})) \cdot ((a_{ij}))$ bilden, ergibt sich in der Regel nicht der gleiche Wert – die Matrixmultiplikation ist nicht kommutativ.

Eine quadratische Matrix $\mathbf{E} = ((e_{ij}))$ heißt Einheitsmatrix, wenn sie in der Diagonale nur die Werte 1 und sonst 0 enthält. Die Einheitsmatrix vom Typ (3,3) hat also die Gestalt:

$$\mathbf{E} = ((e_{ij})) = \begin{pmatrix} 1 & 0 & 0 \\ 0 & 1 & 0 \\ 0 & 0 & 1 \end{pmatrix}.$$

Für jede quadratische Matrix $((a_{ij}))$ gilt: $((a_{ij})) = \mathbf{E} \cdot ((a_{ij}))$; dies sei an einem Beispiel illustriert:

$$\begin{pmatrix} 1 & 0 & 0 \\ 0 & 1 & 0 \\ 0 & 0 & 1 \end{pmatrix} \cdot \begin{pmatrix} 2 & 0 & 5 \\ 4 & 5 & 3 \\ 3 & 2 & 2 \end{pmatrix} = \begin{pmatrix} 1 \cdot 2 + 0 \cdot 4 + 0 \cdot 3 & 1 \cdot 0 + 0 \cdot 5 + 0 \cdot 2 & 1 \cdot 5 + 0 \cdot 3 + 0 \cdot 2 \\ 0 \cdot 2 + 1 \cdot 4 + 0 \cdot 3 & 0 \cdot 0 + 1 \cdot 5 + 0 \cdot 2 & 0 \cdot 5 + 1 \cdot 3 + 0 \cdot 2 \\ 0 \cdot 2 + 0 \cdot 4 + 1 \cdot 3 & 0 \cdot 0 + 0 \cdot 5 + 1 \cdot 2 & 0 \cdot 5 + 0 \cdot 3 + 1 \cdot 2 \end{pmatrix} = \begin{pmatrix} 2 & 0 & 5 \\ 4 & 5 & 3 \\ 3 & 2 & 2 \end{pmatrix}.$$

Als Transponierte $((a_{ij}))^T$ einer Matrix $((a_{ij}))$ definieren wir jene, bei der Zeilen und Spalten vertauscht sind; z.B. ist

$$((a_{ij}))^T = \begin{pmatrix} 5 & 2 & 1 \\ 3 & 4 & 0 \end{pmatrix} \text{ die Transponierte von } ((a_{ij})) = \begin{pmatrix} 5 & 3 \\ 2 & 4 \\ 1 & 0 \end{pmatrix}.$$

Da $((a_{ij}))^T$ so viele Spalten hat wie $((a_{ij}))$ Zeilen, lässt sich das Produkt einer Matrix mit ihrer Transponierten bilden – wobei zu unterscheiden ist, ob die Transponierte links oder rechts steht; im ersten Fall ergibt sich:

$$((a_{ij}))^T \cdot ((a_{ij})) = \begin{pmatrix} 5 & 2 & 1 \\ 3 & 4 & 0 \end{pmatrix} \cdot \begin{pmatrix} 5 & 3 \\ 2 & 4 \\ 1 & 0 \end{pmatrix} = \begin{pmatrix} 30 & 23 \\ 23 & 25 \end{pmatrix};$$

im zweiten Fall:

$$((a_{ij})) \cdot ((a_{ij}))^T = \begin{pmatrix} 5 & 3 \\ 2 & 4 \\ 1 & 0 \end{pmatrix} \cdot \begin{pmatrix} 5 & 2 & 1 \\ 3 & 4 & 0 \end{pmatrix} = \begin{pmatrix} 34 & 22 & 5 \\ 22 & 18 & 2 \\ 5 & 2 & 1 \end{pmatrix}.$$

3.5 Faktorenanalyse

Eigenwerte und Eigenvektoren

$((a_{jk}))$ sei eine quadratische Matrix mit m Zeilen und m Spalten; findet man einen m-elementigen Spaltenvektor $\vec{G}$ und eine reelle Zahl λ, sodass die Gleichung

$((a_{ij})) \cdot \vec{G} = \lambda \cdot \vec{G}$ oder $\left[((a_{ij})) - \lambda \cdot ((e_{ij}))\right] \cdot \vec{G} = \vec{0}$ (Nullvektor)

gilt, dann heißt $\vec{G}$ Eigenvektor von $((a_{ij}))$ und λ der zum Eigenvektor gehörige Eigenwert. Beispielsweise ist für die Matrix

$\begin{pmatrix} 1 & 0 & 0 \\ 0 & 0 & 1 \\ 0 & 0 & 1 \end{pmatrix}$ $\vec{G}_1 = \begin{pmatrix} 1 \\ 0 \\ 0 \end{pmatrix}$ Eigenvektor und $\lambda_1 = 1$ zugehöriger Eigenwert, denn:

$\begin{pmatrix} 1 & 0 & 0 \\ 0 & 0 & 1 \\ 0 & 0 & 1 \end{pmatrix} \cdot \begin{pmatrix} 1 \\ 0 \\ 0 \end{pmatrix} = 1 \cdot \begin{pmatrix} 1 \\ 0 \\ 0 \end{pmatrix}.$

Weitere Eigenvektoren sind $\vec{G}_2 = \begin{pmatrix} 0 \\ 1 \\ 1 \end{pmatrix}$ (mit Eigenwert 1), zudem $\vec{G}_3 = \begin{pmatrix} 0 \\ 1 \\ 0 \end{pmatrix}$

mit Eigenwert 0. Da auch jedes skalare Vielfache eines Eigenvektors diese Eigenschaft hat, normiert man die Eigenvektoren so, dass ihr Betrag 1 ist. Bestimmung von Eigenwerten und Eigenvektoren quadratischer Matrizen geschieht mittels ihrer Determinanten (s. 8.4.1) oder des unten dargestellten Iterativverfahrens. Es gelten folgende Beziehungen: Die Summe der Eigenwerte einer quadratischen Matrix ist gleich der Summe ihrer Diagonalelemente, das Produkt ihrer Eigenwerte gleich der Determinante. Weiter gilt: Im Falle einer symmetrischen Matrix stehen die Eigenvektoren aufeinander senkrecht.

Prinzip der Hauptkomponentenanalyse

Bei diesem englisch „principal components analysis" (PCA) genannten, auch als Hauptkomponentenmethode bezeichneten Verfahren handelt es sich um eine andere (exaktere und aufwendigere) Form der Faktorenextraktion. Bei der sehr ähnlichen Hauptachsenanalyse stehen in der Diagonalen der zu Grunde gelegten Interkorrelationsmatrix geschätzte Kommunalitäten, bei der Hauptkomponentenanalyse als Werte immer 1 (s. Wirtz u. Nachtigall 2002a, S. 203); wir führen also unten eine Hauptachsenanalyse durch, geben dem Abschnitt aber die Überschrift des bekannteren Verfahrens. Wie bei der Zentroidmethode machen wir zur Darstellung der Variablen $\vec{Z}_j$ den Ansatz:

$\vec{Z}_j = a_{j1} \cdot \vec{F}_1 + a_{j2} \cdot \vec{F}_2 + ... + a_{jq} \cdot \vec{F}_q + b_j \cdot T_j;$

Multiplikation der Variablenvektoren und Einsetzen der geschätzten Kommunalitäten $\hat{h}_i^2$ liefert – wie in 3.5.3 ausgeführt – das folgende Gleichungssystem:

$$\mathfrak{R}_0 = \begin{pmatrix} \hat{h}_1^2 & r_{12} & .. & r_{1m} \\ r_{21} & \hat{h}_2^2 & & r_{2m} \\ & & .. & \\ r_{m1} & r_{m2} & & \hat{h}_m^2 \end{pmatrix} = \begin{pmatrix} a_{11} \cdot a_{11} + .. + a_{1q} \cdot a_{1q} & & a_{11} a_{m1} + .. + a_{1q} \cdot a_{mq} \\ & & \\ & & \\ a_{m1} \cdot a_{11} + .. + a_{mq} \cdot a_{1q} & & a_{m1} \cdot a_{m1} + .. + a_{mq} \cdot a_{mq} \end{pmatrix}.$$

Bei der Zentroidmethode gaben wir bestimmte Randbedingungen an und erhielten daraus sukzessive Vektoren

$$\vec{A}_1 = \begin{pmatrix} a_{11} \\ a_{21} \\ .. \\ a_{m1} \end{pmatrix}, \vec{A}_2 = \begin{pmatrix} a_{12} \\ a_{22} \\ .. \\ a_{m2} \end{pmatrix}, ..., \vec{A}_q = \begin{pmatrix} a_{1q} \\ a_{2q} \\ .. \\ a_{mq} \end{pmatrix},$$

mit deren Koeffizienten (den Faktorladungen) sich das Gleichungssystem lösen lässt – wir sprachen damals nicht von Vektoren, werden es aber nun tun.

Bei der Hauptkomponentenanalyse bestimmen wir die Vektoren und damit die Koeffizienten aus den Eigenwerten von $\mathfrak{R}_0$; als quadratische Matrix vom Typ (m,m) hat diese m Eigenwerte mit m Eigenvektoren, die – weil $\mathfrak{R}_0$ symmetrisch ist – aufeinander senkrecht stehen. Da die Summe der Eigenwerte gleich der Summe der Diagonalelemente von $\mathfrak{R}_0$ (der Kommunalitäten) ist, existieren auch positive Eigenwerte $\lambda_1, \lambda_2, ... \lambda_l$ (die der Größe nach angeordnet seien). Sind $\vec{G}_1, \vec{G}_2, ..., \vec{G}_l$ die zugehörigen Eigenvektoren, lösen die Koeffizienten von $\vec{A}_1 = \sqrt{\lambda_1} \cdot \vec{G}_1, \vec{A}_2 = \sqrt{\lambda_2} \cdot \vec{G}_2, ..., \vec{A}_l = \sqrt{\lambda_l} \cdot \vec{G}_l$ obiges Gleichungssystem. Wieder wollen wir mit möglichst wenig Faktoren auskommen. Wir extrahieren daher zuerst aus $\mathfrak{R}_0$ mittels eines Iterationsverfahrens (s. Anmerkung 14) den zum größten Eigenwert gehörigen Eigenvektor $\vec{A}_1$. Die paarweisen Produkte

$$\begin{pmatrix} a_{11}^2 & a_{11} \cdot a_{21} & a_{11} \cdot a_{m1} \\ a_{21} \cdot a_{11} & a_{21}^2 & a_{21} \cdot a_{m1} \\ & .. & \\ a_{m1} \cdot a_{11} & & a_{m1}^2 \end{pmatrix}$$

der Koordinaten $a_{11}, a_{21}, ..., a_{m1}$ von $\vec{A}_1$ stellen dann die beste Annäherung von $\mathfrak{R}_0$ dar (die wir wieder $\hat{\mathfrak{R}}_0$ nennen); aus der Restmatrix $\mathfrak{R}_1 = \mathfrak{R}_0 - \hat{\mathfrak{R}}_0$ extrahieren wir mit dem Iterationsverfahren $\vec{A}_2$; die Produkte dieser Koeffizienten nähern wiederum die Restmatrix am Besten an, usw.; $\vec{A}_1, \vec{A}_2, ..., \vec{A}_l$ entsprechen also den sukzessiv extrahierten Faktoren der Zentroidmethode – wobei aufgrund unterschiedlicher Ansätze Unterschiede der Werte auftreten können.

Wegen $\vec{A}_k = \sqrt{\lambda_k} \cdot \vec{G}_k$ und $|\vec{G}_k| = 1$ (Normiertheit von Eigenvektoren) gilt:

$$\sum_{j=1}^m a_{jk}^2 = \lambda_k \cdot \sum_{j=1}^m g_{jk}^2 = \lambda_k.$$

Die Summe der quadrierten Ladungen auf einem Faktor ist also gleich seinem Eigenwert.

3.5 Faktorenanalyse

Extraktionskriterien

Bereits bei der Extraktion der Faktoren nach der Zentroidmethode gaben wir Kriterien für die Zahl der zu extrahierenden Faktoren an, wobei insbesondere die durch einen weiteren Faktor zusätzlich zu erklärende Varianz eine Entscheidungshilfe darstellte. Eine Variante dieses Kriteriums ist die Forderung, dass der neue (mit der Hauptkomponentenmethode) ermittelte Faktor mindestens 5% der Gesamtvarianz aufklärt; da diese bei m Variablen genau den Wert m annimmt, würde man demnach alle Eigenvektoren $\vec{G}_k$ mit Eigenwerten $\lambda_k \geq 0{,}05 \cdot m$ extrahieren. Eine etwas schwächere Forderung ist

$$\lambda_k \geq 0{,}05 \cdot \sum_{g=1}^{k-1} \lambda_g \,;$$

der neue Faktor muss also zusätzlich wenigstens 5% Varianz aufklären.

Häufig verfahren Computerprogramme auch nach dem Kriterium, Eigenvektoren mit Eigenwerten von mindestens 1 zu extrahieren (Kaiser-Kriterium), wobei man allerdings oft sehr viele und dann nicht mehr sinnvoll interpretierbare Faktoren erhält. Es hat sich deshalb bewährt, die Höhe der positiven Eigenwerte gegen ihre Rangnummer graphisch aufzutragen („Eigenwertediagramm") und zu überprüfen, wann diese Kurve in ihrem Verlauf einen deutlichen Knick macht. Der letzte Eigenwert vor diesem Knick (oberhalb der durch die nachgeordneten Eigenwerte zu legenden Gerade) ist dann der Eigenwert des letzten noch zu extrahierenden Faktors (so genannter Scree-Test; s. Abbildung 3.12); im Beispiel wären somit 3 Faktoren zu extrahieren.

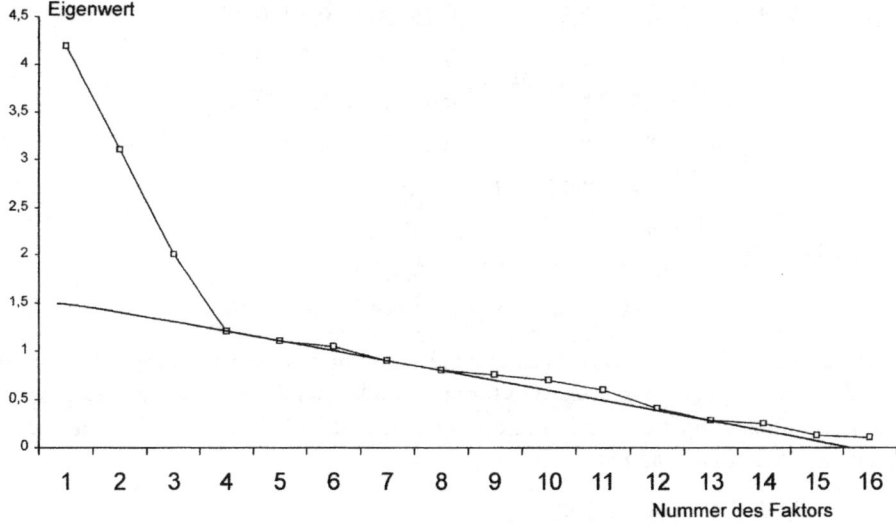

Abbildung 3.12: (Fiktives) Eigenwertediagramm (Screeplot)

Illustration an einem Beispiel

Wir erläutern das Vorgehen an unserer Interkorrelationsmatrix der vier Variablen aus 3.5.3. In die Diagonale von $\Re_0$ wurden, um Aufwand zu sparen, gleich die aus dem ersten Versuch mit der Zentroidmethode erhaltenen Kommunalitäten eingesetzt. Es gilt also:

$$\Re_0 = \begin{pmatrix} 0{,}94 & 0{,}87 & 0 & -0{,}5 \\ 0{,}87 & 0{,}94 & 0{,}5 & 0 \\ 0 & 0{,}5 & 0{,}94 & 0{,}87 \\ -0{,}5 & 0 & 0{,}87 & 0{,}94 \end{pmatrix}.$$

Mit dem in Anmerkung 14 beschriebenen Iterationsverfahren ermitteln wir den größten Eigenwert $\lambda_1 = 1{,}94$ und für den zugehörigen normierten Eigenvektor

$$\vec{G}_1 = \begin{pmatrix} 0{,}36 \\ 0{,}61 \\ 0{,}61 \\ 0{,}36 \end{pmatrix}, \text{ damit für den 1. Faktor } \vec{A}_1 = \sqrt{\lambda_1} \cdot \vec{G}_1, \text{ also die Faktorladungen}$$

$a_{11} = 0{,}50$; $a_{21} = 0{,}85$, $a_{31} = 0{,}85$; $a_{41} = 0{,}50$.

Mittels der Produkte dieser Ladungen auf dem 1. Faktor versuchen wir eine Rekonstruktion $\hat{\Re}_0$ von $\Re_0$, stellen die beiden Matrizen gegenüber und berechnen die der Extraktion des 2. Faktors zugrunde liegende Restmatrix:

$$\Re_0 = \begin{pmatrix} 0{,}94 & 0{,}87 & 0 & -0{,}5 \\ 0{,}87 & 0{,}94 & 0{,}5 & 0 \\ 0 & 0{,}5 & 0{,}94 & 0{,}87 \\ -0{,}5 & 0 & 0{,}87 & 0{,}94 \end{pmatrix}; \hat{\Re}_0 = \begin{pmatrix} 0{,}25 & 0{,}42 & 0{,}42 & 0{,}25 \\ 0{,}42 & 0{,}72 & 0{,}72 & 0{,}42 \\ 0{,}42 & 0{,}72 & 0{,}72 & 0{,}42 \\ 0{,}25 & 0{,}42 & 0{,}42 & 0{,}25 \end{pmatrix};$$

$$\Re_1 = \Re_0 - \hat{\Re}_0 = \begin{pmatrix} 0{,}69 & 0{,}45 & -0{,}42 & -0{,}75 \\ 0{,}45 & 0{,}22 & -0{,}22 & -0{,}42 \\ -0{,}42 & -0{,}22 & 0{,}22 & 0{,}45 \\ -0{,}75 & -0{,}42 & 0{,}45 & 0{,}69 \end{pmatrix}.$$

Um dasselbe Iterationsverfahren zur Gewinnung des zweitgrößten Eigenwerts und seines zugehörigen Eigenvektors anwenden zu können, müssen wir spiegeln, in diesem Fall 1. und 2. Zeile (sowie 1. und 2. Spalte) mit -1 multiplizieren (s. 3.5.3) und erhalten:

$$\Re_1'' = \begin{pmatrix} 0{,}69 & 0{,}45 & 0{,}42 & 0{,}75 \\ 0{,}45 & 0{,}22 & 0{,}22 & 0{,}42 \\ 0{,}42 & 0{,}22 & 0{,}22 & 0{,}45 \\ 0{,}75 & 0{,}42 & 0{,}45 & 0{,}69 \end{pmatrix}.$$

3.5 Faktorenanalyse

Iteration liefert als Eigenwert 1,94 und daher als Eigenvektor der gespiegelten Matrix :

$$\vec{G}_2 = \begin{pmatrix} 0,61 \\ 0,36 \\ 0,36 \\ 0,61 \end{pmatrix};$$

somit ermittelt man als zweiten Faktor $\vec{A}_2 = \begin{pmatrix} -0,85 \\ -0,50 \\ 0,50 \\ 0,85 \end{pmatrix}.$

Wir zeigen, dass die Faktoren aufeinander senkrecht stehen, ihr Skalarprodukt (von eventuellen Rundungsfehlern abgesehen) 0 ergibt. Es gilt:

$$\vec{A}_1 \cdot \vec{A}_2 = \begin{pmatrix} 0,50 \\ 0,85 \\ 0,85 \\ 0,50 \end{pmatrix} \cdot \begin{pmatrix} -0,85 \\ -0,50 \\ 0,50 \\ 0,85 \end{pmatrix} = 0.$$

Wieder rekonstruieren wir die Restmatrix $\hat{\Re}_1$, stellen sie $\Re_1$ gegenüber und bilden die zur Extraktion des 3. Faktors erforderliche Differenz:

$$\hat{\Re}_1 = \begin{pmatrix} 0,72 & 0,42 & -0,42 & -0,72 \\ 0,42 & 0,25 & -0,25 & -0,42 \\ -0,42 & -0,25 & 0,25 & 0,42 \\ -0,72 & -0,42 & 0,42 & 0,72 \end{pmatrix}; \Re_2 = \begin{pmatrix} -0,03 & 0,03 & 0,00 & -0,03 \\ 0,03 & -0,03 & 0,03 & 0,00 \\ 0,00 & 0,03 & -0,03 & 0,03 \\ -0,03 & 0,00 & 0,03 & -0,03 \end{pmatrix}.$$

Deren Koeffizienten sind vernachlässigbar klein, sodass Extraktion eines weiteren Faktors wenig neue Varianz aufklären wird; dies bestätigt die erneute Anwendung des Verfahrens, das nach einer Reihe von Iterationen schließlich zu $\lambda_3 = 0,07$ führt. Dieser Eigenwert ist deutlich kleiner als 1, liegt auch im Eigenwertdiagramm des Scree-Tests rechts vom „Knick"; man bricht daher die Extraktion bei zwei Faktoren ab und erhält folgende Faktorladungsmatrix:

$$((a_{ij})) = \begin{pmatrix} & \vec{F}_1 & \vec{F}_1 & \\ \vec{Z}_1 & 0,50 & -0,85 & 0,97 \\ \vec{Z}_2 & 0,85 & -0,50 & 0,97 \\ \vec{Z}_3 & 0,85 & 0,50 & 0,97 \\ \vec{Z}_4 & 0,50 & 0,85 & 0,97 \\ \lambda_k = \sum_{j=1}^{4} a_{jk}^2 & 1,94 & 1,94 & 3,88 \end{pmatrix}.$$

Um das Ergebnis mit der in 3.5.4 nach der Zentroidmethode erhaltenen Faktorladungsmatrix vergleichen zu können, führen wir eine Rotation so durch, dass die Ladung der 2. Variable auf dem 2. Faktor 0 wird. Man multipliziert deswegen von rechts mit

$$\begin{pmatrix} 0{,}87 & 0{,}495 \\ -0{,}495 & 0{,}87 \end{pmatrix}$$

und erhält dann:

$$((a'_{jk})) = \begin{pmatrix} & F'_1 & F'_2 & h_j^2 \\ \vec{Z}_1 & 0{,}85 & -0{,}49 & 0{,}97 \\ \vec{Z}_2 & 0{,}99 & 0 & 0{,}98 \\ \vec{Z}_3 & 0{,}49 & 0{,}85 & 0{,}97 \\ \vec{Z}_4 & 0 & 0{,}99 & 0{,}98 \\ \sum_{j=1}^{4} a'^2_{jk} & 1{,}94 & 1{,}94 & 3{,}88 \end{pmatrix}.$$

Wie zu sehen, sind die Ergebnisse mit den beiden Extraktionsmethoden hier sehr gut vergleichbar; üblicherweise sind sie allerdings im Detail etwas unterschiedlich.

3.5.7 Interpretation faktorenanalytischer Ergebnisse

Dieser Abschnitt wird sehr kurz sein, weil das Thema nur am Rande in den Bereich der Statistik fällt und einigermaßen erschöpfende Behandlung recht umfangreich wäre (s. dazu etwa Pawlik, 1979). Da die zur Demonstration der Rechenvorgänge gewählte Faktorladungsmatrix aus 3.5.4 nicht die Kriterien der Einfachstruktur erfüllt, greifen wir auf das fiktive Beispiel in 3.5.1 zurück.

Dort wurden 3 Faktoren erhalten. Um diese zu interpretieren, betrachten wir nur substanzielle Ladungen und setzen als Grenze dafür 0,30 an.

Ab wann Ladungen interpretiert werden sollten, wird nicht einheitlich in der Literatur festgelegt. Prinzipiell könnte man sich auf den Standpunkt stellen, jede Korrelation einer Variablen mit einem Faktor, die signifikant ist, also keinen Zufallsbefund darstellt, würde dies gestatten; allerdings sollte man daran denken, dass die gemeinsame Varianz letztlich eine aussagekräftigere Größe darstellt, und diese beträgt bei Korrelationen unter 0,30 weniger als 10%. Dennoch sei festgehalten, dass manche Autoren auch kleinere Ladungen in die Interpretation einbeziehen – speziell dann, wenn dies zu ihren theoretischen Annahmen passt. Das Thema der Substanzialität von Ladungen ist ausführlich u.a. bei Pawlik (1979) abgehandelt.

Auf dem 1. Faktor weisen somit nur die Variablen Mathematik und Physik eine hohe Ladung auf und eine mögliche Interpretation – sicher die naheliegendste und auch bereits in 3.5.1 gegeben – wäre, dass er so etwas wie mathematisch-naturwissenschaftliche Begabung widerspiegelt; die Faktorenwerte der Schüler würden deren Ausprägung einigermaßen direkt – ohne Umweg über die Noten der Einzelfächer – anzeigen. Auf dem 2. Faktor laden die Leistungen in Englisch und Französisch hoch. Man muss nach den vorliegenden Daten offen lassen, ob er als Begabung für moderne Sprachen zu interpretieren ist oder allgemeiner als Sprachbegabung; hätte man zusätzlich die Leistungen in der Variable Latein erhoben, so hätte vielleicht deren Ladung auf diesem Faktor gewisse diesbezügliche Klarheit schaffen können. Den 3. Faktor haben wir schon in 3.5.1 als musische Begabung bezeichnet, wobei hier sicher seine Korrelation mit weiteren Variablen mehr Aufschlüsse erbracht hätte; augenblicklich müssen wir ihn als Ausdruck einer eigenen, von den anderen schulischen Fähigkeiten unabhängigen Begabung sehen.

3.5.8 Voraussetzungen der Faktorenanalyse

Da ihr Interkorrelationsmatrizen aus Produkt-Moment-Korrelationen zu Grunde liegen, gelten natürlich die für deren Ermittelung notwendigen Voraussetzungen, speziell die der Intervallskalierung. Ob es Sinn macht, eine Faktorenanalyse durchzuführen, wenn die Daten deutlich von einer Normalverteilung abweichen, wird in der Literatur kontrovers diskutiert; in der Regel lassen sich die Autoren bei Fehlen dieser Voraussetzung nicht von einer solchen Berechnung abhalten.

Problematischer ist es, wenn die Ausgangsdaten, etwa Schulnoten, nur auf Ordinalniveau vorliegen. Viele setzen sich darüber hinweg und berechnen zunächst die Produkt-Moment-Korrelationskoeffizienten, mit denen die weitere Analyse durchgeführt wird. So bedenklich streng genommen dieses Vorgehen ist, so muss es keineswegs unsinnige Ergebnisse erbringen und es scheint durchaus praktiziert zu werden; in jedem Fall wird man dann nur deutliche Ladungen interpretieren dürfen. Ob es sinnvoll ist, bei Ordinaldaten Spearman'sche Rangkorrelationskoeffizienten zu berechnen und damit eine Faktorenanalyse durchzuführen, wird kontrovers diskutiert.

Eine wichtige Voraussetzung ist eine hinreichend große Stichprobe. Was dies genau heißt, wird ebenfalls unterschiedlich ausgelegt. Sicher wäre ein Stichprobenumfang, der etwa 5-mal so groß ist wie die Variablenzahl, wünschenswert; in der Praxis ist diese Forderung häufig nicht zu erfüllen, ohne dass man auf diese interessante Auswertungsmethode verzichten möchte. Nicht legitim ist natürlich unser Vorgehen, eine FA mit Werten von 3 Probanden in 4 Variablen zu rechnen.

Hat man eine sehr große Stichprobe, ist es häufig sinnvoll, diese nach dem Zufallsprinzip zu teilen und an beiden Substichproben eine Faktorenanalyse zu rechnen. Substanzielle Ladungen, die bei beiden Analysen gefunden werden, sind dann mit gutem Gefühl zu interpretieren; allerdings wird man nicht selten erstaunt sein, wie sehr sich Faktorladungsmatrizen unterscheiden können, die mit derselben Methode an ähnlichen Stichproben gewonnen wurden.

Anmerkungen Kapitel 3

Anmerkung 1: Neben dieser Art des Abzählens gibt es eine zweite Form der Medianbestimmung, die häufig praktiziert wird, aber gegenüber der beschriebenen andere Ergebnisse liefert – wenn auch in der Regel nicht sehr unterschiedliche. Wir demonstrieren sie an den bereits geordneten Daten 12; 13; 13; 14; 14; 14; 14; 14; 15;. Da $n = 9$, liegt der Median nach der im Text gegebenen Definition an der Stelle 5, hat also den Wert 14. Nach dem anderen Verfahren legt man zunächst an Hand seiner Stellung fest, in welche Klasse (welchen „Eingriffsbereich") Md fällt, hier in die 3. Klasse, die mit Werten 14; deren Grenze wird zwischen 13,5 und 14,5 fest gesetzt. Zum unteren Wert, hier 13,5, addiert man nun eine Größe, die sich aus der Position des Median in der Klasse ergibt: Md steht an 5. Stelle der gesamten Reihe, an 2. Stelle der 5 Elemente umfassenden 3. Klasse mit der Breite von $14,5 - 13,5 = 1$. Wir addieren zu 13,5 zwei Fünftel der Klassenbreite hinzu, also $2/5 = 0,4$ und erhalten: $Md = 13,9$.
Allgemein berechnet sich Md:

$$Md = x_{mu} + \frac{\frac{n+1}{2} - f_{kum;m-1}}{f_{kum;m} - f_{kum;m-1}} \cdot h.$$

Dabei bedeutet m die Nummer der Klasse, in welcher der Md liegt, hier $m = 3$; x_{mu} deren unterster (definierter) Wert, hier 13,5, n der Stichprobenumfang, $f_{kum;m}$ und $f_{kum;m-1}$ die kumulierten Häufigkeiten bis einschließlich Klassen m und $m-1$ (hier 8 und 3), h die Klassenbreite, also hier 1. Der Zähler des Bruchs gibt die Stellung des Medians in seiner eigenen Klasse an, der Nenner die Zahl der Elemente der Klasse. Im Fall eines geraden Wertes für n muss man auf analoge Weise die beiden Werte bestimmen, als deren Mittel sich der Median ergibt.

Wie man sieht, hätte Abzählen den Wert 14 geliefert, also ein etwas anderes Ergebnis. Die Summe der absoluten Differenzen der beiden Mediane von den Einzelelementen ergibt 5 bzw. 5,3. Der nach der zweiten Methode bestimmte Median erfüllt die Minimumsbedingung also nicht.

Anmerkung 2: Leitet man mittels der in 8.3.2 erläuterten Kettenregel
$h(a_1;b_1) = (a_1 + b_1 \cdot 4 - 3)^2 + (a_1 + b_1 \cdot 2 - 1)^2 + (a_1 + b_1 \cdot 6 - 2)^2$
partiell nach a ab und setzt:
$\frac{\partial h}{\partial a_1} = 0$, erhält man: $a_1 = 2 - 4b_1$;
partielle Ableitung von $h(a_1;b_1)$ nach b_1 und Gleichsetzen von $\frac{\partial h}{\partial b_1}$ mit 0 liefert:
$12a_1 + 56b_1 = 26$.
Wird gemäß der obigen Gleichung für a_1 der Wert $2 - 4b_1$ eingesetzt, errechnet sich b_1 zu 1/4 und folglich gilt: $a_1 = 1$. Die Werte für die 2. partiellen Ableitungen sind positive Konstanten, sodass tatsächlich h am Punkt (1; 1/4) ein Minimum aufweist.

Analog ist die Vorgehensweise bei der Bestimmung der Regression von X auf Y. Dann sind die Koeffizienten a_2 und b_2 der linearen Regressionsgleichung $x = a_2 + b_2 y$ so zu wählen, dass
$h(a_2;b_2) = (a_2 + b_1 \cdot 3 - 4)^2 + (a_2 + b_2 \cdot 1 - 2)^2 + (a_2 + b_2 \cdot 2 - 6)^2$
ein Minimum hat. Partielle Ableitung nach a_2 und b_2 und Gleichsetzen mit 0 ergibt: $a_2 = 2$ und $b_2 = 1$.

Anmerkungen Kapitel 3

Anmerkung 3: Besonders einfach stellen sich diese Beziehungen dar, wenn die Werte in X und Y vorher z-transformiert wurden. In diesem Fall gilt:
$\bar{z}_x = \bar{z}_y = 0$ sowie $s_{z_x} = s_{z_y} = 1$.
Für die Koeffizienten der Gleichung $\hat{z}_{yi} = a_1 + b_1 \cdot z_{xi}$ berechnet man dann:
$$b_1 = \frac{cov(z_x; z_y)}{s_{z_x}^2} = cov(z_x; z_y) = \frac{cov(z_x; z_y)}{s_{z_x} \cdot s_{z_y}} = r_{xy}; \quad a_1 = \bar{z}_y - b_1 \cdot \bar{z}_x = 0,$$
also schlicht:
$\hat{z}_{yi} = r_{xy} \cdot z_{xi}$ und analog: $\hat{z}_{xi} = r_{xy} \cdot z_{yi}$.
Diese hier eher beiläufig erwähnte Beziehung wird sehr nützlich bei der Betrachtung multipler Regressionen und Korrelationen sein.

Anmerkung 4: Allgemeiner (und eleganter) könnte man zeigen, dass die Abbildung:
$g(y) = a_2 + \frac{1}{b_1} \cdot y$ die Umkehrfunktion von $f(x) = a_1 + b_1 \cdot x$ ist, dass also
Anwenden der Abbildungen f und dann g jedem beliebigen Wert x wieder x zuordnet.

Anmerkung 5: Der erste Teil des Beweises ist nicht schwer: Es gilt:
$$\frac{1}{n} \cdot \sum_{i=1}^{n} (\hat{y}_i - y_i) = \frac{1}{n} \cdot \sum_{i=1}^{n} (a_1 + b_1 \cdot x_i - y_i) = \frac{1}{n} \cdot \left[\sum_{i=1}^{n} a_1 + b_1 \cdot \sum_{i=1}^{n} x_i - \sum_{i=1}^{n} y_i \right]$$
$$= a_1 + b_1 \cdot \bar{x} - \bar{y} = \bar{y} - b_1 \cdot \bar{x} + b_1 \cdot \bar{x} - \bar{y} = 0,$$
wegen der oben gezeigten Äquivalenz.
Der zweite Teil erfordert einige mathematisch einfache Umformungen:
Wegen $\frac{1}{n} \cdot \sum_{i=1}^{n} (\hat{y}_i - y_i) = 0$ gilt: $s_{\hat{y}-y}^2 =$

$$\frac{1}{n-1} \cdot \sum_{i=1}^{n} (\hat{y}_i - y_i)^2 = \frac{1}{n-1} \sum_{i=1}^{n} (a_1 + b_1 \cdot x_i - y_i)^2 = \frac{1}{n-1} \cdot \sum_{i=1}^{n} (\bar{y} - b_1 \bar{x} + b_1 \cdot x_i - y_i)^2 =$$

$$\frac{1}{n-1} \cdot \sum_{i=1}^{n} [\bar{y} - y_i - b_1 (\bar{x} - x_i)]^2 = \frac{1}{n-1} \sum_{i=1}^{n} [(\bar{y} - y_i)^2 - 2b_1 (\bar{y} - y_i) \cdot (\bar{x} - x_i) + b_1^2 (\bar{x} - x_i)^2] =$$

$$s_y^2 - 2b_1 \, cov(x; y) + b_1^2 \cdot s_x^2 = s_y^2 - 2 \frac{cov(x; y)}{s_x^2} \cdot cov(x; y) + \frac{cov(x; y)^2}{s_x^4} \cdot s_x^2 = s_y^2 - \frac{cov(x; y)^2}{s_x^2} =$$

$$s_y^2 - \frac{r^2 \cdot s_x^2 \cdot s_y^2}{s_x^2} = s_y^2 - r^2 \cdot s_y^2 = s_y^2 \cdot (1 - r^2).$$

Anmerkung 6: Das Gleichungssystem lässt sich auch als Matrizenprodukt darstellen: Ist $\mathfrak{R}$ die Matrix der Interkorrelationen der k Prädiktorvariablen, also

$$\mathfrak{R} = \begin{pmatrix} r_{11} & r_{12} & \cdots & r_{1k} \\ r_{21} & r_{22} & \cdots & r_{2k} \\ \cdots & \cdots & \cdots & \cdots \\ \cdots & \cdots & \cdots & \cdots \\ r_{k1} & r_{k2} & & r_{kk} \end{pmatrix}, \text{ und sind } \vec{B} = \begin{pmatrix} b_1 \\ b_2 \\ .. \\ .. \\ b_k \end{pmatrix} \text{ bzw. } \vec{R} = \begin{pmatrix} r_{1,k+1} \\ r_{2,k+1} \\ .. \\ .. \\ r_{k,k+1} \end{pmatrix} \text{ die Spaltenvektoren}$$

der Regressionskoeffizienten bzw. der Korrelationen zwischen Prädiktor- und Kriteriumsvariablen, so gilt:
$\mathfrak{R} \cdot \vec{B} = \vec{R}$.

Anmerkung 7: Zur Herleitung geht man wieder davon aus, dass die Residualvarianz einen Minimalwert annehmen muss; also

$$f(b_1; b_2; ...; b_k) = \sum_{i=1}^{n} (\hat{z}_{k+1,i} - z_{k+1,i})^2 = \sum_{i=1}^{n} (b_1 \cdot z_{1,i} + b_2 \cdot z_{2,i} + ... + b_k \cdot z_{k,i} - z_{k+1,i})^2 = min.$$

Setzt man, wie im Falle der einfachen Regression, die partiellen Ableitungen von f nach den b-Gewichten gleich 0, also

$$\frac{\partial f}{\partial b_1} = \frac{\partial f}{\partial b_2} = ... = \frac{\partial f}{\partial b_k} = 0,$$

erhält man das angeführte Gleichungssystem.

Anmerkung 8: Das ist nicht weiter erstaunlich: Wir hatten zur Darstellung von $\vec{Z}_1$ den Ansatz $\vec{Z}_1 = a_{11} \cdot \vec{F}_1 + b_1 \cdot \vec{T}_1$ (mit den aufeinander senkrecht stehenden Vektoren $\vec{F}_1$ und $\vec{T}_1$) gemacht. Man überlegt sich leicht, dass man sehr viele Möglichkeiten für die Wahl von $\vec{F}_1$ und $\vec{T}_1$ hat und entsprechend a_{11} viele Werte annehmen kann.

Anmerkung 9: Das ist keineswegs trivial. Es sei daran erinnert, dass bei der Regression der die Variable X_1 gewichtende Regressionskoeffizient unterschiedlich ausfällt, wenn X_1 allein zur Prädiktion der Kriteriumsvariable verwendet wird oder wenn noch eine zweite Prädiktorvariable X_2 herangezogen wird. Es ergibt sich aber aus folgender Überlegung:
Wir machen den Ansatz:
$\vec{Z}_j = a_{j1} \cdot \vec{F}_1 + a_{j2} \cdot \vec{F}_2 + b_j \cdot \vec{T}_j$ und $\vec{Z}_l = a_{l1} \cdot \vec{F}_1 + a_{l2} \cdot \vec{F}_2 + b_l \cdot \vec{T}_l$.
Multiplikation liefert:
$\vec{Z}_j \cdot \vec{Z}_l = r_{jl} \cdot (n-1) = (a_{j1} \cdot a_{l1} + a_{j2} \cdot a_{l2}) \cdot (n-1)$ und daher $r_{jl} = a_{j1} \cdot a_{l1} + a_{j2} \cdot a_{l2}$;
im Falle von vier Variablen wie im Beispiel ergibt sich also folgende Gleichung:

$$\mathfrak{R}_0 = \begin{pmatrix} a_{11}a_{11} + a_{12}a_{12} & a_{11}a_{21} + a_{12}a_{22} & a_{11}a_{31} + a_{12}a_{32} & a_{11}a_{41} + a_{12}a_{42} \\ a_{21}a_{11} + a_{22}a_{12} & a_{21}a_{21} + a_{22}a_{22} & a_{21}a_{31} + a_{22}a_{32} & a_{21}a_{41} + a_{22}a_{42} \\ a_{31}a_{11} + a_{32}a_{12} & a_{31}a_{21} + a_{32}a_{22} & a_{31}a_{31} + a_{32}a_{32} & a_{31}a_{41} + a_{32}a_{42} \\ a_{41}a_{11} + a_{42}a_{12} & a_{41}a_{21} + a_{42}a_{22} & a_{41}a_{31} + a_{42}a_{32} & a_{41}a_{41} + a_{42}a_{42} \end{pmatrix} ..$$

Mit $S_1 = a_{11} + a_{21} + a_{31} + a_{41}$ (Summe der Ladungen aller Variablen auf dem 1. Faktor) und $S_2 = a_{12} + a_{22} + a_{32} + a_{42}$ (Summe der Ladungen aller Variablen auf dem 2. Faktor) gilt dann:

$$S_1^2 + S_2^2 = \sum_{j=1}^{4} \sum_{l=1}^{4} r_{jl} ;$$

da wir wegen der Überdeterminierung des Gleichungssystems S_1 und S_2 weitgehend frei wählen können, setzen wir: $S_2 = 0$ und erhalten dann dasselbe Gleichungssystem zur Berechnung der Ladungen auf Faktor 1 wie beim Ein-Faktoren-Ansatz.

Anmerkungen Kapitel 3

Anmerkung 10: Zur Berechnung der Ladungen auf dem 2. Faktor benutzen wir die Beziehung

$$\mathfrak{R}_1 = \mathfrak{R}_0 - \hat{\mathfrak{R}}_0 = \begin{pmatrix} a_{11}a_{11}+a_{12}a_{12} & a_{11}a_{21}+a_{12}a_{22} & a_{11}a_{31}+a_{12}a_{32} & a_{11}a_{41}+a_{12}a_{42} \\ a_{21}a_{11}+a_{22}a_{12} & a_{21}a_{21}+a_{22}a_{22} & a_{21}a_{31}+a_{22}a_{32} & a_{21}a_{41}+a_{22}a_{42} \\ a_{31}a_{11}+a_{32}a_{12} & a_{31}a_{21}+a_{32}a_{22} & a_{31}a_{31}+a_{32}a_{32} & a_{31}a_{41}+a_{32}a_{42} \\ a_{41}a_{11}+a_{42}a_{12} & a_{41}a_{21}+a_{42}a_{22} & a_{41}a_{31}+a_{42}a_{32} & a_{41}a_{41}+a_{42}a_{42} \end{pmatrix} -$$

$$- \begin{pmatrix} a_{11}a_{11} & a_{11}a_{21} & a_{11}a_{31} & a_{11}a_{41} \\ a_{21}a_{11} & a_{21}a_{21} & a_{21}a_{31} & a_{21}a_{41} \\ a_{31}a_{11} & a_{31}a_{21} & a_{31}a_{31} & a_{31}a_{41} \\ a_{41}a_{11} & a_{41}a_{21} & a_{41}a_{31} & a_{41}a_{41} \end{pmatrix} = \begin{pmatrix} a_{12}a_{12} & a_{12}a_{22} & a_{12}a_{32} & a_{12}a_{42} \\ a_{22}a_{12} & a_{22}a_{22} & a_{22}a_{32} & a_{22}a_{42} \\ a_{32}a_{12} & a_{32}a_{22} & a_{32}a_{32} & a_{32}a_{42} \\ a_{42}a_{12} & a_{42}a_{22} & a_{42}a_{32} & a_{42}a_{42} \end{pmatrix};$$

Die rechte Matrix ist aber gebaut wie die zur Extraktion des 1. Faktors anhand von $\mathfrak{R}_0$ benutzte; lediglich handelt es sich hier um die Ladungen auf dem 2. Faktor und unter Einführung von $S_2 = a_{12} + a_{22} + a_{32} + a_{42}$ erhalten wir:

$a_{12} \cdot S_2 + a_{22} \cdot S_2 + a_{32} \cdot S_2 + a_{42} \cdot S_2 = S_2 \cdot S_2 = S_2^2$; somit:

$$a_{j2} = \frac{\sum_{l=1}^{4} r_{jl}^{(1)}}{\sqrt{\sum_{l=1}^{4}\sum_{j=1}^{4} r_{jl}^{(1)}}}$$

Dabei bedeutet $r_{jl}^{(1)}$ die in der Restmatrix $\mathfrak{R}_1$ in Zeile j sowie Spalte l stehende „bereinigte" Korrelation $r_{jl}^{(0)} - a_{j1} \cdot a_{l1}$.

Anmerkung 11: Die Rechtfertigung für diesen Eingriff (häufig in der Literatur als „Spiegelung" bezeichnet) ergibt sich daraus, dass sich dadurch die gegenseitigen Lagebeziehungen der einzelnen Vektoren nicht verändern; sie werden nur an einer bestimmten Ebene des Personenraumes gespiegelt.

Anmerkung 12: In Matrizenschreibweise lautet die Abbildungsvorschrift für eine Drehung α im Uhrzeigersinn:

$$\begin{pmatrix} a'_{11} & a'_{12} \\ a'_{21} & a'_{22} \\ .. & .. \\ .. & .. \\ a'_{m1} & a'_{m2} \end{pmatrix} = \begin{pmatrix} a_{11} & a_{12} \\ a_{21} & a_{22} \\ .. & .. \\ .. & .. \\ a_{m1} & a_{12} \end{pmatrix} \cdot \begin{pmatrix} \cos\alpha & \sin\alpha \\ -\sin\alpha & \cos\alpha \end{pmatrix}.$$

Dreht man um β entgegen den Uhrzeigersinn, ergibt sich für die neuen Ladungen:

$$\begin{pmatrix} a'_{11} & a'_{12} \\ a'_{21} & a'_{22} \\ .. & .. \\ .. & .. \\ a'_{m1} & a'_{12} \end{pmatrix} = \begin{pmatrix} a_{11} & a_{12} \\ a_{21} & a_{22} \\ .. & .. \\ .. & .. \\ a_{m1} & a_{12} \end{pmatrix} \cdot \begin{pmatrix} \cos\beta & -\sin\beta \\ \sin\beta & \cos\beta \end{pmatrix}.$$

Anmerkung 13: Betrachtet man beispielsweise die Faktorladungsmatrix

$$((a_{ij})) = \begin{pmatrix} 0,4 & 0,4 \\ 0,4 & -0,4 \end{pmatrix},$$

so lässt sich diese durch Drehung um 45° (dessen Sinus und Cosinus etwa 0,71 ist) in eine geeignetere, die Forderungen der Einfachstruktur eher erfüllende Matrix

$$((a'_{ij})) = \begin{pmatrix} 0,0 & 0,56 \\ 0,56 & 0 \end{pmatrix}$$

umwandeln; bei ihr unterscheiden sich die einzelnen Ladungen stärker. Genau eine solche Maximierung von Ladungsunterschieden wird mit der Varimaxmethode angestrebt.

Bei der Varimaxrotation einer Faktorladungsmatrix

$$((a_{jk})) = \begin{pmatrix} a_{11} & \ldots\ldots & a_{1q} \\ a_{21} & & \\ & & \\ a_{m1} & & a_{mq} \end{pmatrix} \text{ in eine andere } ((\tilde{a}_{jk})) = \begin{pmatrix} \tilde{a}_{11} & \ldots\ldots & \tilde{a}_{1q} \\ \tilde{a}_{211} & & \\ & & \\ \tilde{a}_{m11} & & \tilde{a}_{mq} \end{pmatrix}$$

erhebt man die Forderung, dass unter Erhalt aller Kommunalitäten h_j^2 – also mit

$$\sum_{k=1}^{q} a_{jk}^2 = \sum_{k=1}^{q} \tilde{a}_{jk}^2 - \text{die Größe}$$

$$S = m \cdot \sum_{k=1}^{q} \sum_{j=1}^{m} \left(\frac{\tilde{a}_{jk}^2}{h_j^2} \right)^2 - \sum_{k=1}^{q} \left(\sum_{j=1}^{m} \frac{\tilde{a}_{jk}^2}{h_j^2} \right) \text{ ein Maximum annimmt.}$$

Im Falle der ersten Matrix ergibt sich für S ein Wert von 0, bei der zweiten von 2. Letztere erfüllt also (bei gleichen Kommunalitäten) viel besser diese Anforderung.

Anmerkung 14: Das Verfahren wird üblicherweise als Iteration durchgeführt, wobei man zunächst durch eine Reihe von Schritten $\vec{A}_1$ extrahiert, aus der Restmatrix $\Re_1$ dann $\vec{A}_2$, usw., wie bei der Zentroidmethode. λ_2 ist dann sowohl zweitgrößter Eigenwert von $\Re_0$ wie größter Eigenwert von $\Re_1$. Beschrieben findet sich der Algorithmus zur Bestimmung der Eigenwerte und Eigenvektoren u.a. bei Überla (1968, S. 100 ff.).

Wir zeigen den Gang der ersten Extraktion am Beispiel der Interkorrelationsmatrix aus 3.5.3:

$$\Re_0 = \begin{pmatrix} 0,94 & 0,87 & 0 & -0,5 \\ 0,87 & 0,94 & 0,5 & 0 \\ 0 & 0,5 & 0,94 & 0,87 \\ -0,5 & 0 & 0,87 & 0,94 \end{pmatrix};$$

multipliziert von rechts mit einem beliebigen 4-elementigen Spaltenvektor, z.B.

$$\vec{H}^{(1)} = \begin{pmatrix} 1 \\ 1 \\ 1 \\ 1 \end{pmatrix}, \text{ erhält man } \vec{J}^{(1)} = \begin{pmatrix} 1,31 \\ 2,31 \\ 2,31 \\ 1,31 \end{pmatrix};$$

Anmerkungen Kapitel 3

Division durch den höchsten Koeffizienten, hier 2,31, liefert:

$$\vec{H}^{(2)} = \begin{pmatrix} 0{,}57 \\ 1 \\ 1 \\ 0{,}57 \end{pmatrix}$$

und der erste Schritt der Iteration ist beendet. Indem man nun $\vec{H}^{(2)}$ von rechts an $\Re_0$ heranmultipliziert, erhält man $\vec{J}^{(2)}$ und nach der Division durch dessen höchsten Koeffizienten $\vec{H}^{(3)}$; nach einem weiteren Schritt kommt man hier zu

$$\vec{H}^{(4)} = \begin{pmatrix} 0{,}58 \\ 1 \\ 1 \\ 0{,}58 \end{pmatrix},$$

was mit $\vec{H}^{(3)}$ so gut übereinstimmt, dass wir die Iteration an dieser Stelle abbrechen und $\vec{H}^{(4)}$ als (noch unnormierten) Eigenvektor betrachten. Der höchste Koeffizient von $\vec{J}^{(4)} = \Re_0 \cdot \vec{H}^{(4)}$, hier 1,94, ist der zugehörige Eigenwert. Durch Normierung (Division durch Betrag von $\vec{H}^{(4)}$) erhalten wir aus $\vec{H}^{(4)}$ den Eigenvektor $\vec{G}_1$, aus dem durch Multiplikation mit $\sqrt{\lambda_1} = \sqrt{1{,}94}$ der 1. Faktor $\vec{A}_1$ gewonnen wird.

Man sollte es nicht versäumen, selbst das Erlebnis einer Iteration zu genießen. Von welchem Vektor $\vec{H}^{(1)}$ man auch ausgeht, man gelangt unweigerlich zu dem gesuchten Eigenvektor. Verrechnen dabei ändert nichts am Resultat; lediglich verzögert sich der Erhalt des Ergebnisses.

4 Wahrscheinlichkeitsrechnung

4.1 Vorbemerkungen; Überblick

Dieses Kapitel führt in Wahrscheinlichkeitsrechnung und Kombinatorik ein und leitet zugleich auf die nächsten Kapitel über: Es wird hier nämlich u.a. die Binomialverteilung behandelt, womit zum ersten Male eine mathematisch genauere Beschreibung einer Verteilung und der daraus abzuleitenden Eigenschaften erfolgt, was eingehend Gegenstand in Kapitel 5 sein wird. Indem wir zudem für bestimmte Ereignisse unter definierten Voraussetzungen die Auftretenswahrscheinlichkeit berechnen, können wir bei gegebener Häufigkeit dieser Ereignisse feststellen, ob unsere Voraussetzungen stimmen (und sie eventuell dann als unrichtig korrigieren). Dieser statistische Induktionsschluss wird in seiner allgemeinen Logik und in seinen Anwendungen in Kapitel 6 behandelt.

Wir verwenden in diesem Kapitel neben der v.a. für die Beispiele aus dem Bereich des Glücksspiels zweckmäßigen a priori-Definition der Wahrscheinlichkeit die anschauliche und für unsere Zwecke ausreichende statistische Wahrscheinlichkeitsdefinition. Nur in einer Anmerkung wird das mathematisch befriedigende Axiomensystem der Wahrscheinlichkeitstheorie vorgestellt – diese Ausführungen können ohne Schaden für das weitere Verständnis übersprungen werden. Sodann lernen wir einige Aussagen zu Wahrscheinlichkeiten kennen und bestimmen die Wahrscheinlichkeiten konkreter Ereignisse (z.B. die eines Gewinnes im Zahlenlotto). Der letzte Abschnitt beschäftigt sich mit der erwähnten Binomialverteilung und ihren Eigenschaften.

Um aber den „Kopf frei zu haben" für die eigentliche Wahrscheinlichkeitstheorie, sind einige mathematische Vorbemerkungen angebracht, nämlich zum Operator „!" (Fakultät) und zum Operator „n über k".

4.2 Mathematische Operatoren in der Wahrscheinlichkeitsrechnung

Für eine natürliche Zahl wird $n!$ (sprich: n Fakultät) definiert als:

$n! = 1 \cdot 2 \cdot 3 \cdot ... \cdot n$, also als Produkt der ersten n Zahlen. 4.1

Somit ist $3! = 1 \cdot 2 \cdot 3 = 6; 4! = 1 \cdot 2 \cdot 3 \cdot 4 = 24;$ zusätzlich wird $0! = 1$ gesetzt.

Wie wir in 4.5 sehen werden, ist $n!$ gleich der Anzahl möglicher Anordnungen von n Elementen.

$\binom{n}{k}$ (sprich: n über k) wird für natürliche Zahlen n und k mit $n \geq k$ definiert:

$$\binom{n}{k} = \frac{n \cdot (n-1) \cdot (n-2) \cdot \ldots \cdot (n-k+1)}{1 \cdot 2 \cdot \ldots \cdot k}, \qquad 4.2$$

also als ein Quotient, in dessen Zähler das Produkt von k Zahlen (von n abwärts) und in dessen Nenner das Produkt von k Zahlen (von 1 aufwärts bis k) steht. Definitionsgemäß wird außerdem fest gelegt:

$\binom{n}{0} = 1.$

Beispielsweise gilt: $\binom{6}{2} = \underbrace{\frac{\overbrace{6 \cdot 5}^{2\ Glieder}}{\underbrace{1 \cdot 2}_{2\ Glieder}}}_{} = 15; \binom{8}{4} = \frac{\overbrace{8 \cdot 7 \cdot 6 \cdot 5}^{4\ Glieder}}{\underbrace{1 \cdot 2 \cdot 3 \cdot 4}_{4\ Glieder}} = \frac{1680}{24} = 70.$

Weiter besteht folgende wichtige Beziehung:

$$\binom{n}{k} = \frac{n \cdot (n-1) \cdot \ldots \cdot (n-k+1)}{1 \cdot 2 \cdot \ldots \cdot k} = \frac{n \cdot (n-1) \cdot \ldots \cdot (n-k+1) \cdot (n-k)!}{(n-k)! \cdot 1 \cdot 2 \cdot \ldots \cdot k} =$$

$$\frac{n!}{(n-k)! \cdot k!} = \binom{n}{n-k} \qquad 4.3$$

(da im Zähler des erweiterten Ausdrucks das Produkt der Zahlen von 1 bis n steht). So gilt beispielsweise:

$$\binom{10}{4} = \frac{10 \cdot 9 \cdot 8 \cdot 7}{1 \cdot 2 \cdot 3 \cdot 4} = \frac{10 \cdot 9 \cdot 8 \cdot 7 \cdot 6 \cdot 5}{1 \cdot 2 \cdot 3 \cdot 4 \cdot 5 \cdot 6} = \binom{10}{6}.$$

(zu Binomialkoeffizienten s. Tafel 13) Die Bedeutung des Operators n über k zeigt sich im Abschnitt über Kombinatorik. Die Zahl möglicher Gruppen mit k verschiedenen Elementen aus einer n-elementigen Menge beträgt nämlich

$\binom{n}{k}$; so gibt es in einer Gruppe von 3 Personen $\binom{3}{2} = \frac{3 \cdot 2}{1 \cdot 2} = 3$ mögliche Paare.

4.3 Definitionen; elementare Aussagen der Wahrscheinlichkeitsrechnung

Als Zufallsereignis wird ein Ereignis bezeichnet, dessen Ausgang nicht voraussehbar ist; zu Recht beliebtes und immer wieder zitiertes Beispiel ist das einer geworfenen Münze, die mit dem Wappen oder der Zahl nach oben landen kann. Selbstverständlich ist dieses Ereignis nicht zufällig in dem Sinne, dass es bei den gegebenen Voraussetzungen auch hätte anders verlaufen können, nicht streng kausal determiniert wäre; Letzteres ist durchaus der Fall (etwa durch die Höhe des Wurfes, das erzeugte Drehmoment, die Bodenbeschaffenheit am Ort des Auftreffens). Wir kennen diese Größen jedoch nicht und hätten zudem vermutlich selbst in diesem Fall Schwierigkeiten, das Ergebnis vorherzusagen. Eine Situation, in der wir das Ereignis (genauer: Einzelereignisse dieses Typs) beobachten können, nennen wir Versuch (in der Literatur häufig als Zufallsexperiment bezeichnet).

Viele Beispiele der Wahrscheinlichkeitsrechnung werden dem Bereich des Glücksspiels entnommen (Münzwurf, Würfelspiel, Roulette). In diesen Fällen lässt sich gut eine a priori-Wahrscheinlichkeit für ein bestimmtes Ergebnis angeben, welche sich als Kehrwert der möglichen Ausgänge des Versuches berechnet. Beim Münzwurf gibt es zwei gleichermaßen wahrscheinliche Ausgänge (Wappen oder Zahl). Die Wahrscheinlichkeit für jeden ist damit 1/2; die Wahrscheinlichkeit beim Würfelspiel, dass eine bestimmte Augenzahl fällt, beträgt 1/6. Allerdings ist dieser Wahrscheinlichkeitsbegriff nicht universell anwendbar, insbesondere nicht für Ereignisse, deren Wahrscheinlichkeit nicht a priori angegeben werden kann, z.B. das Krebsrisiko von Rauchern.

Als Wahrscheinlichkeit p eines Zufallsereignisses (p von lat. probabilitas bzw. engl. probability) definieren wir hier allgemeiner den Grenzwert der relativen Häufigkeit des Ereignisses, d.h. des Quotienten aus der Zahl von Versuchen, die zum Zufallsereignis führen und der Zahl der Versuche insgesamt. Also:

$$p(E) = \lim_{n \to \infty} \frac{n_E}{n}, \qquad 4.4$$

wobei n_E die Zahl der Versuche mit Ereignis E und n die Gesamtzahl der durchgeführten Versuche ist.

Wie sofort zu sehen, wird diese Wahrscheinlichkeit nie kleiner als 0 und nie größer als 1. Ein „unmögliches Ereignis", welches also nie auftritt, hat die Wahrscheinlichkeit 0, ein „sicheres" die Wahrscheinlichkeit 1 (bei jedem der Versuche tritt das Ereignis ein, der Quotient zwischen Zahl der erfolgreichen Versuche und ihrer Gesamtzahl ist stets 1, also auch sein Grenzwert).

Um die a posteriori-Wahrscheinlichkeit für das Erhalten von „Wappen" bei Werfen einer Münze zu erhalten, führen wir also zunächst n Versuche (Würfe) durch und bestimmen, wie oft dabei das Wappen der Münze oben lag. Indem wir n immer größer werden lassen, bemerken wir, dass sich der Quotient mehr und mehr einer Zahl annähert (hier bekanntlich 0,5), die wir als Wahrscheinlichkeit des bewussten Ereignisses angeben (Anmerkung 1).

Es ist äußerst lehrreich, diesen Versuch selbst einmal durchzuführen und sich von der Äquivalenz der a priori- und der a posteriori-Wahrscheinlichkeit unter diesen Bedingungen zu überzeugen; bei 10 Würfen mag der Quotient noch ziemlich weit von 0,5 entfernt sein, im weiteren Verlauf wird er sich dieser Zahl systematisch nähern. Allerdings ist es nicht möglich, theoretisch zu beweisen, dass die Folge der Quotienten genau diesen Grenzwert besitzt. Lediglich empirisch ist zu zeigen, dass sie ihm beliebig nahe kommt.

4.4 Durchschnitt von Ereignissen; bedingte Wahrscheinlichkeiten

Als das zu E komplementäre Ereignis $\overline{E}$ wird jenes bezeichnet, welches genau dann auftritt, wenn E nicht eintritt; so wäre das Ereignis „Münze zeigt mit Zahl nach oben" das zu „Münze zeigt mit Wappen nach oben" komplementäre – sieht man einmal vom Fall ab, dass die Münze senkrecht im Rasen des Fußballfeldes stehen bleibt. Das komplementäre Ereignis zu „die obere Würfelseite zeigt die 1" wäre: „Die obere Würfelseite zeigt 2 oder 3 oder 4 oder 5 oder 6". Es gilt dann:

$p(E) = 1 - p(\overline{E})$; denn

$$p(E) + p(\overline{E}) = \lim_{n \to \infty} \frac{n_E}{n} + \lim_{n \to \infty} \frac{n_{\overline{E}}}{n} = \lim_{n \to \infty} \frac{n_E + n_{\overline{E}}}{n} = \lim_{n \to \infty} \frac{n}{n} = 1.$$

Auf gleiche Weise zeigt man, dass die Summe der Wahrscheinlichkeiten aller möglichen im Versuch zu beobachtenden, sich gegenseitig ausschließenden Ereignisse $E_1, E_2, .. E_m$ (der Elementarereignisse oder der elementaren Ausgänge des Experiments) 1 ergibt:

$$p(E_1) + p(E_2) + ... + p(E_m) = 1. \qquad 4.5$$

Weiterhin gilt der Additionssatz, welcher die Wahrscheinlichkeit für die Vereinigung von Ereignissen angibt. Man bezeichnet als Vereinigung zweier Ereignisse E_j und E_k, symbolisiert mit $E_j \cup E_k$, jenes, welches eintritt, wenn entweder E_j oder E_k auftreten. Sei beispielsweise bei einem Würfelspiel E_1 das Ereignis: Nach oben zeigt die Seite mit 1 Auge und entsprechend E_3 das Ereignis von 3 oben liegenden Augen, so hat man den Ausgang $E_1 \cup E_3$ des Experiments, wenn die Würfeloberseite entweder 1 oder 3 zeigt. Schließen sich die Ereignisse aus, berechnet sich die Wahrscheinlichkeit des vereinigten Ereignisses:

$p(E_j \cup E_k) = p(E_j) + p(E_k)$;

im Beispiel wäre also die Wahrscheinlichkeit, dass entweder 1 oder 3 fällt:

$p(E_j \cup E_k) = 1/3$.

Unabdingbare Voraussetzung ist hier – um es zu betonen –, dass die Ereignisse sich wechselseitig ausschließen. Sind E_1 und E_3 wie vorher definiert und E_7 das Ereignis einer ungeraden Augenzahl, ist die Wahrscheinlichkeit der Vereinigung nicht die Summe der Wahrscheinlichkeiten (hier 5/6), sondern nur 1/2.

4.4 Durchschnitt von Ereignissen und der Multiplikationssatz; bedingte Wahrscheinlichkeiten; Unabhängigkeit von Ereignissen

Durchschnitte von Ereignissen: Bis jetzt gingen wir davon aus, dass der zur Bestimmung von Wahrscheinlichkeiten wiederholte Versuch jeweils immer nur einen verschiedener sich ausschließender Ausgänge (Elementareignisse) hatte (entweder **E**₁ oder E_2 ... oder ... E_m); gewissermaßen künstlich konnten wir durch Vereinigung von Ereignissen weitere E_j zusammensetzen – welche sich mit den Elementarereignissen nicht ausschließen mussten. Jetzt nehmen wir an, dass innerhalb eines Versuches in einem einzigen Durchgang mehrere Teilereignisse auftreten; das wäre etwa beim Roulette der Fall, wo eine Zahl entweder schwarz oder rot, gleichzeitig aber gerade oder ungerade sein kann; ebenso tritt dies auf, wenn gleichzeitig zwei Würfel geworfen werden: Die Oberseite des ersten könnte eine 3 zeigen, die des zweiten eine 5; als Gesamtereignis hätten wir 3 und 5 Augen erhalten – wobei noch zu präzisieren ist, ob es gleichgültig sein soll, welcher der beiden Würfel, der erste oder der zweite, die 3 Augen zeigt oder ob hier noch einmal eine Unterscheidung vorgenommen werden soll.

Für die meisten Fragestellungen dürfte Letzteres nicht der Fall sein. Dem Lottospieler, der 5 von 6 Richtigen hat, dürfte es gleichgültig sein, ob die einzige „Niete" gleich zu Anfang oder erst in der Mitte der Ziehung erschienen ist; fragt man nach der Wahrscheinlichkeit, bei einem Wurf von 6 Katzenjungen genau 3 weibliche Kätzchen zu finden, legt man sich in der Regel nicht fest, in welcher Reihenfolge diese geboren sein sollen. Wir kommen unten noch einmal auf dieses Thema der Austauschbarkeit von Ergebnissen zurück, wollten aber hier schon auf die Bedeutung einer Präzisierung von Erwartungen hinweisen.

Die Kombination der Ereignisse E_j und E_k wird durch $E_j \cap E_k$ symbolisiert und als ihr Durchschnitt bezeichnet. Es ist jenes Ereignis, welches dann eintritt, wenn sowohl E_j wie E_k auftreten – während es bei der Vereinigung genügt, dass wenigstens eines auftritt. Sei beim Roulette E_1 das Ereignis, dass die Kugel bei einer schwarzen Zahl zu liegen kommt, E_2, dass sie auf eine gerade Zahl fällt. Dann tritt $E_1 \cap E_2$ genau dann ein, wenn die Kugel auf eine schwarze gerade Zahl fällt.

Multiplikationssatz: Die Wahrscheinlichkeit eines solchen kombinierten Ereignisses definiert sich wieder als Grenzwert des Quotienten zwischen Häufigkeit seines Auftretens und Zahl der Gesamtversuche. Es gilt dann – aber nur im Falle der Unabhängigkeit der Ereignisse – der wichtige Multiplikationssatz:

$$p(E_1 \cap E_2 \cap ... \cap E_m) = p(E_1) \cdot p(E_2) \cdot ... \cdot p(E_m). \hspace{2cm} 4.6$$

Den Beweis müssen wir so lange zurück stellen, bis eine befriedigende Definition von Unabhängigkeit vorliegt (s. unten).

Bedingte Wahrscheinlichkeiten: Die Wahrscheinlichkeit eines Ereignisses A unter der Voraussetzung eines anderen Ereignisses B wird bedingte Wahrscheinlichkeit genannt, symbolisiert mit $p(A|B)$. Man könnte z.B. fragen: Wenn ein Würfel eine der ersten drei Zahlen zeigt (Ereignis B), wie groß ist dann die Wahrscheinlichkeit, dass diese gerade ist (Ereignis A)? Oder: Wie groß ist die Wahrscheinlichkeit, dass der Würfel eine gerade Zahl zeigt (Ereignis A), wenn er auf eine der letzten drei Zahlen fällt (Ereignis C)?

Es gilt dann $p(A|B) = \dfrac{p(A \cap B)}{p(B)}$ (sofern $p(B)$ ungleich 0), \hspace{1cm} 4.7a

und $p(B|A) = \dfrac{p(A \cap B)}{p(A)}$; damit

4.4 Durchschnitt von Ereignissen; bedingte Wahrscheinlichkeiten

$p(A|B) \cdot p(B) = p(B)$. 4.7b

Im ersten Beispiel berechnet sich $p(A|B)$ zu 1/3, im zweiten Falle gilt:

$p(A|C) = 2/3$.

Der Beweis lässt sich vergleichsweise einfach führen unter Grundlegung der Wahrscheinlichkeit als Grenzwert von Häufigkeiten und ist komplizierter, wenn wir die Kolmogorov-Axiome zu Grunde legen (s. Anmerkung 1).
Es gilt:

$$p(A|B) = \lim_{n \to \infty} \frac{n_{AB}}{n_B} = \lim_{n \to \infty} \frac{\frac{n_{AB}}{n}}{\frac{n_B}{n}} = \frac{\lim_{n \to \infty} \frac{n_{AB}}{n}}{\lim_{n \to \infty} \frac{n_B}{n}} = \frac{p(A \cap B)}{p(B)},$$

wenn n die Gesamtzahl der Versuche, n_A und n_B die Zahl der Versuche mit Ergebnis A bzw. B, n_{AB} die Zahl der Versuche mit Ausgang $A \cap B$ ist.

Kennt man umgekehrt die bedingten Wahrscheinlichkeiten, lässt sich die Wahrscheinlichkeit des Durchschnittsereignisses berechnen zu:

$p(A \cap B) = p(A|B) \cdot p(B)$.

Unter Studierenden einer Universität betrage die Wahrscheinlichkeit für das Ereignis B „Person gehört dem weiblichen Geschlecht an" 0,7; wir haben diese Zahl aus der Tatsache erhalten, dass 70 % dort weiblichen Geschlechts sind, die Wahrscheinlichkeit also durch die relative Häufigkeit bestimmt. Die Wahrscheinlichkeit für eine an dieser Universität eingeschriebene weibliche Person, Pädagogik zu studieren (Ereignis A bei gleichzeitigem Auftreten von Ereignis B), betrage 0,2. Wie groß ist die Wahrscheinlichkeit $A \cap B$, dass eine an dieser Universität eingeschriebene Person eine weibliche Studierende der Pädagogik ist?
Wir berechnen $p(A \cap B) = p(A|B) \cdot p(B) = 0,7 \cdot 0,2 = 0,14$.

Wir können nun die Unabhängigkeit von Ereignissen definieren: Zwei Ereignisse A und B heißen (stochastisch) voneinander unabhängig, wenn

$p(A|B) = p(A)$ gilt,

wenn also die Wahrscheinlichkeit für das Auftreten von A unabhängig davon ist, ob gleichzeitig B auftritt oder nicht. Mit Hilfe obiger Gleichung erhalten wir nun einen Beweis des Multiplikationssatzes für unabhängige Ereignisse:

$p(A \cap B) = p(A|B) \cdot p(B) = p(A) \cdot p(B)$.

Ist $p(A|B) > p(A) \cdot p(B)$, so besteht eine positive Abhängigkeit zwischen den Ereignissen A und B (sie treten also häufiger gemeinsam auf als es dem Produkt ihrer Einzelwahrscheinlichkeiten entspricht); im gegenteiligen Falle $p(A|B) < p(A) \cdot p(B)$ spricht man von negativer Abhängigkeit. Kommen wir auf das obige Beispiel zurück; der Prozentsatz von Studierenden der Pädagogik an dieser Universität betrage 10%, also $p(A) = 0,1$. Bildet man das Produkt $p(A) \cdot p(B)$, so ergibt sich 0,07, während $p(A|B) \cdot p(B)$ nach den obigen Angaben zu 0,14 berechnet wurde; also liegt eine positive Abhängigkeit vor zwischen den beiden Ereignissen: „Person studiert Pädagogik" (Ereignis *A*) und „Person ist weiblichen Geschlechts" (Ereignis *B*). Eine negative Abhängigkeit besteht entsprechend zwischen den Ereignissen *A*: „Person studiert Pädagogik" und *C*: „Person ist männlichen Geschlechts".

In der Forschung wird streng genommen selten nach der Wahrscheinlichkeit gefragt, mit der ein Ereignis zukünftig unter gewissen Bedingungen eintreten wird. Häufiger ist der Fall, dass das Ereignis bereits eingetreten ist und man nun nachträglich Bedingungen sucht, die für sein Eintreten verantwortlich gemacht werden können (Frage nach der bedingten Wahrscheinlichkeit und damit der von Ursachen; s. Anmerkung 2).

Im Rahmen eines Skatspieles – um ein vertrautes Beispiel zu nennen – will man selten wissen, wie hoch ein Spieler mit einer bestimmten Anzahl von Buben reizen wird, sondern umgekehrt, wie viele Buben er haben könnte, wenn er bis 36 gereizt hat.

Ein wegen seiner Relevanz in der medizinischen Diagnostik genauer ausgeführtes Beispiel möge dies erläutern: Ein HIV-Test zeigt bei 99% der Infizierten die Infektion an; allerdings ist er in 2% der Fälle falsch positiv, weist also auf das Vorliegen einer HIV-Infektion auch bei 2% der Nichtinfizierten hin (mangelnde Spezifität). Die Häufigkeit der Infizierten in der betrachteten Population der deutschen Männer betrage 0,1 %. Nun unterziehe sich eine beliebige Person dieses Kreises diesem Test und erhalte ein positives Ergebnis. Wie wahrscheinlich ist es, dass er tatsächlich erkrankt ist?

Es bezeichne I das Ereignis des Infiziertseins, $\bar{I}$ das Ereignis des Nichtinfiziertseins, *Pos* das Ereignis, dass der Test positiv ausfällt. Also:

$$p(I) = 0{,}001; \; p(\bar{I}) = 0{,}999; \; p(Pos|I) = 0{,}99; \; p(Pos|\bar{I}) = 0{,}02.$$

Gesucht ist $p(I|Pos)$ (die Wahrscheinlichkeit, bei Vorliegen eines positiven Testergebnisses tatsächlich infiziert zu sein). Wir berechnen zunächst $p(Pos)$, die Wahrscheinlichkeit für Elemente der Population, unabhängig von Infektion oder nicht, eine positive Reaktion im HIV-Test zu zeigen. Es gilt:

$$p(Pos) = p(I) \cdot p(Pos|I) + p(\bar{I}) \cdot p(Pos|\bar{I}) = 0{,}001 \cdot 0{,}99 + 0{,}999 \cdot 0{,}02 = 0{,}02097.$$

Nach 4.7b erhalten wir für unsere gesuchte Größe:

$$p(I|Pos) = \frac{p(I)}{p(Pos)} \cdot p(Pos|I) = \frac{0{,}001}{0{,}02097} \cdot 0{,}99 = 0{,}068.$$

Lediglich etwa 7 % der Personen einer „Normalpopulation" sind tatsächlich infiziert, wenn sie einen positiven Testbefund aufweisen.

Das Ganze gilt natürlich nur, wenn man als Population allgemein Männer in Deutschland betrachtet – dabei sind viele Ältere, die nur sehr selten HIV-infiziert sind und wegen ihrer Vielzahl gleichwohl eine große Gruppe mit positivem Testergebnis stellen. Grenzt man die Population auf Männer zwischen 20 und 50 Jahren oder noch enger auf Homosexuelle dieses Alters ein, ist natürlich ein positiver Testbefund sehr viel eher gleichbedeutend mit Infektion. Ein 30-jähriger Homosexueller, der diesen Test machen lässt, kann nur mit viel geringerer Wahrscheinlichkeit von einem falsch positiven Befund ausgehen.

4.5 Kombination von Ereignissen; wichtige Regeln der Kombinatorik

Beim Roulette gibt es 37 Zahlen, zum einen die „farblose" und weder als gerade noch ungerade betrachtete 0, zum anderen die Zahlen 1 bis 36, von denen die Hälfte gerade, die andere ungerade sind und von denen wiederum – von letzterer Eigenschaft unabhängig – die Hälfte im Roulettrad mit schwarz, die andere Hälfte rot unterlegt ist. Die Wahrscheinlichkeit, dass die Kugel sowohl auf eine schwarze (E_{38}) wie auf eine ungerade Zahl (E_{40}) fällt, berechnet sich also zu:

$$p(E_{38} \cap E_{40}) = p(E_{38}) \cdot p(E_{40}) = \frac{18}{37} \cdot \frac{18}{37} = 0{,}237.$$

Das Rouletterad ist so aufgebaut, dass die Hälfte der geraden Zahlen schwarz ist und dies auch für die Hälfte der ungeraden zutrifft (entsprechend natürlich die Hälfte der ungeraden und die Hälfte der geraden rot ist). Hier konnte also der Multiplikationssatz zur Anwendung kommen. Hingegen ist für eine bestimmte Zahl auch immer die Farbe festgelegt, z.B. ist 17 schwarz. Die Wahrscheinlichkeit, dass sowohl 17 wie eine schwarze Zahl erscheint, ist wegen fehlender Unabhängigkeit nicht gleich dem Produkt (sondern genau 1/37); die Wahrscheinlichkeit, die Kugel sowohl auf 17 wie auf eine rote Zahl fällt, ist 0.

Werden gleichzeitig zwei Würfel geworfen, ist die Wahrscheinlichkeit, dass jeder von ihnen die 2 zeigt (Ereignis E_2):

$$p(E_2 \cap E_2) = p(E_2) \cdot p(E_2) = \frac{1}{6} \cdot \frac{1}{6} = \frac{1}{36}.$$

Für die Wahrscheinlichkeit, dass der erste 2, der zweite 3 zeigt, gilt:

$$p(E_2 \cap E_3) = p(E_2) \cdot p(E_3) = \frac{1}{6} \cdot \frac{1}{6} = \frac{1}{36}.$$

Genau so groß ist natürlich die Wahrscheinlichkeit, dass der erste 3, der zweite 2 zeigt; die Wahrscheinlichkeit, mit einem Würfel – egal welchem – eine 2, beim anderen eine 3 zu erhalten, ist also doppelt so groß, nämlich 1/18.

Kombinatorik: Stellt man sich beispielsweise die Frage nach der Wahrscheinlichkeit, dass bei drei Würfeln zwei die 2 und einer die 3 zeigt, gerät man unmittelbar auf Fragen der Kombinatorik, der Lehre von den Zusammenstellungen von Teilmengen aus einer größeren Menge. Wir befassen uns zunächst mit den in diesem Zusammenhang nicht unmittelbar bedeutsamen Permutationen, dann mit den komplizierteren Kombinationen.

Als **Permutation** einer Menge von n Elementen bezeichnen wir eine (lineare) Abfolge (Hintereinanderstellung), in der jedes Element genau einmal vorkommt. In einer Menge mit den Elementen A, B und C existieren 6 Permutationen, nämlich ABC, ACB, BAC, BCA, CBA und CAB.

Allgemein gibt es für eine n-elementige Menge $n!$ (n Fakultät) Permutationen. Wie erinnerlich, wurde in Formel 4.1 definiert:

$n! = 1 \cdot 2 \cdot \ldots \cdot n.$

Eine 3-elementige Menge hat – wie oben durch Zusammenstellen herausgefunden – also 3! = 6 Permutationen, eine zweielementige nur 2! = 2; diese Zahl steigt mit n rasch an: bei 4 Elementen gibt es 24, bei 5 deren 120, bei 6 schon 720.

In der beliebten Sendung „Wer wird Millionär?" müssen zu Beginn des Spieles die Teilnehmer vier Objekte anordnen, beispielsweise folgende Seen nach ihrer Größe (beginnend mit dem kleinsten): A) Titicacasee, B) Chiemsee C) Titisee, D) Bodensee. (Die richtige Reihenfolge ist natürlich C, B, D, A). Hat jemand dabei nicht die geringste Ahnung, so ist die Wahrscheinlichkeit, durch Raten diese Reihenfolge zu finden, 1 : 24. Weiß er, dass auf jeden Fall der Titisee kleiner ist als der Bodensee, ist die Ratewahrscheinlichkeit nur noch 1 : 12; kennt er die Reihenfolge von Titisee, Chiemsee und Bodensee, hat er noch 4 Möglichkeiten, von denen er eine erraten muss. Der Titicacasee könnte vor diesen dreien liegen (am kleinsten sein), zwischen Titi- und Chiemsee, zwischen Chiem- und Bodensee zu platzieren sein oder in der Rangfolge der letzte, also der größte sein. Weiter unten werden wir die Wahrscheinlichkeiten berechnen, dass von 10 völlig ahnungslosen Teilnehmern kein einziger, mindestens einer und genau zwei durch Raten die richtige Reihenfolge angeben.

Als **Kombination** von k Elementen einer m-elementigen Menge bezeichnet man eine Zusammenstellung von k Elementen – wobei die Anordnung der Elemente nicht berücksichtigt wird (s. Anmerkung 3).

Mit dieser Kenntnis können wir die Wahrscheinlichkeit eines Gewinns im Lottospiel 6 aus 49 berechnen. Das Problem reduziert sich auf die Beantwortung der Frage, wie viele solcher Kombinationen von 6 Elementen in 49 existieren. (Innerhalb der 6er-Teilmenge sind die Elemente ungeordnet; ihre unterschiedliche Zahlenhöhe hat hier keine Bedeutung). Es gibt also

$$\binom{49}{6} = \frac{49 \cdot 48 \cdot 47 \cdot 46 \cdot 45 \cdot 44}{1 \cdot 2 \cdot 3 \cdot 4 \cdot 5 \cdot 6} = 13983816$$

Sechserpaare, die Wahrscheinlichkeit des Gewinns beträgt damit 1 : 13983816 (also etwa 1 : 14 Millionen; s. Anmerkung 4).

Wir kommen auf die Frage zurück, wie wahrscheinlich es ist, bei einem Dreierwurf zweimal 2 Augen zu erhalten. Die Wahrscheinlichkeit, dass der erste Würfel 2 zeigt, ist 1/6, die, dass es der zweite tut, ist ebenfalls so groß. Hingegen ist die Wahrscheinlichkeit für den dritten Würfel, eine andere Zahl als 2 zu zeigen, 5/6. Die Wahrscheinlichkeit dieses Gesamtereignisses (mit Festlegung, welcher Würfel was zeigen soll) ist damit

$$\frac{1}{6} \cdot \frac{1}{6} \cdot \frac{5}{6} = 0{,}023 \,.$$

Allerdings wären wir auch zufrieden, wenn die Augen von einer anderen Zusammenstellung der drei Würfel erhalten wurden, sodass wir als Wahrscheinlichkeit insgesamt

$$0{,}023 \cdot \binom{3}{2} = 0{,}023 \cdot \frac{3 \cdot 2}{1 \cdot 2} = 0{,}069 \text{ berechnen.}$$

4.5 Kombination von Ereignissen; wichtige Regeln der Kombinatorik

Zur Einübung sei noch einmal „Wer wird Millionär" herangezogen. Sind alle 10 Teilnehmer bei der Eingangsfrage hoffnungslos überfordert und müssen daher ihr Glück mit Raten versuchen, so beträgt die Wahrscheinlichkeit für jeden nach dem oben Gesagten 1 : 24.

Wie wahrscheinlich ist, dass gar keiner die richtige Reihenfolge der Objekte errät, wie groß, dass sie mindestens einer errät, wie groß, dass sie genau zwei erraten?

Die Wahrscheinlichkeit für die 1. Person, die Reihenfolge nicht zu erraten, ist 23/24 und entsprechend hoch natürlich für die anderen. Aus dem Multiplikationssatz erhalten wir für die Wahrscheinlichkeit, dass keiner sie errät:

$$p_{10;0} = \left(\frac{23}{24}\right)^{10} = 0{,}65 \text{, also deutlich mehr als 50 \%.}$$

Das komplementäre Ereignis zu „Keiner errät die Reihenfolge" ist „Mindestens einer errät die Reihenfolge" und die zugehörige Wahrscheinlichkeit ist daher $1 - 0{,}65 = 0{,}35$. Die Wahrscheinlichkeit, dass zwei bestimmte Kandidaten (z.B. der erste und zweite) richtig raten, die anderen acht alle falsch, ist

$$\frac{1}{24} \cdot \frac{1}{24} \cdot \left(\frac{23}{24}\right)^{8} = 0{,}00124 \text{; unter 10 Personen gibt es aber } \binom{10}{2} = \frac{10 \cdot 9}{1 \cdot 2} = 45$$

Paare und die gesuchte Wahrscheinlichkeit wird damit zu 0,056.

Zur Übung berechne man die Wahrscheinlichkeit, dass genau 4 durch Raten auf die richtige Reihenfolge kommen und sollte dafür den Wert 0,00049 (0,049%) erhalten.

Nach diesen speziellen Zahlenspielen kommen wir auf die allgemeine Frage zurück: Gegeben ist die Wahrscheinlichkeit p für ein bestimmtes Ereignis E; wie groß ist die Wahrscheinlichkeit $p_{n;k}$, dass es unter n Versuchen genau k-mal auftritt?

Ist q die Wahrscheinlichkeit, dass E nicht auftritt, also die Wahrscheinlichkeit des Komplementärereignisses $\overline{E}$, so beträgt diese $1 - p$.

Die Wahrscheinlichkeit $\tilde{p}_{n;k}$, dass E **genau in den ersten k Versuchen** auftritt, in den restlichen $n - k$ **gar nicht mehr**, beträgt:

$$\tilde{p}_{n;k} = p^k \cdot (1-p)^{n-k}.$$

Da wir aber wissen wollen, wie oft E überhaupt auftritt, müssen wir noch mit der Anzahl der möglichen Kombinationen von k in n Elementen multiplizieren und erhalten für $p_{n;k}$:

$$p_{n;k} = p^k \cdot (1-p)^{n-k} \cdot \binom{n}{k}. \qquad 4.8$$

Die Wahrscheinlichkeit, dass ein Ereignis mit der Einzelwahrscheinlichkeit p bei n Versuchen genau k-mal auftritt, lässt sich also mit obiger Formel exakt berechnen. Es gilt:

$$\sum_{k=0}^{n} p_{n;k} = 1. \qquad 4.9$$

Wir wollen diese Rechenvorgänge an einem zwar abgegriffenen, aber gut nachvollziehbaren Beispiel illustrieren, nämlich angeben, wie wahrscheinlich die unterschiedlichen Verteilungen von Knaben- und Mädchengeburten bei 6 Kindern sind. Die Wahrscheinlichkeit p für die Geburt eines Knaben ist generell etwas höher als 0,5 und werde hier nach Clauß u. Ebner (1977) mit 0,52

angesetzt, entsprechend die Wahrscheinlichkeit q für die eines Mädchens mit 0,48 (unter ausschließlicher Berücksichtigung von Lebendgeburten).
Nach Formel 4.8 gilt:

$$p_{n;k} = p^k \cdot (1-p)^{n-k} \cdot \binom{n}{k}.$$

Die Wahrscheinlichkeit dafür, dass bei 6 Geburten überhaupt kein Knabe zur Welt kommt) berechnet sich somit zu:

$$p_{6;0} = p^0 \cdot (1-p)^6 \cdot \binom{6}{0} = 0,52^0 \cdot 0,48^6 \cdot 1 = 0,01;\text{ und entsprechend}$$

$p_{6;1} = 0,09; p_{6;2} = 0,22; p_{6;3} = 0,31; p_{6;4} = 0,25; p_{6;5} = 0,11; p_{6;6} = 0,02.$

Da mit den genannten Ereignissen sämtliche Möglichkeiten gegeben sind, ihre Vereinigung das sichere Ereignis gibt, muss die Summe der Wahrscheinlichkeiten 1 sein – was bis auf einen kleinen Rundungsfehler der Fall ist. Drei Knaben sind also am wahrscheinlichsten, 4 etwas wahrscheinlicher als 2 und dass bei 6 Geburten in einer Familie kein einziger Knabe ist, kommt nur etwa in 1% der Fälle vor.

Wir definieren hier schon den Begriff der Überschreitungswahrscheinlichkeit eines Ereignisses: Es ist die unter den gegebenen Voraussetzungen (hier: $p = 0,52$) berechnete Auftretenswahrscheinlichkeit für dieses oder ein noch extremeres Ereignis. So ist die Überschreitungswahrscheinlichkeit für das Ereignis: „Unter 6 Geburten sind 5 Knaben", also die Wahrscheinlichkeit, dass entweder 5 oder gar 6 Knaben geboren werden: $0,11 + 0,02 = 0,13$; diese ist höher als unsere später angesetzte Grenze von 5%; ein solcher Fall berechtigt also nicht zu Zweifeln an der Gültigkeit der Voraussetzungen. Hingegen ist die Überschreitungswahrscheinlichkeit (besser vielleicht: Unterschreitungswahrscheinlichkeit) des Ereignisses „0 Knaben bei 6 Geburten" mit $0,01 \,\hat{=}\, 1\%$ sehr gering und man könnte sich Gedanken machen, ob hier eine Abweichung von der Normalität vorliegt (etwa erhöhte intrauterine Sterblichkeit für Knaben); gleichwohl sollte nicht außer Augen verloren werden, dass dies unter normalen Bedingungen bei 1 % der Frauen mit 6 Kindern zu beobachten ist.

4.6 Binomialverteilung; Prüfen von Zufälligkeiten und „Überzufälligkeiten" mittels Wahrscheinlichkeitsrechnung

Binomialverteilung

Bei der Binomialverteilung mit gegebenem n und p werden auf der x-Achse ganze Zahlen k von 0 bis n aufgetragen und ihnen zugeordnet als y-Werte die Wahrscheinlichkeit $p_{n;k}$, also dass ein Ereignis mit Wahrscheinlichkeit p un-

4.6 Binomialverteilung; „Überzufälligkeiten"

ter n Versuchen genau k-mal auftritt (s. Anmerkung 5). p und n sind damit feste Parameter der Binomialverteilung, k und $p_{n;k}$ die Variablen. Es handelt sich um eine diskrete Verteilung: Nur einzelnen Punkten (ganzen Zahlen) sind Werte der Variablen Y (der Wahrscheinlichkeit) zugeordnet. Abb. 4.1 zeigt die Binomialverteilung für den Fall $n = 10$ und $p = 0,5$ (z.B. die Häufigkeit von „Wappen" bei 10-maligem Werfen einer Münze). Die mittels der Binomialformel ermittelten $p_{n;k}$ bilden dann eine unimodale symmetrische Verteilung, die an ihren Randbereichen $k = 0$ und $k = n$ nicht ganz 0 wird, aber bei großem n diesem Wert nahe kommt. Ähnliches Bild wird die (in Kapitel 5 besprochene) kontinuierliche Normalverteilung besitzen; ihr wird sich mit wachsendem n die Binomialverteilung zusehends nähern (bleibt aber immer noch eine diskrete Verteilung). Wir können dann mit zunehmend geringerem Fehler statt $p_{n;k}$ den Wert von $f(k)$ in dieser Normalverteilung ansetzen.

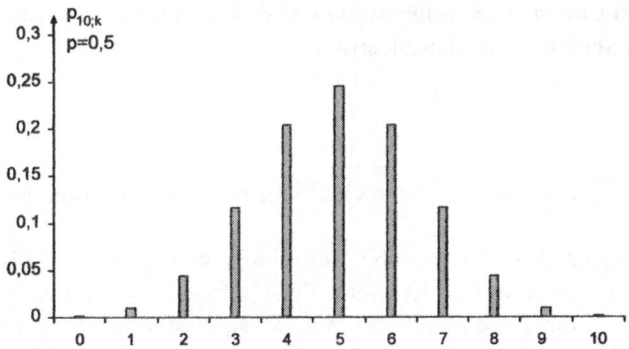

Abbildung 4.1: Graph der Binomialverteilung mit $p = 0,5$ und $n = 10$

Ist $p \neq 0,5$, wird die Binomialverteilung asymmetrisch, mit $0,5 < p$ rechtssteil (rechtsgipflig), mit $p < 0,5$ linkssteil (linksgipflig). Abb. 4.2 zeigt für $p = 1/3$ (z.B. Würfel fällt auf 1 oder 2) bei $n = 10$ die Wahrscheinlichkeiten $p_{n;k}$.

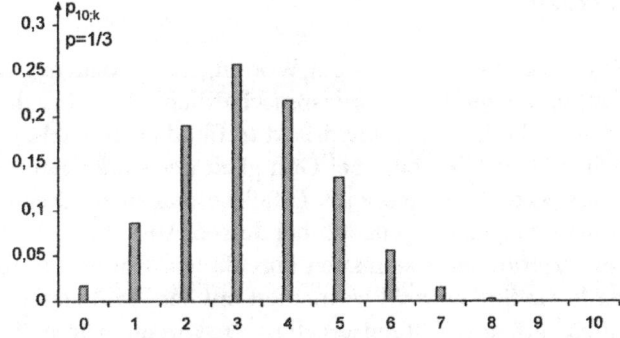

Abbildung 4.2: Binomialverteilung mit $p = 1/3$ und $n = 10$

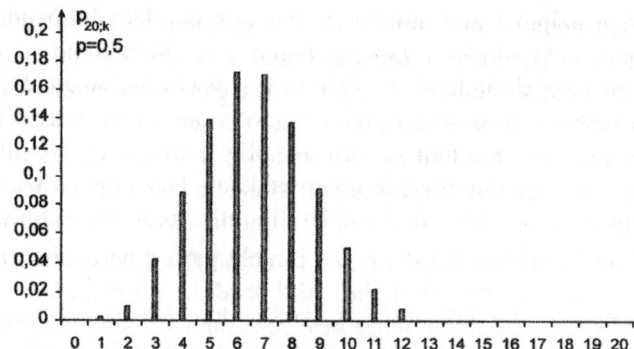

Abbildung 4.3: Binomialverteilung für $p = 1/3$ und $n = 20$

Bei großem n verliert sich die Asymmetrie mehr und mehr; zur Illustration ist zu $p = 1/3$ die Verteilung für $n = 20$ aufgetragen (Abb. 4.3). Das liegt daran, dass die Binomialkoeffizienten symmetrisch sind, also

$$\binom{n}{k} = \binom{n}{n-k}$$

gilt und bei großem n für $p_{n;k}$ quantitativ sehr viel mehr ins Gewicht fallen als die Produkte $p^k(1-p)^{n-k}$.

Die Binomialverteilung ist eine theoretische Verteilung, wie sie unter Gültigkeit gewisser Annahmen zu erwarten ist. Sei n der Umfang einer gewissen Menge (im obigen Beispiel der Gesamtzahl der Würfe), so ergeben sich die in dieser Menge theoretisch zu erwartenden Häufigkeiten n_k als $p_{n;k} \cdot n$. Trägt man in das gleiche Diagramm die tatsächlich beobachteten (empirischen) Häufigkeiten der einzelnen Würfelergebnisse auf, so lassen sich empirische und theoretische Häufigkeiten optisch vergleichen; ein quantitativer Vergleich mit Angabe von Irrtumswahrscheinlichkeiten (s. 6.2) hilft entscheiden, ob unsere theoretischen Annahmen eventuell in diesem Fall nicht zutreffen.

Prüfung auf „Überzufälligkeit"

Der Ausdruck „Überzufälligkeit" ist nicht nur ein Wortungetüm, sondern auch semantisch problematisch und eigentlich „vorwissenschaftlich", soll aber dennoch hier verwendet werden; die Bezeichnung drückt treffend einen wichtigen Sachverhalt aus, nämlich dass ein Ergebnis bei Gültigkeit der bisherigen Annahmen nur sehr selten auftaucht, kaum mehr als Zufallsbefund zu erklären ist.

Als Beispiel sei ein Ausbildungsgang genannt, bei dessen Abschlussprüfung (über Jahre gemittelt) ein Viertel der Kandidaten durchfallen. Bei einem Teil der Auszubildenden wurde die Stundenzahl vermindert mit der Hoffnung, dass sich dies nicht wesentlich auf das Prüfungsergebnis auswirken würde. Wir greifen nun 10 (unbedingt nach dem an späterer Stelle ausgiebig zu diskutierenden Zufallsprinzip zu ziehende) verkürzt ausgebildete Probanden heraus und stellen fest, dass davon 7 durchgefallen sind – während in ähnlichen Gruppen regulär Ausgebildeter diese Zahl sich typischerweise um 2–3 bewegt.

Wir wollen feststellen, ob die in dieser Stichprobe beobachtete Häufigkeit von 7 durchgefallenen Kandidaten überzufällig häufig ist, also nicht mehr durch zufällige Schwankungen erklärt werden kann. Dazu bilden wir die Überschreitungswahrscheinlichkeit für 7 aus 10 Ereignissen und berechnen sie zu:

$$p_{10;7} + p_{10;8} + p_{10;9} + p_{10;10} = 0{,}003 + 0{,}0004 + 0{,}00002 + 0{,}000003 = 0{,}0034,$$

(also etwa 0,34%). In deutlich weniger als 1% der Fälle werden wir eine 10-elementige Stichprobe finden, bei der unter dem angenommenen $p = 0{,}25$ 7 oder mehr in der Abschlussprüfung durchfallen. Wir schließen deshalb – wobei wir uns allerdings auch irren können – dass in der Gruppe der kürzer ausgebildeten Kandidaten die Häufigkeit des Nichtbestehens nicht $p = 0{,}25$, sondern um einen gewissen Betrag höher ist, dass die Verkürzung der Ausbildungsdauer für die Prüfungsleistung nicht unerheblich ist (s. Anmerkung 6).

Anmerkungen Kapitel 4

Anmerkung 1: Diese Definition von Wahrscheinlichkeit ist zwar einleuchtend, aber aus hier nicht zu diskutierenden Gründen ungeeignet, um darauf eine Wahrscheinlichkeitstheorie aufzubauen. Deshalb hat es Kolmogorov unternommen, ein Axiomensystem der Wahrscheinlichkeitsrechnung zu erstellen, in dem gefordert wird, was wir im Wesentlichen direkt aus obiger Wahrscheinlichkeitsdefinition hergeleitet hatten:

p ist eine Abbildung von einem „Ereignisraum" in die Menge der reellen Zahlen zwischen (inklusive) 0 und 1 (Axiom I); $p(E)$ wird als Wahrscheinlichkeit des Ereignisses E bezeichnet. Dabei soll gelten, dass die Wahrscheinlichkeit des sicheren Ereignisses 1 ist (Axiom II) und dass – falls sich die E_j gegenseitig ausschließen – im Falle abzählbar vieler Ereignisse der Additionssatz gilt:

$$p(E_1 \cup E_2 \cup \ldots \cup E_m) = p(E_1) + p(E_2) + \ldots + p(E_m); \text{ (Axiom III)}$$

Wie zu sehen, steht die oben im Text gegebene Definition der Wahrscheinlichkeit als Grenzwert relativer Häufigkeiten im Einklang mit diesem Axiomensystem – Letzteres wurde natürlich in solcher Form erstellt, um eine Erweiterung dieser sinnvollen, aber zu engen Definition zu ermöglichen.

Anmerkung 2: Dieses Problem wird allgemein durch den Satz von Bayes gelöst: Seien $A_1,\ldots, A_n$ sich wechselseitig ausschließende Ereignisse mit Wahrscheinlichkeiten ungleich 0, durch die sämtliche möglichen Ausgänge eines Versuches dargestellt werden und ist B ein beliebiges Ereignis, so lässt sich die bedingte Wahrscheinlichkeit eines Ereignisses A_i unter Eintreten von B wie folgt berechnen:

$$p(A_i|B) = \frac{p(A_i) \cdot p(B|A_i)}{p(A_1) \cdot p(B|A_1) + \ldots + p(A_n) \cdot p(B|A_n)}.$$

Auf diesem Satz beruhen Ansätze der Entscheidungstheorie (Bayes-Statistiken).

Anmerkung 3: Will man wissen, wie viele mögliche Kombinationen existieren, dass bei drei Personen zwei einen Streit führen, hat man ungeordnete Elemente: Innerhalb des streitenden Paares ist keine Rangfolge festgelegt und es ergibt sich diese Zahl zu 3 über 2, also 3. Die Streithähne können A und B, B und C oder A und C sein.

Interessiert die Anzahl der diversen Kombinationen, wie im Laufe eines Abends einer seinen Streitpartner erschlagen könnte, liegt innerhalb der Paare eine Ordnung vor: Der eine erschlägt, der andere wird erschlagen. Die Zahl dieser Kombinationen ist größer: A erschlägt B, B erschlägt A, B erschlägt C, C erschlägt B, A erschlägt C, C erschlägt A.

Für unsere Berechnungen gehen wir immer von ungeordneten Elementen in den Teilmengen aus.

Anmerkung 4: Wir könnten das Ergebnis auch anders herleiten: Die Wahrscheinlichkeit, die zuerst gezogene Zahl auf dem Block als erste anzukreuzen, ist 1 : 49. Dann bleiben noch 48 Zahlen übrig und die Wahrscheinlichkeit, die folgende daraus gezogene Zahl als nächste anzukreuzen, ist 1 : 48, für die übernächste beträgt diese 1 : 47, dann 1 : 46, 1 : 45, 1: 44. Die Chancen, die Zahlen auf dem Lottoblock in der Reihenfolge anzukreuzen, wie sie gezogen werden, ist also 1 : 10068347520. Allerdings prüft niemand nach, ob die Zahlen in der Reihenfolge angekreuzt wurden, wie sie bei der Ziehung fielen. Jede der 6! = 720 Reihenfolgen bei der Ankreuzung liefert somit eine genauso große Chance und die Gesamtwahrscheinlichkeit wächst so auf 1 : 13983816.

Anmerkung 5: Als Binom wird allgemein ein Ausdruck $(p+q)^n$ bezeichnet; ist n eine natürliche Zahl, so gibt das Binom „ausmultipliziert" eine Summe von $n + 1$ Elementen $a_0 \cdot p^0 \cdot q^n + a_1 \cdot p^1 \cdot q^{n-1} + .. + a_n \cdot p^n \cdot q^0$. Nach dem binomischen Lehrsatz gilt für den Koeffizienten a_k:

$a_k = \binom{n}{k}$; (weshalb die $\binom{n}{k}$ auch Binomialkoeffizienten genannt werden).

Wir demonstrieren dies am schon aus Schulzeiten bekannten Binom mit $n = 2$:

$$(p+q)^2 = \binom{2}{0} \cdot p^0 \cdot q^2 + \binom{2}{1} \cdot p^1 \cdot q^1 + \binom{2}{2} \cdot p^2 \cdot q^0 = p^2 + 2 \cdot p \cdot q + q^2.$$

Die Wahrscheinlichkeit des Ereignisses E_k (k-maliges Auftreten des Einzelereignisses E) ist somit das k-te Glied des Binoms mit p (Wahrscheinlichkeit für Auftreten von E) und q (Auftretenswahrscheinlichkeit von $\overline{E}$); wegen $p + q = 1$ gilt: $(p+q)^n = 1$, weshalb die Summe der Wahrscheinlichkeiten 1 ergeben muss.

Anmerkung 6: Da wir an dieser Stelle noch nicht die Inferenzstatistik betreiben, sondern nur sanft auf diese hinführen wollen, wurde auf eine Formalisierung der Annahmen und der Überprüfungsschritte verzichtet. Die Nullhypothese würde lauten, dass in der Grundgesamtheit der verkürzt Ausgebildeten die Durchfallswahrscheinlichkeit nicht anders als in der Grundgesamtheit der regulär Ausgebildeten ist, nämlich 0,25 beträgt. Unter dieser Voraussetzung betrachten wir die Verteilungen von „Durchfällern" in 10-elementigen Stichproben verkürzt Ausgebildeter und stellen fest, dass 7 oder mehr Durchfäller dann nur in weniger als 0,35% der Fälle beobachtet werden. Da diese Überschreitungswahrscheinlichkeit deutlich niedriger ist als die konventionell (bei einer ungerichteten Hypothese) mit 2,5 % angesetzte Grenze ist, wird die Nullhypothese verworfen und die Alternativhypothese angenommen: Die Durchfallsraten unterscheiden sich zwischen Kandidaten in den beiden Ausbildungsgängen.

5 Grundlagen der Inferenzstatistik: Grundgesamtheit und Stichprobe; theoretische und empirische Verteilungen; Parameterschätzung

5.1 Vorbemerkungen; Überblick

Bevor im nächsten Kapitel die allgemeine Logik des statistischen Schließens und spezielle Testverfahren besprochen werden, sollen hier zentrale statistische Begriffe genauer eingeführt werden – mit denen wir zuweilen schon in den vorangegangenen Kapiteln (unreflektiert) operiert haben. Das sind insbesondere die Begriffe Grundgesamtheit (Population) und Stichprobe; weiter werden wir das Konzept der repräsentativen Stichprobe kennen lernen und in diesem Zusammenhang Moderatorvariable und Zufallsstichprobe einführen.

Zudem kommen Stichproben- und Populationsparameter zur Sprache und schließlich führen wir allgemein den Begriff der theoretischen und empirischen Verteilung ein; wir werden auch Methoden erfahren, empirische mit theoretischen Verteilungen zu vergleichen, etwa überprüfen lernen, ob die Daten in einer Stichprobe als normalverteilt angesehen werden können.

Indem wir schließlich im Zusammenhang mit Parameterschätzungen die Verteilungen von Stichprobenmittelwerten betrachten – und feststellen, dass diese erheblich geringer streuen als die Einzelwerte – führen wir unmittelbar auf die Logik des statistischen Schließens hin.

Wie in früheren Kapiteln wurde versucht, im Text die Ausdrucksweise möglichst einfach zu halten, notfalls mit Abstrichen bei der Exaktheit; vieles wird in den Anmerkungen nachgetragen, die aber – wenigstens beim ersten Durchgang – überlesen werden können, ohne unabdingbares Wissen zu versäumen.

5.2 Grundgesamtheit (Population) und Stichprobe

Grundgesamtheit

Dieser zentrale Begriff wird in den diversen Statistiklehrbüchern nicht einheitlich eingeführt; insbesondere ist nicht klar formuliert, ob ein solche Grundgesamtheit auch klein sein kann oder immer groß – im Idealfall unendlich groß – sein muss; letzteres ist aber Voraussetzung für die Bildung eines fehlerfreien Erwartungswerts und die Berechnung von Konfidenzintervallen.

Wir definieren **hier** als Grundgesamtheit oder Population eine Menge hinsichtlich relevanter Merkmale vergleichbarer Individuen (allgemeiner: Objekte), deren Werte in einer bestimmten Variable (der Zufallsvariable) von Interesse sind. Der Umfang dieser Menge soll hinreichend groß – im Idealfall unendlich groß – sein, um fehlerfreie Erwartungswerte für diese Zufallsvariable und ihre Funktionen zu erhalten (s. Anmerkung 1).

Als Beispiele mögen dienen: 1) die Populationen der Engländer und der Deutschen, die hinsichtlich Rindfleischkonsums verglichen werden sollen, 2) die potentiellen Wähler, deren Wahlverhalten bei der Bundestagswahl schon Wochen davor prognostiziert werden soll, 3) die Menge derjenigen, die von ihrem Wahlrecht Gebrauch gemacht haben und deren Wahlverhalten die Zusammensetzung des Bundestages bestimmt 4) die (unendliche) Menge der Agoraphobiker, die theoretisch mit dem einen von zwei Therapieverfahren behandelt werden und 5) die (unendliche) Menge der Agoraphobiker, die theoretisch mit dem anderen Verfahren behandelt werden. Wie Beispiele 4 und 5 zeigen, sind diese Populationen teilweise reine Fiktionen; anhand dieser fiktiven Grundgesamtheiten lässt sich aber entscheiden, welches der beiden Verfahren in einer tatsächlichen Grundgesamtheit (und damit mit großer Wahrscheinlichkeit in ihr entnommenen Stichproben) das wirkungsvollere wäre.

Der Grad der Übereinstimmung der Populationselemente hinsichtlich der relevanten Merkmale wird als Homogenität der Grundgesamtheit bezeichnet; eine altershomogene Population besteht also aus Personen innerhalb einer definierten engen Altersspanne. Gewisse Homogenität ist insofern zu fordern, als Kenntnis des Verhaltens in beliebig zusammengesetzten Stichproben von Individuen oft nicht weiter hilft. So ist es wenig zweckmäßig, nicht nur bei Deutschen, sondern auch bei Indern ihre Präferenz für deutsche Parteien zu erfragen. Nur indem wir Deutsche – und speziell die engere Population der wahlberechtigten Deutschen – untersuchen, können wir den Ausgang der Bundestagswahlen prognostizieren. Ebenso sollten die zur Evaluierung von Therapieverfahren behandelten Phobiker im Regelfall vergleichbar sein, weshalb im obigen Beispiel eine Einschränkung auf Agoraphobiker vorgenommen wurde (s. Anmerkung 2).

Wie schon betont, findet man in Definitionen von Grundgesamtheiten in statistischen Lehrbüchern nicht immer einen Hinweis auf die dabei verlangte Größe – andere fordern hingegen explizit unendliche oder für praktische Zwecke zumindest sehr große Mengen. Tatsächlich würden die verbleibenden 5 Personen in einem Tal des Kaukasus, die eine der aussterbenden Sprachen sprechen, im herkömmlichen Verständnis eine Grundgesamtheit bilden; allerdings wäre diese Grundgesamtheit nicht geeignet, damit Statistik zu betreiben, etwa daraus unendlich oft größere Stichproben zu entnehmen. Wir fordern daher, dass eine statistischen Berechnungen zu Grunde liegende Population so groß ist, dass wir beliebig oft aus ihr sich nicht (wesentlich) überschneidende Stichproben entnehmen können. Theoretisch ist das nur gegeben, wenn die Menge unendlich groß ist; in der Praxis ist dies häufig schon bei kleineren Grundgesamtheiten der Fall; als Faustregel sollten diese etwa 100-mal so groß sein wie die Umfänge der daraus entnommenen Stichproben.

5.2 Grundgesamtheit (Population) und Stichprobe

Zufallsvariablen und Moderatorvariablen

Die Variablen, deren Werte in der Population wir nicht kennen und deshalb studieren wollen (die für uns mit unserem Vorwissen „zufällig" sind), heißen wir Zufallsvariablen. Liegt ein regelrechtes Experiment mit systematischer Variation der Ausgangsbedingungen vor, wird diese Zufallsvariable häufig auch abhängige Variable genannt, die andere Variable, deren Werte variiert werden können (die für den Untersucher also nicht zufällig sind), unabhängige. Würde beispielsweise die Leistung beim Einprägen einer Wortliste in Abhängigkeit vom Umgebungslärm untersucht, so wäre letzterer die unabhängige Variable, die Lernleistung die abhängige. Missverständlich ist es jedoch, auch dann von einer abhängigen Variablen zu sprechen, wenn es sich nur um Beobachtungen ohne systematische Variation von Ausgangsbedingungen handelt, etwa wenn bei Schülern die Kenntnis von Französischvokabeln abgeprüft wird. Hierfür wird künftig deshalb zumeist der (gleichfalls nicht unproblematische) Ausdruck Zufallsvariable verwendet (s. Anmerkung 3); im Rahmen der Beschreibung varianzanalytischer Versuchspläne wird es jedoch schwer zu vermeiden sein, die Begriffe abhängige und unabhängige Variable im erweiterten, ungenaueren Sinne zu gebrauchen.

Variablen, die an Personen erhoben werden können und deren Werte keine Überraschung darstellen – wenigstens nicht im Rahmen einer sich auf andere Fragestellungen konzentrierenden Untersuchung –, die aber für die Verteilung der Zufallsvariablen Bedeutung besitzen, seien hier Moderatorvariablen genannt – in Abwandlung streckenweise üblichen Sprachgebrauchs (s. Anmerkung 4). Solche wichtigen untersuchungsrelevanten Variablen sind natürlich generell Geschlecht, Alter, Bildung, Einkommensstatus u.ä., auch wenn nicht jede von ihnen immer auf die Verteilung der Zufallsvariablen Einfluss nimmt. Prüft man an einer Menge von Personen in Deutschland Französischvokabeln, so wird das Ergebnis (die Verteilung der Leistungen) sicher wesentlich von einigen der oben genannten Variablen und ihrer Verteilung in der Stichprobe abhängen (ganz sicher vom Bildungsgrad, wohl auch vom Alter). Wenn vom Stichprobenbefund auf die Population generalisiert werden soll, wird es von entscheidender Bedeutung sein, dass die Stichprobe zumindest hinsichtlich der beiden unbestritten relevanten Moderatorvariablen ähnlich zusammengesetzt ist wie die Grundgesamtheit – die Schwierigkeit, dass wir Moderatorvariablen oft nicht kennen oder sie zwar kennen, aber irrtümlich für irrelevant halten, wird im Abschnitt über repräsentative Stichproben diskutiert.

Stichprobe

Eine Teilmenge der Grundgesamtheit wird Stichprobe genannt (s. Anmerkung 5). Eine Stichprobe heiße repräsentativ, wenn sie in den die Verteilung der Zufallsvariable beeinflussenden Moderatorvariablen (den untersuchungsrelevanten Variablen) so zusammengesetzt ist wie die Grundgesamtheit. Unter diesen Umständen (und einigen weiteren Voraussetzungen, speziell der der Signifikanz) lässt sich ein Stichprobenbefund (etwa hinsichtlich des Mittelwerts, der Verteilungsform) auf die Grundgesamtheit generalisieren (statistischer Induktionsschluss).

Die Erstellung einer repräsentativen Stichprobe ist allerdings keineswegs so leicht, wie es nach dieser Definition den Anschein haben könnte. Dies setzt nämlich voraus, dass alle die Verteilung der Zufallsvariable beeinflussenden Moderatorvariablen tatsächlich bekannt sind.

Ein – zugegebenermaßen etwas konstruiertes – Beispiel mache diese Schwierigkeit klar: Will man die Lateinkenntnisse der erwachsenen Bewohner eines Bundeslandes über Testung einer Stichprobe prüfen, ist natürlich darauf zu achten, dass diese Stichprobe sich hinsichtlich Verteilung von Geschlecht, Alter und Bildungsgrad so zusammensetzt wie die Bevölkerung des Bundeslandes, auf die generalisiert werden soll. Hingegen würde man im ersten Augenblick nicht daran denken, dass dies auch mit der Verteilung der Religionszugehörigkeit so gehandhabt werden sollte. Nun haben aber gerade ältere katholische Personen, nicht selten solche mit nur einfacher Schulbildung, aufgrund der bis in die 60er Jahre üblichen lateinischen Sprache in den Messen oft erstaunliche Lateinkenntnisse; hätte man in der Stichprobe einen zu hohen Anteil an Katholiken (insbesondere älteren), könnte das Ergebnis über den tatsächlichen Wissensstand der breiten Bevölkerung hinwegtäuschen.

Die Schwierigkeit, bei der Zusammenstellung der Stichprobe eventuell wichtige Moderatorvariablen nicht zu kennen, kann man teilweise durch Erhebung einer Zufallsstichprobe umgehen. Eine solche liegt dann vor, wenn jedes Element der Population die gleiche Chance hatte, in diese Stichprobe aufgenommen zu werden (u.a. auch unabhängig davon, wer bereits zuvor in die Stichprobe aufgenommen wurde). Dann ist – ausreichende Größe der Stichprobe vorausgesetzt – große Wahrscheinlichkeit gegeben, dass sich alle Moderatorvariablen (auch die uns unbekannten) in der Stichprobe so verteilen wie in der Population (s. Anmerkung 6).

Wird die Stichprobe nicht nach dem Zufallsprinzip erstellt (oder ist nicht anderweitig ihre Repräsentativität gesichert), muss mit erheblichen Fehlern bei der Generalisierung des Ergebnisses gerechnet werden. Immer wieder illustratives und amüsantes Beispiel ist eine Wahlprognose in den USA, als die Wahlforscher sich Arbeit sparen wollten und einfach telefonisch die Bevölkerung nach ihren Wahlabsichten befragten. Das Resultat war desaströs; natürlich hatte jemand ohne Telefon überhaupt keine Chance, je in dieser Stichprobe zu erscheinen.

Die Erstellung einer wirklichen Zufallsstichprobe ist ein extrem schwieriges Unterfangen: Man müsste streng genommen aus einer Einwohnerdatei zufällig Personen ziehen und zur Untersuchung bitten; sind nicht alle bereit dazu – die übliche Situation –, wäre Repräsentativität bereits nicht mehr gegeben. Dies heißt nicht, dass auf solche Forschung resigniert verzichtet werden sollte; man halte sich jedoch immer wieder die Definition der Zufallsstichprobe vor Augen und bemühe sich, diesem Ziel möglichst nahe zu kommen.

5.3 Stichprobenkennwerte und Populationsparameter

Bei einer endlichen Menge (Stichprobe) wurden Mittelwert $\bar{x}$ und Varianz s_x^2 intervallskalierter Werte in der Variablen X in Kapitel 3 wie folgt definiert:

$$\bar{x} = \frac{\sum_{i=1}^{n} x_i}{n} \text{ und } s_x^2 = \frac{\sum_{i=1}^{n}(x_i - \bar{x})^2}{n-1}.$$

Als Mittelwert der Population (bezeichnet als μ bzw. zur eindeutigeren Kennzeichnung in Zweifelsfällen als μ_x) wird der Grenzwert dieses Terms definiert, wenn nach dem Zufallsprinzip immer mehr Elemente der Population in die Stichprobe aufgenommen werden (s. Anmerkung 7). Also:

$$\mu_x = \lim_{n \to \infty} \frac{\sum_{i=1}^{n} x_i}{n}. \tag{5.1a}$$

Liegt eine endlich große Population mit Umfang N vor (nicht zu verwechseln mit n, den Umfängen der Stichproben), so fällt der empirisch exakt berechnete Populationsmittelwert mit dem durch Grenzwertbildung ermittelten zusammen. Dabei werden der endlichen Population unendlich oft einzelne Elemente entnommen (jedes dann natürlich mehrmals), welche im Mittel gegen μ streben. Für Grundgesamtheiten, für die aufgrund ihrer Größe eine exakte Angabe von μ aufwendig ist, oder für unendliche Populationen wird man bei genügend großem Stichprobenumfang μ ohne allzu großen Fehler aus dem Stichprobenmittelwert schätzen können (s. 5.5.2 zu Konfidenzintervallen).

Weniger anschaulich, jedoch mathematisch zweckmäßiger ist die folgende äquivalente Definition

$$\mu_x = \mu = \sum_{j=1}^{k} x_j \cdot p(x_j), \tag{5.1b}$$

falls X diskrete Variable mit endlich vielen Ausprägungen; $p(x_j)$ ist dabei die Wahrscheinlichkeit für das Auftreten von x_j.

Im Falle einer kontinuierlichen Variable ist folgende Definition zu verwenden:

$$\mu_x = \mu = \int_{-\infty}^{\infty} x \cdot f(x) dx. \tag{5.1c}$$

f(x) bedeutet die später zu definierende Dichtefunktion. Diese Definitionen des Populationsmittelwerts von X entsprechen der des Erwartungswerts *E(X)*; mit Erwartungswerten lässt sich elegant rechnen; allerdings sind sie unanschaulich und wir verzichten auf ihre genauere Einführung (s. jedoch Anmerkung 7).

Im Übrigen sei jetzt schon darauf hingewiesen, dass für die Inferenzstatistik die genaue Kenntnis von μ häufig nicht erforderlich ist, lediglich die Existenz des Wertes und seine Approximierbarkeit durch Stichprobenmittelwerte vorausgesetzt werden muss.

Als Varianz der Werte x_i in der Population definieren wir analog den Grenzwert der Varianz bei immer größeren Stichprobenumfängen, also:

$$\sigma_x^2 = \lim_{n\to\infty} \frac{\sum_{i=1}^{n}(x_i - \mu)^2}{n-1}; \qquad 5.2$$

auch die Populationsvarianz werden wir durch die Varianz genügend großer Stichprobenumfänge schätzen – wobei wir mit unserer konservativeren Varianzdefinition (Division der Summe der Abweichungsquadrate durch $n - 1$; s. 3.2.3) den Vorteil haben, die Stichprobenvarianz ohne Umformungen sofort als Schätzung der Gesamtvarianz heranziehen zu können.

Auch hierfür gibt es eine äquivalente, auf dem Konzept des Erwartungswertes basierende Definition, nämlich:

$$\sigma_x^2 = \sum_{j=1}^{\infty}(x_j - \mu)^2 \cdot p(x_j) = \lim_{k\to\infty}\sum_{j=1}^{k}(x_j - \mu)^2 \cdot p(x_j) \text{ bzw. } \sigma_x^2 = \int_{-\infty}^{\infty}(x - \mu)^2 \cdot f(x)dx.$$

μ und σ bezeichnet man als Populationsparameter – als solche werden sie immer mit griechischen Buchstaben symbolisiert; $\bar{x}$ und s_x heißen Stichprobenkennwerte (seltener: Stichprobenstatistiken).

5.4 Empirische und theoretische Verteilungen

5.4.1 Allgemeines

Erhebt man Daten und überprüft, wie sie sich verteilen (etwa wie häufig bestimmte Einzelwerte oder Werte in einem bestimmten Intervall zu beobachten sind), beschäftigt man sich mit empirischen Verteilungen. Eine empirische Verteilung erhalten wir etwa, wenn wir 50-mal hintereinander folgenden Versuch durchführen: 10 Münzwürfe mit Notierung, wie oft Wappen oben zu liegen kommt (in einem beliebigen Versuch im äußersten Falle 0-mal, bestenfalls 10-mal). Trüge man in einem Diagramm gegen die Zahlen 0, 1, ... , 10 die Zahl der Versuchsdurchgänge auf, in der genau diese Häufigkeiten beobachtet wurden, hätte man eine empirische Verteilung.

Man könnte nun aber auch theoretisch an das Problem herangehen und fragen, welche Wahrscheinlichkeiten a priori für diese Häufigkeiten zu erwarten sind. Die Wahrscheinlichkeit, in einem Versuch mit 10 Durchgängen dreimal das Wappen oben liegen zu haben, beträgt nach der in 4.6 behandelten Binomialformel 0,117; bei 50 Durchgängen wäre diese Verteilung in 5,86 Fällen zu erwarten. Der Vergleich solcher empirischer und entsprechender theoretischer Verteilungen zeigt dann, ob die theoretischen Annahmen richtig sind.

Diese theoretischen Verteilungen geben Wahrscheinlichkeiten an für auf empirischem Wege ermittelte Werte. Werden für empirische Werte nicht ihre absoluten Häufigkeiten bestimmt (wie meist in Häufigkeitsdiagrammen, etwa

5.4 Empirische und theoretische Verteilungen

in 3.2.1), sondern ihre relativen Häufigkeiten, so lassen sich theoretische und empirische Verteilungen besser vergleichen.

Wir beschäftigen uns im Weiteren v.a. mit kontinuierlichen (stetigen) Verteilungen, bei der also die Variable prinzipiell jeden reellen Wert in einem bestimmten Intervall annehmen kann, und konzentrieren uns dabei besonders auf die wichtige Normalverteilung.

Zuvor sind allgemein einige Grundbegriffe zu Verteilungen einzuführen.

5.4.2 Verteilungsfunktion, Wahrscheinlichkeitsfunktion und Dichtefunktion

Wir greifen auf die empirische Häufigkeitsverteilung in 3.2.1 zurück. Dort wurden nicht nur die Häufigkeiten für die einzelnen Noten (4 für die Note 1, Häufigkeit 2 für die Note 2, 4 für die Note 3, usw.) angegeben, sondern auch die mit f_{ci} symbolisierten kumulierten Häufigkeiten. Diese bezeichneten die Häufigkeiten sämtlicher Werte (hier der Noten) bis einschließlich der betrachteten, also $f_{c1} = 4; f_{c2} = 6; f_{c3} = 10$. Schließlich galt für f_{c6} (die kumulierte Häufigkeit der 6. und letzten Note): $f_{c6} = 17$, welcher Wert gleich dem Stichprobenumfang war. Bildet man die kumulierten relativen Häufigkeiten, also:

$$\tilde{f}_{cj} = \frac{f_{cj}}{n}, \text{ so gilt } \tilde{f}_{c6} = 1;$$

$\tilde{f}_{cj}$ bedeutet allgemein die Wahrscheinlichkeit für einen beliebigen Schüler, eine Note von j oder besser zu haben.

Der kumulativen relativen Häufigkeit bei empirischen Verteilungen entspricht die **Verteilungsfunktion**; sie gibt die Wahrscheinlichkeit für einen Wert der Zufallsvariable an, bei oder unter dem Wert x zu liegen:

$$F(x) = p(X \leq x). \qquad 5.3$$

Es sei die Verteilungsfunktion von Schulnoten in der Grundgesamtheit (bzw. einer sehr großen Stichprobe) bekannt und hätte der Anschaulichkeit zu Liebe dieselben Werte wie in unserer angeführten Stichprobe, also für 1 den Wert 0,23; dann ist der Wert der Verteilungsfunktion an der Stelle $x_1 = 1$:

$F(1) = p(X \leq 1) = 0{,}235;$

entsprechend gilt:

$F(2) = p(X \leq 2) = 0{,}35$ und $F(6) = p(X \leq 6) = 1.$

Die Wahrscheinlichkeit für einen Wert der Zufallsvariablen, größer x_1 und gleichzeitig kleiner/gleich x_2 zu sein, berechnet sich als Differenz der Werte der Verteilungsfunktion an den Stellen x_1 und x_2 ($x_1 < x_2$), denn:

$$F(x_2) - F(x_1) = p(X \leq x_2) - p(X \leq x_1) = p(x_1 < X \leq x_2). \qquad 5.4$$

Die Wahrscheinlichkeit, eine Note schlechter als 2, aber besser oder gleich 6 zu haben, ist in der obigen Verteilung daher so zu berechnen:

$p(2 < x \leq 6) = F(6) - F(2) = 1 - 0{,}35 = 0{,}65.$

Diese Verteilungsfunktion ist sowohl für diskrete wie kontinuierliche Verteilungen definiert, nimmt für niedrige Werte der Zufallsvariable niedrigere Werte an, um sich dann 1 zu nähern, welcher Wert spätestens beim höchsten Wert der Zufallsvariable auch erreicht wird.

Die eigentliche **Wahrscheinlichkeitsfunktion** g ist nur für diskrete Variable definiert; sie ordnet jedem Wert der Zufallsvariable die Wahrscheinlichkeit zu, angenommen zu werden; also:

$g(x) = p(X = x)$.

In unserer als Beispiel gewählten Verteilung wäre

$g(1) = 0{,}235; g(6) = 0{,}059$.

Für die theoretische Verteilung der Häufigkeit des Ereignisses „Wappen" beim Versuch „10 Münzwürfe" ist $p_{10;0} = 0{,}5^{10} = 0{,}000976$, also $g(0) = 0{,}000976$. Der Wert der Verteilungsfunktion an x_i ergibt sich dann als Summe der Wahrscheinlichkeiten (aller Werte der Wahrscheinlichkeitsfunktion) bis zur Stelle x_j

$$F(x_j) = \sum_{k=1}^{j} g(x_k); \qquad 5.5$$

Ist – etwa im Gegensatz zu den diskreten Werten der Münzwürfe mit Ergebnis Wappen – die Verteilung kontinuierlich, kann also jeder Wert innerhalb eines definierten Intervalls prinzipiell vorkommen (wie z.B. bei Verteilungen der Körpergröße), so ist die Wahrscheinlichkeitsfunktion nicht definiert (s. Anmerkung 8). Man sucht hier eine vergleichbare Funktion zur Beschreibung und findet sie in der **Dichtefunktion (Wahrscheinlichkeitsdichte)**.

Die Verteilungsfunktion F sei zusätzlich stetig und differenzierbar (s. Anmerkung 9); dann wird ihre Ableitung f als Wahrscheinlichkeitsdichtefunktion (kürzer: Dichtefunktion) bezeichnet, ihr Wert f(x) an einer bestimmten Stelle als Wahrscheinlichkeitsdichte. Diese Wahrscheinlichkeitsdichte für einen Variablenwert, z.B. der Körpergröße von 180 cm, gibt – vereinfacht ausgedrückt – an, mit welcher Wahrscheinlichkeit in einem kleinen Intervall um 180 cm Werte der Zufallsvariablen in der Population zu finden sind (s. Anmerkung 10).

Diese Dichtefunktion ist keineswegs so unanschaulich wie es zunächst den Anschein hat. In einem Balkendiagramm sei der relative Anteil der Probanden mit Körpergröße in einem bestimmten Intervall, z.B. zwischen 160 cm und 170 cm, 170 cm und 180 cm, 180 cm und 190 cm eingetragen (was wir bei großen Stichproben ja mit der Wahrscheinlichkeit für Werte in diesem Intervall gleich setzen können) und es seien anschließend sämtliche Intervalle gleichmäßig verkleinert (z.B. auf 1 cm-Intervalle von 178,50 – 179,50 cm, 179,50 – 180,50 cm); in diesem Falle nähert sich die relative Häufigkeit der Personen in diesem Intervall (dividiert durch die Intervallbreite) dem Wert der Wahrscheinlichkeitsdichte. Die Wahrscheinlichkeitsdichte an der Stelle 180 ist also annähernd gleich der relativen Häufigkeit der Personen im eine Einheit umfassenden Intervall zwischen 179,50 und 180,50 cm.

5.4 Empirische und theoretische Verteilungen

Diese anschauliche Vorstellung der Wahrscheinlichkeitsdichte ist für unsere Zwecke mehr als ausreichend. Es wird sich nämlich nicht die Aufgabe stellen, für eine empirische Verteilung die Dichtefunktion zu berechnen. Vielmehr werden wir für theoretische Verteilungen explizit Dichtefunktionen angeben (z.B. die einer Normalverteilung); bestenfalls ist dann zu prüfen, ob die empirische Verteilung durch die angegebene Dichtefunktion hinreichend gut beschrieben ist.

Da die Dichtefunktion die 1. Ableitung der Verteilungsfunktion ist, ist umgekehrt letztere das Integral der Dichtefunktion – aus diesem Grund wählen wir für die Verteilungsfunktion den Großbuchstaben F zur Symbolisierung.

Damit gilt für die Wahrscheinlichkeit, dass ein Proband der betrachteten Population einen Wert im Intervall von a bis b hat – a nicht eingeschlossen:

$$p(a < X \leq b) = F(b) - F(a) = \int_a^b f(t)dt; \qquad 5.6$$

(wobei wir in Hinblick auf Formeln 5.7 und 5.10 die Integrationsvariable nicht mit x, sondern mit t bezeichnen; im speziellen Fall macht man aber keinen Fehler, wenn man x statt t schreibt.) Die Wahrscheinlichkeit, einen Wert der Zufallsvariablen von c oder kleiner zu finden, berechnet sich dann zu:

$$p(X \leq c) = F(c) = \int_{-\infty}^{c} f(t)dt. \qquad 5.7$$

Damit gilt die für das Arbeiten mit Normalverteilungen wichtige Beziehung:

$$F(b) - F(a) = \int_{-\infty}^{b} f(t)dt - \int_{-\infty}^{a} f(t)dt. \qquad 5.8$$

Da bei großen Stichproben und erst recht unendlichen Populationen Wahrscheinlichkeiten mit relativen Häufigkeiten gleich gesetzt werden können, lässt sich sagen: Der Anteil der Probanden mit Werten zwischen a und b berechnet sich als das bestimmte Integral der Dichtefunktion mit den Grenzen a und b.

Wäre z.B. für die Verteilung der Körpergröße explizit, also mit einer Rechenvorschrift für $f(x)$, die Dichtefunktion gegeben, ließe sich durch Berechnung des Integrals der Anteil der Probanden in der Population mit Werten > 170 cm und ≤ 180 cm angeben. Das gilt aber nur für Populationen. Für daraus entnommene Stichproben könnten wir über Berechnung des Integrals diese Häufigkeit lediglich schätzen und zwar i. Allg. um so schlechter, je kleiner die Stichprobe ist.

5.4.3 Die Normalverteilung

Gauss'sche Normalverteilung

Der oben geschilderte Idealfall, dass für die Verteilung von Werten in einer Zufallsvariable explizit die Dichtefunktion gegeben ist, tritt in der Tat gar nicht selten ein: So kann man u.a. davon ausgehen, dass in einer beschränkten Population, z.B. jener der Wehrpflichtigen, die Körpergröße oder die Intelligenz mit einer Funktion, der Gauss'schen Normalverteilungsfunktion (kürzer: Gauss-Funktion), hinreichend gut beschrieben werden kann; in vielen anderen

Fällen, z.B. bei der Verteilung von Scores in Angsttests, nimmt man dies oft einfach an und macht dabei meist keinen allzu großen Fehler.

Gegeben seien die Werte einer intervallskalierten Zufallsvariablen X in einer Population mit Mittelwert μ und Standardabweichung σ (da wir nur eine Population und nur eine einzige Variable betrachten, verzichten wir auf genauere Indizierung). Dann heißt die Zufallsvariable normalverteilt, wenn ihre Dichtefunktion folgende Gestalt hat:

$$f(x) = \frac{1}{\sigma \cdot \sqrt{2\pi}} e^{-\frac{1}{2}\left(\frac{x-\mu}{\sigma}\right)^2} ; \qquad 5.9$$

dabei ist π der aus der Schule bekannte Quotient aus Kreisumfang und Kreisdurchmesser (annähernd 3,14) und e die Euler'sche Zahl (definiert als Grenzwert einer Zahlenreihe) mit Näherungswert 2,718 (s. Anmerkung 11). Das Diagramm dieser Dichtefunktion heißt Gauss'sche Normalverteilung. Da die Werte der Dichtefunktion nicht nur von x, sondern auch von den Parametern μ und σ abhängen, wählt man oft die Schreibweise $f_{\mu;\sigma}(x)$ bzw. $N(\mu;\sigma)$.

Wir wollen einige Eigenschaften der Normalverteilungsfunktion kennen lernen und ihr Diagramm zeichnen. Es sei bei der Population der schwedischen Rekruten die Körpergröße normalverteilt mit folgendem Mittelwert und Standardabweichung (in cm): $\mu = 180$; $\sigma = 10$.
Dann lautet die spezielle Gauss'sche Dichtefunktion:

$$f_{180;10}(x) = \frac{1}{10 \cdot \sqrt{2\pi}} e^{-\frac{1}{2}\left(\frac{x-180}{10}\right)^2}.$$

Wir setzen in f für x zunächst den Populationsmittelwert 180 ein und finden:

$$f_{180;10}(180) = \frac{1}{10 \cdot \sqrt{2\pi}} e^{-\frac{1}{2}\left(\frac{180-180}{10}\right)^2} = \frac{1}{10 \cdot \sqrt{2\pi}} e^0 = \frac{1}{10 \cdot \sqrt{2\pi}} = 0{,}0399.$$

Nun wählen wir zwei gleich weit – hier genau eine Standardabweichung – vom Mittelwert entfernte Werte für x, z.B. $x_1 = 170$ und $x_2 = 190$. Man erhält:

$$f_{180;10}(170) = \frac{1}{10 \cdot \sqrt{2\pi}} e^{-\frac{1}{2}\left(\frac{170-180}{10}\right)^2} = \frac{1}{10 \cdot \sqrt{2\pi}} e^{-\frac{1}{2}} = \frac{1}{10 \cdot \sqrt{2\pi}} = 0{,}0242 \text{ und}$$

$$f_{180;10}(190) = \frac{1}{10 \cdot \sqrt{2\pi}} e^{-\frac{1}{2}\left(\frac{190-180}{10}\right)^2} = \frac{1}{10 \cdot \sqrt{2\pi}} e^{-\frac{1}{2}} = \frac{1}{10 \cdot \sqrt{2\pi}} = 0{,}0242.$$

Geht man vom Mittelwert um 2 Standardabweichungen nach links und rechts, erhält man: $f_{180;10}(200) = f_{180;10}(160) = 0{,}023$. (Diese Rechnungen lassen sich leicht mit einem besser ausgestatteten Taschenrechner ausführen; später werden wir ein einfaches Verfahren kennen lernen, zu gegebenem x seinen Wert in beliebigen Gauss'schen Normalverteilungsfunktionen zu bestimmen; s. auch Anmerkung 11). An unserer speziellen Verteilung (s. Abb. 5.1) ist zu sehen, dass für μ (den Populationsmittelwert bzw. Erwartungswert der theoretischen

5.4 Empirische und theoretische Verteilungen

Verteilung) die Gauss'sche Normalverteilung ihren höchsten Wert annimmt, dass sie dann gleichmäßig nach links und rechts abfällt (symmetrisch bezüglich μ ist) und sich schließlich dem Wert 0 nähert, ohne ihn je für einen reellen Wert zu erreichen (s. Anmerkung 12); man spricht von einer „Glockenkurve". Somit besteht für jeden noch so großen oder kleinen Wert der Zufallsvariable eine gewisse, wenn auch winzige Wahrscheinlichkeitsdichte, können also im kleinen umgebenden Intervall immer noch Werte liegen. Dies zeigt, dass so gut wie keine empirische Verteilung exakt durch eine Normalverteilungsfunktion beschrieben werden kann; Körpergrößen von Rekruten unter 1 m und über 3 m kommen nicht vor, während ihre Wahrscheinlichkeit bei Normalverteilung im Bereich von winzigen Bruchteilen eines Promilles liegt. Weiter gilt:

$$\int_{-\infty}^{\infty} f_{180;10}(t)\, dt = 1,$$

was zeigt, dass die Gauss'sche Normalverteilungsfunktion tatsächlich eine Dichtefunktion im mathematischen Sinne darstellt. Die Wahrscheinlichkeit $F(x)$, einen Wert der Zufallsvariablen zu finden, der kleiner oder gleich x ist, berechnet sich als Integral der Dichtefunktion bis zum Wert x, also:

$$F(x) = p(X \leq x) = \int_{-\infty}^{x} f(t) = \int_{-\infty}^{x} \frac{1}{\sigma \cdot \sqrt{2\pi}} \cdot e^{-\frac{1}{2} \cdot \left(\frac{t-\mu}{\sigma}\right)^2} dt. \qquad 5.10$$

F wird Gauss'sche Summenfunktion genannt; ihre Werte sind für $N(0;1)$ tabelliert (s. unten). Die Wahrscheinlichkeit, einen Wert zwischen 170 und 190 zu erhalten, berechnet sich zu $0{,}841 - 0{,}159 = 0{,}682$, die für einen Wert zwischen 160 und 200 zu $0{,}9772 - 0{,}0275 = 0{,}9497$. Also: Bei einer Population (oder sehr großen Stichprobe) liegen zwischen $\mu - \sigma$ und $\mu + \sigma$ etwa 68 % der Werte; im Beispiel würden also 68% der schwedischen Rekruten zwischen 170 und 190 cm groß sein, etwa 95 % zwischen 160 und 200 (s. Anmerkung 13).

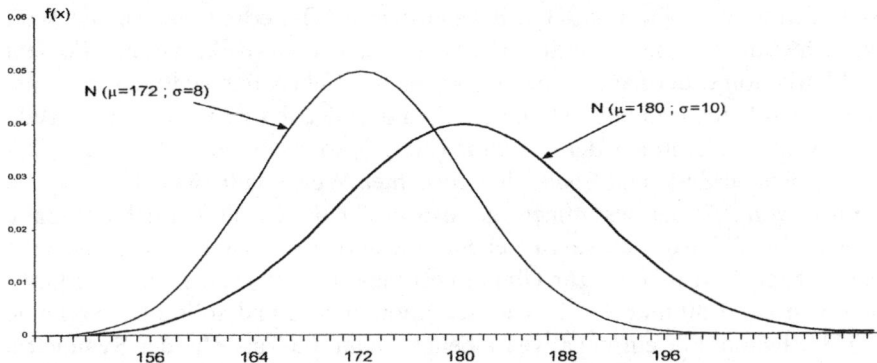

Abbildung 5.1: Bild zweier Dichteverteilungen von Körpergrößen

Beim zweiten Beispiel könnte es sich um die Verteilung der Körpergröße der Rekruten in einer Region Südostasiens handeln ($\mu = 172$; $\sigma = 8$). Da der Mittelwert dieser Population kleiner ist, wird die Kurve gegenüber der ersten

„nach links verschoben" sein. Für $x = \mu = 172$ gilt $f(x) = 0{,}0498$; weil hier σ kleiner ist, ist die Dichtefunktion am Mittelwert höher, andererseits ist die Verteilung weniger breit. Insgesamt muss die Fläche aber auch hier 1 betragen. Wir zeichnen das Bild der zweiten Kurve der Illustration zu Liebe in dasselbe Diagramm. Man sieht, dass in einem Bereich von 190 und 200, wo immerhin noch über 13 % der schwedischen Rekruten mit ihrer Körpergröße liegen, praktisch keiner mehr der südostasiatischen Rekruten zu finden ist und eine Größe zwischen 150 und 160 cm viele der südostasiatischen, aber kaum mehr schwedische Rekruten besitzen.

Standardisierte Gauss'sche Normalverteilung und ihre Summenfunktion

Wir betrachten nun eine sehr spezielle Normalverteilungsfunktion, nämlich die mit $\mu = 0$ und $\sigma = 1$; ihre Gleichung lautet:

$$f_{0;1}(x) = \frac{1}{\sqrt{2\pi}} e^{-\frac{1}{2} \cdot x^2}. \qquad 5.11$$

Ihr Wert an der Stelle 0 beträgt 0,3989, an den Stellen -1 und $+1$ (jeweils eine Standardabweichung links und rechts vom Mittelwert) 0,2420.

Diese Normalverteilung wird standardisierte Normalverteilung genannt und in der Literatur oft mit $N(0;1)$ symbolisiert. Um zu betonen, dass es sich nicht um die Dichtefunktion einer beliebigen Zufallsvariablen X handelt, sondern um die einer Variablen mit Mittelwert 0 und Standardabweichung 1, werden die Werte der Zufallsvariablen üblicherweise nicht mit x, sondern mit z symbolisiert (zur z-Transformation s. 3.2.3 sowie unten). Die Werte $f_{1;0}(z)$ sind in Tafeln fast aller Statistiklehrbücher aufgeführt, hier in Tafel 1. Für einen beliebigen, bis auf zwei Stellen hinter dem Komma protokollierten positiven Wert z zwischen 0 und 3,5, beispielsweise 1,24, erhält man seinen Wert der Dichtefunktion (seine Ordinate der Gauss'schen Normalkurve) als Element der Matrix folgendermaßen: Sucht man in der linken fett gedruckten Spalte seine ersten beiden Stellen auf (hier 1,2) und in der fett gedruckten Kopfzeile seine zweite Stelle hinter dem Komma (hier 4), so ergibt der Schnittpunkt der entsprechenden Zeile und Spalte den gesuchten Wert von 0,1849. Um z.B. die Ordinate von 2,75 zu bestimmen, ist also in der linken fettgedruckten Spalte zunächst bis 2,7 nach unten zu gehen, von dort bis 5 nach rechts, und man gelangt zum Wert 0,0091; zur Übung bestimme man beispielsweise die Ordinaten von $z = 1{,}80$ und $z = 2.94$ in der Normalkurve und sollte 0,0789 sowie 0,0053 erhalten. Für ein negatives z benutzt man die Tatsache der Symmetrie um 0, also dass $f(z) = f(-z)$ gilt; für $f_{1;0}(-1{,}93) = f_{1;0}(1{,}93)$ erhält man daher 0,06195. Für z-Werte $> 3{,}5$ bzw. $< -3{,}5$ sind die Werte in der standardisierten Normalverteilungskurve hier gar nicht mehr protokolliert; man macht keinen wesentlichen Fehler, dafür einfach 0 anzusetzen.

5.4 Empirische und theoretische Verteilungen

Wichtiger noch als die Tabellierung der Ordinaten von $f_{1;0}(z)$ ist die ihrer Summenfunktion

$$F_{0;1}(z) = \int_{-\infty}^{z} f_{0;1}(t)\,dt$$

(s. Anmerkung 14). Weil die Symmetrieeigenschaften weniger leicht benutzt werden können, sind die Summenfunktionswerte sowohl für positive wie für negative z-Werte protokolliert. Für $z = 1{,}63$ liest man z.B. in der Summenfunktionstabelle (Tafel 2) mittels der beschriebenen Methode ab:

$$F_{0;1}(1{,}63) = \int_{-\infty}^{1{,}63} f_{0;1}(t)\,dt = 0{,}9484;$$

für $-1{,}63$ ergibt sich hingegen $0{,}0516$. Wie zu sehen, ergänzen sich die Werte für z und $-z$ zu 1. Die vom ersten Integral, bis zur Grenze 1,63, nicht ausgefüllte Fläche beträgt nämlich: (1− Wert der ausgefüllten Fläche); wegen der Symmetrie um 0 muss dies genau die vom anderen Integral (dem bis zur Grenze $-1{,}63$) definierte Fläche sein.

Um mit der Gauss'schen Summenfunktion gewisse Vertrautheit zu erlangen, gewöhne man sich am Besten an, den aus der Tafel abzulesenden Wert vorher zu schätzen. Da $F(0) = 0{,}5$, muss sich für negative z-Werte ein (natürlich positives) $F(z)$ von unter 0,5 ergeben (um so weiter davon entfernt, je weiter z links auf der Zahlengerade liegt); für positive z liegen daher die Werte der Summenfunktion über $> 0{,}5$; für $z > 2$ liegen sie nahe bei 1.

Ist die Differenz der Summenfunktionswerte für beliebige z_1 und z_2 zu bestimmen, also der Wert des Integrals mit den Grenzen z_1 und z_2, benutzt man folgende Gleichung:

$$p(z_1 < Z \le z_2) = F(z_1) - F(z_2) = \int_{z_1}^{z_2} f(t)\,dt = \int_{-\infty}^{z_2} f(t)\,dt - \int_{-\infty}^{z_1} f(t)\,dt;$$

so berechnet sich etwa:

$$\int_{0{,}25}^{1{,}24} f_{0;1}(t)\,dt = \int_{-\infty}^{1{,}24} f_{0;1}(t)\,dt - \int_{-\infty}^{0{,}25} f_{0;1}(t)\,dt = F_{0;1}(1{,}24) - F_{0;1}(0{,}25) = 0{,}8925 - 0{,}5987 = 0{,}2938.$$

Die Wahrscheinlichkeit für einen Wert der standardisierten Normalverteilung $N(0;1)$, zwischen 0,25 und 1,24 zu liegen, beträgt also etwas mehr als 29%; anders ausgedrückt: Ist eine Variable in der Grundgesamtheit normalverteilt mit $\mu = 0$ und $\sigma = 1$, liegen etwa 29% der Werte zwischen 0,25 und 1,24.

Zur Übung beantworte folgende Frage: Welcher Prozentsatz der Werte einer standardisierten Normalverteilung liegt zwischen −1,8 und 1,63? Antwort: 91,3%, denn aus Tafel 2 entnimmt man $F(1{,}63) = 0{,}9484$ und $F(-1{,}8) = 0{,}0359$.

Mittels der für die standardisierte Normalverteilung $N(0;1)$ tabellarisch protokollierten Werte lassen sich nun für beliebige Normalverteilungen $N(\mu;\sigma)$ und beliebige Werte x sowohl die Werte der Wahrscheinlichkeitsdichte wie die der Gauss'schen Summenfunktion angeben.

Für einen Wert x_1 sei z_1 der zugehörige z-transformierte Wert, also:

$$z_1 = \frac{x_1 - \mu}{\sigma};$$

z-transformierte Werte haben, wie in 3.2.3 gezeigt, einen Mittelwert von 0 und eine Standardabweichung von 1 – in diesem Fall, bei Transformation mittels μ und σ, somit einen Populationsmittelwert von 0 und eine Standardabweichung in der Grundgesamtheit von 1; also: $\mu_z = 0$; $\sigma_z = 1$. Dann gilt:

$$f_{\mu;\sigma}(x_1) = \frac{1}{\sigma \cdot \sqrt{2\pi}} \cdot e^{-\frac{1}{2}(\frac{x_1-\mu}{\sigma})^2} = \frac{1}{\sigma \cdot \sqrt{2\pi}} \cdot e^{-\frac{1}{2} \cdot z_1^2} = \frac{1}{\sigma} \cdot f_{0;1}(z_1). \qquad 5.12$$

Der Wert der Gauss'schen Dichtefunktion für x einer beliebigen Normalverteilung ergibt sich somit als der mit $1/\sigma$ multiplizierte Wert des zugehörigen z in der normierten Gauss'schen Normalverteilung $N(0;1)$. Am oben angeführten Beispiel illustriert: Für die Verteilung mit $\mu = 180$ und $\sigma = 10$ berechnete sich für $x = \mu$ der Wert der Dichtefunktion $f(x)$ mittels eines Taschenrechners zu 0,03989. Wir wandeln nun $x = \mu$ in seinen z-Wert um und erhalten 0. Aus der Tafel 1 entnehmen wir für $f_{0;1}$ (0) den Wert 0,39894; multipliziert mit $1/\sigma = 1/10$ ergibt sich 0,03989. Ebenso würden wir in der genannten Verteilung für 190 den z-Wert 1 erhalten, für dessen Ordinate in der standardisierten Gauss-Verteilung 0,2419 und für die Ordinate des Wertes 190 in „seiner eigenen Verteilung" daher 0,02419.

Noch wichtiger ist die Beziehung zwischen beliebigen Gauss'schen Summenfunktionen und der Summenfunktion der standardisierten Normalverteilung $N(0;1)$. Seien z_1 und z_2 die z-transformierten Werte von x_1 und x_2 (aus einer mit μ und σ verteilten Grundgesamtheit, wobei $x_1 < x_2$). Dann gilt:

$$\int_{x_1}^{x_2} f(x)dx = \int_{z_1}^{z_2} f(z)dz. \qquad 5.13$$

Die Werte können also direkt aus Tafel 2 übernommen werden, sind – anders als die in Tafel 1 aufgeführten Ordinaten – nicht mit einer Konstanten zu multiplizieren (für den Beweis s. Anmerkung 15).

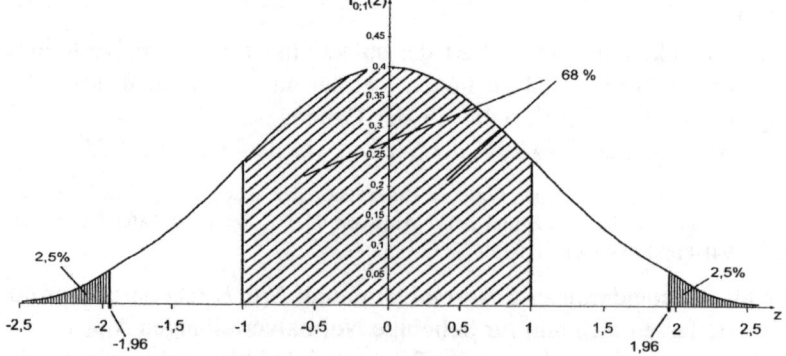

Abbildung 5.2 Dichtefunktion der Standardnormalverteilung

5.4 Empirische und theoretische Verteilungen

Das soll am obigen Beispiel geübt werden. Die Zufallsvariable Körpergröße sei in einer Population normalverteilt mit $\mu = 180$ und $\sigma = 10$. Wie groß ist die Wahrscheinlichkeit, dass ein zufällig ausgewählter Proband zwischen 175 und 180 cm groß ist? Anders formuliert (weil es sich um eine sehr große Population handelt): Wie viel Prozent der Probanden haben eine Körpergröße zwischen 175 und 180 cm?

Zunächst transformieren wir $x_1 = 175$ und $x_2 = 180$ in z-Werte und erhalten: $z_1 = -0{,}5$ und $z_2 = 0$. Tafel 2 liefert: $F(-0{,}5) = 0{,}3085$ und $F(0) = 0{,}5$. Damit gilt – noch einmal besonders ausführlich geschrieben:

$$0{,}1915 = 0{,}5 - 0{,}3085 = F_{0;1}(0) - F_{0;1}(-0{,}5) = \int_{-0{,}5}^{0} f_{0;1}(t)\,dt = p(-0{,}5 < Z \leq 0) = p(175 < X \leq 180).$$

Anders ausgedrückt: 19 % der Probanden haben eine Körpergröße zwischen 175 cm und 180 cm (der erstere Wert nicht eingeschlossen).

Zur Übung berechne man, wie viele Prozent der Personen einer Grundgesamtheit mit $\mu = 172$ und $\sigma = 8$ eine Körpergröße zwischen 160 und 172 besitzen; man erhält für die z-Werte $-1{,}5$ und 0, deren Summenfunktionswerte nach Tafel 2 0,0668 und 0,5 sind. Damit ergibt sich als Fläche des Integrals mit diesen Grenzen 0,4332. 43,3 % der Personen liegen also mit ihrer Körpergröße in diesem Bereich.

Umgekehrt lässt sich die für spätere Überlegungen wichtige Frage stellen, in welchem Bereich um den Mittelwert einer Standardnormalverteilung 95% oder 99 % der Werte liegen. Gesucht ist also ein Wert $a > 0$, sodass

$$\int_{-a}^{a} f_{0;1}(z)\,dz = 0{,}95.$$

Wegen der Symmetrie der Normalverteilung muss dann gelten:

$$\int_{-\infty}^{a} f_{0;1}(z)\,dz = 0{,}975,$$

und wir entnehmen aus Tabelle 2 dafür den Wert 1,96. Bei der Standardnormalverteilung liegen also 95% aller Werte zwischen $-1{,}96$ und $+1{,}96$; bei einer allgemeinen Normalverteilung $N(\mu;\sigma)$ liegen dann 95% der Werte zwischen $\mu - 1{,}96\sigma$ und $\mu + 1{,}96\sigma$ (oder in üblicher Schreibweise: im Bereich $\mu \pm 1{,}96\sigma$). Im 99%-Bereich liegen alle Werte des Intervalls $\mu \pm 2{,}58\sigma$.

Die Beziehung zwischen Normal- und Binomialverteilung

In 4.6 wurde schon auf die Beziehung zwischen Normalverteilung und Binomialverteilung hingewiesen, insbesondere dass letztere bei groß werdendem n (auch bei $p \neq 0{,}5$) sich zunehmend der Normalverteilung nähert. Wir wollen dies nun präzisieren und betrachten eine Binomialverteilung mit den Parametern $p = 0{,}5$ und $n = 10$; als Beispiel diene – wie schon so oft – das Werfen einer Münze, wobei für $p_{10;k}$ (die Wahrscheinlichkeit, bei 10 Würfen genau k-mal Wappen zu erhalten) bekanntlich folgende Gleichung gilt:

$$p_{10;k} = 0{,}5^k \cdot 0{,}5^{10-k} \cdot \binom{10}{k} = 0{,}5^{10} \cdot \binom{10}{k}.$$

Diese Verteilung hat den Mittelwert (Erwartungswert) $\mu = n \cdot p = 10 \cdot 0{,}5 = 5$
und die Standardabweichung $\sigma = \sqrt{n \cdot p \cdot q} = \sqrt{10 \cdot 0{,}5 \cdot 0{,}5} = 1{,}58$.

Wir berechnen nun für die Zahlen $x = 0, 1, 2, .., 10$ die Größe $p_{10;x}$, also die Wahrscheinlichkeit, bei 10 Würfen genau die Häufigkeit x für das Ereignis Wappen zu erhalten – bisher haben wir diese Zahl immer mit k symbolisiert, nennen sie aber nun x, weil wir sie gleichzeitig als Wert einer normalverteilten kontinuierlichen Zufallsvariable X auffassen wollen. Diese Wahrscheinlichkeiten sind in Tabelle 5.1 gegen x aufgetragen.

Tabelle 5.1: Vergleich Binomial- und Normalverteilung

x	0	1	2	3	4	5	6	7	8	9	10
$p_{10;x}$	0,001	0,01	0,04	0,12	0,20	0,25	0,20	0,12	0,04	0,01	0,001
$f(x)$	0,0017	0,01	0,04	0,11	0,20	0,25	0,20	0,11	0,04	0,01	0,0017

Nun sei eine Normalverteilung der Zufallsvariable X mit $\mu = 5$ und $\sigma = 1{,}58$ betrachtet (den entsprechenden Werten der oben beschriebenen Binomialverteilung). Wir bestimmen der Wahrscheinlichkeitsdichte für $x = 0, 1,.., 10$, also $f_{5;1,58}(x)$ und tragen sie ebenfalls in die Tabelle ein. Vergleich der Ergebnisse liefert (bei Angabe auf zwei Kommastellen genau) fast identische Werte. Zwar wäre die Übereinstimmung weniger gut ausgefallen, wenn wir bei diesem kleinen n nicht $p = 0{,}5$ gewählt hätten; dennoch zeigt es das Wesentliche: Die Werte der Binomialverteilung $p_{10;x}$ und der Normalverteilungsfunktion $f(x)$ sind bei größerem n praktisch identisch. Dies hat die Konsequenz, dass die mühsame Berechnung von Häufigkeiten der Binomialverteilung durch einfaches Ablesen von z-transformierten Werten (Transformation mittels $\mu = n \cdot p; \sigma = \sqrt{n \cdot p \cdot q}$) und ihren Wahrscheinlichkeitsdichten in Tafel 1 zu ersetzen ist; zum anderen lässt es verstehen, was die Bedingungen für die Entstehung einer Normalverteilung sind und warum letztere so häufig ist.

Bei der Binomialverteilung wurde von einem bestimmten (zumeist physikalisch begründeten) Erwartungswert ausgegangen (z.B. 5mal Wappen im wiederholten Versuch mit 10 Würfen); durch zufällige Einflüsse ist in den einzelnen Versuchen das Ergebnis i.Allg. mehr oder weniger weit von diesem Erwartungswert entfernt. Bei der Normalverteilung geht man ebenfalls von einem Erwartungswert aus (etwa der mittleren Körpergröße in der betrachteten Population), der durch einen festen (hier sicher nicht zuletzt genetisch determinierten), für die Population in seiner Ausprägung charakteristischen Faktor bestimmt wird; neben diesem Hauptfaktor wirken weitere Einflüsse in unsystematischer, sich gegenseitig nicht beeinflussender Weise (z.B. weitere genetische Faktoren, Ernährungsgewohnheiten, Einflüsse während der Intrauterinphase, traumatische Schäden während oder nach der Geburt), sodass die Kör-

5.4 Empirische und theoretische Verteilungen

pergröße um diesen wahren Wert streut; da die Einflüsse aus statistischen Gründen sich im Mittel häufiger gegenseitig aufheben als verstärken, ist in der Umgebung des wahren Wertes die Wahrscheinlichkeitsdichte am größten (s. Anmerkung 16).

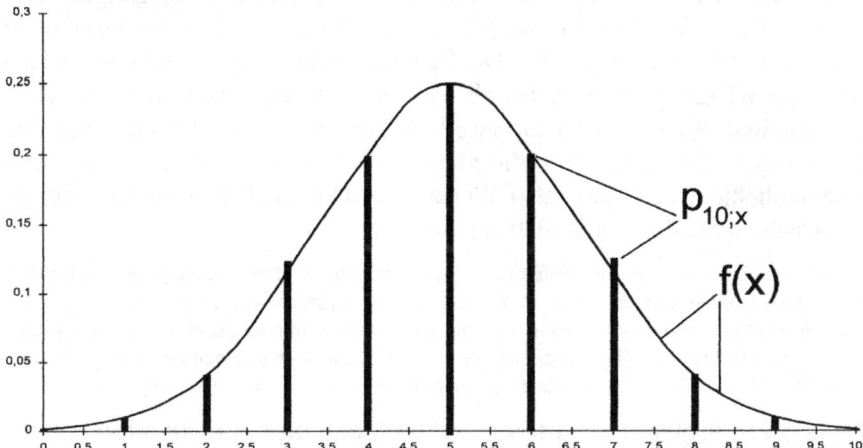

Abbildung 5.3: Beziehung zwischen Binomial- und Normalverteilung

Prüfung auf Normalverteilung

Dieses Problem stellt sich u.a. dann, wenn zur Prüfung der Überzufälligkeit von Stichprobenergebnissen statistische Testverfahren angewendet werden sollen, z.B. t-Test oder Varianzanalyse (s. 6.4 und 6.5). Dabei ist nämlich vorausgesetzt, dass die Werte der Zufallsvariable in der Grundgesamtheit, der die Stichproben entnommen werden, normalverteilt sind. Da wir über die Grundgesamtheit in aller Regel keine diesbezüglichen Kenntnisse haben, ist aus der Verteilung der Stichprobenwerte abzuleiten, ob eine solche Verteilung in der Grundgesamtheit unwahrscheinlich ist oder gegeben sein könnte. Im ersten Fall dürften die genannten Signifikanztests nicht angewendet werden; im zweiten Fall spricht nichts gegen der Einsatz der Tests (obwohl nicht sicher gesagt werden kann, dass dies tatsächlich legitim ist). Wir vertiefen diese Diskussion an dieser Stelle nicht weiter, kommen aber später darauf zurück (s. 6.4 und 6.5); vorläufig geht es nur um die neutrale Feststellung, ob eine Normalverteilung in der Stichprobe anzunehmen ist (um eventuell Schlüsse über das „Wesen" dieser spezifischen Zufallsvariablen zu ziehen).

Diese gängige Formulierung ist zumindest sehr salopp, streng genommen regelrecht unsinnig. Auf eine empirische Verteilung lässt sich das theoretische Konzept der Normalverteilung gar nicht anwenden, welches ja Wahrscheinlichkeitsdichten (also Erwartungswerte) voraussetzt, nicht aber empirische Häufigkeiten. Gemeint ist natürlich immer: Könnte die Stichprobe mit ihrer spezifischen Verteilungsform einer normalverteilten Grundgesamtheit entnommen sein?

Nehmen wir an, bei 61 Studentinnen wurden Werte in einem Angsttest erhoben; die maximal dabei erreichbare Punktzahl ist 100 (extrem hohe Angst), die Mindestpunktzahl 0. Streng genommen handelt es sich um eine diskrete Zufallsvariable (da nur ganzzahlige Werte als Ergebnis möglich sind); der Praktikabilität sei aber von einer kontinuierlichen Variablen ausgegangen. Die Angstscores der einzelnen Probandinnen sind (bereits zu Klassen zusammen gefasst) in Tabelle 5.2 aufgelistet. Die Zusammenfassung geschieht am Besten so, dass die Klassengrenzen selbst als Messwerte nicht vorkommen. Die erste Klasse umfasst Werte < 19,5 die zweite Werte zwischen 19,5 und 39,5, die dritte zwischen 39,5 und 59,5, die vierte zwischen 59,5 und 79,5 die letzte Klasse schließlich den Rest, also Werte 79,5. Der Stichprobenmittelwert errechnet sich zu 50, die Standardabweichung zu 25,64.

Dass 2 Klassen etwas breiter sind, spielt keine Rolle; prinzipiell hätte man auch unterschiedlich breite Klassen wählen können. Gewisse Willkür besteht natürlich v.a. darin, wie viele solcher Klassen man bildet. Sind es viele, ist es leichter, Normalverteilung auszuschließen – wir prüfen dann schärfer. Oft hat ein Untersucher sich aber in den Kopf gesetzt, einen bestimmten Test zu verwenden (z.B. den t-Test) und ist daher gar nicht bestrebt, besonders scharf zu prüfen.

Tabelle 5.2: Vergleich erwarteter und beobachteter Häufigkeiten

Klasse	< 19,5	19,5–39,5	39,5–59,5	59,5–79,5	> 79,5
Personen in dieser Klasse (f_o)	6	14	21	16	4
Bei Normalverteilung erwartete Zahl von Personen in dieser Klasse (f_e)	7,14	13,66	16,20	16,38	7,63
$(f_o - f_e)^2 / f_e$	0,18	0,008	1,42	0,009	1,73

Man geht nun in der Grundgesamtheit von Normalverteilung aus; für die unbekannten Populationsparameter setzen wir die Stichprobenwerte an, also $\hat{\mu} = 50$, $\hat{\sigma} = 25,64$. Wir berechnen dann die Wahrscheinlichkeit, mit der in einer solchen Normalverteilung Werte in diesen Klassen auftreten. Dies erfordert zunächst die Bestimmung der z-Werte von 19,5, 39,5, 59,5 und 79,5, sodann Ablesen der zugehörigen Summenfunktionswerte aus Tafel 2. Für 19,5 finden wir den z-Wert $-1,19$. Unterhalb dieses z-Werts liegen in $N(1;0)$ nach Tafel 2 0,1170x100% = 11,70% der Werte. Bei 61 Personen müssten sich dann 0,1170x61 = 7,14 Personen mit Angstscores < 19,5 finden; letztere Zahl werde mit f_e bezeichnet (für frequency expected) und der tatsächlich in diesem Intervall gefundenen Häufigkeit f_o (frequency observed) gegenüber gestellt (s. Tabelle 5.2, Zeile 3); zwischen 19,5 und 39,5 müssten dann 0,2239x61=13,66 Personen mit ihren Werten liegen.

Als Maß der Abweichung innerhalb eines Intervalls hat sich das Quadrat der Differenzen zwischen beobachteten und erwartenden Häufigkeiten bewährt, in Verhältnis gesetzt zur erwarteten Häufigkeit – hiermit wird sicher gestellt, dass die Abweichung hinsichtlich ihrer Bedeutung gewichtet ist. Die Summe dieser Werte wird als Gesamt-Chi-Quadrat (χ^2) bezeichnet und gibt ein Maß für die Unterschiedlichkeit der beiden Verteilungen (s. dazu 6.7). Hier also:

5.4 Empirische und theoretische Verteilungen

$$\chi^2 = \sum \frac{(f_o - f_e)^2}{f_e} = 3{,}34.$$

In Tafel 5 ist angeführt, wie wahrscheinlich solche Abweichungen unter Zufallsbedingungen zu finden sind. Für 2 Freiheitsgrade (generell: Zahl der Klassen – 3, hier also 5 – 3 =2 ; s. dazu 6.7) findet man für 3,34 eine Irrtumswahrscheinlichkeit von deutlich mehr als 10% (zwischen 10% und 30%); es kann sich also um eine zufällige Abweichung handeln und wir dürfen deshalb annehmen (genauer: bei der Annahme bleiben), dass die Angstscores in der Grundgesamtheit normal verteilt sind.

Voraussetzung des geschilderten Prüfverfahrens ist allerdings, dass jeder der Erwartungswerte mindestens 5 beträgt (zu Alternativen s. Nachtigall und Wirtz 2002, S. 171)

5.4.4 Weitere Verteilungsmodelle

Vorbemerkungen

Während die Normalverteilung als Häufigkeitsdichte vertrauter Werte (z.B. der Körpergröße) leicht vorstellbar war und das Diagramm der relativen Häufigkeit das Bild der Wahrscheinlichkeitsdichte vor Augen führte, wird es in diesen Abschnitten wesentlich abstrakter. Wir interessieren uns nun nicht mehr für Häufigkeitsverteilungen der Messwerte in Variablen, sondern für Häufungsverteilungen von Transformationen dieser Messwerte, im einfachsten Fall (bei der χ^2-Verteilung mit einem Freiheitsgrad) für die Verteilung quadrierter Variablenwerte. Während sich die Körpergröße in einer Population normal verteilt, würde die quadrierte Körpergröße eine andere Wahrscheinlichkeitsdichtefunktion besitzen. Der Sinn der Bestimmung solcher „exotischer" Werte und der Ermittlung ihrer Verteilungsformen erschließt sich erst, wenn man weiß, dass viele statistische Prüfgrößen sich unter Zufallsbedingungen solcherart verteilen und wir daher ihre Wahrscheinlichkeiten unter diesen Umständen berechnen können – womit Entscheidung zwischen einem zufälligen oder überzufälligen Ergebnis möglich ist.

Es ist daher vielleicht zweckmäßig, diesen Abschnitt zunächst zu überspringen und erst später darauf zurück zu greifen, wenn mit den einzelnen Verteilungen gearbeitet wird. Aus Gründen des logischen Aufbaus müssen diese Themen aber schon hier behandelt werden.

Die χ^2- (Chi-Quadrat-)Verteilung

Eine Zufallsvariable X (etwa die Körpergröße) sei normalverteilt; wir führen zunächst eine z-Transformation ihrer Werte durch, betrachten also im Weiteren nur standardnormalverteilte Werte. Dann lässt sich – wie im vorigen Abschnitt besprochen – für die z-Werte (hier der Körpergröße) die Wahrscheinlichkeitsdichte mit der speziellen Gauss-Funktion beschreiben, deren Bild glockenförmig mit einem Maximum bei $\mu = 0$ ist. Nun mache man das Gedankenexperiment, einen Wert z_1 herauszugreifen, ihn zu quadrieren und das Gleiche mit weiteren Werten $z_2, z_3.., z_k$ zu machen.

Wir nennen diese Werte jetzt Chi-Quadrat-Werte (χ^2-Werte) von z_j (genauer χ_1^2-Werte). Also: $\chi_1^2 (z_j) = z_j^2$. Wie verteilen sich diese χ^2-Werte oder anders ausgedrückt: Welches Bild zeigt ihre Dichtefunktion? Zunächst ist klar, dass sie als Quadrate der z_j entweder den Wert 0 annehmen oder positiv sind. Am wahrscheinlichsten in der Menge der (unquadrierten) z sind Werte um 0, teils negativ, teils positiv; am wahrscheinlichsten werden daher χ^2-Werte in der Umgebung rechts von 0 sein. Die Wahrscheinlichkeitsdichte wird durch eine komplizierte Funktion $f(\chi_1^2)$ angegeben und heißt χ_1^2-Verteilung oder χ^2-Verteilung mit einem Freiheitsgrad. Nähert sich $\chi_1^2 (= z_j^2)$ dem Wert 0, geht der Wert der Dichtefunktion gegen $+\infty$ (plus unendlich); mit wachsendem χ_1^2 nimmt er hingegen schnell ab; um χ_1^2-Werte von größer 4 zu erhalten, müsste man zufällig einen Wert für z von größer $+2$ (oder kleiner -2) aus der Grundgesamtheit ziehen – wie in 5.4.3 gezeigt, liegt die Wahrscheinlichkeit dafür bei weniger als 5%. Im selben Abschnitt stellten wir fest, dass 95% der Werte einer Standardnormalverteilung im Bereich $\pm 1{,}96$ liegen. Die Wahrscheinlichkeit für einen Wert z_1, außerhalb dieses Bereiches zu liegen, ist bestenfalls 5%; folglich ist die Wahrscheinlichkeit, ein χ_1^2 von $1.96^2 = 3{,}84$ oder mehr zu erhalten, ebenfalls 5%. In Tafel 5 sind einige Werte der Verteilungsfunktion von χ_1^2 tabelliert. Aus ihr entnimmt man u.a., dass – wie hergeleitet – χ_1^2-Werte von 3.84 oder mehr nur bei 5% der Zufallsziehungen zu beobachten sind.

Wir machen uns an Hand der folgenden Tabelle, welche eine „Minipopulation" z-transformierter Werte auflistet, ein wenig mit der χ_1^2-Verteilung (χ^2-Verteilung mit einem Freiheitsgrad) vertraut.

Tabelle 5.3: Minipopulation normalverteilter z-transformierter Werte

1	0	0,5	−0,5	−0,5	0	1	1	0,5	−1	−1	1
0	−0,5	0,5	−1,5	0	0,5	0,5	−0,5	−0,5	2	0	−1
−1,5	0	0,5	−0,5	−1	1	1	1,5	0	0,5	1	0,5
−1,5	−1	0	1,5	1,5	1,5	−0,5	0	0,5	1	2	0,5
−2	0	0,5	2	1	1,5	0,5	0	0,5	−0,5	2,5	0
0	−0,5	−1	−0,5	0	−1	−1,5	1	−2	1	0	0,5
−0,5	0	0,5	−0,5	−2	0,5	0	0,5	−1,5	0	0,5	−0,5
2	−2	0,5	−0,5	−0,5	−1	0	0,5	0,5	2	−0,5	−1,5
1,5	0,5	1,5	0	0,5	−1,5	1	−1	2,5	−0,5	−2,5	−0,5
−0,5	−1	−0,5	−1	0	−1,5	1,5	0	0,5	−0,5	−0,5	−1
−2	0,5	0	−1	1	−0,5	−1	0	−1	−1,5	−0,5	0,5
0	1	0	0	−1	−1	0	1	−0,5	−0,5	−0,5	−0,5
0,5	−0,5	−0,5	0,5	0,5	1,5	0,5	−0,5	−0,5	1	0	0,5
2	0	0	0,5	1	1	1,5	−0,5	−1,5	1	1,5	0,5
−1	−1,5	0	0	1	−0,5	1,5	−0,5	0	0	0,5	1
1	−1	1	0,5	−1	1,5	0,5	−1,5	−0,5	0	0,5	−1,5
−1	0	−2,5									

5.4 Empirische und theoretische Verteilungen

Wir suchen uns aus der ohnehin schon nach Zufall zusammen gestellten Tab. 5.3 zufällig einen Wert heraus, z.B. – 0,5 und quadrieren ihn, was 0,25 liefert. Zudem bilden wir Klassen, in die wir unsere quadrierten Werte (die χ_1^2-Werte) einordnen, z.B. $0 \leq \chi_1^2 < 0{,}25$, $0{,}25 \leq \chi_1^2 < 0{,}5$, usw. Machen wir das – sagen wir: 30mal – und zählen die Häufigkeiten der Werte in den einzelnen Klassen ab, erhalten wir einen Eindruck von der theoretischen χ_1^2-Verteilung: In der Klasse direkt rechts von 0 liegen die meisten, Werte von 4 oder größer sollten normalerweise 1 oder 2 zu finden sein (nämlich bei 5% der 30 Ziehungen).

Unser Beispiel ist sicher nicht optimal; zum einen ist die Population sehr klein, zum anderen handelt es sich nicht um Daten einer kontinuierlichen, sondern einer diskreten Variable (lediglich ganze Zahlen oder solche mit 5 hinter dem Komma). Trotzdem dürfte die vorgeschlagene Übung Vertrautheit mit einer erfahrungsgemäß schwer einsichtigen Materie schaffen.

Entnimmt man aus einer mit Mittelwert $\mu = 0$ und $\sigma = 1$ normalverteilten Grundgesamtheit wiederholt Paare von Werten z_i und z_j und bilden die Summe ihrer Quadrate, also $S_{ij}^2 = z_i^2 + z_j^2$, so haben diese S_{ij}^2 ihre größte Wahrscheinlichkeitsdichte gleichfalls bei 0, um dann für größere S_{ij}^2 rasch abzunehmen. Einen Wert von 5,99 oder größer für $z_i^2 + z_j^2$ (bei beliebig herausgegriffenen Werten z_i und z_j) zu finden, ist gerade 5 %. Wir nennen die S_{ij}^2 künftig χ_2^2-Werte (oder χ^2-Werte bei 2 Freiheitsgraden).

Im Falle, dass nach dem Zufallsprinzip drei Werte entnommen werden und wieder deren Summe, also χ_3^2-Werte, gebildet wird, hat deren Wahrscheinlichkeitsdichte – anders als die der χ_1^2- und χ_2^2-Werte – nicht mehr bei 0 ihr Maximum, sondern rechts davon. Bei zunehmender Anzahl k entnommener Werte nähert sich die Verteilung ihrer summierten Quadrate (ihrer χ_k^2) immer mehr einer Normalverteilung an.

Auch davon kann man sich eine anschauliche Vorstellung machen, wenn man Tab. 5.3 nach Zufallsprinzip Werte entnimmt (z.B. für $k = 3$). Dann wird man sehen, dass χ_3^2-Werte von 3,84 oder mehr deutlich häufiger vorkommen als in der χ_1^2-Verteilung, letztere also früher abflacht.

Wir führen nun den Begriff allgemein ein: Entnimmt man einer standardnormalverteilten Population nach Zufallsprinzip k Werte und bildet die Summe ihrer Quadrate, heißt diese Größe χ^2-Wert mit k Freiheitsgraden. Die Verteilungen dieser χ^2-Werte heißen dann χ^2-Verteilungen mit k Freiheitsgraden. Sei $f(\chi_k^2)$ die Wahrscheinlichkeitsdichte der χ^2-Werte mit k Freiheitsgraden, so ergibt deren Integral von 0 bis zu einem Wert χ_k^2 die Wahrscheinlichkeit, einen entsprechenden χ^2-Wert (oder einen kleineren) unter Zufallsbedingungen zu finden – entsprechend gibt die Größe: (1 – Integral χ_k^2) die Wahrscheinlichkeit an, einen Wert von χ_k^2 oder größer zu finden (s. Anmerkung 17). Geht man z.B. von einer χ^2-Verteilung mit einem Freiheitsgrad aus, so ist die Wahrscheinlichkeit, hierfür unter Zufallsbedingungen einen Wert von weniger als 3,84 zu erhalten, 95%. Unter diesen Umständen wird nur in bestenfalls 5% der Fälle ein noch größeres χ^2 beobachtet. Findet man umgekehrt ein solches, geht man davon aus, dass keine Zufallsbedingungen vorliegen.

Die Prüfgröße χ_k^2 ist uns schon bei Prüfung einer Stichprobe auf Normalverteilung begegnet; dort haben wir Differenzen zweier Werte (nämlich f_o und f_e) quadriert und durch einen weiteren (f_e) dividiert, schließlich die Ergebnisse über die 5 Paare aufsummiert, also Rechenschritte vorgenommen, die denen bei der Bildung von χ^2-Werten entsprechen (deshalb auch das Resultat mit χ^2- symbolisiert). Um zu überprüfen, ob der so gebildete χ^2-Wert sich noch im Zufallsbereich bewegt, verglichen wir ihn mit χ^2-Werten einer Zufallsverteilung. χ^2-Werte werden uns noch sehr häufig begegnen, wenn wir Abweichungen von beobachteten und tatsächlichen Häufigkeiten prüfen (s. insbesondere 6.7). Abb. 5.4 zeigt die Dichtefunktionen verschiedener χ^2-Verteilungen.

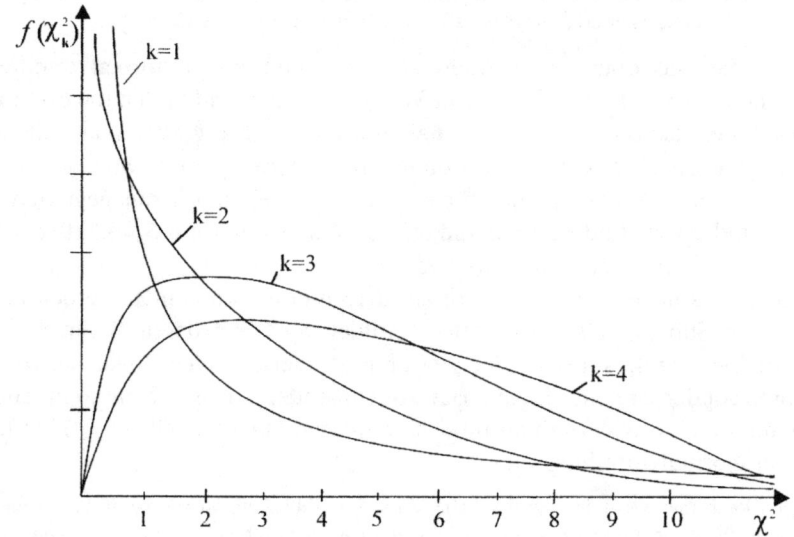

Abbildung 5.4 Dichtefunktionen von χ^2-Werten mit unterschiedlichen Freiheitsgraden

Kurz zum Begriff Freiheitsgrad: Er bezeichnet die Zahl der Werte einer Verteilung, die prinzipiell frei gewählt werden können – die nicht auf Grund von Verteilungscharakteristika fest gelegt sind (s. dazu u.a. 6.5 und 6.7).

t-Verteilung

Sie ist extrem wichtig, weil sie eine Verallgemeinerung der Normalverteilung darstellt – letztere ist eine *t*-Verteilung mit unendlich vielen Freiheitsgraden. Häufig werden wir an unseren Daten Rechenschritte vornehmen wie bei der unten geschilderten Bildung von *t*-Werten (weshalb die Resultate dieser Rechenprozesse auch mit *t* symbolisiert werden) und es wird zu überprüfen sein, ob so gebildete Werte sich noch im Zufallsbereich bewegen können.

5.4 Empirische und theoretische Verteilungen

Man entnehme einer standardisierten Normalverteilung nach Zufall einen Wert z_0 und dann zufällig weitere k Werte $z_1, z_2,.., z_k$. Die Summen der Quadrate dieser z_1 bis z_k wurde bereits als ihr χ_k^2 (χ^2 mit k Freiheitsgraden). eingeführt. Dividiert man z_0 durch die Wurzel aus χ_k^2/k, erhält man den t-Wert von $z_0, z_1, z_2,.., z_k$. Also:

$$t_k(z_0, z_1,..z_k) = \frac{z_0}{\sqrt{\frac{\chi_k^2}{k}}}.$$ 5.14

Die Dichtefunktion der t_k-Werte, (so genannte t_k-Verteilung), ist wie die standardisierte Normalverteilung symmetrisch um 0 und fällt nach rechts und links ab, ohne je zu verschwinden – sich hierin ganz wie die Normalverteilung verhaltend; Abb. 5.5 zeigt ihr Bild für $k = 1$ und $k = 5$ Freiheitsgrade. Sie ist in der Umgebung von 0 niedriger und breiter als die Normalverteilung und zwar um so ausgeprägter, je geringer die Zahl der Freiheitsgrade ist (s. Anmerkung 18); ihre Standardabweichung beträgt $n/n-2$ (im Gegensatz zu $\sigma = 1$ für die Standardnormalverteilung). Ab etwa 100 Freiheitsgraden sind t- und Normalverteilung so gut wie identisch; auch bei der Hälfte der Zahl von Freiheitsgraden, sogar bei $n = 30$, unterscheiden sich die beiden Verteilungen nur geringfügig. Die Integrale der Dichtefunktionen der t-Werte, ihre Verteilungsfunktionen, sind auszugsweise in Tafel 3a protokolliert. Da es – anders als bei der Normalverteilung – viele unterschiedliche t-Verteilungen gibt (für jeden Freiheitsgrad, also jede natürliche Zahl bis etwa 30, genau eine), wäre es umständlich, Verteilungsfunktionen für eine große Anzahl von t-Werten anzugeben. Man beschränkt sich darauf, für bestimmte Flächen der Verteilungsfunktion zugehörige („kritische") t-Werte aufzulisten, etwa den kritischen t-Wert für 10 Freiheitsgrade und eine Fläche von 95% (hier 1,81). Bei einer t-Verteilung mit 10 Freiheitsgraden sind also 95% aller ermittelten t-Werte kleiner oder gleich 1,81. (Hingegen beträgt der Anteil von t-Werten mit Absolutbeträgen ≤ 1,81 90%)

Auch hier sollte man durch Ziehung von Stichproben mit n Elementen, z.B. $n = 6$, Bildung des entsprechenden Wertes t_k ($k = n - 1 = 5$) und Eintragen in ein Häufigkeitsdiagramm sich ein Bild von der Verteilung dieser Werte machen. (Um das Bild der t_1-Verteilung zu erhalten, muss also ein zufällig ausgewählter Wert durch die positive Quadratwurzel eines zufällig ausgewählten anderen quadrierten Wertes geteilt werden). Man wird sehen, dass Werte in der Umgebung von 0 besonders häufig auftreten, t-Werte < – 3 oder t-Werte > 3 kaum mehr – bei 30 Ziehungen wahrscheinlich kein einziges Mal.

Man betrachte noch einmal Formel 5.14: Einen t-Wert bildet man immer dann, wenn man eine Größe (im obigen Beispiel z_0) durch die Wurzel aus der Varianz anderer Größen (im obigen Beispiel $z_1, z_2,..., z_k$) dividiert (mit Teilung nicht durch $k - 1$, sondern durch k). Der Vergleich dieser empirischen t-Werte mit den nach Zufallsprinzip erstellten t-Werten gibt einen Hinweis darauf, ob der empirische Befund sich im Zufallsbereich bewegt.

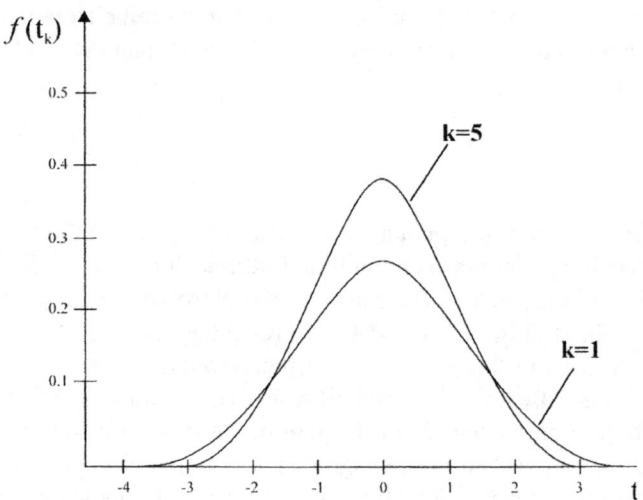

Abbildung 5.5: Dichteverteilungen von t-Werten für verschiedene Freiheitsgrade

Die t-Verteilung wird uns im nächsten Abschnitt beschäftigen, weil sich Mittelwerte in *n*-elementigen Stichproben aus einer normalverteilten Grundgesamtheit nach *t* mit $n-1$ Freiheitsgraden um den Populationsmittelwert μ anordnen; indem wir für eine bestimmte Stichprobe ihren *t*-Wert bestimmen, können wir entscheiden, ob diese ebenfalls der Population entnommen sein kann. Im Rahmen des verbreiteten t-Tests befassen wir uns ausgiebig mit t-Verteilungen befassen und üben Lesen in den entsprechenden Tafeln.

F-Verteilung

Diese ist noch unanschaulicher als die oben genannten Verteilungen. Sie definiert sich als Wurzel eines Bruches mit Zähler χ_{k1}^2/k_1 und Nenner χ_{k2}^2/k_2, und hat daher zwei Parameter, nämlich k_1 und k_2. Also:

$$F = \frac{\sqrt{\dfrac{\chi_k^2}{k_1}}}{\sqrt{\dfrac{\chi_{k_2}^2}{k_2}}} = \sqrt{\dfrac{\chi_{k_1}^2}{\chi_{k_2}^2} \cdot \dfrac{k_2}{k_1}}.$$ 5.15

Man entnimmt somit einer normalverteilten Population z-standardisierter Werte zufällig k_1 Elemente, quadriert und summiert sie (wobei man einen χ^2-Wert mit k_1 Freiheitsgraden erhält), dividiert durch die Zahl der Freiheitsgrade und

5.4 Empirische und theoretische Verteilungen

zieht die Wurzel; auf gleiche Weise wird ein Wert für den Nenner gewonnen; der Quotient ergibt eine nichtnegative Zahl $F_{k1;k2}$ – man verwechsle dies nicht mit der ebenfalls durch F symbolisierten Verteilungsfunktion; es liegt hier der häufige Fall vor, dass es nicht gelungen ist, durch Verwendung verschiedener mathematischer Symbole Eindeutigkeit zu schaffen. Die die Verteilung dieser $F_{k1;k2}$-Werte beschreibende Dichtefunktion heißt F-Verteilung mit k_1 Freiheitsgraden im Zähler und k_2 Freiheitsgraden im Nenner. Sie hat einen komplizierten, stark von der Zahl der Zähler- und Nenner-Freiheitsgrade abhängigen Verlauf. Ihre Verteilungsfunktion (die eigentlich als F für die Argumente $F_{k1;k2}$ zu bezeichnen wäre) gibt an, mit welcher Wahrscheinlichkeit unter Zufallsbedingungen ein Wert $F_{k1;k2}$ oder kleiner gefunden wird. Abb. 5.6 zeigt Dichtefunktionen von F-Werten für verschiedene Freiheitsgrade.

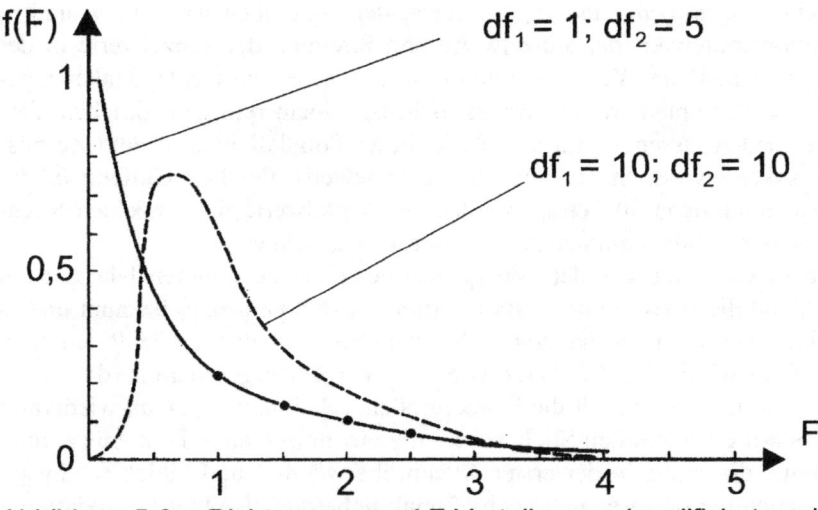

Abbildung 5.6: Dichten von zwei F-Verteilungen (modifiziert nach Bortz 1999, S. 82)

Nach F verteilen sich insbesondere Quotienten verschiedener Varianzen von Werten einer Zufallsvariablen X (bzw. deren z-transformierte Werte). Bei der Varianzanalyse werden wir später prüfen, ob das Verhältnis zweier Varianzen (der „Varianz zwischen" mit k_1 Freiheitsgraden und der „Varianz innerhalb" mit k_2 Freiheitsgraden) noch innerhalb des Zufallsbereichs sein kann, also ein bestimmtes (vom Signifikanzniveau abhängiges) $F_{k1;k2}$ nicht erreicht.

5.5 Verteilung von Stichprobenwerten; Parameterschätzung

5.5.1 Verteilung von Stichprobenmittelwerten; zentraler Grenzwertsatz

Verteilung von Mittelwerten großer Stichproben

Man stelle sich eine unendlich große Grundgesamtheit vor (oder eine wenigstens so große, dass man, ohne sich zu wiederholen, viele Stichproben größeren Umfangs entnehmen kann). Die Grundgesamtheit habe in einer Zufallsvariable X den Mittelwert μ_x, die Standardabweichung σ_x und sei zudem normalverteilt; weil wir als einzige Variable X betrachten und um später unbedingt Verwechselung mit $\mu_{\bar{x}}$ und $\sigma_{\bar{x}}$ zu vermeiden, schreiben wir statt μ_x und σ_x (Populationsmittelwert der Einzelwerte und Streuung der Einzelwerte in der Grundgesamtheit) im Weiteren μ und σ. Man mache nun das Gedankenexperiment – weiter unten werden wir es nicht bei einem rein gedanklichen Versuch bewenden lassen – und entnehme dieser Population nach dem Zufallsprinzip sukzessive m Stichproben mit dem jeweils gleichen Umfang n (der zunächst mindestens 30 betragen soll). Die Mittelwerte der einzelnen Stichproben in der Zufallsvariablen X seien mit $\bar{x}_j$ bezeichnet.

Beispielsweise sind von den Wehrpflichtigen eines bestimmten Jahrgangs in Deutschland die Werte in der Zufallsvariable X (Körpergröße) bekannt und in den Akten vermerkt; es handelt sich zweifellos um eine große Population. Greift man nach Zufall die Akten von 50 Wehrpflichtigen heraus (der Stichprobe 1), notiert und mittelt die Körpergrößen, erhält man $\bar{x}_1$. Nun wiederholt man dies mit einer zweiten Stichprobe – die theoretisch auch Elemente enthalten könnte, die schon in der ersten Stichprobe waren – und bildet $\bar{x}_2$. Insgesamt machen wir den Versuch noch 62-mal; m beträgt also hier 64, sodass wir 64 Mittelwerte von Stichproben mit je 50 Elementen vor uns haben.

Wie verteilen sich nun diese Mittelwerte $\bar{x}_j$? Nennen wir zunächst den Mittelwert dieser m Mittelwerte $\bar{\bar{x}}$; also:

$$\bar{\bar{x}} = \frac{1}{m} \cdot \sum_{j=1}^{m} \bar{x}_j.$$

Wie leicht zu sehen, liegen sie dichter um den Populationsmittelwert μ als die Werte einzelner Probanden; unter letzteren befinden sich nun einmal extrem große oder extrem kleine; dass man aber in einer zufällig gezogenen Stichprobe mit 50 Elementen nur kleine Männer antrifft, ist ein äußerst unwahrscheinliches Ereignis. Vielmehr dürften einige sehr große und einige sehr kleine in jeder Stichprobe zu finden sein, deren Größen sich zusammen mit denen der restlichen Stichprobenelemente zu einem μ nahe kommenden Wert $\bar{x}_j$ mitteln. Damit sollte die Standardweichung der Stichprobenmittelwerte (zuweilen Standardfehler des Mittelwerts genannt), symbolisiert mit $s_{\bar{x}}$ und definiert als:

5.5 Verteilung von Stichprobenwerten; Parameterschätzung

$$s_{\bar{x}} = \frac{1}{m-1} \cdot \sum_{j=1}^{m}(\bar{x}_j - \mu_{\bar{x}})^2$$

kleiner sein als σ. Am stärksten werden sich Stichprobenmittelwerte nahe μ häufen, ihre Abweichungen von μ nach links und rechts (in Richtung kleinerer oder größerer Werte) werden gleich wahrscheinlich sein, große Abweichungen irgendwelcher $\bar{x}_j$ von μ sollten seltene Ereignisse bilden; wir erwarten von diesen $\bar{x}_j$ also, dass sie in etwa um μ normalverteilt sind mit einer deutlichen kleineren Streuung als die Einzelwerte.

Wir formulieren nun den zentralen Grenzwertsatz: Entnimmt man einer normalverteilten Population unendlich viele Stichproben vom (großen) Umfang n, so verteilen sich diese normal um ihren Populationsmittelwert $\mu_{\bar{x}}$, der gleich dem Populationsmittelwert μ der einzelnen Messwerte ist; die Standardabweichung der Stichprobenmittelwerte $\sigma_{\bar{x}}$ ist dabei geringer als die der Einzelwerte σ und zwar um den Faktor $1/\sqrt{n}$ (s. Anmerkung 19). Ausformuliert:

$$\mu_{\bar{x}} = \lim_{m \to \infty} \frac{1}{m} \cdot \sum_{j=1}^{m} \bar{x}_j = \mu; \; \sigma_{\bar{x}} = \lim_{m \to \infty} \frac{1}{m-1} \cdot \sum_{j=1}^{m}(\bar{x}_j - \mu_{\bar{x}})^2 = \frac{\sigma}{\sqrt{n}}. \qquad 5.16$$

Wir illustrieren den wichtigen Sachverhalt an der hypothetischen Population der schwedischen Rekruten, in der die Körpergröße normalverteilt mit $\mu = 180$ und $\sigma = 10$ sein soll. Dann verteilen sich die Mittelwerte der Körpergröße von zufälligen Stichproben mit Umfang $n = 100$ normal mit

$$\mu_{\bar{x}} = 180 \text{ und } \sigma_{\bar{x}} = \frac{\sigma}{\sqrt{n}} = \frac{10}{\sqrt{100}} = 1.$$

Das bedeutet, dass im Bereich $\mu_{\bar{x}} \pm 1.96 \cdot \sigma_{\bar{x}} = 180 \pm 1{,}96 \cdot 1$, also zwischen 178,04 und 181,96, 95% aller Stichprobenmittelwerte liegen. Findet man nun an irgendeiner Zufallsstichprobe mit 100 Elementen einen Mittelwert der Körpergröße von 177, so lässt sich mit ziemlicher Wahrscheinlichkeit sagen, dass diese nicht der Population der schwedischen Rekruten entstammt.

Verteilung von Stichprobenwerten bei kleineren Stichprobenumfängen

Wir entnehmen nun einer Grundgesamtheit, in der die Variable X mit μ und σ normalverteilt ist, nach Zufallsprinzip Stichproben, z.B. mit $n = 4$ und bilden wiederum deren Mittelwerte. Diesmal belassen wir es nicht beim Gedankenexperiment, sondern machen den Versuch selbst mit den in Tabelle 5.4 angegebenen Werten einer hypothetischen Variablen; zwar ist die Grundgesamtheit sehr beschränkt mit einem Umfang von 200, aber zur Demonstration der wichtigen Zusammenhänge ist dies ausreichend. Wir bilden nun die Mittelwerte der insgesamt wenigstens 20 entnommenen Stichproben und stellen zunächst fest, dass sie in aller Regel näher am Populationsmittelwert liegen als die Einzelwerte und dass ihr Mittelwert dem μ schon sehr nahe ist. Bilden wir die Standardabweichung der Stichprobenmittelwerte, so ist diese kleiner als σ.

Tabelle 5.4: Minipopulation normalverteilter Werte mit μ = 100; σ = 20,5

120	100	110	90	90	100	120	120	110	80	80	120	100
100	90	110	70	100	110	110	90	90	140	100	80	80
70	100	110	90	80	120	120	130	100	110	120	110	100
70	80	100	130	130	130	90	100	110	120	140	110	60
60	100	110	140	120	130	110	100	110	90	150	100	90
100	90	80	90	100	80	70	120	60	120	100	110	80
90	100	110	90	60	110	100	110	70	100	110	90	90
140	60	110	90	90	80	100	110	110	140	90	70	100
130	110	130	100	110	70	120	80	150	90	50	90	110
90	80	90	80	100	70	130	100	110	90	90	80	100
60	110	100	80	120	90	80	100	80	70	90	110	70
100	120	100	100	80	80	100	120	90	90	90	90	50
110	110	130	110	90	90	120	100	80	110	90	70	140
110	120	120	130	90	120	130	110	120	70	80	70	100
120	90	130	100	100	100	110	120	100	120	80	80	120
110	80	130	100	100								

Generell gilt: Entnimmt man einer Population nach dem Zufallsprinzip Stichproben mit Umfang n, so verteilen sich deren Mittelwerte um μ; die Größe

$$\frac{\overline{x}_j - \mu}{\frac{\sigma}{\sqrt{n}}} = \frac{\overline{x}_j - \mu}{\sigma} \cdot \sqrt{n}$$

folgt dann einer t-Verteilung mit $n - 1$ Freiheitsgraden.

Wir haben sie nämlich nach derselben Rechenvorschrift gebildet wie die t-Werte der Zufallsstichprobe in 5.4.4, d.h. einen Wert der Population (hier: $\overline{x}_j$) durch die Wurzel aus einer Varianz anderer Populationswerte geteilt. Im Nenner konnten wir aber nicht n Werte frei wählen, was Voraussetzung für eine t-Verteilung mit n Freiheitsgraden ist. Weil diese Werte als Durchschnitt $\overline{x}_j$ besitzen müssen, ist einer von ihnen nicht mehr frei wählbar und bestehen damit nur $n - 1$ Freiheitsgrade.

Bildet man nach derselben Vorschrift für Werte einer Stichprobe den t-Wert (mit $\overline{x}_j$ in der „Rolle" von z_0), müsste sich dieser – entstammt die Stichprobe der betrachteten Grundgesamtheit – in der Größenordnung bewegen wie andere t-Werte für Zufallsstichproben aus dieser Grundgesamtheit; tut er dies nicht, ist z.B. der t-Wert sehr groß, werden wir den Schluss ziehen, dass die Stichprobe mit Mittelwert $\overline{x}_j$ nicht dieser Population entnommen ist.

Diese auch als t des Stichprobenmittelwerts bezeichnete Größe wird sich im nächsten Kapitel als extrem wichtige Prüfgröße herausstellen, wobei wir das i. Allg. unbekannte σ durch die Stichprobenstandardabweichung zu ersetzen haben. Diese t-Werte gehorchen der in Anmerkung 18 explizit angegebenen Dichtefunktion. Wurden beispielsweise jeweils Stichproben von 5 Elementen aus einer normalverteilten Grundgesamtheit mit $\mu = 10$ und $\sigma = 2$ entnommen, so errechnet sich der t-Wert bei der j-ten Stichprobe mit Mittelwert $\overline{x}_j = 12$ zu:

$$t = \frac{\overline{x}_j - \mu}{\sigma} \cdot \sqrt{5} = \frac{12 - 10}{2} \sqrt{5} = 2{,}24.$$

5.5 Verteilung von Stichprobenwerten; Parameterschätzung

Alle solcherart für Stichproben aus der Grundgesamtheit erhaltenen t-Werte verteilen sich nach t – deswegen hatte man sie ja so genannt – und folgen der in Anmerkung 18 angegebenen Dichtefunktion f_k mit $k = 4$ Freiheitsgraden; damit gilt $f_4(2,24) = 3/8 = 0,049$. Für $\bar{x}_k = 14$ ist die Dichtefunktion des zugehörigen t-Werts mit $2 \cdot \sqrt{5} = 4,47$ schon geringer, nämlich 0,00426.

Weiter sind für die verschiedenen Freiheitsgrade einige Summenfunktionswerte der t-Verteilung protokolliert (s. Tafel 3a). Die Wahrscheinlichkeit, bei 4 Freiheitsgraden einen t-Wert von 2,78 oder größer zu finden, beträgt 5%.

5.5.2 Parameterschätzung und Konfidenzintervalle

Vorbemerkung

Bisher gingen wir im Wesentlichen von bekannten Populationsparametern aus, insbesondere wurden μ, σ und die Verteilung (Dichtefunktion) als bekannt angenommen. Dieser Fall ist aber der weitaus seltenere. Üblicherweise liegen ein oder mehrere Stichprobenbefunde vor, z.B. ein Stichprobenmittelwert $\bar{x}_j$, die Standardabweichung s_{x_j} der Werte von X in der Stichprobe und eventuell die empirische Verteilung der Werte in Form von Häufigkeitsangaben. Aufgabe wird es sein, aus diesen Daten Aussagen über Eigenschaften der Grundgesamtheit zu machen, der diese Stichprobe entnommen ist. Es handelt sich um die Aufgabe der (optimalen) Parameterschätzung (s. Anmerkung 20).

Eine den meisten vertraute, besonders relevante Form von Parameterschätzung wird regelmäßig an Wahlabenden in deutsche Stuben gesendet. Dabei stellt sich die Aufgabe, aus den Aussagen weniger Personen, die bei Verlassen des Wahllokals nach ihrer Wahl befragt wurden, den Populationsparameter der Stimmverteilung für die Grundgesamtheit jener Personen anzugeben, die von ihrem Wahlrecht Gebrauch gemacht haben. Diese Prognose stimmt häufig bemerkenswert gut mit dem amtlichen Endergebnis überein; die Parameterschätzung war hier erfolgreich.

Die Techniken der Parameterschätzung sind, je nach zu schätzendem Parameter, teils recht kompliziert und sollen uns hier nicht beschäftigen (s. Anmerkung 21). Lediglich die für die Inferenzstatistik zentrale Schätzung von Populationsmittelwerten und Standardabweichungen in Grundgesamtheiten seien hier genauer besprochen, ohne speziell auf die Schätzmethoden einzugehen.

Schätzung des Populationsmittelwerts aus Stichprobenkennwerten

Wir setzen zunächst wieder große Stichproben voraus (Umfänge von mindestens 30 oder noch besser 50) und Normalverteilung von X in der Grundgesamtheit; dann lässt sich nach dem in 5.5.1 Gesagten davon ausgehen, dass sich die entnommenen Stichproben mit Umfang n normal um μ mit

$$\sigma_{\bar{x}} = \frac{\sigma}{\sqrt{n}}$$

verteilen, wobei – um es zu wiederholen – σ die Streuung der Einzelwerte der Zufallvariablen in der Population bedeutet. 95% der Stichprobenmittelwerte $\bar{x}_j$ finden sich dann im Intervall

$$\mu \pm 1{,}96 \cdot \frac{\sigma}{\sqrt{n}}.$$

Jetzt sei der Fall gegeben, dass die Parameter μ und σ, die wir obigen Formeln zu Grunde legten, uns unbekannt sind. Zur Schätzung von σ benutzen wir die in der einzigen entnommenen Stichprobe gefundene Standardabweichung s_{x_j}.

Hier zeigt sich der Vorteil unserer seinerzeit nur schwer vermittelbaren Definition der Varianz, bei der wir nicht durch n (wie nahe liegend), sondern durch $n-1$ dividierten; wir haben dabei die Stichprobenvarianz etwas größer angegeben, sodass wir diesen konservativen Wert nun unmittelbar für die Schätzung des Populationsparameters heranziehen können. Andere Autoren, die zur Bestimmung der Stichprobenvarianz durch n dividiert hatten, müssen nun diese zur Schätzung der Populationsvarianz mit $n/n-1$ multiplizieren (und zur Ermittlung der Populationsstandardabweichung die Wurzel ziehen). Man beachte daher in Statistikbüchern, welche Varianzdefinition zu Grunde gelegt wurden und wie deshalb dort Transformationen vorgenommen werden.

Wir machten schon früher Schätzwerte mit dem „Dachsymbol" kenntlich (s. etwa 3.3.3) und wollen dies hier wieder tun: $\hat{\sigma}$ bezeichne also die Schätzung für die Standardabweichung in der Population und nach dem Gesagten sehen wir s_{x_j} als den besten Schätzwert dafür an. Ersetzt man σ_x durch $\hat{\sigma}_x$ und dieses durch s_{x_j}, müssen sich 95% der Stichprobenmittelwerte im Intervall

$$\mu_x \pm 1{,}96 \cdot \frac{s_{x_j}}{\sqrt{n}}$$

befinden. Da unsere Stichprobe mit Mittelwert $\bar{x}_j$ dann mit großer Wahrscheinlichkeit (nämlich 95%) in diesem Intervall liegt, können wir umgekehrt sagen, dass mit 95% Wahrscheinlichkeit der unbekannte Populationsmittelwert μ im Intervall

$$\bar{x}_j \pm 1{,}96 \cdot \frac{s_{x_j}}{\sqrt{n}} \text{ zu finden ist. Dieses von } \bar{x}_j - 1{,}96 \cdot \frac{s_{x_j}}{\sqrt{n}} \text{ bis } \bar{x}_j + 1{,}96 \cdot \frac{s_{x_j}}{\sqrt{n}}$$

reichende Intervall wird das Konfidenzintervall für den Mittelwert der Grundgesamtheit genannt, genauer das 95%-Konfidenzintervall, weil mit 95% Wahrscheinlichkeit der „wahre" Mittelwert dort tatsächlich zu finden ist. Nehmen wir nicht 1,96, sondern 2,56 als Multiplikator von s_{x_j}, erhalten wir das größere, aber zuverlässigere 99%-Konfidenzintervall. Man könnte natürlich den Mittelwert μ einfach durch $\bar{x}_j$ schätzen, welches tatsächlich den besten Schätzwert darstellen würde (s. Anmerkung 21). Weil die Schätzung aber stets mehr oder weniger fehlerhaft ist, ist es seriöser, nur das Konfidenzintervall anzugeben und nicht explizit einen (falschen) Mittelwert zu nennen.

Ein Beispiel soll den Sachverhalt verdeutlichen: Gegeben sei eine Zufallsstichprobe aus 100 Gymnasialschülern einer Stadt, deren mittlere Kosten für Handytelefonate sich im Oktober auf 18,39 Euro beliefen mit einer Standardabweichung von 3 Euro. Im welchem Bereich liegt mit 95% Wahrscheinlichkeit der Mittelwert der Ausgaben aller Gymnasialschüler dieser Stadt?

Für σ, die Standardabweichung der Handykosten in der Population, schätzen wir den Wert 3 Euro (eben die Standardabweichung in unserer Stichprobe). Für den Standardschätzfehler $\sigma_{\bar{x}}$ des Mittelwerts bei Stichproben mit 100 Elementen ergibt sich dann:

$$\sigma_{\bar{x}} = \frac{\sigma}{\sqrt{n}} = \frac{s_{x_j}}{\sqrt{n}} = \frac{3}{\sqrt{100}} = \frac{3}{10} = 0{,}3.$$

Damit beträgt das Konfidenzintervall für den Populationsmittelwert der Handykosten: $18{,}39 \pm 1{,}96 \cdot 0{,}3 = 18{,}39 \pm 0{,}59$.

Die mittleren Ausgaben von Gymnasiasten für Handys im Oktober betrugen also mit 95% Wahrscheinlichkeit zwischen 17,80 und 18,98 Euro. Machen wir noch den zweifelhaften Schritt, für μ den Schätzwert $\bar{x}_j = 18{,}39$ Euro zu setzen, können wir sagen: Der mittlere Aufwand für Handygebühren lag bei Gymnasiasten bei 18,39 Euro, mit 95% Wahrscheinlichkeit auf jeden Fall zwischen 17,80 und 18,98 Euro.

Auch bei einer kleinen Stichprobe lässt sich der Mittelwert der Grundgesamtheit schätzen (nämlich wieder durch $\bar{x}_j$) und hier wird es natürlich erst recht sinnvoll sein, anhand der Standardabweichung dieser Stichprobe ein Vertrauensintervall für den geschätzten Populationsmittelwert anzugeben. Will man das 95%-Konfidenzintervall berechnen, ist zunächst bei der vorgegebenen Zahl von Freiheitsgraden $k = n - 1$ jener Wert zu finden, unterhalb dessen in Zufallsstichproben 97,50% aller möglichen t-Werte liegen; links von $-t_{k;0,975}$ liegen wegen der Symmetrie der t-Verteilung 2,5% der t-Werte, rechts von $t_{k;0,975}$ noch einmal 2,5%. Innerhalb des Intervalls von $-t_{k;0,975}$ bis $t_{k;0,975}$ befinden sich dann 95 % aller t-Werte bei diesem Freiheitsgrad. Bei einer n-elementigen Stichprobe mit Mittelwert $\bar{x}_j$ liegt der Populationsmittelwert also mit 95% Wahrscheinlichkeit im Intervall

$$\bar{x}_j \pm t_{n-1;0,975} \cdot \frac{s_j}{\sqrt{n}}.$$

Zieht man aus einer Population mit unbekannten μ und σ eine Stichprobe mit 5 Elementen und hat diese den Mittelwert 7 und die Standardabweichung 2,5, so berechnet sich das 95%-Konfidenzintervall für den Populationsmittelwert als:

$$7 \pm t_{4;0,975} \cdot \frac{2{,}5}{\sqrt{5}} = 7 \pm 2{,}776 \cdot 1{,}118 = 7 \pm 3{,}10.$$

Anmerkungen Kapitel 5

Anmerkung 1: In vielen Statistikbüchern wird die Grundgesamtheit nicht als Menge von Merkmalsträgern (also i. Allg. Personen) definiert, sondern als die Menge der Daten dieser Merkmalsträger in der Zufallsvariable (die Menge der „Realisierungen der Zufallsvariablen"). Diese Definition ist zweifellos korrekter und zuweilen im Text weniger umständlich, da wir im Weiteren nicht eigentlich Individuen vergleichen, sondern ihre Daten. Preis für diese Exaktheit ist allerdings mangelnde Anschaulichkeit, was gerade bei einem so zentralen Begriff als erhebliches Manko anzusehen ist.

Anmerkung 2: Allzu eng (allzu homogen) sollte man die Population wiederum auch nicht wählen. Zum einen müssten dann die zur Überprüfung der Populationshypothesen herangezogenen Stichproben ähnlich eng definiert sein und es kann unter diesen Umständen erhebliche Schwierigkeiten bereiten, eine genügend große Zahl von Probanden zu rekrutieren. Zum anderen ist es natürlich erstrebenswert, dass die inferenzstatistisch gewonnene Aussage einen möglichst großen Geltungsbereich hat. Andererseits ist zu bedenken, dass eine für eine homogene Population abzusichernde Aussage für eine inhomogenere Grundgesamtheit möglicherweise überhaupt nicht gilt.

Anmerkung 3: Mathematisch streng ist eine Zufallsvariable definiert als eine Abbildung X von einer Menge M, dem Ereignisraum, in die Menge der reellen Zahlen. $X(E_1)$ wird dann der Wert des Ereignisses E_1 in der Variable X genannt. Dieser Ereignisraum könnte die Menge der Würfe mit einem Würfel sein, ebenso eine Menge von Personen, denen wir Werte hinsichtlich der Variable X, der Körpergröße, zuordnen. Dabei ist nicht etwa verlangt, dass wir die Personen nach Zufall auswählen; wenn ja, hätten wir die Werte einer Zufallsvariablen in einer zufälligen Auswahl des Ereignisraums bestimmt. Man erkennt hier die Doppeldeutigkeit des Ausdrucks Zufall, weshalb der Begriff der Zufallsvariable zuweilen wenig glücklich ist und Anlass zu vielen Missverständnissen gegeben hat; wir werden ihn möglichst sparsam verwenden.

Anmerkung 4: Meist wird Moderatorvariable in anderer Bedeutung gebraucht; da aber für die untersuchungsrelevanten Variablen kein eigener Name vorliegt, andererseits bei ihrer Bedeutsamkeit für die Stichprobenauswahl eine spezifische Bezeichnung gerechtfertigt ist, benutzen wir den Terminus in der eingeführten Bedeutung.

Anmerkung 5: Wieder wäre es an sich korrekter, aber weniger anschaulich, Stichprobe als Teilmenge der Populationswerte in der Zufallsvariablen zu definieren; wir bleiben aber bei der einmal getroffenen Entscheidung, eine Menge von Merkmalsträgern (also Personen) – und nicht ihre Werte in der Zufallsvariablen – als Grundgesamtheit bzw. Stichprobe zu bezeichnen.

Zuweilen wird bei der Definition einer Stichprobe gefordert, dass ihre Elemente nach dem Zufallsprinzip gewonnen werden; dann wäre Stichprobe identisch mit Zufallsstichprobe. Diese Einschränkung scheint mir wenig zweckmäßig; oft werden Untersuchungsstichproben in einem sehr gründlichen Auswahlverfahren anhand ihrer Moderatorvariablen zusammengestellt (deren Verteilung dann so sein sollte wie in der Grundgesamtheit), also definitiv nicht nach dem Zufallsprinzip. Es gibt keinen Grund, auf eine so ausgewählte Menge nicht die Bezeichnung Stichprobe anzuwenden.

Anmerkung 6: Wir zeigen das an einer kleinen Stichprobe von $n = 10$. Man habe bei der Zusammenstellung der Stichprobe zu Lateinkenntnissen zwar nicht an die Variable Religionszugehörigkeit gedacht, aber eine Zufallsstichprobe gezogen. Der Anteil der Katholiken im betrachteten Bundesland betrage 30%. Mittels der Binomialverteilung berechnen wir die Wahrscheinlichkeit, in der Stichprobe genau $k = 0, 1, 2, 3, 4$ Personen dieser Religionszugehörigkeit zu finden, schließlich auch die Wahrscheinlichkeit für 5 oder mehr Katholiken. Dann gilt:

$$p_{n;k} = p^k \cdot (1-p)^{n-k} \cdot \binom{n}{k};$$

also $p_{10;0} = 0{,}028$; $p_{10;1} = 0{,}12$; $p_{10;2} = 0{,}23$; $p_{10;3} = 0{,}27$; $p_{10;4} = 0{,}20$; die Wahrscheinlichkeit für 5 oder mehr Katholiken beträgt: 0,15. In etwa 70% der Fälle wird eine

Anmerkungen Kapitel 5

Stichprobe mit 10 Personen zwischen 2 und 4 Katholiken enthalten, diese also in ähnlich hohem Prozentsatz wie in der Population.

Anmerkung 7: Dieser Erwartungswert *E(X)* wird für theoretische Verteilungen definiert und ergibt sich bei diskreten Verteilungen als

$$E(X) = \sum_{j=1}^{k} x_j \cdot p(x_j);$$

wobei x_j die möglichen Werte und $p(x_j)$ ihre Wahrscheinlichkeiten sind.
Für Verteilungen kontinuierlicher Variablen berechnet sich *E*(X) als Integral:

$$E(X) = \int_{-\infty}^{\infty} x \cdot f(x) dx$$

wobei $f(x)$ die Dichtefunktion ist.
Der Mittelwert der Population in der Variable X ist der Erwartungswert der zugehörigen theoretischen Verteilung.
Der Erwartungswert einer transformierten Zufallsvariable g(X) berechnet sich dann so:

$$E(g(X)) = \int_{-\infty}^{\infty} g(x) \cdot f(x) dx.$$

Ist z.B. $g(x) = x^2$, gilt also: $E(g(X)) = \int_{-\infty}^{\infty} x^2 \cdot f(x) dx$.

Lässt sich die Variable Y darstellen als $Y = a_1 \cdot X_1 + a_2 \cdot X_2 + ... + a_k \cdot X_k$, so gilt:
$E(Y) = a_1 \cdot E(X_1) + a_2 \cdot E(X_2) + ... + a_k \cdot E(X_k)$.

Anmerkung 8: Anders als bei diskreten Zufallsvariablen, wo von vornherein nur endlich viele Werte mit ihren Wahrscheinlichkeiten gegeben sind, können bei kontinuierlichen Variablen X sämtliche Werte in einem bestimmten Bereich angenommen werden, während – weil die Summe der Wahrscheinlichkeiten 1 ergeben muss – nur endlich viele daraus von 0 verschiedene Wahrscheinlichkeiten haben. Würde man diese gegen die Werte auf der x-Achse auftragen, bekäme man einen Abschnitt der Nulllinie, aus der einzelne Wahrscheinlichkeitswerte unsystematisch herausragten.

Anmerkung 9: Ist die Zufallsvariable X kontinuierlich (oder nach der etwas problematischen Bezeichnung: stetig), kann sie prinzipiell jeden Wert in einem bestimmten Intervall annehmen. Damit ist aber noch nicht gesagt, dass die Verteilungsfunktion wiederum stetig (und differenzierbar) sein muss. Erfreulicherweise stellt sich das Problem nicht, dies an einzelnen empirischen Verteilungen zu entscheiden. Vorgegeben (oder angenommen) sind immer stetige Dichtefunktionen (beispielsweise die Funktion der Gauss'schen Normalverteilung), so dass man von der Differenzierbarkeit der Verteilungsfunktion ausgehen kann.

Anmerkung 10: Die Dichtefunktion f ist nach dem Gesagten die Ableitung der Verteilungsfunktion F, also: $f = F'$ und damit gibt es nach dem Mittelwertsatz der Integralrechnung einen Wert c im Intervall zwischen a und b, sodass gilt:

$$\int_a^b f(t) dt = F(b) - F(a) = (b - a) \cdot f(c).$$

f(c) lässt sich somit als Quotient der Häufigkeiten im Intervall und der Intervalllänge darstellen:

$$f(c) = \frac{F(b) - F(a)}{b - a}.$$

154   5 Grundlagen der Inferenzstatistik: Grundgesamtheit; Stichprobe; Verteilungen

Anmerkung 11: Der Wert der Exponentialfunktion lässt sich als Grenzwert einer Reihe darstellen, mittels der man ihn beliebig genau approximieren kann. Es gilt:

$$e^x = \lim_{n\to\infty}\frac{x^0}{0!}+\frac{x^1}{1!}+\frac{x^2}{2!}+...+\frac{x^n}{n!}; \text{ speziell}: e = e^1 = \lim_{n\to\infty}\frac{1^0}{0!}+\frac{1^1}{1!}+\frac{1^2}{2!}+...+\frac{1^n}{n!}=2{,}718...$$

Für $x = \mu = 180$ nimmt dann die Normalverteilungsfunktion folgenden Wert an:

$$f_{180;10}(180) = \frac{1}{10\cdot\sqrt{2\pi}}e^{-\frac{0}{2}} = \frac{1}{2{,}507} = 0{,}03989.$$

Für $x = \mu + \sigma = 190$ gilt:

$$f_{180;10}(190) = \frac{1}{10\cdot\sqrt{2\pi}}\cdot e^{-\frac{1}{2}} = \frac{1}{10\cdot\sqrt{2\pi}}\cdot\lim_{n\to\infty}(\frac{(-0{,}5)^0}{0!}+\frac{(-0{,}5)^1}{1!}+\frac{(-0{,}5)^2}{2!}+..+\frac{(-0{,}5)^n}{n!}).$$

Bricht man nach dem 4. Glied die Näherung ab, erhält man für $f(190)$ als Näherungswert 0,02414 – während man Tafel 1 dafür 0,02420 entnimmt.

Anmerkung 12: Was hier an der speziellen Normalverteilungsfunktion $f_{180;10}$ illustriert wurde, lässt sich allgemein beweisen. Macht man die Substitutionen:

$$y = \left(\frac{x-\mu}{\sigma}\right)^2 \text{ und } z = -\frac{1}{2}y,$$

folgt nach der Kettenregel der Differentiation:

$$\frac{df}{dx} = \frac{1}{\sqrt{2\pi}\cdot\sigma}\cdot\frac{de^z}{dz}\cdot\frac{d(-\frac{1}{2}\cdot y)}{dy}\cdot\frac{d(\frac{x-\mu}{\sigma})^2}{dx} = \frac{1}{\sqrt{2\pi}\cdot\sigma}\cdot e^z\cdot(-\frac{1}{2})\cdot\frac{1}{\sigma^2}\cdot(2x-2\mu) =$$

$$= -\frac{1}{2\cdot\sqrt{2\pi}\cdot\sigma^3}\cdot e^{-\frac{1}{2}(\frac{x-\mu}{\sigma})^2}\cdot(2x-2\mu).$$

Erneute Differentiation mittels Produkt- und Kettenregel liefert die 2. Ableitung:

$$f''(x) = -\frac{e^{-\frac{1}{2}(\frac{x-\mu}{\sigma})^2}}{2\cdot\sqrt{2\pi}\cdot\sigma^3}\cdot\left[2-\frac{(x-\mu)^2}{\sqrt{2\pi}\cdot\sigma^3}\right].$$

Setzt man die 1. Ableitung gleich 0 und löst nach x auf, erhält man Werte, für welche die Funktion ein Extremum annimmt; dies ist ausschließlich für $x = \mu$ der Fall. Da $f''(\mu) < 0$, handelt es sich dabei um ein Maximum. Die Symmetrie bezüglich μ ergibt sich aus $f(\mu+a) = f(\mu-a)$. 0 als Wert von f wird nie erreicht, da für einen solchen Wert x_1 dann gelten müsste:

$$e^{-\frac{1}{2}\left(\frac{x_1-\mu}{\sigma}\right)^2} = \frac{1}{e^{\frac{1}{2}\left(\frac{x_1-\mu}{\sigma}\right)^2}} = 0;$$

– was aber unmöglich ist. Allerdings lässt sich zeigen, dass man mit genügend großen Werten von x (bzw. genügend großen negativen Werten) 0 beliebig nahe kommt.

Anmerkung 13: Diese Berechnungen erfordern die Kenntnis der Stammfunktion von $f_{180;10}$, also jener Funktion $F_{180;10}$, deren Ableitung $f_{180;10}$ ist. Diese Stammfunktion lässt sich hier allerdings nicht explizit angeben. Das bestimmte Integral muss durch eine Reihe approximiert werden.

Anmerkungen Kapitel 5

Anmerkung 14: Zur Symbolisierung der Ordinate der Dichtefunktion an der Stelle z wird oft $\varphi(z)$ benutzt, zu der der Summenfunktion $\Phi(z)$. Wir bleiben bei der bisherigen Bezeichnung, die stärker herausstellt, dass es sich lediglich um den Spezialfall einer Dichtefunktion der Normalverteilung und ihrer Stammfunktion handelt.

Anmerkung 15: Es folgt direkt aus dem Satz über die Integration mittels Substitution (s. 8.3.2): Für $z = z(x)$ gilt:

$$z(x) = \frac{x-\mu}{\sigma} \text{ und damit}: \frac{dz}{dx} = \frac{1}{\sigma};$$

dann besteht die Beziehung:

$$\int_{z_1}^{z_2} f(z)\,dz = \int_{z(x_1)}^{z(x_2)} f(z(x))\,dz = \int_{x_1}^{x_2} f(z(x)) \cdot \frac{dz}{dx}\,dx = \int_{x_1}^{x_2} f(z(x)) \cdot \frac{1}{\sigma}\,dx = \int_{x_1}^{x_2} f(x)\,dx.$$

Anmerkung 16: Leichter ist es, Gründe für temporäre Streuungen zu finden, etwa wenn der Messfehler einer Beobachtung $e_i(t_k)$ unsystematisch um den wahren Wert des jeweiligen Probanden P_i streut und dabei einer Normalverteilung folgt. Nimmt man fiktiv an, jeder hätte den gleichen Wert für Intelligenz, bei der Messung aber sei der eine indisponiert, der andere habe gut geschlafen und sei deshalb augenblicklich besonders aufgeweckt, der dritte habe die Instruktion zu flüchtig gelesen, der vierte habe Glück beim Raten der nicht gewussten Antworten, usw., so würde in diesem Test eine Normalverteilung um den für alle Probanden gleichen Wert zu beobachten sein.

Anmerkung 17: Die Formeln für die Dichte- und Verteilungsfunktion einer χ_k^2-Verteilung lassen sich explizit angeben (s. Kreyszig 1968, S. 348). Wir betrachten zunächst den Fall einer χ^2-Verteilung mit einem Freiheitsgrad. Da die χ_1^2-Werte sämtlich positiv sind und sich als Quadratsummen normalverteilter z-Werte berechnen, gilt:

$$F_{0;1}(\chi_1^2) = p(X \leq \chi_1^2) = \frac{1}{\sqrt{2\pi}} \cdot \int_{-\sqrt{\chi_1^2}}^{\sqrt{\chi_1^2}} e^{-\frac{t^2}{2}}\,dt.$$

Unter Benutzung der Symmetrieeigenschaft der Gauss'schen Normalverteilungsfunktion folgt aufgrund der Substitutionsregel der Integration:

$$F_{0;1}(\chi_1^2) = \int_0^{\chi_1^2} \frac{e^{-\frac{u}{2}}}{\sqrt{u}}\,du.$$

und damit: $f_{0;1}(\chi_1^2) = \frac{1}{\sqrt{2\pi}} \cdot (\chi_1^2)^{-\frac{1}{2}} \cdot e^{-\frac{(\chi_1^2)}{2}};$

Für die Verteilungen der χ^2 mit m Freiheitsgraden gilt dann:

$$f_{0;1}(\chi_m^2) = K_m \cdot (\chi_m^2)^{\frac{m-2}{2}} \cdot e^{-\frac{(\chi_m^2)}{2}};$$

wobei K_m eine nur von m abhängige Konstante ist. Ihre Berechnung aus der komplizierten Gammafunktion überspringen wir und geben nur einige K_m an, nämlich:

$$K_1 = \frac{1}{2^{\frac{1}{2}} \cdot \sqrt{\pi}} = \frac{1}{\sqrt{2\pi}};\ K_2 = \frac{1}{2^{\frac{2}{2}} \cdot 1} = \frac{1}{2};\ K_3 = \frac{1}{2^{\frac{3}{2}} \cdot \frac{1}{2}\sqrt{\pi}} = \frac{1}{2\sqrt{\pi}};$$

$$K_4 = \frac{1}{2^{\frac{4}{2}} \cdot 1} = \frac{1}{4};\ K_5 = \frac{1}{2^{\frac{5}{2}} \cdot \frac{3}{4}\sqrt{\pi}} = \frac{1}{6\sqrt{\pi}}.$$

Anmerkung 18: Die Dichtefunktion einer t-Verteilung mit k Freiheitsgraden lautet:

$$f(t) = L_k \cdot \frac{1}{(1+\frac{t^2}{k})^{\frac{k+1}{2}}};$$

wobei L_k eine lediglich von m abhängige, mittels der Gammafunktion zu errechnende Konstante ist. Wir geben sie für einige spezielle Freiheitsgrade an:

$$L_1 = \frac{1}{\pi}; \; L_2 = \frac{1}{2 \cdot \sqrt{2}}; \; L_3 = \frac{4}{\sqrt{3} \cdot \pi}; \; L_4 = \frac{3}{8}; \; L_5 = \frac{8}{3 \cdot \sqrt{5\pi}}.$$

Herleitung der Gleichung für die Dichte einer t-Verteilung ist nicht einfach und bei Kreyszig (1968, S. 350 f.) durchgeführt; die Verteilungsfunktion lautet entsprechend:

$$F_k(z) = p(Z \leq z) = L_k \int_{-\infty}^{z} \frac{1}{(1+\frac{t^2}{k})^{\frac{k+1}{2}}} dt; \text{ etwa im Falle von 5 Freiheitsgraden:}$$

$$F_5(z) = L_5 \cdot \int_{-\infty}^{z} \frac{1}{(1+\frac{t^2}{5})^{\frac{5+1}{2}}} dt = \frac{8}{3 \cdot \sqrt{5} \cdot \pi} \cdot \int_{-\infty}^{z} \frac{1}{(1+\frac{t^2}{5})^{3}} dt.$$

Anmerkung 19: Die Stichprobenmittelwerte (genügend großer Umfang der einzelnen Stichproben vorausgesetzt) verteilen sich auch dann annähernd normal, wenn die Einzelwerte selbst nicht normal verteilt sind. Es habe eine Population von Zuchtlachsen aufgrund vorheriger Selektion nur die drei möglichen Gewichtsklassen 1 kg, 2 kg und 3 kg, wobei alle diese Werte gleich wahrscheinlich sind – damit ist X (Gewicht) natürlich nicht normalverteilt. Dennoch verteilen sich die Gewichtsmittelwerte von Stichproben mit $n = 50$ (annähernd) normal um $\mu = 2$ kg.

Bei Kreyszig (1968, S. 201) ist der zentrale Grenzwertsatz in seiner Aussage weiter gefasst: Für beliebige Zufallsvariable X_1, X_2, .., X_n mit gleichen Verteilungsformen (also insbesondere gleichen Mittelwerten μ und gleichen Standardabweichungen σ) ist

$$Z_n = \frac{X_1 + X_2 + \ldots + X_n - n \cdot \mu}{\sigma \cdot \sqrt{n}} \text{ normalverteilt mit } \mu_z = 0 \text{ und } \sigma_z = 1.$$

Als Spezialfall, nämlich $X_1 = X_2 = .. = X_n$, ergibt sich die angeführte Verteilung von Stichprobenmittelwerten (bei großem n als gleichem Umfang der Stichproben).

Anmerkung 20: Eine Parameterschätzung muss natürlich gut begründet sein. Dazu wurden gewisse Kriterien formuliert, welche die Schätzung erfüllen muss. Dies sind i. Allg. Erwartungstreue, Konsistenz, Effizienz und Exhaustivität.

Schätzen wir einen Parameter Π durch eine Funktion h aus den Stichprobenkennwerten $x_1, x_2, \ldots, x_k$, so heißt die Schätzfunktion erwartungstreu, wenn der Erwartungswert der Schätzfunktion gleich dem geschätzten Parameter ist, also:

$$\Pi = E(h(X_1, X_2, \ldots, X_k)).$$

Konsistent ist ein Schätzwert aus einer Stichprobe, wenn er sich mit zunehmendem Stichprobenumfang dem zu schätzenden Populationsparameter immer mehr nähert. Die Effizienz eines Schätzwertes ist die Präzision, mit der er den Populationsparameter schätzt; sie ist um so größer, je weniger die Stichprobenkennwerte streuen. Exhaustiv oder erschöpfend ist ein Schätzwert schließlich, wenn er alle im Datensatz steckende Information berücksichtigt (s. dazu Bortz 1999, 95 ff.).

Anmerkungen Kapitel 5

Anmerkung 21: Methoden der Parameterschätzung gibt es mehrere, von denen wir mit der Methode der kleinsten Quadrate bei der Bestimmung einer Regressionsgeraden bereits eine sehr wichtige kennen lernten. Auch zeigten wir mit dieser Methode, dass in einer Stichprobe die Summe der Abweichungsquadrate vom Stichprobenmittelwert am geringsten ist, dieser also als bester „Schätzer" für die einzelnen Stichprobenwerte anzusehen ist. Hätten wir nun eine Stichprobe aus einer Population, für die wir μ schätzen sollten, so erhalten wir mittels dieser Methode $\bar{x}$ auch als besten Schätzer für μ. Die Werte $x_1, x_2, ... x_n$ sind ja gleichzeitig Werte der Population und der beste Schätzer für den Populationsmittelwert μ ist jener Wert $\hat{\mu}$, für den

$$h(\hat{\mu}) = \sum_{i=1}^{n}(x_i - \hat{\mu})^2$$

ein Minimum annimmt. Leitet man, wie in 3.2.2 gezeigt, h nach $\hat{\mu}$ ab und setzt diese Ableitung 0, ergibt sich für $\hat{\mu}$ der Wert

$$\frac{1}{n} \cdot \sum_{i=1}^{n} x_i = \bar{x}.$$

Eine weitere wichtige Methode ist die Maximum-likelihood-Methode (engl. likelihood = Wahrscheinlichkeit, aber mit etwas anderem Sinn als probability, im Deutschen zuweilen mit Mutmaßlichkeit übersetzt). Hier sucht man bei gegebenen Stichprobenwerten und bekannter Verteilung von X in der Population jenen Parameterwert, bei dem die Stichprobenwerte am wahrscheinlichsten sind. Ein Beispiel in Anlehnung an Nachtigall u. Wirtz (2002, S. 114) soll dies verdeutlichen: Man findet in einem Psychologieseminar 8 Frauen und 2 Männer als Teilnehmer. Unter welchem Populationsparameter für die Wahrscheinlichkeit, männlich zu sein, ist eine solche Zusammensetzung der Seminarteilnehmer am ehesten zu erwarten?

Die Wahrscheinlichkeit bei bestimmtem p (Wahrscheinlichkeit für das Vorkommen von Männern in der Population der Psychologiestudierenden) unter 10 Personen genau zwei Männer zu finden, errechnet sich nach 4.8 zu:

$$p_{10;2} = \binom{10}{2} \cdot p^2 \cdot (1-p)^8;$$

Für welches p nimmt $p_{10;2}$ seinen größten Wert an? Dazu leiten wir

$$f(p) = \binom{10}{2} \cdot p^2 \cdot (1-p)^8 \text{ nach } p \text{ ab und setzen diese 1. Ableitung 0.}$$

Da die Funktion ln (Logarithmus zur Basis e) monoton und differenzierbar ist, hat $\binom{10}{2} \cdot p^2 \cdot (1-p)^8$ genau dann ein Extremum, wenn

$$\ln \binom{10}{2} \cdot p^2 \cdot (1-p)^8 = \ln \binom{10}{2} + 2 \cdot \ln p + 8 \cdot \ln(1-p) \text{ ein solches hat.}$$

Die 1. Ableitung lautet:

$$\frac{df}{dp} = 2 \cdot \frac{1}{p} - 8 \cdot \frac{1}{1-p}; \text{ Gleichsetzung mit 0 liefert:}$$

$$2 \cdot \frac{1}{p} = 8 \cdot \frac{1}{1-p}; \text{ also } 10p = 2 \text{ und damit: } p = 0,2.$$

Da die 2. Ableitung für $p = 0,2$ einen negativen Wert annimmt, liegt ein Maximum vor; $p = 0,2$ ist daher die beste Schätzung für die Wahrscheinlichkeit in der Population.

6 Der statistische Induktionsschluss; spezielle univariate Prüfverfahren

6.1 Einführung; Überblick

Dieses Kapitel stellt das zentrale des Buches dar, jenes, welches auch später am Häufigsten aufgeschlagen werden dürfte, um Informationen über ein bestimmtes Prüfverfahren und seine Voraussetzungen zu holen. Wir beginnen damit, einige wichtige Begriffe einzuführen, insbesondere Inferenzstatistik zu definieren und die Arbeitsweisen dieser Disziplin zu erläutern; speziell der wichtige Begriff des statistischen Induktionsschlusses wird ausgiebig diskutiert und die Vorgehensweise formalisiert – dies alles zunächst noch vergleichsweise allgemein und abstrakt (6.2). Der nächste Abschnitt führt spezieller auf das Problem und seine Lösungsmöglichkeiten hin und zwar durch Darstellung von Methoden, welche die Zugehörigkeit eines Einzelwerts und eines Stichprobenmittelwerts zu den Werten einer Population überprüfen; indem wir das dabei verwendete Verfahren nachträglich formalisieren (6.3), führen wir zum ersten Male einen statistischen Induktionsschluss durch, dessen Schema für alle weiteren Tests übernommen werden kann.

Abschnitt 6.4 befasst sich mit dem Vergleich zweier Mittelwerte sowie anderer Maße der zentralen Tendenz in zwei Stichproben; die dort angeführten parametrischen und nonparametrischen Tests, sowohl für unabhängige wie abhängige Stichproben, reichen für die Beantwortung vieler psychologischer, pädagogischer und medizinischer Fragestellungen aus.

Der anschließende Abschnitt (6.5) wird deutlich komplizierter und sehr umfangreich: er behandelt die ein- und mehrfaktorielle Varianzanalyse, bei der typischerweise mehr als zwei Mittelwerte verglichen werden; im nächsten Abschnitt (6.6) kommt die Kovarianzanalyse zur Sprache, mittels der man den Einfluss weiterer Variablen auf Mittelwertsunterschiede rechnerisch aufklären und beseitigen kann.

Schließlich soll in 6.7 und 6.8 gezeigt werden, wie Häufigkeiten, Verteilungsformen sowie Korrelations- und Regressionskoeffizienten auf ihre Überzufälligkeit geprüft werden können.

Im ganzen Kapitel betreiben wir – Testung von Häufigkeiten mehrerer Variablen ausgenommen – univariate Statistik, vergleichen also Stichproben nur hinsichtlich einer einzigen Variablen (z.B. Erkrankungshäufigkeit, Teeverbrauch, Angstscores). Erst in Kapitel 7 werden Vergleiche von Gruppen hinsichtlich mehrerer Variabler dargestellt (multivariate Statistik).

6.2 Allgemeines zur Inferenzstatistik; der statistische Induktionsschluss

6.2.1 Ziele und Methoden der Inferenzstatistik

Die in Kapitel 3 behandelte deskriptive Statistik beschränkte sich darauf, Mengen (typischerweise Stichproben) zu beschreiben, ohne sich darum zu kümmern, ob die mühsam erhobenen und ausgewerteten Befunde nicht schlicht und einfach Zufallsbefunde sein könnten; wir fragten uns dabei (noch) nicht, ob etwa die Korrelation zwischen Physik- und Mathematikleistungen in einer bestimmten Gymnasialklasse auch bei einer anderen vergleichbaren Klasse desselben Jahrganges gefunden würde; entsprechend zurückhaltend haben wir damals Ergebnisse interpretiert.

Die Inferenzstatistik (schließende oder prüfende Statistik; von lat. inferre = hineintragen) setzt sich nun das Ziel, an Stichproben erhobene Befunde auf ihre Allgemeingültigkeit im Sinne von Überzufälligkeit zu prüfen; sie will feststellen, ob es sich bei dem Ergebnis um ein Charakteristikum der durch die Stichprobe festgelegten Population handelt, ob es sich also mit großer Wahrscheinlichkeit bei Untersuchung anderer vergleichbarer Stichproben ebenso ergeben hätte (s. Anmerkung 1).

6.2.2 Der statistische Induktionsschluss

Das wichtigste Mittel der Beweisführung in der Inferenzstatistik ist der statistische Induktionsschluss. Induktion bezeichnet – im Gegensatz zur Deduktion, dem Schluss vom Allgemeinen auf das Besondere – den Schluss von Einzelfällen auf allgemeine Gesetzmäßigkeiten. Um ein banales Beispiel zu geben: Stellt man fest, dass zehn nacheinander untersuchte Personen, die ein bestimmtes Gewürz zusammen mit Alkohol genossen hatten, trotz reichlichen Spirituosenkonsums keinen erhöhten Blutalkoholgehalt hatten, so wäre es ein induktiver Schluss zu folgern, dass dieses Kraut den Alkoholspiegel generell senkt. Wie man weiß, sind solche induktiven Schlüsse sehr unsicher, gleichwohl aber nicht generell zu verwerfen; in jedem Fall sollten die ihnen zu Grunde liegenden Beobachtungen zu systematischeren Überprüfungen Anlass geben – im genannten Fall etwa durch Vergleich zweier Gruppen, von denen die Mitglieder der einen Gruppe Alkohol zusammen mit dem bewussten Kräutlein, die der anderen ohne dieses genießen.

Der statistische Induktionsschluss generalisiert vom Befund in einer Stichprobe auf einen Zusammenhang in einer Grundgesamtheit; er ist – im Gegensatz zu naiven Induktionen von Einzelfällen auf die Allgemeinheit – theoretisch gut begründet und führt selten, korrekt durchgeführt, zu falschen Schlüssen. Er ist zudem äußerst ökonomisch, weil die untersuchte Stichprobe im

Vergleich zur Population, über die eine Aussage gewonnen wird, oft verschwindend kleinen Umfang haben kann. Ein weiterer Vorteil ist, dass sich die Möglichkeit eines Irrtums dabei quantitativ abschätzen lässt (mittels der Wahrscheinlichkeit eines so genannten α (alpha)-Fehlers) und man umgekehrt durch Festlegung einer in Kauf zu nehmenden Irrtumswahrscheinlichkeit (des α-Niveaus, des Verlässlichkeitsniveaus) von vornherein eine mehr oder weniger große Sicherheit des Schlusses bestimmen kann (s. unten).

Diesen unzweifelhaften Vorteilen des statistischen Induktionsschlusses stehen einige Nachteile gegenüber. Zum einen gelingt es häufig nicht, mittels darauf basierender Verfahren zweifellos zutreffende Sachverhalte nachzuweisen: Oft muss die so genannte Nullhypothese (s. unten) beibehalten werden, obwohl alles für die Richtigkeit der Alternativhypothese spricht (Fehler 2. Art oder β-Fehler [beta-Fehler]). Es liegt dann eine ähnliche Situation vor wie in manchen Strafverfahren vor Gericht: Da nicht das Gegenteil bewiesen werden kann, bleibt nichts anderes übrig, als weiterhin von der Unschuld auszugehen. Weiter lassen sich mittels des statistischen Induktionsschlusses – falls dies überhaupt gelingt – nur Aggregataussagen beweisen bzw. genauer: als wahrscheinlich nahe legen (zu den verschiedenen Typen wissenschaftlicher Aussagen s. 1.2). Es könnte sich zwar beispielsweise generell zeigen lassen, dass bei der Population der Sozialphobiker durch eine bestimmte Therapieform die Zahl der Sozialkontakte erhöht wird; nicht gelingt es jedoch festzustellen, bei welchen Patienten dies der Fall ist und bei welchen nicht.

Die Logik des statistischen Induktionsschlusses ist zweifellos anfangs etwas befremdend und lässt sich v.a. durch Übung nahe bringen. Ihre hier zunächst allgemein erfolgte Darstellung mag noch nicht die gewünschte Klarheit bringen; letztere wird sich aber – es gibt guten Grund zum diesbezüglichen Optimismus – dann einstellen, wenn die zahlreichen in diesem Zusammenhang eingeführten Begriffe vertrauter geworden sind und man eigenhändig Befunde auf Signifikanz überprüft hat.

Die Hypothese, „an die man glaubt" und die mittels einer Untersuchung „bewiesen" werden soll, wird H_1 oder Alternativhypothese genannt, etwa: Der durchschnittliche Teekonsum in der Population der Engländer ist höher als der in der Population der Franzosen. Bezeichnet μ_E den durchschnittlichen Teekonsum aller Engländer (in Tassen pro Tag, erhoben über ein Jahr, um eventuelle jahreszeitliche Einflüsse auszuschließen) und die entsprechende Größe bei den Franzosen mit μ_F, so lautet formalisiert H_1: $\mu_E > \mu_F$. Dazu wurde an einer (natürlich repräsentativen) Stichprobe von Engländern mit Umfang n_1 der oben definierte Teekonsum erhoben, ebenso an einer französischen Stichprobe mit Umfang n_2. Wir testen nun anhand unserer Befunde aber nicht eigentlich H_1, sondern die dazu logisch komplementäre H_0, die Nullhypothese; da H_0 und H_1 zusammen sämtliche möglichen Aussagen zu dieser Thematik umfassen müssen, lautet diese: Der durchschnittliche Teekonsum der Engländer ist kleiner oder gleich dem der Franzosen. Wiederum formalisiert: $\mu_E \leq \mu_F$. Man überlegt

6.2 Allgemeines zur Inferenzstatistik; der statistische Induktionsschluss

nun, wie sich unter dieser Nullhypothese die Differenzen von Mittelwerten zufällig aus den Populationen gezogener Stichproben (mit Stichprobenumfängen n_1 und n_2 wie in unserer Untersuchung) verteilen müssen. Ist eine (normierte) Differenz, wie sie in unserer Untersuchung erhalten wurde, unter der Nullhypothese sehr unwahrscheinlich – meistens legt man sich hier auf 5 % der Fälle oder weniger fest (setzt also ein α-Niveau von 0,05 = 5%) – verwerfen wir die Nullhypothese. Präziser und daher für die Entscheidungsfindung brauchbarer ist folgende Formulierung: Befindet sich die Differenz außerhalb eines Bereiches, in dem unter Gültigkeit von H_0 95% der Differenzen liegen – was mit Hilfe einer bestimmten Prüfgröße entschieden werden kann, hier mit dem t-Wert –, ist die Nullhypothese zu verwerfen und folglich H_1 anzunehmen. Läge demnach eine Differenz, wie wir sie an den beiden Stichprobenmittelwerten unserer Studie ermittelt haben, noch in einem Bereich, wo unter der Nullhypothese 95 % der Differenzen liegen, müssten wir H_0 beibehalten.

Zuweilen wird in der Literatur zwischen einer Forschungshypothese (einer allgemeinen theoretischen Annahme) und einer daraus abgeleiteten statistischen Voraussage unterschieden; nur letztere ist den inferenzstatistischen Prüfverfahren zu unterwerfen. Eine allgemeine Forschungshypothese wäre etwa, Engländer trinken lieber Tee als Franzosen; eine statistische Voraussage hätte etwa die Form: Der mittlere Teekonsum der Engländer liegt höher als der der Franzosen. Ohne dass wir es explizit jedes Mal so nennen, haben unsere im Weiteren formulierten Null- und Alternativhypothesen von vornherein die Gestalt statistischer Vorhersagen.

Natürlich testen wir nicht nur explizite Differenzen auf Signifikanz – obwohl das mit Abstand der häufigste Fall ist – sondern allgemein Stichprobenbefunde (u.a. Korrelationen, Verteilungen) und müssen daher die Formulierung so verändern: Liegt der Stichprobenbefund außerhalb eines Bereichs, in dem unter Gültigkeit der Nullhypothese 95% der Stichprobenbefunde liegen, ist H_0 zu verwerfen und H_1 anzunehmen. Man sagt dann: Der Stichprobenbefund ist (statistisch) signifikant (von lat. significantia = Deutlichkeit, Bedeutsamkeit; s. Anmerkung 2); eine eindeutige deutsche Entsprechung für dieses Wort existiert nicht. Anschaulich ausgedrückt, bedeutet Signifikanz: Dies ist mit ziemlicher Sicherheit kein Befund, der nur auf diese Stichprobe zutrifft (s. Anmerkung 3); bei einer anderen Stichprobe (z.B. in einer erneuten Untersuchung) würden wir sehr wahrscheinlich Ähnliches finden; es handelt sich offenbar um ein Charakteristikum, welches für die Population gilt (s. Anmerkung 4). Ob ein Stichprobenbefund signifikant wird, hängt natürlich u.a. vom vorher festgelegten Signifikanzniveau ab; wie schon gesagt, wählt man es meist zu 5 % und ist dann in der Psychologie meist heilfroh, wenn sich das Ergebnis wenigstens auf diesem Niveau gegen Zufälligkeit absichern lässt. Zuweilen wird auch ein Signifikanzniveau von 0,01 $\hat{=}$ 1% oder sogar von 0,001 $\hat{=}$ 0,1% gewählt; häufig sagt man dann – v.a. in Medizinerkreisen – bei günstigem Ausgang der Testung, der Befund ist „hochsignifikant" oder gar „höchstsignifikant", eine Ausdrucksweise, über die sich viele zu Recht mokieren. Wir bevorzugen folgende Formulierung: Der Befund ist signifikant auf dem 5%-Niveau (und setzen dann hinter den Wert der Prüfgröße *), auf dem 1%-Niveau (symbolisiert mit **) oder signifikant auf 0,1%-Niveau (wobei dann der Wert der Prüfgröße mit *** versehen wird). Zuweilen führt man die „tendenzielle Signifikanz" ein und nennt ein Ergebnis so, wenn die Irrtumswahrscheinlichkeit größer als 5%, aber kleiner oder gleich 10% ist; man will damit sagen, dass das Ergebnis zwar nicht streng statistisch abgesichert werden kann, dass aber doch, etwa im Falle größerer Stichprobenumfänge, die Verwerfung der Nullhypothese prinzipiell gelingen dürfte.

In Wirklichkeit geht man in der Forschung allerdings nicht so vor, dass man zuerst kühn ein Signifikanzniveau festlegt (etwa 1%) und dann gespannt wartet, ob der Stichprobenbefund auch auf diesem Niveau signifikant ist. Vielmehr wird in Computerprogrammen zu jeder Prüfgröße die Überschreitungswahrscheinlichkeit ausgedruckt (die Wahrscheinlichkeit, diesen oder einen größeren Wert der Prüfgröße unter Gültigkeit von H_0 zu finden; s. 4.6 oder 6.7.4). Ist diese Überschreitungswahrscheinlichkeit kleiner oder gleich 5%, aber größer als 1%, schreibt man, der Befund sei auf dem 5%-Niveau signifikant und setzt ein Sternchen hinter den Wert der Prüfgröße. Ist die Überschreitungswahrscheinlichkeit der Prüfgröße kleiner als 1%, nennt man den Befund auf dem 1%-Niveau signifikant („ sehr signifikant") und kennzeichnet dies mit **; *** (hochsignifikant) bedeutet meist: $p \leq 0,001$ (entsprechend 0,1%).

Wählt man ein strenges Signifikanzniveau – es wäre missverständlich, hier von einem „hohen" Signifikanzniveau zu reden –, beispielsweise 1 %, ist die Wahrscheinlichkeit klein, fälschlicherweise die Nullhypothese zu verwerfen, obwohl sie tatsächlich gilt. Die Wahrscheinlichkeit für einen solchen Fehler, Fehler 1. Art oder α-Fehler (alpha-Fehler) genannt, entspricht dem gewählten Signifikanzniveau; nur in bestenfalls 1% solcher Prüfdurchgänge, um im obigen Beispiel zu bleiben, kann es passieren, dass unter Gültigkeit der Nullhypothese ein ähnlicher Stichprobenbefund mit zugehöriger Prüfgröße erhalten wird. Gleichzeitig steigt natürlich mit strengem α-Niveau die nicht minder ernst zu nehmende Gefahr des β-Fehlers, nämlich dass wir die Nullhypothese beibehalten, obwohl sie eigentlich abzulehnen wäre, wir beispielsweise einer tatsächlich wirkungsvolleren Therapie gegenüber einer anderen aufgrund statistischer Überlegungen nicht den Vorzug geben dürfen.

Man sollte gleich an dieser Stelle den wichtigen, später noch oft betonten Sachverhalt festhalten: Die Nullhypothese lässt sich nicht beweisen; bestenfalls lässt sich sagen: Es gibt keinen Grund, die Nullhypothese zu verwerfen; es ist sinnvoll, an ihr festzuhalten. Umgekehrt lässt sich H_1 nicht streng widerlegen; es gibt als Ergebnis des Prüfverfahrens oft lediglich keinen Grund, sie anzunehmen. Streng bewiesen wird H_1 aber wiederum auch nicht; lediglich zeigt man, dass sie mit hoher Wahrscheinlichkeit angenommen werden muss.

Schließlich sei der Begriff der einseitigen und der zweiseitigen Fragestellung eingeführt – auch als gerichtete und ungerichtete Hypothese bezeichnet: Legt man sich vor der Untersuchung fest, in welcher Richtung Unterschiede erwartet werden, hat man eine einseitige Fragestellung gewählt (etwa im Beispiel des Teekonsums von Engländern und Franzosen). Erwartet man lediglich Unterschiede der Art: „Engländer und Franzosen unterscheiden sich in ihrem

6.2 Allgemeines zur Inferenzstatistik; der statistische Induktionsschluss

Teekonsum", handelt es sich um eine zweiseitige Fragestellung. Einseitige und zweiseitige Fragestellung werden statistisch verschieden geprüft – im ersten Fall „testet man einseitig", im anderen „zweiseitig". Wie wir sehen werden, ist die Prüfgröße in beiden Fällen gleich; lediglich zieht man unterschiedliche Grenzen der Verteilungen heran, um sie auf Zufälligkeit zu überprüfen.

Wir haben nun reichlich Gelegenheit, uns mit dieser Vorgehensweise, die möglicherweise noch nicht unmittelbar eingeleuchtet hat, an zahlreichen Beispielen im Zusammenhang mit einzelnen Prüfverfahren vertraut zu machen. Im folgenden Abschnitt wollen wir zunächst überprüfen lernen, ob ein Einzelwert oder ein Stichprobenmittelwert zu einer Grundgesamtheit gehören und dabei das schon erwähnte Konzept der Prüfgröße einführen; damit haben wir die meisten Voraussetzungen erarbeitet, um uns dann unserem eigentlichen Anliegen zuzuwenden, Stichprobenbefunde auf Signifikanz zu testen.

6.2.3 Überprüfung der Populationszugehörigkeit von Werten

Wir stellen uns einen Paläontologen vor, der in einer bestimmten Region nach Fossilien ausgestorbener Tierarten sucht. Bekannt ist, dass dort eine Primatenart verbreitet war, von der entsprechend viele Fossilien gefunden und vermessen wurden; deren Oberschenkellänge betrug an einer großen Population von Fossilien ausgewachsener Exemplare dieser Gegend im Mittel 32 cm mit einer Standardabweichung von 3 cm. Wie entscheidet der Paläontologe, ob ein gefundener Oberschenkel von der Länge her – andere Kriterien vernachlässigen wir des einfachen Beispiels zu Liebe – dieser bekannten Primatenart zuzuordnen ist oder einer in dieser Region unvermuteten Spezies gehören dürfte?

Unser Forscher macht sicher keinen wesentlichen Fehler, wenn er Normalverteiltheit von Oberschenkellängen in der Population ausgewachsener Exemplare der Art annimmt – er hätte vorher auch problemlos nachprüfen können, ob die bisherigen Funde mit dieser Annahme vereinbar sind (s. 5.4.3). Wegen der Normalverteilung gilt: Geringfügig mehr als 95% der fossilen Oberschenkel dieser Spezies finden sich im Bereich $32 \pm 1,96 \cdot 3$ cm, d.h. innerhalb des Intervalls von 26,12 und 37,88 – die letzten beiden Werte liegen schon knapp außerhalb. Findet sich ein Schenkel mit der Länge von 36,5 cm, könnte dieser ohne Weiteres zur bekannten Tierart gehören – dass er dies wirklich tut, lässt sich natürlich nicht beweisen; das hieße den Beweis der Nullhypothese führen.

Nun komme der Paläontologe auf ein Hochplateau, wo er auffällig lange Oberschenkel findet, alle um die 37 cm lang. Würde er jedes einzelne Fossil an Hand des oben angegebenen Intervalls beurteilen, könnte er in keinem Fall die Zugehörigkeit zur bekannten Spezies ausschließen. Er sei aber klug genug, aus den Fossilien des Hochplateaus eine Zufallsstichprobe mit 36 Elementen zu ziehen, in die er natürlich keineswegs nur die besonders langen Oberschenkel aufnehmen darf. Der Durchschnitt der Länge betrage in dieser Stichprobe 36,8 cm (mit einer Standardabweichung von 3,2 cm – eine Größe, die wir in diesem speziellen Fall gar nicht benötigen). Bekannt ist nun, dass sich Mittelwerte von Stichproben mit $n = 36$ aus einer normalverteilten Population nach einer t-Verteilung mit 35 Freiheitsgraden um μ verteilen und dass im Intervall

$$\mu \pm t_{35;0,975} \cdot \frac{\sigma}{\sqrt{36}}, \text{ hier im Intervall } 32 \pm 2,03 \cdot \frac{3}{\sqrt{36}},$$

also zwischen 30,985 cm und 33,015 cm, 95% dieser Stichprobenmittelwerte zu finden sind. $t_{35;0,975}$ ist dabei der aus Tafel 3a zu entnehmende Wert, der lediglich von 2,5% der *t*-Werte mit Freiheitsgrad 35 überschritten wird (s. 5.5.1). Die bewusste Stichprobe von fossilen Oberschenkeln aus dem Hochplateau liegt mit ihrem Mittelwert von 36,8 cm weit außerhalb dieses Intervalls und der Paläontologe wird deshalb zu Recht eine andere Spezies als deren Besitzer annehmen. Da das Ergebnis auch auf dem 0,1%-Niveau abgesichert werden könnte – das 99,9%-Intervall für Zufallsstichproben mit $n = 36$ betrüge

$$32 \pm 3,6 \cdot \frac{3}{\sqrt{36}} = 32 \pm 1,8$$

– ist ein Irrtum bei dieser Folgerung sehr unwahrscheinlich (s. Anmerkung 5).

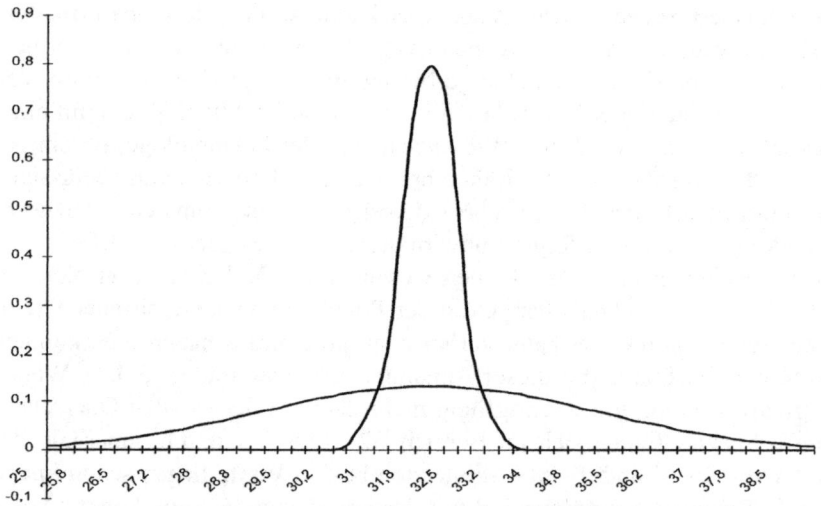

Abbildung 6.1: Dichteverteilung von Einzelwerten und von Stichprobenmittelwerten des Beispiels

Dieses Beispiel scheint mir wesentlich anschaulicher als irgendwelche psychologischen, in denen Stichprobenmittelwerte (z.B. in Persönlichkeitsinventaren) mit Populationsmittelwerten verglichen werden. Deswegen sei darüber hinweggesehen, dass es gewisse Schwächen hat: Bei der Stichprobe auf dem Hochplateau mit längeren Oberschenkelknochen könnte es sich natürlich lediglich um eine größere Unterart der selben Spezies handeln. Wollte man artspezifischere morphologische Merkmale zur Illustration heranziehen, etwa die Winkel zwischen Achsen eines Knochens oder Charakteristika von Gelenkflächen, hätte das Beispiel rasch seine Anschaulichkeit verloren, die bei diesen abstrakten Überlegungen so hilfreich scheint.

6.2 Allgemeines zur Inferenzstatistik; der statistische Induktionsschluss

Wir können jetzt allgemeiner sagen: Liegt ein Stichprobenmittelwert mit n Elementen außerhalb eines Intervalls

$$\mu \pm t_{n-1;1-\frac{\alpha}{2}} \cdot \frac{\sigma}{\sqrt{n}}, \qquad 6.1$$

so gehört die Stichprobe bei einer Irrtumswahrscheinlichkeit von α nicht zur normalverteilten Population der Werte mit μ und σ. Daraus leiten wir nun eine einfache Prüfgröße ab, die wir t (noch sicherer t_{emp} [empirisch gefundenes t]), nennen wollen, in Abhebung vom aus Tafeln zu entnehmenden t_{krit}; die Bezeichnung t behalten wir bei, auch wenn ein so großer Stichprobenumfang vorliegt, dass die Stichprobenmittelwerte einer Normalverteilung folgen – letztere ist ja eine t-Verteilung mit vielen Freiheitsgraden.

Diese Prüfgröße t_{emp} lautet: $t_{emp} = \dfrac{\bar{x} - \mu}{\sigma} \cdot \sqrt{n}$. 6.2

Gilt:

$$t_{emp} \geq t_{n-1;1-\frac{\alpha}{2}} \text{ oder } t_{emp} \leq t_{n-1;\frac{\alpha}{2}} = -t_{n-1;1-\frac{\alpha}{2}}; \text{ also}: |t_{emp}| \geq t_{n-1;1-\frac{\alpha}{2}}$$

dann gehört die Stichprobe mit $\bar{x}$ nicht mehr zur Population mit Mittelwert μ (wobei das Risiko für einen Fehler der 1. Art gleich dem gewählten Signifikanzniveau α ist). Der Wert $t_{n-1;1-\frac{\alpha}{2}}$ lässt sich direkt aus Tafeln ersehen (hier aus Tafel 3a) und heißt kritischer Wert oder t_{krit} bei der Irrtumswahrscheinlichkeit α. Da wir hier eine zweiseitige Testung durchgeführt haben (s. 6.4.1 und 6.4.3), nennen wir ihn auch: $t_{krit;zweiseitig;n-1;\alpha}$ und entnehmen ihn entweder Tafel 3a (dort wie geschildert, als Wert für $t_{n-1;1-\frac{\alpha}{2}}$) oder direkt Tafel 3b (s. Anmerkung 5).

Zusammengefasst und zugleich verallgemeinert: Wollen wir zweiseitig auf einem Signifikanzniveau von α (einem Risiko von α für einen Fehler 1. Art) überprüfen, ob $\bar{x}$ einer Stichprobe mit n Elementen zu den Werten einer Population mit Mittelwert μ und Standardabweichung σ gehört, bilden wir die Prüfgröße t_{emp} und vergleichen diesen empirischen Wert mit $t_{krit;zweiseitig;n-1;\alpha}$. Letzteren Wert kann man nicht direkt Tafel 3a für t-Werte entnehmen, sondern muss dafür dort stattdessen nach dem Wert $t_{n-1;1-\frac{\alpha}{2}}$ suchen (s. Anmerkung 5).

Um die Arbeit mit dem wichtigen t-Test zu erleichtern, sind im zweiten Teil von Tafel 3, also in Tafel 3b, direkt die kritischen Werte für einseitige und zweiseitige Testung für einige gängige Signifikanzniveaus aufgeführt. Ihr entnehmen wir bei $n-1$ Freiheitsgraden, zweiseitiger Testung und einem Signifikanzniveau von 5% den kritischen Wert von 2,03, den wir oben aus der Verteilungsfunktion der t-Werte abgelesen haben.

Natürlich haben wir uns bei der Erstellung der Prüfgröße im Kreis bewegt: Aus der Verteilung der Prüfgröße bestimmten wir das kritische Intervall und leiten jetzt aus den Grenzen des Intervalls wieder die Prüfgröße und ihren kritischen Wert ab. Begründung für dieses Vorgehen ist folgende: Wer nicht die Statistik in ihrer ganzen Schönheit und Logik verstehen will, erhält sicher leichteren Zugang zur Anwendung, wenn er folgendes Faktum als gegeben ansieht: In einer Population mit μ und σ (Mittelwert und Standardabweichung für Einzelwerte) liegen 95 % der Zufallsstichproben mit Umfang n hinsichtlich ihres Mittelwerts im Bereich:

$$\mu \pm t_{krit;zweiseitig;n-1;5\%} \cdot \frac{\sigma}{\sqrt{n}}, 99\ \%\ \text{im Bereich:}\ \mu \pm t_{krit;zweiseitig;n-1;1\%} \cdot \frac{\sigma}{\sqrt{n}}$$

Gilt daher für eine Stichprobe mit Umfang n und Mittelwert $\bar{x}$:

$$\left|t_{emp}\right| = \left|\frac{\bar{x}-\mu}{\sigma} \cdot \sqrt{n}\right| \geq t_{krit;zweiseitig;n-1;5\%}, \qquad 6.3$$

so gehört diese Stichprobe mit einer Irrtumswahrscheinlichkeit von 5% nicht zur betrachteten Population (entsprechend umzuformulieren wäre die Aussage, wenn man als Signifikanzniveau 1% gewählt hätte)

Wir wollen nun dieses Beispiel benutzen, um in konkreterer Weise in die Logik des statistischen Induktionsschlusses einzuführen. Im Rahmen des letzteren werden Stichproben mit anderen Mengen verglichen, meist mit weiteren Stichproben – geprüft wird damit aber stets eine Aussage über Grundgesamtheiten. In unserem Fall vergleicht man eine Stichprobe (die der fossilen Oberschenkel auf dem Hochplateau) mit einer Grundgesamtheit (der der Oberschenkel der bekannten Spezies), in welcher Mittelwert und Standardabweichung bekannt sind. Weil der Paläontologe zweiseitig testet, lautet seine Hypothese (H$_1$), dass der Mittelwert der Oberschenkellängen der Population (μ_{HP}) auf dem Hochplateau sich vom Mittelwert der Oberschenkellängen der bekannten Spezies (μ_{Sp}) unterscheidet. Also: H$_1$: $\mu_{HP} \neq \mu_{Sp}$. H$_0$ ist die dazu komplementäre Hypothese $\mu_{HP} = \mu_{Sp}$, die wir testen und so lange beibehalten müssen, bis sie mit guten Gründen verworfen werden kann. Weiter gehen wir davon aus, dass die untersuchte Variable (zumindest) intervallskaliert und in beiden Grundgesamtheiten normalverteilt ist. Von den n-elementigen Stichproben aus der Population der bekannten Spezies (hier $n = 36$) ist bekannt, wie sich die t-Werte ihrer Mittelwerte verteilen, nämlich um μ_{Sp} (hier 32 cm) nach einer t-Verteilung mit $n-1$ (hier 35) Freiheitsgraden. Die Größe

$$|t| = \frac{|x-\mu|}{\sigma} \cdot \sqrt{n}\ \text{für Zufallsstichproben aus}\ N(\mu_{Sp}, \sigma_{sp}) \qquad 6.4$$

ist dann in 95% der Fälle kleiner als $t_{n-1;0,975}$ (oder $t_{krit;zweiseitig;n-1;5\%}$ aus Tafel 3b). Unter der Nullhypothese darf sich nun die Stichprobe aus dem Hochplateau nicht anders verhalten als eine dieser vielen Stichproben der bekannten Spezies, also mit großer Wahrscheinlichkeit müsste ihr t-Wert,

$$t_{emp} = \frac{\bar{x}_{HP} - \mu_{Sp}}{\sigma_{Sp}} \cdot \sqrt{n}$$

ebenfalls in dem angegebenen Intervall liegen, somit gelten:

$$\left|t_{emp}\right| < t_{krit.;zweiseitig;n-1;5\%} = t_{n-1;0,975}.$$

6.2 Allgemeines zur Inferenzstatistik; der statistische Induktionsschluss

Ist dies der Fall, müssten wir die Nullhypothese beibehalten; ist dies nicht so, ist also $|t_{emp}| \geq t_{krit.;zweiseitig;n-1;5\%}$, folgern wir, dass der Mittelwert der Oberschenkellängen aus dem Hochplateau von μ_{Sp} verschieden ist. Denn – um den Gedankengang noch einmal zu begründen – unter H_0 hätte unsere Stichprobenziehung und nachgeschaltete Berechnung einen der vielen möglichen t-Werte im ohnehin großzügig angesetzten Intervall liefern müssen. Da dies aber nicht der Fall ist, erklären wir die Voraussetzungen für falsch (verwerfen H_0); damit muss H_1 gelten, welche wir hiermit annehmen. Wir hatten 5% als Signifikanzniveau (Irrtumswahrscheinlichkeit) gewählt und entsprechend die Größe unseres Kriteriumwerts abgelesen.

Die Formulierung des Ergebnisses, etwa in einer wissenschaftlichen Publikation, muss natürlich der angenommenen Hypothese angemessen sein. Da zweiseitig getestet wurde, kann der Untersucher nur mitteilen, dass sich die Populationsmittelwerte unterscheiden, etwa folgendermaßen formulieren: Die mittlere Oberschenkellänge der ausgestorbenen Spezies auf dem Hochplateau unterscheidet sich von der der bekannten Spezies – ob er dann auf eine neue Spezies schließt oder eine Variante der bekannten annimmt, ist nicht mehr Gegenstand der Statistik. Weiter wird der Paläontologe auch den Mittelwert der Stichprobe und den Populationsmittelwert der bekannten Spezies mitteilen und die Leserschaft wird natürlich bemerken, dass der erste der beiden Werte größer ausfällt. Nicht völlig legitim, wohl aber vertretbar wäre die Formulierung des Autors, dass der erste Mittelwert signifikant größer ist.

Nun zum Vorgehen bei einseitiger Testung. Um diese durchzuführen, muss zuvor eine gerichtete Hypothese vorliegen, die aber unser Paläontologe nicht hat; offenbar war er völlig überrascht, auf dem Hochplateau Oberschenkel anderer Länge als sonst zu finden und hatte insofern keine Erwartungen hinsichtlich deren Relation zu den Oberschenkelknochen der bekannten Spezies – logisch schwierig wird die Angelegenheit, wenn er sich bereits an Hand weniger Fossilien, die er nicht in die spätere Untersuchung einbezieht, eine Erwartung gebildet hat, mit der er an die eigentliche Untersuchung herangeht.

Eine gerichtete Hypothese könnte etwa ein Paläoanthropologe haben, der in einer Region, wo viele Werkzeuge gefunden werden, Schädel größeren Volumens vermutet. Aber natürlich sind solche hominiden Schädelfunde so selten, dass man auf diesem Gebiet nicht zu konventionellen, sofort einleuchtenden inferenzstatistischen Schlüssen der obigen Art ansetzen kann.

Gehen wir trotzdem vom Fall aus, unser Paläontologe habe die gerichtete Hypothese, dass die Oberschenkelknochen auf dem Hochplateau im Durchschnitt größer sind als die der bekannten Spezies. Dann lautet H_1: $\mu_{HP} > \mu_{Sp}$. Weil die Nullhypothese dazu komplementär ist, muss in ihrem Sinne der gegenteilige Fall vorliegen, d.h. der Populationsmittelwert der fossilen Oberschenkelknochen vom Hochplateau kleiner oder bestenfalls gleich der mittleren Oberschenkellänge der bekannten Spezies sein. Damit lautet H_0: $\mu_{HP} \leq \mu_{Sp}$. Als Signifikanzniveau wurde $\alpha = 5\%$ festgesetzt.

Geht man von H_0 aus, müssen dafür die möglichen Verteilungen von Zufallsstichproben betrachtet werden. Stichprobenbefunde $\bar{x} \leq \mu_{Sp}$ sind auf jeden Fall mit der Nullhypothese vereinbar, also 0 sowie sämtliche negative Werte der Prüfgröße

$$t_{emp} = \frac{\bar{x} - \mu}{\sigma}\sqrt{n},$$

ebenso Stichprobenwerte, die nicht allzu sehr im positiven Sinne von μ_{Sp} abweichen, also positive, nicht allzu große Werte von t_{emp}. Um zu entscheiden, wie groß diese Abweichungen sein dürfen, rufe man sich ins Gedächtnis zurück, dass wir dann die Nullhypothese verwerfen, wenn t (allgemein: der Wert der Prüfgröße) sich außerhalb eines Bereichs befindet, innerhalb dessen bei Gültigkeit der Nullhypothese 95% der t-Werte liegen. Ein t-Wert liegt aber außerhalb dieses Bereichs, wenn gilt:

$t \geq t_{n-1;1-\alpha}$, hier also $\geq t_{35;1-0,05} = t_{35;0,95} = 1{,}69$.

Letzteren Wert bezeichnen wir in Anlehnung an die oben eingeführte Terminologie als $t_{krit;einseitig;n-1;5\%}$ und finden ihn in Tafel 3b. Wie zu sehen, ist dieser kritische t-Wert bei derselben Zahl von Freiheitsgraden kleiner als der bei zweiseitiger Testung, ist also leichter zu überschreiten. Dies liegt daran, dass wir bei zweiseitiger Fragestellung auch extrem negative t-Werte zu berücksichtigen hatten, jetzt nur noch positive t-Werte. Insgesamt muss jedes Mal die Fläche unter der t-Verteilung, welche zum Ausschluss der Nullhypothese führt, 5% ihrer Gesamtfläche einnehmen.

Bei einseitiger Testung verbessert sich also die Chance, die Nullhypothese verwerfen zu können. Allerdings kann es auch passieren, dass ein nicht zu H_1 passender t-Wert (hier ein negativer auftritt), der bei zweiseitiger Testung zur Verwerfung von H_0 veranlasst hätte, nun aber zwingt, letztere beizubehalten.

Ob man möglichst einseitig oder stets zweiseitig testen sollte, wird kontrovers diskutiert. Dass man in der Forschung möglichst gerichtete Hypothesen haben sollte, ist an sich ziemlich selbstverständlich. Es wäre in der Medizin etwa undenkbar, dass bei der Prüfung eines neuen Blutdrucksenkers mit der Erwartung herangegangen wird, das Präparat verändere die Blutdruckwerte (unklar im welchem Sinne). In der Psychologie, etwa wenn man Patienten Stapel von Persönlichkeitsinventaren bearbeiten lässt, ist oft die Erwartung an das Ergebnis unklar und insofern zweiseitige Testung angebracht.

Zuweilen ist die Ansicht zu lesen, dass – auch wenn eine gerichtete Hypothese vorliegt – allemal zweiseitig getestet werden sollte. In der Tat besteht dann die Möglichkeit, bei Auftreten eines Ergebnisses entgegen der Erwartung den Befund eventuell immer noch als signifikant zu interpretieren und man kann sich auf den Standpunkt stellen, schärfer zu testen, weil der kritische Wert für die Prüfgröße höher gesetzt wird. Die Gefahr ist dann natürlich größer, einen nicht minder unerwünschten β-Fehler zu begehen, also die Nullhypothese fälschlich beizubehalten.

Im obigen Fall war die Prüfgröße positiv und wir konnten den kritischen Wert direkt den Tafeln 3a oder 3b entnehmen. Ist die Prüfgröße

$$t_{emp} = \frac{\bar{x} - \mu}{\sigma} \cdot \sqrt{n}$$

negativ, ist erst zu überprüfen, ob auf Grund des Vorzeichens überhaupt die Nullhypothese abgelehnt werden kann – in unserem obigen Beispiel mit den Oberschenkelknochen hätten wir dann allemal H$_0$ beibehalten müssen und Nachsehen in der Tafel wäre Zeitverschwendung gewesen. Ist das Vorzeichen der Prüfgröße im Sinne der Erwartung, kann $|t_{emp}|$ mit t_{krit} aus Tafeln 3a oder 3b verglichen werden (s. auch 6.4.1).

In Computerprogrammen wird üblicherweise nicht nur der t-Wert geliefert (den man dann in Tafeln mit dem für das gewählte Signifikanzniveau kritischen t-Wert vergleichen kann), sondern zugleich ein Wert p (z.B. $p = 0{,}003$), der die Überschreitungswahrscheinlichkeit darstellt, die Wahrscheinlichkeit, unter H$_0$ diesen oder noch einen größeren Wert für t zu erhalten. Ist $p \leq 0{,}05$, wäre der Befund auf dem 5%-Niveau signifikant, bei $p \leq 0{,}01$ auch dann nur auf dem 5%-Niveau, wenn man sich dieses als Signifikanzniveau **vorher** gesetzt hat. Es ist wohl eher eine akademische Frage, ob der Wert p selbst als Irrtumswahrscheinlichkeit bezeichnet werden darf. Dies ist üblich und dürfte mehr eine sprachliche Nachlässigkeit als einen gravierenden Fehler darstellen (s. jedoch dazu Nachtigall u. Wirtz 2000b, S. 134).

6.3 Vergleich eines Stichprobenmittelwerts mit dem Mittelwert einer Grundgesamtheit

Dieser Fall wurde im letzten Abschnitt ausführlich besprochen. Zur Illustration sei ein weiteres Beispiel herangezogen: Ein Autor ist auf Grund früherer Beobachtungen und pathophysiologischer Überlegungen der begründeten Auffassung, dass neugeborene Babys von Raucherinnen kleiner sind als der Durchschnitt der Neugeborenen. Die durchschnittliche Körpergröße der Neugeborenen in Deutschland μ_B sei bekannt, nämlich 49,5 cm mit einer Standardabweichung $\sigma_B = 2{,}2$ cm und sei normalverteilt – bei dieser Population (eigentlich eher sehr großen Normstichprobe) sind im Falle von Repräsentativität auch Babys von Raucherinnen zu finden. Für die Neugeborenen von 24 Raucherinnen ergibt sich ein Mittelwert $\bar{x}_{BR}$ von 47,2 cm (mit einer Standardabweichung von 2,4 cm). Haben Raucherinnen signifikant kleinere Neugeborene ($\alpha = 5\%$)? Bei der einseitigen Fragestellung lautet H$_1$: $\mu_{BR} < \mu_B$ und H$_0$: $\mu_{BR} \geq \mu_B$.
Wir berechnen die Prüfgröße:

$$t_{emp} = \frac{\bar{x}_{BR} - \mu_B}{\sigma_B} \cdot \sqrt{n} = \frac{47{,}2 - 49{,}5}{2{,}2} \cdot \sqrt{24} = -5{,}12.$$

Das Vorzeichen von t ist mit der Annahme von H$_1$ vereinbar; wir können also den Absolutbetrag von t_{emp} mit dem kritischen t-Wert für einseitige Fragestellung, 23 Freiheitsgrade und eine Irrtumswahrscheinlichkeit von 5% vergleichen und entnehmen diesen Tafel 3b; da $t_{krit;einseitig;35;5\%} = 1{,}71 \leq |t_{emp}| = 5{,}12$, ist

H_0 zu verwerfen und H_1 anzunehmen: Neugeborene Babys von Raucherinnen sind signifikant kleiner als Neugeborene der Durchschnittsbevölkerung.

Der hier geschilderte Fall mit bekanntem Populationsmittelwert und Standardabweichung ist, wie betont, eher eine Seltenheit – zuweilen liegen für Fragebogen Mittelwerte und Standardabweichungen aus großen Normstichproben vor, die man als Populationsparameter betrachten kann; in der Medizin finden sich häufiger Angaben zu Normwerten. Wäre die Standardabweichung in der Population nicht bekannt, müsste sie aus der Standardabweichung der Stichprobe geschätzt werden, wie wir es im nächsten Abschnitt tun.

6.4 Vergleich zweier Stichproben hinsichtlich Mittelwerten und anderer Maße der zentralen Tendenz

6.4.1 t-Test für unabhängige Stichproben

Vormerkungen; Überblick

Dieses Problem dürfte sich am Häufigsten in der medizinischen und psychologischen Forschung stellen, etwa wenn man wissen will, ob sich zwei Personengruppen mit verschiedenen Diagnosen hinsichtlich Persönlichkeitsvariablen unterscheiden oder ob Patienten, die an ihrem Herzinfarkt verstarben, länger auf die ärztliche Versorgung warten mussten als jene, die das Ereignis überlebten; entsprechend ist der t-Test das bekannteste statistische Prüfverfahren überhaupt. Bevor wir diesen darstellen, müssen wir über die Logik seiner Herleitung sprechen und zunächst überlegen, wie sich die Differenzen der Mittelwerte einer Variablen in zwei zufällig aus einer Population gezogenen Stichproben mit Umfängen n_j und n_k verteilen. Aus der Feststellung, dass diese Differenzen um 0 streuen mit einer bestimmten, aus den Stichprobenumfängen und den Stichprobenvarianzen abgeleiteten Standardabweichung, lässt sich unmittelbar die Prüfgröße t erhalten, mittels der Stichprobenbefunde auf Überzufälligkeit getestet werden können. Beim t-Test werden wir zwei Varianten unterscheiden, je nachdem, ob die Personen der beiden Stichproben „nichts miteinander zu tun" haben (t-Test für unabhängige oder nichtkorrelierende Stichproben) oder eine logische paarweise Zuordnung zwischen Elementen der beiden Stichproben besteht – und damit eine mögliche stochastische Abhängigkeit ihrer Werte (t-Test für abhängige oder korrelierende Stichproben).

Für Anwendung des t-Tests müssen gewisse Voraussetzungen erfüllt sein, von denen insbesondere Intervallskaliertheit unverzichtbar ist – daneben müssen Annahmen über Verteilungsform und Standardabweichungen zutreffen (s. unten). Auch wenn diese Voraussetzungen nicht erfüllt sind, kann der t-Test eine gewisse Aussagekraft haben (insbesondere unter Einbeziehung von Kor-

6.4 Vergleich zweier Stichproben hinsichtlich Mittelwerten

rekturformeln); in diesem Fall ist es aber sicherer, so genannte nonparametrische Verfahren anzuwenden und zwar statt des t-Tests für nichtkorrelierende Stichproben den U-Test (Mann-Whitney-Test), statt des t-Tests für korrelierende Stichproben den Wilcoxon-Test (s. 6.4.5 und 6.4.6). Obligatorisch ist deren Anwendung dann, wenn nur ordinalskalierte Daten vorliegen.

Verteilungen der Differenzen von Stichprobenmittelwerten

Wir machen wieder ein Gedankenexperiment – oder noch besser: führen dieses tatsächlich mit den Daten von Tabelle 5.4 durch: Wir entnehmen aus einer Grundgesamtheit, in der die Zufallsvariable X mit Mittelwert μ und Standardabweichung σ normalverteilt ist, nach dem Zufallsprinzip eine Stichprobe Stp_j mit n_j Personen und bestimmen den Stichprobenmittelwert $\bar{x}_j$ in der Zufallsvariablen X; nun wird der Vorgang mit einer zweiten Zufallsstichprobe Stp_k wiederholt, deren Umfang mit n_k und deren Mittelwert mit $\bar{x}_k$ bezeichnet werde. Auf Grund dieser Rekrutierungsvorschrift ist klar, dass es sich hier um nichtkorrelierende (unabhängige) Stichproben handelt, zwischen Elementen von Stp_j und Stp_k keine stochastische Abhängigkeit vorliegt. Wie verteilen sich, wenn man sehr viele solcher Paare bildet, die Differenzen $\bar{d}_{jk} = \bar{x}_j - \bar{x}_k$? Es leuchtet ein, dass diese um 0 streuen, dass in dessen Umgebung die Dichtefunktion der Differenzen am höchsten ist und Werte mit zunehmender Abweichung von 0 immer unwahrscheinlicher werden; man müsste in diesem Fall eine Stichprobe Stp_j mit einem sehr großen Mittelwert ziehen und gleichzeitig eine zweite Stp_k mit einem sehr kleinen Mittelwert – sehr große und sehr kleine Werte sind aber in einer normalverteilten Grundgesamtheit selten, erst recht natürlich sehr große und sehr kleine Stichprobenmittelwerte. An Zufallsstichproben mit jeweils 4 Elementen aus der in Tabelle 5.4 aufgelisteten Grundgesamtheit überzeuge man sich, dass solche extremen Werte nur selten vorkommen, die Dichtefunktion mit gewissem Abstand von 0 rasch verschwindet.

Es gilt nun die wichtige Aussage (s. Anmerkung 9): Die Differenzen der Mittelwerte zufällig gezogener Stichproben aus der Grundgesamtheit – die wir $\bar{d}_{jk}$ genannt haben – verteilen sich um 0 und zwar gemäß einer *t*-Verteilung mit $(n_j - 1) + (n_k - 1)$ Freiheitsgraden und einer Standardabweichung

$$\sigma_{\bar{d}_{jk}} = \frac{\sigma}{\sqrt{\frac{n_j \cdot n_k}{n_j + n_k}}};$$
6.5

anders formuliert: die Größe $t = \dfrac{\bar{x}_j - \bar{x}_k}{\sigma_{\bar{d}_{jk}}} = \dfrac{\bar{x}_j - \bar{x}_k}{\dfrac{\sigma}{\sqrt{\dfrac{n_j \cdot n_k}{n_j + n_k}}}} = \dfrac{\bar{x}_j - \bar{x}_k}{\sigma}\sqrt{\dfrac{n_j \cdot n_k}{n_j + n_k}}$

folgt einer *t*-Verteilung um 0 mit $(n_j - 1) + (n_k - 1)$ Freiheitsgraden.

Entnimmt man also der Grundgesamtheit mit $\mu = 100$ und $\sigma = 20{,}5$ in Tabelle 5.4 wiederholt (streng genommen: unendlich oft) Paare von Stichproben mit jeweils $n = 4$ und bildet die Differenz ihrer Mittelwerte, so verteilen sich diese $\bar{x}_j - \bar{x}_k$ nach t mit $(4 - 1) + (4 - 1) = 6$ Freiheitsgraden um 0 mit

$$\sigma_{\bar{d}_{jk}} = \sigma \cdot \sqrt{\frac{n_j + n_k}{n_j \cdot n_k}} = \sigma \cdot \sqrt{\frac{1}{2}} \text{ oder anders formuliert:}$$

Die Größe $t = \dfrac{\bar{x}_j - \bar{x}_k}{\sigma} \cdot \sqrt{\dfrac{n_j \cdot n_k}{n_j + n_k}} = \dfrac{\bar{x}_j - \bar{x}_k}{\sigma} \cdot \sqrt{\dfrac{4 \cdot 4}{4 + 4}} = \dfrac{\bar{x}_j - \bar{x}_k}{\sigma} \sqrt{2}$

gehorcht einer t-Verteilung mit 6 Freiheitsgraden. Daraus folgt beispielsweise, dass t-Werte mit Absolutbetrag $\geq 2{,}447$ (entsprechend Differenzen mit Absolutbetrag $\geq 2{,}447 \cdot \sigma/\sqrt{2}$) bestenfalls in 5% der Fälle beobachtet werden.

Weil der Populationsmittelwert der Differenzen 0 ist, benötigen wir das unbekannte μ zur Ermittlung der Prüfgröße t erfreulicherweise nicht; schätzen wir nun noch das unbekannte σ durch die Standardabweichungen gegebener Stichproben der Grundgesamtheit, können wir rasch eine Prüfgröße herleiten zur Entscheidung, ob zwei Stichproben derselben Grundgesamtheit entnommen sind. Dies führt unmittelbar auf den t-Test für unabhängige Stichproben.

Vorgehen beim t-Test für unabhängige Stichproben

Um die Logik des t-Tests zu erklären, die – mit den nötigen Umformulierungen hinsichtlich der Parameter – generell für Prüfverfahren gilt, in denen zwei Stichproben verglichen werden, sei zunächst von einer ungerichteten Hypothese ausgegangen.

Es gibt gewisse Anhalte dafür, dass sich Frauen und Männer hinsichtlich verzehrter Gemüsemengen unterscheiden. Diese Hypothese soll an Studierenden überprüft werden; über diese Population hinaus darf natürlich dann nicht generalisiert werden – gleichgültig wie der zur Prüfung eingesetzte t-Test ausfallen wird. Zunächst seien ausführlich die der Nullhypothese zu Grunde liegenden Überlegungen dargelegt: Man geht davon aus, dass sich männliche und weibliche Studierende im Gemüse- und Salatverzehr, operationalisiert in Gramm täglich verzehrten Gemüses (Durchschnittswerte für jede Person erhoben über einen längeren Zeitraum), nicht unterscheiden. Es besteht also – etwas verschnörkelt ausgedrückt – die Annahme einer gemeinsamen Population von Gemüse verzehrenden Studierenden aus Männern und Frauen mit Mittelwert $\mu_{S(m+w)}$ in der Zufallsvariablen und Standardabweichung $\sigma_{S(m+w)}$, wobei diese Werte einer Normalverteilung folgen. Die beiden Grundgesamtheiten der männlichen und weiblichen Studierenden sind hinsichtlich des Gemüseverzehrs zwei sich nicht unterscheidende Subpopulationen, besitzen also gleichen Mittelwert μ_m und μ_W (der wiederum gleich $\mu_{S(m+w)}$ ist), gleiche Verteilungen der Zufallsvariablen (nämlich normal) und zudem gleiche Standardabweichung $\sigma = \sigma_m = \sigma_w = \sigma_{S(m+w)}$ – da wir nur eine Zufallsvariable untersucht haben, ersparen wir uns dafür einen gesonderten Index.

6.4 Vergleich zweier Stichproben hinsichtlich Mittelwerten

Wir entnehmen der Subpopulation weiblicher Studierender eine Stichprobe mit Umfang n_w, $\bar{x}_w$ (Mittelwert der Stichprobe in der Zufallsvariablen X = täglicher Gemüseverzehr) und Standardabweichung s_w; machen wir Gleiches aus der Population der männlichen Studierenden (mit Umfang n_m) erhalten wir die Werte $\bar{x}_m$ und s_m. Dann müsste sich die Differenz der Werte $\bar{x}_w - \bar{x}_m$ prinzipiell wie eine der vielen möglichen anderen Differenzen aus der gemeinsamen Population verhalten, also am wahrscheinlichsten nahe 0 liegen und wenig wahrscheinlich extrem positive oder extrem negative Werte annehmen. Die zu den beiden Stichproben gehörige Größe:

$$t = \frac{\bar{x}_w - \bar{x}_m}{\sigma} \cdot \sqrt{\frac{n_w \cdot n_m}{n_w + n_m}}$$

wäre im Bereich zu erwarten, in dem 95% aller t-Werte mit $(n_w - 1) + (n_m - 1)$ Freiheitsgraden aus solchen Differenzen liegen, nämlich zwischen $-t_{n_w - 1 + n_m - 1; 0{,}975}$ und $+t_{n_w - 1 + n_m - 1; 0{,}975}$.

Wollen wir allerdings diese Prüfgröße t bestimmen, ist – anders als in 6.3 – σ nicht bekannt, sodass wir dafür einen Schätzwert $\hat{\sigma}$ einsetzen müssen, und für dieses der geeignete Wert ist die gewichtete mittlere Standardabweichung

$$s = \sqrt{\frac{(n_w - 1) \cdot s_w^2 + (n_m - 1) \cdot s_m^2}{n_w + n_m - 2}}.$$

Man bestimmt diese also über die Zwischenstufe der gewichteten Varianz: Dazu wird die Varianz der ersten Stichprobe mit dem um 1 reduzierten Stichprobenumfang multipliziert, das Gleiche mit der Varianz der zweiten Stichprobe gemacht und die Summe durch die um 2 verminderte Summe der Stichprobenumfänge dividiert; die Wurzel der gewichteten Varianz ergibt die gewichtete Standardabweichung. Ihr Wert liegt zwischen den beiden Standardabweichungen und zwar näher bei der der größeren Stichprobe.

Ersetzt man das unbekannte σ durch die gewichtete mittlere Standardabweichung, lässt sich der Wert der Prüfgröße bestimmen und mit dem kritischen t-Wert für zweiseitige Testung sowie $n_w + n_m - 2$ Freiheitsgrade bei dem gewählten Signifikanzniveau vergleichen.

Dieser Gedankengang wurde auch deshalb so ausführlich dargelegt, weil sich daraus leicht die Voraussetzungen für den t-Test ableiten lassen. Bei der Nullhypothese wurde von einer einheitlichen Grundgesamtheit, hier der männlichen und weiblichen Studierenden, ausgegangen mit zwei Subpopulationen gleicher Mittelwerte, gleicher Standardabweichung und gleicher Verteilungsform (nämlich normal). Ob wirklich von Gleichheit der Mittelwerte auszugehen ist, wird der anschließende t-Test zeigen. Er basiert aber darauf, dass die Standardabweichungen in beiden Populationen gleich sind und der Standardabweichung der Gesamtpopulation entsprechen. Ist diese Voraussetzung verletzt, lässt sich der t-Test streng genommen nicht anwenden.

Der Gedankengang ist schwierig. Wir gehen zunächst von einer Gleichheit der Mittelwerte aus, sind aber rasch bereit, diese Annahme zu verwerfen, wenn die Prüfgröße entsprechend ausfällt, wohingegen wir an Varianzen und Verteilungen Forderungen stellen, bei deren Verletzung die ganze Testprozedur unterbleibt. Der Unterschied ist, dass mittels der Prüfgröße t über die Beziehung von μ_F und μ_M entschieden werden soll, diese also zur Disposition steht, während – um die Prüfung korrekt durchzuführen – gewisse Anforderungen an σ und die Populationsverteilung zu stellen sind, denen die diesbezüglichen Stichprobenkennwerte nicht widersprechen dürfen.

Dass die t-Werte der Differenzen zufällig aus der Population entnommener Stichprobenpaare einer t-Verteilung mit $(n_w - 1) + (n_m - 1)$ Freiheitsgraden folgen, ist zu verstehen, wenn man sich noch einmal die Definition aus Abschnitt 5.4.4 ins Gedächtnis ruft: Um aus den standardisiert normalverteilten Werten einer Population einen t-Wert mit k Freiheitsgraden zu erhalten, wird zunächst zufällig ein Wert z_0 gezogen und dieser durch die Wurzel der mittleren Quadratsumme weiter nach dem Zufallsprinzip entnommener Werte z_1, z_2,..., z_k (somit durch die Wurzel aus χ_k^2/k) geteilt; also:

$$t_k(z_0; z_1; ...; z_k) = \frac{z_0}{\sqrt{\dfrac{z_1^2 + z_1^2 + ... + z_k^2}{k}}}.$$

Bei Bestimmung der Prüfgröße t zweier Stichprobenmittelwerte steht im Zähler ein Wert aus der Population (nämlich $\bar{x}_w - \bar{x}_m$), der formal um den Mittelwert der Differenzen, also 0, vermindert wird. In den Nenner

$$\sqrt{\frac{(n_w-1)s_w^2 + (n_m-1)s_m^2}{n_w + n_m - 2}}$$

gehen insgesamt $n_w + n_m$ Werte ein, von denen aber nur $n_w - 1 + n_m - 1$ beliebig wählbar sind (zufällig gezogen werden können) – da der Mittelwert der $x_{w_1},...,x_{w_{n_w}}$ $\bar{x}_w$ ergeben muss, ist einer dieser Werte durch die restlichen festgelegt, sind also nur $n_w - 1$ Werte beliebig der Population zu entnehmen; das Gleiche gilt von den $x_{m_1},...,x_{m_{n_m}}$, von denen ebenfalls nur $n_m - 1$ frei gewählt werden können. Für eine t-Verteilung mit k Freiheitsgraden ist aber gefordert, dass neben dem beliebig zu wählenden z_0 des Zählers k Werte für den Nenner der Population nach Zufall entnommen werden; also: $df = n_w + n_m - 2$.

Zu den Voraussetzungen: Zunächst wird verlangt, dass der Annahme $\sigma_w = \sigma_m$ bzw. $\sigma_w^2 = \sigma_m^2$ die für die beiden Stichproben ermittelten Standardabweichungen bzw. Varianzen nicht widersprechen dürfen. Dazu ist zu prüfen, ob ein Quotient dieser Größen bei zufälliger Entnahme einer Stichprobe mit Umfang n_w und einer anderen mit Umfang n_m aus derselben Population ein solches Verhältnis noch wahrscheinlich ist. Solche Quotienten gehorchen der in 5.4.4 besprochenen F-Verteilung mit $n_w - 1$ und $n_m - 1$ Freiheitsgraden. Man berechnet den Wert der Prüfgröße F als Verhältnis der Varianzen, wobei – auf Grund des Aufbaus von Tafel 4 – die größere Varianz in den Zähler zu setzen ist; erreicht oder überschreitet das so ermittelte F den kritischen F-Wert aus Tafel 4 (bei $n_w - 1$ und $n_m - 1$ Freiheitsgraden und einem üblichen Signifikanzniveau von 5%), wird von Ungleichheit der Varianzen ausgegangen, und der t-Test darf nicht angewendet werden.

6.4 Vergleich zweier Stichproben hinsichtlich Mittelwerten

Streng genommen beweist man hier die Nullhypothese: Um den t-Test anwenden zu können, ist Homogenität der Varianzen Voraussetzung und aus der Tatsache, dass der F-Wert noch im Zufallsbereich liegt, holt man sich die Legitimation für ein solches Vorgehen – auf keinen Fall darf man, um die Beibehaltung von H_0 (Gleichheit der Varianzen) noch mehr zu erleichtern, das Signifikanzniveau verschärfen, z.B. auf 0,01 $\hat{=}$ 1%. Eine pragmatische Rechtfertigung für dieses statistisch-methodisch fragwürdige Verfahren ergibt sich allerdings daraus, dass bei Verletzung dieser Voraussetzung – außer bei extremen Missverhältnissen der Varianzen – der t-Test letztlich kaum einen anderen Wert liefern würde als bei Zutreffen der Voraussetzung (s. unten).

Zur Überprüfung, ob die Verteilung in den beiden Stichproben der Annahme einer Normalverteilung in der Population widerspricht, ist das in 5.4.3 beschriebene Verfahren anzuwenden; um die „Power" dieses Tests zu erhöhen, wird häufig vorgeschlagen, dies nicht getrennt für jede der Stichproben durchzuführen, sondern nach z-Transformation (in den einzelnen Stichproben) die Werte zusammen zu werfen und nun gemeinsam auf Normalverteilung zu testen. Indem man die Werte in bestimmte Intervalle (Klassen, insgesamt k) einteilt, die unter Normalverteilung zu erwartenden Häufigkeit in den Intervallen Häufigkeiten berechnet und mittels der Prüfgröße $\sum \chi^2$ mit den tatsächlich gefundenen Häufigkeiten vergleicht, erhält man aus der χ^2-Verteilung die Wahrscheinlichkeit für die Zufälligkeit einer solchen Ungleichverteilung. Erreicht die Prüfgröße nicht den kritischen χ^2-Wert bei $k - 3$ Freiheitsgraden, ist weiter von Normalverteilung in der Grundgesamtheit auszugehen.

Auch hier soll streng genommen wieder die Nullhypothese „Werte in der Population sind normalverteilt" bewiesen werden. Hinzu kommt, dass man – wie in 5.4.3 angedeutet – durch geeignete Wahl der Intervallgrößen es bis zu einem gewissen Grade in der Hand hat, ob die Normalverteilungsannahme beibehalten werden kann oder nicht. Auch hier rechtfertigt sich dieses methodisch fragwürdige Vorgehen wenigstens teilweise durch die Überlegung, dass im Falle fehlender Normalverteilung – außer bei extremen Verteilungsformen, etwa zweigipfligen – die Prüfgröße t nicht wesentlich anders ausfallen würde als bei ihrer Gültigkeit; der t-Test ist, wie man sagt, recht „robust" gegenüber einer Verletzung seiner Voraussetzungen (s. unten).

Es ist nun zu diskutieren, was „passiert", wenn die oben formulierten Voraussetzungen verletzt sind. Zunächst muss man sich klar machen, dass dann die berechnete Prüfgröße nicht mehr streng der unter ihrer Gültigkeit anzunehmenden t-Verteilung folgen kann. Die Frage ergibt sich, ob diese Abweichungen von der t-Verteilung mit $n_w + n_m - 2$ Freiheitsgraden so gravierend sind, dass der sonst so praktikable und zu Recht beliebte Test hier unzuverlässige Resultate liefert. Zunächst sei daran erinnert, dass sich bei umfangreicheren Stichprobenumfängen die Differenzen der Mittelwerte auch dann nach t verteilen, wenn die Zufallsgröße in der Population nicht normalverteilt ist (s. 5.5.1); als Faustregel lässt sich sagen, dass bei $n_w + n_m > 50$ und etwa gleichen Stichprobenumfängen die mittels des t-Tests getroffene Entscheidung auch dann einigermaßen zutrifft, wenn keine Normalverteilung anzunehmen ist. Sind die Stichprobenumfänge kleiner, so ist bei fehlender Normalverteilung der t-Test weniger scharf (hat geringere Power, birgt die größere Gefahr eines β-Fehlers); etwa im Vergleich zum nonparametrischen U-Test mit denselben Daten gelingt es dann oft nicht, H_0 abzuweisen.

Um es zusammenzufassen: Da auch dann noch die Prüfgröße einer t-Verteilung folgt, ist bei größeren Stichprobenumfängen Verletzung der Normalverteilungsannahme in der Regel nicht gravierend (da dies aber auch ein Indiz fehlender Intervallskalierung sein kann, darf man nicht völlig darüber hinweg sehen; s. Anmerkung 10). Problematischer ist die Situation bei kleineren Stichproben – insbesondere von Umfängen in der Größe von 10 oder weniger: Zum einen ist nämlich in diesem Fall die Verletzung kaum zu überprüfen (die Normalverteilungsannahme muss bei wenigen Freiheitsgraden fast immer beibehalten werden), zum anderen folgt dann bei fehlender Normalverteilung in der Population die Prüfgröße nicht mehr der zur Bestimmung ihrer „Überzufälligkeit" notwendigen t-Verteilung. Es gibt daher gute Gründe, in diesem Fall generell den in Abschnitt 6.4.5 zu besprechenden U-Test vorzuziehen, der ähnlich scharf ist und bei extremen Verteilungen eher Ablehnung von H_0 ermöglicht.

Anders ist die Situation bei Inhomogenität der Varianzen, auch bei umfangreicheren Stichproben. Hat eine der Stichproben deutlich größeren Umfang und zeigt gleichzeitig erheblich kleinere Varianz der Zufallsvariablen, so wird mittels der gewichteten Standardabweichung die Populationsstreuung zu gering geschätzt und die t-Werte folgen dann einer breiteren Verteilung als wir sie zur Ermittlung des kritischen Werts annehmen; man verwirft damit leichter fälschlich H_0. Die Diskussion sei hier nicht fortgeführt, weil in Computerprogrammen mittlerweile fast standardmäßig eine Korrektur bei inhomogenen Varianzen erfolgt.

Während die genannten Voraussetzungen des t-Tests für unabhängige Stichproben, Normalverteilung und Varianzhomogenität, in der Regel akribisch beachtet werden, behandelt man nicht selten zwei viel wichtigere Voraussetzungen eher beiläufig, nämlich Intervallskaliertheit der Zufallsvariablen und Unabhängigkeit der Stichproben (in doppeltem Sinne,; s. unten). Die erste Voraussetzung ist so trivial – ohne Intervallskalierung keine sinnvolle Bildung von Mittelwert und Standardabweichung –, dass sie gerne vergessen wird. Dabei sind Fragebogenscores seltener als angenommen wirklich metrisch skaliert; oft entsprechen bei Scores im oberen oder unteren Bereich gleiche Differenzen größeren Merkmalsunterschieden als im mittleren Bereich (s. Anmerkung 10).

Weiter ist Unabhängigkeit der Stichprobenwerte vorausgesetzt und zwar zunächst in dem Sinne, dass die beiden Stichproben unabhängig gezogen werden. Hat man beispielsweise in die eine Stichprobe Männer, in die andere ihre Ehefrauen aufgenommen, so sind die Elemente in der zweiten durch die in der ersten festgelegt – oder umgekehrt, je nachdem, welche Stichprobe zuerst rekrutiert wurde. Bei Verwendung des t-Tests für unabhängige (nichtkorrelie-

6.4 Vergleich zweier Stichproben hinsichtlich Mittelwerten

rende) Stichproben würde in diesem Fall zum einen Information verschenkt, zum anderen wären die notwendigen Voraussetzungen verletzt, insbesondere würde die Zahl der Freiheitsgrade zu hoch angenommen. Die zuweilen zu hörende Auffassung, man mache auf keinen Fall einen Fehler, sicherheitshalber den t-Test für unabhängige Stichproben einzusetzen, ist daher in ihrer Richtigkeit nachdrücklich anzuzweifeln.

Noch in einem anderen Sinn wird Unabhängigkeit der Stichprobenwerte verlangt, nämlich als Unabhängigkeit innerhalb jeder der beiden Stichproben. Die Wahrscheinlichkeit, dass eine Person P_i aus der Grundgesamtgesamtheit mit ihrem Wert x_i in der betrachteten Variablen in der Stichprobe erscheint, muss unabhängig davon sein, dass irgendeine andere Person P_j mit x_j bereits in der Stichprobe zu finden ist. Beispielsweise könnte man – um ein banales Beispiel zu geben – die Prüfungsmittelwerte zweier Stichproben in einer Klausur nicht miteinander vergleichen, wenn in einem der Klausurräume voneinander abgeschrieben wird. In diesem Fall wäre die Wahrscheinlichkeit, dass ein Proband P_i das Ergebnis x_i erzielt, davon abhängig, ob der Nebenmann P_j den Wert x_j erzielt (s. Anmerkung 11).

Nach diesen ausführlichen allgemeinen Überlegungen zum t-Test für unabhängige Stichproben sei nun das obige Beispiel zum Gemüseverzehr von Studierenden unter Rekapitulation der Voraussetzungen mit konkreten Zahlen erläutert. Bei 39 nach Zufallsprinzip ausgewählten Studentinnen betrage der Mittelwert des täglichen Gemüsekonsums 353,6 g mit einer Standardabweichung von 16,5 g, bei 32 männlichen Studierenden, die unabhängig von den Probanden der ersten Stichprobe ebenfalls zufällig rekrutiert wurden, 322,8 g mit einer Standardabweichung von 17,7 g. Unterscheiden sich männliche und weibliche Studierende in ihrem Gemüsekonsum? (s. Anmerkung 12)

In diesem Fall haben die oben eingeführten Kennwerte folgende Größen:
$\bar{x}_w = 353,6\,g; s_w = 16,5\,g; n_w = 39; \bar{x}_m = 322,8\,g; s_m = 17,7\,g; n_m = 32$.

Die Variable „Gemüseverzehr" ist zweifellos metrisch skaliert; vorausgesetzt, die anderen erforderlichen Annahmen sind nicht verletzt, verwenden wir den t-Test und formulieren deshalb angesichts unserer ungerichteten Fragestellung die Hypothesen H_1: $\mu_w \neq \mu_m$ und H_0: $\mu_w = \mu_m$ (s. Anmerkung 13). Da die Stichprobenumfänge vergleichsweise groß sind, verzichten wir auf Überprüfung der Normalverteilung. Wie erinnerlich, hätte man zunächst die „zusammen geworfenen" z-transformierten Werte beider Stichproben zu k Klassen zusammenfassen müssen; dann wäre die erwartete Besetzung dieser Klassen bei Normalverteilung mit Mittelwert $\bar{x}_w$ und Streuung s_w (als Schätzwerte für μ_w und σ_w) bzw. $\bar{x}_m$ und s_m (als Schätzwerte für μ_m und σ_m) zu berechnen und schließlich mit χ^2 bei $k-3$ Freiheitsgraden die erwarteten und beobachteten Häufigkeiten auf signifikante Unterschiedlichkeit zu prüfen. Zur Überprüfung der Varianzhomogenität bilden wir den Quotienten
$F = s_m^2 / s_w^2$ (mit größerer Varianz im Zähler) und erhalten: $F = \dfrac{17,7^2}{16,5^2} = 1,15$.

Für den kritischen F-Wert entnehmen wir bei einer Irrtumswahrscheinlichkeit von 5% und $32 - 1 = 31$ Freiheitsgraden für die Zählervarianz, $39 - 1 = 38$ für die Nennervarianz aus Tafel 4 interpoliert 1,75. Da der empirische F-Wert darunter liegt, lässt sich weiter von Homogenität der Varianzen ausgehen.

Für die gewichtete mittlere Standardabweichung ergibt sich:

$$s = \sqrt{\frac{(32-1)\cdot 313{,}29 + (39-1)\cdot 272{,}25}{32+39-2}} = \sqrt{290{,}69} = 17{,}04.$$

Wie zu erwarten, liegt dieser Wert zwischen $s_w = 16{,}5$ und $s_m = 17{,}7$ und zwar etwas näher an der Standardabweichung der größeren Stichprobe, also hier der der Frauen. Damit berechnet sich die Prüfgröße t_{emp}:

$$|t_{emp}| = \frac{353{,}6 - 322{,}8}{17{,}04} \cdot \sqrt{\frac{39\cdot 32}{39+32}} = \frac{30{,}8}{17{,}04} \cdot 4{,}19 = 7{,}57.$$

Der kritische t-Wert bei zweiseitiger Testung, 69 Freiheitsgraden ($39 + 32 - 2$) und α von 5% lautet nach Tabelle 3b (konservativ angesetzt) 2,00. Damit kann H_0 verworfen werden. Es gilt folgende Aussage: Es besteht ein signifikanter Unterschied der Mittelwerte im Gemüseverbrauch zwischen weiblichen und männlichen Studierenden – wobei nun noch die Beschreibung der Population zu erfolgen hat, für die unsere Stichproben repräsentativ anzunehmen sind. Dieser Unterschied ist auf dem vorher gesetzten Niveau von 5% für die Irrtumswahrscheinlichkeit signifikant (s. Anmerkung 14).

Kurz zur einseitigen Testung; Wollten wir an einem weiteren Stichprobenpaar die gerichtete Hypothese testen, dass Studentinnen im Durchschnitt mehr Gemüse verzehren, lauten H_1: $\mu_w > \mu_m$, H_0: $\mu_w \leq \mu_m$. Wir gehen vor wie bei zweiseitiger Testung – es gibt keine spezielle Prüfgröße für H_0: $\mu_w \leq \mu_m$. Lediglich rechnen wir nun alle $t < 0$ zum Annahmebereich von H_0 (wenn im Zähler $\bar{x}_w - \bar{x}_m$ steht); entsprechend wird H_0 verworfen, wenn $t > 0$ und $|t_{emp}| \geq t_{krit;einseitig;n_w+n_m-2;\alpha}$ (hier: 1,67). Man sieht, dass die für zweiseitige Testung erforderlichen Voraussetzungen auch für einseitige erfüllt sein müssen.

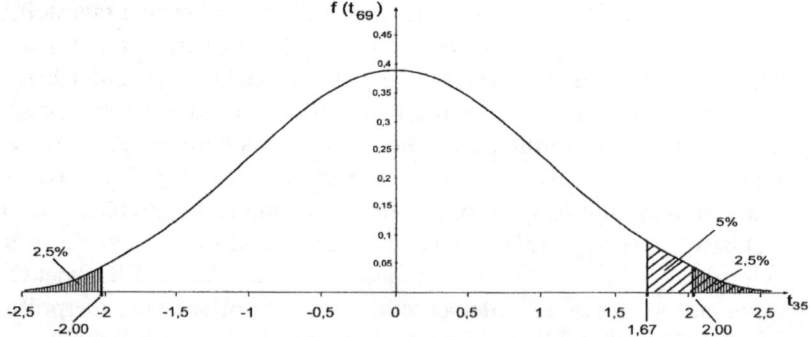

Abbildung 6.2 Annahmebereich von H_1 bei ein- und zweiseitiger Testung

6.4.2 Varianzanalyse ohne Messwiederholungen zur Überprüfung des Unterschiedes zweier Mittelwerte

Vorbemerkungen

Die ein- und mehrfaktorielle Varianzanalyse ohne und mit Messwiederholungen kommt ausführlich in 6.5 zur Sprache. Eine erste Einführung erfolgt aber schon hier, um zu zeigen, dass einfaktorielle Varianzanalyse mit zweifach gestuftem einzigen Faktor ebenfalls geeignet ist, Stichprobenmittelwerte auf Signifikanz zu überprüfen und identische Ergebnisse wie der t-Test liefert. Letzterer ist bei dieser einfachen Fragestellung in aller Regel vorzuziehen, weil er bei exakt gleichen Voraussetzungen schneller gerechnet werden kann und leichter in seiner Logik nachvollziehbar ist. Zudem ist mittels Varianzanalyse – anders als mit dem t-Test – keine gerichtete Hypothesentestung möglich, sodass die Chance, die Nullhypothese zu verwerfen, hierbei oft geringer ist. Allerdings lassen sich mit dem t-Test nicht die Einflüsse anderer Variabler auf die Mittelwertsunterschiede eliminieren, während dies mit einer erweiterten Form der Varianzanalyse (der Kovarianzanalyse mit Einbeziehung verschiedener Kovariaten) gelingt.

Das Thema der Kovarianzanalyse sei zunächst zurückgestellt (s. 6.6). Hier soll die Äquivalenz von t-Test und Varianzanalyse im Falle nur zweier Stichproben gezeigt und soll darauf vorbereitet werden, dass die Varianzanalyse eine Erweiterung und Verallgemeinerung des t-Tests aufzufassen ist.

Logik und Vorgehensweise

Wir stellen zunächst an einem konkreten Beispiel, ohne die einzelnen Rechenschritte sofort zu begründen, eine einfache (einfaktorielle) Varianzanalyse dar, wobei der Faktor zweifach gestuft sein soll (also Vergleich nur zweier Mittelwerte erfolgt). Um voll die Konzentration auf den Gedankengang lenken zu können (und nicht durch aufwändigere Rechenvorgänge abgelenkt zu werden), führen wir wider alle statistischen Regeln eine Varianzanalyse mit Stichproben minimalen Umfangs (und „schönen" Zahlen) durch.

Von einer einfachen oder einfaktoriellen Varianzanalyse spricht man, wenn sich die verglichenen Stichproben nur systematisch hinsichtlich einer Variable (unabhängige oder Gruppierungsvariable oder Faktor), z.B. Geschlecht, unterscheiden. Unterscheiden sie sich nicht nur in einer Gruppierungsvariable (etwa Geschlecht), sondern auch bezüglich einer zweiten (beispielsweise Nationalität), würde es sich um eine zweifaktorielle Varianzanalyse handeln, entsprechend um eine dreifaktorielle bei drei Gruppierungsvariablen (z.B. Geschlecht, Nationalität und Religion). Als Stufen bezeichnet man die möglichen Ausprägungen in der Gruppierungsvariable, z.B. zwei Stufen (nämlich weiblich-männlich) beim Faktor Geschlecht. Nichts hat – um schon hier ein beliebtes Missverständnis auszuräumen – die Zahl der Faktoren mit der Zahl der betrachteten Zufallsvariablen zu tun. Diese beträgt bei der gewöhnlichen (univariaten) Varianzanalyse immer 1, d.h. man vergleicht Mittelwerte nur in einer Variable (im Gegensatz zur multivariaten Varianzanalyse, bei der simultan mehrere Zufallsvariablen betrachtet werden; s. auch 7.2).

Wir möchten wissen, ob sich Frauen und Männer signifikant in der Menge des täglich konsumierten Alkohols unterscheiden und untersuchten eine Stichprobe von 6 Frauen und eine mit 3 Männern – dass diese Stichproben angesichts ihrer geringen Umfänge schwerlich repräsentativ sein können, also Generalisierung so gut wie ausgeschlossen ist, soll hier vernachlässigt werden. Dabei wurden für die Frauen folgende Werte erhalten: 10 g; 30 g; 20 g; 20 g; 10 g; 30 g; für die Männer ergaben sich die Werte 50 g, 40 g, 60 g. Entgegen unserer Gewohnheit sei als Signifikanzniveau diesmal 1% angesetzt.

Zunächst rechnen wir den t-Test für unabhängige Stichproben und ermitteln dazu für $\bar{x}_F$, den Mittelwert der weiblichen Stichprobe, 20 g, für $\bar{x}_M$ 50 g. Für die Standardabweichungen erhält man: $s_F = \sqrt{80} = 8{,}94$ und $s_M = \sqrt{100} = 10$. Die zur Beurteilung der Varianzhomogenität herangezogene Prüfgröße

$$F = \frac{s_M^2}{s_F^2} = \frac{100}{80} = 1{,}25$$

liegt unter dem kritischen für 2 Freiheitsgrade im Zähler, 5 im Nenner und ein α von 0,05 aus Tafel 4 abgelesenen F-Wert von 5,79, sodass nichts gegen Varianzhomogenität spricht. Die mittlere gewogene Standardabweichung, die angesichts des größeren Umfanges der weiblichen Stichprobe näher bei deren Standardabweichung liegen muss, ergibt sich zu 9,26. Damit berechnet man

$$t_{emp} = \frac{50-20}{9{,}26} \cdot \sqrt{\frac{6 \cdot 3}{6+3}} = 4{,}58.$$

Aus Tafel 3b ist als kritischer t-Wert bei α = 0,01, 7 Freiheitsgraden und einseitiger Testung 3,50 zu entnehmen, welcher Wert deutlich überschritten wird. Wir verwerfen somit H$_0$ und nehmen H$_1$ an, also $\mu_F \neq \mu_M$.

Da einfaktorielle Varianzanalyse mit zweifach gestuftem Faktor dieselben Voraussetzungen wie der t-Test hat – und ähnlich robust gegen ihre Verletzung ist –, sei diese ebenfalls durchgeführt. Varianzanalyse vergleicht – anders als aus der Bezeichnung zu vermuten – Mittelwerte, wobei nur eine zweiseitige Fragestellung bearbeitet werden kann. Die Alternativhypothese lautet also:

H$_1$: $\mu_F \neq \mu_M$ und entsprechend H$_0$: $\mu_F = \mu_M$.

Prüfgröße zur Entscheidung über H$_0$ ist ein mit F bezeichneter Quotient, in dessen Zähler wie beim t-Test ein Maß der Abweichung der zwei Stichprobenmittelwerte steht (weniger leicht unmittelbar als solches zu erkennen), im Nenner ein Maß der Streuungen innerhalb der einzelnen Stichproben (bis zu gewissem Grade vergleichbar der gewogenen mittleren Standardabweichung des t-Tests für unabhängige Stichproben).

Als erstes ist eine Größe zu bestimmen, die im t-Test nicht erscheint und deren Sinn zunächst möglicherweise etwas dunkel ist, nämlich $\bar{x}_G$, der Mittelwert sämtlicher Elemente aus beiden Gruppen; diese Größe ergibt sich somit im gewählten Beispiel zu 30 g. Nun sei die Summe der Abweichungsquadrate zwischen den Gruppen eingeführt, symbolisiert hier mit SAQ_{zwGr} (zu anderen Bezeichnungen s. 6.5.1). Sie berechnet sich im Beispiel folgendermaßen:

6.4 Vergleich zweier Stichproben hinsichtlich Mittelwerten

$SAQ_{zwGr} = n_F \cdot (\bar{x}_F - \bar{x}_G)^2 + n_M \cdot (\bar{x}_M - \bar{x}_G)^2$. Hier also:

$SAQ_{zwGr} = 6 \cdot (20-30)^2 + 3 \cdot (50-30)^2 = 1800$.

Wie leicht zu sehen, wird SAQ_{zwGr} genau dann 0, wenn beide Stichprobenmittelwerte identisch mit dem Gesamtmittelwert, also gleich, sind. Je unterschiedlicher die Mittelwerte der beiden Stichproben sind, desto größer wird SAQ_{zwGr}. Es lassen sich zwei wichtige Feststellungen treffen: Zum einen ist klar, dass man die Größe SAQ_{zwGr} auch dann bilden kann, wenn mehr als zwei Stichproben vorliegen, etwa wenn man drei Nationen bezüglich des Alkoholkonsums vergleichen würde, z.B. Deutsche, Österreicher und Schweizer; dann würde sich die Größe berechnen als

$SAQ_{zwGr} = n_D \cdot (\bar{x}_D - \bar{x}_G)^2 + n_O \cdot (\bar{x}_O - \bar{x}_G)^2 + n_S \cdot (\bar{x}_S - \bar{x}_G)^2$.

Weiter sieht man, dass der Zähler des F-Bruches und damit auch die Prüfgröße F denselben Wert annehmen würde, wenn die Mittelwerte der weiblichen und der männlichen Stichprobe vertauscht wären (also $\bar{x}_F = 50$ und $\bar{x}_M = 20$ gelten würde). Damit leuchtet unmittelbar ein, dass die Varianzanalyse nur zweiseitige Testung erlaubt.

Dies ist missverständlich; auch bei der Varianzanalyse wird eine Richtung getestet, nämlich dass die Varianz im Zähler des F-Bruches größer als die des Nenners ist. Gemeint ist hier, dass damit nur über Ungleichheit von Mittelwerten entschieden werden kann, nicht über deren Richtung.

Als weitere Größe wird die Summe der Abweichungsquadrate innerhalb der Gruppen (SAQ_{inn}) bestimmt; dazu werden die Einzelwerte in den Stichproben vom jeweiligen Stichprobenmittelwert abgezogen und die Differenzen quadriert; SAQ_{inn} ergibt sich dann als Summe sämtlicher Quadrate. Hier also:

$SAQ_{inn} = (x_{F_1} - \bar{x}_F)^2 + ... + (x_{F_6} - \bar{x}_F)^2 + (x_{M_1} - \bar{x}_M)^2 + ... + (x_{M_3} - \bar{x}_M)^2 =$
$(10-20)^2 + (20-20)^2 + (30-20)^2 + (10-20)^2 + (20-20)^2 + (30-20)^2$
$+ (50-50)^2 + (60-50)^2 + (40-50)^2 = 600$.

(Eine allgemeine Definition von SAQ_{inn} findet sich in 6.5.2). Es ist rasch zu erkennen, dass diese Größe genau dann 0 wird, wenn innerhalb jeder der Stichproben die Werte exakt gleich sind; je mehr sich die Werte in den Stichproben voneinander – und damit auch vom gemeinsamen Stichprobenmittelwert – unterscheiden, desto größer wird SAQ_{inn}.

Das Verhältnis von SAQ_{zwGr} und SAQ_{inn} ist also ein Maß dafür, wie sehr die Stichprobenmittelwerte voneinander im Verhältnis zu den Streuungen innerhalb der Stichproben abweichen. Allerdings hängt die erste der Größen noch wesentlich von der Zahl der betrachteten Stichproben ab – im allgemeinen Fall liegen ja mehr als deren zwei vor –, die zweite sowohl von der Anzahl der Stichproben als auch von ihren Umfängen ab (damit von der Gesamtzahl der Probanden). Es sind also vor Bildung des Prüfquotienten diesbezügliche Korrekturen durchzuführen. Dazu dividiert man SAQ_{zwGr} durch die Anzahl der

Freiheitsgrade zwischen den Gruppen (= Gruppenzahl $k - 1$) und erhält das mittlere Abweichungsquadrat zwischen den Gruppen (MAQ_{zwGr}). Also:

$$MAQ_{zwGr} = \frac{SAQ_{zwGr}}{k-1}; \text{hier } MAQ_{zwGr} = \frac{1800}{2-1} = 1800.$$

Dividiert man SAQ_{inn} durch die Zahl der Freiheitsgrade innerhalb der Gruppen (nämlich $n_F - 1 + n_M - 1 = N - 2$; allgemein $N - k$), erhält man das mittlere Abweichungsquadrat innerhalb der Gruppen (MAQ_{inn}). Hier:

$$MAQ_{inn} = \frac{SAQ_{inn}}{df_{inn}} = \frac{SAQ_{inn}}{N-k} = \frac{600}{9-2} = \frac{600}{7} = 85{,}71.$$

Die Größe MAQ_{inn} gibt jenen Anteil der Varianz der „zusammen gelegten" Stichproben an, welcher sich nicht durch die systematischen Gruppenunterschiede, hier durch Geschlechtsunterschiede, erklären lässt und wird deshalb in der Literatur häufig als Fehlervarianz bezeichnet. Gegen diese prüft man bei der einfaktoriellen Varianzanalyse die wahre, durch Unterschiedlichkeit der Gruppen zu erklärende Varianz (zur Begründung s. 6.5.1), bildet also die als F oder eindeutiger als F_{emp} bezeichnete Prüfgröße

$$F_{emp} = \frac{MAQ_{zwGr}}{MAQ_{inn}},$$

die hier den Wert 21 annimmt. Unter H_0 müsste sich F_{emp} in einem Bereich befinden, in dem für zufällig gezogene Werte der normalverteilten gemeinsamen Population die weitaus meisten der Größen F mit $k - 1 = 1$ Freiheitsgraden des Zählers und $n_F + n_M - 2 = 7$ Freiheitsgraden des Nenners liegen. Tafel 4 entnehmen wir bei $\alpha = 1\%$ als kritischen F-Wert für 1 und 7 Freiheitsgrade 12,25, d.h. unter Zufallsbedingungen würde in weniger als 1% der Fälle dieser oder ein größerer F-Wert gefunden; da F_{emp} nicht nur F_{krit} erreicht, sondern sogar überschreitet, verwerfen wir mit einer Irrtumswahrscheinlichkeit von 1% H_0 und folgern, dass sich die beiden Geschlechter im Alkoholkonsum unterscheiden. Wir haben also dasselbe Ergebnis erhalten wie mit dem t-Test.

Man erinnere sich, wie F-Werte mit Zählerfreiheitsgrad 1 und Nennerfreiheitsgrad 7 aus Elementen einer normalverteilten Population gewonnen werden (s. 5.4.4): Ein beliebiger Wert wird herausgegriffen, quadriert und durch die mittlere Quadratsumme 7 weiterer beliebig gezogener Werte dividiert; schließlich wurde zur Bestimmung von F die Wurzel gezogen. Unter H_0 wäre unsere oben berechnete Prüfgröße F_{emp} lediglich einer dieser zufällig gewonnenen F-Werte und müsste sich mit aller Wahrscheinlichkeit in einem engen Bereich um 1 bewegen. Liegt F_{emp} außerhalb eines Bereichs, wo 99% aller F-Werte liegen – wir haben diesmal ein Signifikanzniveau von 1% gewählt – ist davon auszugehen, dass die Nullhypothese nicht zutrifft.

Wir stellen unsere Rechenschritte noch einmal in einer übersichtlichen Tafel der Varianzanalyse dar (zum hier nicht benötigten SAQ_{tot} s. 6.5.2):

6.4 Vergleich zweier Stichproben hinsichtlich Mittelwerten   183

Quelle der Varianz	SAQ	df (Freiheitsgrade)	MAQ	Prüfgröße:
total	2400	$N-1$; hier: 8	$SAQ_{tot}/df_{tot} =$ 2400/8 = 300 (wird nicht benötigt)	$F_{emp} = MAQ_{zw}/MAQ_{inn} =$ 1800/85,71 = 21; $F_{krit;dfZ = 1;dfN =7;1\%} = 12,25.$
zwischen den Gruppen	1800	$k-1$; hier: $2-1=1$	$MAQ_{zw} =$ $SAQ_{zw}/df_{zw} =$ 1800/1 = 1800	$F_{emp} \geq F_{krit;dfZ = 1;dfN =7;1\%}.$ Folgerung: H_0 ablehnen; Unterschied ist signifikant.
innerhalb der Gruppen	600	$N-k$; hier: $9-2=7$	$MAQ_{inn} =$ SAQ_{inn}/df_{inn} = 600/7 = 85,71	

6.4.3 t-Test für abhängige (korrelierende) Stichproben

Nehmen wir an, in einer Diätklinik wurde bei 14 Personen eingangs und bei Entlassung das Körpergewicht erhoben und die in unten stehender Tabelle aufgeführten Werte erhalten. Im Mittel zeigt sich Abnahme des Gewichts; ist dieser Unterschied aber auch signifikant?

Person	Gewicht bei Eintritt in kg	Gewicht bei Entlassung	Gewichtsabnahme (d_i)
1	125,5	120,5	5
2	91	89	2
3	70	71	–1
4	85	85	0
5	78	70	8
6	64,5	59,5	5
7	72	65	7
8	80,2	75,2	5
9	120,3	115,3	5
10	76	72	4
11	69,5	66,5	3
12	72,2	66,2	6
13	110	101	9
14	120,6	108,6	12
	$\bar{x}_1 = 88,2; s_1 = 21,56$	$\bar{x}_2 = 83,2; s_2 = 20,37$	$\bar{d} = 5; s_d = 3,44$

Fragestellung und Art der Daten wie diese sind sehr häufig. Natürlich wurde nicht aus einer zuvor definierten Population eine Zufallsstichprobe gezogen. Es liegt hier umgekehrt eine Stichprobe vor, welche man sich als Teil einer fiktiven Grundgesamtheit vorstellt und von der man generalisieren will. In jedem Fall kann die Klinikleitung – sofern sie nicht bei Erhebung der Daten absichtlich oder unabsichtlich, etwa durch Selektion, Fehler gemacht hat – sicher sagen, dass der Befund bei Signifikanz nicht zufällig an nur genau dieser einen Stichprobe erhoben werden könnte, sondern auch für weitere Patientengruppen zu erwarten ist – vorausgesetzt, sie setzen sich nicht wesentlich anders zusammen.

Diese Überlegungen, die nicht eigentlich in das Gebiet der Statistik gehören, seien nicht weiter fortgesetzt. Damit das Beispiel einfach zu rechnen ist, haben wir zudem sehr schöne Werte für Gewichte und Gewichtsveränderungen gewählt – wobei es sich natürlich um eine kontinuierliche Variable mit allen möglichen vorkommenden Werten handeln soll.

Obwohl die Stichprobe vergleichsweise klein ist, soll der t-Test für korrelierende (abhängige) Stichproben eingesetzt werden, da Intervallskalierung auf jeden Fall gegeben ist und wenig gegen eine sonstige Verletzung der Voraussetzungen spricht. Keinen Grund gibt es hier, den t-Test für unabhängige Stichproben anzuwenden. Zum einen sind definitiv nicht die dafür nötigen Voraussetzungen erfüllt – die Werte der zweiten Stichprobe (nach Kur) wären nicht unabhängig von denen ersten Stichprobe; zum anderen würden wir wichtige Information damit „verschenken", und der t-Test für unabhängige Stichproben würde hier übrigens angesichts der enormen Varianzen der Körpergewichte sowohl vor wie nach der Kur nicht signifikant ausfallen ($t = 0{,}66$).

Korreliert man übrigens die Körpergewichte vor und nach Kur, besteht hier ein deutlicher Zusammenhang ($r = 0{,}99$). Weil Ähnliches immer dann zu erwarten ist, wenn eine paarweise, logisch begründete Zuordnung von Daten erfolgt (z.B. Alter oder Einkommen von jedem Teil eines Ehepaares), spricht man dann auch von korrelierenden Stichproben.

d_i bezeichne die Differenz von Proband P_i (also Gewicht vor Kur vermindert um Gewicht nach Kur), $\bar{d}$ und s_d Mittelwert und Streuung dieser Differenzen in der Stichprobe, δ die mittlere Gewichtsabnahme in der Population, σ_d die Populationsstreuung der Differenzen. Dann lautet H_1: $\delta > 0$ und H_0: $\delta \leq 0$.

Wir greifen auf die Argumentation von 6.3 zurück, wobei statt μ nun δ steht. Unter der Nullhypothese sollten in der Population die Werte von d_i einer Normalverteilung um $\delta = 0$ mit σ_d folgen, eventuell auch um einen Mittelwert links davon streuen, also einen negativen Wert (gleich bedeutend mit Gewichtszunahme) – welche Möglichkeit aber zunächst nicht weiter diskutiert werden soll. Dann würden die Mittelwerte $\bar{d}$ von Stichproben mit n Elementen einer t-Verteilung mit $n - 1$ Freiheitsgraden um 0 mit Standardabweichung $\dfrac{\sigma_d}{\sqrt{n}}$ folgen, $t_{emp} = \dfrac{\bar{d} - \delta}{\sigma_d} \cdot \sqrt{n}$ sich nach t mit $n - 1$ Freiheitsgraden verteilen. Schätzt man σ_d durch

$$s_d = \sqrt{\dfrac{\sum_{i=1}^{n}(d_i - \bar{d})^2}{n-1}} = \sqrt{\dfrac{\sum_{i=1}^{n}(d_i^2 - 2 d_i \cdot \bar{d} + \bar{d}^2)}{n-1}} = \sqrt{\dfrac{\sum_{i=1}^{n} d_i^2 - n \cdot \bar{d}^2}{n-1}} = \sqrt{\dfrac{504 - 350}{13}} = 3{,}44,$$

erhält man für die Prüfgröße

$$t_{emp} = \dfrac{\bar{d} - \delta}{\sqrt{\dfrac{\sum_{i=1}^{n} d_i^2 - n \cdot \bar{d}^2}{(n-1)}}} \cdot \sqrt{n} = \dfrac{\bar{d} - 0}{\sqrt{\dfrac{\sum_{i=1}^{n} d_i^2 - n \cdot \bar{d}^2}{n \cdot (n-1)}}} = \dfrac{5}{3{,}44} \cdot \sqrt{14} = 5{,}44. \qquad 6.6$$

6.4 Vergleich zweier Stichproben hinsichtlich Mittelwerten

Überschreitet diese $t_{n-1;1-\frac{\alpha}{2}}$ ($= t_{\text{krit.zweiseitig};n-1;\alpha}$) bei zweiseitiger Testung bzw. $t_{n-1;1-\alpha}$ ($= t_{\text{krit.einseitig};n-1;\alpha}$) bei einseitiger Testung (den kritischen t-Wert bei ein- oder zweiseitiger Testung, gesetztem α-Niveau, $n-1$ Freiheitsgraden), wird der Unterschied als nicht mehr zufällig angesehen.

Die Zahl der Freiheitsgrade als $n-1$ ergibt sich aus der Überlegung, dass nicht sämtliche der n im Nenner stehenden Werte aus der Population frei wählbar sind (zufällig gezogen werden können), wie es bei der Definition einer t-Verteilung mit n Freiheitsgraden gefordert wurde; vielmehr ist durch den Wert im Zähler bei freier Wahl von $n-1$ Elementen des Nenners der n-te Wert bereits festgelegt.

Die Voraussetzungen des t-Tests für abhängige Stichproben sind weniger rigoros als die des t-Tests für unabhängige Stichproben. War bei letzterem Homogenität der Varianzen verlangt, ist dies hier nicht erfordert, da in die Prüfgröße nur eine Varianz (bzw. Standardabweichung), nämlich σ_d bzw. s_d, eingeht. Vorauszusetzen ist hier, dass sich die Differenzen in der Grundgesamtheit normal verteilen; hingegen müssen die Werte in den beiden korrelierenden Stichproben (z.B. Gewicht vor und nach Kur) selbst nicht normalverteilt sein. Unverzichtbar ist natürlich auch beim t-Test für korrelierende Stichproben, dass die Werte metrisch skaliert sind. Zudem müssen sie innerhalb jeder der beiden Stichproben voneinander unabhängig sein: Die Wahrscheinlichkeit, dass eine Person P_i mit Wert x_i in der Stichprobe (entweder der ersten oder der zweiten) auftaucht, muss unabhängig davon sein, ob bereits P_j mit Wert x_j in dieser Stichprobe zu finden ist (s. Anmerkung 15).

6.4.4 Varianzanalyse mit Messwiederholung zum Vergleich korrelierender Stichproben

Vorbemerkungen

Sie entspricht dem t-Test für abhängige Stichproben und hat auch (im Wesentlichen) gleiche Voraussetzungen (s. dazu genauer 6.5.3): Intervallskalierung der (kontinuierlichen) Variable, Normalverteilung der Differenzwerte zwischen den beiden Messbedingungen, logisch zuzuordnende Paare von Werten (typischerweise aus prä-post-Messungen) und – nicht zu vergessen – stochastische Unabhängigkeit der Werte innerhalb jeder der beiden Stichproben (i.Allg. sicher gestellt durch Zufallsziehung der Probanden für die prä-Messung). Anders als beim t-Test für abhängige Stichproben ist – wie generell bei Varianzanalysen – nur zweiseitige Testung möglich. Da hierfür genauere Einführung in die Varianzzerlegung bei Messwiederholungen erforderlich ist, die erst ausführlich in 6.5.3 zur Sprache kommt, behandeln wir den Punkt an dieser Stelle eher summarisch. Gleichwohl ist es sinnvoll, sich in Vorbereitung auf die späteren schwierigen Überlegungen bereits mit den Rechenschritten vertraut zu machen.

Ein Beispiel

Person	Wert vor Therapie	Wert nach Therapie	$\overline{px}_i$ (mittlerer Wert von P_i)	Veränderung
P_1	7	4	5,5	3
P_2	7	6	6,5	1
P_3	9	5	7	4
P_4	12	8	10	4
P_5	10	2	6	8
	$\overline{x}_{vTh} = 9$	$\overline{x}_{nTh} = 5$		$\overline{d} = 4; s_d = 2,55$
	$\overline{x}_G = 7$			

Es sei bei 5 Patienten mit einer sozialen Phobie die durchschnittliche gemessene soziale Angst während eines halben Jahres vor und nach Therapie erhoben worden, wobei sich folgende (wieder einmal „schöne") Werte für vor und nach Therapie ergaben: 7 und 4; 7 und 6; 9 und 5; 12 und 8; 10 und 2 (s. obige Tabelle). Zeigt Varianzanalyse mit Messwiederholungen auf dem zweifach gestuften Faktor Zeit (Stufe 1: vor Therapie, Stufe 2: nach Therapie) signifikante Unterschiede? Die Alternativhypothese lautet demnach :
H$_1$: $\mu_{vTh} \neq \mu_{nTh}$ und entsprechend H$_0$: $\mu_{vTh} = \mu_{nTh}$.
Hier stellen wir mit besonderem Bedauern fest, dass die gerichtete Hypothese $\mu_{nTh} < \mu_{vTh}$ mittels Varianzanalyse nicht getestet werden kann.

Berechnung mit t-Test

Wir betrachten zunächst das Ergebnis des t-Tests für korrelierende Stichproben: Für $\overline{d}$ (mittlere Veränderung) berechnet sich 4; für die Prüfgröße gilt dann nach Formel 6.6:

$$t_{emp} = \frac{4}{\sqrt{\frac{26}{4}}} \cdot \sqrt{5} = \frac{4}{\sqrt{\frac{26}{20}}} = 3,51;$$

dieser Wert ist bei zweiseitiger Fragestellung und 4 Freiheitsgraden signifikant auf dem 5%-, nicht aber auf dem 1%-Niveau (kritische Werte: 2,78 und 4,60).

Berechnung mittels Varianzanalyse

Wieder bestimmen wir, wie bei einfaktorieller Varianzanalyse ohne Messwiederholungen, die Mittelwerte der beiden Stichproben $\overline{x}_{vTh}$ und $\overline{x}_{nTh}$ sowie den Gesamtmittelwert $\overline{x}_G$, also den der gemischten Stichprobe. Man erhält dafür: $\overline{x}_{vTh} = 9$; $\overline{x}_{nTh} = 5$; $\overline{x}_G = 7$ bei $n = 5$ (Anzahl Probanden bei jeder Messung); die Zahl der Abstufungen des Faktors – wir wollen sie k nennen – beträgt 2.
Wie bei der einfaktoriellen Varianzanalyse ohne Messwiederholungen gibt

$$SAQ_{zwGr} = n \cdot (\overline{x}_{vTh} - \overline{x}_G)^2 + n \cdot (\overline{x}_{nTh} - \overline{x}_G)^2$$

6.4 Vergleich zweier Stichproben hinsichtlich Mittelwerten

ein Maß für die Unterschiedlichkeit der Bedingungen; diese Größe ist genau dann 0, wenn sich die mittleren Messwerte in beiden Bedingungen nicht unterscheiden. In unserem Beispiel nimmt sie den Wert 40 an. Die durch Division durch die Freiheitsgrade $k-1$ (hier: $2-1=1$) erhaltene Größe MAQ_{zwBed} (hier 40, weil nur ein Freiheitsgrad) testen wir nun aber nicht gegen MAQ_{inn} – sonst würden wir genau wie bei der Varianzanalyse ohne Messwiederholungen vorgehen und die Abhängigkeit nicht berücksichtigen. Vielmehr wird eine neue Größe SAQ_{unsyst} bestimmt, die Summe der Abweichungsquadrate des Residuums, der (unsystematischen) Unterschiede innerhalb von Personen, die also nicht durch die unterschiedlichen Bedingungen erklärt werden können (s. genauer 6.5.3 mit einer Verallgemeinerung der Gleichung). Die Formel lautet:

$$SAQ_{unsyst} = \sum_{i=1}^{n}(x_{vTh_i} - \bar{x}_{vTh} - \overline{px}_i + \bar{x}_G)^2 + \sum_{i=1}^{n}(x_{nTh_i} - \bar{x}_{nTh} - \overline{px}_i + \bar{x}_G)^2,$$

hier also:

$$SAQ_{unsyst} = \sum_{i=1}^{5}(x_{vTh_i} - 9 - \overline{px}_i + 7)^2 + \sum_{i=1}^{5}(x_{nTh_i} - 5 - \overline{px}_i + 7)^2;$$

dabei bedeuten x_{vTh_i} und x_{nTh_i} die Werte des i-ten Probanden vor und nach Therapie, $\overline{px}_i$ der Mittelwert des i-ten Probanden über beide Bedingungen. Man beachte, dass $\overline{px}_1$, $\overline{px}_2$ usw. nicht Mittelwerte einer Stichprobe verschiedener Probanden, sondern Mittelwerte einer Person P_i bezeichnen. Zur Bestimmung von SAQ_{unsyst} summiert man also nicht die quadrierten Differenzen der einzelnen Probandenwerte vom jeweiligen Gruppenmittelwert (wie bei SAQ_{inn}), sondern vermindert diese Differenz um den Betrag, den der Proband generell über dem Mittelwert über sämtliche Bedingungen liegt (nämlich $\bar{x}_i - \bar{x}_G$). In unserem Fall berechnet sich also:

$$SAQ_{unsyst} = \begin{array}{l}(7-9-5{,}5+7)^2 + (4-5-5{,}5+7)^2 + \\ (7-9-6{,}5+7)^2 + (6-5-6{,}5+7)^2 + \\ (9-9-7+7)^2 + (5-5-7+7)^2 + \\ (12-9-10+7)^2 + (8-5-10+7)^2 + \\ (10-9-6+7)^2 + (2-5-6+7)^2 \end{array} = \begin{array}{l}0{,}5^2 + 0{,}5^2 \\ +1{,}5^2 + 1{,}5^2 \\ +0^2 + 0^2 \\ +0^2 + 0^2 \\ +2^2 + 2^2 \end{array} = 13.$$

Wie zu sehen, tragen P_3 und P_4 gar nichts zu dieser Residualvarianz bei, weil ihre Veränderungen im Zusammenhang mit der Therapie genau 4 betragen (gleich der mittleren Veränderung der Stichprobe), also die Unterschiedlichkeit der Werte vor und nach Therapie voll durch die mittlere Stichprobenveränderung (d.h. den Effekt der Bedingungen) erklärt werden kann.

Für die Freiheitsgrade von SAQ_{unsyst} gilt $df = (n-1) \cdot (k-1) = (5-1) \cdot (2-1) = 4$; damit berechnet sich MAQ_{unsyst}, der Nenner des F-Quotienten, zu

$$MAQ_{unsyst} = \frac{13}{4} = 3{,}25 \text{ und für den F-Wert selbst: } F = \frac{40}{3{,}25} = 12{,}31.$$

In Tafel 4 findet man für $\alpha = 5\%$ und 1% bei 1 Freiheitsgrad für den Zähler, 4 für den Nenner als kritische F-Werte 7,71 und 21,20. Der Gruppenunterschied ist also laut Varianzanalyse signifikant auf dem 5%-, nicht aber dem 1%-Niveau. Genau dieses Ergebnis lieferte der t-Test für abhängige Stichproben.

Wir stellen die Rechenschritte wieder in der praktischen Tafel der Varianzanalyse zusammen:

Quelle der Varianz	SAQ	df (Freiheitsgrade)	MAQ	Prüfgröße:
total (hier nicht benötigt)	78	$2n-1$; hier: 9	nicht benötigt	$F_{emp} = MAQ_{zw}/MAQ_{unsyst} =$ 40/3,25 = 12,31;
zwischen den Gruppen	40	$k-1$; hier: $2-1=1$	$MAQ_{zw} =$ $SAQ_{zw}/df_{zw} =$ 40/1 = 40	$F_{krit;dfZ=1;dfN=4;5\%} = 7,71$. $F_{emp} \geq F_{krit;dfZ=1;dfN=7;1\%}$.
innerhalb der Gruppen (hier nicht benötigt)	38	$2n-k$; hier: $10-2=8$	hier nicht benötigt	Folgerung: H_0 ablehnen; Unterschied ist signifikant.
Residual (unsystematisch)	13	$(n-1)(k-1)$; hier: 4	$MAQ_{unsyst} =$ $SAQ_{unsyst}/df_{unsyst} =$ 13/4 = 3,25	

6.4.5 U-Test (Mann-Whitney-Test)

Vorbemerkungen

Er entspricht hinsichtlich seiner Aussage dem t-Test für unabhängige Stichproben, ist aber gegenüber letzterem wesentlich voraussetzungsfreier. Der U-Test (Mann & Whitney-Test) gehört – zusammen u.a. mit dem in Abschnitt 6.4.6 zu besprechenden Wilcoxon-Test – zu den so genannten nonparametrischen Tests (parameterfreien Verfahren), da er die üblichen zur Prüfung herangezogenen (meist geschätzten) Populationsparameter wie Mittelwert, Standardabweichung und Verteilungsform nicht benötigt; statt dessen wird mit dem U-Test versucht, an Hand anderer Stichprobenkennwerte (hier des Aufbaus einer gemischten Rangreihe aus den Elementen der beiden Stichproben) Zufälligkeit auszuschließen (s. Anmerkung 16).

Der U-Test ist immer dann anzuwenden, wenn die Voraussetzungen des t-Tests für unabhängige Stichproben definitiv nicht gegeben sind, etwa wenn Daten nur auf Ordinalniveau vorliegen oder eklatante (und vermutlich für das Testergebnis bedeutsame) Verletzungen der Voraussetzungen des t-Tests gegeben sind (z.B. extreme Abweichung von der Normalverteilung). Weiter empfiehlt sich der Einsatz des Mann-Whitney-Tests dann, wenn die Stichprobenumfänge so klein sind, dass sich nicht mehr sicher über Homogenität der Varianzen und Normalverteilung entscheiden lässt. Generell gibt es gute Gründe, den U-Test häufiger einzusetzen als es bisher geschieht, zumal er durchaus scharf ist, in aller Regel ebenso zu Verwerfung von H_0 führt, wenn dies auch der t-Test nahe legt – umgekehrt kann bei extremer Verteilung sogar

6.4 Vergleich zweier Stichproben hinsichtlich Mittelwerten

der t-Test Beibehaltung der Nullhypothese nahe legen, während das Ergebnis des U-Tests für deren Ablehnung spricht.

Nachteil des U-Tests ist die Tatsache, dass sich die nach seiner Durchführung ergebende Folgerung nur sehr umständlich und wenig eingängig formulieren lässt: Mit dem U-Test wird nämlich nicht über Gleichheit oder Ungleichheit von Populationsmittelwerten entschieden (also über die Signifikanz des Mittelwertsunterschieds zweier Stichproben), sondern über die Gleichheit von Rangfolgen. Die mit dem U-Test zu prüfende H_0 (bei zweiseitiger Testung) lautet: Die Werte in Population 1 und Population 2 sind stochastisch gleich; bei einem zufällig heraus gegriffenen Paar von Werten – aus jeder Population je ein Wert – ist also die Wahrscheinlichkeit, dass das Element aus Population 1 größer ist als das aus Population 2, genau so groß wie die des umgekehrten Falles (s. Anmerkung 17).

Logik des U-Tests

Man habe der Illustration zu Liebe zwei sehr kleine Stichproben von weiblichen und männlichen Schülern mit den Umfängen $n_1 = 2$ und $n_2 = 3$ vorliegen – da die Tafeln für den Mann-Whitney-Test in bestimmter (Platz sparender) Weise angeordnet sind, ist darauf zu achten, dass n_1 kleiner oder bestenfalls gleich n_2 ist; gegebenenfalls muss umindiziert werden (s. übernächstes Beispiel). Die Werte in der Variable „Fernbleiben vom Unterricht in einem Schulhalbjahr" betragen 2 Tage und 9 Tage bei den beiden Mädchen, 7, 12 und 21 Tage bei den Knaben. Will man feststellen. ob Mädchen signifikant seltener fehlen, kann angesichts der kleinen Stichprobenumfänge (trotz metrischer Skalierung der Zufallsvariable) nicht der t-Test eingesetzt werden – später werden wir sehen, dass auch der U-Test bei diesen geringen Stichprobenumfängen keine Entscheidung bringen kann.

Statt Mittelwerte zu vergleichen, vergleicht man Mädchen und Jungen hinsichtlich ihrer Rangplätze in der Zufallsvariablen und vermutet nach dem oben Gesagten, dass Mädchen eher untere, Jungen obere Rangplätze einnehmen. Bezeichnen wir zur Vermeidung komplizierter Indizes die Werte (Fehltage) der Mädchen in der Population der betrachteten Schüler einfach mit a, die der Knaben mit b, lautet damit

H_1: $p(a<b) > p(a>b)$ (oder äquivalent: $p(a<b) > 0,5$) und

H_0: $p(a<b) \leq p(a>b)$ (oder äquivalent: $p(a<b) \leq 0,5$) – wie erinnerlich, beziehen sich H_1 und H_0 auf Grundgesamtheiten, nicht auf Stichproben. Strenggenommen müssten wir statt p dann π (als Symbol für die Populationswahrscheinlichkeit) schreiben.

Wir bringen die Werte beider Stichproben in eine **gemeinsame** Rangreihe (s. unten stehende Tabelle).

Rangplätze der Werte aus 1. Stichprobe in der gemeinsamen Rangreihe	Werte aus 1. Stichprobe (geordnet)	Werte aus 2. Stichprobe (geordnet)	Rangplätze der Werte aus 2. Stichprobe in der gemeinsamen Rangreihe
1	2		
		7	2
3	9		
		12	4
		21	5
$R_1 = 1 + 3 = 4;$ $U_1 = R_1 - \dfrac{n_1 \cdot (n_1 + 1)}{2} =$ $4 - \dfrac{2 \cdot 3}{2} = 1.$			$R_2 = 2 + 4 + 5 = 11;$ $U_2 = R_2 - \dfrac{n_2 \cdot (n_2 + 1)}{2} =$ $11 - \dfrac{3 \cdot 4}{2} = 5.$

Es liegt nun nahe, über H_0 an Hand der beiden Rangsummen in der gemeinsamen Rangreihe zu entscheiden. Dazu erstellen wir eine Tabelle, in der wir die Werte beider Stichproben in eine gemeinsame Rangreihe bringen und getrennt zunächst die Rangsummen bilden (R_1 für Stichprobe 1, hier Mädchen, R_2 für Stichprobe 2). Um sicher zu sein, nicht bereits hier einen Fehler gemacht zu haben, addieren wir R_1 und R_2 und sollten die Rangsumme der Gesamtreihe erhalten, also

$$\frac{(n_1 + n_2) \cdot (n_1 + n_2 + 1)}{2} = \frac{5 \cdot 6}{2} = 15;$$

– im Falle von Rangbindungen, wie sie üblicherweise auftreten (s. unten), ist eine solche Probe praktisch unverzichtbar. Offenbar hängen die Rangsummen wesentlich von den Stichprobenumfängen ab und eignen sich somit nicht zur Beurteilung der Durchmischung der Rangplätze. Wir subtrahieren daher von R_1 die Rangsumme, welche die Werte der ersten Stichprobe allein auf Grund ihrer Anzahl immer wenigstens haben müssen, nämlich $1 + 2 = 3$ (allgemein $n_1 \cdot (n_1 + 1)/2$) und nennen die so „bereinigte" Rangsumme U_1 (hier: 1); entsprechend berechnet sich

$$U_2 = R_2 - \frac{n_2 \cdot (n_2 + 1)}{2} = 11 - \frac{3 \cdot 4}{2} = 5\,. \qquad 6.7$$

Man prüfe nun erneut auf eventuelle Rechenfehler und vergewissere sich, dass $U_1 + U_2 = n_1 \cdot n_2$ gilt – was in diesem Fall erfüllt ist.

Diese bereinigten Rangsummen lassen sich anschaulicher erklären: U_1 ist nämlich die Zahl der notwendigen Vertauschungen mit einem Nachbarelement, um sämtliche Elemente von Stichprobe 1 auf die ersten Rangplätze zu befördern. In unserem Beispiel hätte das Mädchen mit den 9 Fehltagen den Platz mit dem 7-mal fehlenden Jungen vertauschen müssen, um eine perfekte Anordnung „vorne: Mädchen, hinten: Jungen" zu erhalten. Entsprechend wäre U_2 die Anzahl

6.4 Vergleich zweier Stichproben hinsichtlich Mittelwerten

notwendiger Vertauschungen, um alle Werte von Stichprobe 2 in die vordere Reihe zu bringen. (Hier 2 Vertauschungen, um das häufiger fehlende der beiden Mädchen ganz nach hinten zu schaffen und weitere 3 für das Mädchen mit den geringsten Fehltagen).

Weniger anschaulich ist die ursprüngliche Definition: U_1 bezeichnet die Zahl der Fälle, in denen Elemente der 1. Stichprobe hinter einem Element der 2. Stichprobe stehen; das ist lediglich der Fall bei Wert 9, der hinter 7 (aus Stichprobe 2) steht. Analog wäre U_2 definiert, nämlich als Zahl der Fälle, in denen ein Element aus der 2. Stichprobe hinter einem Element aus der ersten steht. Der Wert 7 steht hinter dem Wert 2; weiter stehen 12 und 21 jeweils sowohl hinter 2 als auch 9, womit U_2 insgesamt 5 beträgt.

Wie zu sehen, ist U_1 auf Grund obiger Gleichung durch U_2 eindeutig bestimmt und umgekehrt. Es wird also genügen, der Einfachheit halber sich auf die Signifikanzprüfung des kleineren der beiden Werte zu beschränken, dessen Überschreitungswahrscheinlichkeit (hier besser: Unterschreitungswahrscheinlichkeit bzw. dessen zugehöriger kritischer Wert) allein in den Tafeln angeführt sind (s. Anmerkung 18). Dass in unserem Beispiel U_1 kleiner als U_2 ist, würde zu H_1 passen. Ist dieser Befund aber auch signifikant? Dies wird üblicherweise durch Nachlesen in Tafeln entschieden (s. unten). In diesem Fall kann jedoch auch einfache Überlegung zu einer Entscheidung führen.

Unter H_0 sind alle Ranganordnungen von 2 mit a und 3 mit b bezeichneten zufällig gezogenen Elementen der Population gleich wahrscheinlich. Insgesamt gibt es

$$\binom{5}{2} = 10 \text{ verschiedene Anordnungen,}$$

nämlich $a,a,b,b,b;$ $a,b,a,b,b;$ $a,b,b,a,b;$ $a,b,b,b,a;$ $b,a,a,b,b;$ $b,a,b,a,b;$ $b,a,b,b,a;$ $b,b,a,a,b;$ $b,b,a,b,a;$ b,b,b,a,a. Zur ersten Anordnung gehört ein U_1 von 0, zur zweiten ein U_1 von 1, zu allen weiteren Anordnungen Werte von U_1 größer als 1. Die Wahrscheinlichkeit, bei 2 und 3 zufällig gezogenen Elementen ein U_1 von 1 oder weniger zu erhalten, ist somit 20%; hinzu kommt die eben so große Wahrscheinlichkeit, dass U_2 einen Wert von 1 oder weniger hat – dann hätten wir dieses als Prüfgröße heran gezogen. Es lässt sich deshalb bei $\alpha = 5\%$ H_0 nicht ausschließen – ebenso wenig für $U_1 = 0$.

Wir üben das Arbeiten mit diesem wichtigen Test an einem zweiten Beispiel. In einer Schulklasse mit ausschließlichem Vormittagsunterricht habe man bei 7 Schülern folgende Noten erhalten: 1; 2; 4; 2; 3; 5; 3, in einer anderen mit ausschließlichem Nachmittagsunterricht im selben Fach die Noten 3; 4; 4; 3; 5. Unterscheiden sich die Klassen signifikant in den Noten?

Wieder sei betont, dass es sich nicht um Zufallsstichproben handelt. Andererseits stellt sich ein Problem wie dieses, Befunde gegen Zufälligkeit abzusichern, häufig und muss irgendwie gelöst werden. Es wäre wenig sinnvoll, hier auf statistisches Testen überhaupt zu verzichten.

Angesichts der Tatsache, dass Noten nicht intervallskaliert sind, bietet sich zur Prüfung auf Überzufälligkeit der U-Test an. Zunächst benennen wir die Stichproben so, dass n_2, der Umfang der zweiten Stichprobe, größer oder bestenfalls gleich n_1 ist. Seien mit a die Werte der ersten Population (der zur ersten Stichprobe, also der mit Nachmittagsunterricht gehörigen Population), mit b die der zweiten Population bezeichnet, lautet demnach bei ungerichteter Fragestellung die Alternativhypothese:

H_1: $p(a < b) \neq p(b < a)$ und die Nullhypothese: H_0: $p(a < b) = p(b < a)$.

Wieder ordnen wir die Werte der Größe nach an und bestimmen die Rangplätze in einer gemeinsamen Rangreihe. Im Falle von Rangbindungen (also Ranggleichheit mehrerer Werte) mitteln wir die einzelnen Rangwerte – wie bereits in 3.3.2 bei der Berechnung des Spearman'schen Korrelationskoeffizienten durchgeführt; sicherheitshalber wird das Vorgehen hier noch einmal erläutert.

Rangplätze der Werte aus 1. Stichprobe in der gemeinsamen Rangreihe	Werte aus 1. Stichprobe (geordnet)	Werte aus 2. Stichprobe (geordnet)	Rangplätze der Werte aus 2. Stichprobe in der gemeinsamen Rangreihe
		1	1
		2	2,5
		2	2,5
		3	5,5
5,5	3		
		3	5,5
5,5	3		
		4	9
9	4		
9	4		
11,5	5		
		5	11,5
$R_1 = 40{,}5$; $U_1 = R_1 - \dfrac{n_1 \cdot (n_1 + 1)}{2} =$ $40{,}5 - \dfrac{5 \cdot 6}{2} = 25{,}5.$			$R_2 = 37{,}5$; $U_2 = R_2 - \dfrac{n_2 \cdot (n_2 + 1)}{2} =$ $37{,}5 - \dfrac{7 \cdot 8}{2} = 9{,}5.$

Die Note 1 tritt nur einmal auf und erhält damit notwendig Rangplatz 1. Die Note 2 kommt 2mal vor, ist also auf die Rangplätze 2 und 3 zu verteilen; da es keinen Grund gibt, der einen Person mit Note 2 Rang 2, der anderen Rang 3 zuzuordnen, erhalten beide den Rangplatz 2,5. Nun sind die ersten drei Rangplätze vergeben und es geht mit Rangplatz 4 weiter. Die vier folgenden Noten 3 müssen nun gleichmäßig auf die Rangplätze 4, 5, 6 und 7 verteilt werden; mit demselben Argument wie oben verleihen wir salomonisch jeder dieser gleichen Noten Rangplatz 5,5. Wir fahren nun fort mit Rangplatz 8. Die Rangplätze 8, 9 und 10 teilen sich die Schüler mit Note 4 und jedem wird daher Rangplatz 9 zugewiesen. Die beiden Noten 5 sind auf die Rangplätze 11 und 12 zu verteilen, weshalb ihnen jeweils der Mittelwert 11,5 zugeordnet wird.

6.4 Vergleich zweier Stichproben hinsichtlich Mittelwerten

Bei diesen Zuordnungen sind Fehler recht wahrscheinlich und es wird daher dringend zur Probe geraten. Wir überprüfen also, ob die einzelnen Rangsummen R_1 und R_2 zusammen die Rangsumme der Gesamtreihe ergeben und ob die Prüfgrößen U_1 und U_2 sich zum Produkt der Stichprobenumfänge addieren. Also:

$$R_1 + R_2 = 40,5 + 37,5 = 78 = \frac{12 \cdot 13}{2} = \frac{(5+7) \cdot (5+7+1)}{2} = \frac{(n_1+n_2) \cdot (n_1+n_2+1)}{2};$$

$$U_1 + U_2 = 25,5 + 9,5 = 35 = 5 \cdot 7 = n_1 \cdot n_2.$$

Mit dem kleineren Prüfwert, hier $U_2 = 9,5$, gehen wir in Tafel 7 und überprüfen, ob U_2 den für das gewählte Signifikanzniveau von 5% gegebenen kritischen Wert erreicht oder **unter**schreitet. Dies ist nicht der Fall; der kritische Wert von 5 ($\alpha = 2,5\%$ bei einseitiger, 5% bei zweiseitiger Fragestellung) wird überschritten, und wir behalten H_0 bei: Die Noten unterscheiden sich (stochastisch) nicht zwischen Klassen mit Vormittags- und Nachmittagsunterricht.

In vielen Statistikbüchern sind die Tafeln für den U-Test anders aufgebaut. Für kleinere Stichprobenumfänge sind nicht die kritischen Werte, sondern die Überschreitungswahrscheinlichkeiten (besser: Unterschreitungswahrscheinlichkeiten) angegeben, also die Wahrscheinlichkeit, unter der Nullhypothese dieses empirisch gefundene U oder ein kleineres zu erhalten. Ist diese Überschreitungswahrscheinlichkeit kleiner als das gewählte Signifikanzniveau (also üblicherweise 5%), wird H_0 verworfen.

In Tafel 7 beachte man, dass sich die kritischen Werte auf einseitige Testung beziehen; bei zweiseitiger Testung und Signifikanzniveau α kann H_0 nur dann verworfen werden, wenn der kritische Wert für $\alpha/2$ erreicht oder unterschritten wird.

Für große Stichprobenumfänge, d.h. $n_2 > 20$, die zufällig ein und derselben Population entnommen werden, verteilt sich U in etwa normal um

$$\frac{n_1 \cdot n_2}{2} \text{ mit Standardabweichung } \sqrt{\frac{n_1 \cdot n_2 \cdot (n_1 + n_2 + 1)}{12}}.$$

Um zu überprüfen, ob das empirisch gefundene U noch mit der Nullhypothese vereinbar ist, bildet man deshalb den z-Wert von U, also den Quotienten

$$z_U = \frac{U - \dfrac{n_1 \cdot n_2}{2}}{\sqrt{\dfrac{n_1 \cdot n_2 \cdot (n_1 + n_2 + 1)}{12}}}$$

und überprüft, ob der Absolutbetrag dieses Wertes 1,96 bei zweiseitiger, 1,64 bei einseitiger Testung überschreitet (bei einem Signifikanzniveau von 5%); auf dem 1%-Niveau der Irrtumswahrscheinlichkeit müsste 2,58 bzw. 2,33 überschritten werden.

Bei großen Stichproben und zahlreichen Rangbindungen überschätzt man die zur Bildung der normalverteilten Prüfgröße benötigte Varianz im Nenner und testet dabei dann etwas zu konservativ. Da bei größeren Stichprobenumfängen ohnehin der U-Test selten von Hand gerechnet wird und in Rechnerprogrammen i. Allg. Korrekturen durchgeführt werden, sei auf Details nicht weiter eingegangen.

Die Voraussetzungen für die Durchführung des U-Tests sind schwach: Weder müssen die Daten metrisch skaliert sein – Ordinalniveau genügt – noch werden an ihre Verteilung spezielle Anforderungen gestellt. Unverzichtbar ist aber auch hier die Unabhängigkeit der Daten im doppelten Sinne: Zum einen muss sicher gestellt sein, dass die Wahrscheinlichkeit für einen Probanden P_i, mit Wert x_i in eine der Stichproben aufgenommen zu werden, unabhängig davon ist, ob sich in derselben Stichprobe ein bestimmter Proband P_j mit seinem Wert x_j befindet – würden die Schüler unserer Stichprobe mit Vormittagsunterricht voneinander abschreiben, wäre diese Voraussetzung natürlich verletzt. Weiter müssen die Probanden mit ihren Werten in den unterschiedlichen Stichproben voneinander unabhängig gewonnen werden; insbesondere dürften keine sinnvoll einander zuzuordnende Paare von Probanden gebildet werden können.

Sind die Voraussetzungen sowohl für t-Test wie U-Test erfüllt, ist letzterer erwähntermaßen geringfügig unschärfer (hat geringere Power); um H_0 gerade noch zurückweisen zu können, müssten die Stichprobenumfänge bei seiner Anwendung etwas größer sein (circa um 5%). Hingegen wird man H_0 bei Benutzung des t-Tests häufig beibehalten müssen, wenn dessen Voraussetzungen nicht zutreffen; umgekehrt würde das Ergebnis des U-Tests dann öfter Verwerfung der Nullhypothese möglich machen (s. Anmerkung 19).

6.4.6 Wilcoxon-Test

Vorbemerkungen

Der Wilcoxon-Test (genauer: der Wilcoxon-Test für abhängige Stichproben, da es auch einen eher selten eingesetzten Wilcoxon-Test für unabhängige Stichproben gibt; s. Anmerkung 18) ist das nonparametrische Pendant zum t-Test für abhängige Stichproben. Er stellt eine spezielle Variante des U-Tests für unabhängige Stichproben dar und basiert wie dieser auf einem Vergleich von Rangwerten. Entsprechend ist er weitgehend voraussetzungsarm, verlangt insbesondere nur Ordinalniveau für die untersuchten Daten und stellt keine besonderen Anforderungen an die Verteilungsform.

Logik des Vorgehens

Gehen wir vom einleuchtendsten Fall der prä-post-Messungen aus, bei denen also Probanden einmal vor, einmal nach einem Ereignis gemessen werden – oft ist das in Medizin und Psychologie betrachtete Ereignis eine Therapie. Unter der Nullhypothese, dass dieses stochastisch an der Verteilung der Variablenwerte nichts ändert, sollten die Veränderungen, die sich an einigen Probanden in positiver Richtung vollziehen, sich in etwa mit den negativen Veränderungen bei anderen aufheben. Würde man also die Absolutbeträge der

6.4 Vergleich zweier Stichproben hinsichtlich Mittelwerten

positiven und negativen Veränderungen in eine gemeinsame Rangfolge bringen, müsste diese unter H_0 gut durchmischt sein. Wäre hingegen i. Allg. eine positive Veränderung zu erwarten, so sollten Probanden mit positiven Differenzen zwischen post- und prä-Werten zum einen zahlenmäßig überwiegen, zum anderen sollten deren Veränderungen größenmäßig stärker sein als die der erwartungsgemäß wenigen Probanden mit gegensinnigen Reaktionen.

Das erfahrungsgemäß oft erst nach gewisser Übung nachvollziehbare Vorgehen sei an einem konkreten Beispiel eingeführt. Ein Untersucher hat die Hypothese, dass die Halbjahresnoten stochastisch schlechter sind als die Noten am Ende des Schuljahres und erhebt deshalb an einer Zufallsstichprobe von 10 Schülern diese Noten. Als x_{H_i} sei die Note des i-ten Schülers im Halbjahreszeugnis bezeichnet, als x_{S_i} seine Schlussnote; allgemein bezeichne für ein Element der Population x_H und x_S seine Note im Zwischen- und Endzeugnis. Die Alternativhypothese lautet dann:

H_1: $p(x_H > x_S) > p(x_H < x_S)$, äquivalent: $p(x_H > x_S) > 0{,}5$.

(In Worten: Es ist wahrscheinlicher, im Halbjahreszeugnis eine schlechtere Note als im Endzeugnis zu haben als der umgekehrte Fall). Entsprechend ist die Nullhypothese zu formulieren:

H_0: $p(x_H > x_S) \leq p(x_H < x_S)$, äquivalent: $p(x_H > x_S) \leq 0{,}5$.

Als Verlässlichkeitsniveau setzen wir, wie schon so oft, 5% an.
Es ergeben sich folgende paarweise Werte: 4 und 3; 2 und 3; 4 und 2; 2 und 2; 2 und 3; 4 und 4; 5 und 3; 3 und 2; 5 und 3; 4 und 1.
Zunächst bildet man die Differenzen d_i und zwar zweckmäßig so, dass im Sinne von H_1 viele und hoch positive Werte zu erwarten sind, also:

$d_i = x_{H_i} - x_{S_i}$.

Zunächst sind alle Probanden aus der Stichprobe herauszunehmen, deren Differenzen genau 0 ergeben, also die Schüler mit den Nummern 4 und 6. Man hat also nun nur noch eine Stichprobe mit 8 Schülern – beim Nachschlagen in der Tafel 6 ist unbedingt von $n = 8$ auszugehen.

Proband P_i	$d_i = x_{H_i} - x_{S_i}$	Rangplatz von $|d_i|$	Rangplatz der $d_i < 0$	Rangplatz der $d_i > 0$
P_1	1	2,5		2,5
P_2	–1	2,5	2,5	
P_3	2	6		6
P_4	–	–	–	–
P_5	–1	2,5	2,5	
P_6	–	–	–	–
P_7	2	6		6
P_8	1	2,5		2,5
P_9	2	6		6
P_{10}	3	8		8
			$T_- = 5$	$T_+ = 31$

Diese Differenzen werden neben den Probanden in die Spalte einer Tabelle eingetragen – der Übersicht wegen sind auch die Probanden 4 und 6 angeführt, ihnen jedoch keine Werte für die Differenz zugeordnet. Wie zu sehen, sind negative Differenzen (also Verschlechterung der Schulnoten) seltener (nur bei den Schülern 2 und 5) und zudem sind diese wenigen beobachteten Verschlechterungen quantitativ gering. Nun werden die Differenzen hinsichtlich ihrer Absolutwerte in eine Reihenfolge gebracht – man mache keineswegs den Fehler, erst die negativen Werte ihrer Größe nach zu ordnen und dann die positiven Werte (damit würde der Wilcoxon-Test so gut wie immer signifikant ausfallen); zudem muss auf jeden Fall der kleinste Wert den niedrigsten Rangplatz bekommen (auf dieser Annahme basiert Tafel 6). Mit Rangbindungen halten wir es wie beim U-Test: Der Absolutbetrag der Differenz 1 tritt 4-mal auf, nämlich bei P_1, P_2, P_5 und P_6. Daher bekommen alle P_i mit $|d_i|=1$ den mittleren Rangplatz 2,5 zugewiesen. Die Rangplätze 5, 6 und 7 teilen sich die Schüler mit den Nummern 3, 7 und 9; jeder erhält den mittleren Rangplatz 6. Rangplatz 8 nimmt P_{10} ein. Nun addiert man getrennt die Rangplätze für die Probanden mit negativen Differenzen (Spalte $d_i < 0$ in der Tabelle) und für Probanden mit positiven Differenzen (Spalte $d_i > 0$). Ihre Summen bezeichnen wir mit T_- und T_+ und erhalten: $T_- = 5$, $T_+ = 31$. Unbedingt mache man die Probe, ob $T_- + T_+$ die Rangsumme sämtlicher Plätze ergibt, also $n \cdot (n+1)/2$ (hier der Fall). Die Vorzeichen der beiden Prüfgrößen entsprechen unserer Erwartung: Die positiven Veränderungen (bessere Noten im Abschluss- als im Halbjahrszeugnis) haben höhere Rangplätze – anderenfalls hätten wir den Vorgang abbrechen müssen, da wir uns auf eine Richtung festgelegt hatten. Es bleibt zu prüfen, ob die Prüfwerte genug stark vom Erwartungswert

$$E(T) = \frac{n \cdot (n+1)}{4}, \text{hier} 18,$$

abweichen, um nicht mehr mit der Nullhypothese vereinbar zu sein. Dazu benutzen wir den kleineren Wert, also 5, und vergleichen ihn mit dem in Tafel 6 für $n = 8$, einseitige Testung und ein Signifikanzniveau von 5% abzulesenden kritischen Wert von 5; dieser wird genau angenommen – er muss beim Wilcoxon-Test erreicht oder **unter**schritten werden – und daher ist H_0 zu verwerfen. Halbjahresnoten sind somit signifikant schlechter als die Noten im Jahresabschlusszeugnis.

Streng genommen hätte man „stochastisch" hinzufügen müssen, was aber weder richtig verstanden wird noch tatsächlich den Sachverhalt entscheidend präzisiert. Bei der Formulierung des Ergebnisses vermeide man auf jeden Fall, „im Mittel" oder „durchschnittlich" zu verwenden, da nur der t-Test (bzw. die Varianzanalyse) Aussagen über Mittelwerte zweier Populationen macht.

Wie der U-Test ist der Wilcoxon-Test vergleichsweise scharf, steht dem t-Test für abhängige Stichproben diesbezüglich kaum nach, ist aber deutlich voraussetzungsärmer. Wiederum kann nicht auf die Voraussetzung verzichtet werden, dass die Probanden einer Stichprobe nach Zufallsprinzip gewonnen wurden und somit ihre Werte stochastisch unabhängig sind.

6.5 Varianzanalyse

6.5.1 Vorbemerkungen, Begrifflichkeiten, Überblick

Vorbemerkungen; terminologische Klärungen

Anders als es der Name vermuten lässt, vergleicht die Varianzanalyse (oft abgekürzt: VA) Mittelwerte (bedient sich aber dazu bestimmter Varianzen); das Verfahren entspricht somit den t-Tests für unabhängige und abhängige Stichproben, geht aber in seiner Anwendbarkeit weit über letztere hinaus. Zum einen kann nämlich die Gruppierungsvariable – wir werden sie Faktor oder unabhängige Variable nennen – mehr als zweifach gestuft sein. Während es beispielsweise mit dem t-Test für korrelierende Stichproben lediglich möglich ist, Patienten hinsichtlich einer therapierelevanten Variablen (der „abhängigen" Variable) zu zwei Zeitpunkten zu vergleichen, etwa vor und unmittelbar nach Therapie, lassen sich bei varianzanalytischen Auswertungen viel mehr Messzeitpunkte einbeziehen, z.B. einige Monate vor Therapie, direkt vor Therapie, unmittelbar nach Therapie, ein halbes Jahr nach Therapie (s. Anmerkung 20). Ebenso gelingt es mittels des t-Tests für unabhängige Stichproben nur, gleichzeitig zwei Stichproben, beispielsweise Bulimie- und Anorexiepatienten, hinsichtlich einer abhängigen Variablen, etwa Depressionswerten, zu vergleichen, wohingegen sich in einer simultan durchgeführten varianzanalytischen Rechnung auch weitere Gruppen in den Vergleich hinsichtlich Depressionscores einbeziehen lassen, z.B. zusätzlich Angst- und Zwangspatienten.

Nicht allerdings kann mit der univariaten Varianzanalyse, die allein Gegenstand dieses Abschnitts ist, ein Vergleich bezüglich mehrerer abhängiger Variabler durchgeführt werden, beispielsweise ein gleichzeitiger Vergleich der genannten Gruppen hinsichtlich sowohl Depressions- als auch Angstwerten erfolgen. Im Rahmen univariater Varianzanalysen müssten in diesem Fall hintereinander – mit gewissen, im nächsten Abschnitt zu besprechenden statistischen Schwierigkeiten – zwei Varianzanalysen mit denselben Stufen der unabhängigen Variablen (z.B. den vier klinischen Gruppen) und den abhängigen Variablen Angst- und Depressionswerten durchgeführt werden. Gleichzeitige Untersuchung zweier oder mehr abhängiger Variablen gelingt nur mittels der im nächsten Kapitel angedeuteten multivariaten Varianzanalyse.

Weiter lassen sich – und das ist die noch bedeutsamere Erweiterung von Varianzanalysen gegenüber t-Tests – **mehrere unabhängige** Variable gleichzeitig in die Auswertung einbeziehen. So könnten in dem oben geschilderten Längsschnittdesign zur Erhebung des Therapieerfolgs Patienten mit zwei verschiedenen Behandlungsformen betrachtet werden und es ließe sich dann feststellen, ob sich die Therapiemethoden generell in ihrer Wirksamkeit (gemittelt über Messzeitpunkte) unterscheiden, ob es signifikante Unterschiede zwischen den Zeitpunkten gibt (hier natürlich zu erwarten) oder ob schließlich eine Wechselwirkung zwischen Form der Behandlung und Zeitpunkten besteht; letztere wäre z.B. gegeben, wenn die Therapieeffekte anfangs gleich groß wären, nach einem halben Jahr aber sich die eine der Methoden als besser erweisen würde.

Die Variable, deren unterschiedliche Mittelwerte zwischen Gruppen oder deren Verlauf über Zeitpunkte wir im Rahmen univariater Varianzanalysen untersuchen wollen, bezeichnen wir im Weiteren als abhängige Variable; die Variablen, deren Einfluss auf die abhängige Variable untersucht werden soll, heißen unabhängige Variablen (s. Anmerkung 21); statt von unabhängigen Variablen spricht man häufig von Faktoren (nicht zu verwechseln mit den aus der Faktorenanalyse erhaltenen Konstrukten; es handelt sich um zufällige Namensgleichheit). Die verschiedenen Ausprägungen der unabhängigen Variablen (Faktoren) nennen wir ihre Stufen.

Beispiele sollten diese zentralen Begriffe verständlich machen. Interessiert man sich für den Olivenölverbrauch (abhängige Variable) in den drei Mittelmeerländern Griechenland, Italien und Spanien und hätte dazu drei nicht weiter differenzierte Stichproben von Bewohnern dieser Länder diesbezüglich untersucht, handelte es sich um einen einfaktoriellen (einfachen) varianzanalytischen Versuchsplan mit dem einzigen Faktor (der einzigen Gruppierungsvariable) Länderzugehörigkeit auf drei Stufen (nämlich Griechen, Italiener, Spanier). Erhebt man von vornherein in jedem Land getrennte Stichproben von Frauen und Männern, hätte man als zweiten Faktor (als zweite unabhängige Variable) Geschlecht eingeführt (dieses auf den zwei Stufen Frau und Mann) und würde dann eine zweifaktorielle (zweifache) Varianzanalyse rechnen. Dies wird auch als 3x2-Varianzanalyse bezeichnet (Faktor 1 auf 3 Stufen, Faktor 2 auf 2 Stufen). Hätte man vor der Untersuchung, schon bei Erhebung der Stichproben, schließlich noch zwischen Stadt- und Landbevölkerung unterschieden, handelte es sich um eine dreifaktorielle Varianzanalyse, formal ausgedrückt, um eine 3x2x2-Varianzanalyse (s. Anmerkung 22). Würde man nun noch den Olivenölverbrauch wiederholt bei denselben Personen erheben, etwa im Winter, Frühjahr, Sommer und Herbst, wäre ein vierter Faktor eingeführt worden, am Besten mit Jahreszeiten zu benennen und mit 4 Abstufungen vorliegend. Auf diesem Faktor würden dann Messwiederholungen durchgeführt. Es handelt sich nun um eine vierfaktorielle, genauer eine 3x2x2x4-Varianzanalyse mit Messwiederholungen auf dem 4. Faktor.

Ein weiteres Beispiel: Werden zwei Stichproben depressiver Patienten mit zwei verschiedenen Therapien behandelt und zu 5 verschiedenen Zeitpunkten der Therapieerfolg gemessen (operationalisiert durch eine einzige Variable), so liegt ein univariater 2x5-faktorieller varianzanalytischer Versuchsplan mit Messwiederholungen auf dem 5fach gestuften 2. Faktor (Messzeitpunkte) vor. Würde man den Therapieerfolg über mehrere Variablen (z.B. 10 verschiedene Scores in Fragebögen) operationalisieren, wären hintereinander 10 univariate 2x5-faktorielle Varianzanalysen durchzuführen, um den Therapieerfolg in jeder der Variablen statistisch abzusichern (wie gesagt, nicht unproblematisch; s. 6.5.2). Wollte man gleichzeitig alle abhängigen Variablen betrachten, müsste

6.5 Varianzanalyse

eine multivariate Varianzanalyse zum Einsatz kommen. Merke also: **Mehrfaktoriell** bezieht sich auf die **Zahl der unabhängigen Variablen** (Gruppierungsvariablen, Faktoren), **multivariat** auf die **Zahl** der gleichzeitig in die Analyse einbezogenen **abhängigen Variablen**; multivariate Analysen sind aber nicht Gegenstand dieses Kapitels.

Ziel und Logik von Varianzanalysen

Ziel univariater Varianzanalysen ist es, den isolierten oder kombinierten Einfluss einer oder mehrerer unabhängiger Variablen (der Faktoren) auf eine abhängige Variable zu untersuchen; nicht so eingängig, aber exakter ist die weniger kausale Formulierung: Ziel ist es, die Unterschiedlichkeit von Personen in den Werten einer abhängigen Variable auf die Unterschiedlichkeit von Ausprägungen in einem oder mehreren Faktoren zurückzuführen (eventuell auch auf deren Zusammenwirken).

Wie bei allen bisher besprochenen statistischen Tests werden zunächst Nullhypothesen formuliert (mehr als eine bei mehrfaktoriellen Varianzanalysen), über deren Beibehaltung oder Verwerfung sich mittels einer Prüfgröße (bei mehrfaktoriellen Varianzanalysen mittels mehrerer Prüfgrößen) entscheiden lässt.

Man bedient sich des Verfahrens der „Varianzzerlegung". Genauer werden nicht Varianzen zerlegt, sondern Quadratsummen (hier im Weiteren als Summen von Abweichungsquadraten = SAQ bezeichnet, in der Literatur häufig Quadratsumme genannt und mit QS abgekürzt). Die Gesamtsumme der Abweichungsquadrate SAQ_{tot} (definiert als die Summe der quadrierten Abweichungen jedes einzelnen Messwerts vom über sämtliche Messwerte in allen Stichproben gebildeten Gesamtmittelwert) zerlegt sich dabei – zunächst vereinfacht formuliert – in Quadratsummen, die ausschließlich auf Verschiedenheit der Mittelwerte in den durch die Faktorenabstufungen definierten Stichproben zurückzuführen sind (SAQ_{zwGrI}, SAQ_{zwGrII} usw.) und eine Quadratsumme, die allein auf der Unterschiedlichkeit der Werte innerhalb der einzelnen Stichproben basiert (SAQ_{inn}); diese wird auch als Fehlerquadratsumme bezeichnet – bei Messwiederholungen ist der Sachverhalt allerdings etwas komplizierter. Aus den Quadratsummen (Summen der Abweichungsquadrate) erhält man mittels Division durch die so genannten Freiheitsgrade mittlere Quadratsummen (mittlere Abweichungsquadrate = MAQ), die sich als Varianzen auffassen lassen und als Schätzwerte für Populationsvarianzen dienen. Indem man das Verhältnis der diversen Varianzen mit der Fehlervarianz (dem mittleren Abweichungsquadrat des Fehlers) bildet, erhält man Prüfgrößen F (für Unterschiede diverser Gruppen und Wechselwirkungen). Erreichen oder überschreiten diese F-Werte kritische Grenzen, kann die entsprechende Nullhypothese verworfen und auf Unterschiede von Populationsmittelwerten geschlossen werden; bei Unterschreitung ist die Nullhypothese beizubehalten. Im letzteren Fall ist – sollte dies für alle Prüfgrößen gelten – die Varianzanalyse am Ende; ist mindestens hinsichtlich einer unabhängigen Variable Signifikanz der Mittelwertsunterschiede nachgewiesen, muss – im Falle eines mehr als zweifach gestuften Faktors – mit Anschlusstests (z.B. Einzelvergleichen mittels Scheffé- oder Duncan-Test) nun überprüft werden, welche der Paare von Mittelwerten signifikant unterschiedlich sind; auch Trendanalysen können unter bestimmten Voraussetzungen zur Anwendung kommen, um den Verlauf der Mittelwerte zu studieren (speziell im Fall von Messwiederholungen).

Die Voraussetzungen der VA unterscheiden sich je nach Typ, sind z.B. bei Varianzanalysen mit Messwiederholungen wesentlicher komplizierter und schwerer zu überprüfen. Sie sollen erst im Rahmen der jeweiligen Abschnitte dargestellt werden. Stets ist jedoch Voraussetzung, dass es sich um eine intervallskalierte abhängige Variable handelt – während die Werte der unabhängigen Variablen (der Gruppierungsvariablen) auf niedrigerem Skalenniveau liegen können, i. Allg. nur nominalskaliert sind.

Ist metrische Skalierung der abhängigen Variable nicht gegeben, lassen sich alternativ Rangvarianzanalysen (mit und ohne Messwiederholungen) durchführen (s. 6.5.6).

Zunächst soll die einfachste Form der VA zur Darstellung kommen, die einfaktorielle Varianzanalyse ohne Messwiederholungen (6.5.2). Dazu wurde in 6.4.2 schon Vieles gesagt und ein Beispiel gerechnet, sodass im Wesentlichen nur einige theoretische Begründungen des Vorgehens wirklich neu sind. Ergänzt werden müssen aber hier die wichtigsten Anschlusstests.

Der nächste Abschnitt (6.5.3) befasst sich mit der einfaktoriellen Varianzanalyse mit Messwiederholungen, wozu schon in 6.4.4 am Beispiel nur zweier Messungen Wesentliches ausgeführt wurde. Nachzutragen sind aber wiederum Überlegungen zu den Prüfgrößen, den komplizierten Voraussetzungen sowie die Darstellung von Anschlusstests.

Komplizierter wird der Abschnitt über mehrfaktorielle Varianzanalyse ohne Messwiederholungen (6.5.4), weil dort der Begriff der Wechselwirkung eingeführt und veranschaulicht werden muss. Schließlich soll die mehrfaktorielle Varianzanalyse mit Messwiederholung zur Sprache kommen (6.5.5), wobei wir uns auf zwei Faktoren und Messwiederholung auf nur einem von ihnen beschränken wollen.

Generell gilt, dass VA nicht auf Anhieb leicht zu verstehen ist. Erfahrungsgemäß bringt zunächst schematisches Aneignen der Rechenschritte und Durcharbeiten der theoretischen Ausführungen doch noch die gewünschte Klarheit. Dringend wird geraten, auf jeden Fall die Abschnitte 6.4.2 und 6.4.4 bearbeitet zu haben, da dort vieles ohne die in den folgenden Abschnitten unerlässliche Formalisierung – und somit vermutlich verständlicher – erklärt wurde.

6.5.2 Einfaktorielle Varianzanalyse ohne Messwiederholungen

Ein Beispiel

Ein Untersucher hat die Hypothese, dass die Werte im systolischen Blutdruck zwischen Angestellten, Lehrern und Oberstaatsanwälten unterschiedlich sind und hat daher – was sich als günstig für die Darstellung erweist – an kleinen Stichproben folgende Werte (in mm Hg) erhalten: Stichprobe 1 (Angestellte): 130; 120; 110; Stichprobe 2 (Lehrer): 130; 140; 130; 150; 150; Stichprobe 3 (Oberstaatsanwälte): 160; 150; 170. Die Gruppen des einzigen Faktors wollen wir mit dem laufenden Index j belegen, die Personen, wie stets in diesem Buch, mit dem Index i. Die Zahl der Gruppen insgesamt sei mit k, die Zahl der Probanden in den einzelnen Gruppen (Stichproben) allgemein mit n_j bezeichnet (= Anzahl der Versuchspersonen in Stp$_j$). Als N führen wir die Gesamtzahl der in den Stichproben enthaltenen Probanden ein, also

$$N = n_1 + .. + n_j + .. + n_k \text{ (oder } N = \sum_{j=1}^{k} n_j \text{)}.$$

x_{ji} bezeichnet somit den Wert des i-ten Probanden in der j-ten Stichprobe, z.B. $x_{2,4}$ den Wert des 4. Probanden in Stichprobe 2, in diesem Fall 150 mm Hg.
$\bar{x}_j$ sei der Mittelwert der j-ten Stichprobe; wir berechnen (in mm Hg):
$\bar{x}_1 = 120$; $\bar{x}_2 = 140$; $\bar{x}_3 = 160$.
Für die Standardabweichungen (wie immer bei Division durch $n_j - 1$), erhält man: $s_1 = 10$; $s_2 = 10$; $s_3 = 10$. Diese Gleichheit der Stichprobenstreuungen ist erfreulich und wurde bei der Datenauswahl angestrebt; wir können von Homogenität der Varianzen ausgehen und die Einführung des komplizierten Bartlett-Tests zur Überprüfung dieser Varianzhomogenität zurückstellen (s. unten).

Die Nullhypothese lautet dann: $\mu_1 = \mu_2 = \mu_3$. Die Alternativhypothese – darauf ist unbedingt zu achten – behauptet nun nicht, dass sich alle Paare von Populationsmittelwerten unterscheiden, sondern dass es **wenigstens** ein Paar nicht gleicher Mittelwerte gibt; also $\mu_j \neq \mu_{j'}$ für mindestens ein Paar j und j'. In unserem Fall erwarten wir somit unter H$_1$: $\mu_1 \neq \mu_2$ oder $\mu_1 \neq \mu_3$ oder $\mu_2 \neq \mu_3$ (wobei sich diese „oder" nicht ausschließen, also mehrere der Ungleichheiten vorliegen können).

Ob die Stichprobenverteilungen mit einer Normalverteilung in den zugehörigen Populationen vereinbar sind, lässt sich streng genommen bei den geringen Stichprobenumfängen nicht überprüfen; bei Anwendung des in 5.4.3 beschriebenen Verfahrens spricht zunächst einmal nichts gegen die Annahme der Normalverteilung – wer Lust hat, kann sich davon vergewissern. Mit Sicherheit ist metrische Skalierung der Daten gegeben und weiter kann man voraussetzen, dass die Stichprobenwerte zwischen den Stichproben, ebenso aber auch innerhalb jeder Stichprobe, stochastisch unabhängig sind.

Varianzzerlegung

Die zu den Stichproben gehörigen Populationen (also die Grundgesamtheiten, auf die mittels der Werte in den Stichproben und den daraus abgeleiteten Größen legitimerweise generalisiert werden darf) sollen demnach für ihre Mittelwerte die Bezeichnungen μ_1, μ_2 und μ_3 erhalten, für ihre Standardabweichungen σ_1, σ_2 und σ_3.

Wir beginnen mit der so genannten Varianzzerlegung (genauer: Zerlegung der Abweichungsquadrate, worauf in 6.4.2 noch verzichtet wurde). Als SAQ_{tot} wird die Summe der Quadrate der Abweichungen jedes Wertes vom Gesamtmittelwert (vom Mittelwert der Gesamtgruppe) $\bar{x}_G$ bezeichnet. Als solcher wird definiert:

$$\bar{x}_G = \frac{1}{N} \cdot \sum_{j=1}^{k} \sum_{i=1}^{n_j} x_{ji}.$$ 6.8a

Man addiert somit für jede Stichprobe Stp_j die n_j Werte zur Stichprobensumme $S_j = \sum_{i=1}^{n_j} x_{ji}$, summiert die Ergebnisse dann noch einmal über alle k Stichproben $\sum_{j=1}^{k} S_j = \sum_{j=1}^{k}(\sum_{i=1}^{n_j} x_{ji})$, um schließlich durch N zu teilen.

Man komme nicht auf die Idee, einfach die Stichprobenmittelwerte zu mitteln; bei ungleichen Umfängen erhält man hier in aller Regel ein falsches Resultat. Korrekte Berechnung ist möglich, wenn man die Stichprobenmittelwerte mit der Zahl ihrer Elemente multipliziert („gewichtet"). Es gilt also:

$$\bar{x}_G = \frac{1}{N} \cdot \sum_{j=1}^{k} n_j \cdot \bar{x}_j.$$ 6.8b

Im Beispiel erhält man $\bar{x}_G = 140$ und damit für die Gesamtsumme der Abweichungsquadrate:

$$SAQ_{tot} = \sum_{j=1}^{k}\sum_{i=1}^{n_j}(x_{ji} - \bar{x}_G)^2 = (130-140)^2 + (120-140)^2 + (110-140)^2 +$$
$$(130-140)^2 + (140-140)^2 + (130-140)^2 + (150-140)^2 + (150-140)^2 + \quad 6.9$$
$$(160-140)^2 + (150-140)^2 + (170-140)^2 = 3200.$$

Man sieht, dass SAQ_{tot} nur dann 0 ist, wenn alle Elemente sämtlicher Stichproben gleich sind.

SAQ_{tot} lässt sich nun im Falle eines einfaktoriellen varianzanalytischen Versuchsplanes zerlegen in SAQ_{zwGr} und SAQ_{innGr} (der Einfachheit und zur Vermeidung einer eventuellen Verwechslung im Weiteren mit SAQ_{inn} bezeichnet); bei mehrfaktoriellen Varianzanalysen ist die Zerlegung von SAQ_{tot} komplizierter (s. 6.5.4).

SAQ_{zwGr} definiert sich folgendermaßen:

$$SAQ_{zwGr} = \sum_{j=1}^{k} n_j \cdot (\bar{x}_j - \bar{x}_G)^2.$$ 6.10

6.5 Varianzanalyse

Man zieht also von jedem der Mittelwerte der Einzelstichproben (der „Gruppen") den Gesamtmittelwert ab, quadriert die Differenz und multipliziert mit dem Stichprobenumfang; schließlich werden die so erhaltenen Glieder aufsummiert. Auch hier ist leicht zu erkennen, dass SAQ_{zwGr} genau dann 0 ist, wenn jeder einzelne Stichprobenmittelwert mit dem Gesamtmittelwert überein stimmt, wenn somit alle Stichprobenmittelwerte gleich sind. SAQ_{zwGr} ist also ein Maß für die Unterschiedlichkeit der Stichprobenmittelwerte.
Im Beispiel berechnet sich diese Größe somit zu:

$$SAQ_{zwGr} = \sum_{j=1}^{3} n_j \cdot (\overline{x}_j - 140)^2 = 3 \cdot (120-140)^2 + 5 \cdot (140-140)^2 + 3 \cdot (160-140)^2 = 2400.$$

SAQ_{inn} (die Summe der Abweichungsquadrate innerhalb der Gruppen) ergibt sich mittels nachstehender Formel:

$$SAQ_{inn} = \sum_{j=1}^{k} \sum_{i=1}^{n_j} (x_{ji} - \overline{x}_j)^2. \qquad 6.11$$

Innerhalb jeder Gruppe wird also zunächst die Abweichung der Einzelwerte vom jeweiligen Gruppenmittelwert gebildet, die Größen quadriert und über die n_j Elemente der Stichprobe summiert; anschließend addiert man diese Summen noch einmal über alle k Stichproben auf. Im Beispiel ergibt sich somit:

$$SAQ_{inn} = \sum_{j=1}^{3} \sum_{i=1}^{n_j} (x_{ji} - \overline{x}_j)^2 = (130-120)^2 + (120-120)^2 + (110-120)^2 +$$
$$(130-140)^2 + (140-140)^2 + (150-140)^2 + (130-140)^2 + (150-140)^2 +$$
$$(150-160)^2 + (160-160)^2 + (170-160)^2 = 800.$$

Wie man sich schnell überzeugt, ist SAQ_{inn} ein Maß dafür, wie stark innerhalb jeder Stichprobe die Einzelwerte streuen. Die Größe nimmt nur dann den Wert 0 an, wenn jedes der Glieder der Summe 0 ist, also in jeder Stichprobe sich die Einzelwerte nicht vom Gruppenmittelwert und damit auch nicht voneinander unterscheiden.

Die Zerlegung von SAQ_{tot} in SAQ_{zwGr} und SAQ_{inn} lässt sich an den Zahlen unseres Beispieles sofort sehen; es gilt nämlich 3200 = 800 + 2400. Der Sachverhalt ist auch leicht allgemein zu beweisen. Für einen beliebigen Wert x_{ji} in der Stichprobe Stp_j gilt:

$$(x_{ji} - \overline{x}_G)^2 = (x_{ji} - \overline{x}_j + \overline{x}_j - \overline{x}_G)^2.$$

(Man hat lediglich im Innern der Klammer $\overline{x}_j$ abgezogen und dann wieder hinzugefügt). „Quadriert" man die rechte Seite „aus", gilt weiter:

$$(x_{ji} - \overline{x}_G)^2 = (x_{ji} - \overline{x}_j)^2 - 2 \cdot (x_{ji} - \overline{x}_j) \cdot (\overline{x}_j - \overline{x}_G) + (\overline{x}_j - \overline{x}_G)^2;$$

Summation über alle n_j Elemente von Stp_j liefert:

$$\sum_{i=1}^{n_j}(x_{ji} - \overline{x}_G)^2 = \sum_{i=1}^{n_j}(x_{ji} - \overline{x}_j)^2 - 2 \cdot (\overline{x}_j - x_G) \cdot \sum_{i=1}^{n_j}(x_{ji} - \overline{x}_j) + \sum_{i=1}^{n_j}(\overline{x}_j - x_G)^2 =$$

$$\sum_{i=1}^{n_j}(x_{ji} - \overline{x}_j)^2 + \sum_{i=1}^{n_j}(\overline{x}_j - \overline{x}_G)^2 = \sum_{i=1}^{n_j}(x_{ji} - \overline{x}_j)^2 + n_j \cdot (\overline{x}_j - \overline{x}_G)^2.$$

Sämtliche Differenzen vom Mittelwert aufaddiert (mittleres Glied der Summe) ergeben nämlich 0. Summation über alle k Stichproben liefert die zu beweisende Gleichheit:

$$SAQ_{tot} = \sum_{j=1}^{k}\sum_{i=1}^{n_j}(x_{ji}-\overline{x}_G)^2 = \sum_{j=1}^{k}\sum_{i=1}^{n_j}(x_{ji}-\overline{x}_j)^2 + \sum_{j=1}^{k}\sum_{i=1}^{n_j}(\overline{x}_j-\overline{x}_G)^2 =$$

$$SAQ_{inn} + \sum_{j=1}^{k}n_j \cdot (\overline{x}_j - \overline{x}_G)^2 = SAQ_{inn} + SAQ_{zwGr}.$$

Wie angemerkt, stellt SAQ_{zwGr} ein Maß für die Unterschiedlichkeit der Gruppen dar. Da in Medizin und Psychologie häufig diese Unterschiedlichkeit durch unterschiedliche Behandlung (engl. treatment) hervorgerufen wird, steht in der Literatur statt SAQ_{zwGr} oft $SAQ_{treatment}$ oder gebräuchlicher $QS_{treatment}$; der Faktor, auf dem (hinsichtlich dessen Stufen) die Gruppen sich unterscheiden, wird häufig Treatment-Faktor genannt. Diese Bezeichnung ist nicht unproblematisch: Welches ist das Treatment, aufgrund dessen sich italienische, deutsche und englische Stichproben hinsichtlich des Olivenölkonsums unterscheiden? Besser scheint es, allgemein von SAQ_{zwGr} zu sprechen, welches oft – aber nicht immer – auf unterschiedliche „treatments" für die einzelnen Gruppen zurückgeht.

SAQ_{inn} wird häufig als Fehlerquadratsumme bezeichnet, insofern missverständlich, als es sich dabei nicht um das Resultat korrigierbarer Fehler handelt, sondern diese Größe auf natürliche Unterschiede zwischen Personen zurück geht, die unabhängig vom „Treatment" existieren. SAQ_{inn} dient allerdings – bei Varianzanalysen ohne Messwiederholungen – als Schätzung des Fehlers im Sinne der Varianzanalyse (also der Varianz aufgrund aller Nichttreatmentvariablen, der „Störvariabln") und so sei die Bezeichnung „Fehlerquadratsumme" gelegentlich benutzt; bei Varianzanalysen mit Messwiederholungen wird die „Fehlerquadratsumme" anders bestimmt (s. 6.5.3).

SAQ_{zwGr} hängt natürlich von der Anzahl der Stichproben ab (ebenso wie von ihren Umfängen) und deshalb ist eine diesbezügliche Korrektur durchzuführen. Dabei wird jedoch nicht durch die Zahl der Stichproben (also k) dividiert, sondern durch die Freiheitsgrade der SAQ_{zwGr}-Summe (d.h. durch $k-1$); die so erhaltene Größe MAQ_{zwGr} eignet sich dann unmittelbar zur Schätzung der Treatmentvarianz (der auf die Existenz unterschiedlicher Subpopulationen in der Grundgesamtheit zurück zu führenden Varianz). Die Zahl der Freiheitsgrade (symbolisiert mit df = degrees of freedom, hier df_{zwGr}) ergibt sich aus der Überlegung, dass im Ausdruck SAQ_{zwGr} nur $k-1$ Stichprobenmittelwerte prinzipiell frei gewählt werden können, der k-te Mittelwert hingegen durch $\overline{x}_G$ festgelegt ist.

Für MAQ_{zwGr} ergibt sich im Beispiel somit:

$$MAQ_{zwGr} = \frac{SAQ_{zwGr}}{df_{zwGr}} = \frac{2400}{3-1} = 1200.$$ 6.12

6.5 Varianzanalyse

Analog wird als Schätzung der Fehlervarianz in der Population das mittlere Abweichungsquadrat MAQ_{inn} gebildet, nämlich als

$$MAQ_{inn} = \frac{SAQ_{inn}}{df_{inn}} = \frac{SAQ_{inn}}{n_1 - 1 + n_2 - 1 + \ldots + n_k - 1} = \frac{SAQ_{inn}}{N-k}. \qquad 6.13$$

df_{inn} ergibt sich daraus, dass bei Bildung von SAQ_{inn} in den einzelnen Summen

$$\sum_{i=1}^{n_j}(x_{ji} - \bar{x}_j)^2$$

nur $n_j - 1$ Glieder frei gewählt werden können, das n_j-te durch $\bar{x}_j$ fest gelegt ist, und entsprechend bei Summation über sämtliche k Stichproben lediglich $n_1 - 1 + \ldots + n_k - 1 = N - k$ Freiheitsgrade gegeben sind. Im Beispiel berechnet man:

$$MAQ_{inn} = \frac{800}{11-3} = 100.$$

Obwohl die Zahl der Freiheitsgrade für SAQ_{tot} bei einfaktorieller Varianzanalyse ohne Messwiederholung nicht benötigt wird, sei sie kurz abgeleitet; zum einen bietet dies nämlich eine weitere Einübung in der Theorie der Freiheitsgrade, zum anderen lässt sich damit eine wichtige Beziehung demonstrieren, die uns bei späteren Varianzanalysen sehr nützlich sein wird. Es gilt nämlich: $df_{tot} = (n_1 + n_2 + \ldots + n_k) - 1 = N - 1$. In SAQ_{tot} sind prinzipiell $N - 1$ Glieder frei wählbar; lediglich das N-te ist durch $\bar{x}_G$ fest gelegt.

Somit besteht – im Falle eines einfaktoriellen Versuchsplans ohne Messwiederholung – die folgende wichtige Beziehung:

$$df_{tot} = N - 1 = k - 1 + N - k = df_{zwGr} + df_{inn}. \qquad 6.14$$

Da außerdem – wie schon oben gesagt – gilt:
$SAQ_{tot} = SAQ_{zwGr} + SAQ_{inn}$,
lassen sich in entsprechender Weise SAQ_{tot} wie df_{tot} zerlegen. Hingegen gilt diese additive Beziehung natürlich nicht für die Größen MAQ (die Varianzen).

Bei einfaktorieller VA ohne Messwiederholungen ist Bestimmung der Gesamtsumme der Abweichungsquadrate streng genommen überflüssig, ebenso die von df_{tot}. Dennoch sollte man dies stets durchführen. Es ergibt sich so eine Probe für die Berechnung von SAQ_{zwGr} und SAQ_{inn}. Später werden wir auf die leicht zu ermittelnden SAQ_{tot} und df_{tot} bei anderen Varianzzerlegungen nur schwer verzichten können.

In einer „Tafel der Varianzanalyse" stellen wir unsere Größen mit den Berechnungsvorschriften zusammen:

Quelle der Varianz	SAQ	df	MAQ	Prüfgröße
total	$SAQ_{tot} = \sum_{j=1}^{k}\sum_{i=1}^{n_j}(x_{ji}-\bar{x}_G)^2$ hier: 3200	$N-1$; hier: 10		$F_{emp} = \dfrac{MAQ_{zwGr}}{MAQ_{inn}}$ hier: 12. $F_{krit;\,2;8;5\%} = 4{,}46$; $F_{krit;\,2;8;1\%} = 8{,}65$; $F_{emp} \geq F_{krit;\,2;8;1\%}$ also: H$_0$ verwerfen bei $\alpha = 1\%$. Die mittleren Blutdruckwerte unterscheiden sich signifikant zwischen den Gruppen.
zwischen den Gruppen	$SAQ_{zwGr} = \sum_{j=1}^{k} n_j \cdot (\bar{x}_j - \bar{x}_G)^2$ hier: 2400	$k-1$; hier: 2	$MAQ_{zwGr} = \dfrac{SAQ_{zwGr}}{df_{zwGr}}$ hier: 1200	
innerhalb der Gruppen	$SAQ_{inn} = \sum_{j=1}^{k}\sum_{i=1}^{n_j}(x_{ji}-\bar{x}_j)^2$ hier: 800	$N-k$; hier: 8	$MAQ_{inn} = \dfrac{SAQ_{inn}}{df_{inn}}$ hier: 100	

Die Prüfgröße F

MAQ_{inn} ist eine Schätzung für die Fehlervarianz, hier für die Varianz in der Population, also σ^2. MAQ_{zwGr} schätzt nun nicht nur σ^2, sondern zusätzlich eine Varianz, die auf der Abweichung der Mittelwerte der Subpopulationen (also der Werte μ_1 und μ_2) vom Populationsmittelwert μ_G basiert (zuweilen als „Treatment-Varianz" bezeichnet). Unter H$_0$ unterscheiden sich die Mittelwerte nicht und der letzte Varianzanteil ist daher 0. MAQ_{zwGr} schätzt somit, ebenso wie MAQ_{inn}, lediglich σ^2.

Entsprechend wird sich das von uns als Quotient aus MAQ_{zwGr} und MAQ_{inn} bestimmte F_{emp} unter H$_0$ nicht anders verteilen als durch Zufall aus einer normalverteilten Population entnommene Quotienten nach der Vorschrift für F-Werte (also nicht anders als F-Werte mit $k-1$ Freiheitsgraden im Zähler und $N-k$ im Nenner). Von diesen sollten 95% nicht größer sein als $F_{krit;k-1;N-k;5\%}$, 99% nicht größer als $F_{krit;k-1;N-k;1\%}$ (d.h. die kritischen F-Werte bei $k-1$ Freiheitsgraden für den Zähler, $N-k$ Freiheitsgraden im Nenner). Ist F_{emp} größer oder gleich $F_{krit;k-1;N-k;5\%}$ bzw. $F_{krit;k-1;N-k;1\%}$, verwerfen wir H$_0$ auf dem 5%- bzw. 1%-Niveau. Die kritischen F-Werte sind Tafel 4 zu entnehmen. Dort erhält man für 2 Freiheitsgrade im Zähler und 8 Freiheitsgrade im Nenner die kritischen Werte 4,46 für $\alpha = 5\%$ bzw. 8,65 für $\alpha = 1\%$. Also können wir mit einer Irrtumswahrscheinlichkeit von höchstens 5% (sogar von 1 %) H$_0$ verwerfen und H$_1$ annehmen, somit folgern, dass sich mindestens ein Paar von Populationsmittelwerten in der abhängigen Variable systolischer Blutdruck unterscheidet.

Wir fassen zusammen: Aus den Werten der Probanden in der abhängigen Variablen X werden nach den oben in den Formeln 6.9 – 6.11 gegebenen Re-

6.5 Varianzanalyse

chenvorschriften SAQ_{zwGr}, SAQ_{inn} und (zur Sicherheit) SAQ_{tot} bestimmt (s. Anmerkung 23). Division durch die Freiheitsgrade, nämlich $k-1$ für SAQ_{zwGr}, $N-k$ für SAQ_{inn} liefert dann die mittleren Summen der Abweichungsquadrate MAQ_{zwGr} und MAQ_{inn} und deren Quotient den empirischen F-Wert, welcher mit dem kritischen F-Wert aus Tafel 4 bei der vorgegebenen maximal tolerierten Irrtumswahrscheinlichkeit (beim vorgegebenen Signifikanzniveau) verglichen wird. Wird dieser erreicht oder überschritten, ist H_0 zu verwerfen und entsprechend H_1 anzunehmen.

Die Prüfung der Überzufälligkeit des Quotienten zweier Varianzen mittels der Prüfgröße F wird auch als F-Test bezeichnet; er stellt also den letzten Schritt der VA dar.

Wie mehrfach betont, ist die einfaktorielle Varianzanalyse ohne Messwiederholungen eine Erweiterung des t-Tests für unabhängige Stichproben und führt im Falle zweifacher Stufung der unabhängigen Variablen zu identischen Entscheidungen, wie in 6.4.1 an einem Beispiel demonstriert (für eine Herleitung der Äquivalenz der Prüfgrößen s. Bortz 1999, S. 251 f.). Allerdings ist es – wie wir unten ausführlicher erläutern werden – nicht legitim, statt einer einfaktoriellen Varianzanalyse eine Anzahl von t-Tests zum Vergleich sämtlicher Mittelwertpaare durchzuführen.

Diese statistische Signifikanz sagt wenig über die klinische Bedeutsamkeit des Ergebnisses aus. Als Maßzahl für letztere (die Effektstärke) hat sich die Größe η^2 (eta^2) bewährt, die als Quotient von SAQ_{zwGr} und SAQ_{tot} definiert ist und hier mit 0,75 recht hoch ist; die „Varianzaufklärung" beträgt in diesem Fall 75%; Blutdruckunterschiede sind also weitgehend durch Berufsunterschiede zu erklären (s. aber die Einschränkung unten). Als $\hat{\omega}^2$ bezeichnet man die aus dem Stichprobenwert η^2 geschätzte Größe in der Population; sie berechnet sich mittels der Formel

$$\hat{\omega}^2 = \frac{SAQ_{zwGr} - (k-1) \cdot MAQ_{inn}}{SAQ_{tot} + MAQ_{inn}}$$ und fällt hier mit 0,66 niedriger aus.

Unsere Varianzanalyse hat somit ergeben, dass die systolischen Blutdruckwerte von Angestellten, Lehrern und Oberstaatsanwälten nicht gleich sind, dass ein signifikanter Unterschied mindestens bei einem Paar von Stichproben existiert. Allerdings haben wir bis jetzt noch nicht die Tatsache berücksichtigt, dass sich die Stichproben möglicherweise hinsichtlich des Alters unterscheiden, was im Falle von Repräsentativität zu erwarten ist. Bevor wir deshalb Blutdruckunterschiede als durch die Tätigkeit bedingt interpretieren dürfen, müssen wir den Einfluss des Alters mittels einer Kovarianzanalyse eliminiert haben (s. 6.6).

Unabhängig davon, wieweit Interpretation sinnvoll ist, stellt sich die Frage, welche Blutdruckmittelwerte sich signifikant unterscheiden. Wahrscheinlich unterscheiden sich Oberstaatsanwälte von Angestellten; besteht aber auch ein Unterschied zwischen Angestellten und Lehrern sowie zwischen Lehrern und Oberstaatsanwälten? Dies lässt sich durch Einzelvergleiche mit so genannten Anschlusstests beantworten und wir werden mit dem Scheffé-Test ein solches Prüfverfahren kennen lernen. Vorher ist die teilweise zurückgestellte Frage nach den Voraussetzungen für die sinnvolle Durchführung einer einfaktoriellen Varianzanalyse ohne Messwiederholungen zu behandeln.

Voraussetzungen

Wie erwähnt, sind diese – anders als bei Varianzanalysen mit Messwiederholung – hier vergleichsweise schwach und entsprechen im Wesentlichen denen des t-Tests, nämlich Intervallskalierung, Normalverteilung und Varianzhomogenität, schließlich stochastische Unabhängigkeit der Messwerte innerhalb der Stichproben und Unkorreliertheit der Werte verschiedener Stichproben. Die Notwendigkeit metrischer Skaliertheit ist trivial – nur dann lassen sich sinnvoll interpretierbare Mittelwerte und Varianzen berechnen; die anderen Voraussetzungen ergeben sich aus der Tatsache, dass wir zur Überprüfung der Nullhypothese einen Vergleich mit der Verteilung von F-Werten machen, die sich aus zufällig (und unabhängig voneinander) aus einer normalverteilten Population gezogenen Einzelwerten berechnen. Zur Überprüfung, ob die Verteilung der einzelnen Werte noch mit der Annahme einer Normalverteilung in der zugehörigen Grundgesamtheit vereinbar ist, geht man vor wie in 5.4.3 beschrieben; zur Testung der Varianzhomogenität gibt es verschiedene, eher komplizierte und für Anfänger schwer zu verstehende Verfahren, die wir nur erwähnen wollen, ohne sie im Einzelnen darzustellen.

Es ist zu überprüfen, ob aufgrund der Stichprobenvarianzen $s_1^2, s_2^2, ..., s_k^2$ noch die Annahme haltbar ist, dass die Varianzen der zugehörigen Populationen sich nicht unterscheiden, also $\sigma_1^2 = \sigma_2^2 = .. = \sigma_k^2$ gilt.

Im Falle nur zweier Stichproben bildeten wir den Quotient der Varianzen (mit größerer Varianz im Zähler) und überprüften, ob dieser Wert das aus Tafel 4 zu entnehmende $F_{krit;n_1-1;n_2-1;\alpha}$ erreicht oder übersteigt (F-Test; s. 6.4.1). n_1 war dabei der Umfang der Stichprobe mit größerer Varianz (entsprechend n_2 der mit kleinerer Varianz), α eine in keinem Fall zu klein zu wählende Irrtumswahrscheinlichkeit (am Besten wenigstens 10% oder größer).

Im Falle, dass mehr als zwei Stichproben vorliegen und sämtliche Umfänge gleich sind, empfiehlt es sich, mit dem F_{max}-Test zu überprüfen, ob der Quotient $s_j^2/s_{j'}^2$ einen kritischen, Tafeln zu entnehmenden Wert übersteigt (s. etwa Bortz 1999, S. 275 und S. 788) . Dabei ist s_j^2 die größte der Varianzen der k Stichproben, $s_{j'}^2$ die kleinste.

Da im Falle gleich großer Stichprobenumfänge allerdings die Inhomogenität der Varianzen vergleichsweise wenig das Ergebnis der VA beeinflusst, ist dieser eher einfache Test letztlich weitgehend überflüssig – wenn man ihn anwenden kann, ist das von ihm Geprüfte nicht relevant. Im Falle ungleicher Stichprobenumfänge ist der Bartlett-Test anzuwenden, der sich ziemlich kompliziert darstellt (s. etwa Bortz 1999, S. 274 f.) und im Text nur dem Namen nach erwähnt werden soll (s. Anmerkung 24).

Betrachtet man die Konsequenzen von Verletzungen genannter Voraussetzungen, so ist i. Allg. nur fehlende Unabhängigkeit der Messdaten innerhalb einer Stichprobe wirklich gravierend; in diesem Fall überschätzt man die Zahl der Freiheitsgrade und verwirft möglicherweise zu Unrecht H_0. Sind die Stich-

6.5 Varianzanalyse

probenumfänge gleich, ist die Varianzanalyse sowohl gegen mangelnde Normalverteilung wie Inhomogenität der Varianzen relativ robust – insofern sollte bei der Versuchsplanung auf gleiche Besetzung der Zellen geachtet werden; kleinere Abweichungen der Umfänge (plus Verletzung der zuletzt genannten Voraussetzungen) fallen auch dann kaum ins Gewicht, wenn die Stichproben generell nicht ganz klein sind (also wenigstens $n_j > 10$ gilt). Bei geringeren Stichprobenumfängen, die dazu sich noch stärker unterscheiden, sollte wenigstens Varianzhomogenität und Normalverteilung einigermaßen gegeben sein. Diese etwas weichen Aussagen mögen zunächst für Anfänger in der Statistik genügen; generell sollte man nicht aus den Augen verlieren, dass andere Fehler, speziell mangelnde metrische Skalierung der Variablen und Nichtrepräsentativität der Stichproben, in der Regel größere Tragweite haben und nicht annähernd gebührende Beachtung finden.

Anschlusstests

Allgemeines: Überschreitet die Prüfgröße F_{emp} den Tafel 4 entnommenen kritischen Wert – hat also, wie man sagt, der Overall-F-Test Signifikanz ergeben oder ist die Overall-Varianzanalyse signifikant ausgefallen –, wird man üblicherweise in Anschlusstests prüfen, worauf die gefundene Unterschiedlichkeit der Populationsmittelwerte zurück geht. Liegt die unabhängige Variable (oder Gruppierungsvariable) nur auf Nominalniveau (wie im Falle unseres Beispiels mit den verschiedenen Berufsgruppen), lassen sich lediglich Einzelmittelwerte vergleichen (z.B. mit dem anschließend besprochenen Scheffé-Test); ist hingegen die unabhängige Variable metrisch skaliert, lässt sich u.U. zusätzlich mit so genannten Trendtests eine allgemeinere Gesetzmäßigkeit in den Werten der abhängigen Variable prüfen. Dies wäre etwa dann der Fall, wenn man 2-, 3-, 4- und 5jährige Kinder auf ihren Wortschatz überprüft und nach signifikanter Overall-Varianzanalyse den Trend feststellt, dass mit wachsendem Alter (in der gewählten Altersspanne) der Wortschatz linear zunimmt – hingegen könnte eine ähnliche Untersuchung bei 20-, 40-, 60- und 80-jährigen Personen einen anderen Trend zeigen, etwa zunächst einen Anstieg des Wortschatzes mit Abfall in höherem Lebensalter.

Einzeltests (Multiple Mittelwertvergleiche): In ihnen werden die einzelnen Paare von Mittelwerten auf Unterschiede geprüft; von den zahlreichen dazu entwickelten Verfahren (etwa Tukey-Test, Duncan-Test, Newman-Keuls-Analyse, Scheffé-Test) hat sich dabei im Wesentlichen, wenigstens für den statistischen Hausgebrauch, der Scheffé-Test durchgesetzt. Er ist leicht zu rechnen und vergleichsweise robust gegen Verletzung eventueller Voraussetzungen. Allerdings ist er nicht sehr sensitiv, findet also zuweilen keine Unterschiede, wo andere Tests diese aufdecken würden; in Extremfällen kann es sein, dass die Overall-Varianzanalyse auf einem bestimmten α-Niveau signifikant ausfällt, während der Scheffé-Test keine einzige Differenz (einzelner Mittelwerte) als signifikant ausweist.

Nicht sinnvoll ist es, im Anschluss an die VA mit paarweisen („gewöhnlichen") t-Tests die Unterschiede zu orten. Zum einen wäre das Verfahren ausgesprochen aufwändig – bei 4 Stichproben ergäben sich bereits 4 über 2, also 6 Tests, bei 5 Stichproben 10 Einzeltests; zum anderen würde sich dabei das Problem von α-Fehlern bei multiplen Vergleichen stellen, weswegen u.a. hier der Varianzanalyse der Vorzug gegeben wurde (s. unten).

Hat man k Stichproben Stp$_j$ mit Mittelwerten $\bar{x}_j$ und Umfängen n_j, lässt sich für beliebige Paare von Mittelwerten $\bar{x}_j$ und $\bar{x}_{j'}$ eine kritische Differenz Diff_{krit} angeben, welche $d_{jj'} = |\bar{x}_j - \bar{x}_{j'}|$ überschreiten muss, um auf dem vorgegebenen α-Niveau signifikant zu sein. Diese berechnet sich nach folgender Formel (welche im Falle gleicher Umfänge einfacher wird):

$$\text{Diff}_{krit} = \sqrt{(\frac{1}{n_j} + \frac{1}{n_{j'}}) \cdot (k-1) \cdot MAQ_{inn} \cdot F_{krit; k-1; N-k; \alpha}} \qquad 6.15a$$

Im Falle, dass sämtliche Stichproben den gleichen Umfang n haben, vereinfacht sich diese Formel zu:

$$\text{Diff}_{krit} = \sqrt{\frac{2}{n} \cdot (k-1) \cdot MAQ_{inn} \cdot F_{krit; k-1; N-k; \alpha}} \qquad 6.15b$$

Dabei ist $F_{krit; k-1; N-k; \alpha}$ der zur Ermittlung der Overall-Signifikanz in Tafel 4 nachgeschlagene kritische F-Wert bei einem Signifikanzniveau von α, MAQ_{inn} die zur Schätzung des Populationsfehlers herangezogene Größe

$$\frac{SAQ_{inn}}{N-k}.$$

Wir ermitteln im obigen Beispiel bei α = 5% Diff_{krit} für die Absolutbeträge der drei Differenzen 1) $|\bar{x}_1 - \bar{x}_2|$ 2) $|\bar{x}_1 - \bar{x}_3|$ und 3) $|\bar{x}_2 - \bar{x}_3|$:

$$\text{Diff}_{krit.1,2} = \sqrt{(\frac{1}{3} + \frac{1}{5}) \cdot (3-1) \cdot 100 \cdot 4{,}46} = \sqrt{0{,}533 \cdot 2 \cdot 100 \cdot 4{,}46} = 21{,}80.$$

Der Absolutbetrag des Unterschieds zwischen $\bar{x}_1$ und $\bar{x}_2$ beträgt 20 mm Hg, d.h. diese Mittelwerte unterscheiden sich nicht signifikant.

$$\text{Diff}_{krit1,3} = \sqrt{(\frac{1}{3} + \frac{1}{3}) \cdot (3-1) \cdot 100 \cdot 4{,}46} = \sqrt{0{,}667 \cdot 2 \cdot 100 \cdot 4{,}46} = 24{,}39.$$

da $|\bar{x}_1 - \bar{x}_3| = 40$, ist der Unterschied zwischen diesen Mittelwerten signifikant.

Für $\text{Diff}_{krit2,3}$ gilt schließlich:

$$\text{Diff}_{krit.2,3} = \sqrt{(\frac{1}{5} + \frac{1}{3}) \cdot (3-1) \cdot 100 \cdot 4{,}46} = \sqrt{0{,}533 \cdot 2 \cdot 100 \cdot 4{,}46} = 21{,}80.$$

Also unterscheiden sich die Mittelwerte von Stp$_2$ und Stp$_3$ nicht signifikant.

6.5 Varianzanalyse

Wir finden somit, dass sich zwar die Blutdruckwerte von Oberstaatsanwälten und Angestellten unterscheiden, weder aber die von Angestellten und Lehrern noch die von Oberstaatsanwälten und Lehrern; trotz der multiplen Vergleiche ist durch Anwendung des Scheffé-Tests sicher gestellt, dass für diese Feststellung die Irrtumswahrscheinlichkeit bestenfalls 5% beträgt.

Mit Hilfe des Scheffé-Tests lassen sich nicht nur einzelne Mittelwerte, sondern auch „Kombinationen" davon vergleichen. Das könnte sinnvoll sein, wenn man in drei Stichproben die Wirkung eines Placebos und zweier verschiedener Dosierungen eines Pharmakons vergleicht. Dann könnte bei Overall-Signifikanz eventuell keiner der Einzelunterschiede signifikant sein – insbesondere sich keine der beiden Pharmakagruppen von der Placebogruppe unterscheiden; da bei Overall-Signifikanz wenigstens ein Vergleich signifikant ausfallen muss, wäre in diesem Fall zu erwarten, dass sich die kombinierte Pharmakagruppe von der Placebogruppe unterscheidet. Interessiert man sich nicht für sämtliche Mittelwertunterschiede, sondern (als a-priori-Hypothese) nur für die eines Paares, ist es bei gleichen Umfängen ökonomischer, die Größe

$$F_{emp} = \frac{n \cdot (\bar{x}_j - \bar{x}_{j'})^2}{2 \cdot (k-1) \cdot MAQ_{inn}} \text{ mit } F_{krit; k-1; N-k; \alpha} \text{ zu vergleichen.}$$

Trendtests: Hier sei nur das Prinzip dargestellt. Die Stichproben wurden zu diesem Zweck sehr klein gewählt. Außerdem wurde darauf geachtet, dass sie gleich besetzt sind – wie erwähnt, eine gewisse Absicherung dagegen, dass auch bei eventuellen Verletzungen der Voraussetzungen die Aussagen immer noch hinreichend zutreffend sind; zudem gestalten sich die Formeln dann wesentlich einfacher. Schließlich wird der einfachste Fall betrachtet, nämlich dass die Abstufung der unabhängigen Variable gleichmäßig ist.

Man will an Stichproben männlicher gesunder Probanden mit jeweils drei Personen die Wirkung eines Schlafmittels in drei verschiedenen Dosierungen (5 mg, 10 mg, 15 mg) gegeneinander testen; dazu hat man als abhängige Variable die Schlafdauer über eine Woche erhoben und zu einem durchschnittlichen Wert der Probanden pro Nacht gemittelt. Dabei wurden folgende Werte in Stunden erhalten: Stp_1 (Einnahme von 5 mg): 9; 7; 8; Stp_2 (Einnahme von 10 mg): 4; 5; 6; Stp_3 (15 mg): 9; 8; 7. Die Stichprobenmittelwerte und ihre Streuungen lauten: $\bar{x}_1 = 8; s_1 = 1; \bar{x}_2 = 5; s_2 = 1; \bar{x}_3 = 8; s_3 = 1$; damit gilt: $\bar{x}_G = 7$ und es ergibt sich für die Summe der Abweichungsquadrate: $SAQ_{zwGr} = 18$; SAQ_{inn} beträgt 6. Division durch die Anzahl der Freiheitsgrade (nämlich $df_{zwGr} = 2$, $df_{inn} = 9 - 3 = 6$) liefert für $MAQ_{zwGr} = 9$ und MAQ_{inn} den Wert 1, somit für F den Wert 9; da der kritische F-Wert für 2 Freiheitsgrade im Zähler und 6 im Nenner bei einem Signifikanzniveau von 5% 5,14 beträgt, kann H_0 verworfen werden und gefolgert werden, dass sich die verschieden behandelten Gruppen signifikant in der Schlafdauer unterscheiden. Mit dem Scheffé-Test könnte man nun Einzelvergleiche durchführen.

Hier scheint es aber sinnvoller, allgemeiner nach Gesetzmäßigkeiten in der Beziehung zwischen Dosierung (unabhängiger Variable) und Schlafdauer (abhängiger Variable) zu suchen, also die Dosis-Wirkungs-Kurve zu betrachten.

Dazu benutzt man die Tatsache, dass sich bei 3 Stufen der unabhängigen Variablen SAQ_{zwGr} in eine lineare und eine quadratische Komponente zerlegen lässt – bei 4 Stufen auch in eine kubische, bei mehr Stufen in entsprechend mehr Komponenten. Mittels Koeffizienten c, die sich Tafel 12 entnehmen lassen, kann man diese Komponenten allgemein berechnen.

Für $k = 3$ (also 3 Stufen, wie in unserem Fall) entnehmen wir als so genannte c-Koeffizienten für den linearen Trend: $c_{lin1} = -1$; $c_{lin2} = 0$; $c_{lin3} = 1$; für den quadratischen Trend: $c_{quad1} = 1$; $c_{quad2} = -2$; $c_{quad3} = 1$. Für $k = 2$ gibt es nur einen linearen Trend mit den Koeffizienten $c_{lin1} = -1$ und $c_{lin2} = 1$; wie leicht nachzurechnen, ist SAQ_{zwGr} dann ganz durch den linearen Trend zu erklären. Der lineare Anteil von SAQ_{zwGr} berechnet sich generell folgendermaßen:

$$SAQ_{lin} = \frac{n \cdot (\sum_{j=1}^{k} c_{linj} \cdot \bar{x}_j)^2}{\sum_{j=1}^{k} c_{linj}^2} \qquad 6.16$$

Für unseren Fall einer dreifach gestuften unabhängigen Variable sind die Koeffizienten für die lineare Komponente oben aufgeführt; setzt man die Mittelwerte des Beispiels mit dem Medikament ein und den Umfang der Stichproben (hier $n = 3$), erhalten wir für die Quadratsumme der linearen Komponente:

$$SAQ_{lin} = \frac{3 \cdot (\sum_{j=1}^{3} c_j \cdot \bar{x}_j)^2}{\sum_{j=1}^{3} c_j^2} = \frac{3 \cdot (-1 \cdot 8 + 0 \cdot 5 + 1 \cdot 8)^2}{(-1)^2 + 0^2 + 1^2} = \frac{0}{2} = 0.$$

SAQ_{zwGr} hat somit überhaupt keinen linearen Anteil, wie man sieht; dann müssten nämlich von der 1. zur 3. Stichprobe die Mittelwerte entweder durchgehend ansteigen oder abfallen – beides ist nicht der Fall (s. Abb. 6.3). In diesem Fall ist Testung auf Signifikanz überflüssig; sonst müssten wir MAQ_{lin}, den Quotienten aus SAQ_{lin} und df_{lin} (immer 1) gegen MAQ_{inn} testen. Die lineare Komponente wäre dann signifikant, wenn dieser Quotient den kritischen F-Wert für 1 Freiheitsgrad des Zählers und $N - k$ des Nenners erreichen oder überschreiten würde (s. unten zur Absicherung des quadratischen Trends).

Die quadratische Komponente berechnet sich mittels der oben angeführten Koeffizienten c_{quadj}. Man erhält:

$$SAQ_{quad} = \frac{n \cdot (\sum_{j=1}^{k} c_{quadj} \cdot \bar{x}_j)^2}{\sum_{j=1}^{k} c_{quadj}^2} = \frac{3 \cdot (1 \cdot 8 - 2 \cdot 5 + 1 \cdot 8)^2}{1^2 + (-2)^2 + 1^2} = \frac{3 \cdot 6^2}{6} = 18. \qquad 6.17$$

Da diese Summe nur einen Freiheitsgrad hat (wie auch SAQ_{lin}), berechnet sich für MAQ_{quad} 18 und der entsprechende (mittels Division durch MAQ_{inn}, hier 1) berechnete F Wert ebenfalls zu 18. Da der kritische F-Wert für 1 Zählerfreiheitsgrad und 6 Nennerfreiheitsgrade 13,74 (bei $\alpha = 1\%$) beträgt, ist der quadratische Trend in den Mittelwerten sehr signifikant; es zeigt sich also eine umgekehrt U-förmige Dosis-Wirkungs-Beziehung (s. Anmerkung 25).

6.5 Varianzanalyse

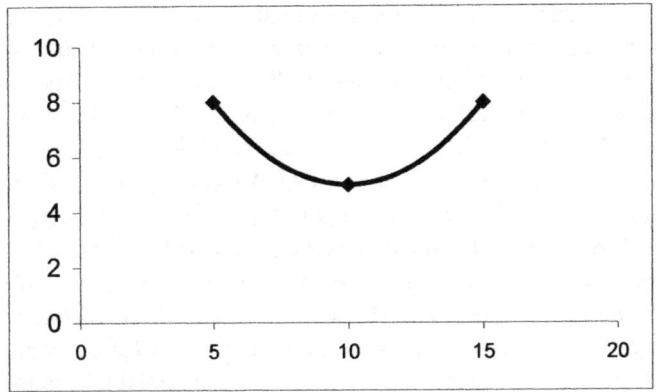

Abbildung 6.3: Dosis-Wirkungs-Beziehung der Daten des obigen Beispiels

Fassen wir zusammen: Sind k Stichprobenmittelwerte gegeben, so lässt sich im Rahmen einer einfaktoriellen Varianzanalyse SAQ_{zwGr} in diverse Anteile (mit jeweils einem Freiheitsgrad) zerlegen, nämlich einen linearen, quadratischen, kubischen usw. (je Größe von k); man erhält diese Anteile durch Summenbildung aus den Mittelwerten mit Hilfe von Koeffizienten c_{linj}, c_{quadj}, c_{kubj}, usw., die sich Tafel 12 entnehmen lassen. Ob dieser Anteil signifikant ist, ob also ein linearer (quadratischer, kubischer) Trend besteht, prüft man in einzelnen F-Tests, wobei stets MAQ_{inn} im Nenner steht (der entsprechend $N - k$ Freiheitsgrade hat).

Zur Einübung betrachten wir den Fall von 4 mit A, B, C und D bezeichneten Stichproben mit den Werten der abhängigen Variablen 0;1;2 in der ersten, 1;2;3 in der zweiten, 2;3;4 in der dritten und schließlich 5;6;7 in der letzten. Dann berechnet man:
$\bar{x}_A = 1; \bar{x}_B = 2; \bar{x}_C = 3; \bar{x}_D = 6; \bar{x}_G = 3; SAQ_{zwGr} = 42; SAQ_{inn} = 8$.

Nun ordne man die Stichproben verschieden an, betrachte diese Werte beispielsweise als Folge der Einnahme eines Pharmakons in vier aufsteigenden Dosierungen in äquidistanten Stufen, z.B. 5 mg, 10 mg, 15 mg, 20 mg. Sind die Stichproben in der Reihe A, B, C, D geordnet, also die Werte A bei niedrigster Dosis des Pharmakons zu beobachten usw., ist die Komponente des linearen Trends

$$SAQ_{lin} = \frac{3 \cdot (\sum_{j=1}^{4} c_j \cdot \bar{x}_j)^2}{\sum_{j=1}^{4} c_j^2} = \frac{3 \cdot (-3 \cdot 1 + (-1) \cdot 2 + 1 \cdot 3 + 3 \cdot 6)^2}{(-3)^2 + (-1)^2 + 1^2 + 3^2} = \frac{3 \cdot 16^2}{20} = 38,4.$$

Die Koeffizienten für die verschiedenen Trends bei $k = 4$ sind in Tafel 12 zu finden.

$MAQ_{lin} = 38{,}4$ wäre bei Prüfung gegen $MAQ_{inn} = 1$ hochsignifikant, während $SAQ_{quad} = 3$, $SAQ_{kub} = 0{,}6$ niedrig und auch nicht signifikant sind. Trägt man in einem Diagramm die Stichprobenmittelwerte gegen die Dosierungen auf (s. Abbildung 6.4, links), leuchtet das Ergebnis unmittelbar ein. Bei der Anordnung A, D, C, B wäre der lineare Anteil 0, der quadratische 27 und der kubische 15; im Diagramm (Abb. 6.4, Mitte) sieht man das Bild der umgekehrten U-Funktion als Graph des quadratischen Anteils. Bei Anordnung A, D, B, C ergeben sich sehr signifikante kubische und quadratische Trends ($SAQ_{kub} = 29{,}4$; $SAQ_{quad} = 12$), während das SAQ für den linearen Trend klein ist (nämlich 0,6); im Diagramm (Abb. 6.4, rechts) ist gut der „wellenförmige", kubische Trends charakterisierende Verlauf zu erkennen. Wie zu sehen, erklärt in keinem Fall eine einzige Trendkomponente die Gesamtheit von SAQ_{zwGr}; wäre $\bar{x}_D$ nicht 6, sondern 4, würde bei Anordnung ABCD der lineare Trend restlos die Unterschiede zwischen den Gruppen erklären.

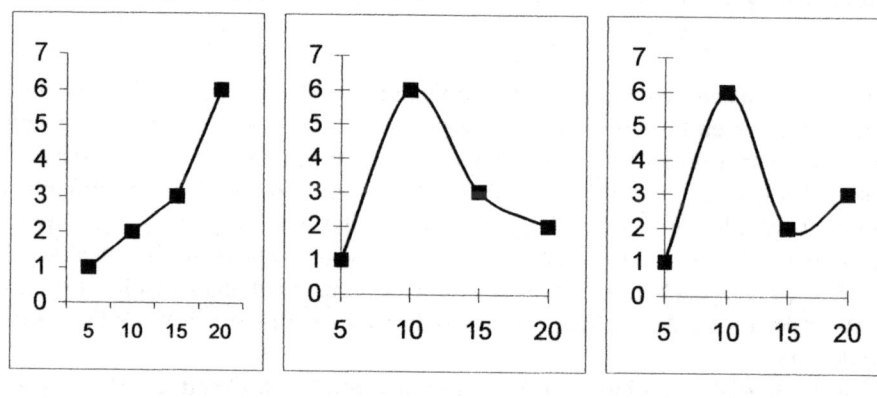

a) überwiegend linear   b) überwiegend quadratisch   c) überwiegend kubisch

Abbildung 6.4: Darstellung verschiedener Trends

Ergänzung: Die Problematik multipler Vergleiche; Bonferoni-Korrektur; multiple t-Tests und Varianzanalyse

Nehmen wir an, ein Untersucher gibt zwei Stichproben (z.B. einer Patientengruppe und einer Kontrollgruppe) 5 Fragebogen mit insgesamt 40 Skalen vor – in der Forschungspraxis keineswegs eine Seltenheit. Insgesamt zeigen sich mittels t-Tests auf dem 5%-Niveau 15 Unterschiede, die unser Forscher auch kühn interpretieren wird, obwohl er, wäre er ehrlich, viele dieser Befunde nicht erwartet hatte und sich nun erst nachträglich Begründungen dazu ausdenken muss (a-posteriori-Hypothesen). Dieses Problem wollen wir im Weiteren besser undiskutiert lassen und lieber auf eine statistische Schwierigkeit

6.5 Varianzanalyse

hinweisen. Die Irrtumswahrscheinlichkeit bei Verwerfung der Nullhypothese (also Gleichheit der Patienten- und Kontrollpopulation hinsichtlich des Mittelwerts in der betreffenden Variable) beträgt im Extremfall jedes Mal 5%; durchschnittlich in 5% der Fälle wird also ein Testergebnis zur Ablehnung von H_0 Anlass geben, obwohl H_0 tatsächlich gilt (in 6.2 als α-Fehler eingeführt). Die Wahrscheinlichkeit allerdings, bei der Entscheidung in diesem konkreten Fall richtig zu liegen, beträgt 95% = 0,95. Dass sich unser Untersucher bei den ersten beiden signifikanten Ergebnissen nicht irrt, hat somit eine Wahrscheinlichkeit von 0,95x0,95 = 0,90. Anders ausgedrückt: Lehnt er aufgrund der t-Werte die zu den ersten beiden Vergleichen gehörigen Nullhypothesen ab, kann er immerhin schon in 10% der Fälle bei einer dieser Entscheidungen falsch gelegen haben. Bei den insgesamt 15 Entscheidungen, die er gegen H_0 trifft, ist seine Sicherheit, jedes Mal richtig zu liegen, nur noch $0,95^{15} = 0,46$, somit weniger als 50%. Er hat also mit gewisser Wahrscheinlichkeit (im Extremfall exakt 54%) mindestens eine der Nullhypothesen fälschlich verworfen; er weiß nur nicht, ob wirklich und wenn ja, welche. Anhand der vorliegenden Daten ist er auch nicht in der Lage, dies herauszufinden. Die einzige – leider viel zu selten genutzte – Möglichkeit, das zu überprüfen, wäre Replikation der Studie (natürlich mit anderen Stichproben). Sich erneut als signifikant unterschiedlich erweisende Testmittelwerte sind es wahrscheinlich wirklich. Nehmen wir an, in Variable 7 (Neigung zu Wahnvorstellungen) habe sich bei beiden Testungen auf dem 5%-Niveau ein signifikanter Unterschied ergeben; dass zweimal fälschlich H_0 abgelehnt wird, hat dann nur noch eine Wahrscheinlichkeit von 0,05x0,05 = 0,0025 (= 0,25%). Bei sehr vielen signifikanten Tests ist es natürlich prinzipiell möglich, in einem der Fälle zweimal hintereinander H_0 fälschlich abzulehnen, aber insgesamt letztlich unwahrscheinlich.

Um diese Replikation zu vermeiden, andererseits um sicher zu gehen, nicht ein sich nur irrtümlich als signifikant erweisendes Ergebnis als überzufällig zu deklarieren, wird in vielen Studien mit multiplen Vergleichen eine so genannte Bonferoni-Korrektur (α-Adjustierung) durchgeführt, wobei das α-Niveau, ab dem ein Prüfergebnis als signifikant zu betrachten ist, reduziert wird. Sei m die Zahl der simultan durchgeführten Tests (nicht die Zahl der sich später als signifikant erweisenden Unterschiede), so reduziert man das α-Niveau auf

$$\alpha_{korr} = 1 - (1-\alpha)^{\frac{1}{m}}, \qquad 6.18$$

was sich in guter Näherung bei größeren m als $\alpha_{korr} = \alpha/m$ ausdrücken lässt. Man fordert also, um ein Beispiel zu geben, dass bei 10 gleichzeitigen Tests die Prüfgröße auf einem Niveau von 0,05/10 = 0,005, also auf dem 0,5%-Niveau signifikant sein muss, um für den jeweiligen Test H_0 zu verwerfen. Was dabei natürlich extrem steigt, ist das Risiko des β-Fehlers, also H_0 beizubehalten, obwohl in Wirklichkeit H_1 gilt.

Diese Bonferoni-Korrektur ist dann zweifellos sinnvoll, wenn ein und dieselbe Hypothese mit m verschiedenen Prüfgrößen getestet werden soll (insbesondere falls eine globale Varianzanalyse durch m einzelne t-Tests ersetzt werden soll; s. unten). Im geschilderten Beispiel aber, wo man über 40 verschiedene Hypothesen mit Hilfe von 40 Prüfgrößen entscheidet, geht eine solche Korrektur wesentlich zu weit, besonders da die Tests häufig nicht unabhängig sind, sondern die Testwerte korrelieren.

Das Vorgehen bei multiplen, prinzipiell unabhängigen Tests, etwa zur Bestimmung von Gruppenunterschieden in Persönlichkeitsmerkmalen, wird höchst kontrovers diskutiert: Einerseits ist die Schwierigkeit unübersehbar, einen oder mehreren der Befunde fälschlich als signifikant auszuweisen; andererseits ist klar, dass man mit einer α-Adjustierung die Anforderungen so hoch setzt, dass sich auch deutliche Unterschiede – außer bei extremen Stichprobenumfängen – kaum mehr statistisch absichern lassen. Der vorgeschlagene Weg einer Replikationstudie wird leider kaum begangen. Die zweite Möglichkeit wäre, mit klaren Hypothesen an die Untersuchung heranzugehen (a-priori-Hypothesen) und nur Vergleiche bezüglich jener Variablen durchzuführen, in denen man tatsächlich Unterschiede erwartet; warum dies so selten geschieht, sei hier nicht diskutiert.

Im Übrigen sei darauf hingewiesen, dass es sich bei Folgerungen aus solchen Tests, die erst a-posteriori gezogen werden, um Hypothesengenerierung, nicht um Hypothesentestung handelt. Hat man einen zunächst nicht erwarteten Unterschied gefunden, muss er strenggenommen jetzt an einem neuen Datensatz bewiesen werden (besser: wahrscheinlich gemacht werden).

Die ganzen Ausführungen, die ohnehin in einem Statistiklehrbuch an irgendeiner Stelle vorgebracht werden müssen, stehen im engen Zusammenhang mit der Frage, ob nicht verschiedene t-Tests die einfaktorielle Varianzanalyse inklusive der anschließenden Einzelvergleiche ersetzen können. Tatsächlich würden in unserem Beispiel 3 t-Tests (scheinbar) zum selben Ergebnis führen (Verwerfen der Annahme einer Gleichheit der Populationsmittelwerte und Nachweis eines Unterschieds zwischen Angestellten und Oberstaatsanwälten). Allerdings spricht zum einen eben die mangelnde Praktikabilität bei größerer Anzahl von Stichproben dagegen, zum anderen die Überlegung, dass bei der Vielzahl durchgeführter Tests (die alle unterschiedliche Nullhypothesen prüfen) zur Verwerfung einer einzigen Hypothese (nämlich H_0 der Varianzanalyse: Gleichheit der Populationsmittelwerte) möglicherweise einer falsch positiv ausfällt und damit die gesamte H_0 fälschlich abgelehnt wird. Um sich dagegen abzusichern, müsste man im Sinne einer alpha-Adjustierung das ursprünglich für die Varianzanalyse angesetzte 5%-Niveau für jeden der drei t-Tests auf

$$\alpha_{korr} = \frac{\alpha}{2} \text{ oder genauer } \alpha_{korr} = 1 - (1-\alpha)^{\frac{1}{2}} = 0{,}25 \text{ erniedrigen}$$

(Division nur durch 2, weil lediglich zwei der 3 t-Tests wirklich unabhängig sind). Dann könnte man sich darauf verlassen, dass die Wahrscheinlichkeit für ein fälschlich positives Ausfallen eines der Tests und damit der gesamten Prüfung bestenfalls bei $1 - 0{,}975^2 = 0{,}05$ liegt.

Aus einem weiteren Grund sind die im Anschluss an die Varianzanalyse angesetzten Einzeltests – im Falle von mehr als zwei Stufen der unabhängigen Variable – schärfer als der t-Test (verringern das Risiko von β-Fehlern): Zur Fehlerabschätzung benutzt man bei jenen nämlich MAQ_{inn} mit $n_1 + .. + n_k - k$ Freiheitsgraden, während die Fehlervarianz beim t-Test für unabhängige Stichproben $(n_1 - 1) + (n_2 - 1)$ Freiheitsgrade hat, also weniger; bei hoher Zahl von Freiheitsgraden im Nenner liegt der kritische Wert aus den Tafeln – wie Inspektion zeigt – aber niedriger.

6.5.3 Einfaktorielle Varianzanalyse mit Messwiederholungen

Vorbemerkungen; Überblick

Wie mehrfach erwähnt, stellt sie die Erweiterung des t-Tests für abhängige Stichproben dar und liefert im Falle einer nur zweifachen Stufung des Faktors (z.B. bei einfachen prä-post-Messungen) auch gleiche Ergebnisse (führt zur gleichen Entscheidung über Beibehaltung oder Ablehnung von H_0). Dies wurde in 6.4.4 gezeigt, und Vertrautheit mit den dortigen Ausführungen wird beim Verständnis dieses Abschnitts sehr hilfreich sein.

Wir werden zunächst an einem (wie immer zahlenmäßig einfachen) Beispiel die Zerlegung der Summen der Abweichungsquadrate demonstrieren und erläutern, warum wir die Fehlerkomponente, die wir in den Nenner des F-Bruchs setzen, hier anders zu wählen haben (nämlich kleiner) als bei Varianzanalyse ohne Messwiederholungen. Mit den Zahlen unseres Beispiels werden dann die Anschlusstests demonstriert (Einzelvergleiche und Trendanalysen), die prinzipiell nicht anders sind als bei einfaktoriellen varianzanalytischen Versuchsplänen ohne Messwiederholungen; lediglich ist bei der Formel für den Scheffé-Test die erwähnte kleinere Fehlerkomponente einzusetzen und dies muss auch geschehen, wenn Trends auf Signifikanz überprüft werden. Schließlich sind die komplizierten Voraussetzungen von einfaktoriellen Varianzanalysen mit Messwiederholungen zu erläutern; in diesem Zusammenhang kommt die Korrektur der Freiheitsgrade nach Greenhouse-Geisser zur Sprache.

Ein Beispiel zur Erläuterung der Vorgehensweise

Daten und Hypothesen: Man habe bei 5 depressiven Patienten eine einwöchige Kurztherapie durchgeführt und zur Kontrolle des Behandlungserfolgs zu 3 Zeitpunkten, nämlich vor, unmittelbar nach Therapie und noch einmal eine Woche später eine Skala zur Messung von Depression vorgelegt; dabei wurden folgende Werte erhalten: Vor Therapie (Ztp_1): 60; 50; 60; 40; 40; nach Therapie (Ztp_2): 40; 30; 50; 10; 20; eine Woche später (Ztp_3): 50; 40; 70; 10; 30. Offensichtlich sind in der Stichprobe die Werte nach Therapie gesunken, später jedoch wieder angestiegen. Sind diese Effekte aber auch signifikant? Ob sich überhaupt bei den 3 Messungen Unterschiede zeigen, überprüfen wir durch einfaktorielle Varianzanalyse mit Messwiederholungen (mit dreifacher Stufung des Faktors Messzeitpunkte); im Falle einer „over-all-Signifikanz" wird der Scheffé-Test im Anschluss zeigen, zwischen welchen Messzeitpunkten sich mittlere Depressionswerte unterscheiden; schließlich sollen Trendanalysen zeigen, ob der beschriebene Verlauf (Abfall nach der Therapie, Anstieg in der Folgewoche) statistisch abgesichert werden kann – allerdings werden wir unsere Analysen noch einmal wiederholen müssen, nachdem wir uns etwas genauer mit den Voraussetzungen für diese Analysen befasst haben.

Formulieren wir zunächst die Nullhypothese einer Gleichheit der mittleren Depressionswerte zu allen Zeitpunkten (Ztp$_1$, Ztp$_2$ und Ztp$_3$); H$_0$: $\mu_1 = \mu_2 = \mu_3$.

Man störe sich bitte nicht an der klinischen Schlichtheit der Beispiele. Bei Therapieerfolgskontrollen wären natürlich nicht nur mehr Probanden zu untersuchen; ebenso müssten häufigere Messungen durchgeführt werden, abgesehen davon, dass man den Therapieerfolg selten durch eine einzige Variable operationalisiert. Bei mehr Variablen müssten aber entweder multiple univariate Tests durchgeführt werden (mit dem im vorigen Abschnitt erläuterten Problem der α-Fehler-Kumulierung) oder multivariate Mittelwertvergleiche, die erst in Kapitel 7 zur Darstellung kommen.

Wir bringen die Daten zunächst in Tabellenform und berechnen $\bar{x}_1$, $\bar{x}_2$, $\bar{x}_3$ (Mittelwerte zu den 3 Messzeitpunkten Ztp$_1$, Ztp$_2$ und Ztp$_3$) sowie $\bar{x}_G$ (Gesamtmittelwert über alle Probanden und alle Messzeitpunkte); nachdem die Gruppen gleich stark besetzt sind – das Problem von „drop-outs" wollen wir hier nicht behandeln – ergibt sich letzterer als Durchschnitt der Mittelwerte zu den einzelnen Messzeitpunkten. Allgemein bezeichne n_j die Zahl der zum Zeitpunkt Ztp$_j$ untersuchten Probanden, da diese Zahl hier immer gleich sein soll, nennen wir sie einfach n; mit k bezeichnen wir wieder die Zahl der Messzeitpunkte. Außerdem berechnen wir die Mittelwerte der einzelnen Personen über die Messzeitpunkte und bezeichnen diese Größen zur Vermeidung von Missverständnissen als $\overline{px}_i$; also:

$$\overline{px}_i = \frac{1}{k} \cdot \sum_{j=1}^{k} x_{ji}.$$

Personen (P$_i$)	Ztp$_1$	Ztp$_2$	Ztp$_3$	Mittelwert von P$_i$ über Messzeitpunkte ($\overline{px}_i$)
P$_1$	60	40	50	50
P$_2$	50	30	40	40
P$_3$	60	50	70	60
P$_4$	40	10	10	20
P$_5$	40	20	30	30
$\bar{x}_G = 40$	$\bar{x}_1 = 50$	$\bar{x}_2 = 30$	$\bar{x}_3 = 40$	

Zerlegung der Abweichungsquadrate („Varianzzerlegung"): Wie bei Varianzanalyse ohne Messwiederholungen berechnen wir mittels der bekannten Formeln 6.9 – 6.11 SAQ_{tot}, SAQ_{zwGr} und SAQ_{inn}.

$$SAQ_{tot} = \sum_{j=1}^{k}\sum_{i=1}^{n_j}(x_{ji} - \bar{x}_G)^2 = 4400.$$

$$SAQ_{zwGr} = \sum_{j=1}^{k} n_j \cdot (\bar{x}_j - \bar{x}_G)^2 = 5 \cdot \left[(50-40)^2 + (30-40)^2 + (40-40)^2\right] = 1000.$$

$$SAQ_{inn} = \sum_{j=1}^{k}\sum_{i=1}^{n_j}(x_{ji} - \bar{x}_j)^2 = \sum_{j=1}^{k}\sum_{i=1}^{n}(x_{ji} - \bar{x}_j)^2 = 3400.$$

6.5 Varianzanalyse

Was wir – um nicht laufend die Terminologie zu wechseln – als SAQ_{zwGr} bezeichnen, gibt natürlich Unterschiede ein und derselben Gruppe (der Untersuchungsstichprobe) unter verschiedenen Bedingungen (zu verschiedenen Zeitpunkten) an und wir setzen deshalb sicherheitshalber gelegentlich SAQ_{zwBed} hinzu; also: $SAQ_{zwGr} = SAQ_{zwBed} = 1000$. Diese Größe ist Effekt des Treatments und es ließe sich deshalb schreiben: $SAQ_{zwGr} = SAQ_{zwBed} = SAQ_{treatment}$ (oder $QS_{treatment}$ wie in vielen Lehrbüchern). Wie zu sehen, ist diese Größe genau dann 0, wenn die Mittelwerte zu allen Messzeitpunkten gleich sind und um so größer, je mehr sich die Mittelwerte voneinander unterscheiden.

Anders als bei der einfaktoriellen VA ohne Messwiederholungen lässt sich MAQ_{inn} nicht ausschließlich als Fehlerkomponente auffassen. Vielmehr gehen in diese Größe auch systematische Unterschiede zwischen den Probanden ein, die über alle Zeitpunkte in ähnlicher Weise auftreten und keineswegs gegen die Effizienz des Treatments sprechen. Beispielsweise hat P_5 generell 20 Punkte weniger im Depressionsscore als P_1, und dies bleibt auch nach Therapie erhalten. SAQ_{inn} zerlegt sich so in eine zur Beurteilung des Therapieerfolges irrelevante Komponente, die auf systematische Unterschiede der Personen zurück geht und SAQ_{syst} genannt werden soll sowie eine weitere, mit SAQ_{unsyst} bezeichnete Residualkomponente, welche tatsächlich einen Fehler im Sinne der Varianzanalyse darstellt. Also:

$$SAQ_{tot} = SAQ_{zwGr} + SAQ_{inn} = SAQ_{zwGr} + SAQ_{syst} + SAQ_{unsyst}. \qquad 6.19a$$

SAQ_{syst} berechnet sich aus den mittleren Werten der Personen über alle k Messzeitpunkte (den $\overline{px_i}$) mittels folgender Formel:

$$SAQ_{syst} = k \cdot \sum_{i=1}^{n}(\overline{px_i} - \overline{x}_G)^2, \qquad 6.19b$$

hier: $SAQ_{syst} = 3 \cdot [(50-40)^2 + (40-40)^2 + (60-40)^2 + (20-40)^2 + (30-40)^2] = 3000$.

Diese Größe wäre 0, wenn die über Zeitpunkte gemittelten Werte in der abhängigen Variablen (hier Depressionscores) für alle Probanden gleich wären.
SAQ_{unsyst} ergibt sich dann als Differenz von SAQ_{inn} und SAQ_{syst}, somit zu 400.
Man könnte dies, wie in 6.4.4, auch direkt mittels folgender Formel berechnen:

$$SAQ_{unsyst} = \sum_{j=1}^{k}\sum_{i=1}^{n_j}(x_{ji} - \overline{x}_j - \overline{px_i} + \overline{x}_G)^2,$$

wobei die Stichprobenumfänge zu den einzelnen Messzeitpunkten hier gleich sind; also: $n_j = n$. Dabei haben wir gegenüber der Formel für SAQ_{inn} eine Korrektur durchgeführt: $x_{ij} - \overline{x}_j$, die Abweichung der Person P_i vom Gruppenmittelwert haben wir nämlich um jenen Betrag vermindert, mit dem P_i generell (über alle Bedingungen) vom Gesamtmittelwert abweicht, also um $\overline{px_i} - \overline{x}_G$.
Für die Freiheitsgrade von SAQ_{unsyst} ergibt sich $df_{unsyst} = (n-1) \cdot (k-1)$.

Wie die Abweichungsquadrate sich zu SAQ_{tot} summieren, summieren sich die einzelnen Freiheitsgrade nämlich zu df_{tot}.
Wegen $df_{syst} = n - 1$ gilt:
$$df_{unsyst} = df_{tot} - df_{zwGr} - df_{syst} = n \cdot k - 1 - (k-1) - (n-1) = n \cdot k - k - n + 1 = (n-1) \cdot (k-1).$$

$MAQ_{zwGr} = MAQ_{zwBed}$ berechnet sich nach der bekannten Formel (Division von SAQ_{zwGr} durch df_{zwGr}) hier zu 500, MAQ_{unsyst} zu $400/(5-1)\cdot(3-1) = 50$.
Bestimmung der Prüfgröße: Zur Schätzung der Treatmentvarianz (der Varianz aufgrund unterschiedlicher Messzeitpunkte) in der Population dient MAQ_{zwGr}, zur Schätzung der Fehlervarianz dort – anders als bei VA ohne Messwiederholung – nicht MAQ_{inn}, sondern das kleinere MAQ_{unsyst}; zur Überprüfung der Nullhypothese erhalten wir deshalb den *F*-Quotienten:

$$F = \frac{MAQ_{zwGr}}{MAQ_{unsyst}} = \frac{500}{50} = 10.$$ 6.20

Bei einem Signifikanzniveau von 1% beträgt der kritische *F*-Wert bei 2 Freiheitsgraden des Zählers und 8 des Nenners 8,65, womit unser Ergebnis auf dem 1%-Niveau signifikant ist. Allerdings werden wir nach Prüfung der Voraussetzungen diese Aussage etwas korrigieren müssen. Mit Erleichterung – warum erklären wir später – stellen wir jedoch schon fest, dass unser *F*-Wert auch dann signifikant wäre (zumindest auf 5%-Niveau), wenn wir nur 1 Freiheitsgrad im Zähler und $n-1$, also 4, im Nenner hätten ($F_{krit;1;4;5\%} = 7{,}71$). In diesem Fall können wir nämlich sicher sein, dass eventuelle Verletzung der Voraussetzungen (s. unten) nicht zu fälschlicher Annahme von H_1 geführt hat. Wir stellen die Schritte wieder in einer Tafel der Varianzanalyse zusammen:

Quelle der Varianz	SAQ	df	MAQ	Prüfgröße
total	$SAQ_{tot}=\sum_{j=1}^{k}\sum_{i=1}^{n}(x_{ji}-\bar{x}_G)^2$ hier: 4400	$N-1$; hier: 14	hier nicht benötigt	$F_{emp}=\frac{MAQ_{zwGr}}{MAQ_{unsyst}}$ hier: 10. $F_{krit;2;8;5\%} = 4{,}46$; $F_{krit;2;8;1\%} = 8{,}65$; $F_{emp} \geq F_{krit;2;8;1\%}$ also: H_0 verwerfen bei $\alpha = 1\%$. Es bestehen signifikante Unterschiede zwischen Zeitpunkten hinsichtlich mittlerer Depressionscores.
zwischen den Gruppen	$SAQ_{zwGr}=\sum_{j=1}^{k}n(\bar{x}_j-\bar{x}_G)^2$ hier: 1000	$k-1$; hier: 2	$MAQ_{zwGr}=\frac{SAQ_{zwGr}}{df_{zwGr}}$ hier: 500	
innerhalb der Gruppen	$SAQ_{inn}=\sum_{j=1}^{k}\sum_{i=1}^{n}(x_{ji}-\bar{x}_j)^2$ hier: 3400	$N-k$; hier: 12	hier nicht benötigt	
systematisch innerhalb der Gruppen	$SAQ_{syst}=k\cdot\sum_{i=1}^{n}(\overline{px}_i-\bar{x}_G)^2$ hier: 3000	$n-1$; hier: 4	hier nicht benötigt	
unsystematisch innerhalb der Gruppen	$SAQ_{unsyst}=$ $SAQ_{inn}-SAQ_{syst}=$ $=\sum_{j=1}^{k}\sum_{i=1}^{n}(x_{ji}-\bar{x}_j-\overline{px}_i+\bar{x}_G)^2$ hier: 400	$(n-1)(k-1)$ hier: 8	$MAQ_{unsyst}=\frac{SAQ_{unsyst}}{df_{unsyst}}$ hier: 50	

6.5 Varianzanalyse

Anschlusstests: Für den Vergleich der Mittelwerte zu verschiedenen Messzeitpunkten benutzen wir wieder den zwar konservativen, aber leicht zu rechnenden Scheffé-Test (s. 6.5.2). Die Formel vereinfacht sich hier insofern, als alle Stichprobenumfänge gleich groß sind; zu beachten ist, dass wir als Schätzung der Fehlervarianz in der Grundgesamtheit nun nicht MAQ_{inn} einsetzen, sondern das kleinere MAQ_{unsyst}. Damit berechnet sich die kritische Differenz $Diff_{krit}$:

$$Diff_{krit;5\%} = \sqrt{\frac{2\cdot(k-1)\cdot MAQ_{unsyst}\cdot F_{krit;k-1;(k-1)\cdot(n-1);5\%}}{n}} = \sqrt{\frac{2\cdot 2\cdot 50\cdot 4{,}46}{5}} = 13{,}35.$$

Unter der Bedingung, dass wir wichtige Voraussetzungen der Varianzanalyse mit Messwiederholungen nicht verletzt haben, finden wir also einen signifikanten Unterschied der Depressionswerte vor und unmittelbar nach Therapie ($Diff_{emp} = 20$), nicht aber zwischen anderen Erhebungszeitpunkten.

Für Trendanalysen (bei äquidistanten Messzeitpunkten) zerlegen wir mittels der Tafel 12 zu entnehmenden Koeffizienten SAQ_{zwGr} (= $SAQ_{treatment}$) in eine lineare Komponente SAQ_{lin} und eine quadratische SAQ_{quad}. Es ergeben sich:

$$SAQ_{lin} = \frac{n\cdot(\sum_{j=1}^{k} c_{linj}\cdot \bar{x}_j)^2}{\sum_{j=1}^{k} c_{linj}^2} = \frac{5\cdot(-1\cdot 50 + 0\cdot 30 + 1\cdot 40)^2}{(-1)^2 + 0^2 + 1^2} = 250.$$

$$SAQ_{quad} = \frac{n\cdot(\sum_{j=1}^{k} c_{quadj}\cdot \bar{x}_j)^2}{\sum_{j=1}^{k} c_{quadj}^2} = \frac{5\cdot(1\cdot 50 + (-2)\cdot 30 + 1\cdot 40)^2}{1^2 + (-2)^2 + 1^2} = 750.$$

Testen wir diese Summen (immer 1 Freiheitsgrad) gegen MAQ_{unsyst} mit 8 Freiheitsgraden, erhalten wir: $F_{lin} = 5$ und $F_{quad} = 15$. Der zweite Prüfwert ist signifikant ($F_{krit;1;8;5\%} = 5{,}32$); es findet sich also ein überzufälliger quadratischer Trend in den Daten (hier: initialer Abfall und erneuter Anstieg).

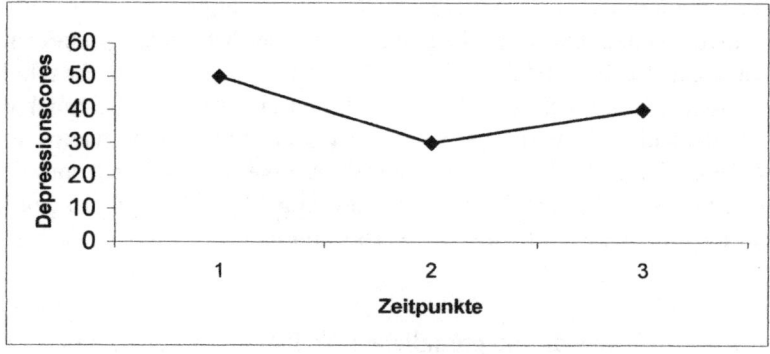

Abbildung 6.5 Verlauf der Messwerte im obigen Beispiel

Voraussetzungen

Neben den mittlerweile hinreichend oft erwähnten generellen (leicht verständlichen) Voraussetzungen für Varianzanalysen, nämlich metrischer Skalierung der Daten und Unabhängigkeit der Werte innerhalb der einzelnen Stichproben – hier Unabhängigkeit der Messwerte zwischen unseren 5 Patienten zu jedem der Untersuchungszeitpunkte – kommen im Falle von varianzanalytischen Versuchsplänen mit Messwiederholungen noch weitere (z.T. kompliziertere) hinzu. Wir stellen diesen Themenkomplex sehr summarisch dar, aber hoffentlich so, dass die Problematik klar wird. Exaktere Präsentation würde vermutlich nicht selten dazu führen, dass diese Passage übersprungen wird.

Zu den weiteren Voraussetzungen gehört neben den oben genannten zum einen die Homogenität der Varianzen zu den einzelnen Messzeitpunkten (bei den Daten des Beispiels: 100; 250; 500), zum anderen Homogenität der Korrelationen bzw. der Kovarianzen. Wie am Beispiel schnell nachzurechnen, korrelieren die Probandenwerte erwartungsgemäß hoch zwischen zwei Zeitpunkten (r zwischen Messzeitpunkten Ztp_1 und Ztp_2: 0,95, zwischen Ztp_1 und Ztp_3: 0,89, zwischen Ztp_2 und Ztp_3: 0,89). Diese Korrelationen sind homogen, d.h. in den Stichproben so gering unterschieden, dass wir in den Populationen (Messungen an allen Elementen der Grundgesamtheit zu den 3 Zeitpunkten) von deren Gleichheit ausgehen können (zur Prüfung der Signifikanz von Korrelationen bzw. Unterschieden zwischen Korrelationen s. 6.8). Hingegen spricht Manches gegen die Homogenität der Varianzen.

Streng genommen wird zwar – wie übrigens auch beim t-Test für korrelierende Stichproben – nicht Homogenität der Varianzen der Messwerte zu jedem Zeitpunkt, sondern Homogenität der Varianzen der Differenzen verlangt. Diese wäre sicher eher gegeben; andererseits sind bei Inhomogenität der Varianzen (die ja in den Nenner zur Berechnung der Korrelationskoeffizienten eingehen) die Korrelationen in den Stichproben weniger verlässliche Schätzungen für die Grundgesamtheit. In jedem Fall sind Zweifel angebracht, ob bei unserer Rechnung die Voraussetzungen der Varianzanalyse mit Messwiederholungen wirklich erfüllt sind; diese Zweifel werden sich auch bestätigen.

Sind die zuletzt genannten Voraussetzungen nicht erfüllt, gelangt man mit dem beschriebenen Rechenverfahren in der Regel zu **progressiven** Entscheidungen, d.h. nimmt möglicherweise H_1 an, während eigentlich H_0 beizubehalten wäre. In diesem Fall wird als Korrekturfaktor eine üblicherweise als Greenhouse-Geisser-Epsilon (ε) bezeichnete Größe benutzt, die sich aus der Varianz-Kovarianz-Matrix berechnet (s. Anmerkung 26). Für ε gilt folgende wichtige Ungleichung (mit k als Zahl der Messzeitpunkte):

$$\frac{1}{k-1} \leq \varepsilon \leq 1. \qquad 6.21$$

Mit diesem ε werden nun die ursprünglichen Freiheitsgrade des Zählers (in unserem Beispiel 2) und die ursprünglichen Nennerfreiheitsgrade (im Beispiel

8) – unter Abrundung des Ergebnisses – multipliziert. Damit ergibt sich als neuer kritischer F-Wert, mit dem wir unseren empirischen F-Wert zu vergleichen haben: $F_{krit;\varepsilon \cdot df_{Zähler};\varepsilon \cdot df_{Nenner};\alpha}$.

Da wir an unserem Datensatz ein ε von 0,50 erhalten haben (s. Anmerkung 26), reduzieren wir unsere Zählerfreiheitsgrade von 2 auf 1, die Nennerfreiheitsgrade von 8 auf 4 (der empirische F-Wert bleibt dabei unverändert). Der kritische F-Wert lautet damit 7,71 (bei $\alpha = 5\%$); nachdem F_{emp}-Wert = 10 diesen immer noch überschreitet, lässt sich nach wie vor H_0 verwerfen.

Hat man im Datensatz deutliche Treatment-Effekte und entsprechend ein großes F_{emp}, lässt sich die Greenhouse-Geisser-Korrektur sehr vereinfachen. Nach obiger Ungleichung (6.21) ist der minimale Wert, den der Korrekturfaktor ε annehmen kann $1/k-1$. Multipliziert man Zähler- und Nennerfreiheitsgrade mit diesem Wert („lower-bound ε") und testet somit gegen $F_{krit;1;n-1;\alpha}$, ist man in jedem Fall „auf der sicheren Seite". In unserem Beispiel wäre der kritische F-Wert, an dem wir unser empirisches F von 10 messen, 7,71 (s. Tafel 4 bei $\alpha = 5\%$ sowie 1 Freiheitsgrad für den Zähler und 4 für den Nenner); wir haben schon oben fest gestellt, dass auch dieser überschritten wird und wir auf jeden Fall nicht auf Grund verletzter Voraussetzungen H_0 verwerfen.

Generell gilt die Korrektur mittels des Greenhouse-Geisser-Epsilons als sehr konservativ (mit der Folge, ungerechtfertigt die Nullhypothese beizubehalten). Es gibt deswegen weitere Korrekturmöglichkeiten (etwa mit dem weniger restriktiven Huynh-Feldt-Epsilon). Auch Prüfungen des Treatment-Effekts mittels multivariater Verfahren sind üblich. Für Einzelheiten konsultiere man speziellere Werke bzw. die Angaben zu Rechenprogrammen (z.B. SPSS).

Auch für den Scheffé-Test ist es sicherer, das kritische F mit den nach Greenhouse-Geisser korrigierten Freiheitsgraden einzusetzen (oder noch sicherer: $F_{krit;1;n-1;\alpha}$). Tut man Letzteres, ergibt sich für die kritische Differenz bei einer Irrtumswahrscheinlichkeit von 5%:

$$Diff_{krit;5\%} = \sqrt{\frac{2 \cdot (k-1) \cdot MAQ_{unsyst} \cdot F_{krit;1;n-1;5\%}}{n}} = \sqrt{\frac{2 \cdot 2 \cdot 50 \cdot 7,71}{5}} = 17,56.$$

Da die prä-post-Differenz in unserer „Studie" 20 beträgt, erweist sich der Treatment-Effekt – trotz der konservativen Korrekturen – als signifikant.

6.5.4 Mehrfaktorielle Varianzanalyse ohne Messwiederholungen

Vorbemerkungen; Überblick

Bei **univariaten mehrfaktoriellen** Varianzanalysen ohne Messwiederholungen werden Gruppen von Probanden, die sich hinsichtlich der Ausprägungen in **verschiedenen unabhängigen** Variablen unterscheiden, bezüglich ihrer Werte in **einer abhängigen** Variable verglichen. Es ist sicher nicht überflüssig zu wiederholen, dass mittels univariater Varianzanalysen gleichzeitiger Vergleich hinsichtlich mehrerer abhängiger Variablen nicht geleistet werden kann. Lediglich lassen sich – mit dem schon mehrfach angesprochenen Problem der Kumulierung des α-Fehlers bei multiplen Vergleichen – in diesem Fall nacheinander mehrere univariate Vergleiche durchführen (zu multivariaten Varianzanalysen s. 7.2.3). Eine mehrfaktorielle (univariate) Varianzanalyse wird etwa durchgeführt, wenn man bei Männern und Frauen aus drei Nationen (Engländern, Deutschen, Italienern) Blutdruckwerte erhebt und Vergleiche durchführt. Nach dem in 6.5.1 eingeführten Sprachgebrauch handelt es sich um eine zweifache (zweifaktorielle, doppelte) Varianzanalyse mit der abhängigen Variablen Blutdruck und mit zwei unabhängigen Variablen (zwei Faktoren oder zwei Gruppierungsvariablen), von denen die eine, das Geschlecht, zweifach gestuft ist, die andere, die Nation, dreifach; es handelt sich in Kurzschreibweise um eine 2x3-Varianzanalyse. Würden wir in die Untersuchung – was hier äußerst sinnvoll wäre – als dritte Gruppierungsvariable (als dritten Faktor) Alter auf 5 Stufen einführen (bis 20 Jahre, zwischen 21 und 40 Jahren, zwischen 41 und 60 Jahren, zwischen 61 und 80 Jahren, mit mehr als 80 Jahren), hätten wir eine dreifache, in diesem Fall eine 2x3x5-Varianzanalyse zu rechnen – noch einmal also: Die Anzahl der Zahlen vor dem Wort Varianzanalyse (hier drei) gibt die Anzahl der Faktoren an, die einzelnen Zahlen ihre Stufung (hier 2 Stufen für den 1., 3 für den 2., 5 für den 3. Faktor).

Obwohl rechnerisch im Prinzip das Gleiche geschieht, ist die Darstellung einer Varianzanalyse mit mehr als zwei Faktoren recht schwierig, sodass wir uns mit Andeutungen begnügen werden. Auch schon die zweifache Varianzanalyse ist nicht unbedingt leicht eingängig; wir wollen deshalb zunächst an einem sehr schlichten Beispiel unter weitgehendem Verzicht auf Formalisierung das Prinzip und die Rechenschritte erläutern sowie die Voraussetzungen behandeln. Erst im nächsten Beispiel werden die allgemeinen Formeln unter Mehrfachindizierung eingeführt und eine etwas differenziertere Fragestellung betrachtet. Generell wird im Text darauf verzichtet, die im Falle größerer Stichproben rechnerisch leichter zu bewältigenden äquivalenten, aber ausgesprochen unanschaulichen Formeln für die einzelnen Quadratsummen anzuführen (s. jedoch Anmerkung 31). Liegen größere Stichproben vor, wird man mit etwas mehr Aufwand (unter gleichzeitigem Zuwachs an Verständnis) ebenso die hier eingeführten Formeln verwenden können; alternativ bietet sich natürlich die Benutzung eines Rechenprogramms an.

Erste Einführung an einem einfachen Beispiel

Daten und Hypothesen: Wir haben jeweils 3 italienische und deutsche Frauen nach ihrem Spaghettikonsum befragt (Teller pro Woche), ebenso 3 italienische und 3 deutsche Männer. Die Stichprobenumfänge n_{FI}, n_{MI}, n_{FD} und n_{MD} sind hier gleich, nämlich 3; dies ist nicht unabdingbar, aber vorteilhaft; in 6.5.2 wurde erklärt, dass Verletzung gewisser Voraussetzungen in diesem Fall i.

6.5 Varianzanalyse

Allg. weniger gravierend ist: Ein Problem stellt natürlich der geringe Stichprobenumfang dar, was wir aber der rechnerischen Einfachheit zu Liebe bereitwillig in Kauf nehmen. Prinzipiell handelt es sich um eine kontinuierliche Variable – man könnte auch einen halben oder einen viertel Teller essen. Erfreulicherweise sind aber in unserem Fall nur ganzzahlige Werte erhoben worden, nämlich bei italienischen Männern 10, 8; 12, italienischen Frauen 8; 10; 12, bei den deutschen Männern 4; 2, 0, bei deutschen Frauen 12; 8; 10. Wir tragen die Werte in eine Tabelle ein und bilden innerhalb der einzelnen „Kästchen", der eng definierten Subgruppen, die Mittelwerte:

	Männer	Frauen	
Italiener	10; 8; 12 $\bar{x}_{MI} = 10$	8; 10; 12 $\bar{x}_{FI} = 10$	$\bar{x}_{\bullet I} = 10$
Deutsche	4; 2; 0 $\bar{x}_{MD} = 2$	12; 8; 10 $\bar{x}_{FD} = 10$	$\bar{x}_{\bullet D} = 6$
	$\bar{x}_{M\bullet} = 6$	$\bar{x}_{F\bullet} = 10$	$\bar{x}_G = 8$

Weiter bestimmen wir die Mittelwerte der einzelnen Spalten, also der beiden Geschlechter, unabhängig von ihrer Nationalität, und erhalten 6 für die Männer, 10 für die Frauen. Wir symbolisieren dies durch $\bar{x}_{M\bullet}$ und $\bar{x}_{F\bullet}$, wobei der Punkt bedeuten soll, dass wir die zweite Variable (Nationalität) vernachlässigen, also: $\bar{x}_{M\bullet} = 6$, $\bar{x}_{F\bullet} = 10$; analog definieren wir $x_{\bullet I}$ als Mittelwert der ersten Zeile, $\bar{x}_{\bullet D}$ als Mittelwert der zweiten Zeile und berechnen dafür $\bar{x}_{\bullet I} = 10$; $\bar{x}_{\bullet D} = 6$. Schließlich ist der Gesamtmittelwert zu bestimmen, nämlich $\bar{x}_G = 8$. Ins Auge fallen die unterschiedlichen Werte für die kombinierten Stichproben (Deutsche verglichen mit Italienern, Frauen verglichen mit Männern) und es stellt sich dann die Frage, ob diese Ergebnisse auch signifikant sind. Wir bilden also ein Set von Nullhypothesen für die Grundgesamtheit, nämlich einerseits die die Nationen betreffende $H_0^{Nat}: \mu_I = \mu_D$, andererseits die sich auf Geschlechter beziehende $H_0^{Geschl}: \mu_F = \mu_M$, und wollen überprüfen, ob diese mit unseren Stichprobenbefunden noch vereinbar sind oder ob wir sie zugunsten einer oder beider der Alternativhypothesen

$H_1^{Nat}: \mu_I \neq \mu_D$ und $H_1^{Geschl}: \mu_F \neq \mu_M$

verwerfen können. Wir werden fest stellen, dass bei diesem Datensatz noch eine dritte Nullhypothese zu formulieren ist, die Wechselwirkung betreffend; zu ihr kommen wir später.

Wie bei einfaktoriellen Varianzanalysen ohne Messwiederholungen berechnet man zunächst SAQ_{tot} und erhält 176. SAQ_{inn} definieren wir als Summe der Abweichungsquadrate innerhalb jeder der „Kästchen", also innerhalb jeder der Subgruppen, wonach wir über die Kästchen (= Zellen = Subgruppen) summieren, also: $SAQ_{inn} = SAQ_{innKäst} = 32$. Dieser Wert würde genau dann 0, wenn innerhalb jeder der Subgruppen sich die Werte für den Spaghettikonsum nicht unterscheiden würden. Das daraus abgeleitete MAQ_{inn} wird wieder als Schätzwert für den Fehler benutzt werden. Weiter bildet man

$$SAQ_{zwNat} = 6 \cdot (\bar{x}_{\bullet I} - \bar{x}_G)^2 + 6 \cdot (\bar{x}_{\bullet D} - \bar{x}_G)^2 = 48 \text{ sowie } SAQ_{zwGeschl} = 48.$$

Bei Addition der bisher ermittelten SAQs stellen wir fest, dass sie sich nicht zu SAQ_{tot} ergänzen. Es existiert nämlich noch ein SAQ für die Wechselwirkung (SAQ_{WW}). Dieses wird dann einen hohen Wert annehmen, wenn die Nationen und Geschlechtereffekte nicht rein additiv sind, also beispielsweise der Mittelwert für italienische Männer sich nicht einfach aus dem Mittelwert für Italiener und dem Mittelwert für Männer zusammensetzt. Genauer formuliert: Besteht keine Wechselwirkung in den Grundgesamtheiten, muss gelten:

$$\mu_{MI} = (\mu_{M\bullet} - \mu_G) + (\mu_{\bullet I} - \mu_G) + \mu_G = \mu_{M\bullet} + \mu_{\bullet I} - \mu_G$$

(analog für die anderen Kombinationen). Entsprechend lautet H_1^{WW}: Mindestens eine der obigen Gleichungen gilt nicht.

Die Größe SAQ_{WW} (Summe der Abweichungsquadrate für die Wechselwirkung) berechnet sich wie folgt:

$$SAQ_{WW} = n_{MI} \cdot (\bar{x}_{MI} - \bar{x}_{\bullet I} - \bar{x}_{M\bullet} + \bar{x}_G)^2 + n_{FI} \cdot (\bar{x}_{FI} - \bar{x}_{\bullet I} - \bar{x}_{F\bullet} + \bar{x}_G)^2$$
$$+ n_{DM} \cdot (\bar{x}_{MD} - \bar{x}_{\bullet D} - \bar{x}_{M\bullet} + \bar{x}_G)^2 + n_{FD} \cdot (\bar{x}_{DF} - \bar{x}_{\bullet D} - \bar{x}_{F\bullet} + \bar{x}_G)^2; \text{ hier :}$$
$$SAQ_{WW} = 3 \cdot (10 - 10 - 6 + 8)^2 + 3 \cdot (10 - 10 - 10 + 8)^2$$
$$+ 3 \cdot (2 - 6 - 6 + 8)^2 + 3 \cdot (10 - 6 - 10 + 8)^2 = 48.$$

Wie zu sehen, liefert dies den fehlenden Summanden, um SAQ_{tot} zu erhalten. Es gilt also:
$SAQ_{tot} = SAQ_{zwNat} + SAQ_{zwGeschl} + SAQ_{WW} + SAQ_{inn}$
und analog: $df_{tot} = df_{zwNat} + df_{zwGeschl} + df_{WW} + df_{inn}$.
Der Beweis geschieht wie für die Zerlegung bei der einfachen Varianzanalyse (s. 6.5.2), ist aber mit deutlich größerem Rechenaufwand verbunden; wir verzichten darauf ebenso wie auf die (leichtere) Herleitung der Additivität der Freiheitsgrade.
Aus der letzten Beziehung folgt für df_{WW}:

$$df_{WW} = N - 1 - (k - 1) - (m - 1) - (N - k \cdot m)$$

mit k = Zahl der Spalten, m = Zahl der Zeilen, n = Zahl der Personen in den Kästchen (Zellen), N = Gesamtzahl der Personen.
Wegen $N = k \cdot m \cdot n$ erhalten wir:

$$df_{WW} = k \cdot m \cdot n - 1 - k + 1 - m + 1 - k \cdot m \cdot n + k \cdot m = (k - 1) \cdot (m - 1);$$

hier also: $df_{WW} = (2 - 1) \cdot (2 - 1) = 1$.
Üblicherweise berechnet man SAQ_{WW} nicht mittels der komplizierten direkten Formel, sondern benutzt obige Gleichheit, um durch Subtraktion aller anderen SAQs vom leicht zu berechnenden SAQ_{tot} schließlich SAQ_{WW} zu erhalten.

Mit Hilfe der Freiheitsgrade bestimmen wir nun die MAQs und bilden durch Testung gegen $MAQ_{inn} = SAQ_{inn}/8 = 4$ die Prüfgrößen F_{zwNat}, $F_{zwGeschl}$ und F_{WW} (s. Anmerkung 27); sie nehmen in diesem Fall sämtlich den Wert 12 an. Alle

6.5 Varianzanalyse

diese Brüche haben hier – im allgemeinen Falle natürlich nicht – 1 Freiheitsgrad im Zähler und $k \cdot m \cdot (n-1) = 8$ im Nenner; als kritisches F entnimmt man Tafel 4 die Werte 5,32 (bei α = 5%) und 11,26 (bei α = 1%); es ergibt sich somit sowohl ein sehr signifikanter Unterschied der Nationen als auch der Geschlechter, zudem eine sehr signifikante Wechselwirkung (s. Anmerkung 28).

Die Bedeutung letzterer Aussage zu verstehen, ist – erfahrungsgemäß insbesondere für Anfänger – nicht ganz einfach. Am Eingängigsten dürfte folgende Formulierung sein: Es bestehen nationenspezifische Geschlechterunterschiede im Spaghettikonsum: Bei Italienern lieben beide Geschlechter diese Teigwaren im gleichem Maße, während bei den Deutschen sich Unterschiede zwischen Frauen und Männern manifestieren – wären in gleichen Sinne Unterschiede bei den Italienern gefunden worden, hätte man keinen Wechselwirkungseffekt fest gestellt. Am illustrativsten ist die graphische Darstellung: Man markiert auf der x-Achse eines Koordinatensystems (im Prinzip an beliebiger Stelle) zwei Punkte für die Nationen, etwa links für Deutsche, rechts für Italiener und trägt von dort nach oben die Werte der abhängigen Variablen jeweils für Männer und Frauen auf; verbindet man die Punkte für die Nationen, erhält man zwei Geradenabschnitte (s. Abb. 6.6). Verliefen diese parallel, liesen sich keine Wechselwirkung fest stellen; die Unterschiede zwischen Männern und Frauen wären in gleicher Form bei beiden Nationen zu finden. Liegen – wie in unserem Fall – die Abschnitte schief zu einander, gibt es Hinweise auf eine Wechselwirkung; ob sie signifikant ist, lässt sich daraus allerdings nicht ablesen (s. Anmerkung 29).

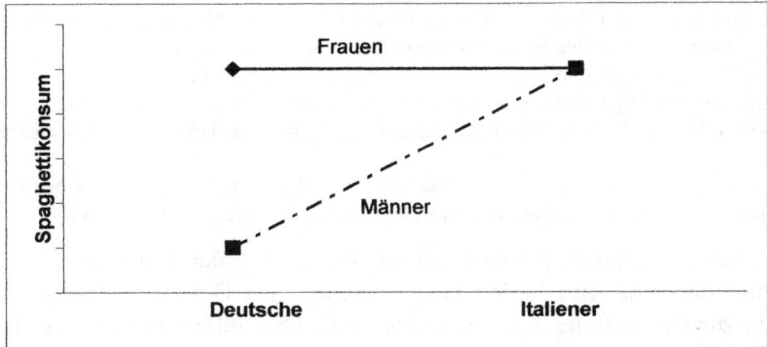

Abbildung 6.6: Graphische Darstellung der Wechselwirkung

Ein Beispiel zu Erläuterung weiterer Sachverhalte und der Anschlusstests

In unserem ersten, sehr schlichten Beispiel wollten wir zunächst einmal das prinzipielle Vorgehen bei einer zweifaktoriellen Varianzanalyse erklären. Da jeder Faktor nur auf 2 Stufen vorlag, waren Anschlusstests nicht nötig; außerdem hatten wir bisher die etwas befremdende Mehrfachindizierung noch ohne allzu große Mühe vermeiden können, müssen dies aber nun nachtragen.

Man habe also einen zweifaktoriellen varianzanalytischen Versuchsplan mit ausschließlich fixen Faktoren. In einer Tabelle tragen wir die unterschiedlichen Abstufungen des Faktors I nach rechts (also horizontal) auf; der laufende Index dafür sei g, die Zahl der Stufen werde mit k bezeichnet; es gibt also k Spalten. Nach unten sollen die Abstufungen von Faktor II vermerkt werden; als laufenden Index wählen wir h, als Zahl der Stufen von Faktor II m; wir haben also m Zeilen. i sei – wie fast immer in diesem Buch – der Index für die Probanden, n_{gh} die Zahl der Probanden mit Ausprägung von Faktor I in Stufe g, mit Ausprägung von Faktor II in Stufe h (zu Beispielen s. unten). Für das Weitere wollen wir annehmen, dass alle $k \cdot m$ Stufenkombinationen gleich stark besetzt sind, also $n_{gh} = n_{g'h'}$ für beliebige $g, g' \le k; h, h' \le m$. Wir schreiben deshalb für die Stichprobenumfänge einfach n. Mit N bezeichnen wir den Umfang der Gesamtstichprobe, also $N = n \cdot k \cdot m$. x_{ghi} sei der Wert des i-ten Probanden in der Stufe g von Faktor I und Stufe h von Faktor II. Das heißt: Wir gehen zunächst g Stellen nach rechts (also in die g-te Spalte), dann h Stellen nach unten (in die h-te Zeile), um in das Kästchen mit der Stufenkombination g von Faktor I und h von Faktor II zu gelangen; von den Werten der n Probanden suchen wir uns dort den i-ten aus und erhalten schließlich x_{ghi}.

Wie leicht zu erkennen, bieten sich hier reichlich Möglichkeiten für Zweideutigkeiten und Missverständnisse. g wird oft als Zeilenindex bezeichnet, weil er die Zeilen entlang läuft; in Wirklichkeit indiziert er aber die Spalten; Umgekehrtes gilt für den „Spaltenindex" h – entsprechend ist die Bezeichnungsweise in der Literatur nicht selten genau „anders herum". Wir wollen deshalb diese Begriffe möglichst vermeiden und sagen: g indiziert die Stufe des Faktors I, der k Stufen haben soll (k Spalten entsprechend); h indiziert die Stufe des Faktors II mit insgesamt m Stufen.

Man beachte, dass wir es – einer Konvention folgend – im Abschnitt 3.5 über Faktorenanalyse genau anders gemacht haben: Dort indizierte der 1. Index die Zeile, der 2. die Spalte.

$\bar{x}_{g\bullet}$ bezeichne den Mittelwert der g-ten Spalte, $\bar{x}_{\bullet h}$ den der h-ten Zeile.

Ein Untersucher möchte die Wirkung verschiedener Dosierungen eines Medikaments zur Behandlung der Zuckerkrankheit überprüfen und zwar an Patienten mit schwerem und leichterem Diabetes (Werte im Glukosebelastungstest nach 1 Stunde $\ge$ 180 mg/100ml und < 180 mg/100ml, jeweils vor Behandlung); es handelt sich nach der Definition in Anmerkung 30 um einen fixen Effekt. Das Medikament wird Patientengruppen (mit jeweils $n = 3$) in den Dosierungen 0 mg (Placebo), 10 mg, 20 mg und 30 mg verabreicht. Auch hierbei handelt es sich um einen fixen Effekt, da sich der Untersucher in einer systematischen Auswahl auf die Dosierungen bereits zu Beginn der Studie fest

6.5 Varianzanalyse

gelegt hat. Als abhängige Variable dient das Ergebnis des nach einmonatiger Behandlung durchgeführten Glukosebelastungstests (Messungen 60 Minuten nach Aufnahme einer Standardmenge Glukose). Faktor I (die erste der unabhängigen Variablen) sei die Dosierung des Pharmakons mit 4 Stufen, Faktor II (die zweite unabhängige Variable) der Schweregrad der Stoffwechselstörung mit 2 Stufen. Mit unserer oben gewählten Bezeichnungsweise gilt also: $n = 3$; $N = 24$; $k = 4$; $m = 2$. Es ergaben sich folgende Werte (jeweils in mg/100 ml):

		Faktor I (Dosierung)				
		0 mg	10 mg	20 mg	30 mg	
Faktor II (Schweregrad)	leichtere Form	120; 110; 130 $\bar{x}_{11} = 120$; $K_{11} = 360$	90; 110; 100 $\bar{x}_{21} = 100$ $K_{21} = 300$	90; 100; 110 $\bar{x}_{31} = 100$ $K_{31} = 300$	90; 110; 100 $\bar{x}_{41} = 100$ $K_{41} = 300$	$T_1 = 1260$ $\bar{x}_{\bullet 1} = 105$
	schwerere Form	190; 210; 200 $\bar{x}_{12} = 200$ $K_{12} = 600$	190; 200; 210 $\bar{x}_{22} = 200$ $K_{22} = 600$	210; 200; 190 $\bar{x}_{32} = 200$ $K_{32} = 600$	190; 180; 170 $\bar{x}_{42} = 180$ $K_{42} = 540$	$T_2 = 2340$ $\bar{x}_{\bullet 2} = 195$
		$\bar{x}_{1\bullet} = 160$ $S_1 = 960$	$\bar{x}_{2\bullet} = 150$ $S_2 = 900$	$\bar{x}_{3\bullet} = 150$ $S_3 = 900$	$\bar{x}_{4\bullet} = 140$ $S_4 = 840$	$\bar{x}_G = 150$ $GS = \sum_{g=1}^{4} S_g = \sum_{h=1}^{2} T_h = 3600$

Mit S_1, S_2, S_3, S_4 werden die Summen der 4 Spalten bezeichnet, mit T_1 und T_2 die der 2 Zeilen, mit K_{11} die Summe der Werte in dem in Spalte 1 und Zeile 1 stehenden Kästchen (analog für die anderen K_{gh}). Für die im Text dargestellte Form der Berechnung benötigen wir diese Größen nicht; sie kommen zur Anwendung bei dem in Anmerkung 31 dargestellten Rechenschema.
Wir ermitteln zunächst nach den in 6.5.2 eingeführten Formeln:
$SAQ_{tot} = 52000$; $SAQ_{innKäst} = 1600$; $SAQ_{zwGrI} = 1200$; $SAQ_{zwGrII} = 48600$ und erhalten damit $SAQ_{WW} = 600$ (s. Anmerkung 31).
Wegen $df_{innKäst} = N - k \cdot m = 24 - 4 \cdot 2 = 16$ ergibt sich als Schätzung der Fehlervarianz in der Population: $MAQ_{innKäst} = SAQ_{innKäst}/df_{innKäst} = 1600/16 = 100$.
MAQ_{zwGrI} berechnet sich als $SAQ_{zwGrI}/df_{zwGrI} = 1200/k-1 = 1200/3 = 400$, $MAQ_{zwGrII} = SAQ_{zwGrII}/df_{zwGrII} = 48600/m-1 = 48600$, $MAQ_{WW} = SAQ_{WW}/df_{WW} = 600/(k-1) \times (m-1) = 600/3 = 200$.
Daher erhalten wir für die Prüfgrößen $F_{zwGrI} = 400/100 = 4$ ($F_{krit;3;16,5\%} = 3{,}24$); $F_{zwGrII} = 48600/100 = 486$ ($F_{krit;1;16;1\%} = 8{,}53$); $F_{WW} = 200/100 = 2$ ($F_{krit;3;16,5\%} = 3{,}24$). Somit unterscheiden sich die verschiedenen Dosierungen des Medikaments signifikant in ihrer Auswirkung auf den Glukosetoleranztest; weiter besteht ein Unterschied zwischen den Patientenpopulationen; also sind die

beiden Haupteffekte signifikant. Hingegen findet sich keine signifikante Wechselwirkung.

Um die signifikanten Haupteffekte genauer zu untersuchen, sind i. Allg. wie bei einfaktoriellen Varianzanalysen Anschlusstests erforderlich, z.B. multiple Mittelwertvergleiche oder Trendanalysen. Da Faktor II (Patientengruppen) hier nur auf 2 Stufen vorliegt, sind dort solche Berechnungen überflüssig. (Wer Lust hat, bestimme mittels des Scheffé-Tests die kritische Differenz der Stichprobenmittelwerte, wobei von den unterschiedlichen Dosierungen des Pharmakons abgesehen wird, und erhält bei einem Signifikanzniveau von 1% $Diff_{krit} = 11{,}92$; zur Berechnung s. unten; $|\bar{x}_{\bullet 1} - \bar{x}_{\bullet 2}|$ überschreitet diesen Wert deutlich. (Das ist trivial, weil dies bei 2 Stufen des Faktors der einzige Kontrast ist und bei „overall-Signifikanz" auch signifikant sein muss).

Um mittels des Scheffé-Tests zu überprüfen, zwischen welchen Dosierungen des Medikaments überzufällige Unterschiede von Mittelwerten bestehen, werden die beiden Patientengruppen „zusammen geworfen" und für die gemischte Gruppe die kritische Differenz der Blutzuckerwerte bestimmt. Nach Gleichung 6.15 lautet die kritische Differenz bei $\alpha = 5\%$ und q Abstufungen des Faktors (dort haben wir angesichts des einzigen Faktors $q = k$ gesetzt):

$$Diff_{krit} = \sqrt{(\frac{1}{n_j} + \frac{1}{n_{j'}}) \cdot (q-1) \cdot MAQ_{inn} \cdot F_{krit;q-1;N-m\cdot q;5\%}} = \sqrt{\frac{2}{m \cdot n} \cdot (q-1) \cdot MAQ_{inn} \cdot F_{krit;q-1;N-m\cdot q;5\%}}$$

mit n_j und $n_{j'}$ als Zahl der Werte auf den **Stufen** j und j' des betreffenden Faktors, hier $n_j = n_{j'} = n \cdot m = 3 \cdot 2 = 6$; mit $q = k = 4$ gilt dann:

$$Diff_{krit} = \sqrt{\frac{2}{6} \cdot 3 \cdot 100 \cdot 3{,}24} = 18;$$

diesen kritischen Wert überschreitet nur die Differenz zwischen den Mittelwerten der 1. und 4. Stufe; lediglich lässt sich also ein signifikanter Wirkunterschied zwischen Placebo und einer Dosierung von 30 mg nachweisen.

Für den (hier überflüssigen) Scheffé-Test zwischen den Stufen von Faktor II setzt man $q = 2$; $n_j = n_{j'} = 12$ (Zahl der Probanden mit einem der Schweregrade) und erhält oben genannten Wert von 11,92 (bei $\alpha = 0{,}01$).

Weiter kann man die bedingten Haupteffekte analysieren, also z.B. ob und welche Unterschiede zwischen den Stufen von Faktor I bestehen, wenn Faktor II auf Stufe h vorliegt, also etwa ob sich die Dosierungen des Medikaments bei Personen mit leichtem Diabetes unterscheiden. Im Prinzip liefert dies entsprechende Ergebnisse wie eine einfaktorielle Varianzanalyse mit leicht an Diabetes erkrankten Patienten; man vermeidet auf diese Weise aber das Problem der multiplen Vergleiche.

Auch gibt es Möglichkeiten, Wechselwirkungen genauer zu analysieren; eine solche läge vor, wenn die Dosis-Wirkungs-Beziehung bei den beiden Gruppen unterschiedlichen Verlauf hätte; ein solcher zeigt sich zwar im Diagramm (s. Abb. 6.7), ist aber nicht signifikant.

Wir fassen unsere Prüfgrößen und ihre Zusammensetzung wieder in einer Tafel der VA zusammen und zeichnen zudem die Werte in ein Diagramm.

6.5 Varianzanalyse

Quelle der Varianz	SAQ	df	MAQ	Prüfgrößen
total	$SAQ_{tot} = \sum_{h=1}^{m}\sum_{g=1}^{k}\sum_{i=1}^{n}(x_{ghi}-\bar{x}_G)^2$ hier: 52000	$N-1$ hier: 23		Unterschiede zwischen Gruppen von Faktor I (Dosierungen)? $F_{empzwGrI} =$ $\dfrac{MAQ_{zwGrI}}{MAQ_{inn}}$ hier: 4. $F_{krit;3;16;5\%} = 3{,}24;$ $F_{krit;3;16;1\%} = 5{,}29;$ $F_{emp} \geq F_{krit;3;16;5\%}$ Also: H_0 verwerfen bei α = 5%. Die Dosierungen unterscheiden sich generell in ihrer Wirkung auf den Blutzuckerspiegel. -------- Unterschiede zwischen Gruppen von Faktor II (Schweregrade)? $F_{empzwGrII} =$ $\dfrac{MAQ_{zwGrII}}{MAQ_{inn}}$ hier: 486. $F_{krit;1;16;0,1\%} = 16{,}12;$ $F_{emp} \geq F_{krit;1;16;0,1\%}$ Also: H_0 verwerfen bei α = 0,1%. Die Schweregrade unterscheiden sich generell in ihrem Blutzuckerspiegel. -------- Wechselwirkungseffekt? $F_{empWW} =$ $\dfrac{MAQ_{WW}}{MAQ_{inn}}$ hier: 2 $F_{krit;3;6;5\%} = 3{,}24;$ $F_{empWW} < F_{krit;3;16;5\%}$ Also: H_0 beibehalten; es besteht keine signifikante Wechselwirkung.
zwischen den k Gruppen von Faktor I	$SAQ_{zwGrI} =$ $\sum_{g=1}^{k} n \cdot m \cdot (\bar{x}_{g\bullet} - \bar{x}_G)^2$ hier: 1200	$k-1$ hier: 3	MAQ_{zwGrI} $= \dfrac{SAQ_{zwGrI}}{df_{zwGrI}}$ hier: 400	
zwischen den m Gruppen von Faktor II	$SAQ_{zwGrII} =$ $\sum_{h=1}^{m} n \cdot k \cdot (\bar{x}_{\bullet h} - \bar{x}_G)^2$ hier: 48600	$m-1$ hier: 1	MAQ_{zwGrII} $= \dfrac{SAQ_{zwGrII}}{df_{zwGrII}}$ hier: 48600	
Wechselwirkung	$SAQ_{WW} = SAQ_{tot} - SAQ_{zwGrI}$ $- SAQ_{zwGrII} - SAQ_{inn}$ hier: 600	$(k-1)\cdot(m-1)$ hier: 3	MAQ_{WW} $= \dfrac{SAQ_{WW}}{df_{WW}}$ hier: 200	
innerhalb der Gruppen („Kästchen")	$SAQ_{inn} = \sum_{h=1}^{m}\sum_{g=1}^{k}\sum_{i=1}^{n}(x_{ghi}-\bar{x}_{gh})^2$ hier: 1600	$N - m\cdot k$ hier: 16	$MAQ_{inn} =$ $\dfrac{SAQ_{inn}}{df_{inn}}$ hier: 100	

Das nachstehende Diagramm zeigt die mittleren Blutzuckerwerte der verschieden behandelten Gruppen von Diabetikern zweier unterschiedlicher Schweregrade. Der unterschiedliche Verlauf zwischen Dosierung und Glukosekonzentration lässt eine Wechselwirkung vermuten, die sich aber als nicht signifikant erweist.

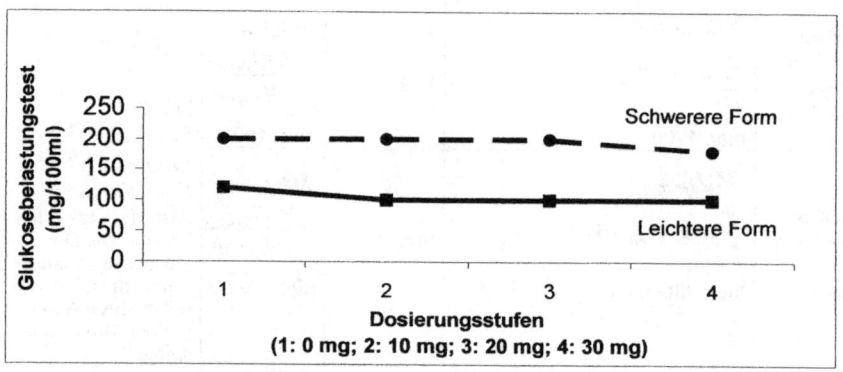

Abbildung 6.7: Blutzuckerwerte in Abhängigkeit von Schweregrad der Erkrankung und Dosierung des Medikaments

Ein dreifaktorieller varianzanalytischer Versuchsplan

Wir wollen hier nur kurz die Interpretation signifikanter Effekte besprechen.

Nehmen wir an, wir hätten bei Schülern die Handyrechnungen gesichtet und die Stichproben nach Alter (Faktor I auf 5 Stufen), Geschlecht (Faktor II auf 2 Stufen) und Einkommen der Eltern (Faktor III auf 2 Stufen) unterteilt. Dann würde eine VA insgesamt 7 F-Werte liefern, nämlich 3 für die Haupteffekte (F_I für Unterschiede zwischen Altersstufen, F_{II} zwischen Geschlechtern, F_{III} zwischen Einkommen der Eltern), 3 für einfache Wechselwirkungen ($F_{I\times II}$ für Interaktion zwischen Alter und Geschlecht, $F_{I\times III}$ zwischen Alter und Einkommen der Eltern, $F_{II\times III}$ zwischen Geschlecht und Einkommen der Eltern), schließlich einen F-Wert $F_{I\times II\times III}$ für eine Wechselwirkung 2. Ordnung (Tripelinteraktion). Zwei der F-Werte für Haupteffekte seien signifikant, nämlich F_I und F_{III}. Dann unterscheiden sich die Altersstufen generell (d.h. unabhängig von Einkommen der Eltern und Geschlecht) in der Höhe der Handyrechnungen, ebenso (unabhängig von Alter und Geschlecht) Kinder von Eltern mit hohem und niedrigem Einkommen. Das signifikante $F_{I\times II}$ (Wechselwirkung zwischen Alter und Geschlecht) zeigt an, das es nicht nur generelle Altersunterschiede gibt (Haupteffekt auf Faktor I wie erklärt), sondern dass diese Altersunterschiede in den Handykosten bei Mädchen und Jungen unterschiedlich ausfallen (unterschiedliche Kurvenverläufe, wenn man Kosten gegen Alter aufträgt). Die zweite signifikante einfache Wechselwirkung (zwischen Einkommen der Eltern und Geschlecht des Kindes) bedeutet, dass die Einkommen der Eltern sich zwischen Jungen und Mädchen unterschiedlich auf anfallende Handygebühren auswirken. Schließlich bedeutet die signifikante Wechselwirkung 2. Ordnung, dass Einkommen der Eltern und Alter des Kindes in unterschiedlicher Weise bei Mädchen und Jungen auf die Handykosten wirken.

6.5.5 Zweifaktorielle Varianzanalyse mit Messwiederholungen auf einem Faktor

Vorbemerkungen

Solche Versuchspläne sind ausgesprochen verbreitet, etwa wenn man Gruppen von Patienten mit derselben Krankheit über längere Zeit mit unterschiedlichen Pharmaka therapiert und zu bestimmten Erhebungszeitpunkten Werte in einer krankheitsrelevanten abhängigen Variable misst – hätte man Gruppen von Patienten mit mehreren Diagnosen und unterschiedlichen Pharmaka behandelt und wiederholt Daten erhoben, handelte es sich um eine dreifaktorielle Varianzanalyse mit Messwiederholungen auf einem Faktor; ein solcher Versuchsplan läge auch vor, wenn man zwar Patienten mit nur einer Diagnose in die Studie einbeziehen würde, aber Unterscheidung nach Geschlecht vornähme.

In diesem einführenden Lehrbuch beschränken wir uns – wie schon im Falle nicht wiederholter Messungen – auf zweifaktorielle Varianzanalysen; für Versuchspläne mit mehr als zwei Faktoren sei auf umfangreichere Werke verwiesen. Prinzipiell ist die Vorgehensweise nicht anders; aufgrund der zahlreichen Wechselwirkungen höherer Ordnungen wird die Materie recht abstrakt.

Auch Messwiederholungen auf mehr als einem Faktor wären möglich und varianzanalytisch auswertbar. Beispielsweise könnte man bei einer Stichprobe von Studierenden über die 7 Tage einer Woche für 4 verschiedene Tagesabschnitte (Vormittag, Nachmittag, früher Abend bis 22 Uhr, nach 22 Uhr) die Stunden der Beschäftigung mit dem Studium erheben. Man würde dann vermutlich finden, dass sich die Wochentage hierin unterscheiden – mutmaßlich mit geringerer Studienbeschäftigung an Samstagen und Sonntagen, gleichzeitig dass es Unterschiede zwischen den Tagesabschnitten gibt (etwa höchste Werte in den Vormittagsstunden); schließlich könnten Wechselwirkungen auftreten, z.B. am Samstag und Sonntag eher die späteren Stunden, in der übrigen Woche vorzugsweise die frühen Stunden dem Studium gewidmet werden.

Ein Beispiel

Man habe bei drei Gruppen von Patienten mit Kontaktschwierigkeiten die durchschnittliche tägliche Zahl sozialer Kontakte während jeweils einer Woche erhoben und zwar unmittelbar vor Therapie (Ztp_1), dann nach 2 Monaten, also nach der Hälfte der Therapie (Ztp_2), direkt am Ende der 4-monatigen Therapie (Ztp_3), 2 Monate nach Abschluss der Behandlung (Ztp_4) und schließlich 4 Monate nach Therapieende (Ztp_5) – es liegen also äquidistante Messzeitpunkte vor. Die Gruppen wurden verschieden behandelt: Gruppe 1 erhielt ein soziales Kompetenztraining (Therapie A), Gruppe 2 lediglich Gespräche über soziale Probleme (Therapie B), Gruppe 3 schließlich eine kombinierte Behandlung (Therapie A + B). Patienten waren Männer, die nach Zufall einer der 3 Therapieformen zugeteilt wurden. Der didaktischen Einfachheit zu Liebe umfasse jede Therapiegruppe nur 3 Personen; zudem haben sich rechnerisch handliche Einzel- und Mittelwerte ergeben.

		Erhebungszeitpunkte					
		Ztp_1	Ztp_2	Ztp_3	Ztp_4	Ztp_5	
Gruppe 1 (Therapie A)	P_1	2	3	3	4	3	$\bar{x}_{\bullet 11} = \overline{px}_{11} = 3$
	P_2	4	5	7	3	1	$\bar{x}_{\bullet 12} = \overline{px}_{12} = 4$
	P_3	0	1	5	2	2	$x_{\bullet 13} = \overline{px}_{13} = 2$
		$\bar{x}_{11} = 2$	$\bar{x}_{21} = 3$	$\bar{x}_{31} = 5$	$\bar{x}_{41} = 3$	$\bar{x}_{51} = 2$	$\bar{x}_{\bullet 1} = 3$
		$K_{11} = 6$	$K_{21} = 9$	$K_{31} = 15$	$K_{41} = 9$	$K_{51} = 6$	$T_1 = 45$
Gruppe 2 (Therapie B)	P_1	3	2	3	4	3	$\bar{x}_{\bullet 21} = \overline{px}_{21} = 3$
	P_2	1	2	2	2	3	$\bar{x}_{\bullet 22} = \overline{px}_{22} = 2$
	P_3	5	5	4	3	3	$\bar{x}_{\bullet 23} = \overline{px}_{23} = 4$
		$\bar{x}_{12} = 3$	$\bar{x}_{22} = 3$	$\bar{x}_{32} = 3$	$\bar{x}_{42} = 3$	$\bar{x}_{52} = 3$	$\bar{x}_{\bullet 2} = 3$
		$K_{12} = 9$	$K_{22} = 9$	$K_{32} = 9$	$K_{42} = 9$	$K_{52} = 9$	$T_2 = 45$
Gruppe 3 (Therapie A + B)	P_1	4	7	8	13	18	$\bar{x}_{\bullet 31} = \overline{px}_{31} = 10$
	P_2	2	3	6	11	13	$\bar{x}_{\bullet 32} = \overline{px}_{32} = 7$
	P_3	6	8	7	12	17	$\bar{x}_{\bullet 33} = \overline{px}_{33} = 10$
		$\bar{x}_{13} = 4$	$\bar{x}_{23} = 6$	$\bar{x}_{33} = 7$	$\bar{x}_{43} = 12$	$\bar{x}_{53} = 16$	$\bar{x}_{\bullet 3} = 9$; $T_3 = 135$
		$K_{13} = 12$	$K_{23} = 18$	$K_{33} = 21$	$K_{43} = 36$	$K_{53} = 48$	
		$\bar{x}_{1\bullet} = 3$	$\bar{x}_{2\bullet} = 4$	$\bar{x}_{3\bullet} = 5$	$\bar{x}_{4\bullet} = 6$	$\bar{x}_{5\bullet} = 7$	$\bar{x}_G = 5$
		$S_1 = 27$	$S_2 = 36$	$S_3 = 45$	$S_4 = 54$	$S_5 = 63$	$GS = \sum_{h=1}^{3} T_h = = \sum_{g=1}^{5} S_g = 225$

Die Werte zu den Messzeitpunkten werden in die Spalten eingetragen, also $k = 5$, die Therapiegruppen in den Zeilen, somit $m = 3$; pro Kästchen liegen $n = 3$ Probanden vor.

Die folgende Abbildung 6.8 zeigt die Verläufe in den einzelnen Therapiegruppen.

6.5 Varianzanalyse

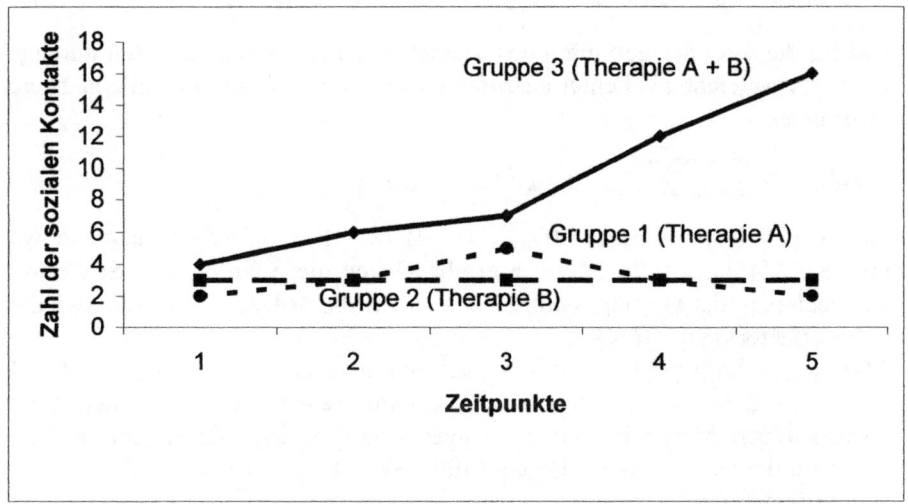

Abbildung 6.8: Veränderungen der sozialen Kontakte in den Therapiegruppen

Wie immer wird SAQ_{tot} als Summe der quadrierten Abweichungen der Einzelwerte vom Gesamtmittelwert berechnet; man erhält dafür 752. SAQ_{zwGrI} (Summe der Abweichungsquadrate zwischen Messzeitpunkten) berechnet sich wie üblich mit Hilfe von Formel 6.10. Man erhält hier: 90. Für SAQ_{zwGrII} ergibt sich mittels derselben Formel der Wert 360. Da sich $SAQ_{innKäst}$ zu 86 berechnet, erhält man für SAQ_{WW} den Wert 216.

Wie in 6.5.3 ausgeführt, stellt $SAQ_{innKäst}$ nur zum Teil einen Fehler im Sinne unseres varianzanalytischen Versuchsplanes dar. Diese Summe der Abweichungsquadrate enthält auch systematische Probandenunterschiede hinsichtlich der Sozialkontakte, die zu allen Messzeitpunkten auftreten und keineswegs gegen die Wirksamkeit der Behandlungsformen sprechen.

Eine Schätzung für den tatsächlichen Fehler in der Grundgesamtheit ergibt sich aus folgender Überlegung: Der Wert x_{ghi} des Probanden P_i aus der Therapiegruppe h zum Zeitpunkt g berechnet sich aus dem durchschnittlichen Wert dieser Therapiepopulation (gemittelt über alle Messzeitpunkte) μ_h einerseits, andererseits aus der Abweichung seines persönlichen Werts $\bar{x}_{\bullet hi} = \overline{px}_{hi}$ von diesem Mittelwert, weiter aus der Abweichung der Therapiegruppe zum Zeitpunkt g vom Populationsmittelwert (also $\mu_{gh} - \mu_{\bullet h}$) und schließlich aus einer Fehlerkomponente e_{ghi}; somit:

$x_{ghi} = \mu_{\bullet h} + (\bar{x}_{\bullet hi} - \mu_{\bullet h}) + (\mu_{gh} - \mu_{\bullet h}) + e_{ghi} = \bar{x}_{\bullet hi} + \mu_{gh} - \mu_{\bullet h} + e_{ghi}$ und damit:
$e_{ghi} = x_{ghi} - \mu_{gh} - \bar{x}_{\bullet hi} + \mu_h$. Schätzen wir μ_{gh} durch $\bar{x}_{gh}$ und $\mu_{\bullet h}$ durch $\bar{x}_{\bullet h}$, ergibt sich für die Summe der Abweichungsquadrate des Fehlers unter Therapie h:

$$\sum_{g=1}^{k}\sum_{i=1}^{n}(x_{ghi}-\overline{x}_{gh}-\overline{x}_{\bullet hi}+\overline{x}_{\bullet h})^2 = \sum_{g=1}^{k}\sum_{i=1}^{n}(x_{ghi}-\overline{x}_{gh}-\overline{px}_{hi}+\overline{x}_{\bullet h})^2$$

und für die *SAQ* der gesamten unsystematischen (für zwei der unten durchgeführten Vergleiche als Fehler aufzufassenden) Abweichung über alle *m* Therapiegruppen:

$$SAQ_{unsyst} = \sum_{h=1}^{m}\sum_{g=1}^{k}\sum_{i=1}^{n}(x_{ghi}-\overline{x}_{gh}-\overline{x}_{\bullet hi}+\overline{x}_{\bullet h})^2, \qquad 6.22$$

hier also 36. Insgesamt hat SAQ_{unsyst} $(n-1)\cdot(k-1)\cdot m = 24$ Freiheitsgrade, womit sich $MAQ_{unsyst} = 36/24 = 1,5$ ergibt. Gegen diese Größe, den Schätzwert des Fehlers in der Grundgesamtheit, testen wir die MAQ_{zwGrI} (des Messwiederholungsfaktors) und MAQ_{WW}:
$MAQ_{zwGrI} = SAQ_{zwGrI}/k-1 = 90/4 = 22,5$, damit also $F_{zwGrI} = 22,5/1,5 = 15$; da $F_{krit;4;24;5\%} = 2,78$ und $F_{krit;4;24;1\%} = 4,22$, konnten sehr signifikante Unterschiede zwischen den Messzeitpunkten nachgewiesen werden; dieser Befund ließe sogar auf dem 0,1%-Niveau gegen Zufälligkeit absichern.
Weiter finden wir:
$MAQ_{WW} = SAQ_{WW}/(k-1)\times(m-1) = 216/8 = 27$ und damit $F_{WW} = 27/1,5 = 18$; da $F_{krit;8;24;1\%} = 3,36$, ergibt sich zudem ein sehr signifikanter Wechselwirkungseffekt: Unterschiede zwischen Behandlungsformen hängen somit auch von den Messzeitpunkten ab. Das bestätigt Inspektion von Abbildung 6.8. Sie zeigt, dass die Werte der abhängigen Variablen „soziale Kontakte" in den verschiedenen Therapien einen unterschiedlichen Verlauf aufweisen: Während zum 1. Messzeitpunkt die Werte in den Therapiegruppen noch dicht beieinander liegen, steigt die Zahl der sozialen Kontakte bei den mit kombinierter Therapie behandelten Patienten rasch an (anders bei den isoliert behandelten Probanden). Weitere, hier nicht dargestellte Verfahren könnten nun noch analysieren, welche der Paare von Therapieformen sich hinsichtlich des Verlaufs der abhängigen Variable unterscheiden.

Will man sich das Quadrieren von Differenzen ersparen, so bieten sich auch hier veränderte Formeln an, die allerdings jeglicher Anschauung entbehren (s. Anmerkung 32). In jenen Fällen, wo die Datenmengen umfangreich sind, ist auch mit diesen Formeln eine Auswertung per Hand kaum mehr möglich. In unseren einfachen Beispielen lässt sich mit den oben angeführten Gleichungen der Gang der Auswertung sicher leichter nachvollziehen.

Das *MAQ* für den 2. Faktor (ohne Messwiederholung) muss hingegen gegen MAQ_{inn}, also $86/30 = 2,87$ getestet werden; wegen $MAQ_{zwGrII} = SAQ_{zwGrII}/m-1 = 360/2 = 180$ erhält man: $F_{zwGrII} = 180/2,87 = 62,72$; da $F_{krit;2;30;1\%} = 5,39$, ergibt sich ein sehr signifikanter Unterschied der Therapieformen (gemittelt über Messzeitpunkte); auch hier wäre das Ergebnis sogar für α = 0,1 % abzusichern. Auch Abbildung 6.8 macht die unterschiedlichen mittleren Höhen in den Ausprägungen der abhängigen Variable bei den verschiedenen Therapieformen klar. Insbesondere erwarten wir eine Überlegenheit der kombinierten Therapie, während die beiden einzelnen Therapieformen sich vermutlich nicht unterscheiden.

6.5 Varianzanalyse

Quelle der Varianz	SAQ	df	MAQ	Prüfgrößen
total	$SAQ_{tot} = \sum_{h=1}^{m}\sum_{g=1}^{k}\sum_{i=1}^{n_j}(x_{ghi}-\bar{x}_G)^2$ hier: 752	$N-1$; hier: 44		Unterschiede zwischen Gruppen von Faktor I (Messzeitpunkten)?
zwischen den k Gruppen von Faktor I (Messzeitpunkte)	$SAQ_{zwGrI} = \sum_{g=1}^{k} n \cdot m \cdot (\bar{x}_{g\bullet} - \bar{x}_G)^2$ hier: 90	$k-1$; hier: 4	MAQ_{zwGrI} $= \dfrac{SAQ_{zwGrI}}{df_{zwGrI}}$ hier: 22,5	$F_{empzwGrI} =$ $\dfrac{MAQ_{zwGrI}}{MAQ_{unsyst}}$ hier: 15 $F_{krit;4;24;5\%} = 2{,}78$; $F_{krit;4;24;1\%} = 4{,}22$;
zwischen den m Gruppen von Faktor II (Therapieform)	$SAQ_{zwGrII} = \sum_{h=1}^{m} n \cdot k \cdot (\bar{x}_{\bullet h} - \bar{x}_G)^2$ hier: 360	$m-1$; hier: 2	MAQ_{zwGrII} $= \dfrac{SAQ_{zwGrII}}{df_{zwGrII}}$ hier: 180	Also: H_0 verwerfen bei $\alpha = 1\%$. Die Messzeitpunkte unterscheiden sich generell hinsichtlich gemessener Kontakte. --- Unterschiede zwischen Gruppen von Faktor II (Therapieformen)? $F_{empzwGrII} =$ $\dfrac{MAQ_{zwGrII}}{MAQ_{inn}}$
Wechselwirkung	$SAQ_{WW} = SAQ_{tot} - SAQ_{zwGrI}$ $- SAQ_{zwGrII} - SAQ_{inn}$ hier: 216	$(k-1)\cdot(m-1)$ hier: 8	MAQ_{WW} $= \dfrac{SAQ_{WW}}{df_{WW}}$ hier: 27	hier: 62,72 $F_{krit;2;30;0,1\%} = 8{,}77$; $F_{emp} \geq F_{krit;2;30;0,1\%}$
innerhalb der Gruppen („Kästchen")	$SAQ_{inn} = \sum_{j=1}^{k}\sum_{i=1}^{n_j}(x_{ji}-\bar{x}_j)^2$ hier: 86	$N - m\cdot k$ hier: 30	$MAQ_{inn} =$ $\dfrac{SAQ_{inn}}{df_{inn}}$ hier: 2,87	Also: H_0 verwerfen bei $\alpha = 0{,}1\%$. Die Therapieformen unterscheiden sich generell hinsichtlich gemessener Kontakte. --- Wechselwirkungseffekt? $F_{empWW} = \dfrac{MAQ_{WW}}{MAQ_{unsyst}}$ hier 18 $F_{krit;8;24;1\%} = 3{,}36$; $F_{empWW} > F_{krit;8;24;1\%}$
unsystematisch innerhalb der Gruppen	$SAQ_{unsyst} =$ $\sum_{g=1}^{k}\sum_{i=1}^{n}(x_{ghi} - \bar{x}_{gh} - \bar{x}_{\bullet hi} + \bar{x}_{\bullet h})^2$ hier: 36	$(n-1)(k-1)m$ hier: 24	$MAQ_{unsyst} =$ $\dfrac{SAQ_{unsyst}}{df_{unsyst}}$ hier: 1,5	Also: H_0 verwerfen bei $\alpha = 1\%$. Es besteht eine signifikante Wechselwirkung zwischen Zeitpunkten und Therapieformen; die Zeitverläufe der Kontakte sind unterschiedlich bei den verschiedenen Therapieformen.

Wie bei zweifaktoriellen Varianzanalysen ohne Messwiederholungen analysieren wir zunächst die Haupteffekte und stellen mittels Scheffé-Test fest, dass die kritische Differenz zwischen den Therapiegruppen 2,59 betragen muss, um signifikant auf dem 0,1%-Niveau zu sein. Die Differenz der Mittelwerte über alle Zeitpunkte zwischen Gruppen 1 und 2 beträgt 0 (ist natürlich nicht signifikant), während zwischen Gruppen 1 und 3 (Differenz: 6) sowie zwischen Gruppen 2 und 3 (Differenz: 6) hochsignifikante Unterschiede bestehen. Bei der Formel für die kritische Differenz zwischen Therapiegruppen ist hier als Schätzung für den Fehler MAQ_{inn} einzutragen und jener kritische F-Wert, mit dem wir F_{zwGrII} verglichen haben, schließlich für n_h und $n_{h'}$ die Zahl der Messungen auf jeder Stufe des Therapiefaktors, also 15.

Die kritische Differenz für Signifikanz zwischen Messzeitpunkten g und g' berechnet sich zu:

$$Diff_{krit\,g;\,g'} = \sqrt{(\frac{1}{n_g}+\frac{1}{n_{g'}}) \cdot (q-1) \cdot MAQ_{unsyst} \cdot F_{krit;4;24;5\%}}.$$

Dabei beträgt $q = k = 5$, $n_g = n_{g'} = 9$ (Werte pro Stufe des 1. Faktors), $MAQ_{unsyst} = 1,5$ und schließlich $F_{krit;4;24;5\%} = 2,78$. Damit berechnet sich die kritische Differenz zwischen Messzeitpunkten zu 1,93, d.h. die Werte zwischen direkt benachbarten Erhebungszeitpunkten unterscheiden sich nicht signifikant, wohl aber die zwischen mehr als einem Messzeitpunkt Unterschied.

Angesichts der äquidistanten Erhebungszeitpunkte bietet sich eine Trendanalyse zur Bestimmung der Unterschiede zwischen Zeitpunkten an. Tafel 12 entnehmen wir bei $k = 5$ folgende Koeffizienten für die lineare Komponente: $c_1 = -2$; $c_2 = -1$; $c_3 = 0$; $c_4 = 1$; $c_5 = 2$. Damit berechnet sich SAQ_{lin} zu:

$$SAQ_{lin} = \frac{n_g \cdot (\sum_{g=1}^{k} c_g \cdot \bar{x}_{g\bullet})^2}{\sum_{g=1}^{k} c_g^2} = \frac{9 \cdot (-2 \cdot 3 - 1 \cdot 4 + 0 \cdot 5 + 1 \cdot 6 + 2 \cdot 7)^2}{(-2)^2 + (-1)^2 + 0^2 + 1^2 + 2^2} = 90.$$

Da $SAQ_{zwGrI} = 90$, lässt sich diese Summe ganz durch die lineare Komponente erklären. Diese ist auch hochsignifikant: Prüft man $MAQ_{lin} = SAQ_{lin}/1 = 90$ gegen $MAQ_{unsyst} = 1,5$, erhält man $F_{emp} = 60$, während $F_{krit;1;24;0,1\%} = 14,03$.

Wie bei der einfaktoriellen Varianzanalyse mit Messwiederholungen auf dem einzigen Faktor (s. 6.5.3) ist es leicht möglich, dass die Voraussetzungen verletzt sind, weshalb man eine Korrektur der Freiheitsgrade nach Greenhouse-Geisser durchführt. Wie gezeigt, kann man sich diese Prozedur sparen, wenn bereits der konservative F-Test mit $df_{Zähler} = 1$; $df_{Nenner} = n_{Stufe} - 1$ Freiheitsgraden signifikant ist (n_{Stufe} = Zahl der Probanden zu einem Messzeitpunkt). Im Falle zweifaktorieller Varianzanalysen mit Messwiederholungen auf einem Faktor überprüft man, ob F_{zwGrI} signifikant ist, wenn man als kritischen Wert $F_{krit;1;nxm-1;5\%}$ ansetzt, hier also $F_{krit;1;9-1;5\%}$ = $F_{krit;\,1;8;5\%}$ = 5,32 (bzw. 11,26 α = 1%); da dies der Fall ist, können wir sicher sein, dass das signifikante Ergebnis nicht einfach auf ein Verletzung von Voraussetzungen basiert.

Streng genommen sollte man dann auch in die Formel für den Scheffé-Test das F mit den reduzierten Freiheitsgraden einsetzen; wer Lust hat, überzeuge sich, dass die kritische Differenz dann etwas höher liegt.

6.5.6 Rangvarianzanalysen

Allgemeines

Bei den bisher besprochenen varianzanalytischen Verfahren – für die wir nun den Ausdruck Maßvarianzanalysen einführen wollen – wurde Intervallskalierung und Normalverteilung der Daten vorausgesetzt, zudem Homogenität der Varianzen. Über die eventuelle Verletzung der zweiten und dritten Voraussetzung lässt sich zuweilen hinwegsehen, wenn die Abweichungen nicht allzu gravierend sind und v.a. die Stichprobenumfänge gleich sind. Nicht verletzt sein darf allerdings die Annahme der metrischen Skalierung, da in diesem Fall Größen gleich gesetzt werden (nämlich Differenzen), die sich auf der Merkmalsebene nicht mehr notwendig entsprechen.

Sind die Voraussetzungen von Maßvarianzanalysen nicht erfüllt (bzw. lässt sich nicht sicher von Gültigkeit der Voraussetzungen ausgehen), bieten sich als Alternative so genannte Rangvarianzanalysen an. Sie sind an sich rechnerisch kaum aufwändig, haben aber den Nachteil, dass im Falle allzu vieler Rangbindungen Korrekturen durchgeführt werden müssen und dass es – anders als bei den Maßvarianzanalysen etwa mit dem Scheffé-Test – keine eleganten Anschlussverfahren gibt, um die Unterschiede zwischen den einzelnen Stichproben zu lokalisieren.

Der einfaktoriellen Maßvarianzanalyse ohne Messwiederholungen entspricht der H-Test (auch Kruskal-Wallis-Analyse genannt), der somit die Erweiterung des U-Tests auf mehr als 2 Stichproben darstellt. Liegen Daten aus korrelierenden Stichproben vor (also typischerweise wiederholte Messungen an ein- und derselben Stichprobe), so verwendet man ein als Friedman-Test bezeichnetes Verfahren; er ist das Äquivalent zur einfaktoriellen Maßvarianzanalyse mit Messwiederholungen und eine Art Erweiterung des Wilcoxon-Tests auf mehr als 2 Messzeitpunkte. Wir führen beide Verfahren vornehmlich an konkreten Beispielen ein und verzichten auf genauere Formalisierung.

Varianzanalysen mit mehrfaktoriellen Versuchsplänen, etwa wenn die Unterschiedlichkeit der Noten von 3 Schulklassen (Faktor I) im 1. und 2. Halbjahr (Faktor II Zeit als Messwiederholungsfaktor) analysiert werden soll, sind hingegen nicht mit parameterfreien Prüfverfahren durchführbar bzw. haben sich diese nicht durchsetzen können.

H-Test

Gegeben seien k **unkorrelierte** Stichproben Stp_1, Stp_2, .., Stp_j, .., St_k mit den Umfängen n_1, n_2,.., n_j, .., n_k; N bezeichne die Summe aller Stichprobenumfänge; für jeden der Probanden liege ein Wert in einer (zumindest) ordinalskalierten Variablen X vor. Mit dem H-Test soll nun entschieden werden, ob die Stichproben aus derselben Grundgesamtheit stammen.

Bei der Nullhypothese geht man hier nicht von Gleichheit der Mittelwerte aus, also $\mu_1 = \mu_2 = .. = \mu_j = .. = \mu_k$, sondern von gleicher zentraler Tendenz: Entnimmt man durch Zufall 2 Werte aus unterschiedlichen Stichproben, ist die Wahrscheinlichkeit, dass der zuerst entnommene Wert größer oder gleich dem anderen ist, genau so groß wie die Wahrscheinlichkeit des umgekehrten Falls, nämlich genau 0,5.

Wie beim U-Test ordnen wir jedem Element einen Platz in der **gemeinsamen** Rangreihe **sämtlicher** Werte der **vereinigten** Stichproben zu und addieren getrennt für jede Stichprobe diese zu Rangsummen $R_1, R_2, .., R_j, .., R_k$. Beim U-Test korrigierten wir die beiden Rangsummen R_1 und R_2 durch Subtraktion der minimal möglichen Rangsummen und eliminierten damit die schieren Effekte der Stichprobenumfänge (s. 6.4.5). Eine ähnliche Korrektur führen wir beim H-Test durch, teilen nämlich die Rangsummen durch die jeweiligen Stichprobenumfänge. Weichen die gefundenen mittleren Rangsummen MR_j stark voneinander ab, spricht dies gegen gleiche zentrale Tendenz. Als Maß der Abweichung dient – wie bei der Maßvarianzanalyse – die Summe der Abweichungsquadrate zwischen den Gruppen, hier der mittleren Rangsummen vom Gesamtmittel M der Rangplätze, dividiert durch die Summe der quadrierten Abweichungen von Rangplätzen innerhalb der Gruppen.

Nach Umformungen ergibt sich dann für die Prüfgröße

$$H = \frac{12}{N \cdot (N+1)} \cdot \sum_{j=1}^{k} \frac{R_j^2}{n_j} - 3 \cdot (N+1).$$ 6.23

Liegen wenigstens 4 Stichproben vor oder betragen bei 3 Stichproben die Umfänge jeweils 6 (bzw. hat mindestens eine davon den Umfang 6) kann man H gegen einen kritischen χ^2-Wert mit $k - 1$ Freiheitsgraden prüfen. Für 3 Stichproben mit kleinen Umfängen sind kritische H-Werte tabelliert (s. Tafel 8).

Wir illustrieren das Vorgehen am Beispiel der Leistungen von 3 Stichproben von Schülern (aus musischen, neusprachlichen und naturwissenschaftlichen Gymnasien) in Physik. Die Werte in der (zumindest) ordinalskalierten Variable finden sich in der folgenden Tabelle, in die wir außerdem die Rangplätze (fettgedruckt) und die Rangsummen eintragen; auch die mittleren Rangsummen sind vermerkt, obwohl sie nicht direkt in die Prüfgröße H eingehen.

Naturwissenschaftliche Gymnasien	Neusprachliche G.	Musische G.
Werte und Rangplätze	Werte und Rangplätze	Werte und Rangplätze
14; (**7,5**)	12; (**4**)	8; (**1**)
16; (**10**)	15; (**9**)	10; (**2**)
20; (**13**)	13; (**5,5**)	11; (**3**)
18; (**12**)	13; (**5,5**)	14; (**7,5**)
22; (**14**)	17; (**11**)	
$n_1 = 5; R_1 = 56,5;$ $MR_1 = R_1/n_1 = 11,3.$	$n_2 = 5; R_2 = 35;$ $MR_2 = R_2/n_2 = 7.$	$n_3 = 4; R_3 = 13,5;$ $MR_3 = R_3/n_3 = 3,375.$
$\sum_{j=1}^{3} R_j = 56,5 + 35 + 13,5 = 105; N(N+1)/2 = 105$ (wobei $N = n_1 + n_2 + n_3 = 14$)		

6.5 Varianzanalyse

Man versäume hier nicht, die Probe zu machen: Die Summe der Rangplätze muss $N(N + 1)/2$ ergeben. Wie zu sehen, sind die mittleren Rangplätze deutlich unterschiedlich; ob die Unterschiede so groß sind, dass eine gleiche zentrale Tendenz unwahrscheinlich ist, wird sich nach Berechnung der Prüfgröße heraus stellen; man erhält dafür den Wert 8,09. Tafel 8 entnehmen wir als kritisches H bei den Stichprobenumfängen (5, 5; 4) 5,64 bzw. 7,81 (bei $\alpha = 5\%$ bzw. 1%). Wir können also mit einer Irrtumswahrscheinlichkeit von 1% (oder weniger) H_0 verwerfen: Aufgrund der ungleichen Verteilungen der Rangplätze müssen wir schließen, dass die 3 Stichproben nicht derselben Grundgesamtheit angehören (bzw. dass sich die Grundgesamtheiten in ihrer zentralen Tendenz unterscheiden). Hätten wir trotz der geringen Stichprobenumfänge das ermittelte H nicht mit dem in Tafel 8 aufgelisteten kritischen Wert verglichen, sondern mit dem Tafel 5 zu entnehmenden kritischen χ^2 für $k - 1 = 2$ Freiheitsgrade (also 5,99 bzw. 9,21), hätten wir etwas zu konservativ getestet.

Bei Rangbindungen fällt das nach der oben dargestellten Formel berechnete H zu niedrig aus; es wurde daher eine Korrektur entwickelt, welche die Häufigkeit der Rangbindungen berücksichtigt und einen etwas höheren Wert liefert (s. etwa Bortz et al. 1990, S. 223); ihre Anwendung ist v.a. dann sinnvoll, wenn die Signifikanz knapp verfehlt wird und Rangbindungen zahlreich sind. Hätten wir hier eine Korrektur durchgeführt, hätte sich ein H_{korr} von 8,12 ergeben, wobei dann die Signifikanz auf dem 1%-Niveau etwas deutlicher geworden wäre.

Wie erwähnt, gibt es keine Anschlusstests, die wie bei der Maßvarianzanalyse praktikable Einzelvergleiche ermöglichen. Es bleibt im Wesentlichen kaum etwas anderes übrig als paarweise U-Tests durchzuführen, von denen mindestens einer auch bei α-korrigiertem Signifikanzniveau positiv ausfallen sollte; in diesem Fall würde der (ungerichtete) Vergleich der 1. und 3. Stichprobe ein (kleineres) U von 0,5 liefern ($p = 0,024$), Vergleich 1. und 2. Stichprobe ein U von 3 ($p = 0,056$), Vergleich 2. und 3. Stichprobe ein U von 2 ($p = 0,19$).

Friedman-Test

Er stellt eine Erweiterung des Wilcoxon-Tests auf mehr als 2 Stichproben dar, ist also das parameterfreie Analogon zur einfaktoriellen Maßvarianzanalyse mit Messwiederholungen. Allerdings ist er vom Verfahren her deutlich unterschiedlich.

Man habe also n Probanden unter k Bedingungen (zu k Messzeitpunkten) untersucht und dabei Werte einer (zumindest) ordinalskalierten Zufallsvariable X erhalten. Beim Friedman-Test bringt man nun **für jeden Probanden** die k Werte in eine Rangfolge und bildet zu jedem Messzeitpunkt die Summe der Rangplätze (bezeichnet als $R_1, R_2, .., R_j,.., R_k$). Bestehen Unterschiede zwischen den Messzeitpunkten, sind diese Rangsummen verschieden und unterscheiden sich dann auch von dem unter H_0 erwarteten Wert $n(k+1)/2$. Ob diese Unterschiede groß genug sind, um die Nullhypothese verwerfen zu können, entscheidet man mittels der Prüfgröße

$$\chi^2_{Fr} = \frac{12}{n \cdot k \cdot (k+1)} \cdot \sum_{j=1}^{k} R_j^2 - 3 \cdot n \cdot (k+1).$$ 6.24

Diese Größe folgt annähernd einer χ^2-Verteilung mit $k - 1$ Freiheitsgraden, vorausgesetzt, bei $k = 3$ beträgt n mindestens 10, bei $k \geq 4$ mindestens 5; wie beim H-Test sind für kleinere Stichprobenumfänge meist die Überschreitungswahrscheinlichkeiten tabelliert; in Tafel 9 geben wir zur Vereinfachung kritische Werte für die beiden üblichen Signifikanzniveaus an.

Die Vorgehensweise sei an den Noten von 6 Schülern an 4 hintereinander geschriebenen Schulaufgaben erläutert; es ergaben sich folgende Werte:

	1. Schulaufgabe (Note und Rangplatz)	2. Schulaufgabe (Note und Rangplatz)	3. Schulaufgabe (Note und Rangplatz)	4. Schulaufgabe (Note und Rangplatz)	Summe der Rangplätze über Messzeitpunkte (zur Probe)
Schüler 1	5; (3,5)	5; (3,5)	4; (1,5)	4; (1,5)	10
Schüler 2	5; (3,5)	5; (3,5)	1; (1)	2; (2)	10
Schüler 3	3; (4)	2; (2,5)	2; (2,5)	1; (1)	10
Schüler 4	1; (2,5)	1; (2,5)	1; (2,5)	1; (2,5)	10
Schüler 5	4; (3,5)	4; (3,5)	2; (1,5)	2; (1,5)	10
Schüler 6	3; (4)	2; (2)	2; (2)	2; (2)	10
Summe der Rangplätze (über Probanden)	$R_1 = 21$	$R_2 = 17,5$	$R_3 = 11$	$R_4 = 10,5$	

Wieder ist es empfehlenswert, Proben zu machen: die Summe der individuellen Rangplätze über die k Bedingungen muss $k(k+1)/2$ betragen, hier also 10. Die addierten Rangsummen $R_1 + R_2 + .. + R_k$ müssen $n \cdot k \cdot (k+1)/2$ ergeben, hier 60.

Damit berechnet sich für die Prüfgröße 7,85.

Der kritische χ^2- Wert bei $k - 1 = 4 - 1 = 3$ Freiheitsgraden und einer (tolerierten) Irrtumswahrscheinlichkeit von 5% beträgt 7,81 (bzw. 11,3 bei 1%); also zeigen sich unterschiedliche Verteilungen der Noten in den Schulaufgaben.

Wieder stellt sich das Problem der Anschlusstests. Bei einfaktorieller Maßvarianzanalyse ließen sich – wenn auch ziemlich konservativ – Einzelvergleiche mit dem Scheffé-Test durchführen; weiter wäre eine Trendanalyse zur Beschreibung des Verlaufs sicher informativ (s. 6.5.2). Für Rangvarianzanalysen existieren solche Verfahren nicht, sodass man also beispielsweise mit paarweisen Wilcoxon-Tests entscheiden müsste, welche Schulaufgaben sich hinsichtlich der Notengebung signifikant unterscheiden.

6.6 Kovarianzanalyse

Begrifflichkeiten; Vorbemerkungen

Kovarianzanalysen sind spezielle Formen von Varianzanalysen; das Besondere dabei ist, dass die Gruppenmittelwerte in der abhängigen Variablen erst dann verglichen werden, nachdem der Einfluss einer oder mehrerer weiterer Variablen (der Kontrollvariablen) auspartialisiert wurde.

Beispielsweise könnte man die Mathematikleistungen dreier Gruppen von Ausländerkindern in Deutschland miteinander vergleichen und berücksichtigen, dass sich diese eventuell in ihren Deutschkenntnissen voneinander unterscheiden – was mutmaßlich Einfluss auf das Verständnis der Aufgaben und ihre korrekte Bearbeitung hat; die unabhängige Variable unserer einfaktoriellen Kovarianzanalyse wäre dann die Nation (in 3 Stufen), die abhängige die Mathematikleistung, Deutschkenntnis die (einzige) Kovariate. Für die Anwendung dieses Verfahrens muss vorausgesetzt werden, dass nicht nur die abhängige Variable, sondern auch die Kovariate intervallskaliert ist; Geschlecht oder Religionszugehörigkeit wären deshalb als Kovariaten nicht geeignet.

Die Analogie zu den Partialkorrelationen drängt sich auf. In 3.3.3 korrelierten wir in einem Beispiel die Laufgeschwindigkeiten von Kindern mit deren Beinlängen und erhielten zunächst eine recht hohe Korrelation – hätten wir varianzanalytisch Gruppen von Schülern mit verschiedenen Beinlängen hinsichtlich ihrer Geschwindigkeit verglichen, hätten sich sehr wahrscheinlich signifikante Mittelwertunterschiede ergeben. Da aber sowohl Laufgeschwindigkeit wie Beinlänge vom Alter abhängen, musste der Einfluss des Alters „herauspartialisiert" werden – wir haben die Grundlagen dieses Vorgehens übergangen, aber es beruht auf der Berechnung von Residualwerten mittels Regressionsgleichungen und Korrelation der Residuen. Prinzipiell gleich gehen wir bei Kovarianzanalysen vor: Berechnung von Regressionsgleichungen zwischen abhängiger und Kontrollvariable, Bildung von Residuen der abhängigen Variablen (Berechnung jener Anteile, die nicht durch die Kontrollvariable erklärt werden können), erneute Varianzanalyse, diesmal mit den Residuen.

Wir wollen das Thema Kovarianzanalyse nicht sehr vertiefen, sondern lediglich die prinzipielle Vorgehensweise bei der einfaktoriellen Kovarianzanalyse ohne Messwiederholungen erläutern, uns auch auf eine einzige Kovariate beschränken. Üblicherweise werden solche Rechnungen natürlich mit Hilfe von Computerprogrammen durchgeführt, sodass vereinfachende Rechenschemata nicht zur Darstellung kommen sollen.

Erläuterung an einem Beispiel

Wir kommen auf unser Beispiel einer einfaktoriellen Varianzanalyse in 6.5.2 zurück. Dort verglichen wir Probanden aus 3 verschiedenen Berufsgruppen (Angestellte, Lehrer, Oberstaatsanwälte) hinsichtlich ihrer systolischen Blutdruckwerte und fanden eine „over-all-Signifikanz"; der anschließende Scheffé-Test ergab einen signifikanten Mittelwertunterschied zwischen Angestellten und Oberstaatsanwälten, nicht aber zwischen anderen Paaren. Vor der Interpretation der Befunde als berufsspezifischen Effekt wollten wir jedoch ausschließen, dass mögliche Altersunterschiede dafür verantwortlich waren – bekanntlich kann man schon früh Angestellter werden, Lehrer und erst recht Oberstaatsanwalt jedoch erst später im Leben; zudem ist bekannt, dass der Blutdruck i. Allg. mit dem Alter steigt.

Da wir damals aus didaktischen Gründen ungleiche Stichprobenumfänge wählten, bei der ohnehin komplizierten Kovarianzanalyse aber nur den allereinfachsten Fall gleicher Stichprobenumfänge ins Auge fassen wollen, denken wir uns neue Daten aus und schreiben in die Tabelle neben den Werten der abhängigen Variable X (systolische Blutdruckwerte) die der Kontrollvariable Y (Alter in Jahren).

	x_{ji}	y_{ji}	$\hat{x}_{ji}$	x^*_{ji}	$\hat{\hat{x}}_{ji}$	x^{**}_{ji}
Angestellte	110	20	113,4	–3,4	111,67	–1,67
	120	30	126,7	–6,7	120	0
	130	40	140	–10	128,33	1,67
	$\bar{x}_1 = 120$	$\bar{y}_1 = 30$				$\bar{x}^{**}_1 = 0$
Lehrer	130	35	133,35	–3,35	131,67	–1,67
	150	55	159,95	–9,95	148,33	1,67
	140	45	146,65	–6,65	140	0
	$\bar{x}_2 = 140$	$\bar{y}_2 = 45$				$\bar{x}^{**}_2 = 0$
Oberstaatsanwälte	170	55	159,95	10,05	168,33	1,67
	160	35	133,35	26,65	151,67	8,33
	150	45	146,65	3,35	160	–10
	$\bar{x}_3 = 160$	$\bar{y}_3 = 45$				$\bar{x}^{**}_3 = 0$
	$\bar{x}_G = 140$	$\bar{y}_G = 40$	$\hat{\bar{x}}_G = 140$	$\bar{x}^*_G = 0$		

Für Variable X (systolischer Blutdruck) berechnet man: $SAQ_{zwGr} = 2400$ und damit $MAQ_{zwGr} = SAQ_{zwGr}/k-1 = 1200$; $SAQ_{inn} = 60$; $MAQ_{inn} = SAQ_{inn}/N-k = 10$ und damit $F = 120$; also finden sich hochsignifikante Unterschiede der Blutdruckwerte zwischen den Gruppen.

Für Variable Y (Alter) gilt: $SAQ_{zwGr} = 450$, somit $MAQ_{zwGr} = SAQ_{zw}/k-1 = 225$; $SAQ_{inn} = 60$; $MAQ_{inn} = SAQ_{inn}/N-k = 10$ und daher $F = 22,5$; bestehen hochsignifikante Altersunterschiede zwischen den Gruppen. Auch wenn diese übrigens nicht signifikant wären, so könnte doch das Alter, als Kovariate berücksichtigt, über Signifikanz oder Nichtsignifikanz von Unterschieden der Blutdruckwerte entscheiden; davon ist folglich nicht abhängig zu machen, ob eine Kovarianzanalyse durchgeführt werden soll.

6.6 Kovarianzanalyse

Das Prinzip beruht darauf, dass nach Auspartialisierung des Einflusses der Kovariate Y auf die abhängige Variable X neue Größen für die Summe der Abweichungsquadrate und ihre Freiheitsgrade bestimmt werden – wir wollen sie $SAQ_{,KovY}$ und $df_{,KovY}$ nennen –, anhand deren nun eine erneute Varianzanalyse über signifikante Mittelwertsunterschiede in X entscheidet. Dazu bestimmen wir zunächst die Regressionsgleichung von X auf Y, wobei wir sämtliche Werte von X und Y (unabhängig von ihrer Zugehörigkeit zu den Substichproben) berücksichtigen. Nach 3.3.3 schätzt man die x_{ji} durch die y_{ji} mittels der Formel:

$$\hat{x}_{ji} = \overline{x}_G - b_{xy} \cdot \overline{y}_G + b_{xy} \cdot y_{ji}.$$

Die Steigung der Regressionsgeraden b_{xy} (von X auf Y) über alle Werte, die wir mit b_{tot} bezeichnen wollen, ergibt sich hier zu:

$$b_{xy} = b_{tot} = \frac{cov(x;y)}{s_y^2} = 1,33.$$

Wir tragen in die Tabelle die Werte der Personen in den 3 Gruppen für die abhängige Variable (x_{ji}), die Kontrollvariable (y_{ji}), und für die aufgrund der Regressionsgleichung mittels b_{tot} vorhergesagten Werte der abhängigen Variablen ein ($\hat{x}_{ji}$). Schließlich berechnen wir für jede Person das Residuum, also den nicht an Hand der obigen Regressionsgleichung vorherzusagenden Wert $x_{ji}^* = x_{ji} - \hat{x}_{ji}$. Für die Mittelwerte der Schätzwerte und Residuen der Gesamtstichprobe erhält man erwartungsgemäß 140 und 0, wie Überprüfung zeigt.

Aus den Residuen, den nicht durch die Kontrollvariable erklärten Werten der abhängigen Variable, bestimmt man nach der bekannten Formel $SAQ_{tot;\,Kov\,Y}$.

$$SAQ_{tot;KovY} = \sum_{j=1}^{k}\sum_{i=1}^{n}(x_{ji}^* - \overline{x}^*)^2 = \sum_{j=1}^{k}\sum_{i=1}^{n}(x_{ji}^*)^2 = 1133,34.$$

Gegenüber den unkorrigierten Werten ($SAQ_{zw} = 2400$) hat sich nach Berücksichtigung der Kovariate Alter die Summe der Abweichungsquadrate auf weniger als die Hälfte reduziert.

Die auf Grund der totalen Regressionsgleichung ermittelten Residualwerte eignen sich allerdings nicht zur Schätzung der $SAQ_{inn;\,Kov\,Y}$. Dazu müssen wir mittels weiterer Regressionsgleichungen und eines weiteren Regressionskoeffizienten b_{inn} die x_{ji} innerhalb der Substichproben neu schätzen; zum Unterschied von den auf Grund der totalen Regressionsgleichung vorhergesagten Werten $\hat{x}_{ji}$ wollen wir sie mit $\hat{\hat{x}}_{ji}$ bezeichnen. Also gilt:

$$\hat{\hat{x}}_{ji} = \overline{x}_j - b_{inn} \cdot \overline{y}_j + b_{inn} \cdot y_{ji}.$$

b_{inn} ist für alle Substichproben gleich und berechnet sich mittels folgender Formel:

$$b_{inn} = \frac{cov(x;y)_1 + cov(x;y)_2 + cov(x;y)_3}{s_{y_1}^2 + s_{y_2}^2 + s_{y_3}^2}; \text{hier } \frac{100+100+50}{100+100+100} = 0,833.$$

wobei $cov(x;y)_j$ und $s_{y_i}^2$ die Kovarianzen und Varianzen in den 3 Substichproben bezeichnen.

Bestimmt man die diesmal mit x_{ji}^{**} bezeichneten Residuen (also $x_{ji} - \hat{\hat{x}}_{ji}$), so mitteln sich diese in jeder Substichprobe zu 0 und $SAQ_{\text{inn; Kov Y}}$ berechnet sich deshalb wie folgt:

$$SAQ_{inn;KovY} = \sum_{j=1}^{3}\sum_{i=1}^{3} x_{ji}^{**2} = 183{,}34.$$

Zieht man diesen Wert von $SAQ_{\text{tot; Kov Y}}$ ab, erhält man $SAQ_{\text{zwGr; Kov Y}}$, hier also: $SAQ_{\text{zwGr; Kov Y}} = 1133{,}34 - 183{,}34 = 950$.

Für die Freiheitsgrade für $SAQ_{\text{zwGr; Kov Y}}$ können wir dieselbe Zahl ansetzen wie für SAQ_{zwGr}, nämlich $k-1$, sodass sich $MAQ_{\text{zwGr; Kov Y}}$ zu $950/2 = 475$ errechnet. Anders als bei der gewöhnlichen einfaktoriellen Varianzanalyse hat aber $SAQ_{\text{inn,Kov Y}}$ nicht $k \cdot (n-1)$ Freiheitsgrade, sondern einen weniger, also $k \cdot (n-1) - 1$, somit 5 – es geht nämlich durch die Schätzprozedur mittels b_{inn} genau 1 Freiheitsgrad verloren. Daher ergibt sich $MAQ_{\text{inn;Kov Y}}$ zu $183{,}34/5 = 36{,}67$ und somit für $F_{\text{zwGr; Kov Y}}$ ein Wert von 12,95. Da der kritische F-Wert bei 2 Freiheitsgraden des Zählers und 5 des Nenners bei einem Signifikanzniveau von 5% 5,79 beträgt, wird Signifikanz erreicht (nicht auf 1%-Niveau). Berücksichtigt man also den Altersunterschied zwischen den Stichproben, erweisen sich die Unterschiede in den systolischen Blutdruckwerten nach wie vor als signifikant. Die anschließende Tafel der Kovarianzanalyse fasst die Rechenschritte zusammen:

Quelle der Varianz	SAQ ;$Kov\ Y$	df	MAQ	Prüfgröße
total	$SAQ_{tot,KovY} =$ $\sum_{j=1}^{k}\sum_{i=1}^{n_j}(\hat{x}_{ji} - \bar{x}_G^*)^2$ hier: 1133,34	$N - 2$; hier: 7		$F_{emp} = \dfrac{MAQ_{zwGr;KovY}}{MAQ_{inn;KovY}}$ hier: 12,95. $F_{krit;2;5;5\%} = 5{,}79$; $F_{emp} > F_{krit;2;5;1\%}$ also: H_0 verwerfen bei $\alpha = 5\%$. Die mittleren Blutdruckwerte unterscheiden sich signifikant zwischen den Gruppen, wenn man Alter als Kovariate berücksichtigt.
zwischen den Gruppen	$SAQ_{zwGr} =$ $SAQ_{tot;KovY} - SAQ_{inn;KovY}$ hier: 950	$k - 1$; hier: 2	$MAQ_{zwGr,KovY}$ $= \dfrac{SAQ_{zwGr,KovY}}{df_{zwGr,KovY}}$ hier: 475	
innerhalb der Gruppen	$SAQ_{inn:KovY} = \sum_{j=1}^{k}\sum_{i=1}^{n_j}\left(x_{ji}^*\right)^2$ hier: 183,34	$k \cdot (n-1) - 1$; hier: 5	$MAQ_{inn;KovY} =$ $\dfrac{SAQ_{inn;KovY}}{df_{inn;KovY}}$ hier: 36,67	

Natürlich können ebenso die Fälle eintreten, dass Vergleiche überhaupt erst signifikant werden, wenn man eine oder mehrere Kovariaten berücksichtigt oder dann die Signifikanz verlieren.

Die Auspartialisierung bei mehr als einer Kovariate geschieht mittels der in 3.4 eingeführten multiplen Regressions- bzw. Korrelationskoeffizienten.

6.7 Vergleich von Häufigkeiten (Chi-Quadrat-Test, Fisher-Test)

6.7.1 Vormerkungen; Überblick

Dieses Problem ist ausgesprochen häufig und stellt sich immer dann, wenn Daten nur auf Nominalniveau vorliegen, etwa männlich – weiblich, Diabetiker – Nichtdiabetiker, Studierende der Psychologie, der Pädagogik, der Medizin, usw. So könnte man etwa überprüfen, ob in den genannten Studienfächern sich die Anteile der Frauen und der Männer unterscheiden oder ob zwischen Landwirten und Verwaltungsangestellten Unterschiede in der Präferenz für eine der im Deutschen Bundestag vertretenen Parteien bestehen.

Wir beginnen mit dem einfachsten Fall, dass wir die Häufigkeiten von zwei (oder mehr) Ausprägungen einer einzigen Variablen vergleichen (6.7.2). Häufiger ist der ebenfalls sehr einfache Fall, dass zwei Variablen nur in jeweils zwei Ausprägungen vorliegen (dichotom sind) und wir werden mit dem Vier-Felder-Chi-Quadrat-Test die gängigste Methode der Signifikanzprüfung von unterschiedlichen Stichprobenhäufigkeiten kennen lernen (6.7.3). Allerdings ist dieses Verfahren nur unter bestimmten Voraussetzungen anwendbar (insbesondere genügend großer und nicht allzu unterschiedlicher Besetzung der „Zellen" oder „Felder"), sodass wir Korrekturmöglichkeiten und andere Methoden der Testung besprechen müssen (hier die Berechnung exakter Wahrscheinlichkeiten nach einer von Fisher entwickelten Methode; s. 6.7.4).

Anschließend dehnen wir die Fragestellung auf den Fall aus, dass mindestens eine der beiden Variablen mehr als zweifach gestuft ist und beschäftigen uns mit dem allgemeinen Mehr-Felder-χ^2-Test und seinen Voraussetzungen (6.7.5). In 6.7.6 werden Verfahren angedeutet, die Zusammenhänge zwischen mehr als zwei nominalskalierten Variablen auf Signifikanz zu überprüfen.

Das gewöhnliche Mehr-Felder-χ^2 testet unabhängige Stichproben. Hat man nominalskalierte Daten mehrfach erhoben, ist der im letzten Abschnitt zu besprechende Mc-Nemar-Test anzuwenden (6.7.7).

6.7.2 Vergleich von Häufigkeiten mehrerer Abstufungen einer nominalskalierten Variable

Diese Fragestellung tritt eher seltener auf und deshalb sei das Thema nur kurz behandelt. Ein Marktforscher will fest stellen, ob es eine unterschiedliche Präferenz für rote und grüne Gummibärchen gibt; von 120 befragten Personen entscheiden sich 72 für rote Bärchen, 48 für grüne. Ist dieser Unterschied signifikant? Unter H_0 wäre Gleichverteilung der Wahl zu erwarten, also für beide Farben der Wert 60 zu erwarten. Wir bilden deshalb die Prüfgröße:

$$\chi^2 = \frac{(72-60)^2}{60} + \frac{(48-60)^2}{60} = 4,8$$

und lesen aus Tafel 5 ab, ob dieser Wert den kritischen χ^2-Wert bei 1 Freiheitsgrad und α = 5% erreicht oder überschreitet, nämlich 3,84; da dies der Fall ist, schließen wir, dass es Unterschiede in der Präferenz von Gummibärchen mit diesen Farben gibt (s. zur Begründung 6.7.4).

Hat man mehr als 2 Farben, entscheiden sich etwa von 200 Personen 40 für weiße, 70 für grüne und 90 für rote Gummibärchen, ergibt sich als Erwartungswert für jede Farbe 200/3 = 66,7 und die Prüfgröße würde hier lauten:

$$\chi^2 = \frac{(40-66,7)^2}{66,7} + \frac{(70-66,7)^2}{66,7} + \frac{(90-66,7)^2}{66,7} = 18,99.$$

Hier hätten wir mit dem kritischen χ^2-Wert bei 2 Freiheitsgraden zu vergleichen, für welchen man 9,21 (1%-Niveau) abliest. Es ergibt sich also ein sehr signifikanter Unterschied in der Farbpräferenz von Gummibärchen.

Als Alternative zu den beschriebenen Verfahren bietet sich, v.a. bei kleineren Stichprobenumfängen, der Binomialtest an, der u.a. bei Bortz et al. (1990, S. 88 ff.) erläutert ist.

6.7.3 Vier-Felder-χ^2

Erläuterung an einem Beispiel

Ein Untersucher vermutet, dass bei Hauptschülern einer deutschen Stadt der Anteil regelmäßig Rauchender sich zwischen Mädchen und Jungen unterscheidet.

Man beachte, dass es sich um Nominaldaten handelt: Hypothese ist nicht, dass Mädchen im Schnitt eine unterschiedliche Zigarettenzahl konsumieren als Jungen – dieser Vergleich von Mittelwerten metrischer Daten wäre gut mit dem t-Test durchzuführen; Frage ist, ob sich weibliche Hauptschüler unterschiedlich häufig als regelmäßige Raucher bezeichnen als männliche.

Weiter sei darauf hingewiesen, dass es sich bei den χ^2-Tests typischerweise um eine zweiseitige Fragestellung handelt. Lediglich im Falle einer einfachen Vier-Felder-Tafel kann man auch einseitig testen.

Befragt wurden Zufallsstichproben von Hauptschülern besagter Stadt, wobei von 120 Mädchen sich 80 als regelmäßige Raucherinnen bezeichneten, von den 80 befragten Jungen 40. Ist dieser Unterschied signifikant?

Wir tragen zweckmäßigerweise unsere Ergebnisse in eine Vier-Felder-Tafel (genauer: Vier-Felder-Kontingenz-Tafel) ein.

	Mädchen	Jungen	Zeilensummen
Regelmäßige Raucher	80 (72)	40 (48)	120
Keine regelmäßigen Raucher	40 (48)	40 (32)	80
Spaltensummen	120	80	$N = 200$

6.7 Vergleich von Häufigkeiten

Wir gehen zunächst – wie bei den anderen Tests – von der Nullhypothese aus, also dass die Wahrscheinlichkeit regelmäßiger Raucher unter Mädchen der Population ($\pi_{RMäd}$) so hoch ist wie unter Jungen und überprüfen, ob unser Stichprobenbefund damit vereinbar ist. H_0 lautet also: $\pi_{RMäd} = \pi_{RJun}$ oder äquivalent $\pi_{NRMäd} = \pi_{NRJun}$. Dabei bedeutet π nicht die aus der Geometrie bekannte Zahl, sondern die Populationswahrscheinlichkeit – wie man sich erinnert, haben wir Populationsparameter stets mit griechischen Buchstaben bezeichnet (z.B. μ, σ); $\pi_{RMäd}$ bedeutet also die Wahrscheinlichkeit, bei einer Person in der Population der weiblichen Hauptschüler auf eine regelmäßige Raucherin zu treffen (anders ausgedrückt: gibt die relative Häufigkeit regelmäßiger Raucherinnen in der Grundgesamtheit der weiblichen Hauptschüler besagter Stadt an).

Die Populationswahrscheinlichkeiten schätzen wir durch die relativen Häufigkeiten in unseren Stichproben, wobei wir zunächst eben von H_0 ausgehen und so $\pi_{RMäd} = \pi_{RJun}$ am Zuverlässigsten schätzen durch

$$\frac{n_{RMäd} + n_{RJun}}{n_{Mäd} + n_{Jun}} = \frac{120}{200} = 0{,}6$$

entsprechend $\pi_{NRMäd} = \pi_{NRJun}$ durch $\frac{n_{NRMäd} + n_{NRJun}}{n_{Mäd} + n_{Jun}} = \frac{80}{200} = 0{,}4$.

Unter diesen Annahmen berechnen wir die zu erwartenden Häufigkeiten f_e (Abkürzung für frequency expected) in unseren Stichproben. Insgesamt wurden 120 Mädchen befragt und daher sind unter diesen $120 \cdot 0{,}6 = 72$ regelmäßige Raucherinnen zu erwarten, $120 \cdot 0{,}4 = 48$ Personen, die nicht regelmäßig rauchen. Entsprechend erwarten wir unter den 80 Jungen $80 \cdot 0{,}6 = 48$ regelmäßige Raucher sowie $80 \cdot 0{,}4 = 32$ Personen, die nicht regelmäßig rauchen.

Wie leicht zu sehen, lassen sich die für die einzelnen Felder erwarteten Häufigkeiten einfach dadurch berechnen, dass man das Produkt der zugehörigen Spalten- und Zeilensummen durch die Gesamtzahl der Probanden teilt. Beispielsweise ergibt sich der Erwartungswert für regelmäßig rauchende Mädchen als Produkt der Häufigkeit der Mädchen (120) und Häufigkeit regelmäßig Rauchender (120), dividiert durch 200, also zu

$$\frac{120 \cdot 120}{200} = 72.$$

Wir werden dieses einfache Rechenschema bei der Darstellung der allgemeinen Mehr-Felder-Tafel im übernächsten Abschnitt anwenden.

Wir tragen die unter H_0 erwarteten Häufigkeiten in Klammern in die entsprechenden Felder ein – zur Probe überprüfe man, ob die Summe der erwarteten Häufigkeiten der Gesamtzahl der befragten Personen entspricht (bzw. ihre Teilsummen den Zeilen- und Spaltensummen).

Nun bildet man die Prüfgröße

$$\chi^2 = \sum \frac{(f_o - f_e)^2}{f_e} \qquad \qquad 6.25a$$

wobei f_o die beobachteten, f_e die entsprechenden erwarteten Häufigkeiten sind (f_o für frequency observed). Hier also:

$$\chi^2 = \frac{(80-72)^2}{72} + \frac{(40-48)^2}{48} + \frac{(40-48)^2}{48} + \frac{(40-32)^2}{32} = 5{,}56.$$

Unter Zufallsbedingungen (also Gültigkeit von H_0) müsste sich – wie man zeigen kann – diese Prüfgröße nach χ^2 mit 1 Freiheitsgrad verteilen; 95 % der Werte müssten sich dann im Bereich $0 \leq .. < 3{,}84$ bewegen; da dieser kritische Wert überschritten wird, lässt sich mit einer Irrtumswahrscheinlichkeit von 5% H_0 verwerfen und ein Unterschied im Rauchverhalten zwischen weiblichen und männlichen Hauptschülern der betrachteten Stadt annehmen.

Die Freiheitsgrade einer χ^2-Verteilung wurden in 5.4.4 eingeführt: Es ist die Zahl der frei wählbaren Werte der Summe, welche sich hier zu 1 ergibt. In der Summe oben lässt sich nämlich nur eine der beobachteten Häufigkeiten f_o frei wählen; die anderen sind durch die Randsummen fest gelegt.

Bei Gültigkeit der Nullhypothese liegen natürlich die beobachteten Häufigkeiten nahe den erwarteten und χ^2 daher in der positiven Umgebung von 0; damit ist leicht einzusehen, dass – anders als beim U-Test oder Wilcoxon-Test – der kritische Wert hier **erreicht** oder **überschritten** werden muss.

In der Regel spart man sich beim Vier-Felder-χ^2 die intellektuell befriedigende, aber mühevolle Schätzung der Populationswahrscheinlichkeiten, die daraus folgende Berechnung der Erwartungswerte und die weiteren Schritte bis zum Erhalt der Prüfgröße. Vielmehr benutzt man mit den Bezeichnungen des nachstehenden Vier-Felder-Schemas die einfache Formel

		Variable X		Zeilensummen
		Ausprägung x_1	*Ausprägung x_2*	
Variable Y	*Ausprägung y_1*	a	b	a + b
	Ausprägung y_2	c	d	c + d
Spaltensummen		a + c	b + d	N = a + b + c + d

$$\chi^2 = \frac{n \cdot (a \cdot d - b \cdot c)^2}{(a+b) \cdot (c+d) \cdot (a+c) \cdot (b+d)}. \qquad 6.25b$$

Mit $a = 80$; $b = 40$; $c = 40$; $d = 40$ ergibt sich also hier:

$$\chi^2 = \frac{200 \cdot (80 \cdot 40 - 40 \cdot 40)^2}{(80+40) \cdot (40+40) \cdot (80+40) \cdot (40+40)} = 5{,}56,$$

somit derselbe Wert.

Eine sehr ähnliche Formel haben wir schon kennen gelernt, als wir als Assoziationsmaß zweier echt dichotomer Variabler den Phi-Koeffizienten einführten. Sie lautete:

$$\Phi = \frac{a \cdot d - b \cdot c}{\sqrt{(a+c) \cdot (b+d) \cdot (a+b) \cdot (c+d)}}; \text{ also } \Phi = \sqrt{\frac{\chi^2}{n}}.$$

6.7 Vergleich von Häufigkeiten

Je größer der Wert des Assoziationsmaßes (hier zwischen Geschlecht und Rauchverhalten), desto wahrscheinlicher ein signifikanter Unterschied.

Wie erwähnt, testet man bei der Prüfung von Häufigkeitsunterschieden i. Allg. zweiseitig. Lediglich beim einfachen 4-Felder-Chi-Quadrat ist auch einseitige Testung möglich – wobei der kritische zu erreichende Wert für χ^2 bei fest gelegtem α sich in Tafel 5 als kritischer Wert für das Signifikanzniveau 2α ergibt. Im obigen Beispiel: Wären wir mit der Hypothese an die Untersuchung heran gegangen, dass unter weiblichen Hauptschülern sich mehr regelmäßige Raucher befinden als unter männlichen, hätten wir – da die Stichprobenbefunde mit dieser Annahme in Einklang stehen – bei einer Irrtumswahrscheinlichkeit von 5% den Wert für die 90%-Fläche unter der χ^2-Kurve als zu erreichenden kritischen Wert ansehen dürfen, hier also 2,71. Oder anders: War der χ^2-Wert von 5,56 bei zweiseitiger Fragestellung auf dem 2,5%-Niveau abzusichern, gelänge dies bei einseitiger Testung sogar auf dem 1,25%-Niveau.

Voraussetzungen; Yates-Korrektur

Die Voraussetzungen des beschriebenen Vier-Felder-χ^2-Tests werden in der Literatur häufig nicht sehr eindeutig formuliert – offenbar existieren dazu auch bis zu einem gewissen Grade konträre Auffassungen. Generell ist aber Konsens, dass die Felder ausreichend und nicht allzu ungleich besetzt sein sollen, die Gesamtzahl der Personen etwa 40 nicht unterschreiten und alle Erwartungswerte wenigstens 5, zumindest aber 4 betragen sollten.

Wird das N von 40 nicht erreicht – wohl aber Erwartungswerte von mindestens 5 – wird gerne die so genannte Yates-Korrektur empfohlen; statt der oben angegebenen Formel berechnet sich das so korrigierte χ^2 folgendermaßen:

$$\chi^2 = \frac{n \cdot \left(|a \cdot d - b \cdot c| - \frac{n}{2}\right)^2}{(a+b) \cdot (c+d) \cdot (a+c) \cdot (b+d)} \qquad 6.26$$

Bei größeren Randsummen fällt die Korrektur nach Yates meist wenig ins Gewicht (wäre ja auch überflüssig). Hat man geringere Besetzungen der Felder, z.B. $a = 6$; $b = 10$; $c = 12$; $d = 6$ (und damit kleinere Randsummen), liegt der korrigierte χ^2-Wert (hier 1,84) oft für die Signifikanzentscheidung wesentlich niedriger als der unkorrigierte (hier 2,89).

Ist die Bedingung nicht erfüllt, dass die Erwartungswerte wenigstens 5 betragen, ist der praktikable χ^2-Test auch mittels Korrekturformeln nicht mehr anwendbar und man muss die Signifikanz von Häufigkeitsunterschieden anders überprüfen, beispielsweise mittels der im Fisher-Yates-Test berechneten exakten Wahrscheinlichkeiten (s. Anmerkung 33).

6.7.4 Fisher-Yates-Test zur Bestimmung exakter Wahrscheinlichkeiten

Er wird üblicherweise dann angewendet, wenn die Voraussetzungen eines Vier-Felder- χ^2-Tests nicht gegeben sind, also etwa die Stichprobengröße weniger als 40 beträgt und mindestens eine der erwarteten Häufigkeiten unter 5 liegt. Er ist per Hand nur bei kleineren Zahlen zu rechnen, da die dabei auftretenden Binomialkoeffizienten rasch in astronomische Höhen wachsen.

Ein Untersucher habe die Hypothese, dass die Beliebtheit eines Dozenten nicht zuletzt von der Schwere des Faches abhängt, welches er lehrt – je schwieriger, desto ungeliebter der Lehrende; oder: Je mehr das Fach für schwer halten, desto größer die Zahl derer, die den Dozenten unsympathisch finden. Man beachte, dass hier eine **gerichtete** Hypothese vorliegt. Dazu wurden insgesamt 14 Studierende zu einem bestimmten Dozenten und seinem Fach befragt, deren Antwortverhalten in nachstehender Tabelle aufgelistet ist.

	Fach als leicht empfunden	Fach als schwer empfunden	Randsummen
Dozent sympathisch	$a = 5$	$b = 3$	$a + b = 8$
Dozent unsympathisch	$c = 2$	$d = 4$	$c + d = 6$
Randsummen	$a + c = 7$	$b + d = 7$	$a + b + c + d = 14$

Mit den Bezeichnungen der Tabelle berechnet sich die exakte Wahrscheinlichkeit p_{abcd}, unter Zufallsbedingungen bei den gegebenen Randsummen genau diese Anordnung von Häufigkeiten zu erhalten, folgendermaßen (s. Tafel 13):

$$p_{abcd} = \frac{\binom{a+c}{a} \cdot \binom{b+d}{b}}{\binom{a+b+c+d}{a+b}} ; \text{hier} = \frac{\binom{5+2}{5} \cdot \binom{3+4}{3}}{\binom{5+3+2+4}{5+3}} = \frac{\binom{7}{5} \cdot \binom{7}{3}}{\binom{14}{8}} = \frac{1}{3003} \cdot \left(\frac{7 \cdot 6}{1 \cdot 2} \cdot \frac{7 \cdot 6 \cdot 5}{1 \cdot 2 \cdot 3}\right) = 0{,}245.$$

Noch mehr gegen H_0 spricht bei Erhalt der Randsummen folgende Anordnung:

	Fach als leicht empfunden	Fach als schwer empfunden	Randsummen
Dozent sympathisch	$a' = 6$	$b' = 2$	$a' + b' = 8$
Dozent unsympathisch	$c' = 1$	$d' = 5$	$c' + d' = 6$
Randsummen	$a' + c' = 7$	$b' + d' = 7$	$a' + b' + c' + d' = 14$

Die Wahrscheinlichkeit dafür berechnet sich analog:

$$p_{a'b'c'd'} = \frac{\binom{a'+c'}{a'} \cdot \binom{b'+d'}{b'}}{\binom{a'+b'+c'+d'}{a'+b'}} ; \text{hier} = \frac{\binom{6+1}{6} \cdot \binom{2+5}{2}}{\binom{6+2+1+5}{6+1}} = \frac{\binom{7}{6} \cdot \binom{7}{2}}{\binom{14}{8}} = \frac{1}{3003} \cdot \left(\frac{7}{1} \cdot \frac{7 \cdot 6}{1 \cdot 2}\right) = 0{,}049.$$

6.7 Vergleich von Häufigkeiten

Die unter Beibehalt der Randsummen und Gültigkeit von H_0 unwahrscheinlichste Anordnung ist folgende:

	Fach als leicht empfunden	Fach als schwer empfunden	Randsummen
Dozent sympathisch	$a'' = 7$	$b'' = 1$	$a'' + b'' = 8$
Dozent unsympathisch	$c'' = 0$	$d'' = 6$	$c'' + d'' = 6$
Randsummen	$a'' + c'' = 7$	$b'' + d'' = 7$	$a'' + b'' + c'' + d'' = 14$

Die exakte Wahrscheinlichkeit dafür ergibt sich zu:

$$p_{a''b''c''d''} = \frac{\binom{a''+c''}{a''} \cdot \binom{b''+d''}{b''}}{\binom{a''+b''+c''+d''}{a''+b''}}; \text{hier} \frac{\binom{7+0}{7} \cdot \binom{1+6}{1}}{\binom{7+1+0+6}{7+1}} = \frac{\binom{7}{7} \cdot \binom{7}{1}}{\binom{14}{8}} = \frac{1}{3003} \cdot 7 = 0{,}00023.$$

Nachdem ein Feld mit 0 besetzt ist – weniger geht eben nicht – bricht man ab und erhält die Wahrscheinlichkeit, unter Zufallsbedingungen (also H_0) die gegebene Konstellation oder eine noch unwahrscheinlichere zu finden, als Summe der exakten Wahrscheinlichkeiten, also:

$p_{abcd} + p_{a'b'c'd'} + p_{a''b''c''d''} = 0{,}244 + 0{,}049 + 0{,}00023 = 0{,}293$ (29,3%).

Diese Überschreitungswahrscheinlichkeit ist deutlich größer als die üblicherweise gesetzte Irrtumswahrscheinlichkeit von 5%; Personen, die das Fach schwer finden, halten somit nicht signifikant häufiger den Dozenten für unsympathisch. Wie bereits erwähnt, geht man beim Fisher-Yates-Test von einer gerichteten Hypothese aus; will man ungerichtet testen, erwartet man also lediglich Unterschiede in der Sympathieschätzung des Dozenten je nach Schwere des Fachs, wäre die nach dem oben Schema berechnete Überschreitungswahrscheinlichkeit (hier der Wert 29,3%) zu verdoppeln (also 58,6% anzusetzen).

Das Rechnen mit Binomialkoeffizienten wurde ausführlich in 4.2 und 4.6 besprochen. Es sei nur kurz an die Definition erinnert:

Unter $\binom{7}{3}$ (sprich: 7 über 3) versteht man den Quotienten $\frac{7 \cdot 6 \cdot 5}{1 \cdot 2 \cdot 3}$; es gilt

$$\binom{n}{k} = \binom{n}{n-k}.$$

Da die Berechnung von Binomialkoeffizienten für größere Werte von n und k ziemlich aufwändig wird, finden sich diese in vielen Büchern tabelliert (hier in Tafel 13).

6.7.5 Mehr-Felder-Chi-Quadrat

Mehr-Felder-Chi-Quadrat (allgemeines Kontingenz-χ^2)

Das Vier-Felder-χ^2 ist der einfachste Spezialfall des Mehr-Felder-χ^2-Tests; Letzterer ist prinzipiell ähnlich aufgebaut, aber rechnerisch mit steigender Zahl der Stufen der beiden Variablen deutlich aufwändiger. Zur Illustration greifen wir unser obiges Beispiel auf und erweitern es etwas. Bei den nicht regelmäßig Rauchenden unterscheiden wir nun noch gelegentlich Rauchende und konsequente Nichtraucher und erhalten folgende Zahlen:

	Mädchen	Jungen	Zeilensummen
Regelmäßige Raucher (RR)	80 (72)	40 (48)	120
Gelegentliche Raucher (GR)	20 (30)	30 (20)	50
Nichtraucher (NR)	20 (18)	10 (12)	30
Spaltensummen	120	80	$N = 200$

Wieder gehen wir von der Nullhypothese aus, dass die Wahrscheinlichkeiten, regelmäßige Raucher, Gelegenheitsraucher und Nichtraucher zu finden, in der Population der Mädchen gleich groß ist in der der Jungen, also $\pi_{RRMäd} = \pi_{RRJun}$, $\pi_{GRMäd} = \pi_{GRJun}$, $\pi_{NRMäd} = \pi_{NRJun}$; die Alternativhypothese lautet, dass mindestens eine der Gleichungen für die Wahrscheinlichkeiten nicht gilt.

Zur Berechnung der erwarteten Häufigkeiten benutzen wir das im vorletzten Abschnitt erwähnte Rechenschema: Die erwartete Häufigkeit im Kästchen der j-ten Spalte und h-ten Zeile ergibt sich aus Spalten- und Zeilensummen als $S_j \cdot Z_h / N$, z.B. für das Kästchen in der 1. Spalte und 1. Zeile (regelmäßig rauchende Mädchen) also der Wert 120x120/200 = 72; wir berechnen analog die anderen erwarteten Werte, setzen sie in Klammern hinter die beobachteten Häufigkeiten und vergewissern uns, dass die Summen beider Häufigkeiten in den jeweiligen Zeilen und Spalten gleich sind.

χ^2 berechnen wir nach der bekannten Formel, hier also:

$$\chi^2 = \frac{(80-72)^2}{72} + \frac{(40-48)^2}{48} + \frac{(20-30)^2}{30} + \frac{(30-20)^2}{20} + \frac{(20-18)^2}{18} + \frac{(10-12)^2}{12} = 11{,}11.$$

Die Zahl der Freiheitsgrade dieser Summe ergibt sich zu $(2-1) \cdot (3-1) = 2$ und zwar aus folgender Überlegung: Liegen allgemein k Spalten und m Zeilen vor, lassen sich in der 1. Zeile $k-1$ Summanden frei wählen – der k-te ist durch die 1. Zeilensumme fest gelegt. Das Gleiche gilt für die 2., 3.,..., $m-1$-te Zeile, nicht mehr aber für die m-te: Deren sämtliche Glieder sind nicht mehr frei wählbar, sondern ergeben sich aus den jeweiligen Summen in jeder der k Spalten; insgesamt gibt es deshalb $(k-1) \cdot (m-1)$ Freiheitsgrade. Als kritischen χ^2-Wert für 2 Freiheitsgrade bei einem Signifikanzniveau von 5% entnehmen wir Tafel 5 5,99, was deutlich überschritten wird. (Ergebnis wäre sogar auf 1%-Niveau abzusichern). Wir verwerfen somit H_0: Mindestens eine der obigen Gleichungen trifft nicht zu.

6.7 Vergleich von Häufigkeiten

Wurde globale Signifikanz von Häufigkeitsunterschieden in der Mehr-Felder-Tafel nachgewiesen, liegt eine ähnliche Situation vor wie bei der „overall-Signifikanz" im Rahmen von Varianzanalysen: Erst Anschlusstests können zeigen, zwischen welchen Häufigkeiten überzufällige Unterschiede bestehen. Neben der Möglichkeit, χ^2-Werte für Einzelfelder zu bestimmen und aus deren Signifikanz (Abweichung der beobachteten von den erwarteten Werten) genauere Informationen abzuleiten, lassen sich die Signifikanzen von speziellen Vier-Felder-Kontingenz-Tafeln (als „Untertafeln" der Mehr-Felder-Tafel) bestimmen, wobei dann sinnvollerweise eine Alpha-Adjustierung zu geschehen hat (s. Anmerkung 34).

6.7.6 Vergleich von Häufigkeiten bei mehr als zwei nominalskalierten Variablen; Konfigurationsfrequenzanalyse

Liegen Häufigkeiten von 3 oder mehr gleichzeitig erhobenen Nominaldaten vor, gelingt eine einfache Darstellung mittels Feldern nicht mehr; üblicherweise schreibt man dann untereinander alle möglichen Kombinationen von Abstufungen der Variablen und daneben ihre Häufigkeiten. Ein Beispiel:

Eine Schule bietet 3 verschiedene Zweige an, einen musischen, einen sprachlichen und einen naturwissenschaftlichen. In einem Schuljahr werden 140 Schüler angemeldet, wobei nach Geschlecht sowie Einkommen der Eltern (überdurchschnittlich hoch – unterdurchschnittlich hoch) differenziert wurde. Es liegen für jeden Schüler also Daten in 3 nominalskalierten Variablen vor, wobei die zuerst genannte dreifach, die anderen zweifach gestuft sind. Die folgende Tabelle zeigt die Häufigkeit der einzelnen Kombinationen:

Art des Zweiges	Geschlecht	Einkommen der Eltern	beobachtete Häufigkeit	erwartete Häufigkeit	χ^2
musisch	männlich	hoch	10	11,73	0,26
musisch	männlich	niedrig	2	12,30	8,62**
musisch	weiblich	hoch	30	14,34	17,10***
musisch	weiblich	niedrig	12	14,92	0,57
sprachlich	männlich	hoch	6	6,79	0,09
sprachlich	männlich	niedrig	5	7,10	0,62
sprachlich	weiblich	hoch	8	8,3	0,01
sprachlich	weiblich	niedrig	12	8,64	1,31
naturwissens.	männlich	hoch	10	11,83	0,28
naturwissens.	männlich	niedrig	30	12,53	24,36***
naturwissens.	weiblich	hoch	5	14,71	6,41*
naturwissens.	weiblich	niedrig	10	15,51	1,90
					$\sum \chi^2 = 61,53***$

Insgesamt haben sich also 54 für den musischen Zweig angemeldet, 31 für den sprachlichen und 55 für den naturwissenschaftlichen. Männliche Schüler wurden angemeldet 63, weibliche 77; von den Eltern der 140 Schüler gehörten 69 der Schicht mit überdurchschnittlichem Einkommen an, 71 hatten ein unterdurchschnittliches Einkommen. Die relativen Häufigkeiten betragen also (unter Inkaufnahme kleiner Rundungsfehler):

$p_{mus} = 54/140 = 0{,}38$; $p_{spr} = 31/140 = 0{,}22$; $p_{nat} = 55/140 = 0{,}39$; $p_{weib} = 77/140 = 0{,}55$, $p_{männ} = 63/140 = 0{,}45$; $p_{hohEink} = 69/140 = 0{,}49$; $p_{niedrEink} = 71/140 = 0{,}51$.

Mit der Konfigurationsfrequenzanalyse (KFA) wird untersucht, ob bestimmte Kombinationen von Eigenschaften überzufällig häufig vorkommen (Typen sind) und andere signifikant seltener auftreten als unter Zufallsbedingungen zu erwarten (Antitypen sind). Dazu bestimmt man die unter Unabhängigkeit der einzelnen Populationswahrscheinlichkeiten zu erwartende Häufigkeit der Kombination und benutzt die relativen Häufigkeiten in der Stichprobe als Schätzwerte der Populationswahrscheinlichkeiten. H_0 besagt also u.a.:

$\pi_{mus;weib;hohEin} = \pi_{mus} \times \pi_{weib} \times \pi_{hohEin}$ (entsprechend für alle anderen Kombinationen), während H_1 entweder $\pi_{mus;weib;hohEin} > \pi_{mus} \times \pi_{weib} \times \pi_{hohEin}$ behauptet (im Falle eines Typs) oder $\pi_{mus;weib;hohEin} < \pi_{mus} \times \pi_{weib} \times \pi_{hohEin}$ (im Falle eines Antityps). Wir bilden für jede der Kombinationen die erwartete Häufigkeit, indem wir die Produkte der relativen Häufigkeiten mit dem Stichprobenumfang multiplizieren, also z.B.

$f_e(mus; weibl; hohEink) = p_{mus} \cdot p_{weib} \cdot p_{hohEink} \cdot N = 0{,}38 \cdot 0{,}55 \cdot 0{,}49 \cdot 140 = 14{,}34$.

Die Prüfgröße für eine nicht zufällige Häufigkeit dieser Kombination lautet:

$$\chi^2 = \frac{(f_o - f_e)^2}{f_e}; \text{hier also}: \chi^2 = \frac{(30 - 14{,}34)^2}{14{,}34} = 17{,}10.$$

Überschreitet diese Prüfgröße den kritischen χ^2-Wert für 1 Freiheitsgrad bei α = 5% (1%, 0,1%), so liegt entweder ein Typ ($f_o > f_e$) oder ein Antityp ($f_o < f_e$) vor. In obiger Tabelle sind die Typen und Antitypen durch Sterne (für das erreichte Signifikanzniveau) hinter dem χ^2-Wert hervorgehoben. Wir sehen z.B., dass Töchter aus einem gut verdienenden Haus weit überzufällig häufig auf den musischen Zweig geschickt werden, während Jungen aus einkommensärmeren Familien signifikant seltener dort zu finden sind als eigentlich nach dem Zufallsprinzip zu erwarten. Der Gesamt-χ^2-Wert (hier 61,53) ist (trivialerweise) ebenfalls signifikant, d.h. insgesamt findet sich keine zufällige Verteilung von Geschlecht, Einkommen der Eltern und Schulform.

Im Grunde ist die Konfigurationsfrequenzanalyse nichts anderes als eine Erweiterung des Vier-Felder-χ^2; auch dort haben wir die überzufällige Häufigkeit bestimmter Merkmalskombinationen nachgeprüft (z.B. der Kombination Mädchen und Raucherin) und man kann sich rasch davon überzeugen, dass die obige Darstellung und Auswertung von Daten in 2 unabhängigen Variablen (Geschlecht und Rauchverhalten) genau zu denselben Ergebnissen wie das Vier-Felder-χ^2 führen würde (s. 6.7.3).

Nicht leicht lösbares Problem bei der KFA sind die multiplen Vergleiche und die dabei notwendige Adjustierung des Alpha-Niveaus (s. dazu genauer Krauth u. Lienert 1973).

6.7.7 Der Mc-Nemar-Test

Bei den bisher in diesem Abschnitt dargestellten Verfahren (insbesondere den χ^2-Techniken) wurden die nominalskalierten Variablen an den Personen nur jeweils einmal erhoben; will man die Veränderung von Häufigkeiten fest stellen – ein gängiges Problem – sind die bisher besprochenen Tests ungeeignet. Zur Behandlung der anstehenden Aufgabe lernen wir hier ein einfaches Verfahren kennen, welches nur zweimalige Messung der Probanden in einer einzigen zweifach gestuften Variablen voraus setzt, den Mc-Nemar-Test.

Wir wollen untersuchen, ob sich durch eine Vortragsreihe mit ausführlicher Erläuterung von Pro- und Contraargumenten die Haltung einer bestimmten Zielgruppe zu genmanipulierten Lebensmitteln ändert, ob danach signifikant mehr oder ob weniger Personen diese Nahrungsmittel konsumieren würden. Wir haben also – um es zu betonen – eine einzige Variable (Einstellung zu Gennahrung) in 2 Abstufungen (positiv – negativ); für alle anderen Fälle (z.B. 3 Abstufungen wie etwa positiv – neutral – negativ) wäre der Mc-Nemar-Test bereits nicht mehr anwendbar, übrigens auch dann nicht, wenn Veränderungen über mehr als 2 Messzeitpunkte erfasst werden sollen.

In unserem Beispiel habe man 25 Personen gefunden, die bei 1. und 2. Erhebung (vor und nach den Vorträgen) angaben, genmanipulierte Nahrungsmittel konsumieren zu wollen, 30 weitere, die sowohl vor wie nach der Vortragsreihe eine negative Einstellung dazu bekundeten. 10 Personen waren hingegen vor der Information der Meinung, generell auf genmanipulierte Nahrung besser zu verzichten und änderten danach ihre Einstellung; bei 20 war es genau umgekehrt: Nach Anhören der Vorträge wollten sie künftig auf den Konsum solcher Nahrung verzichten. Die Frage stellt sich, ob die Vortragsreihe signifikante Änderung der Einstellungen bewirkt hat.

Wir stellen die Ergebnisse zunächst in einer 4-Felder-Tafel dar:

		1. Untersuchung	
		Ja zu genmanipulierten Nahrungsmitteln	Nein zu genmanipulierten Nahrungsmitteln
2. Untersuchung	Ja zu genmanipulierten Nahrungsmitteln	25 (*a*)	10 (*b*)
	Nein zu genmanipulierten Nahrungsmitteln	20 (*c*)	30 (*d*)

Von Interesse ist hier weder die Zahl der Probanden im oberen linken Feld (*a*) noch im Feld unten rechts (*d*), sondern nur die Zahl jener, die ihre Einstellung korrigierten, nämlich *b* und *c*, genauer die Differenz dieser Werte, also $b - c$ (überwiegende Korrektur in eine Richtung). Würde keine klare Tendenz als Folge des Informationsgewinns vorliegen, würden sich *b* und *c* nicht wesentlich unterscheiden und der Erwartungswert für die beiden Felder wäre jeweils $(b + c)/2$, hier also $(10 + 20)/2 = 15$. Wie in 6.7.2 bilden wir die Differenz zwischen beobachteten und erwarteten Werten und prüfen sie mittels der χ^2-Verteilung bei einem Freiheitsgrad auf Signifikanz; also

$$\chi^2 = \sum \frac{(f_o - f_e)^2}{f_e} = \frac{(b - \frac{b+c}{2})^2}{\frac{b+c}{2}} + \frac{(c - \frac{b+c}{2})^2}{\frac{b+c}{2}} =$$

$$\frac{(\frac{b-c}{2})^2 + (\frac{c-b}{2})^2}{\frac{b+c}{2}} = \frac{(b-c)^2}{b+c};$$

6.28a

Hier somit:

$$\chi^2 = \frac{(10-20)^2}{10+20} = \frac{100}{30} = 3{,}33.$$

Da der kritische χ^2-Wert bei 1 Freiheitsgrad und einer tolerierten Irrtumswahrscheinlichkeit von 5% 3,84 beträgt, ist H_0 beizubehalten: Die Vortragsreihe hat keine signifikante Änderung der Einstellung bewirkt. Hätten wir hingegen von vornherein die gerichtete Hypothese gehabt, dass durch die Vorträge sich die Zahl der Gegner genmanipulierter Nahrung signifikant vermehrt, hätten wir bei 5%-Irrtumswahrscheinlichkeit den kritischen Wert für $\alpha = 0{,}1$ (nämlich 2,71) als Vergleich heran ziehen und H_0 verwerfen können.

Bei kleinen Werten für die Häufigkeit empfiehlt sich wieder eine Korrektur, wie wir sie als Yates-Korrektur beim Vier-Felder- χ^2-Test kennen gelernt haben; man bestimmt die etwas kleinere Prüfgröße

$$\chi^2 = \frac{(|b-c|-1)^2}{b+c}.$$

6.28b

Will man besonders genau vorgehen, lässt sich mit der Binomialverteilung die exakte Wahrscheinlichkeit berechnen, diese oder eine noch ungleichere Verteilung der Häufigkeiten b und c zu finden.

6.8 Prüfung der Signifikanz von Korrelations- und Regressionskoeffizienten

Problemstellungen; Überblick

In 3.3.2 berechneten wir Produkt-Moment-Korrelationen, stellten aber damals unsere Interpretation zurück, weil wir nicht ausschließen konnten, dass es sich um einen Zufallsbefund an einer kleinen Stichprobe handelte. Dies führt auf das generelle Problem, Produkt-Moment-Korrelationskoeffizienten als überzufällig nachzuweisen.

6.8 Signifikanz von Korrelations- und Regressionskoeffizienten

Nehmen wir an, wir hätten in einer Population Werte der Probanden für 2 intervallskalierte Variablen X und Y gegeben, die (aller Voraussicht) nichts miteinander zu tun haben, z.B. die Stellung des 3. Buchstaben des Nachnamens im Alphabet (also a = 1, b = 2 usw.) und die Schuhgröße der Urgroßmutter. Bildete man bei einer Stichprobe mit Umfang n die Produkt-Moment-Korrelation dieser Wertepaare, würde sich aller Voraussicht nach ein Wert nahe 0, aber mit Sicherheit nicht exakt 0 ergeben. Bei einer kleinen Stichprobe (sagen wir: $n = 20$) wären selbst Werte um 0,40 (oder $-$ 0,40) noch im Zufallsbereich, d.h. sie wären so oder noch ausgeprägter bei mehr als 5% der Stichproben auch dann zu finden, wenn die beiden Variablen eine Nullkorrelation in der Grundgesamtheit aufweisen. Somit ergibt sich das Problem, für den an einer Stichprobe mit Umfang n ermittelten Korrelationskoeffizienten auszuschließen, dass er einen zufälligen Wert darstellt, sondern dass auf eine von 0 verschiedene Korrelation auch in der Grundgesamtheit geschlossen werden kann, also $\rho \neq 0$ gilt. Ist dieses Problem noch vergleichsweise einfach zu lösen (am Einfachsten durch Nachsehen in Tafel 11), ist es bereits deutlich komplizierter, für einen an einer Stichprobe ermittelten Koeffizienten r Konfidenzintervalle anzugeben, also zu sagen, dass ρ (die Korrelation in der Population) sich mit großer Wahrscheinlichkeit in einem Bereich von $r \pm \Delta r$ bewegt.

Damit zusammen hängt das nächste Problem, nämlich zu zeigen, dass sich Korrelationskoeffizienten zwischen Paaren von Variablen signifikant unterscheiden, also etwa Mathematikleistungen höher mit Intelligenz korrelieren als Fähigkeiten im Turnen. Seltener ergibt sich ein weiteres Problem, nämlich nachzuweisen, dass die in 2 Stichproben gefundenen Korrelationen zweier Variablen signifikant unterschiedlich sind; so könnte man etwa vermuten, dass der Zusammenhang zwischen Intelligenz und Schulleistungen bei Kindern intakter Ehen deutlicher ist als bei Scheidungskindern – weil möglicherweise bei letzteren zahlreiche weitere Faktoren den Schulerfolg beeinflussen.

Wir behandeln zunächst das häufige (und eher einfache) Problem, einen an einer Stichprobe erhobenen Korrelationskoeffizienten überhaupt als signifikant nachzuweisen, also mit gewisser Sicherheit den Fall $\rho = 0$ auszuschließen.

Prüfung der Hypothese $\rho \neq 0$

Produkt-Moment-Korrelationen: Wie leicht einzusehen, werden im Falle von Nichtkorrelation zweier Variablen in der Grundgesamtheit bei Entnahme zahlreicher Stichproben mit Umfang n die Korrelationskoeffizienten r symmetrisch um 0 streuen und zwar um so enger, je größer die Zahl der betrachteten Wertepaare ist. Generell gilt hier die Aussage, dass im Falle von Nullkorrelation in der Population sich die Größen

$$t = \frac{r}{\sqrt{1-r^2}} \cdot \sqrt{n-2} \text{ um 0 nach } t \text{ mit } n-2 \text{ Freiheitsgraden verteilen.} \qquad 6.29$$

Hätte man z.B. Stichprobenumfänge von $n = 38$, wären im Bereich zwischen − 2,03 und + 2,03 (d.h. $t_{df=36;\ 0,975}$) 95% der Werte für t zu finden (s. Tafel 3a); löst man Gleichung 6.29 nach r auf, ergeben sich die Werte − 0,32 und + 0,32.

Will man umgekehrt überprüfen, ob r bei einem Stichprobenumfang von n auf dem 5%-Niveau signifikant ist, berechnet man nach obiger Formel den zugehörigen t-Wert und überprüft, ob sein Absolutbetrag den Tafel 3b bei zweiseitiger Fragestellung und $n − 2$ Freiheitsgraden zu entnehmenden kritischen t-Wert erreicht oder überschreitet; hat man sich zuvor auf das Vorzeichen von t fest gelegt − und hat r der Stichprobe dieses Vorzeichen − , benutzt man den kritischen t-Wert für einseitige Fragestellung, also $t_{krit;eins.;5\%} = t_{df=n−2;0,95}$ (anstatt $t_{df=n−2;0,975}$). Einfacher lässt sich die Entscheidung durch Nachsehen in Tafel 11 treffen, in der kritische Grenzen für den Korrelationskoeffizienten angegeben sind.

Rangkorrelationen: Da die Spearman'sche Rangkorrelation nichts anderes als eine verkappte Produkt-Moment-Korrelation darstellt (s. 3.3.2), geht man hierbei meist wie oben beschrieben vor; bei kleineren Stichprobenumfängen (weniger als 30) wird allerdings zuweilen geraten, etwas andere kritische Werte heranzuziehen (s. etwa Clauß u. Ebner 1977, S. 278)

Φ-Koeffizient: Wurde für dichotome Nominaldaten als Zusammenhangmaß der in 3.3.2 eingeführte Φ-Koeffizient bestimmt, benutzt man zur Prüfung seiner Signifikanz die in 6.7.3 eingeführte Gleichung:

$$\Phi = \sqrt{\frac{\chi^2}{n}}.$$

Ist das zu Φ gehörige χ^2 mit 1 Freiheitsgrad signifikant, ist es auch der Assoziationskoeffizient.

Allgemeine Verteilung von Stichprobenkorrelationen; Konfidenzintervalle

Im Weiteren können wir nicht mehr den einfachen und bequemen Fall $\rho = 0$ voraus setzen, sondern müssen davon ausgehen, dass sich die Korrelation der beiden betrachteten Variablen in der Grundgesamtheit von 0 unterscheidet. Dann werden sich die Stichprobenkorrelationen aber nicht mehr symmetrisch (normal oder nach t) um ρ verteilen. Betrage ρ z.B. 0,8, dann sind bei Stichprobenumfängen von $n = 20$ Korrelationen kleiner 0 zwar sicher selten, können aber vorkommen, während r nie größer als 1 wird; die Verteilung ist also rechtssteil (rechtsgipflig).

Hier hilft die in 3.3.2 eingeführte Transformation nach Fisher weiter (Fisher'sche Z-Transformation, nicht zu verwechseln mit der in 3.2.3 eingeführten „gewöhnlichen" z-Transformation). Man rechnet den Korrelationskoeffizienten r um in $Z = Z(r)$ unter Benutzung des „natürlichen Logarithmus" (zur Basis $e = 2,718$) nach der Gleichung:

$$Z = \frac{1}{2} \cdot \ln\frac{1+r}{1-r}.$$

6.8 Signifikanz von Korrelations- und Regressionskoeffizienten

Diese Fisher'schen Z-Werte sind in Tafel 10 für positive r protokolliert – für negative ist einfach ein Minuszeichen vor den Z-Wert des absoluten Betrags von r zu setzen. Im „Inneren" der Tafel sucht man den zu transformierenden Wert r auf; in der zugehörigen Zeile finden sich ganz links die ersten beiden Stellen des Z-Werts, in der zugehörigen Spalte die 3. Stelle. Für $r = 0{,}8937$ liest man ein Z von 1,44 ab; das gleiche Ergebnis hätte auch ein etwas leistungsfähigerer Taschenrechner geliefert. Für beliebiges r ist der Z-Wert des ihm am nächsten, in Tafel 10 aufgeführten Werts zu suchen. Man stellt fest, dass für Werte von r kleiner als 0,3 $Z(r)$ und r praktisch identisch sind.

Die nach der Fisher'schen Z-Transformation verwandelten Werte von r haben eine sehr nützliche Eigenschaft: Ist ρ die Korrelation zweier Variablen in der Grundgesamtheit, $Z(\rho)$ der zugehörige Fisher'sche Z-Wert, r Werte für Korrelationen in Stichproben mit Umfang n aus dieser Grundgesamtheit, dann sind die $Z(r)$ symmetrisch um $Z(\rho)$ verteilt, und zwar entweder nach t mit $n - 2$ Freiheitsgraden (bei kleineren Stichprobenumfängen) oder normal (ab ungefähr $n = 50$); für ihre Standardabweichung s_Z gilt dabei:

$$s_Z = \frac{1}{\sqrt{n-3}}. \qquad 6.30$$

Ein Beispiel: Hat die Korrelation zwischen Körpergröße (Variable X) und Schuhgröße (Variable Y) in einer Population den Wert $\rho = 0{,}60$, dann beträgt $Z(\rho)$ 0,69; entnimmt man dieser Population Stichproben mit $n = 22$ und berechnet die zugehörigen Korrelationskoeffizienten, so sind die $Z(r)$ um 0,69 nach t mit $df = n - 2 = 22 - 2 = 20$ verteilt und haben die Streuung

$$s_Z = \frac{1}{\sqrt{n-3}} = \frac{1}{\sqrt{22-3}} = \frac{1}{\sqrt{19}} = 0{,}23.$$

Da $t_{20;0{,}975} = t_{\text{krit; zweiseitig};20;5\%} = 2{,}09$, liegen im Bereich

$$z(\rho) \pm t_{20;0{,}975} \cdot s_Z = z(\rho) \pm t_{20;0{,}975} \cdot \frac{1}{\sqrt{n-3}} = 0{,}69 \pm 2{,}09 \cdot 0{,}23 = 0{,}69 \pm 0{,}48,$$

also zwischen 0,21 und 1,17, 95% aller Z-transformierten Korrelationskoeffizienten. Rücktransformation ergibt, dass im Bereich von $r = 0{,}21$ bis $r = 0{,}82$ 95% aller Korrelationskoeffizienten aus Stichproben mit $n = 22$ zu erwarten sind, wenn die Korrelation in der Grundgesamtheit 0,60 beträgt – man achte auf die extrem große Spanne und sei daher vorsichtig mit allzu kühner Interpretation von Korrelationen.

Diese und auch die Aussage des vorigen Abschnitts gilt aber nur, wenn nicht nur jede der Variablen X und Y in der Grundgesamtheit normalverteilt ist, sondern auch eine bivariate Normalverteilung vorliegt, was wir nicht im Einzelnen ausführen wollen. Mathematisch gesehen, bedeutet es, die u.a. auch sämtliche zu einem beliebigen x-Wert gehörigen y-Werte normalverteilt sein müssen; geometrisch muss man sich dies so vorstellen: Trägt man für Werte von X und Y auf einer 3. Achse die Wahrscheinlichkeitsdichten dieser Wertepaare auf, so muss sich ein nach allen Seiten gleichmäßig abfallender „Hügel" ergeben, dessen Gipfel bei $(\bar{x}; \bar{y})$ liegt.

Um den Korrelationskoeffizienten zu bilden und (rein deskriptiv) zu interpretieren (wie wir es in 3.3.2 getan haben), mussten diese Voraussetzungen nicht erfüllt sein; dies ist nun aber unverzichtbar, da wir unseren Befund gegen Zufälligkeit absichern wollen.

Üblicherweise ist natürlich nicht die Korrelation ρ in der Grundgesamtheit bekannt, sondern man möchte diese aus der Korrelation r_0 in einer einzigen Stichprobe mit Umfang n_0 schätzen und dafür ein Vertrauensintervall angeben. Analog zur Vorgehensweise in 5.5.2 nimmt man r_0 als Schätzwert für ρ bzw. $Z(r_0)$ als Schätzwert für $Z(\rho)$ und wählt als Vertrauensintervall für die Z-transformierten Werte den 95%-Bereich um $Z(r_0)$, also

$$Z(r_0) \pm t_{n-2;0,975} \cdot s_Z = Z(r_0) \pm t_{n-2;0,975} \cdot \frac{1}{\sqrt{n-3}}.$$

Rücktransformation liefert dann die Grenzen für die Korrelationskoeffizienten selbst.

Man habe für die Korrelation der Mathematik- und Physikleistungen in einer Stichprobe mit $n = 34$ einen Wert r_{xy} von 0,53 erhalten; in welchen Grenzen liegt mit 95% Wahrscheinlichkeit die Korrelation ρ_{xy}?

Da $Z(r_{xy}) = Z(0,53) = 0,59$; $df = n - 2 = 32$; $t_{32;0,975} = 2,04$ und

$$s_Z = \frac{1}{\sqrt{n-3}} = \frac{1}{\sqrt{31}} = \frac{1}{5,57} = 0,18,$$

ergibt sich als Konfidenzintervall der Z-transformierten Werte:

$0,59 \pm 2,04 \cdot 0,18$,

also ein Wertebereich von 0,223 bis 0,957; damit liegen die Koeffizienten selbst mit einer Wahrscheinlichkeit von 95% im (bemerkenswert großen) Intervall zwischen 0,22 und 0,74.

Hätten wir gleich die Fisher'schen Z-Transformationen eingeführt, hätten wir uns prinzipiell die Fallunterscheidung $\rho = 0$ und $\rho \neq 0$ sparen können. Allerdings ist die ganze Argumentation etwas befremdlicher und zur Entscheidung, ob ein r überhaupt signifikant ist, recht aufwändig.

Prüfung der Differenz zweier Stichprobenkorrelationen

Korrelation von zwei Variablen mit einer dritten: Wir gehen zunächst vom rechnerisch einfachsten Fall aus, dass wir an **zwei** Stichproben mit den Umfängen n_1 und n_2 aus ein und derselben Population die Produkt-Moment-Korrelation r_{xw} der Variablen X mit der Variablen W und die Korrelation r_{yw} einer anderen Variablen Y mit W bestimmt haben. Lässt sich bei Unterschiedlichkeit der Stichprobenkorrelationen r_{xw} und r_{yw} auf Unterschiedlichkeit der Populationskorrelationen ρ_{xw} und ρ_{yw} schließen? H_0 lautet also: $\rho_{xw} = \rho_{yw}$.

Dann lässt sich zeigen, dass unter H_0 die Absolutbeträge der Differenzen d Z-transformierter Korrelationen nach t mit $df = n_1 + n_2 - 4$ um 0 verteilt sind, wobei gilt:

$$s_d = \sqrt{\frac{n_1 + n_2 - 6}{(n_1 - 3) \cdot (n_2 - 3)}}.$$

Erreicht oder überschreitet $|Z(r_{xw}) - Z(r_{yw})|$ also den Wert $t_{n_1+n_2-4;0,975} \cdot s_d$, ist H_0 auf dem 5%-Niveau zu verwerfen, andernfalls beizubehalten; hätte man sich vorab auf die Richtung der Differenz festgelegt und an der Stichprobe das

6.8 Signifikanz von Korrelations- und Regressionskoeffizienten

angenommene Vorzeichen sich bestätigt, könnte man bei einem Signifikanzniveau von 5% den Absolutbetrag der Differenz gegen $t_{n_1+n_2-4;0,95} \cdot s_d$ prüfen.

An einer Stichprobe von Schülern mit $n_1 = 32$ wird die (intervallskalierte) Leistung in Mathematik mit der in Latein korreliert, wobei $r_{ML} = 0,48$ erhalten wird; an einer **anderen** Stichprobe derselben Population mit $n_2 = 38$ ergibt sich eine Korrelation r_{MD} zwischen Mathematik- und Deutschleistung von 0,25. Ist die Korrelation der Leistung in Mathematik mit Deutsch signifikant unterschiedlich von der zwischen Mathematik und Latein?

Zunächst transformieren wir die Korrelationen in Fisher'sche Z-Werte: $Z(r_{ML}) = Z(0,48) = 0,52$ sowie $Z(r_{MD}) = Z(0,25) = 0,26$; damit ergibt sich für den Absolutbetrag der Differenz $d = 0,26$. s_d berechnet sich bei den gegebenen Stichprobenumfängen zu

$$s_d = \sqrt{\frac{n_1+n_2-6}{(n_1-3)\cdot(n_2-3)}} = \sqrt{\frac{32+38-6}{(32-3)\cdot(38-3)}} = \sqrt{\frac{64}{1015}} = 0,25,$$

die Freiheitsgrade zu $df = n_1 + n_2 - 4 = 32 + 38 - 4 = 66$; da $t_{66;0,975} = 2,00$, berechnen wir als von der Differenz der Z-Werte bei $\alpha = 0,05$ zu erreichenden kritischen Wert $2,00 \cdot 0,25 = 0,50$; nachdem die empirische Differenz mit 0,26 (deutlich) kleiner ist, ist H_0 beizubehalten; es gibt keinen Anhalt, dass die Mathematikleistung anders mit Latein als mit Deutsch korreliert.

Der hier dargestellte rechnerisch einfache Fall ist aber nicht der übliche: Typischerweise hat man die Korrelationen zwischen den 3 Variablen an **derselben** Stichprobe erhoben: Ein kritischer Psychotherapieforscher ist der Auffassung, dass die Therapiemotivation M (gemessen auf einer metrischen Skala von 1 – 20) den Therapieerfolg E bei Depressiven (als prä-post-Differenz intervallskalierter Werte) besser vorher sagt als die Therapiedauer D (in Wochen); er hat also die Hypothese: $\rho_{ME} > \rho_{DE}$.

An **einer** Stichprobe von $n = 57$ Patienten habe er erhalten: $r_{ME} = 0,72$, $r_{DE} = 0,34$. Liegt die erste Korrelation signifikant höher?

Ausgerechnet für diesen in der Praxis ausgesprochen häufigen Fall ist die Lösung nicht einfach und offenbar in der Literatur umstritten (s. Bortz 1999, S. 213 f.). Da die Stichproben nicht unabhängig sind, lässt sich das Konfidenzintervall nicht in so einfacher Weise wie oben schätzen. Vielmehr schlägt Bortz unter Berufung auf mehrere Autoren die Ermittelung einer Prüfgröße z (klein z) vor gemäß folgender Gleichung (für die wir auch r_{MD} benötigen, welche Größe in unserem Beispiel den Wert 0,20 annehmen möge):

$$z = \frac{\sqrt{n-3} \cdot [Z(r_{ME}) - Z(r_{DE})]}{\sqrt{2 - 2 \cdot CV}}.$$

Diese Größe CV lässt sich wiederum schätzen als:

$$CV = \frac{1}{(1-r_{E\bullet}^2)^2} \cdot \left[r_{MD} \cdot (1 - 2 \cdot r_{E\bullet}^2) - 0,5 \cdot r_{E\bullet}^2 \cdot (1 - 2 \cdot r_{E\bullet}^2 - r_{MD}^2) \right].$$

$r_{E\bullet}$ bedeutet der Mittelwert von r_{ME} und r_{DE}, also hier 0,53, entsprechend $r_{E\bullet}^2 = 0,28$; damit berechnet sich CV zu 0,062 und die Prüfgröße z zu:

$$z = \frac{\sqrt{57-3} \cdot [Z(0,72) - Z(0,34)]}{\sqrt{2 - 2 \cdot 0,062}} = \frac{\sqrt{54} \cdot (0,91 - 0,35)}{\sqrt{1,86}} = \frac{7,35 \cdot 0,56}{1,36} = 3,02.$$

Da wir einseitig testen und z approximativ standardnormalverteilt ist, haben wir unser empirisches z gegen den kritischen Wert von 1,65 zu prüfen (Grenze für 95% der Fläche unter der Standardnormalkurve); nachdem dieser Wert überschritten wird, ist H_0 zu verwerfen; die Therapiemotivation korreliert also stärker mit dem Therapieerfolg als die Therapiedauer.

Wir wollen dieses Thema nicht vertiefen. Halten wir fest, dass im Falle korrelierender Stichproben (also Erhebung von Korrelationen an ein und derselben Stichprobe) die Testung auf signifikante Unterschiede ausgesprochen kompliziert ist, sodass man sie besser Rechenprogrammen überlässt. Die auf Ermittlung des s_d basierenden einfachen und leichter nachvollziehbaren Verfahren setzen Unabhängigkeit der zur Prüfung herangezogenen Stichprobenwerte voraus.

Unterscheiden sich Korrelationen zweier Variablen signifikant zwischen Stichproben?: Wir gehen auf das erwähnte Beispiel ein. Ein Untersucher hat die Hypothese, dass bei Kindern aus intakten Ehen die Schulleistung höher mit der Intelligenz korreliert als bei Kindern getrennt lebender Eltern. Für die 1. Stichprobe mit $n_1 = 57$ hat er ein r_1 von 0,75 zwischen diesen Variablen erhalten, r_2 an den 62 „Scheidungskindern" ergab sich zu 0,32; wie üblich wurde ein Signifikanzniveau von 5% gewählt. Da es sich um unabhängige Stichproben handelt, gilt nach dem oben Gesagten unter H_0 für den Schätzfehler der Differenzen:

$$s_d = \sqrt{\frac{n_1 + n_2 - 6}{(n_1 - 3) \cdot (n_2 - 3)}}; \text{hier } s_d = \sqrt{\frac{57 + 62 - 6}{(57-3) \cdot (62-3)}} = \sqrt{\frac{113}{3186}} = 0,188.$$

Die Differenz der nach Fisher transformierten Werte beträgt $Z(0,75) - Z(0,32) = 0,98 - 0,33 = 0,65$. Da wir einseitig testen, muss zur Ablehnung von H_0 diese Differenz den kritischen Wert von $t_{57+62-4;0,95} \times 0,188 = 1,66 \times 0,188 = 0,31$ erreichen oder überschreiten, was in der Tat der Fall ist (auch bei strengerem Signifikanzniveau). Wir können also H_1: $\rho_1 > \rho_2$ annehmen; der Zusammenhang zwischen Intelligenz und Schulleistung ist bei Kindern intakter Ehen signifikant größer als bei Scheidungskindern.

Prüfung von Regressionskoeffizienten

Wir beschränken uns auf den Fall der einfachen linearen Regression und die einfachste Fragestellung, die Testung gegen $\rho = 0$: Man habe also an n Probanden einer Stichprobe Werte in 2 Variablen X und Y erhoben und für den Steigungskoeffizienten der Regression von Y auf X den Wert b erhalten; ist dieser Wert signifikant von 0 verschieden?

6.8 Signifikanz von Korrelations- und Regressionskoeffizienten

Wir benutzen dazu folgende Aussage (zur Herleitung s. Kreyszig 1968, S. 270 ff.): Hat die Steigung der Regressionsgerade von Y auf X in der Population den Wert β (nicht zu verwechseln mit der gleichermaßen symbolisierten Fehlerwahrscheinlichkeit), dann verteilen sich die in Stichproben mit Umfang n ermittelten Steigungen b um β nach t mit $n-2$ Freiheitsgraden; im Intervall

$$\beta \pm t_{krit;zweis.n-2;5\%} \cdot \frac{\sqrt{(n-1)\cdot(s_y^2 - b^2 \cdot s_x^2)}}{s_x \cdot \sqrt{(n-1)\cdot(n-2)}} = \beta \pm t_{krit;zweis.;n-2;5\%} \cdot \frac{\sqrt{|a|}}{s_x \cdot \sqrt{(n-1)\cdot(n-2)}}$$

liegen dann 95% dieser Regressionskoeffizienten.

s_x und s_y bedeuten dabei die Standardabweichungen beider Variablen in der Stichprobe, a die Konstante der Regressionsgleichung (der Abschnitt auf der y-Achse); auch hier benutzen wir Stichprobenkennwerte zur Schätzung eines Populationsparameters, wollen dies aber hier nicht im Einzelnen ausführen.

Beispiel: Ein Untersucher hat an einer Stichprobe mit $n = 20$ Werten in den Variablen X (Leistung in Mathematik) und Y (Leistung in Physik) erhoben und erhalten:

$\bar{x} = 8{,}03; s_x = 1; \bar{y} = 45{,}3; s_y = 2; b_1 = 1{,}5; a = 33{,}25$.

Wegen $t_{krit;zweiseitig;18;5\%} = 2{,}10$ umfasst das 95%-Vertrauensintervall die Werte

$$0 \pm 2{,}10 \cdot \frac{\sqrt{|33{,}25|}}{1 \cdot \sqrt{(20-1)\cdot(20-2)}} = 0 \pm 2{,}10 \cdot 0{,}31 = 0 \pm 0{,}65.$$

Unser $b = 1{,}5$ liegt außerhalb dieses Intervalls; also lässt sich unter Inkaufnahme von maximal 5% Irrtumswahrscheinlichkeit sagen, dass die Stichprobe nicht einer Population mit β = 0 entnommen sein kann (der Befund ließe sich auch auf dem 1%- und 0,1%-Niveau absichern).

Ebenso hätten wir die Prüfgröße:

$$t_{emp} = \frac{b-0}{\left|\frac{\sqrt{(n-1)\cdot(s_y^2 - b^2 \cdot s_x^2)}}{s_x \cdot \sqrt{(n-1)\cdot(n-2)}}\right|}, \text{hier}: \left|\frac{1{,}5}{0{,}31}\right| = 4{,}84$$

bilden und dieses mit $t_{krit;zweiseitig;20-2;\alpha}$ für vorgegebene Werte von α vergleichen können (z.B. mit $t_{krit;zweiseitig;18;0,1\%} = 3{,}92$).

Statistisch nicht sehr elegant, aber recht pragmatisch lässt sich das Problem auch so lösen: Ist der zugehörige Produkt-Moment-Korrelationskoeffizient signifikant, ist es in der Regel auch der Regressionskoeffizient. Nach 3.25 gilt:

$b = \frac{cov(x;y)}{s_x^2}$; hier: $1{,}5 = \frac{cov(x;y)}{1}$; also $cov(x;y) = 1{,}5$.

Wegen $r_{xy} = \frac{cov(x;y)}{s_x \cdot s_y}$ ergibt sich r = 0,75.

Tafel 11 zeigt, dass dieser Wert signifikant auf dem 0,1%-Niveau ist; das haben wir auch für den Regressionskoeffizienten gefunden.

Anmerkungen Kapitel 6

Anmerkung 1: Man beachte die doppelte Bedeutung von Verallgemeinerung: Zum einen stellt sich die Frage, ob der an einer Stichprobe einer sehr spezifischen Population erhobene Befund überzufällig ist, also sich als Charakteristikum dieser sehr spezifischen Population herausstellt, zum anderen zielt die Frage nach der Verallgemeinerung (Generalisierung) darauf ab, ob der Befund auch für weiter definierte Populationen Gültigkeit hat. Nur die erste der Fragen lässt sich bei einem gegebenen Stichprobenbefund mittels Inferenzstatistik beantworten: Diese überprüft lediglich, ob der Befund auch für die Population gilt, für welche die untersuchte Stichprobe repräsentativ war (aus der sie nach Zufallsprinzip entnommen wurde). Die Frage der Generalisierbarkeit wird bereits mit dem Untersuchungsdesign vorentschieden: Soll eine Stichprobenaussage für eine weit gestreute (inhomogene) Population Gültigkeit haben, muss dafür gesorgt werden, dass die Stichprobe für diese inhomogene Population (Grundgesamtheit) auch repräsentativ ist (also beispielsweise ähnlich weite Altersverteilung, in ähnlicher Weise verschiedene Einkommensgruppen enthält); das ist aber nicht Gegenstand der Statistik, sondern der Theorie der Untersuchungsplanung.

Anmerkung 2: Man unterscheide zwischen der statistischen Signifikanz als Überzufälligkeit und tatsächlicher praktischer Bedeutsamkeit des Befundes (etwa der klinischen Signifikanz). Würde beispielsweise eine neue Therapieform in einer Stichprobe von Personen mit sozialer Phobie die Zahl der sozialen Kontakte um 37% erhöhen, die alte, bewährte Therapieform hingegen nur um 35%, könnte der Unterschied bei großen Stichproben durchaus statistisch signifikant sein; unwahrscheinlich dürfte klinische Relevanz dieses Befundes sein. Man sollte sich also von der Vorstellung frei machen, dass ein statistisch signifikanter Befund auch in anderer Hinsicht einen bedeutsamen „Effekt" widerspiegelt. Umgekehrt ist allerdings eine eventuell bemerkenswert große klinische Bedeutsamkeit von Stichprobenbefunden letztlich wertlos, wenn sich nicht gleichzeitig statistische Signifikanz nachweisen lässt, also Zufälligkeit der Stichprobenbefunde auszuschließen ist.

Von den Maßen der praktischen Signifikanz werden wir im Rahmen von Varianzanalysen die Größe η^2 bzw. das davon abgeleitete ω^2 kennen lernen (s. 6.5); daneben gibt es eine Anzahl weiterer Effektgrößen, also Maßen der Effektstärke, insbesondere ε, welches uns noch einmal in Anmerkung 8 im Zusammenhang mit der „Power" statistischer Tests begegnen wird (s. dazu ausführlich Cohen 1988). Diese Effektgröße ε definiert sich als Differenz zweier Populationsmittelwerte (relativiert an der als gleich groß angenommenen Streuung σ in den beiden Populationen), also:

$$\varepsilon = \frac{\mu_2 - \mu_1}{\sigma}.$$

Nehmen wir an, wir hätten vor einer Therapie mittlere systolische Blutdruckwerte von $\mu_1 = 180$ mm Hg beobachtet; eine medikamentöse Behandlung betrachtet ein Fachmann dann beispielsweise als effizient, wenn die Senkung mindestens 30 mm Hg beträgt, also μ_2 (Populationsmittelwert nach Therapie) bei 150 mm Hg oder weniger liegt. Nimmt die Standardabweichung in den Populationen jeweils 50 mm Hg an, würde die Effektgröße also auf 30/50 = 0,6 fest gelegt. Die spezifische Hypothese (H_1) lautet dann, dass die Therapie mindestens eine Senkung um 30 mm Hg bewirkt und diese lässt sich gegen H_0 testen (Therapie bewirkt weniger als 30 mm Hg Senkung des Blutdrucks). Vorteil solcher spezifischer Hypothesen ist zum einen, dass wir keinen Zweifel über die Relevanz des Ergebnisses haben, zum anderen, dass wir – anders als bei unspezifischen Hypothesen – die Wahrscheinlichkeit des β-Fehlers explizit ange-

Anmerkungen Kapitel 6

ben können und in der Lage sind, unsere zur Absicherung der Überzufälligkeit notwendige Stichprobengröße von vornherein abzuschätzen (s. Anmerkung 8).

Anmerkung 3: Ein banales Beispiel soll diesen immens wichtigen Sachverhalt erläutern: Teilt man in einem Seminarraum die Teilnehmer in zwei etwa gleich große Gruppen, je nachdem ob sie nahe am Fenster oder eher davon entfernt sitzen, und erhebt, ob sie in einem „hellen" Monat (also April bis September) geboren wurden oder in einem „dunklen" (Oktober bis März), wird man mit Sicherheit diesbezügliche Unterschiede zwischen diesen beiden Gruppen feststellen. Man kann sicher sein, dass es auch fantasiebegabte Personen gibt (an manchen Universitäten sogar im Lehrkörper), die den Unterschied – sei er so oder anders ausgefallen – psychologisch gut zu interpretieren wissen. Die erste Frage vor solchen theoretischen Begründungen muss natürlich sein, ob der Befund signifikant ist, d.h. ob er sich in weiteren Seminarräumen mit anderen Teilnehmern replizieren lässt bzw. ob die Unterschiede im betrachteten Seminarraum so groß sind, dass sie nicht mehr durch Zufall erklärt werden können.

Anmerkung 4: Es ist daran zu erinnern, dass wir hier nicht universelle Aussagen des Typs treffen: „Für alle Mitglieder der Population gilt die Aussage x", sondern Aggregataussagen, also solche der Gestalt: „Der Teekonsum in der Population der Engländer ist im Mittel höher als in der Population der Franzosen." Selbstverständlich gibt es einzelne Franzosen, die mehr Tee trinken als viele Engländer und umgekehrt Engländer, die nie eine Tasse Tee anrühren und daher weniger konsumieren als der Großteil der Franzosen.

Anmerkung 5: Ist α das Signifikanzniveau in Prozent, also die vorgegebene Irrtumswahrscheinlichkeit oder das von uns eingegangene Risiko, die Nullhypothese fälschlich abzulehnen, so ist für dieses α der kritische t-Wert direkt aus Tafel 3b zu entnehmen. Er ist gleich jenem Wert für t, rechts dessen bei einseitiger Testung α, bei zweiseitiger Testung $\alpha/2$ der Gesamtfläche unter der t-Verteilung liegen; um ihn zu finden, müssen wir in Tafel 3a unter der Flächengröße $1 - \alpha$ bzw. $1 - \alpha/2$ nachsehen.

Anmerkung 6: Erfahrungsgemäß wird dies immer wieder vergessen. Auch in wissenschaftlichen Veröffentlichungen findet man nicht selten Aussagen des Typs: Therapie A war Therapie B nicht überlegen. Korrekt muss es heißen: Es gab keinen Anhalt für eine Überlegenheit von Therapie A.

Es lässt sich lediglich sagen: Obwohl die untersuchten Stichproben umfangreich waren und das α-Niveau sehr großzügig gewählt wurde (z.B. 10%), also gute Voraussetzungen für Ablehnung der Nullhypothese vorlagen, musste sie beibehalten werden.

Anmerkung 7: Bezüglich der Terminologie zu Signifikanz und Irrtumswahrscheinlichkeit finden sich in der Literatur unterschiedliche Darstellungen und offenbar auch ausgesprochen kontroverse Auffassungen (s. etwa Nachtigall u. Wirtz 2002, S. 134). Wir versuchen eine Klärung bzw. eine Darstellung der hier benutzten Ausdrucksweise. Als α-Fehler (oder Fehler 1. Art) bezeichneten wir die fälschliche Verwerfung von H_0; die Wahrscheinlichkeit für einen α-Fehler nennen wir Irrtumswahrscheinlichkeit und symbolisieren dies p_α (einfacher mit p). Also: $p_\alpha = p = p(\text{Annahme von } H_1 | H_0)$. Sie ist identisch mit der Überschreitungswahrscheinlichkeit, also der Wahrscheinlichkeit, bei Gültigkeit von H_0 diesen oder noch einen extremeren Wert der Daten (bzw. der Prüfgröße) zu erhalten. Als Signifikanzniveau, symbolisiert mit α (z.B. $\alpha = 5\%$) bezeichnen wir die von uns für die Ablehnung von H_0 in Kauf genommene Irrtumswahrscheinlichkeit; wir verwerfen also H_0 auf dem α-Niveau (z.B. dem 5%-Niveau), wenn

$p \leq \alpha$. Man beachte also, dass – zugegebenermaßen etwas verwirrend – $\alpha \neq p_\alpha$ und dass z.B. bei Nachtigall u. Wirtz (2002, S. 128) die Begriffe anders eingeführt werden; der von uns gepflegte Sprachgebrauch, Irrtumswahrscheinlichkeit und Signifikanzniveau begrifflich klar zu trennen, dürfte – wie mir scheint – eher Konsens sein (s. etwa Zöfel 2003). Prüft man übrigens an Hand kritischer Werte, fällt das Signifikanzniveau im Wesentlichen mit der Irrtumswahrscheinlichkeit zusammen.

Streng genommen sollte das Signifikanzniveau **vorher** fest gelegt werden; dass man in der Praxis zumeist anders vorgeht, nämlich das Signifikanzniveau nachträglich an die empirisch ermittelte Überschreitungswahrscheinlichkeit (Irrtumswahrscheinlichkeit) anpasst, sei hier nicht kommentiert. Diese Vorgehensweise wird man auch nicht mehr aus der Welt schaffen können.

Anmerkung 8: Wie bereits in Anmerkung 2 ausgeführt, sagt die statistische Signifikanz nichts über die praktische Relevanz der Unterschiede aus, weswegen sich zunehmend die Tendenz durchsetzt, Effektgrößen zu definieren, an Hand deren man die Unterschiede auf ihre praktische Bedeutsamkeit testet, z.B. die Größe ε (Epsilon) (nicht zu verwechseln mit dem nach Greenhouse und Geisser benannten Korrekturfaktor für die Freiheitsgrade bei Varianzanalysen mit Messwiederholungen; s. Anmerkung 26). Wie in Anmerkung 2 erwähnt, können wir in diesem Fall auch die Stärke des statistischen Tests beurteilen (seine „Power").

Wir erinnern uns noch einmal an die Definitionen des α- und des β-Fehlers bei einer statistischen Entscheidung: Der erste bezeichnet die fälschliche Ablehnung von H_0 (also Annahme von H_1, während eigentlich H_0 gilt), der andere die fälschliche Ablehnung von H_1; also:

$p_\alpha = p(\text{Annahme von } H_1 | H_0); p_\beta = p(\text{Annahme von } H_0 | H_1)$.

Zwischen beiden besteht insofern eine reziproke Beziehung, als mit kleiner werdendem α-Fehler das Risiko des β-Fehlers steigt; es gilt aber **nicht**: $p_\beta = 1 - p_\alpha$!, sondern i. Allg.: $p_\beta \neq 1 - p_\alpha$.

Als Teststärke oder Power eines statistischen Prüfverfahrens definieren wir hier die Zahl: $1 - p_\beta$; ein Test hat also umso größere Power, je sicherer er bei Gültigkeit von H_1 deren Annahme nahe legt. Haben wir uns auf eine Effektgröße, z.B. ε, fest gelegt (haben wir also eine spezifische Hypothese), lässt sich die (nicht zuletzt von der Stichprobengröße abhängige) Power bestimmen. Legt man Werte α und β (als maximal zu akzeptierende Werte für p_α und p_β) fest, lassen sich „optimale" Stichprobenumfänge angeben, bei denen also die Risiken sowohl für α- wie für β-Fehler sich in akzeptablem Rahmen halten (s. dazu ausführlich Cohen 1988, knapper einige Abschnitte in Bortz 1999).

Anmerkung 9: Zunächst gilt für die Varianz der Differenz von Stichprobenmittelwerten zweier unabhängiger Zufallsvariablen (bzw. in diesem speziellen Fall: die Varianz derselben Zufallsvariablen in zwei unabhängigen Grundgesamtheiten), dass sie sich als Summe der Varianzen der Stichprobenmittelwerte berechnen lässt, also:

$\sigma^2_{\bar{x}_1 - \bar{x}_2} = \sigma^2_{\bar{x}_1} + \sigma^2_{\bar{x}_2}$.

Der Beweis wäre eleganter mit Hilfe von Erwartungswerten zu führen (s. Kapitel 5, Anmerkung 7), ist aber so leichter nachzuvollziehen: Man entnehme k-mal ein und derselben Population Stichproben mit den Umfängen n_1 und n_2 und bilde die k Differenzen der Mittelwerte $\bar{x}_{1_j} - \bar{x}_{2_j}$. Dann gilt für deren Varianz:

Anmerkungen Kapitel 6

$$s^2_{\bar{x}_1 - \bar{x}_2} = \frac{1}{k-1} \sum_{j=1}^{k} [\bar{x}_{1_j} - \bar{x}_{2_j} - (\bar{\bar{x}}_1 - \bar{\bar{x}}_2)]^2 = \frac{1}{k-1} \cdot \sum_{j=1}^{k} [(\bar{x}_{1_j} - \bar{\bar{x}}_1) - (\bar{x}_{2_j} - \bar{\bar{x}}_2)]^2$$

$$\frac{1}{k-1} \cdot \left[\sum_{j=1}^{k} (\bar{x}_{1_j} - \bar{\bar{x}}_1)^2 - 2 \cdot \sum_{j=1}^{k} (\bar{x}_{1_j} - \bar{\bar{x}}_1) \cdot (\bar{x}_{2_j} - \bar{\bar{x}}_2) + \sum_{j=1}^{k} (\bar{x}_{2_j} - \bar{\bar{x}}_2)^2 \right].$$

Wegen $\sigma^2_{\bar{x}_1 - \bar{x}_2} = \lim_{k \to \infty} s^2_{\bar{x}_1 - \bar{x}_2}$, $\sigma^2_{\bar{x}_1} = \lim_{k \to \infty} s^2_{\bar{x}_1}$; $\sigma^2_{\bar{x}_2} = \lim_{k \to \infty} s^2_{\bar{x}_2}$ und der Tatsache, dass

$$\lim_{k \to \infty} \frac{1}{k-1} \sum_{j=1}^{k} (\bar{x}_{1_j} - \bar{\bar{x}}_1) \cdot (\bar{x}_{2_j} - \bar{\bar{x}}_2) = 0, \text{ ergibt sich obige Aussage.}$$

Aus

$$\sigma^2_{\bar{x}_1} = \frac{\sigma^2_1}{n_1}, \sigma^2_{\bar{x}_2} = \frac{\sigma^2_2}{n_2} \text{ sowie } \sigma_1 = \sigma_2 = \sigma \text{ folgt}$$

$$\sigma^2_{\bar{x}_1 - \bar{x}_2} = \frac{\sigma^2}{n_1} + \frac{\sigma^2}{n_2} = \frac{\sigma^2 \cdot (n_1 + n_2)}{n_1 \cdot n_2}; \text{ also } \sigma_{\bar{x}_1 - \bar{x}_2} = \sigma \cdot \sqrt{\frac{n_1 + n_2}{n_1 \cdot n_2}}.$$

Anmerkung 10: Teilweise macht sich dies in Abweichungen von der Normalverteilung bemerkbar, z.B. durch mehrgipflige Verteilungen. Wie im Text ausgeführt, spricht bei größeren Stichprobenumfängen eine solche Abweichung nicht unbedingt gegen Durchführung des t-Tests. Wenn aber fehlende Normalverteilung nicht vorhandene Intervallskalierung nahe legt und grobe Inspektion der Fragen und ihrer Scores weitere diesbezügliche Zweifel aufkommen lassen, wäre allemal zu überlegen, ob nicht Auswertung mittels des voraussetzungsärmeren U-Tests weniger angreifbar ist.

Anmerkung 11: Was so trivial klingt, ist von großer Bedeutung bei der Einzelfallstatistik: Sollen etwa die Sozialkontakte einer einzigen Person während einiger Wochen vor und nach Therapie verglichen werden, darf man dafür nicht den t-Test für unabhängige Stichproben heranziehen, eben so wenig natürlich – um dieses Missverständnis von vornherein nicht aufkommen zu lassen – den t-Test für abhängige Stichproben. Es ist nämlich nicht gesichert und sogar in höchstem Grade unwahrscheinlich, dass beispielsweise die einzelnen Werte vor Therapie unabhängig sind. Erst mit zeitreihenanalytischen Verfahren kann es unter Umständen gelingen, eine Anzahl voneinander unabhängig anzusehender Werte zu finden, die man dem t-Test unterziehen kann.

Anmerkung 12: Selbst auf die Gefahr hin, Gesagtes zu wiederholen, sei noch einmal darauf hingewiesen, dass für eine Generalisierung zunächst die Population definiert werden muss, auf die generalisiert wird und aus der damit die Zufallsstichprobe zu rekrutieren ist. Da Zufallsstichproben nicht aus der Grundgesamtheit sämtlicher Studierender gewonnen werden können (nicht einmal der einer Universität und ziemlich sicher nicht einmal der einer Fakultät), muss man sich zunächst über die Population klar werden, von der man überhaupt gewisse Chancen hat, so etwas wie eine Zufallsstichprobe zu erhalten. Die schon betonte Notwendigkeit, dass die Werte der Mitglieder innerhalb jeder der Stichproben stochastisch unabhängig sind, ist gleichfalls im Auge zu behalten. Es wäre nicht legitim, praktischerweise zwei nebeneinander sitzende und sich unterhaltende Studentinnen über ihren Konsum zu befragen.

Anmerkung 13: Ist der t-Test nicht anzuwenden, muss auch die Nullhypothese umformuliert werden. Das nonparametrische Äquivalent zum t-Test für nichtkorrelierende Stichproben, der U-Test, überprüft nämlich nicht Gleichheit von Mittelwerten, sondern die anderer Maße der zentralen Tendenz (s. 6.4.5).

Anmerkung 14: Wie erwähnt, ist es nicht unüblich, als Irrtumswahrscheinlichkeit die Überschreitungswahrscheinlichkeit p für t anzugeben, die in diesem Fall wesentlich kleiner ist, nämlich deutlich unter 0,1% liegt. Man mag dies nicht für legitim halten; Tatsache ist, dass wir in dem Versuch und seiner Auswertung gravierendere Ungenauigkeiten begangen haben dürften (insbesondere vermutlich bei Rekrutierung unserer „Zufallsstichprobe"), sodass diese kleine Nachlässigkeit vertretbar scheint.

Anmerkung 15: Die Abhängigkeit von Daten **innerhalb** einer Stichprobe – was die Auswertung von Einzelfalldaten so schwierig macht – ist natürlich nicht damit zu umgehen, dass man den t-Test für abhängige Stichproben wählt. Letzterer löst nur das Problem der Abhängigkeit zwischen korrespondierenden Wertepaaren der beiden Stichproben, nicht die Abhängigkeit zweier Werte innerhalb derselben Stichprobe.

Anmerkung 16: Streng genommen bezieht sich parameterfrei auf die zu testende Hypothese, nicht auf den Test; letzterer wäre verteilungsfrei zu nennen. Es hat sich aber eingebürgert, von parametrischen Verfahren (wie t-Test und Varianzanalyse) und nonparametrischen (wie U-Test und Wilcoxon-Test) zu reden.

Anmerkung 17: Tatsächlich findet man in Publikationen nicht selten die Formulierung, der U-Test habe einen Unterschied der Mittelwerte ergeben. Dies ist einerseits verzeihlich, da die korrekte Beschreibung des Sachverhalts möglicherweise nicht verstanden würde; andererseits muss man sich klar sein, dass Populationsmittelwerte durchaus gleich sein können, während Rangfolgen unterschiedlich sind.

Anmerkung 18: Als Wilcoxon-Test für *unabhängige* Stichproben wird zuweilen in der Literatur eine Variante des U-Tests bezeichnet (der entsprechend zu identischen Entscheidungen führt). Bei dieser Variante werden in beschriebener Weise die Rangsummen R_1 und R_2 berechnet; als Prüfgröße dient aber nicht U_1 bzw. U_2, sondern die Differenz zwischen der Rangsumme der kleineren Stichprobe und dem Quotienten

$$\frac{n_1 \cdot (n_1 + n_2 + 1)}{2}.$$

Die kritischen (ebenfalls zu unterschreitenden) Werte für diese Prüfgröße sind tabelliert (s. etwa Nachtigall u. Wirtz 2002, S. 227).

Dieser Test ist an sich rechnerisch einfacher als der U-Test und übersichtlicher zu tabellieren, aber schwerer logisch nachzuvollziehen. Er wurde hier v.a. der Vollständigkeit halber erwähnt, insbesondere um ihn vom Wilcoxon-Test für *abhängige* Stichproben abzuheben (gemeinhin einfach als Wilcoxon-Test bezeichnet).

Anmerkung 19: Ein ebenfalls verteilungsfreier Test ist der Kolmogorov-Smirnov-Test, der bei unabhängigen Stichproben eingesetzt werden kann und in gewisser Hinsicht dem U-Test entspricht. Er ist bei größeren Stichproben i. Allg. rascher durchzuführen, insbesondere wenn die Daten bereits zu Klassen zusammengefasst vorliegen, hat aber gegenüber dem U-Test eine Reihe von Nachteilen: Die Zufallsvariable muss kontinuierlich sein – Anwendung zur Überprüfung des Unterschieds von (diskreten) Schulnoten wäre also nicht möglich – und zudem ist der Kolmogorov-Smirnov-Test weniger scharf. Hinzu kommt, dass er nur eine Aussage über die Unterschiedlichkeit der Verteilungen in den Stichproben macht; damit kann noch nicht entschieden werden, ob sich Mittelwerte oder nur Verteilungsformen unterscheiden – oder beides.

Eine zweite Anwendung findet der Kolmorogov-Smirnov-Test, wenn es darum geht, zwei Verteilungen zu vergleichen, etwa zu überprüfen, ob die Verteilung einer Zufallsvariable in einer Stichprobe als normal angenommen werden kann. In der Regel wird man dort den schärferen, wenn auch aufwändigeren χ^2-Test vorziehen.

Anmerkung 20: Damit eine solche Auswertung möglich ist, müssen natürlich bereits die Daten in geeigneter Weise vorliegen. Man spricht in der Literatur daher häufig von varianzanalytischen Versuchsplänen, z.B. ein- oder mehrfaktoriellen.

Anmerkung 21: Die Bezeichnungen stammen aus der experimentellen Psychologie und sind bei nichtexperimentellen Untersuchungen eigentlich inkorrekt, da die unabhängige Variable nicht frei variiert werden kann und sich somit der Effekt solcher Variationen auf die abhängige Variable nicht beobachten lässt. Daher ist es problematisch, Ergebnisse varianzanalytischer Untersuchungen in Kausalsätzen wiederzugeben. Trotz dieser Unschärfe behalten wir die Ausdrücke abhängige und unabhängige Variable bei, da es keine eindeutigen und unmissverständlichen Ersatzbegriffe gibt.

Anmerkung 22: Macht man – wie bei Untersuchungen üblich – die Unterteilung erst nachträglich, verletzt man wichtige Voraussetzungen. Da es in diesen Ländern sicher Geschlechtsunterschiede in der Zusammensetzung der Stadt- und Landbevölkerung gibt, sind die Faktoren Geschlecht und Wohnregion nicht unabhängig.

Anmerkung 23: Bei einfaktoriellen Varianzanalysen ohne Messwiederholungen ist Kenntnis der Einzelwerte noch entbehrlich. Sind die Mittelwerte $\bar{x}_j$, Standardabweichungen s_j und Umfänge n_j der k Stichproben gegeben, so berechnet sich $\bar{x}_G$ mittels der Gleichung

$$\bar{x}_G = \frac{1}{N} \cdot \sum_{j=1}^{k} n_j \cdot \bar{x}_j \text{ ,im Beispiel: } \bar{x}_G = \frac{1}{11} \cdot (3 \cdot 120 + 5 \cdot 140 + 3 \cdot 160) = \frac{1540}{11} = 140.$$

Damit erhält man SAQ_{zwGr} nach der angegebenen Formel; am gegebenen Datensatz berechnet sich diese Größe – wie im Text gezeigt – zu:

$$SAQ_{zwGr} = 3 \cdot (120 - 140)^2 + 5 \cdot (140 - 140)^2 + 3 \cdot (160 - 140)^2 = 2400.$$

SAQ_{inn} lässt sich aus den Standardabweichungen (bzw. Varianzen) und den Stichprobenumfängen mittels folgender Formel ermitteln:

$$SAQ_{inn} = \sum_{j=1}^{k} \sum_{i=1}^{n_j} (x_{ji} - \bar{x}_j)^2 = \sum_{j=1}^{k} (n_j - 1) \cdot s_j^2$$

im Beispiel also:

$$SAQ_{inn} = (3-1) \cdot 10^2 + (5-1) \cdot 10^2 + (3-1) \cdot 10^2 = 800.$$

SAQ_{tot} ergibt sich als Summe von SAQ_{inn} und SAQ_{zwGr}, hier zu 2400 + 800 = 3200.

Anmerkung 24: Wenigstens sei das Prinzip kurz angedeutet: Man bestimmt den Wert der Prüfgröße

$$\chi_0^2 = \frac{1}{c} \cdot \left[(N-k) \cdot \ln s^2 - \sum_{j=1}^{k} (n_j - 1) \ln s_j^2 \right];$$

s^2 ist die mittlere gewichtete Varianz (aus den Stichprobenvarianzen s_j^2), also

$$s^2 = \frac{1}{N-k} \cdot \sum_{j=1}^{k} (n_j - 1) \cdot s_j^2,$$

ln der natürliche Logarithmus (Logarithmus zur Basis e = 2,718..), c eine von der Anzahl der Stichproben und ihren Umfängen abhängige Konstante. Die Prüfgröße wird 0, wenn sämtliche s_j gleich sind und wächst mit deren Unterschiedlichkeit. Falls ihr Wert kleiner ist als das aus Tafel 5 zu entnehmende kritische χ^2 für α und $k - 1$ Freiheitsgrade, wird H_0 angenommen, also von Homogenität der Varianzen ausgegangen. Da man auch hier wieder streng genommen die Nullhypothese „beweist", sollte α möglichst groß gewählt werden (mindestens 10%, besser noch 25%).

Die Formel vereinfacht sich wesentlich, wenn die Stichproben gleiche Umfänge haben; gerade in diesem Fall, wo der Bartlett-Test leichter zu rechnen wäre, kann man aber praktisch auf ihn verzichten, weil dann auch bei inhomogenen Varianzen die Ergebnisse der Varianzanalyse nicht wesentlich in ihrer Gültigkeit beeinträchtigt sind.

Bei gleichen Stichprobenumfängen anwendbar ist auch der Cochran-Test, bei dem zur Ermittlung der Prüfgröße die maximale Varianz durch die Summe sämtlicher Varianzen dividiert wird. Zwar erspart man sich damit Anwendung der allseits (zu Unrecht) ungeliebten Logarithmen; dafür muss man die Entscheidung über die Signifikanz der Prüfgröße an Hand einer eigenen Tafel treffen, die keineswegs in allen Büchern vorhanden ist (auch nicht im vorliegenden). Zum zunehmend häufiger eingesetzten Levene-Test, s. Zöfel (2003, S. 135)

Anmerkung 25: Das geschilderte Prüfverfahren basiert auf der Theorie orthogonaler Polynome. Die Differenz beliebiger Stichprobenmittelwerte lässt sich als Summe gewichteter Einzelmittelwerte ausdrücken, z.B. $d_{1,2} = \bar{x}_1 - \bar{x}_2 = (+1) \cdot \bar{x}_1 + (-1) \cdot \bar{x}_2$; die Gewichtskoeffizienten c_1 und c_2 betragen hier also $c_1 = 1$, $c_2 = -1$. Generell lässt sich in der Menge der Stichprobenmittelwerte $\bar{x}_1, \bar{x}_2, ..., \bar{x}_j, ..., \bar{x}_k$ jede beliebige Differenz d einzelner Mittelwerte und auch kombinierter Mittelwerte in Form einer Summe

$$d = \sum_{j=1}^{k} c_j \cdot \bar{x}_j \text{ schreiben,}$$

z.B. $\bar{x}_3 - \dfrac{\bar{x}_2 + \bar{x}_1}{2} = \sum_{j=1}^{k} c_j \cdot \bar{x}_j$ mit $c_1 = -\dfrac{1}{2}; c_2 = -\dfrac{1}{2}; c_3 = 1$.

Gilt $\sum_{j=1}^{k} c_j = 0$ (Kontrastbedingung), nennt man die Differenzen auch Kontraste; $\bar{x}_1 + \bar{x}_2 - \dfrac{\bar{x}_3}{2}$ wäre also kein Kontrast.

Wie zu sehen, haben nur Kontraste, nicht andere Differenzen, inhaltliche Bedeutung.

Wir können nun für sämtliche innerhalb der Menge von 3 Mittelwerten möglichen Kontraste diese Koeffizienten angeben; multipliziert man jeden der Koeffizienten mit einer Konstanten (z.B. – 1), handelt es sich um den gleichen Kontrast.

Nr. des Kontrasts	Vergleich	Koeffizienten			
		c_1	c_2	c_3	$\sum_{j=1}^{3} c_j$
1	$\bar{x}_1 - \bar{x}_2$	1	–1	0	0
2	$\bar{x}_1 - \bar{x}_3$	1	0	–1	0
3	$\bar{x}_2 - \bar{x}_3$	0	1	–1	0
4	$\bar{x}_1 - \dfrac{x_2 + x_3}{2}$	1	–0,5	–0,5	0
5	$\bar{x}_2 - \dfrac{x_1 + x_3}{2}$	–0,5	1	–0,5	0
6	$\bar{x}_3 - \dfrac{x_1 + x_2}{2}$	–0,5	–0,5	1	0

Kontraste $\sum_{j=1}^{k} c_{j_1} \cdot \overline{x}_j$ und $\sum_{j=1}^{k} c_{j_2} \cdot \overline{x}_j$ heißen orthogonal, wenn gilt: $\sum_{j=1}^{k} c_{j_1} \cdot c_{j_2} = 0$.

Sind 2 Kontraste nicht orthogonal, enthalten sie zumindest partiell gleiche Information; man sieht, dass Kontraste 1 und 2 der Tabelle nicht orthogonal sind, wohl aber der 1. und der 6. Kontrast.

Man kann nun zeigen, dass sich SAQ_{zwGr} bei k Faktorstufen in $k-1$ Summanden (orthogonale Quadratsummen, Trendkomponenten) zerlegen lässt der Gestalt:

$$SAQ_{zwGr} = \frac{n \cdot (\sum_{j=1}^{k} c_{j1} \cdot \overline{x}_j)^2}{\sum_{j=1}^{k} c_{j1}^2} + \frac{n \cdot (\sum_{j=1}^{k} c_{j2} \cdot \overline{x}_j)^2}{\sum_{j=1}^{k} c_{j2}^2} + .. + \frac{n \cdot (\sum_{j=1}^{k} c_{jk-1} \cdot \overline{x}_j)^2}{\sum_{j=1}^{k} c_{jk-1}^2}.$$

wobei die einzelnen Kontraste $\sum_{j=1}^{k} c_{j1} \cdot \overline{x}_j, \sum_{j=1}^{k} c_{j2} \cdot \overline{x}_j, ..., \sum_{j=1}^{k} c_{jk-1} \cdot \overline{x}_j$ orthogonal sind.

Bei geeigneter Wahl dieser Koeffizienten (s. Tafel 12) geben die Quadratsummen die Stärke des linearen, quadratischen, kubischen, ... Trends in der Anordnung der Mittelwerte an. So sind etwa die Koeffizienten des 2. Kontrasts der obigen Tabelle Koeffizienten des linearen Trends, die des 5. Kontrasts Koeffizienten des quadratischen.

Anmerkung 26: Diese $k \times k$-Varianz-Kovarianz-Matrix enthält in der Diagonalen die Varianzen der Werte zu den k Messzeitpunkten, an den übrigen Stellen die Kovarianzen von Paaren von Messzeitpunkten. Im Beispiel sähe sie also folgendermaßen aus:

$$A = (a_{ij}) = \begin{pmatrix} 100 & 150 & 200 \\ 150 & 250 & 350 \\ 200 & 350 & 500 \end{pmatrix}.$$

Aus ihr lässt sich das ε der Greenhouse-Geisser-Korrektur wie folgt berechnen: Man bestimmt zunächst den Mittelwert $\overline{A}$ sämtlicher Matrixelemente (also den Durchschnitt sämtlicher Varianzen und Kovarianzen) und erhält $\overline{A} = 250$; weiter berechnet man die Mittelwerte der Zeilen, hier $\overline{A}_1 = 150; \overline{A}_2 = 250; \overline{A}_3 = 350$; schließlich ist der Mittelwert der Diagonalelemente (hier die durchschnittliche Varianz zu den 3 Messzeitpunkten) zu bestimmen; hier: $\overline{D} = 283,3$. Mit diesen Bezeichnungen gilt für ε (genauer: seinen Schätzwert):

$$\hat{\varepsilon} = \frac{k^2}{k-1} \cdot \frac{(\overline{D} - \overline{A})^2}{\sum_{j=1}^{k}\sum_{i=1}^{k} a_{ij}^2 - 2 \cdot k \cdot \sum_{j=1}^{k} \overline{A}_j^2 + k^2 \cdot \overline{A}^2};$$

in unserem Fall erhält man exakt 0,5, den minimal möglichen Wert (Folge der deutlichen Inhomogenität der Varianzen).

Ob die genannten Voraussetzungen verletzt sind, lässt sich ebenfalls an dieser Matrix überprüfen, wobei es dafür mehrere, unterschiedlich konservative Tests gibt (z.B. Mauchly-Sphärizitäts-Test). Nicht selten verzichtet man auf die explizite Überprüfung einer Verletzung – eine solche ist ohnehin recht wahrscheinlich – und korrigiert gleich mit dem Greenhouse-Geisser-Epsilon.

Anmerkung 27: Kurz sei das zu Grunde liegende Modell angedeutet: Man geht davon aus, dass der Mittelwert μ_{gh} einer Subpopulation mit Stufe g auf Faktor I und Stufe h

auf Faktor II sich additiv zusammen setzt aus dem für alle betrachteten Subpopulationen grundlegenden Mittelwert μ, zu dem der Effekt des ersten Faktor in der spezifischen Stufe g (ξ_g) hinzu kommt, weiter der des zweiten Faktors in der spezifischen Stufe h (υ_h) und schließlich eventuell ein Wechselwirkungseffekt ζ_{gh}. Im gewählten Beispiel gäbe es gewissermaßen einen mittleren Spaghetti-Grundverbrauch μ, zu dem ein weiterer Mehr- oder Minderverbrauch auf Grund der Nationalität der Stichprobe kommt. Für Italiener ist – wenn wir uns auf unsere Stichprobenergebnisse verlassen können – ξ_g positiv, für Deutsche negativ. Außerdem addieren wir einen weiteren Verbrauch υ_h, der durch das Geschlecht bestimmt ist (für Männer kleiner als 0, für Frauen größer); als Letztes kommt noch der aus der Wechselwirkung abgeleitete Summand ζ_{gh} hinzu, welchen wir für italienische Männer positiv erwarten.

Kehren wir zum allgemeinen Fall zurück: Sind alle ξ_g gleich, sagen wir: Faktor I hat keinen Einfluss (– genauer müssten wir sagen: keinen differentiellen Einfluss); dann wäre die Varianz der ξ_g 0. Ist diese Größe von 0 verschieden, besitzt Faktor I Einfluss. Als Schätzwert dafür benutzen wir MAQ_{zwGrI} (hier: MAQ_{zwNat}) und prüfen dieses gegen MAQ_{inn}; ist der Quotient so groß, dass er nicht mehr als Zufallsbefund erklärt werden kann, gehen wir von Unterschiedlichkeit der ξ_g aus. Analog testet man, ob sich die υ_h und die ζ_{gh} unterscheiden (also die Schätzgrößen MAQ_{zwGrII} und MAQ_{WW} signifikant größer sind als die Fehlergröße MAQ_{inn}).

Anmerkung 28: Keine sinnvolle Alternative wäre es, statt der zweifaktoriellen Varianzanalyse zwei einfaktorielle zu rechnen. Zum einen ließe sich keine Information über die Wechselwirkung erhalten, zum anderen würde man einen sehr viel höheren Schätzwert für den Fehler annehmen. Insofern ist es nicht verwunderlich, dass eine einfaktorielle Varianzanalyse zum Vergleich von Italienern und Deutschen andere Resultate erbringt. Bei gleichem SAQ_{tot} und gleichem SAQ_{zwNat} wäre nun SAQ_{inn} wesentlich größer (nämlich 128), weil systematische Geschlechtsunterschiede und Wechselwirkungseffekte dann als Fehler aufgefasst würden; entsprechend ergäbe sich ein F_{emp} von nur 3,75, welches bei 1 Freiheitsgrad für den Zähler und 10 für den Nenner selbst auf dem 5%-Niveau nicht signifikant wäre ($F_{krit;1;10;5\%} = 4{,}96$).

Anmerkung 29: Wenigstens kurz sei hier der Tukey-Test auf Nicht-Additivität erwähnt. Er kommt speziell dann zur Anwendung, wenn eine der unabhängigen Variablen nicht so gestuft ist, dass in jeder Stufe eine genügende Anzahl von Probanden zu finden sind. Das wäre etwa der Fall, wenn man das Verhalten (z.B. mimische Aktivität) von Kindern verschiedenen Alters in unterschiedlichen Situationen untersucht, z.B. in Gruppen mit anderen Kindern, zusammen nur mit der Mutter, allein. Man habe dann z.B. 3 einjährige Kinder, je eines in jeder der Bedingungen, 3 zweijährige Kinder (wieder jeweils eines in jeder Bedingung), 3 Dreijährige usw. Jede Untersuchungseinheit (Kinder eines bestimmten Alters in einer Bedingung) enthält nur ein Element, womit die übliche Berechnung der Varianz innerhalb der Kästchen nicht möglich ist.

Dann lässt sich mittels des Tukey-Tests entscheiden, ob Additivität der Effekte von Alter und Situationen vorliegt oder ob Wechselwirkung anzunehmen ist, etwa dass Kinder verschiedenen Alters unterschiedlich mit mimischer Aktivität reagieren, z.B. jüngere Kinder solche v.a. beim Alleinsein zeigen, ältere mehr in Gruppensituationen.

Anmerkung 30: Der hier behandelte varianzanalytische Versuchsplan ist einer mit so genannten fixen Effekten. In diesem Fall haben wir uns auf die untersuchten unabhängigen Variablen und ihre Stufungen zuvor fest gelegt (hier Nationen mit den Stufen Italiener und Deutsche, Geschlechter mit den Stufen Frauen und Männer); die einzelnen Stufen decken auch sämtliche auf Grund des Datenmaterials gegebenen Möglich-

Anmerkungen Kapitel 6

keiten ab. Hätten wir hingegen zuerst nur die Absicht gehabt, Italiener und Deutsche zu untersuchen, uns während der Auswertung aber überlegt, dass zusätzliche Einteilung nach Städten der Erhebung sinnvoll sein könnte, wäre der Faktor Erhebungsort nun einer mit zufälligen Effekten; wir haben hier eine Zufallsauswahl von Orten herausgegriffen. In diesem Fall müsste man nicht gegen MAQ_{inn} testen, sondern eine andere Größe. Wir besprechen hier ausschließlich varianzanalytische Versuchspläne mit fixen Effekten; bei Auswertung mit Rechnerprogrammen wird man in der Regel danach gefragt, ob es sich um einen Faktor mit fixen oder zufälligen Effekten handelt (fixed factors und random factors).

Anmerkung 31: Liegen nicht kleine Stichproben und „schöne" Mittelwerte vor, lassen sich die Quadratsummen einfacher mittels folgender Formeln berechnen, wobei S_g die Summe der g-ten Spalte, T_h die Summe der h-ten Zeile bedeutet, K_{gh} die Summe der Werte im Kästchen der g-ten Spalte und h-ten Zeile und GS die Gesamtsumme.

$$SAQ_{tot} = \sum_{g=1}^{k}\sum_{h=1}^{m}\sum_{i=1}^{n} x_{ghi}^2 - \frac{GS^2}{n \cdot k \cdot m};$$

$$SAQ_{zwGrI} = \frac{\sum_{g=1}^{k} S_g^2}{n \cdot m} - \frac{GS^2}{n \cdot k \cdot m};$$

$$SAQ_{zwGrII} = \frac{\sum_{h=1}^{m} T_h^2}{n \cdot k} - \frac{GS^2}{n \cdot k \cdot m};$$

$$SAQ_{inn} = \sum_{g=1}^{k}\sum_{h=1}^{m}\sum_{i=1}^{n} x_{ghi}^2 - \frac{\sum_{g=1}^{k}\sum_{h=1}^{m} K_{gh}^2}{n}.$$

SAQ_{WW} berechnet sich am Einfachsten dadurch, dass man von SAQ_{tot} alle anderen SAQs abzieht. Nachrechnen liefert dieselben Resultate, nämlich SAQ_{tot} = 52000, SAQ_{zwGrI} = 1200, SAQ_{zwGrII} = 48600, $SAQ_{innKäst}$ = 1600, SAQ_{WW} = 600.

Man erspart sich dabei die mühsame Bildung einzelner Differenzen und die Summation ihrer Quadrate. Nachteil ist, dass die Formeln jegliche Anschaulichkeit verloren haben.

Anmerkung 32: Auch hier lassen sich die SAQs rechnerisch einfacher mittels folgender Formeln ermitteln:

$$SAQ_{tot} = \sum_{g=1}^{k}\sum_{h=1}^{m}\sum_{i=1}^{n} x_{ghi}^2 - \frac{GS^2}{n \cdot k \cdot m};$$

$$SAQ_{zwGrI} = \frac{\sum_{g=1}^{k} S_g^2}{n \cdot m} - \frac{GS^2}{n \cdot k \cdot m};$$

$$SAQ_{zwGrII} = \frac{\sum_{h=1}^{m} T_h^2}{n \cdot k} - \frac{GS^2}{n \cdot k \cdot m};$$

$$SAQ_{inn} = \sum_{g=1}^{k}\sum_{h=1}^{m}\sum_{i=1}^{n} x_{ghi}^2 - \frac{\sum_{g=1}^{k}\sum_{h=1}^{m} K_{gh}^2}{n}.$$

Mit $P_{hi} = k \cdot \overline{px}_{hi}$ (also der Summe der Werte des i-ten Probanden auf Stufe h von Faktor II) gilt:

$$SAQ_{unsyst} = \sum_{g=1}^{k}\sum_{h=1}^{m}\sum_{i=1}^{n} x_{ghi}^{2} - \frac{\sum_{g=1}^{k}\sum_{h=1}^{m} K_{gh}^{2}}{n} - \frac{\sum_{h=1}^{m}\sum_{i=1}^{n} P_{hi}}{k} + \frac{\sum_{h=1}^{m} T_{h}}{n \cdot k}.$$

Man überzeuge sich, dass die Ergebnisse die gleichen sind, insbesondere SAQ_{unsyst} den Wert 36 annimmt.

Anmerkung 33: Nach dem Biostatistiker Fisher sind mehrere Prüfverfahren genannt, z.B. der F-Test als Prüfung des Verhältnisses zweier Varianzen auf Überzufälligkeit (bekanntlich zentraler Bestandteil jeder Varianzanalyse); weiter haben wir die Fisher'sche Z-Transformation von Korrelationskoeffizienten kennen gelernt (s. 3.3.2 und noch einmal 6.8) und schließlich sei hier noch den Fisher-Yates-Test zur Bestimmung exakter Wahrscheinlichkeiten von Vierfelder-Häufigkeitsverteilungen angeführt.

Anmerkung 34: Wir demonstrieren dies am Beispiel und vergleichen zunächst Mädchen und Jungen hinsichtlich Häufigkeiten regelmäßiger und gelegentlicher Raucher:

	Mädchen	Jungen	Zeilensummen
Regelmäßige Raucher	80 (70,59)	40 (49,41)	120
Gelegentliche Raucher	20 (29,41)	30 (20,59)	50
Spaltensummen	100	70	$N = 170$

Für die Prüfgröße berechnet man:

$$\chi^2 = \frac{(80 \cdot 30 - 40 \cdot 20)^2 \cdot 170}{120 \cdot 50 \cdot 100 \cdot 70} = 10,36.$$

Da das kritische χ^2 bei 1 Freiheitsgrad und $\alpha = 5\%$ 3,84, bei $\alpha = 1\%$ 6,64 beträgt, liegt ein sehr signifikanter Unterschied vor. Bei rauchenden Hauptschülern sind also gelegentliche und regelmäßige Raucher ungleich über die Geschlechter verteilt (letztere zu größerem Anteil unter Mädchen zu finden).

Als nächstes vergleichen wir gelegentliche Raucher und Nichtraucher:

	Mädchen	Jungen	Zeilensummen
Gelegentliche Raucher	20 (25)	30 (25)	50
Nichtraucher	20 (15)	10 (15)	30
Spaltensummen	40	40	$N = 80$

Für χ^2 errechnen wir 5,33, einen Wert, der auf dem 5%-Niveau signifikant ist; die Anteile gelegentlicher Raucher und strikter Nichtraucher unterscheiden sich also zwischen weiblichen und männlichen Hauptschülern; dabei ist unter den Mädchen der Anteil strikter Nichtraucher höher.

Schließlich stellen wir regelmäßige Raucher strikten Nichtrauchern gegenüber:

	Mädchen	Jungen	Zeilensummen
Regelmäßige Raucher	80 (80)	40 (40)	120
Nichtraucher	20 (20)	10 (10)	30
Spaltensummen	100	50	$N = 150$

Wie zu sehen, unterscheiden sich hier die erwarteten Häufigkeiten nicht von den beobachteten und χ^2 beträgt deshalb 0. Bezieht man gelegentlich rauchende Personen nicht in die Betrachtung ein, so sind unter Hauptschülern Nichtraucher und regelmäßige Raucher nicht ungleich über die Geschlechter verteilt.

7 Multivariate Mittelwertvergleiche und Diskriminanzanalyse

7.1 Überblick; Exkurs über Clusteranalyse

Im Rahmen multivariater Verfahren werden Probanden nicht hinsichtlich einer einzigen Variable betrachtet, sondern **gleichzeitig** hinsichtlich **mehrerer**. So versuchen die verschiedenen clusteranalytischen Verfahren, Subgruppen von Probanden (Cluster) zu bilden, deren Elemente (Personen) bezüglich ihrer Werte in den betrachteten Variablen ähnlich sind; bei multivariaten Mittelwertvergleichen werden zwei und mehr Gruppen, die sich in einer oder mehreren unabhängigen Variablen unterscheiden, hinsichtlich ihrer durchschnittlichen Werte in verschiedenen abhängigen Variablen gleichzeitig verglichen. Man beachte den wesentlichen Unterschied zu den univariaten Verfahren wie t-Test oder Varianzanalysen: Dort vergleicht man Gruppen, die sich hinsichtlich einer oder mehrerer unabhängiger Variablen unterscheiden, nur bezüglich einer **einzigen abhängigen Variablen**; hat man mehrere abhängige Variablen erhoben, muss für jede von ihnen ein eigener Test durchgeführt werden; die Schwächen und Vorteile multipler univariater Analysen im Vergleich zu einer einzigen multivariaten werden in 7.2.1 diskutiert.

Von multivariaten Verfahren haben wir im Kapitel über deskriptive Statistik bereits multiple Regressionen und die Faktorenanalyse kennen gelernt. Weiter ist hier wenigstens kurz die Clusteranalyse zu erwähnen.

Dabei handelt es sich nicht um ein einziges, sondern eine Vielzahl von Verfahren, sodass die Bezeichnung clusteranalytische Methoden dem Sachverhalt besser gerecht wird. Ihr Ziel ist es, Probanden, für die Daten in mehreren Variablen vorliegen, anhand dieser Werte zu Gruppen (Clustern) zusammenzufassen. Wurden, um ein einfaches Beispiel zu geben, bei n Personen Geschlecht und Alter erhoben (≤ 50 Jahre; > 50 Jahre), erhält man bei Analyse die 4 Cluster: weibliche Personen älter als 50 Jahre, weibliche Personen jünger oder gleich 50 Jahre, männliche Personen älter als 50 Jahre, männliche Personen jünger oder gleich 50 Jahre. Personen innerhalb ein und desselben Clusters sind also in ihren Variablenwerten ähnlich (im speziellen Fall sogar gleich), Personen in verschiedenen Clustern unterschiedlich. Während dieses Beispiel angesichts der wenigen zweifach gestuften Variablen unproblematisch ist, wird die Aufgabe der Zusammenfassung schon deutlich schwieriger, wenn etwa dichotomisierte Werte in 5 Variablen vorliegen, z.B. hohe/niedrige Neurotizismuswerte, hohe/niedrige Depressionswerte, usw. Dann ergeben sich bereits 32 mögliche Cluster, was zur übersichtlichen Darstellung deutlich zu viel ist; es müssen also mehrere Cluster vereinigt werden. Personen in ein und demselben Cluster sind dann nicht mehr hinsichtlich der betrachteten Variablen exakt gleich, sondern nur mehr oder weniger ähnlich. Liegen keine dichotomen vor, sondern mehrfach abgestufte Variablenwerte (z.B. auf jeder der 5 eingesetzten Skalen Werte von 0 bis 30), wird i. Allg. die Zusammenfassung zu Clustern ausgesprochen kompliziert und ist nur mit leistungsfähigen Computerprogrammen zu bewältigen. Als Endresultat findet man zum einen Gruppen von Personen, die man nun hinsichtlich anderer Variablen (etwa Suchtneigung) vergleichen könnte, zum anderen erhält man Informationen über die Beziehung der zur Clusterbildung nützlichen Gruppierungsvariablen, sodass die Ergebnisse in gewisser Hinsicht faktorenanalytischen (mit R-Technik gewonnenen) Befunden vergleichbar sind (s. Anmerkung 1).

In diesem Kapitel gehen wir zunächst auf multivariate Mittelwertsvergleiche ein (7.2); auch hier beschränken wir uns aber auf das Prinzip und besprechen lediglich multivariate t-Tests (für unabhängige und abhängige Stichproben) sowie die multivariate einfaktorielle Varianzanalyse (ohne Messwiederholungen). Wer sich in diese eingearbeitet hat, dürfte auch mit Computerprogrammen berechnete kompliziertere multivariate Varianzanalysen verstehen.

Im anschließenden Abschnitt 7.3 soll die schwierige Diskriminanzanalyse kurz behandelt werden.

7.2 Multivariate Mittelwertvergleiche

7.2.1 Überblick

Wie schon wiederholt ausgeführt, werden hier Gruppen **gleichzeitig** hinsichtlich **mehrerer** Variablen verglichen. Wurden beispielsweise bei Stichproben von Bulimie- und von Anorexiepatienten mittels verschiedener Skalen eines (fiktiven) Inventars die Werte in Stimmung, körperlichen Depressionssymptomen und Leistungsfähigkeit erhoben, liegen 3 abhängige Variablen vor.

Will man beide Patientengruppen vergleichen, so geschieht das üblicherweise mittels 3 univariater Tests (z.B. mit 3 t-Tests für unabhängige Stichproben); in 6.5.2 diskutierten wir die Schwierigkeiten, welche sich für die Wahl des alpha-Niveaus bei multiplen Tests ergeben. Eine Möglichkeit zur Umgehung dieses Problems ist multivariate Auswertung: Man betrachtet die 3 Mittelwerte jeder Gruppe (dargestellt als Zeilen- oder Spaltenvektor) als einen einzigen Befund (letztlich als Maß der Ausprägung eines Syndroms) und überprüft, ob die Unterschiede der beiden Stichproben zufällig sein können oder Unterschiede der gemittelten Vektoren in den entsprechenden Populationen nahe legen. Dazu würde sich – falls die Voraussetzungen erfüllt sind – ein multivariater t-Test für unabhängige Stichproben anbieten. Alternativ ließe sich hier

7.2 Multivariate Mittelwertvergleiche

auch eine einfaktorielle multivariate Varianzanalyse (MANOVA) ohne Messwiederholungen anwenden, welche mehr oder weniger obligatorisch wird, wenn wir mehr als 2 Stichproben vergleichen; unterscheiden sich die Stichproben nicht allein bezüglich einer unabhängigen Variablen (hier: Form der Störung), sondern lässt sich hinsichtlich einer weiteren Variable, beispielsweise Geschlecht, eine Unterteilung machen, ist sinnvollerweise eine zweifache MANOVA zu rechnen (ohne Messwiederholungen). Hat man – um im Beispiel zu bleiben – bei einer Gruppe von Patienten vor und nach Therapie die Werte in den 3 Skalen des Inventars erhoben, könnte ein multivariater t-Test für abhängige Stichproben klären, ob die Veränderungen noch im Zufallsbereich liegen können oder als systematisch anzusehen sind – dass man im letzteren Fall ohne Studium einer Kontrollgruppe nicht auf therapiebedingte Veränderungen schließen darf, sei nur beiläufig noch einmal betont. Liegen Messwerte der Therapiegruppe zu 3 oder mehr Zeitpunkten vor, wird üblicherweise eine einfache MANOVA mit Messwiederholungen auf dem einzigen Faktor durchgeführt, gibt es mehrere Therapiegruppen und mehrere Messungen, wird eine zweifache MANOVA mit Messwiederholung auf einem Faktor zum Einsatz kommen. Diese Aufzählung von Verfahren und ihren Indikationen, die letztlich sattsam Bekanntes aus Kapitel 6 wiederholt, soll verdeutlichen, dass multivariate Tests ihre univariaten Entsprechungen haben. Lediglich ist die **abhängige Variable** nun ein **Variablenkomplex**.

Dabei ist mittels multivariater Verfahren eine differenziertere Analyse möglich; insbesondere lässt sich herausfinden – was mit univariaten Verfahren nur sehr grob gelingt –, welche der betrachteten Variablen in besonderem Maße zur Unterscheidung der Gruppen beitragen und deshalb sinnvoll zur Definition von Syndromen eingesetzt werden können.

Andererseits ist anzumerken, dass Einsatz multivariater Mittelwertvergleiche statistisch gewisse Probleme bringt: Zum einen muss Intervallskaliertheit und multivariate Normalverteilung vorausgesetzt werden. Treffen diese Voraussetzungen nicht zu, ist eine diesbezügliche Auswertung schwer möglich; multivariate nonparametrische Verfahren (dem U-Test oder dem Wilcoxon-Test entsprechend) haben sich wenigstens für den Gebrauch nicht durchgesetzt. Weiter sind multivariate Fragestellungen immer ungerichtet, was u.a. bedeutet, dass der Annahmebereich von H_0 von vornherein größer gewählt werden muss.

Aus verschiedenen Gründen sind multivariate Mittelwertvergleiche nach wie vor unüblich. Das liegt zum einen daran, dass sie komplizierter und weniger bekannt sind, zum anderen, dass die Interpretation der Befunde schwieriger ist. Bestehen Gruppenunterschiede in einem Variablenkomplex (hinsichtlich der Ausprägung eines Syndroms), ist dies zunächst eine globale Aussage; erst komplizierte Anschlusstests in Form von Diskriminanzanalysen können dann die Frage beantworten, welche der Variablen wesentlich zu den Unterschieden beigetragen haben. Da man – wenigstens vordergründig und für klinische Zwecke häufig ausreichend – dieselbe Antwort direkt mit univariaten Verfahren erhalten hätte (wenn auch mit den erwähnten Schwierigkeiten bei der Setzung des α-Niveaus), reicht die weniger differenzierte univariate Analyse in der Tat meist aus.

Dies soll nicht die multivariaten Verfahren abwerten; Tatsache ist jedoch, dass der mit ihnen verbundene rechnerische und interpretative Aufwand recht groß ist, sodass man sich nicht über Praktiker mokieren sollte, die nach wie vor den univariaten Verfahren den Vorzug geben – um so mehr, als eventuelle Verzerrungen des α-Niveaus gegenüber größeren Ungenauigkeiten bei der Datenerhebung oft wenig ins Gewicht fallen.

Wie erwähnt, sollen multivariate Mittelwertvergleiche relativ knapp abgehandelt werden, nämlich nur multivariate t-Tests (sowohl für unabhängige wie abhängige Stichproben) und die einfache MANOVA ohne Messwiederholungen zur Darstellung kommen. Auf ausführliche Begründung des rechnerischen Vorgehens wird verzichtet; eingeführt wird die Vorgehensweise wieder an konkreten Beispielen, wobei allzu detaillierte Formalisierung unterbleiben soll.

7.2.2 Multivariate t-Tests

t-Test für unabhängige Stichproben (Hotellings T_3^2-Test)

Man habe an 2 Stichproben (mit jeweils 5 Probanden) von regelmäßig joggenden und nie Jogging betreibenden 50jährigen Managern systolischen und diastolischen Blutdruck gemessen und (in mm Hg) folgende Werte erhalten:
Gruppe 1 (Jogger): 140/90; 150/90; 150/70; 130/70; 130/80.
Gruppe 2 (Nichtjogger): 160/100; 170/100; 170/90; 150/80; 150/80.
Bezeichnet man den systolischen Blutdruck mit A, den diastolischen mit B, so erhält man für Mittelwerte und Standardabweichungen in den Stichproben:
$\bar{a}_1 = 140; s_{a1} = 10; \bar{a}_2 = 160; s_{a2} = 10; \bar{b}_1 = 80; s_{b1} = 10; \bar{b}_2 = 90; s_{b2} = 10$.
Wir überprüfen zunächst univariat mit 2 t-Tests, ob sich die Gruppen signifikant unterscheiden; korrekterweise ist das α-Niveau für jeden Test auf 2,5% abzusenken – da andererseits die Ergebnisse sicher nicht unabhängig sind, riskieren wir einen großen β-Fehler (fälschliche Beibehaltung von H₀).
Für den systolischen Blutdruck (Variable A) ergibt sich als Prüfgröße:

$$t = \frac{\bar{a}_2 - \bar{a}_1}{\sqrt{\frac{(n_1-1)\cdot s_{a1}^2 + (n_2-1)\cdot s_{a2}^2}{n_1 + n_2 - 2}}} \cdot \sqrt{\frac{n_1 \cdot n_2}{n_1 + n_2}} = \frac{20}{10} \cdot \sqrt{\frac{5\cdot 5}{10}} = 3,16.$$

Der kritische *t*-Wert für 8 Freiheitsgrade und 2,5% Irrtumswahrscheinlichkeit (bei zweiseitiger Fragestellung und Bonferoni-Korrektur) liegt etwa bei 2,9, d.h. H₀ kann verworfen werden. Für den diastolischen Blutdruck erhalten wir *t* = 1,58 und entsprechend ist hier H₀ beizubehalten.
Zur Hinführung auf die multivariate Formel ist es nun äußerst illustrativ, die allgemeine Gleichung für *t* (beispielsweise hinsichtlich Variable A) zu quadrieren, eine leicht veränderte Schreibweise zu wählen und die einzelnen Bestandteile zu benennen:

7.2 Multivariate Mittelwertvergleiche

$$t^2 = \left(\frac{\overline{a}_2 - \overline{a}_1}{\sqrt{\frac{(n_1-1) \cdot s_{a1}^2 + (n_2-1) \cdot s_{a2}^2}{n_1 + n_2 - 2}}} \right)^2 \cdot \sqrt{\frac{n_1 \cdot n_2}{n_1 + n_2}}^2 =$$

$$\frac{n_1 \cdot n_2}{n_1 + n_2} \cdot (\overline{a}_2 - \overline{a}_1) \cdot \left(\frac{(n_1-1) \cdot s_{a1}^2 + (n_2-1) \cdot s_{a2}^2}{n_1 + n_2 - 2} \right)^{-1} \cdot (\overline{a}_2 - \overline{a}_1).$$

Man erhält also t^2 im univariaten Fall als Produkt, bestehend aus: a) einer Konstante, die sich aus den Stichprobenumfängen ergibt, b) der Differenz der Mittelwerte, c) dem Reziproken (Inversen) der mittleren gewichteten Varianzen aus beiden Stichproben und d) noch einmal der Differenz der Mittelwerte. Prinzipiell ähnlich ist es im multivariaten Fall: Das dem univariaten Wert t^2 entsprechende T_3^2 ergibt sich als Produkt: a) der genau gleichen, aus den Stichprobenumfängen sich berechnenden Konstante, b) der Differenz der Mittelwerte (diesmal als Zeilenvektor von p Differenzen bei p Variablen), c) der Inversen einer Summenmatrix (die den mittleren gewichteten Varianzen entspricht) und d) noch einmal der Differenz der Mittelwerte (diesmal als Spaltenvektor geschrieben). Dieser Sachverhalt wird am Beispiel rasch deutlicher.

Bevor wir die multivariate Analyse beginnen, berechnen wir für beide Stichproben getrennt die Kovarianzen der beiden Variablen nach der bekannten Formel:

cov(AB)$_1$ (= Kovarianz der Variablen A und B in Stichprobe 1) =

$$\sum_{i=1}^{n_1} \frac{(a_{1i} - \overline{a}_1) \cdot (b_{1i} - \overline{b}_1)}{n_1 - 1} = 25.$$

Weiter erhalten wir: cov(AB)$_2$ = 75.

Nun bilden wir die uns von früher bekannte Varianz-Kovarianzmatrix von Stichprobe 1 (symbolisiert mit V_1): Sie enthält in der Diagonalen die Varianzen der beiden Variablenwerte, also s_{a1}^2 und s_{b1}^2, in den anderen beiden Zellen die Kovarianzen von A und B. (Im allgemeinen Fall nennen wir die Variablen X_j, und in der k-ten Zeile und l-ten Spalte der Varianz-Kovarianz-Matrix steht dann cov$(X_k X_l)$.) In unserem bivariaten Fall haben also V_1 und V_2 die Gestalt:

$$V_1 = \begin{pmatrix} 100 & 25 \\ 25 & 100 \end{pmatrix}; V_2 = \begin{pmatrix} 100 & 75 \\ 75 & 100 \end{pmatrix}.$$

Wir machen nun die wichtige Feststellung, dass die Varianz-Kovarianz-Matrix im multivariaten Fall der Varianz im univariaten Fall entspricht: Ist $p = 1$, hat die Varianz-Kovarianz-Matrix nur ein Element und das ist die Varianz der einzigen Variable.

Symbolisieren wir die Werte der Stichproben in den beiden Variablen mit den Matrizen

$$\mathbf{W}_1 = \begin{pmatrix} a_{11} & b_{11} \\ a_{12} & b_{12} \\ a_{13} & b_{13} \\ a_{14} & b_{14} \\ a_{15} & b_{15} \end{pmatrix} = \begin{pmatrix} 140 & 90 \\ 150 & 90 \\ 150 & 70 \\ 130 & 70 \\ 130 & 80 \end{pmatrix}, \mathbf{W}_2 = \begin{pmatrix} a_{21} & b_{21} \\ a_{22} & b_{22} \\ a_{23} & b_{23} \\ a_{24} & b_{24} \\ a_{25} & b_{25} \end{pmatrix} = \begin{pmatrix} 160 & 100 \\ 170 & 100 \\ 170 & 90 \\ 150 & 80 \\ 150 & 80 \end{pmatrix},$$

lässt sich der bivariate Mittelwert in Stichprobe 1 z.B. durch einen Zeilenvektor $(\bar{a}_1; \bar{b}_1) = (140; 80)$ darstellen; entsprechend gilt $(\bar{a}_2; \bar{b}_2) = (160; 90)$. Als Differenzvektor ergibt sich dann: $\bar{d} = (\bar{a}_1 - \bar{a}_2; \bar{b}_1 - \bar{b}_2) = (20; 10)$.
Gewichtung der beiden Varianz-Kovarianz-Matrizen liefert:

$$\mathbf{V} = \frac{(\mathbf{n}_1 - 1) \cdot \mathbf{V}_1 + (\mathbf{n}_2 - 1) \cdot \mathbf{V}_2}{\mathbf{n}_1 + \mathbf{n}_2 - 2} = \frac{1}{5+5-2} \cdot \left[4 \cdot \begin{pmatrix} 100 & 25 \\ 25 & 100 \end{pmatrix} + 4 \cdot \begin{pmatrix} 100 & 75 \\ 75 & 100 \end{pmatrix} \right] =$$

$$= \begin{pmatrix} 100 & 50 \\ 50 & 100 \end{pmatrix}.$$

Mit Hilfe ihrer Determinante $\det \mathbf{V} = 100 \cdot 100 - 50 \cdot 50 = 7500$ berechnen wir die Inverse von $\mathbf{V}$ und erhalten:

$$\mathbf{V}^{-1} = \frac{1}{7500} \cdot \begin{pmatrix} 100 & -50 \\ -50 & 100 \end{pmatrix}.$$

Dass es sich tatsächlich um die Inverse handelt, zeigt die Überprüfung:

$$\mathbf{V}^{-1} \cdot \mathbf{V} = \frac{1}{7500} \cdot \begin{pmatrix} 100 & -50 \\ -50 & 100 \end{pmatrix} \cdot \begin{pmatrix} 100 & 50 \\ 50 & 100 \end{pmatrix} =$$

$$= \frac{1}{7500} \cdot \begin{pmatrix} 100 \cdot 100 - 50 \cdot 50 & 100 \cdot 50 - 50 \cdot 100 \\ -50 \cdot 100 + 100 \cdot 50 & -50 \cdot 50 + 100 \cdot 100 \end{pmatrix} = \begin{pmatrix} 1 & 0 \\ 0 & 1 \end{pmatrix}.$$

(Zur Berechnung von Determinanten und Bestimmung von Inversen s. 8.4.1).
Nach diesen vorbereitenden Rechnungen können wir uns direkt dem multivariaten (hier: bivariaten) t-Test zuwenden und bestimmen die „Hotellings T_3^2" genannte Größe (wir werden weitere ähnliche Größen kennen lernen und haben daher diese mit dem Index 3 versehen):

$$T_3^2 = \frac{n_1 \cdot n_2}{n_1 + n_2} \cdot (\bar{a}_2 - \bar{a}_1; \bar{b}_2 - \bar{b}_1) \cdot \mathbf{V}^{-1} \cdot (\bar{a}_2 - \bar{a}_1; \bar{b}_2 - \bar{b}_1)^T. \qquad 7.1$$

Diese Größe entspricht exakt dem t^2 im univariaten Fall: Statt der univariaten Differenz von Mittelwerten in einer Variable steht als bivariater Zeilenvektor die Differenz von Mittelwerten in 2 Variablen (statt Quadrierung multiplizieren wir mit der durch hochgestelltes T symbolisierten Transponierten, einem Spaltenvektor); dem Kehrwert der gewichteten Varianz entspricht die Inverse der gewichteten Varianz-Kovarianz-Matrix (s. Anmerkung 2).
Mit konkreten Zahlen:

7.2 Multivariate Mittelwertvergleiche

$$T_3^2 = \frac{5 \cdot 5}{5+5} \cdot (20;10) \cdot \frac{1}{7500} \begin{pmatrix} 100 & -50 \\ -50 & 100 \end{pmatrix} \cdot \begin{pmatrix} 20 \\ 10 \end{pmatrix} =$$

$$\frac{5 \cdot 5}{5+5} \cdot (20;10) \cdot \frac{1}{7500} \cdot \begin{pmatrix} 100 \cdot 20 - 50 \cdot 10 \\ -50 \cdot 20 + 100 \cdot 10 \end{pmatrix} = \frac{30000 \cdot 25}{7500 \cdot 10} = 10.$$

Dieser Wert wird in einen F-Wert mit p Freiheitsgraden im Zähler (p = Zahl der Variablen) und $n_1 + n_2 - p - 1$ Freiheitsgraden im Nenner transformiert:

$$F = \frac{n_1 + n_2 - p - 1}{(n_1 + n_2 - 2) \cdot p} \cdot T_3^2 = \frac{5+5-2-1}{(5+5-2) \cdot 2} \cdot 10 = 4{,}375. \qquad 7.2$$

Tafel 4 liefert auf 5%-Niveau bei 2 Freiheitsgraden im Zähler und 7 im Nenner als kritischen Wert 4,74; damit muss H_0 beibehalten werden.

Anschlusstests: Da nur 2 Stichproben vorliegen, stellt sich natürlich nicht die Frage, welche Stichprobenmittelwerte sich signifikant unterscheiden. Hingegen ist noch zu klären, auf welche Variable(n) – im Falle von Signifikanz – die Gruppenunterschiede zurück gehen. Hier kann die in 7.3 dargestellte Diskriminanzanalyse zur Beantwortung beitragen.

Voraussetzungen: Neben metrischer Skalierung ist hier bivariate Normalverteilung vorauszusetzen, was über die Forderung univariater Normalverteilung in beiden Variablen hinaus geht. Weiter ist Homogenität der Varianz-Kovarianz-Matrizen zu fordern. Tatsächlich verzichtet man nicht selten auf die explizite Überprüfung dieser – in der Praxis nicht selten verletzten – Annahme; auch wir haben dies hier unterlassen. Wie beim univariaten t-Test erwähnt, hat bei gleich großen Stichprobenumfängen eine Verletzung keine allzu schwer wiegenden Konsequenzen. Nonparametrische multivariate Alternativverfahren konnten sich in der Praxis offenbar kaum durchsetzen.

t-Test für abhängige Stichproben (Hotellings T_2^2-Test)

Wir erinnern uns zunächst an den univariaten Fall: Liegen von n Probanden P_i Messungen zu 2 Zeitpunkten vor, also x_{1i} und x_{2i}, bildet man für jeden zunächst die Differenz $d_i = x_{1i} - x_{2i}$; nur diese Differenzen mit ihrem Mittelwert $\overline{d}$ und ihrer Standardabweichung s_d gehen in die Prüfgröße ein, nicht mehr die Ausgangsdaten. Der Absolutbetrag von

$$t = \frac{\overline{d}}{s_d} \cdot \sqrt{n}$$

wird dann mit t_{krit} bei gegebenem α und $n - 1$ Freiheitsgraden verglichen. Quadrieren der Prüfgröße liefert unter Änderung der Reihenfolge:

$$t^2 = n \cdot \overline{d} \frac{1}{s_d^2} \cdot \overline{d}.$$

Im multivariaten Fall bestimmen wir analog die Prüfgröße

$$T_2^2 = n \cdot \overline{\mathbf{d}} \cdot \mathbf{V}_d^{-1} \cdot \overline{\mathbf{d}}^T. \qquad 7.3$$

Dabei ist $\bar{d}$ der Mittelwert des Differenzvektors und $\mathbf{V}_d^{-1}$ das Inverse der Varianz-Kovarianz-Matrix der Differenzen in den verschiedenen Variablen.

Wir erläutern die Vorgehensweise an einem einfachen bivariaten Beispiel, wobei abhängige Variablen wieder systolischer und diastolischer Blutdruck sein sollen (in mm Hg); zur Vermeidung allzu unanschaulicher Indizes symbolisieren wir die Variablen zunächst mit A und B. Diese seien bei 5 Probanden vor und nach einem nicht weiter spezifizierten Training erhoben worden, wobei sich vorher die Werte 140/90; 140/100; 160/100; 140/80; 120/80, nach dem Training 150/80; 160/70; 160/90; 140/90; 140/70 ergaben. Wir stellen die Probandenwerte durch Spaltenvektoren bzw. Matrizen dar und tragen diese in eine Tabelle ein; weiter berechnen wir für alle Probanden und beide Variablen die Differenzwerte d_{Ai} und d_{Bi} – dabei hat man natürlich durchgängig in beiden Variablen entweder den 1. Wert vom 2. abzuziehen oder umgekehrt.

1. Messung	2. Messung	Differenzen
$W_1 = \begin{pmatrix} 140 & 90 \\ 140 & 100 \\ 160 & 100 \\ 140 & 80 \\ 120 & 80 \end{pmatrix}$	$W_2 = \begin{pmatrix} 150 & 80 \\ 160 & 70 \\ 160 & 90 \\ 140 & 90 \\ 140 & 70 \end{pmatrix}$	$\mathbf{D} = W_2 - W_1 = \begin{pmatrix} 10 & -10 \\ 20 & -30 \\ 0 & -10 \\ 0 & 10 \\ 20 & -10 \end{pmatrix};$ $\bar{d}_A = 10; s_{dA} = 10;$ $\bar{d}_B = -10; s_{dB} = \sqrt{200};$ $\bar{\mathbf{d}} = (10; -10); \text{cov(dAdB)} = -100.$

Nun stellen wir die Differenzmatrix $\mathbf{D}$ zusammen; die Mittelwerte der Spalten ergeben den Zeilenvektor $\bar{\mathbf{d}} = (\bar{d}_A; \bar{d}_B)$, hier (10; – 10). Nach dem Training hat sich somit der systolische Wert im Mittel um 10 mm Hg erhöht, der diastolische um 10 mm/Hg vermindert.

Als nächstes berechnen wir die Varianzen in den Differenzen von beiden Variablen sowie die Kovarianzen der Differenzwerte und erhalten:

$$s_{dA}^2 = \frac{1}{4}\left[(10-10)^2 + (20-10)^2 + (0-10)^2 + (0-10)^2 + (20-10)^2\right] = 100; s_{dB}^2 = 200;$$

Kovarianz zwischen d_A und d_B ergibt: cov(dAdB) = – 100.

Damit hat die Varianz-Kovarianz-Matrix folgende Gestalt:

$$\mathbf{V}_d = \begin{pmatrix} 100 & -100 \\ -100 & 200 \end{pmatrix}.$$

Für ihre Determinante berechnen wir 10000 und es ergibt sich als Inverse:

$$\mathbf{V}_d^{-1} = \frac{1}{10000} \cdot \begin{pmatrix} 200 & 100 \\ 100 & 100 \end{pmatrix}.$$

7.2 Multivariate Mittelwertvergleiche

Die Probe bestätigt, dass wir bei der Bestimmung keinen Fehler gemacht haben. Nun berechnen wir die Prüfgröße:

$$T_2^2 = n \cdot \bar{d} \cdot V_d^{-1} \cdot \bar{d}^T = 5 \cdot (10;-10) \cdot \frac{1}{10000} \cdot \begin{pmatrix} 200 & 100 \\ 100 & 100 \end{pmatrix} \cdot \begin{pmatrix} 10 \\ -10 \end{pmatrix} = 5.$$

Diesen Wert wandeln wir in einen F-Wert mit p Freiheitsgraden im Zähler (p = Zahl der Variablen) und $n - p$ Freiheitsgraden im Nenner um:

$$F = \frac{n-p}{(n-1) \cdot p} \cdot T_2^2 = \frac{5-2}{4 \cdot 2} \cdot 5 = 1{,}87. \qquad 7.4$$

Wir prüfen ihn gegen den kritischen F-Wert, für welchen man Tafel 4 bei $\alpha = 5\%$ 9,55 entnimmt. Da dieser unterschritten wird, ist H_0 beizubehalten.

Ähnliches Resultat würden univariate Auswertungen ergeben: Für Variable A (systolischer Blutdruck) berechnet sich eine durchschnittliche Veränderung $\bar{d}_A = 10$ bei Standardabweichung 10; wir bestimmen somit als Prüfgröße $t_{emp} = 2{,}24$. Der kritische t-Wert bei $n - 1 = 4$ Freiheitsgraden und $\alpha = 5\%$ beträgt nach Tafel 3b 2,78 (bei zweiseitiger Testung), sodass wir H_0 nicht verwerfen; für den diastolischen Blutdruck errechnet sich $\bar{d}_B = -10$ mit Standardabweichung 14,14, damit für $t_{emp} = 1{,}58$ und dieser Wert ist natürlich gleichfalls nicht signifikant.

7.2.3 Einfaktorielle multivariate Varianzanalyse ohne Messwiederholungen

Univariate Vergleiche

Wir beschränken uns zunächst auf den einfachsten Fall (2 Gruppen und 2 Variablen) und verwenden die Daten des vorangehenden Abschnitts (Blutdruckwerte joggender und nicht joggender Manager). Wieder führen wir vorab univariate varianzanalytische Vergleiche durch, um die Erweiterung des Ansatzes plausibel zu machen.

Wir vergleichen zunächst die beiden Gruppen hinsichtlich Variable A, also in ihren systolischen Blutdruckwerten 140; 150; 150; 130; 130 sowie 160; 170; 170, 150; 150 und berechnen dazu SAQ_{AzwGr}, SAQ_{Ainn} und SAQ_{Atot}. Man erhält $SAQ_{AzwGr} = 1000$; $SAQ_{Ainn} = 800$; $SAQ_{Atot} = 1800$ und es bestätigt sich die altbekannte Beziehung: $SAQ_{tot} = SAQ_{zwGr} + SAQ_{inn}$.
Division durch die Freiheitsgrade liefert $MAQ_{AzwGr} = SAQ_{AzwGr} / df_{AzwGr} = 1000/1 = 1000$ und $MAQ_{Ainn} = SAQ_{Ainn} / df_{Ainn} = 800/8 = 100$. Damit ergibt sich:

$$F_A = \frac{MAQ_{AzwGr}}{MAQ_{Ainn}} = 10,$$

und dieser Wert, verglichen mit $F_{krit;1;8;5\%} = 5{,}32$, erweist sich als signifikant.

Für die diastolischen Werte der beiden Gruppen berechnen wir hingegen $SAQ_{BzwGr} = 250$ und $SAQ_{Binn} = 800$, woraus sich ein $F_B = 2{,}5$ ermittelt. Varianzanalyse zeigt also wie der univariate t-Test, dass in dieser Variable nicht von signifikanten Gruppenunterschieden auszugehen ist.

Bivariate Vergleiche

Im bivariaten Fall haben die *SAQ*s die Gestalt symmetrischer 2x2-Matrizen (im allgemeinen multivariaten Fall mit p Variablen von symmetrischen *pxp*-Matrizen); in den Diagonalen stehen die *SAQ*s der einzelnen Variablen, in den übrigen Zellen die entsprechenden Kreuzprodukte verschiedener Variablen:
In der 1. Zeile und 1. Spalte der bivariaten Matrix **SAQ**$_{zwGr}$ steht SAQ_{zwGr} für die Variable 1 (hier SAQ_{AzwGr}), also:

$$n_1 \cdot (\bar{a}_1 - \bar{a}_G)^2 + n_2 \cdot (\bar{a}_2 - \bar{a}_G)^2 = 5 \cdot (140 - 150)^2 + 5 \cdot (160 - 150)^2 = 1000,$$

in der 2. Zeile und 2. Spalte SAQ_{BzwGr}, somit

$$n_1 \cdot (\bar{b}_1 - \bar{b}_G)^2 + n_2 \cdot (\bar{b}_2 - \bar{b}_G)^2 = 5 \cdot (80 - 85)^2 + 5 \cdot (90 - 85)^2 = 250.$$

In der 1. Zeile und 2. Spalte sowie in der 2. Zeile und 1. Spalte steht das entsprechende Kreuzprodukt der verschiedenen Variablen,

$$SAQ_{AxBzwGr} = \begin{aligned} & n_1 \cdot (\bar{a}_1 - \bar{a}_G) \cdot (\bar{b}_1 - \bar{b}_G) + n_2 \cdot (\bar{a}_2 - \bar{a}_G) \cdot (\bar{b}_2 - \bar{b}_G) \\ & = 5 \cdot (140 - 150) \cdot (80 - 85) + 5 \cdot (160 - 150) \cdot (90 - 85) = 500. \end{aligned}$$

Damit hat die Matrix **SAQ**$_{zwGr}$ folgende Gestalt:

$$\mathbf{SAQ}_{zwGr} = \begin{pmatrix} 1000 & 500 \\ 500 & 250 \end{pmatrix}.$$

SAQ$_{inn}$ besitzt als Element in der 1. Zeile und 1. Spalte SAQ_{Ainn}, somit:

$$\sum_{i=1}^{n_1}(a_{1i} - \bar{a}_1)^2 + \sum_{i=1}^{n_2}(a_{2i} - \bar{a}_2)^2,$$

hier $(140-140)^2 + ... + (130-140)^2 + (160-160)^2 + ... + (150-160)^2 = 800$,
in der 2. Zeile und 2. Spalte SAQ_{Binn}, hier ebenfalls 800.
In 1. Zeile und 2. Spalte (bzw. 2. Zeile und 1. Spalte) steht das entsprechende Kreuzprodukt beider Variablen SAQ_{AxBinn}, also:

$$\sum_{i=1}^{n_1}(a_{1i} - \bar{a}_1) \cdot (b_{1i} - \bar{b}_1) + \sum_{i=1}^{n_2}(a_{2i} - \bar{a}_2) \cdot (b_{2i} - \bar{b}_2) =$$
$$(140-140) \cdot (90-80) + .. + (130-140) \cdot (80-80) + ..$$
$$+ (160-160) \cdot (100-90) + .. + (150-160) \cdot (80-90) = 400.$$

und es ergibt sich somit für **SAQ**$_{inn}$:

$$\mathbf{SAQ}_{inn} = \begin{pmatrix} 800 & 400 \\ 400 & 800 \end{pmatrix}.$$

In der Diagonalen der Matrix **SAQ**$_{tot}$ finden sich die Elemente

$$\sum_{i=1}^{n_1}(a_{1i} - \bar{a}_G)^2 + \sum_{i=1}^{n_2}(a_{2i} - \bar{a}_G)^2 \text{ bzw. } \sum_{i=1}^{n_1}(b_{1i} - \bar{b}_G)^2 + \sum_{i=1}^{n_2}(b_{2i} - \bar{b}_G)^2,$$

also 1800 bzw. 1050 (nämlich SAQ_{Atot} und SAQ_{Btot}) sowie als übrige Elemente:

7.2 Multivariate Mittelwertvergleiche

$$\sum_{i=1}^{n_1}(a_{1i} - \overline{a}_G)\cdot(b_{1i} - \overline{b}_G) + \sum_{i=1}^{n_2}(a_{2i} - \overline{a}_G)\cdot(b_{2i} - \overline{b}_G), \text{ hier 900. Also:}$$

$$\mathbf{SAQ}_{tot} = \begin{pmatrix} 1800 & 900 \\ 900 & 1050 \end{pmatrix}.$$

Auch für multivariate Matrizen gilt somit die bekannte Beziehung:
$\mathbf{SAQ}_{tot} = \mathbf{SAQ}_{zwGr} + \mathbf{SAQ}_{inn}$.

Nun unterscheiden sich die Rechenschritte von denen im univariaten Fall – wo mittels Division durch die Freiheitsgrade MAQ_{zwGr} und MAQ_{inn} gebildet wurden, um als deren Quotienten die Prüfgröße F zu erhalten. Im multivariaten Fall werden die Matrizen $\mathbf{SAQ}_{inn}$ und $\mathbf{SAQ}_{zwGr}$ in Beziehung gesetzt; die Stichprobenumfänge (bzw. Freiheitsgrade) gehen erst später in die Prüfgröße ein. Die Wahl der letztgenannten erfolgt anhand der Stichprobenumfänge; für kleinere Stichproben bietet sich eine von Pillai entwickelte, vergleichsweise konservative Prüfgröße an – eine kleinere Stichprobe liegt dann vor, wenn $df_{inn} < 10 \cdot p \cdot df_{zwGr}$; das ist wegen $df_{inn} = 8$; $df_{zwGr} = 1$ und $p = 2$ hier der Fall.

$$F = \frac{[df_{inn} - p + \min(p; df_{zw})] \cdot PS}{\max(p; df_{zw}) \cdot (\min(p; df_{zw}) - PS)}. \qquad 7.5$$

PS ist dabei das Pillai-Spurkriterium und definiert sich folgendermaßen:

$$PS = \sum_{g=1}^{r} \frac{\lambda_g}{1 + \lambda_g}, \qquad 7.6$$

wobei λ_g die (insgesamt r) Eigenwerte der Matrix $\mathbf{SAQ}_{zwGr} \cdot \mathbf{SAQ}_{inn}^{-1}$ bedeuten.

Da das Matrixprodukt nicht kommutativ ist, beachte man genau, dass $\mathbf{SAQ}_{zwGr}$ von links heranmultipliziert wird. Bei der Berechnung des Pillai-Kriteriums ist es übrigens gleichgültig, ob man den Eigenwert 0 berücksichtigt oder nicht; er trägt nichts zu der Größe des Kriteriums bei.

In unserem Fall hat min $(p; df_{zwGr})$ den Wert 1, max $(p; df_{zwGr}) = 2$, $df_{inn} = 8$.
Die Inverse von $\mathbf{SAQ}_{inn}$ berechnet sich mittels ihrer Determinante zu:

$$\mathbf{SAQ}_{inn}^{-1} = \frac{1}{480000} \cdot \begin{pmatrix} 800 & -400 \\ -400 & 800 \end{pmatrix} \text{ und damit:}$$

$$\mathbf{SAQ}_{zwGr} \cdot \mathbf{SAQ}_{inn}^{-1} = \begin{pmatrix} 1000 & 500 \\ 500 & 250 \end{pmatrix} \cdot \frac{1}{480000} \begin{pmatrix} 800 & -400 \\ -400 & 800 \end{pmatrix} = \begin{pmatrix} 1{,}25 & 0 \\ 0{,}625 & 0 \end{pmatrix}.$$

Zur Bestimmung ihrer Eigenwerte setzen wir

$$\det(\mathbf{SAQ}_{zwGr} \cdot \mathbf{SAQ}_{inn}^{-1} - \lambda \cdot \mathbf{E}) = \left| \begin{pmatrix} 1{,}25 & 0 \\ 0{,}625 & 0 \end{pmatrix} - \lambda \cdot \begin{pmatrix} 1 & 0 \\ 0 & 1 \end{pmatrix} \right| = 0 \text{ und erhalten:}$$

$(1{,}25 - \lambda) \cdot (-\lambda) = 0$.

Als einziger Eigenwert außer der 0 ergibt sich daher $\lambda = 1{,}25$ (zur Berechnung von Eigenwerten mittels Determinanten, s. 8.4.1). Somit erhält man für PS:

$$PS = \frac{\lambda_1}{1 + \lambda_1} = \frac{1{,}25}{1 + 1{,}25} = 0{,}56$$

und für die Prüfgröße F:

$$F = \frac{[df_{inn} - p + \min(p; df_{zw})] \cdot PS}{\max(p; df_{zw}) \cdot [\min(p; df_{zw})] - PS} = \frac{(8-2+1) \cdot 0{,}56}{2 \cdot 1 - 0{,}56} = 2{,}72.$$

Diese ist nach F verteilt mit $\min(p; df_{zw}) \cdot \max(p; df_{zw})$ als Freiheitsgrade des Zählers (hier 2) und $\min(p; df_{zw}) \cdot [df_{inn} - p + \max(p; df_{zw})]$ im Nenner, hier 8. Tafel 4 entnehmen wir bei $\alpha = 0{,}05$ als kritischen Wert 4,46, der unterschritten wird. Das bestätigt das Resultat des multivariaten t-Tests (s. 7.2.2), wobei wir dort die Signifikanz weniger verfehlen; Anwendung des Pillai-Kriteriums führt also eher zu konservativen Entscheidungen.

Es gibt weitere Teststatistiken für multivariate Varianzanalysen, etwa Roys größter Eigenwert, Hotellings Spurkriterium T und Wilks Λ (das üblicherweise in Computerprogrammen ausgedruckt wird, aber größere Stichprobenumfänge voraussetzt). Letztlich basieren alle auf Eigenwerten von $SAQ_{zwGr}SAQ_{inn}^{-1}$ und führen zu ähnlichen Entscheidungen (s. Bortz 1999, S. 578).

Der allgemeine multivariate Fall

Nun zum aufwändigeren Fall von 3 Stichproben und 3 abhängigen Variablen: In den Variablen Englischkenntnisse (Var. 1), Leistungen in Deutsch (Var. 2) und Musikleistungen (Var. 3) findet man in 3 Stichproben mit jeweils 7 Probanden (Schüler naturwissenschaftlicher, neusprachlicher und musischer Gymnasien) die Werte (der 1. Index bezeichnet die Variable, der 2. die Stichprobe):

Stichprobe 1			Stichprobe 2			Stichprobe 3		
Var. 1	Var. 2	Var. 3	Var. 1	Var. 2	Var. 3	Var. 1	Var. 2	Var. 3
8	7	6	15	7	6	14	10	9
8	9	6	14	7	6	14	11	9
8	8	7	14	7	6	15	10	9
9	7	6	14	8	7	14	12	10
10	7	6	16	9	8	16	10	11
10	9	8	16	9	8	16	12	11
10	9	8	16	9	8	16	12	11
$\bar{x}_{11}=9$	$\bar{x}_{21}=8$	$\bar{x}_{31}=7$	$\bar{x}_{12}=15$	$\bar{x}_{22}=8$	$\bar{x}_{32}=7$	$\bar{x}_{13}=15$	$\bar{x}_{23}=11$	$\bar{x}_{33}=10$

Die Gesamtmittelwerte der Variablen betragen: $\bar{x}_{1G} = 13; \bar{x}_{2G} = 9; \bar{x}_{3G} = 8$.
Damit ergibt sich:

$$SAQ_{zwGr} = \begin{pmatrix} 168 & 42 & 42 \\ 42 & 42 & 42 \\ 42 & 42 & 42 \end{pmatrix}; SAQ_{inn} = \begin{pmatrix} 18 & 7 & 15 \\ 7 & 18 & 11 \\ 15 & 11 & 18 \end{pmatrix}.$$

Die Determinante der rechten Matrix berechnet sich zu 1032, also hat sie eine Inverse. Man erhält diese mit Hilfe der Adjunkten (zur Berechnung, s. 8.4.1):

7.2 Multivariate Mittelwertvergleiche

$$SAQ^{-1}_{inn} = \frac{1}{1032} \begin{pmatrix} 203 & 39 & -193 \\ 39 & 99 & -93 \\ -193 & -93 & 275 \end{pmatrix}.$$

Damit ergibt sich das Matrixprodukt:

$$SAQ_{zwGr} \cdot SAQ^{-1}_{inn} = \begin{pmatrix} 168 & 42 & 42 \\ 42 & 42 & 42 \\ 42 & 42 & 42 \end{pmatrix} \cdot \frac{1}{1032} \cdot \begin{pmatrix} 203 & 39 & -193 \\ 39 & 99 & -93 \\ -193 & -93 & 275 \end{pmatrix} =$$

$$\begin{pmatrix} 26{,}78 & 6{,}59 & -24{,}01 \\ 1{,}99 & 1{,}83 & -0{,}45 \\ 1{,}99 & 1{,}83 & -0{,}45 \end{pmatrix}.$$

Um die Eigenwerte dieser Matrix zu bestimmen, setzen wir folgende Determinante gleich 0:

$$\begin{vmatrix} 26{,}78 - \lambda & 6{,}59 & -24{,}01 \\ 1{,}99 & 1{,}83 - \lambda & -0{,}45 \\ 1{,}99 & 1{,}83 & -0{,}45 - \lambda \end{vmatrix}$$

und erhalten: $\lambda_1 = 0$; $\lambda_2 = 2{,}83$; $\lambda_3 = 25{,}33$ (s. 8.4.1 für die Rechenschritte im Einzelnen).

Damit berechnet sich für *PS*:

$$PS = \frac{0}{0+1} + \frac{2{,}83}{2{,}83+1} + \frac{25{,}33}{25{,}33+1} = 1{,}7$$

und für die Prüfgröße *F*:

$$F = \frac{(18-3+2) \cdot 1{,}7}{3 \cdot 2 - 1{,}7} = 6{,}72.$$

Tafel 4 entnimmt man für 6 Freiheitsgrade des Zählers und 18 des Nenners bei $\alpha = 5\%$ als kritischen *F*-Wert 2,66 (sowie 4,01 bei 1%); dieser letzte Wert wird deutlich überschritten. Es liegen somit sehr signifikante multivariate Gruppenunterschiede vor. Berechnet man nun *PS* unter Weglassung des größten Eigenwerts, ergibt sich 0,74 und dieser Wert ist nicht signifikant, auch nicht auf dem 5%-Niveau.

Weitere Aufschlüsse wird die im nächsten Abschnitt zu besprechende Diskriminanzanalyse liefern, sowohl hinsichtlich der die Gruppen trennenden Variablen als auch hinsichtlich der Frage, welche Gruppen sich im Einzelnen unterscheiden.

7.3 Diskriminanzanalyse

Ziel von Diskriminanzanalysen; Einführung eines Beispiels

Dieses nicht einfach zu erklärende Verfahren, zu dessen tieferem Verständnis einige Kenntnisse der Matrizenrechnung erforderlich sind, soll hier gerade in seinen Grundzügen dargestellt werden. Insbesondere werden jene komplizierten Normierungsprozesse nicht besprochen, die schließlich zu den Faktorladungen und Faktorwerten führen. Ziel der Diskriminanzanalyse (von lat. discriminare = trennen) ist es herauszufinden, auf welche der betrachteten Variablen multivariate Gruppenunterschiede zurück zu führen sind.

Wir greifen das Beispiel von 7.2.2 auf, wählen aber die Stichprobenumfänge größer und sorgen durch geeignete Zahlen dafür, dass die Unterschiede diesmal auch multivariat signifikant sind. Man habe in Stichprobe 1, nämlich bei 7 normalgewichtigen Männern, systolischen und diastolischen Blutdruck erhoben (Variablen A und B; jeweils in mm Hg) und folgende Werte erhalten:
$a_{11} = 110$; $b_{11} = 70$; $a_{12} = 110$; $b_{12} = 80$; $a_{13} = 110$; $b_{13} = 70$; $a_{14} = 120$; $b_{14} = 70$; $a_{15} = 130$; $b_{15} = 90$; $a_{16} = 130$; $b_{16} = 90$; $a_{17} = 130$; $b_{17} = 90$. Stichprobe 2 besteht aus 7 Übergewichtigen mit den Werten: $a_{21} = 150$; $b_{21} = 100$; $a_{22} = 150$; $b_{22} = 90$; $a_{23} = 150$; $b_{23} = 90$; $a_{24} = 160$; $b_{24} = 90$; $a_{25} = 170$; $b_{25} = 110$; $a_{26} = 170$; $b_{26} = 110$; $a_{27} = 170$; $b_{27} = 110$. Wir indizieren also mit dem 1. Buchstaben j die Stichprobe, mit i den Probanden der jeweiligen Stichprobe. Dann gilt:
$\bar{a}_1 = 120; s_{a1} = 10; \bar{b}_1 = 80; s_{b1} = 10$ sowie $\bar{a}_2 = 160; s_{a2} = 10; \bar{b}_2 = 100; s_{b2} = 10$.
Die Kovarianz zwischen A und B errechnet sich in beiden Stichproben zu 500/6. Damit haben die Kovarianz-Varianz-Matrizen folgende Gestalt:

$$\mathbf{V}_1 = \begin{pmatrix} 100 & 500/6 \\ 500/6 & 100 \end{pmatrix}; \mathbf{V}_2 = \begin{pmatrix} 100 & 500/6 \\ 500/6 & 100 \end{pmatrix}.$$

Zunächst wollen wir noch einmal einen multivariaten t-Test einüben: Als gewichtete mittlere Varianz-Kovarianz-Matrix ergibt sich:

$$\mathbf{V} = \frac{1}{n_1 + n_2 - 2} \cdot [(n_1 - 1) \cdot \mathbf{V}_1 + (n_2 - 1) \cdot \mathbf{V}_1] = \begin{pmatrix} 100 & 500/6 \\ 500/6 & 100 \end{pmatrix}.$$

Als ihre Inverse bestimmen wir:

$$\mathbf{V}^{-1} = \frac{1}{100 \cdot 100 - 500 \cdot 500/36} \cdot \begin{pmatrix} 100 & -500/6 \\ -500/6 & 100 \end{pmatrix} = \begin{pmatrix} 0{,}033 & -0{,}027 \\ -0{,}027 & 0{,}033 \end{pmatrix}.$$

Für den Zeilenvektor der Differenzen $\bar{\mathbf{d}} = (\bar{a}_2 - \bar{a}_1, \bar{b}_2 - \bar{b}_1)$ berechnet sich der Wert (40; 20) und die nach Hotelling benannte Prüfgröße bei unabhängigen Stichproben ergibt sich gemäß Formel 7.1 zu:

$$T_3^2 = \frac{n_1 \cdot n_2}{n_1 + n_2} \cdot (\bar{a}_2 - \bar{a}_1, \bar{b}_2 - \bar{b}_1) \cdot \mathbf{V}^{-1} \cdot (\bar{a}_2 - \bar{a}_1, \bar{b}_2 - \bar{b}_1)^T =$$

$$= \frac{49}{14} \cdot (40; 20) \cdot \begin{pmatrix} 0{,}033 & -0{,}027 \\ -0{,}027 & 0{,}033 \end{pmatrix} \cdot \begin{pmatrix} 40 \\ 20 \end{pmatrix} = 79{,}8.$$

7.3 Diskriminanzanalyse

Transformation in einen F-Wert mittels Formel 7.2 liefert:

$$F = \frac{n_1 + n_2 - p - 1}{(n_1 + n_2 - 2) \cdot p} \cdot T_3^2 = \frac{7 + 7 - 2 - 1}{12 \cdot 2} \cdot 79{,}8 = 36{,}57.$$

Tafel 4 entnehmen wir bei $\alpha = 0{,}05$ für 2 Freiheitsgrade im Zähler und 11 im Nenner den kritischen F-Wert von 3,98; also stellen wir einen signifikanten multivariaten Gruppenunterschied fest. Da für $\alpha = 0{,}01$ der kritische Wert 7,21 beträgt, wäre dieses Ergebnis sogar auf dem 1%-Niveau abzusichern.

Offenbar trägt zu diesem Unterschied die Variable A (systolischer Blutdruck) mehr bei als Variable B; diesen Eindruck versuchen wir nun, durch eine Diskriminanzanalyse zu objektivieren.

Vorher führen wir aber eine multivariate Varianzanalyse durch, nicht zuletzt, weil wir die dabei benutzten Matrizen SAQ_{zwGr}, SAQ_{inn} und SAQ_{inn}^{-1} später für die Diskriminanzanalyse benötigen. Wir berechnen für diese:

$$SAQ_{zwGr} = \begin{pmatrix} 5600 & 2800 \\ 2800 & 1400 \end{pmatrix}; SAQ_{inn} = \begin{pmatrix} 1200 & 1000 \\ 1000 & 1200 \end{pmatrix}; SAQ_{inn}^{-1} = \frac{1}{4400} \begin{pmatrix} 12 & -10 \\ -10 & 12 \end{pmatrix}.$$

Für das Produkt von SAQ_{zwGr} und SAQ_{inn}^{-1} ergibt sich (gerundet):

$$SAQ_{zwGr} \cdot SAQ_{inn}^{-1} = \begin{pmatrix} 5600 & 2800 \\ 2800 & 1400 \end{pmatrix} \cdot \frac{1}{4400} \cdot \begin{pmatrix} 12 & -10 \\ -10 & 12 \end{pmatrix} = \begin{pmatrix} 8{,}91 & -5{,}09 \\ 4{,}45 & -2{,}55 \end{pmatrix}.$$

Zur Bestimmung ihrer Eigenwerte setzen wir die Determinante von

$$SAQ_{zwGr} \cdot SAQ_{inn}^{-1} - \lambda \cdot E = \left| \begin{pmatrix} 8{,}91 & -5{,}09 \\ 4{,}45 & -2{,}55 \end{pmatrix} - \lambda \cdot \begin{pmatrix} 1 & 0 \\ 0 & 1 \end{pmatrix} \right| = 0 \text{ und erhalten:}$$

$$-0{,}07 - 6{,}36\lambda + \lambda^2 = 0.$$

Als einzigen substanziellen Eigenwert finden wir also $\lambda = 6{,}36$ – der andere ist nur aufgrund von Rundungsfehlern nicht exakt 0.

Damit berechnet sich das Pillai-Spurkriterium zu $6{,}36/(1+ 6{,}36) = 0{,}86$ und für die Prüfgröße F erhält man 8,3 (s. 7.2.2). Die zugehörigen Freiheitsgrade betragen 2 für den Zähler und 12 für den Nenner; dafür finden sich laut Tafel 4 kritische Werte von 3,89 bzw. 6,93 (bei $\alpha = 0{,}05$ bzw. 0,01). Multivariate Varianzanalyse legt somit, selbst unter Anwendung des konservativen Pillai-Kriteriums, signifikante Gruppenunterschiede nahe – unten werden wir sehen, dass dann auch die Diskriminanzanalyse signifikant ausfällt.

Vorgehensweise bei der Diskriminanzanalyse

Wir erinnern uns an die Aufgabe, die relative Bedeutung der Variablen A und B für die multivariaten Gruppenunterschiede herauszufinden. Man definiert dazu eine neue Variable C, die sich als Linearkombination von A und B ergibt; für Werte von Probanden P_i in den Stichproben Stp_j gilt also:

$$c_{ji} = g_A \cdot a_{ji} + g_B \cdot b_{ji}.$$

g_A und g_B sind Konstanten (Gewichtungskoeffizienten), welche für alle Gruppen und Personen gelten. Hätten wir unsere Variablen statt mit A und B mit X_1 und X_2 indiziert (allgemein mit X_k), wären die Konstanten mit g_k zu bezeichnen. Es ist sicher sinnvoll, darauf hinzuweisen, dass wir jetzt wieder einen univariaten Fall vor uns haben: Der Wert c_{ji} in Variable C ist ein einziger reeller Wert, kein Vektor.

g_A und g_B werden nun so gewählt, dass für die Werte in C die Summe der Abweichungsquadrate SAQ_{zwGr} – wir nennen sie zur Vermeidung von Missverständnissen SAQ_{CzwGr} – sehr groß wird, SAQ_{Cinn} hingegen möglichst klein. Wir streben also an, dass der Quotient

$$\lambda = \frac{SAQ_{CzwGr}}{SAQ_{Cinn}}$$

ein Maximum annimmt. Diese Bedingung wird nicht nur ein Paar von Werten g_A und g_B liefern, sondern eine ganze Schar. Gemeinsam ist ihnen, dass g_A und g_B stets im selben Verhältnis stehen; durch Normierung lässt sich dann Eindeutigkeit erzielen. Die so definierte Variable C nennen wir Diskriminanzfaktor, den oben definierten Quotienten λ Diskriminanzkriterium.

Liegen mehr als 2 Stichproben vor oder mehr als 2 abhängige Variablen, werden wir i. Allg. mehrere Diskriminanzfaktoren und -Kriterien erhalten. Die Vorgehensweise ist dann wie bei der Faktorenanalyse: Es werden sukzessiv Diskriminanzkriterien ermittelt (die sich als Eigenwerte von Matrizen ergeben), daraus die Gewichtungskoeffizienten und schließlich die einzelnen neuen Variablen (die den Faktoren der FA analogen Diskriminanzfaktoren) berechnet. Vorläufig beschränken wir uns aber ganz auf den bivariaten Fall.

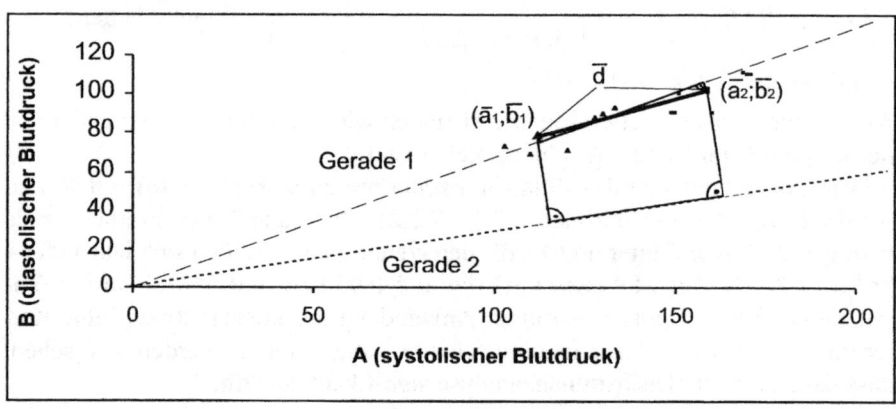

Abbildung 7.1: Streuungsdiagramm und Diskriminanzfaktor

Geometrisch lässt sich dies folgendermaßen veranschaulichen (s. Abb. 7.1): Bezeichnet man in einem rechtwinkligen Koordinatensystem die x-Achse mit Achse A, die y-Achse mit Achse B, so lassen sich die Probandenwerte als Streuungsdiagramm darstellen: Um beispielsweise die Position des Probanden $P_{1,1}$ in diesem Streuungsdiagramm zu erhalten, gehen wir auf der x-Achse

7.3 Diskriminanzanalyse

(Achse A) 110 Einheiten nach rechts und von da 70 Einheiten nach oben (wie schon bei den Streuungsdiagrammen in 3.3). Die bivariaten Mittelwerte der beiden Gruppen können wir ebenfalls in das Diagramm eintragen; der bivariate Vektor der Mittelwertdifferenzen $\overline{d} = (\overline{a}_2 - \overline{a}_1; \overline{b}_2 - \overline{b}_1)$ lässt sich dann als Strecke kennzeichnen. Legen wir nun eine Gerade durch den Nullpunkt des Koordinatensystems, sodass der Tangens ihres Steigungswinkels gleich dem Quotienten der Gewichtskoeffizienten ist (also tanα = g_B/g_A), heißt diese Gerade Diskriminanzfaktor (genauer: 1. Diskriminanzfaktor).

Die Bezeichnung Diskriminanzgerade wäre korrekter, da sie weder Anfang noch Endpunkt hat – sie könnte auch nach links unten über den Nullpunkt hinaus fortgesetzt werden. Die Wortwahl soll jedoch die Analogie zur Faktorenanalyse betonen, die wir noch weiter fest stellen werden.

Diese Diskriminanzgerade (Diskriminanzfaktor) hat nun die Eigenschaft, dass die Projektion der Mittelwertdifferenzen beider Gruppen, also der oben erklärten, $\overline{d} = (\overline{a}_2 - \overline{a}_1; \overline{b}_2 - \overline{b}_1)$ entsprechenden Strecke, möglichst groß wird. Wir sehen, dass Gerade 1 möglicherweise sehr gute Diskriminierung leistet (der Diskriminanzgerade nahe kommt), während die steiler verlaufende Gerade 2 nur eine kleine Projektion der Mittelwertdifferenzen erhält. Gleichzeitig soll jedoch die Fehlerkomponente SAQ_{Cinn} möglichst klein werden; in unserem Streuungsdiagramm bedeutet dies, dass die Projektionen der Werte in A und der Werte in B auf die Gerade einen möglichst geringen Überschneidungsbereich aufweisen; aus diesem Grunde kann die tatsächliche Diskriminanzgerade eine andere Lage haben als wir für die Maximierung von SAQ_{CzwGr} voraussagen würden.

Für SAQ_{Cinn} und SAQ_{CzwGr} gelten nun die wichtigen Beziehungen:

$SAQ_{Cinn} = \mathbf{g}^T \cdot \mathbf{SAQ}_{A,Binn} \cdot \mathbf{g}$ und $SAQ_{CzwGr} = \mathbf{g}^T \cdot \mathbf{SAQ}_{A,BzwGr} \cdot \mathbf{g}$,

wobei **g** der Spaltenvektor der oben eingeführten (vorläufig noch unbekannten) Gewichtungskoeffizienten g_A und g_B (der Gewichtungsvektor) ist; $\mathbf{g}^T$ ist seine Transponierte, also der Zeilenvektor mit den Komponenten g_A und g_B, **SAQ**$_{A,BzwGr}$ die Matrix, welche in ihrer Diagonalen die Elemente SAQ_{AzwGr} und SAQ_{BzwGr} enthält, an den anderen Stellen die Produkte der Abweichungen von A und B (die Kreuzprodukte); Entsprechendes gilt für **SAQ**$_{A,Binn}$. Es handelt sich also genau um die Matrizen, die wir der multivariaten Varianzanalyse (s. oben) zu Grunde legten.

Die oben angeführte Maximumsbedingung für das Diskriminanzkriterium λ führt nun zur Gleichung:

$\mathbf{SAQ}_{A,BzwGr} \cdot \mathbf{g} = \lambda \cdot \mathbf{SAQ}_{A,Binn} \cdot \mathbf{g}$ oder:

$(\mathbf{SAQ}_{A,BzwGr} - \lambda \cdot \mathbf{SAQ}_{A,Binn}) \cdot \mathbf{g} = 0$ (s. Anmerkung 3).   7.8a

Besitzt **SAQ**$_{A,Binn}$ eine Inverse (ein nicht immer gegebener Fall), lässt sich diese von rechts an die Gleichung „heranmultiplizieren" und schreiben:

$(\mathbf{SAQ}_{A,BzwGr} \cdot \mathbf{SAQ}^{-1}_{A,Binn} - \lambda \cdot \mathbf{E}) \cdot \mathbf{g} = 0$.   7.8b

(Dabei bedeutet **E** die Einheitsmatrix.) Die Gleichung ist genau dann lösbar, wenn die Determinante des linken Terms den Wert 0 hat; wir erhalten weiter:

$$\left| \mathbf{SAQ}_{A,BzwGr} \cdot \mathbf{SAQ}^{-1}_{A,Binn} - \lambda \cdot \mathbf{E} \right| = 0.$$

Diese Gleichung entspricht exakt jener, die wir zur Herleitung der in die Pillai-Prüfgröße (zur Prüfung der Signifikanz bei einer multivariaten Varianzanalyse) eingehenden Eigenwerte benutzt hatten (s. 7.2.3). Sie liefert im Falle von 2 Variablen und 2 Stichproben genau einen von 0 verschiedenen Eigenwert, bei mehr Variablen und/oder Stichproben $r > 1$ Eigenwerte.

Bevor wir aus den Eigenwerten die zugehörigen Eigenvektoren (und damit auch die gesuchten Gewichtungskoeffizienten) gewinnen, prüfen wir deshalb schon an dieser Stelle das Diskriminanzkriterium auf Signifikanz. Wir machen dies wieder mit dem F-Test, in den neben dem Pillai-Spurkriterium die Zahl der abhängigen Variablen und die Stichprobenanzahl mit ihren Umfängen eingehen (s. 7.2.3). Es lässt sich deshalb unmittelbar folgern: Ist der multivariate varianzanalytische Gruppenvergleich signifikant, sind die ermittelten r Diskriminanzkriterien in ihrer Gesamtheit signifikant.

Weitere Analysen müssen – außer im einfachen bivariaten Fall – nun herausfinden, welche der Diskriminanzfaktoren signifikant sind. Wir prüfen dies über die Signifikanz der zugehörigen Diskriminanzkriterien (der λs) und entfernen aus der Formel für das Pillai-Spurkriterium (und den zugehörigen F-Test) nacheinander die höchsten Eigenwerte. Sobald der F-Wert dabei den kritischen Wert unterschreitet, sind die verbleibenden Eigenwerte (und damit Faktoren) nicht mehr signifikant (zu einem Beispiel s. unten).

Es bleibt, die zu λ gehörigen Gewichtungskoeffizienten (im bivariaten Fall deren 2) zu bestimmen. Wir benutzen dazu die Gleichung:

$$(\mathbf{SAQ}_{A,BzwGr} \cdot \mathbf{SAQ}^{-1}_{A,Binn} - \lambda \cdot \mathbf{E}) \cdot \mathbf{g} = 0,$$

in der lediglich die Komponenten g_A und g_B des Vektors **g** unbekannt sind; löst man nach ihnen auf und normiert sie so, dass der Vektor **g** die Länge 1 hat, erhält man die Lösung (s. Beispiel unten). Durch Einsetzen in die Gleichung:

$$c_{ji} = g_A \cdot a_{ji} + g_B \cdot b_{ji}$$

erhalten wir aus den alten Werten die neuen unserer Probanden; man kann sie den Faktorladungen der FA vergleichen und sie werden auch so bezeichnet. Die Diskriminanzgerade läuft somit durch die Punkte (0;0) und (g_A; g_B).

Illustration am bivariaten Beispiel

Wir illustrieren die Vorgehensweise im bivariaten Fall am obigen Beispiel der Blutdruckwerte von normal- und übergewichtigen Männern: Um das (hier einzige von 0 verschiedene) Diskriminanzkriterium λ zu bestimmen, setzen wir:

$$\left| \mathbf{SAQ}_{A,BzwGr} \cdot \mathbf{SAQ}^{-1}_{A,Binn} - \lambda \cdot \mathbf{E} \right| = 0, \text{ also:}$$

7.3 Diskriminanzanalyse

$$\left|\begin{pmatrix} 8{,}91 & -5{,}09 \\ 4{,}45 & -2{,}55 \end{pmatrix} - \lambda \cdot \begin{pmatrix} 1 & 0 \\ 0 & 1 \end{pmatrix}\right|.$$

Dies liefert, wie oben gezeigt, $\lambda = 6{,}36$ und $\lambda = 0$; der letztere Wert trägt nicht zur Diskriminierung bei (liefert keinen Beitrag zur Signifikanz der Diskriminationsfaktoren) und wird nicht weiter beachtet. Wir haben daher allein anhand von $\lambda = 6{,}36$ zu entscheiden, ob der einzige Diskriminanzfaktor die Gruppen signifikant trennt und berechnen dazu das Pillai-Spurkriterium

$$PS = \frac{\lambda}{1+\lambda} = 0{,}86.$$

Setzen wir diesen Wert gemäß Formel 7.5 in die Prüfgröße

$$F = \frac{[df_{inn} - p + min(p; df_{zw})] \cdot PS}{max(p; df_{zw}) \cdot [min(p; df_{zw})] - PS}, \text{hier}: \frac{(12-2+1) \cdot 0{,}86}{2 \cdot 1 - 0{,}86}$$

ein, erhalten wir 8,30 und stellen beim Vergleich mit dem kritischen F-Wert bei 2 Freiheitsgraden im Zähler und 12 im Nenner (zur allgemeinen Formel s. 7.2.3) fest, dass dieser Wert sich nicht mehr im Zufallsbereich befindet (Signifikanz auf dem 1%-Niveau). Wir führen daher die Berechnungen fort und bestimmen die Gewichtungskoeffizienten und damit die Diskriminanzgerade (den Diskriminanzfaktor C). Dazu benutzen wir die Gleichung

$$(\mathbf{SAQ}_{A,BzwGr} \cdot \mathbf{SAQ}_{A,Binn}^{-1} - \lambda \cdot \mathbf{E}) \cdot \mathbf{g} = 0, \text{hier}:$$

$$\left[\begin{pmatrix} 8{,}91 & -5{,}09 \\ 4{,}45 & -2{,}55 \end{pmatrix} - 6{,}36 \cdot \begin{pmatrix} 1 & 0 \\ 0 & 1 \end{pmatrix}\right] \cdot \begin{pmatrix} g_A \\ g_B \end{pmatrix} = \begin{pmatrix} 0 \\ 0 \end{pmatrix} \text{ oder } \begin{pmatrix} 2{,}55 \cdot g_A - 5{,}09 \cdot g_B \\ 4{,}45 \cdot g_A - 8{,}91 \cdot g_B \end{pmatrix} = \begin{pmatrix} 0 \\ 0 \end{pmatrix}.$$

Dies liefert: $g_A = 2 g_B$. Aus der Normierungsbedingung $g_A^2 + g_B^2 = 1$ folgt:

$$g_A = \frac{2 \cdot \sqrt{5}}{5} = 0{,}89; \quad g_B = \frac{\sqrt{5}}{5} = 0{,}45.$$

Wir zeigen noch, dass $\mathbf{g} = \begin{pmatrix} \frac{2 \cdot \sqrt{5}}{5} \\ \frac{\sqrt{5}}{5} \end{pmatrix}$

tatsächlich Eigenvektor von $\mathbf{SAQ}_{A,BzwGr}\mathbf{SAQ}_{A,Binn}^{-1}$ zum Eigenwert 6,36 ist; es ergibt sich (mit gewissen Rundungsfehlern):

$$\begin{pmatrix} 8{,}91 & -5{,}09 \\ 4{,}45 & -2{,}55 \end{pmatrix} \cdot \begin{pmatrix} \frac{2 \cdot \sqrt{5}}{5} \\ \frac{\sqrt{5}}{5} \end{pmatrix} = \begin{pmatrix} 8{,}91 \cdot \frac{2 \cdot \sqrt{5}}{5} - 5{,}09 \cdot \frac{\sqrt{5}}{5} \\ 4{,}45 \cdot \frac{2 \cdot \sqrt{5}}{5} - 2{,}55 \cdot \frac{\sqrt{5}}{5} \end{pmatrix} = \begin{pmatrix} 12{,}73 \cdot \frac{\sqrt{5}}{5} \\ 6{,}35 \cdot \frac{\sqrt{5}}{5} \end{pmatrix} =$$

$$6{,}36 \cdot \begin{pmatrix} \frac{2 \cdot \sqrt{5}}{5} \\ \frac{\sqrt{5}}{5} \end{pmatrix}; \text{außerdem gilt}: \left(\frac{2 \cdot \sqrt{5}}{5}\right)^2 + \left(\frac{\sqrt{5}}{5}\right)^2 = 1.$$

Die Diskriminanzgerade hat also die Steigung 1/2 (das Verhältnis g_B/g_A); sie läuft durch den Nullpunkt und u.a. durch den Punkt (2;1), liegt daher so, wie wir es auf Grund der Maximumsbedingung vermutet haben. Man hat also zur besonders guten Unterscheidung der Gruppen die systolischen Blutdruckwerte doppelt so stark zu gewichten wie die diastolischen.

Aus den Gewichtungskoeffizienten ergeben sich durch weitere Normierungsprozesse die Diskriminanzkoeffizienten und aus diesen wiederum die Korrelationen der ursprünglichen Variablen A und B mit der neuen Variablen C; in Analogie zur Faktorenanalyse bezeichnet man letztere auch als Ladungen der Variablen auf dem Diskriminanzfaktor. Schließlich lassen sich auch Werte der Personen auf der neuen Variable erhalten, die in Analogie zur FA als Faktorwerte bezeichnet werden; durch eine Art z-Transformation sorgt man dafür, dass sich die diskriminanzanalytischen Faktorwerte – anders als bei der FA – um 0 gruppieren. Auf die genannten Schritte kann hier im Einzelnen nicht eingegangen werden (s. Bortz 1999, S. 585 f.).

Übergang zum allgemeinen multivariaten Fall

Liegen nur 2 Stichproben und 2 abhängige Variablen vor, erhält man wie im Beispiel einen einzigen Diskriminanzfaktor. Schon bei 3 Gruppen und 2 Variablen wird die Situation komplizierter: Zur Unterscheidung zwischen den ersten beiden Stichproben (bzw. Populationen) könnte eine andere Gewichtung der Variablen sinnvoll sein als zur Diskriminierung zwischen erster und dritter Stichprobe; wir müssen uns also auf mehr substanzielle Eigenwerte und Eigenvektoren gefasst machen (in diesem Fall 2). Beziehen wir eine 3. Variable ein, könnte diese ebenfalls mit gewissem Gewicht zur Gruppenunterscheidung beitragen. Wir werden nicht mehr mit einem einzigen Gewichtungsvektor auskommen, sondern müssen mehrere annehmen; wir nennen sie $\mathbf{g}_s$, wobei ihre Zahl mit r bezeichnet sei.

Man habe p abhängige Variablen berücksichtigt; der laufende Index sei dafür h, also $X_1,..,X_h,...,X_p$. Weiter seien k Stichproben untersucht worden; als laufenden Index wählen wir j, also $Stp_1,..,Stp_j,..,Stp_k$ mit den Umfängen $n_1,..,n_j,...,n_k$. Der Probandenindex sei wiederum i. Damit bedeutet x_{hji} der Wert des i-ten Probanden von Stichprobe j in der h-ten Variable (also: erst Variable, dann Stichprobe, dann Probandennummer).

Auch hier können wir wieder $\mathbf{SAQ}_{X_1,...,X_h,...,X_p zwGr}$ und $\mathbf{SAQ}_{X_1,...,X_h,...,X_p inn}$ berechnen (mit jeweils p Zeilen und p Spalten) und die Inverse der letzteren bilden (was diesmal komplizierter sein wird). Auch hier berechnen wir wieder mit Hilfe seiner Determinante die Eigenwerte des Matrixproduktes aus $\mathbf{SAQ}_{X_1,...,X_h,...,X_p zwGr}$ und $\mathbf{SAQ}^{-1}_{X_1,...,X_h,...,X_p inn}$; diesmal sind mehrere von 0 verschiedene Eigenwerte zu erwarten. Aus ihnen ermitteln wir das Pillai-Spurkriterium und prüfen es mittels F-Test auf Signifikanz; ist diese gegeben,

7.3 Diskriminanzanalyse

bestimmen wir die zu den signifikanten Eigenwerten gehörigen Eigenvektoren und damit die Diskriminanzgeraden.

Wir wollen das so weit dargestellte Vorgehen wieder an einem Beispiel illustrieren. Wir benutzen dazu zweckmäßigerweise das letzte der Beispiele aus 7.2.3 (Vergleich von Schülern in 3 verschiedenen Schulformen hinsichtlich ihrer Leistungen in Englisch, Deutsch und Musik). Wir erinnern uns, dass sich die Gruppen hauptsächlich hinsichtlich ihrer Leistungen in Englisch (Variable 1) unterschieden; nicht so deutlich waren die Unterschiede in Variable 2 und 3. In den wichtigsten Diskriminanzfaktor wird also vermutlich Englisch eingehen. Ob ein weiterer Diskriminanzfaktor, auf dem Musik oder Deutsch hoch lädt, eine signifikante Trennung der Gruppen leistet, wird sich herausstellen. Wir erhielten:

$$SAQ_{zwGr} = \begin{pmatrix} 168 & 42 & 42 \\ 42 & 42 & 42 \\ 42 & 42 & 42 \end{pmatrix}; SAQ_{inn} = \begin{pmatrix} 18 & 7 & 15 \\ 7 & 18 & 11 \\ 15 & 11 & 18 \end{pmatrix}$$

sowie

$$SAQ^{-1}_{inn} = \frac{1}{1032} \cdot \begin{pmatrix} 203 & 39 & -193 \\ 39 & 99 & -93 \\ -193 & -93 & 275 \end{pmatrix}.$$

Damit berechnete sich als Matrixprodukt:

$$SAQ_{zwGr} \cdot SAQ_{inn}^{-1} = \begin{pmatrix} 26{,}78 & 6{,}59 & -24{,}01 \\ 1{,}99 & 1{,}83 & -0{,}45 \\ 1{,}99 & 1{,}83 & -0{,}45 \end{pmatrix}.$$

Für die Eigenwerte dieser Matrix ergab sich (unter Umstellung der Reihenfolge): $\lambda_1 = 25{,}33$; $\lambda_2 = 2{,}83$; $\lambda_3 = 0$ (s. 8.4.1 für die Rechenschritte im Einzelnen). Somit berechnete sich nach Formel 7.6 für PS:

$$PS = \frac{0}{0+1} + \frac{2{,}83}{2{,}83+1} + \frac{25{,}33}{25{,}33+1} = 1{,}7$$

und für die Prüfgröße F:

$$F = \frac{(18-3+2) \cdot 1{,}7}{3 \cdot 2 - 1{,}7} = 6{,}72.$$

Tafel 4 entnimmt man als kritischen F-Wert für 6 Freiheitsgrade des Zählers und 18 des Nenners bei $\alpha = 1\%$ 4,01; es liegen also sehr signifikante multivariate Gruppenunterschiede vor. Berechnet man PS unter Weglassung des größten Eigenwerts, erhält man 0,74 und dieser Wert ist nicht signifikant. Lediglich die zum größten Eigenwert gehörige Diskriminanzgerade leistet also eine Trennung der Gruppen. Wir wollen das nun etwas genauer betrachten und berechnen den Eigenvektor $\mathbf{g}_1$ zum einzig signifikanten Eigenwert $\lambda_1 = 25{,}33$. Für seine Komponenten $g_{1,1}$, $g_{1,2}$ und $g_{1,3}$ gilt folgende Gleichung:

$$\begin{pmatrix} 26{,}78 & 6{,}59 & -24{,}01 \\ 1{,}99 & 1{,}83 & -0{,}45 \\ 1{,}99 & 1{,}83 & -0{,}45 \end{pmatrix} \cdot \begin{pmatrix} g_{1,1} \\ g_{1,2} \\ g_{1,3} \end{pmatrix} = 25{,}33 \cdot \begin{pmatrix} g_{1,1} \\ g_{1,2} \\ g_{1,3} \end{pmatrix}.$$

Dies liefert zunächst $g_{1,2} = g_{1,3}$ und $1{,}45 g_{1,1} = 17{,}42 g_{1,3}$. Normierung auf die Länge von 1 ergibt dann:

$$\mathbf{g} = \begin{pmatrix} 0{,}99 \\ 0{,}08 \\ 0{,}08 \end{pmatrix}.$$

Dies bestätigt also die bei der Inspektion der Daten bereits sich aufdrängende Vermutung, dass die Diskrimination der Gruppen v.a. durch die Leistungen in Englisch geschieht und die anderen Variablen hierzu keinen Beitrag leisten. Wir könnten nun noch bezüglich der neuen Variable Y (zu berechnen aus X_1, X_2 und X_3 mittels der Gewichtungsfaktoren $g_{1,1}$, $g_{1,2}$ und $g_{1,3}$) eine univariate Varianzanalyse mit Anschlusstests (etwa Scheffé-Test) durchführen, um zu sehen, welche Gruppen sich unterscheiden.

Wir wollen darauf ebenso verzichten wie auf die komplizierten, oben angedeuteten Normierungsprozeduren, die zu den Faktorwerten und Faktorladungen führen.

Anmerkungen Kapitel 7

Anmerkung 1: Die Vorgehensweise im Einzelnen sei (im Wesentlichen nach Bortz 1999, S. 528 ff.) etwas genauer skizziert: Zunächst ist ein Maß für die Ähnlichkeit zwischen 2 Personen (allgemeiner Objekten) hinsichtlich ihrer Variablenprofile zu finden. Bei dichotomen Daten bietet sich u.a. der in 3.3.2 eingeführte Φ-Koeffizient an:

$$\Phi = \frac{a \cdot d - b \cdot c}{\sqrt{(a+b) \cdot (c+d) \cdot (a+c) \cdot (b+d)}}$$

mit a: Zahl der Variablen, in denen beide Personen die Ausprägung 1 haben, b: Zahl der Variablen, in denen Person 1 die Ausprägung 1, Person 2 die Ausprägung 0 hat, c: Zahl der Variablen, in denen Person 1 die Ausprägung 0, Person 2 die Ausprägung 1, d: Zahl der Variablen, in denen beide Personen die Ausprägung 0 haben. Liegen intervallskalierte Daten vor, könnte man diese dichotomisieren und dann nach dem oben eingeführten Schema den Φ-Koeffizienten bestimmen oder spezifische Ähnlichkeitsmasse für Daten auf dem Niveau von Intervallskalen anwenden – vorab ist gegebenenfalls durch z-Transformation sicher zu stellen, dass die Maßstäbe auf den einzelnen Skalen vergleichbar sind. Als ein (reziprokes) Ähnlichkeitsmaß bietet sich die euklidische Distanz an, also:

Anmerkungen Kapitel 7

$$d_{ii'} = \sqrt{\sum_{j=1}^{p}(x_{ji} - x_{ji'})^2},$$

wobei x_{ji} und $x_{ji'}$ die Werte der Probanden P_i und $P_{i'}$ in den p Variablen X_j darstellen. Ist diese Distanz gering, sind die multivariaten Daten der beiden Personen ähnlich. Eine weitere Operationalisierung von Ähnlichkeit wäre das Cattell'sche Profilähnlichkeitsmaß r_p als Produkt-Moment-Korrelation der Variablenwerte beider Personen: Der Wert ist dann hoch, wenn beide Personen in denselben Variablen gleichsinnig von ihren individuellen Mittelwerten abweichen.

Die Matrix, welche die Ähnlichkeit jeder Person mit jeder anderen hinsichtlich der betrachteten Variablen und des gewählten Ähnlichkeitsmaßes angibt, ist dann Grundlage der verschiedenen clusteranalytischen Verfahren. Diese lassen sich grob in hierarchische und nichthierarchische unterteilen: Bei denen der ersten Gruppe beginnt man mit so vielen Clustern, wie Personen vorliegen; als erstes werden die beiden ähnlichsten Personen zu einem Cluster zusammengefasst, wobei dies in manchen Programmen nur dann geschehen soll, wenn ihre Ähnlichkeit einen bestimmten, zuvor fest gesetzten Minimalwert erreicht (ihre Distanz ein bestimmtes Maximum nicht überschreitet). Von den verbleibenden $n-1$ Clustern werden nun wieder die beiden ähnlichsten zusammengefasst (fusioniert) usw., bis zum Schluss ein einziges Cluster übrig bleibt, welches alle Personen umfasst – hat man zuvor minimale Ähnlichkeiten als Kriterium fest gelegt, wird die Fusionierung in der Regel schon deutlich früher abgebrochen. Computerprogramme liefern so genannte Dendrogramme (von griech. dendron = Baum), in denen die einzelnen Schritte der Fusionierung dargestellt sind und anhand deren Entscheidungen über die sinnvollerweise anzusetzende Clusterzahl getroffen werden können.

Verschmilzt man 2 Objekte zu einem Cluster, muss man für dieses Cluster ein neues Profil definieren, das hinsichtlich seiner Ähnlichkeit dann mit den anderen Profilen verglichen werden kann. Hier könnte man etwa, wie in dem häufig eingesetzten clusteranalytischen Verfahren nach Ward (1963), die Profile einfach mitteln. Es gibt mehrere Kriterien, nach denen sich 2 Cluster fusionieren lassen; im erwähnten Verfahren nach Ward fasst man z.B. zuerst jene beiden zusammen, bei denen das mittlere Profil die geringste Abweichung von den Einzelprofilen vor der Fusion zeigt (operationalisiert über Fehlerquadrate). Von den verbleibenden Clustern werden wiederum jene verschmolzen, bei denen der dabei resultierende Fehler minimal wird. Trägt man in einem so genannten Strukturogramm die gesamten (über alle Cluster berechneten) Fehlerquadratsummen gegen die Fusionsschritte auf, zeigt sich meist deutlich, ab wann der Fehler sprunghaft zunimmt. Die letzte davor liegende Fusion wird dann üblicherweise jene sein, nach der man abbricht (bei Bortz 1999, S. 557 f. ist eine solche Fusionierung nach Ward an einem kleinen Zahlenbeispiel gut illustriert).

Während man bei den hierarchischen clusteranalytischen Verfahren stets zunächst von der differenziertesten, aber auch unübersichtlichsten Konfiguration ausgeht, nämlich so viele Cluster q wie Personen n annimmt und dann diese Zahl von Clustern auf k zu reduzieren versucht, ist dies bei den nichthierarchischen Verfahren anders (z.B. der bekannten k-means-Methode): Dort geht man stets von einer bestimmten Clusterzahl k sowie einer entsprechenden Zuordnung von Objekten aus und versucht, diese Zuordnung unter Beibehaltung der Clusterzahl noch zu optimieren (unter meist immensem Rechenaufwand). Es bietet sich dann an, zunächst mit einer hierarchischen Analyse die optimale Clusterzahl k zu ermitteln und mittels eines nichthierarchischen Verfahrens die Zuordnung der Objekte zu diesen k Clustern zu optimieren.

Anders als bei Faktorenanalysen, wo sich mittlerweile die Extraktion der Faktoren nach der Hauptkomponentenmethode und die Rotation nach dem Varimax-Kriterium weitgehend durchgesetzt haben, gibt es keineswegs das **eine** unumstrittene und allgemein eingesetzte clusteranalytische Verfahren, sodass Ergebnisse von verschiedenen Auswertungen an vergleichbarem Datenmaterial nicht unbedingt ähnliche Resultate liefern. Im Übrigen ist es auch hier (wie schon in 3.5.8 für Faktorenanalysen angemerkt) sinnvoll, bei großen Stichproben diese nach dem Zufallsprinzip zu teilen und zu überprüfen, ob die an den Substichproben durchgeführten Clusteranalysen vergleichbare Ergebnisse bringen (z.B. gleiche optimale Clusterzahl nahe legen.).

Anmerkung 2: In 6.2 haben wir die Prüfgröße t für den univariaten t-Test für unabhängige Stichproben aus dem Satz abgeleitet, dass sich die Mittelwerte $\bar{x}$ von Stichproben mit Umfang n aus einer normalverteilten Grundgesamtheit nach t mit $n-1$ Freiheitsgraden um μ mit Standardabweichung

$$\sigma_{\bar{x}} = \frac{\sigma}{\sqrt{n}} \text{ verteilen.}$$

Anders formuliert: Schätzt man σ durch s (mittlere gewichtete Standardabweichung der Stichproben), ist die Prüfgröße

$$t = \frac{\bar{x} - \mu}{s} \cdot \sqrt{n}$$

für Stichproben mit Mittelwert $\bar{x}$ t-verteilt um 0 mit $n-1$ Freiheitsgraden. Ihr Quadrat

$$t^2 = (\bar{x} - \mu) \cdot \frac{1}{s^2} \cdot (\bar{x} - \mu) \cdot n$$

verteilt sich dann nach F mit 1 Freiheitsgrad im Zähler und $n-1$ im Nenner.
Im multivariaten Fall mit p Variablen gilt die erweiterte Aussage: Der transformierte Wert der Prüfgröße

$$T_1^2 = (\bar{x} - \mu_0) \cdot \mathbf{V}^{-1} \cdot (\bar{x} - \mu_0)^T \cdot n \text{, nämlich } F = \frac{n-p}{(n-1) \cdot p} \cdot T_1^2$$

verteilt sich nach F mit p Freiheitsgraden im Zähler und $n-p$ im Nenner. $\mathbf{V}$ ist dabei die Varianz-Kovarianz-Matrix der p Variablen, $(\bar{x} - \mu_0)$ ein Zeilenvektor mit p Elementen.

Anmerkung 3: Die Herleitung sei nur angedeutet: Nach der Maximumsbedingung für den Diskriminanzfaktor gilt:

$$\lambda = \frac{g \cdot SAQ_{A,BzwGr} \cdot g^T}{g \cdot SAQ_{A,Binn} \cdot g^T} = \max.$$

Betrachtet man diesen Ausdruck als Funktion der beiden Gewichtskoeffizienten g_A und g_B, kann man partiell nach diesen ableiten und die 1. Ableitungen 0 setzen, was durch eine Reihe von Umformungen zu den Matrixgleichungen 7.8a und 7.8b führt. Prinzipiell ähnlich lautet die (dann komplizierter zu indizierende) Gleichung im Falle von mehr als 2 abhängigen Variablen.

8 Mathematische Grundlagen

8.1 Vorbemerkungen; Überblick

Die mathematischen Grundlagen der einzelnen statistischen Verfahren wurden im Wesentlichen bereits in den einschlägigen Kapiteln behandelt, allerdings oft relativ knapp und unmittelbar wohl nur für jene verständlich, die gründliches mathematisches Schulwissen noch parat haben. Manches soll hier etwas genauer zur Darstellung kommen, zudem einige Definitionen nachgetragen werden, die in den Kapiteln zunächst übergangen oder unvollständig eingeführt wurden. Wer das erwähnte mathematische Grundwissen bereits besitzt, kann dieses Kapitel weitgehend überlesen; auch jene, die lediglich statistisches Wissen erwerben wollen (bzw. müssen) und denen die mathematischen Hintergründe eher gleichgültig sind, dürften ohne allzu großen Schaden auf die Lektüre verzichten können.

Der erste Abschnitt (8.2) führt sehr oberflächlich in die elementaren Zahlenmengen ein, von denen die der so genannten reellen Zahlen in diesem Zusammenhang am Wichtigsten ist. Weiter besondere Bedeutung hat die Menge der natürlichen Zahlen, weil wir im Rahmen der Indizierung (Indexbildung) eine Beziehung zwischen Datenmengen und einer Teilmenge der natürlichen Zahlen herstellen; damit lassen sich viele Rechenoperationen mit unseren Daten über Rechnungen mit natürlichen Zahlen erklären (z.B. mittels des Summenoperators knapp und eindeutig beschreiben).

Abschnitt 8.3 beschäftigt sich – nicht unbedingt in letzter mathematischer Exaktheit – mit Funktionen (Abbildungen) einer reellen Veränderlichen; dabei werden insbesondere die Begriffe der Stetigkeit, der Differenzierbarkeit (der Bildung einer Ableitung) und der Integrierbarkeit (der Bildung eines Integrals, der Berechnung der Stammfunktion) eingeführt. Diese Ausführungen sind v.a. von Bedeutung im Rahmen der Theorie der Verteilungen (Verteilungsfunktion, Dichtefunktion; s. 5.4).

Schließlich erfolgt eine Einführung in die Vektor- und Matrizenrechnung, welche über das im Abschnitt 3.5 über Faktorenanalyse bereits Dargestellte hinaus geht. Insbesondere werden die Berechnungen von Determinanten und Inversen erklärt und etwas ausführlicher auf Vektorrotationen eingegangen.

8.2 Reelle und natürliche Zahlen; Indexbildung; Summenoperator

8.2.1 Reelle Zahlen

Diese sind – salopp ausgedrückt – jene, mit denen wir i. Allg. im Rahmen der Statistik zu tun haben. Die Menge der reellen Zahlen umfasst nicht nur die positiven ganzen Zahlen (die „natürlichen"), sondern auch negative ganze Zahlen (beispielsweise – 1, – 1243) und die 0, zudem sämtliche „Brüche" (z.B. 2/9, 426/359), dabei insbesondere die Dezimalbrüche, also die „Kommazahlen" mit endlich vielen Stellen hinter dem Komma, etwa 4,267 – bekanntlich ist dies nur eine andere Schreibweise des Bruches 4267/100). Diese Bruchzahlen heißen auch rationale Zahlen (von lat. ratio = Bruch) und stellen eine unendliche Teilmenge der reellen Zahlen dar – so wie die natürlichen Zahlen eine Teilmenge der ganzen Zahlen bilden und letztere wieder eine Teilmenge der rationalen. Die reellen Zahlen umfassen aber noch weitere, nämlich jene, welche sich nicht als Brüche darstellen lassen, z.B. die Euler'sche Zahl e = 2,718.. (die Basis der natürlichen Logarithmen; zur Definition s. unten) oder π, das Verhältnis zwischen Umfang eines Kreises und seinem Durchmesser.

Reelle Zahlen, die nicht rational sind, eben die Euler'sche Zahl oder π, aber auch $\sqrt{2}, \sqrt{3}, \sqrt{5}$, heißen irrational; ihnen kann man jedoch mit rationalen Zahlen beliebig nahe kommen, sie also mit tolerierbarem Fehler durch eine rationale Zahl ersetzen. In der Schulgeometrie reicht es meist aus, statt π 3,14 zu setzen (für Berechnungen bei Brückenkonstruktionen wäre dies zu ungenau).

Im Gegensatz zu der der rationalen Zahlen ist die Menge der reellen Zahlen vollständig, d.h. für jede Folge von reellen Werten, die konvergiert (mit wachsender Anzahl von Gliedern einem so genannten Grenzwert beliebig nahe kommt), ist dieser Grenzwert selbst eine reelle Zahl. Dass dies für die rationalen Zahlen nicht gilt, lässt sich erläutern am Beispiel der Reihe:

$$\frac{1}{0!}+\frac{1}{1!}+\frac{1}{2!}+\frac{1}{3!}+..+\frac{1}{n!}=\frac{1}{1}+\frac{1}{1}+\frac{1}{1\cdot 2}+\frac{1}{1\cdot 2\cdot 3}+..+\frac{1}{n!}.$$

Jedes einzelne Glied dieser – wie man zeigen kann: konvergenten – Reihe ist eine rationale Zahl (ein Bruch). Der Grenzwert selbst, eben die Euler'sche Zahl, ist aber nicht rational.

Nicht zu den reellen Zahlen werden „unendlich" (Symbol ∞) und „minus unendlich" ($-\infty$) gerechnet. Tut man dies, gerät man in innere Widersprüche.

8.2.2 Natürliche Zahlen; endliche Mengen; Indexbildung; der Summenoperator

Natürliche Zahlen sind die Zahlen 1; 2; 3; usw.; man kennzeichnet sie allgemein mit dem Symbol *n* (bzw. *i*; s. unten). Nicht zu den natürlichen Zahlen wird die Null gerechnet; will man dies tun, sollte man es ausdrücklich vermerken (etwa beim Summenoperator).

Eine Menge heißt endlich, wenn sich jedem ihrer Elemente umkehrbar eindeutig ein Element einer Teilmenge der natürlichen Zahlen zuordnen lässt (z.B. der Teilmenge 1, 2; 3;..; *n*).

Ein einfaches Beispiel sollte dies verdeutlichen: Die Menge der Schüler einer Klasse ist endlich; jedem Schüler kann – sei es alphabetisch hinsichtlich des Nachnamens, sei es nach dem Alter, sei es nach der Körpergröße – eine Zahl zugeordnet werden: der 1. Schüler in der alphabetischen Liste (der Altersreihe, der Reihe hinsichtlich der Körpergröße), der 2., der 3., der *n*-te Schüler. Beginnt man die Zählung bei 1, nennt man *n* (die höchste vorkommende Zahl bei der „Durchnummerierung") den Umfang der Menge.

In einer Menge von *n* Personen (allgemeiner: von Objekten) lässt sich nach mehr oder weniger sinnvollen Zuordnungsvorschriften jeder dieser ein Index zuweisen: P_1 bezeichnet dann die 1. Person, P_2 die zweite, P_i die *i*-te, P_n die *n*-te Person (die mit der höchsten Nummer). Bei Schülern könnte die Zuordnungsvorschrift aus der alphabetischen Folge der Nachnamen abgeleitet sein, bei Versuchspersonen Nummerierung nach dem Zeitpunkt der Rekrutierung erfolgen; P_1 (oder Vp_1) wäre dann die erste Versuchsperson, an der das Experiment durchgeführt wurde oder die als erste ihren Fragebogen ausgefüllt hat.

i heißt der laufende Index; gibt es mehrere laufende Indizes, wählt man meist als weiteren *j*, oft auch *g* oder *h*, zuweilen *k* oder *l*. Für die höchste Zahl, die der Index annehmen kann, wird gerne *n* gewählt (insbesondere wenn der laufende Index mit *i* bezeichnet wird), ebenso *m* (seltener *k, p, q, r*).

Hat man beispielsweise *m* Schulklassen, die mit dem laufenden Index *j* kennzeichnet sind, würde S_{ji} den i-ten Schüler in Klasse *j* bezeichnen, z.B. wäre $S_{4,12}$ der 12. Schüler (etwa alphabetisch hinsichtlich des Nachnamens) in der 4. Klasse (z.B. geordnet nach Jahrgängen). Bezeichnet n_j den Umfang der *j*-ten Klasse, wäre S_{j,n_j} der alphabetisch letzte Schüler der *j*-ten Klasse, S_{m,n_m} der im Alphabet letzte Schüler der (dem Jahrgang nach) höchsten Klasse.

Arbeiten mit Indizes ist für viele schwierig und trägt sicher nicht wenig dazu bei, Statistik zuweilen so verhasst zu machen. Drei Bemerkungen sind dazu angebracht: 1) Ganz ohne Indizes lässt sich Statistik nicht treiben; zuweilen gelingt es – und wir haben es oft genug in diesem Buch versucht –, durch andere Symbole (z.B. n_F = Zahl der Frauen, n_M = Zahl der Männer) zunächst weniger formal in die Materie einzuführen; letztendlich bleibt dann aber doch nichts anderes übrig, als mittels Indizierung die Sachverhalte zu verallgemeinern. 2) Mit Indizes umzugehen, lässt sich lernen. Hier hilft ausgiebiges Üben.

3) Konsultiert man unterschiedliche Bücher, muss man sich auf unterschiedliche Arten der Indizierung gefasst machen – zuweilen sogar innerhalb ein und desselben Buches. So findet man m und n nicht selten als Symbol für den laufenden Index – während wir hier bemüht waren, konsequent m und n als Symbole für den höchsten möglichen Indexwert zu gebrauchen. Problematisch war es mit dem Buchstaben k, der zwangsweise manchmal einen laufenden Index, zuweilen einen maximalen Indexwert bezeichnete (z.B. Zahl von Gruppen bei varianzanalytischen Versuchsplänen).

Wurden die Elemente einer Personenmenge mit Indizes versehen, kann man dies auch mit ihren Werten in einer oder mehreren Variablen tun, z.B. Schülern eine Punktzahl in der Variable X (Mathematik) oder Y (Physik) zuordnen. x_{ji} bezeichnet dann die Mathematikpunktzahl des i-ten Schülers in Klasse j, $y_{3,4}$ die Punktzahl in Physik des im Alphabet 4. Schülers aus Klasse 3.

Dank der Indizierung ist es einfacher und unmissverständlicher, Rechenoperationen mit den Werten von Personenmengen zu beschreiben; besonderen Nutzen bietet hierbei der Summenoperator $\sum$. Man habe in einer Menge von 5 Personen in der Variable X die Werte x_1, x_2, x_3, x_4 und x_5 erhoben. Statt für den Additionsvorgang umständlich zu schreiben: $x_1 + x_2 + x_3 + x_4 + x_5$, drückt man dies einfach auf folgende Weise aus: $\sum_{i=1}^{5} x_i$.

Dies bedeutet: Nehme alle Werte, beginnend mit dem 1. (also x_1) und endend mit dem 5. (also x_5) und summiere sie. Entsprechend würde die Rechenvorschrift $\sum_{i=2}^{3} x_i$ lauten: Summiere alle Elemente x_i, beginnend mit dem 2. und endend mit dem 3.; addiere also x_2 und x_3. Damit als Spezialfall: $\sum_{i=k}^{k} x_i = x_k$.

Auch kompliziertere Operationen lassen sich sparsam beschreiben; so bedeutet etwa $\sum_{i=2}^{5} x_i^2$: Nehme alle Werte in der Variablen X, beginnend mit dem 2., endend mit dem 5., quadriere und summiere sie.

Oder $\sum_{i=3}^{5} x_i \cdot y_i$: Nehme den x-Wert des 3. Probanden, multipliziere ihn mit dem y-Wert dieses Probanden; mache dasselbe mit den Werten des 4. und 5. Probanden und addiere alles.

Schreibt man den Ausdruck $\sum_{i=1}^{n} a$, meint man: Summiere n Glieder, die hier zufällig denselben Wert a haben; also $\sum_{i=1}^{n} a = a + a + .. + a = n \cdot a$. Weiter gilt:

$$\sum_{i=1}^{n} a \cdot x_i = a \cdot \sum_{i=1}^{n} x_i; \quad \sum_{i=1}^{n} (x_i + y_i) = \sum_{i=1}^{n} x_i + \sum_{i=1}^{n} y_i .$$

Wir üben das Rechnen mit dem Summenoperator an konkreten Beispielen: Es sei $x_1 = 3$; $x_2 = 3$; $x_3 = 1$; $x_4 = 0$; $y_1 = 3$; $y_2 = 4$; $y_3 = 1$; $y_4 = 5$. Dann gilt:

$$\sum_{i=2}^{4} x_i = 3+1+0 = 4; \quad \sum_{i=3}^{3} y_i = 1; \quad \sum_{i=1}^{3} x_i^2 = 9+9+1 = 19; \quad \sum_{i=2}^{3} (y_i - 1)^2 = 9+0 = 9.$$

Man überzeuge sich weiter, dass i. Allg. $(\sum_{i=1}^{n} x_i)^2 \neq \sum_{i=1}^{n} x_i^2$.

Besondere Schwierigkeiten macht erfahrungsgemäß Rechnen mit dem doppelten (oder gar dreifachen) Summenoperator. Zur Erläuterung ein Beispiel: Gegeben seien **Schulklassen**, bezeichnet mit $K_1, K_2, .., K_j, .. K_m$; der laufende Index für die **Klassen** ist also j, die **Zahl der Klassen** m. In der j-ten Klasse K_j seien die **Schüler** mit $S_{j,1}, S_{j,2}, ... S_{j,i}, ..., S_{j,n_j}$ indiziert. Der laufende Index für die Schüler ist also i; in der j-ten Klasse befinden sich n_j Schüler. Der Wert des Schülers S_{ji} in Variable X (z.B. Punkte beim Turnen am Reck) sei mit x_{ji} bezeichnet. Das Doppelsummenzeichen $\sum_{j=1}^{m} \sum_{i=1}^{n_j} x_{ji}$ gibt dann Anweisung für folgende Rechenoperation: Man nehme zuerst die Schüler der 1. Klasse und summiere ihre Werte in Variable X, also $x_{1,1} + x_{1,2} + .. + x_{1,n_1} = \sum_{i=1}^{n_1} x_{1,i}$. Danach mache man nun dasselbe mit sämtlichen Schülern der 2. Klasse, bilde somit $x_{2,1} + x_{2,2} + .. + x_{2,n_2} = \sum_{i=1}^{n_2} x_{2,i}$; das Ganze ist mit der 3., 4.,..., j-ten Klasse bis einschließlich der letzten, also der m-ten, zu wiederholen. Die so erhaltenen Zwischensummen summiere man zuletzt über alle m Klassen.

Unsere betrachtete Schule sei eine Zwergschule mit 4 Klassen – also $m = 4$ – mit den Klassenstärken $n_1 = 4$; $n_2 = 2$; $n_3 = 5$; $n_4 = 3$; Werte der Schüler seien: $x_{1,1} = 12$, $x_{1,2} = 18$; $x_{1,3} = 10$; $x_{1,4} = 15$; $x_{2,1} = 11$; $x_{2,2} = 11$; $x_{3,1} = 12$; $x_{3,2} = 19$; $x_{3,3} = 13$; $x_{3,4} = 8$; $x_{3,5} = 21$; $x_{4,1} = 12$; $x_{4,2} = 17$; $x_{4,3} = 11$.
Dann ergibt sich: $\sum_{j=1}^{4} \sum_{i=1}^{n_j} x_{ji} = 190$; $\sum_{j=2}^{4} \sum_{i=1}^{n_j} x_{ji} = 135$.

8.3 Funktionen

8.3.1 Definition von Abbildungen; diskrete und kontinuierliche Abbildungen

Eine **Abbildung** (weitgehend gleichbedeutend: **Funktion**) ordnet jedem Element einer Menge M_1 (des Definitionsbereichs) eindeutig ein Element einer Menge M_2 zu. Eine Funktion wird i. Allg. mit f symbolisiert, der Funktionswert eines Elements x mit $f(x)$. (Zuweilen bezeichnet man in der Literatur auch mit $f(x)$ die Funktion selbst, was wir – obwohl streng genommen nicht korrekt – hier ebenfalls tun wollen.) Ist M_2 (der **Wertebereich**) eine **Teilmenge der reellen Zahlen**, nennt man f eine **reelle Funktion**; in der Statistik haben wir es im Wesentlichen nur mit solchen zu tun; meist werden wir dies stillschweigend annehmen.

Zwei reelle Funktionen f_1 und f_2 mit demselben Definitionsbereich sind gleich, wenn für alle x gilt: $f_1(x) = f_2(x)$. Sind f_1 und f_2 Funktionen mit demselben Definitionsbereich, lässt sich ihre Summe bilden; es gilt dann: *(f₁+f₂)(x)* = *f₁(x)* + *f₂(x)* für alle *x* des Definitionsbereiches (s. Anmerkung 1).

Man unterscheidet diskrete und kontinuierliche Funktionen: Bei den ersteren nehmen die Funktionswerte nur wenige Zahlen (genauer: endlich viele) an, bei letzteren können alle Werte in einem Intervall der reellen Zahlen angenommen werden (s. Anmerkung 2). Ordnet man den Elementen einer Menge von Schülern ihre Halbjahresnote in Mathematik zu, liegt eine diskrete Abbildung (Funktion) vor; wird ihnen hingegen die Körpergröße zugeordnet, handelt es sich um eine kontinuierliche Abbildung, da prinzipiell jeder Wert im Intervall von etwa 1,40 m bis 2 m angenommen werden kann (aber nicht muss).

Streng genommen ist eine kontinuierliche Abbildung eine Fiktion: Aus messtechnischen Gründen sind nur endlich viele Werte möglich, wird man also die Körpergröße nur auf cm, bestenfalls auf mm genau angeben; eben so wenig kontinuierlich sind natürlich Scores in Fragebögen oder Laborwerte; zur statistischen Behandlung der Daten ist es in solchen Fällen aber i. Allg. zweckmäßig, von Kontinuierlichkeit auszugehen.

In der Regel lassen sich reelle Funktionen durch einen Graphen (eine „Kurve") veranschaulichen: Auf der Abszisse (x-Achse) markiert man *x* durch einen Punkt, auf der y-Achse *f(x)*. Die Menge mit den Koordinaten (*x*; *f(x)*) heißt Graph der Funktion, der sich bildlich als Linie darstellt; im Fall von Stetigkeit weist diese Linie keine Unterbrechungen auf.

8.3.2 Stetigkeit; Differenzierbarkeit; Integralrechnung

Stetigkeit

Eine reelle Funktion heißt an einem Punkt stetig, wenn ihr Graph dort keinen Sprung zeigt. Genauer lässt sich dieser Sachverhalt so formulieren: *f(x)* heißt in x_0 stetig, wenn für $h > 0$ gilt:

$$\lim_{h \to 0} f(x_0 + h) = \lim_{h \to 0} f(x_0 - h) = f(x_0).$$ 8.1

In Worten: Nähert man sich x_0 von links und von rechts, nähern sich auch die zugehörigen Funktionswerte einander an und streben dem Funktionswert an der Stelle x_0, also *f(x₀)*, entgegen. (Unstetig an $x_0 = 1$ wäre z.B. die Treppenfunktion, deren Werte für $x \leq 1$ den Wert 0 annehmen, für $x > 1$ den Wert 5.) Allgemeiner und damit auf weitere (nicht allein einfache reelle) Funktionen anwendbar ist folgende Definition: Eine Funktion *f* heißt in x_0 stetig, wenn es zu jeder noch so kleinen positiven Zahl ε eine Umgebung von x_0 gibt, deren Funktionswerte sich maximal um ε unterscheiden. Man sieht sofort, dass die oben eingeführte Treppenfunktion nach dieser Definition bei $x_0 = 1$ unstetig ist: Man kann eine noch so kleine Umgebung links und rechts von 1 wählen; immer wird ein Funktionswert aus dieser Umgebung 5 betragen und einer 0.

Eine Funktion *f(x)* heißt stetig, wenn sie in allen Punkten ihres Definitionsbereichs stetig ist. Wir betrachten im Weiteren ausschließlich stetige Funktionen.

Differenzierbarkeit; Ableitungsfunktion; Ableitungsregeln

Eine Funktion f heißt bei x_0 differenzierbar, wenn für $h > 0$ der Grenzwert:

$$\lim_{h \to 0} \frac{f(x_0+h)-f(x_0)}{h} \text{ existiert und gleich } \lim_{h \to 0} \frac{f(x_0-h)-f(x_0)}{h} \text{ ist.} \qquad 8.2$$

Das Ganze lässt sich leicht geometrisch veranschaulichen: Legt man ein rechtwinkliges Dreieck so ins Koordinatensystem, dass der linke untere Punkt die Koordinaten $(x_0; f(x_0))$ hat, der rechte untere die Koordinaten $(x_0+h; f(x_0))$ und der obere schließlich $(x_0+h; f(x_0+h))$, ist der Quotient der Tangens des linken unteren Winkels α. Lassen wir h immer kleiner werden, erhalten wir den Tangens jenes Steigungswinkels, den die Kurve in x_0 bei Annäherung von rechts hat. Durch ein entsprechendes Dreieck können wir die Annäherung von links veranschaulichen; nähern wir uns von links und rechts demselben Steigungswinkel, so nennen wir diesen den Steigungswinkel an der Stelle $(x_0; f(x_0))$ der Kurve oder die 1. Ableitung von f an der Stelle x_0; f heißt an der Stelle x_0 differenzierbar, wenn dort die 1. Ableitung existiert.

Die Funktion $f(x)$, die für $x \leq 0$ den Wert 0 annimmt, für $x > 0$ den Wert x, ist an $x_0 = 0$ stetig, aber nicht differenzierbar. Bestimmt man, von rechts kommend, den Steigungswinkel, beträgt dieser 1; nähert man sich von links, erhält man 0. Die Kurve macht an dieser Stelle einen Knick.

Eine Funktion heißt differenzierbar, wenn sie an jeder Stelle ihres Definitionsbereichs differenzierbar ist; die Funktion, die jedem Wert x die 1. Ableitung von f an dieser Stelle zuordnet (also die Steigung der Kurve an dieser Stelle) heißt Ableitungsfunktion (oder einfacher: Ableitung; präziser: 1. Ableitung) von $f(x)$ und wird mit $f'(x)$ symbolisiert.

Ist etwa die Funktion $f(x) = x^2$ gegeben, könnte man die Steigung der Kurve an der Stelle $x_0 = 1$ mittels des oben eingeführten Quotienten bestimmen und würde dann den Wert 2 erhalten (*tan* α = 2; daher ist der Steigungswinkel α etwa 63 °). Wir hätten aber die Antwort einfacher haben können: Man weiß, dass die Ableitungsfunktion f' von f lautet: $f'(x) = 2x$ (s. unten); also berechnet sich die Steigung an der Stelle 1 zu $2 \cdot 1 = 2$. Die Ableitung von f an der Stelle 0 beträgt $2 \cdot 0 = 0$ (was einem Winkel von 0 ° entspricht).

Bevor wir wichtige Differentiationsregeln anführen, geben wir für einige Funktionen ihre Ableitungen an; wir benutzen anstelle von $f'(x)$ meist die praktische Schreibweise $\frac{d}{dx} f(x)$ oder $df(x)/dx$.

Zunächst ist festzustellen: Die Ableitung einer konstanten Funktion $f(x) = c$ ist 0. Also: $dc/dx = 0$.

Gilt: $f(x) = x^n$, wobei n eine natürliche Zahl ist, heißt f Polynom (s. Anmerkung 3); dann gilt $dx^n/dx = nx^{n-1}$. Diese Regel liefert beispielsweise: $dx/dx = 1$; $dx^3/dx = 3x^2$.

Weiter ist fest zu stellen: $de^x/dx = e^x$; die Ableitung der Exponentialfunktion $f(x) = e^x$ ist also wieder die Funktion selbst; an der Stelle $x = 0$ hat somit e^x den Funktionswert 1 und gleichzeitig die Steigung 1.

Einige weitere Ableitungen:

$$\frac{d}{dx}\ln x = \frac{1}{x}; \frac{d}{dx}\sin x = \cos x; \frac{d}{dx}\cos x = -\sin x.$$

Diverse Regeln helfen bei der Differentiation komplizierterer Funktionen, zunächst die **Summenregel**:

$$\frac{d}{dx}(f+g)(x) = \frac{d}{dx}f(x) + \frac{d}{dx}g(x). \tag{8.3a}$$

Ist a eine reelle Konstante, gilt: $\frac{d}{dx}(a \cdot f)(x) = a \cdot \frac{d}{dx}f(x).$ \hfill 8.3b

So erhält man etwa:

$$\frac{d}{dx}(5 \cdot x^3 - 3 \cdot x^2 + 5) = \frac{d}{dx}(5 \cdot x^3) + \frac{d}{dx}(-3 \cdot x^2) + \frac{d}{dx}5 = 15 \cdot x^2 - 6 \cdot x.$$

Nützlich ist auch die **Produktregel**:

$$\frac{d}{dx}(f(x) \cdot g(x)) = f(x) \cdot \frac{d}{dx}g(x) + g(x) \cdot \frac{d}{dx}f(x). \tag{8.4}$$

Wir überzeugen uns von ihrer Gültigkeit zunächst am Polynom:
$h(x) = x^2 = x \cdot x$ (also $h(x) = f(x) \cdot g(x)$ mit $f(x) = g(x) = x$);
hier liefert die Produktregel:

$$\frac{d}{dx}h(x) = f(x)\frac{d}{dx}g(x) + g(x)\frac{d}{dx}f(x) = x \cdot \frac{d}{dx}x + x\frac{d}{dx}x = 2 \cdot x,$$

was wir auch aus den in Anmerkung 3 angeführten Ableitungsregeln für Polynome erhalten.

Von besonderer Bedeutung ist die **Kettenregel**, die wir – terminologisch ein wenig lässig – so einführen wollen:

Lässt sich die **Abbildung** h als Hintereinanderschaltung der Abbildungen f und g darstellen, also $h(x) = g(f(x))$ und sei $y = f(x)$, $z = g(y) = g(f(x))$, dann gilt:

$$h'(x) = \frac{d}{dx}h(x) = g'(f(x)) \cdot f'(x) \quad \text{oder:} \quad \frac{dz}{dx} = \frac{dz}{dy} \cdot \frac{dy}{dx}. \tag{8.5}$$

Mathematisch nicht exakt, aber anschaulich gesprochen, hat man den Differentialquotienten dz/dx mit $dy/dy = 1$ erweitert, also ihn zahlenmäßig unverändert gelassen. Beispiele machen uns mit dieser nützlichen Regel vertraut:

Gesucht ist $\frac{d}{dx}e^{x^2}$.

Wir machen die Substitution $y = x^2$ und können schreiben:

$$\frac{d}{dx}e^{x^2} = \frac{de^y}{dy} \cdot \frac{dx^2}{dx} = e^y \cdot 2x = 2x \cdot e^{x^2}.$$

Zur Berechnung von $d\sin ax/dx$ (mit reeller Konstante a) ersetzen wir:
$y = ax$
und erhalten:

$$\frac{d}{dx}\sin ax = \frac{d\sin y}{dy} \cdot \frac{dy}{dx} = \cos y \cdot \frac{d}{dx}ax = a \cdot \cos y = a \cdot \cos ax.$$

Folgendes Beispiel soll die Gültigkeit der Kettenregel demonstrieren: Es sei $f(x) = x = e^{\ln x}$ (welche Funktion als Ableitung 1 hat). Mit $y = \ln x$ gilt dann:
$$\frac{d}{dx}f(x) = \frac{de^y}{dy} \cdot \frac{d \ln x}{dx} = e^y \cdot \frac{1}{x} = e^{\ln x} \cdot \frac{1}{x} = \frac{x}{x} = 1.$$

Ableitungen höherer Ordnung; Maxima und Minima von Funktionen

Ist die 1. Ableitung differenzierbar, lässt sich auch die 2. Ableitung bilden (symbolisiert durch $f''(x)$ oder eher missverständlich und wenig hilfreich durch $d^2f(x)/dx^2$). Lassen sich beliebig viele Ableitungen bilden, heißt $f(x)$ unendlich oft differenzierbar. Unendlich oft differenzierbar ist beispielsweise die Funktion $f(x) = x^2$; die 1. Ableitung lautet: $f'(x) = 2x$, die 2. Ableitung.: $f''(x) = 2$; die Ableitungen höherer Ordnung werden alle 0. Für die Funktion $f(x) = e^x$ lauten alle Ableitungen $f'(x) = f''(x) = ... = f^{(n)}(x) = e^x$.

Es gilt nun der wichtige Satz: Ist $f(x)$ mindestens zweimal differenzierbar, so hat sie an einer Stelle x_0 ein Extremum (also ihre Kurve einen Gipfel), wenn $f'(x_0) = 0$ und $f''(x) \neq 0$; falls $f''(x_0) < 0$, handelt es sich dabei um ein Maximum, ist $f''(x) > 0$, um ein Minimum.

Ist der Definitionsbereich beschränkt und nimmt an dessen Rand $f(x)$ den größten (kleinsten) Wert an, handelt es sich dabei nach unserer Definition nicht um ein Extremum; zu letzterem gehört, dass die Funktion rechts und links von diesem Gipfel- oder Talpunkt definiert ist und in dieser Umgebung wieder kleiner oder größer wird (außer bei konstanten Funktionen). Im Übrigen kann man Funktionen konstruieren, die an einem Punkt ein Extremum haben, ohne dass die 1. Ableitung dort 0 ist; allerdings sind diese Funktionen dort auch nicht differenzierbar.

Ein bekanntes Beispiel erläutert dies: Die Kurve der Funktion $f(x) = x^2$ hat – wie leicht zu sehen – an der Stelle 0 den tiefsten Punkt; wegen $f'(x) = 2x$ folgt: $f'(0) = 0$, außerdem gilt: $f''(x) = 2$ (also konstant) und somit $f''(0) > 0$.

Dies liefert die Möglichkeit, Maxima und Minima von Kurven herauszufinden. Man suche Maximum und Minimum von $f(x) = x^3 - 6x^2 + 9x + 2$. Wir bilden zunächst die ersten beiden Ableitungen:
$f'(x) = 3x^2 - 12x + 9$ und $f''(x) = 6x - 12$.
Setzen wir die 1. Ableitung 0, erhalten wir die Gleichung $3x^2 - 12x + 9 = 0$ mit den Lösungen $x_1 = 1$ und $x_2 = 3$. Da $f''(1) = -6$ und $f''(3) = 6$, liegt an der Stelle $x_1 = 1$ ein Maximum, an $x_2 = 3$ ein Minimum.

Dieses Verfahren der Bestimmung von Extremwerten wird in der Statistik häufig eingesetzt. Wir wollen beispielsweise wissen, für welche Zahl a die Summe $(2-a)^2 + (4-a)^2$ ein Minimum annimmt. Wir definieren $f(a) = (2-a)^2 + (4-a)^2 = 2a^2 - 12a + 20$, betrachten somit a als Variable und die definierte Summe als ihre Funktion. Für die 1. Ableitung dieser Funktion nach a berechnen wir: $df(a)/da = f'(a) = 4a - 12$; zudem finden wir: $f''(a) = 4$; die 1. Ableitung wird 0 bei $a = 3$ und wegen $f''(a) > 0$ liegt dort tatsächlich ein Minimum vor. Wir erhalten also das schon aus 3.2.2 bekannte Ergebnis, dass die Summe der Abweichungsquadrate vom Stichprobenmittelwert am Geringsten ist.

Partielle Ableitungen

Wir betrachten eine reelle Funktion von 2 Variablen, etwa $z = f(x;y) = x + y$. Fassen wir nacheinander jede der beiden Variablen als Konstante auf und leiten nach der anderen ab, so erhalten wir die partiellen 1. Ableitungen nach x bzw. y, die wir mit

$$\frac{\partial}{\partial x} f(x;y) \quad \text{und} \quad \frac{\partial}{\partial y} f(x;y)$$

symbolisieren. (Neben den partiellen Ableitungen gibt es auch eine totale Ableitung, auf die hier nicht eingegangen werden muss.) Im Beispiel gilt: $\frac{\partial}{\partial x} x = 1$ und $\frac{\partial}{\partial y} y = 1$. Im Beispiel $f(x;y) = x^2 + x \cdot y$ ergibt sich: $\frac{\partial}{\partial x} f(x;y) = 2 \cdot x + y$ und $\frac{\partial}{\partial y} f(x;y) = x$.

Setzt man die beiden partiellen Ableitungen 0, erhält man jenes (oder jene) Wertepaare $(x_0;y_0)$, bei denen $f(x;y)$ ein Extremum annimmt. Ein Beispiel sollte das verdeutlichen: Es sollen Zahlen a und b so gefunden werden, dass

$$f(a;b) = (1-a-b)^2 + (3-a-b)^2 + (2-a-2\cdot b)^2$$

ein Minimum annimmt. (Man hat also zu den Punkten (1;1), (1;3) und (2;2) eine Regressionsgerade mit den Regressionskoeffizienten a und b zu bestimmen.) Ausmultiplizieren liefert:

$$f(a;b) = 14 + 3 \cdot a^2 + 6 \cdot b^2 - 12 \cdot a - 16 \cdot b + 8 \cdot a \cdot b.$$

Für die partiellen Ableitungen erhalten wir:

$$\frac{\partial}{\partial a} f(a;b) = 6 \cdot a + 8 \cdot b - 12 \quad \text{und} \quad \frac{\partial}{\partial b} f(a;b) = 12 \cdot b + 8 \cdot a - 16.$$

Setzt man beide Gleichungen gleich 0, ergibt sich durch Auflösen und Einsetzen $a = 2$ und $b = 0$. Bildet man die 2. partiellen Ableitungen, erhält man:

$$\frac{\partial^2}{\partial a^2} f(a;b) = 6 \quad \text{und} \quad \frac{\partial^2}{\partial b^2} f(a;b) = 12,$$

womit das einzige Extremum ein Minimum ist. Die gesuchte Regressionsgerade geht also durch den Punkt (2;2) und verläuft parallel zur x-Achse.

Integration

Bestimmtes Integral: Wir setzen voraus, dass $f(x)$ über einem abgeschlossenen Intervall $x_1 \leq x \leq x_2$ integrierbar ist – ohne in Details zu definieren, was man darunter versteht; anschaulich gesprochen, lässt sich die Fläche unter der Kurve zwischen x_1 und x_2 durch die Fläche von zwei Treppenfunktionen mit immer mehr Stufen beliebig nach oben und unten eingrenzen. Merken wir uns, dass jede stetige Funktion diese Bedingung erfüllt; hat eine stetige Funktion noch dazu eine Stammfunktion (s. unten), ist die Berechnung des Integrals besonders einfach. Der Ausdruck

8.3 Funktionen

$$\int_{x_1}^{x_2} f(t)\,dt$$

heißt dann bestimmtes Integral von *f(x)* mit den Grenzen x_1 und x_2 – warum wir besser *f(t)dt* statt *f(x)dx* sagen, wird unten erklärt –; dieses bestimmte Integral entspricht geometrisch der Fläche unter der Kurve zwischen den Grenzen (unter Berücksichtigung des Vorzeichens). Diese Fläche kann negativ sein (z.B. wenn *f(x)* im Integrationsintervall < 0 ist) und beträgt 0, falls $x_2 = x_1$. Mit $x_1 \leq x_2 \leq x_3$ gilt:

$$\int_{x_1}^{x_3} f(t)\,dt = \int_{x_1}^{x_2} f(t)\,dt + \int_{x_2}^{x_3} f(t)\,dt.$$

$$\int_{0.5}^{3} f(x)\,dx = \int_{0.5}^{1} f(x)\,dx + \int_{1}^{3} f(x)\,dx$$

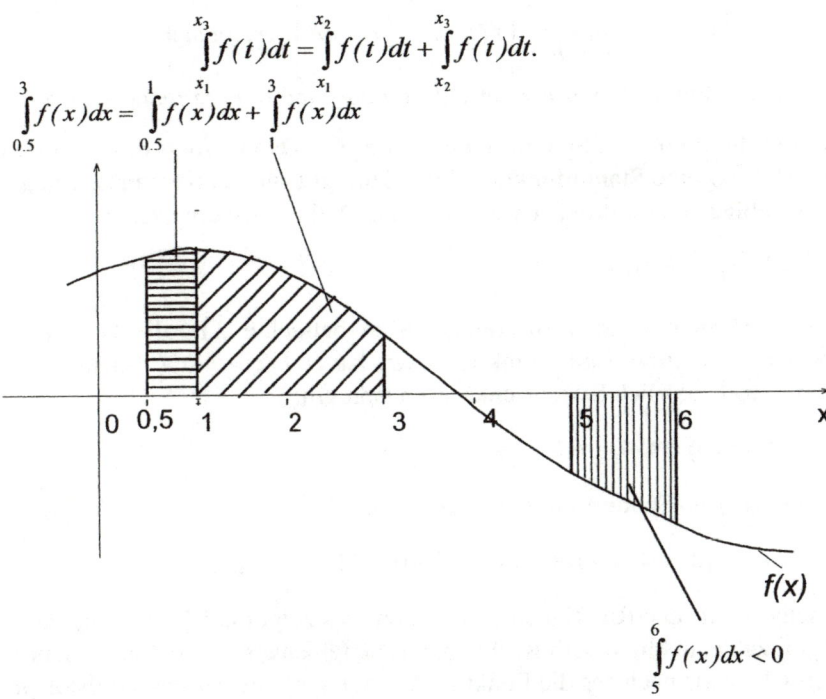

$$\int_{5}^{6} f(x)\,dx < 0$$

Abbildung 8.1: Veranschaulichung von Integralen

Stammfunktionen und unbestimmte Integrale: Im Weiteren sei *f(x)* eine stetige reelle Funktion einer Variablen. Eine Funktion F(x) heißt Stammfunktion von f(x), wenn $F'(x) = f(x)$ gilt. Beispielsweise ist $F(x) = x^2/2$ eine Stammfunktion von $f(x) = x$, oder $F(x) = e^x$ Stammfunktion von $f(x) = e^x$, oder $F(x) = \ln x$ Stammfunktion von $f(x) = 1/x$. Dann gilt: Sind $F_1(x)$ und $F_2(x)$ Stammfunktionen von *f(x)*, unterscheiden sie sich nur durch eine Konstante, denn:

$$\frac{d}{dx}(F_1(x) - F_2(x)) = \frac{d}{dx}F_1(x) - \frac{d}{dx}F_2(x) = f(x) - f(x) = 0.$$

Bekanntlich hat aber nur eine konstante Funktion die Ableitung 0. Anders ausgedrückt: Eine Stammfunktion ist bis auf eine Konstante eindeutig bestimmt. $F(x) = x^2/2 + 4$ ist also gleichfalls Stammfunktion von $f(x) = x$.

Als **unbestimmtes Integral** von *f(x)* bezeichnet man einen Ausdruck der Form

$$G(x) = \int_{x_1}^{x} f(t)\,dt$$

Im Gegensatz zum bestimmten Integral ist die **obere Integrationsgrenze** hier **variabel** und wird mit x bezeichnet; entsprechend dürfen wir die Variable, über deren Funktion wir integrieren, nicht ebenfalls mit x bezeichnen, sondern müssen ein anderes Symbol wählen (hier t). Leitet man $G(x)$ nach x ab, bildet also

$$\frac{d}{dx}G(x) = \frac{d}{dx}\int_{x_1}^{x} f(t)\,dt = \lim_{h\to 0}\frac{1}{h}\left[\int_{x_1}^{x+h} f(t)\,dt - \int_{x_1}^{x} f(t)\,dt\right], \text{ ergibt sich:}$$

$\frac{d}{dx}G(x) = f(x)$ (**Fundamentalsatz** der Differential- und Integralrechnung). 8.6

Anders formuliert: $G(x)$ ist **Stammfunktion** von *f(x)*. Daraus folgt die wichtige Aussage: Hat *f(x)* eine **Stammfunktion** *F(x)*, dann gilt für das **bestimmte Integral** über beliebige abgeschlossene Intervalle des Definitionsbereichs:

$$\int_{x_1}^{x_2} f(t)\,dt = F(x_2) - F(x_1).$$

Wir üben dies an einfachen Beispielen. Man betrachte z.B. die konstante Funktion *f(x)* = 4. Eine Stammfunktion dazu lautet *F(x)* = 4*x* (ebenso wäre $F_1(x) = 4x + 100$ natürlich Stammfunktion). Dann gilt:

$$\int_{0}^{7} 4\,dt = F(7) - F(0) = 4\cdot 7 - 4\cdot 0 = 28.$$

Wählt man $F_1(x)$ als Stammfunktion, ergibt sich

$$\int_{0}^{7} 4\,dt = F_1(7) - F_1(0) = 4\cdot 7 + 100 - (4\cdot 0 + 100) = 28,$$

also derselbe Wert. Die Richtigkeit des Ergebnisses zeigt die Überlegung, dass das Integral zahlenmäßig einem Rechteck mit Seitenlängen 7 und 4 entspricht.

Wir betrachten als nächstes die Funktion $f(x) = 1 - x^2$. Sie hat ihre Nullstellen bei $x_1 = -1$ und $x_2 = 1$, bei 0 ein Maximum (man überzeuge sich davon mittels der 1. und 2. Ableitung). Eine Stammfunktion dazu lautet: $F(x) = x - x^3/3$. Damit berechnet sich

$$\int_{-1}^{1}(1-t^2)\,dt = F(1) - F(-1) = 1 - \frac{1^3}{3} - (-1 - \frac{(-1)^3}{3}) = 1 - \frac{1}{3} + 1 - \frac{1}{3} = \frac{4}{3}.$$

Geht man nun mit der oberen Integrationsgrenze weiter nach rechts, so wird das Integral wieder kleiner und negativ beispielsweise für $x_4 = 5$ als Obergrenze. Man darf also das Integral nicht automatisch mit einer Fläche gleich setzen, sondern hat auch das Vorzeichen zu berücksichtigen. (Dass wir für die Integrationsvariable einmal x, ein andermal t schreiben, ist unerheblich; auf jeden Fall durchläuft diese Variable ein abgeschlossenes Intervall der reellen Zahlen. Vermieden muss auf jeden Fall werden, dass derselbe Buchstabe die Integrationsvariable und die obere Grenze des Integrals symbolisiert.)

Für die Integration gibt es mehrere eher technische Regeln, die hier nicht interessieren. Wir erwähnen nur den leicht einzusehenden Satz:

8.3 Funktionen

$$\int_{x_1}^{x_2} [f(t)+g(t)]dt = \int_{x_1}^{x_2} f(t)dt + \int_{x_1}^{x_2} g(t)dt \qquad 8.7$$

sowie die wichtige Substitutionsregel:
Sei $f(x)$ eine stetige und $g(x)$ eine differenzierbare Funktion mit $g(a) = x_1$ und $g(b) = x_2$. Dann gilt:

$$\int_{x_1}^{x_2} f(t)dt = \int_a^b f[g(t)] \cdot g'(t)dt. \qquad 8.8$$

Ein Beispiel: Es sei $f(x) = (1-x)^2$ und $g(x) = x + 1$; dann berechnet sich:
$g'(x) = 1$ und $g(0) = 1$; $g(1) = 2$. Also gilt nach Substitution:

$$\int_1^2 f(t)dt = \int_1^2 (1-t)^2 dt = \int_0^1 (1-g(t))^2 \cdot g'(t)dt = \int_0^1 t^2 dt = \frac{1^3}{3} - \frac{0^3}{3} = \frac{1}{3}.$$

Andererseits hat

$$f(t) = (1-t)^2 = t^2 - 2 \cdot t + 1 \text{ die Stammfunktion } F(t) = \frac{t^3}{3} - t^2 + t$$

und es berechnet sich ohne Substitution (geringgradig umständlicher):

$$\int_1^2 (1-t)^2 dt = F(2) - F(1) = \frac{2^3}{3} - 2^2 + 2 - \left[\frac{1^3}{3} - 1^2 + 1\right] = \frac{8}{3} - 2 - \frac{1}{3} = \frac{1}{3}.$$

Integrale sind in der Statistik v.a. bei der Behandlung von Verteilungen von immenser Bedeutung. In einer Population (einer theoretisch unendlich großen Grundgesamtheit) gibt die Dichtefunktion für eine Variable (z.B. Körpergröße) – etwas vereinfacht ausgedrückt – an, wie groß die Wahrscheinlichkeit für ein Mitglied der Population ist, in der Umgebung eines bestimmten Wertes zu liegen. Bei der Variable Körpergröße ist beispielsweise die Wahrscheinlichkeitsdichte bei 180 cm recht groß, während sie bei 210 cm sehr klein ist. Häufig lässt sich die Wahrscheinlichkeitsdichte explizit als Funktion $f(x)$ angeben (z.B. bei normalverteilten Merkmalen). Dann kann man die Wahrscheinlichkeit für eine Person, in einem Bereich zu liegen, als Integral der Dichtefunktion mit diesen Grenzen ermitteln. Ist $f(x)$ die Dichtefunktion der Körpergröße, wäre die Wahrscheinlichkeit, im Bereich zwischen 150 cm und 170 cm zu liegen (anschaulicher ausgedrückt: der relative Anteil dieser Personen an der Gesamtbevölkerung):

$$p(150 < X \leq 170) = \int_{150}^{170} f(x)dx$$

Weiter wird das Integral zur Definition des Mittelwerts bei kontinuierlichen Variablen benutzt. Der Mittelwert μ einer Verteilung (oder Population bzw. der Erwartungswert der Verteilung) berechnet sich nämlich bei bekannter Dichtefunktion f (s. 5.4.2) zu:

$$\mu = \int_{-\infty}^{\infty} x \cdot f(x)dx \text{ (s. Anmerkung 4).}$$

8.3.3 Beschreibung wichtiger Funktionen

Hier kommen sinnvollerweise jene zur Darstellung, die im Rahmen der Statistik von Bedeutung sind. An erster Stelle zu nennen ist die lineare Abbildung $f(x) = a + bx$. Ihr Graph ist eine Gerade; die Gleichung $y = f(x) = a + bx$ heißt deshalb auch Geradengleichung. a stellt den Abschnitt auf der y-Achse dar, ergibt sich als y-Wert, wenn man $x = 0$ in die Gleichung einsetzt. b ist die Steigung der Geraden, also der Tangens des Steigungswinkels. Zwei Geraden mit dem gleichen Steigungskoeffizienten (also $b_1 = b_2$) laufen parallel. Sind die Steigungskoeffizienten verschieden, lässt sich der Schnittpunkt der Geraden auf Grund folgender Überlegung berechnen: Für seine y-Koordinate muss gelten: $y = a_1 + b_1 x = a_2 + b_2 x$ und dies liefert die Bestimmungsgleichung für die x-Koordinate des Schnittpunkts; Einsetzen dieses Werts in eine der obigen Geradengleichungen (zur Kontrolle am Besten in beide) liefert dann die zugehörige y-Koordinate. Zur Übung bestimmen wir den Schnittpunkt der Geraden $y = 2 + 4x$ und $y = 5 + x$. Setzt man $2 + 4x = 5 + x$, erhält man $3x = 3$, und somit $x = 1$ sowie $y = 6$; im Punkt (1;6) schneiden sich also die Geraden.

Wichtig ist auch die Exponentialfunktion („e-Funktion") $f(x) = e^x$, wobei e die in 8.2.1 eingeführte Basis der natürlichen Logarithmen ist, die Euler'sche Zahl mit dem Näherungswert 2,718. Bekanntlich gilt: $e^0 = 1$; $e^1 = e$. Mit wachsendem positiven x wächst auch e^x und zwar sehr rasch. Da allgemein (für positive Werte a) $a^{-x} = 1/a^x$ gilt, ist für negative x e^x eine Zahl zwischen 0 und 1. e^x nimmt also nie den Wert 0 an, eben so wenig negative Werte.

In der Statistik besondere Bedeutung hat die Funktion

$$f(x) = \frac{1}{\sigma \cdot \sqrt{2\pi}} \cdot e^{-\frac{1}{2}\left(\frac{x-\mu}{\sigma}\right)^2}.$$

Sie stellt die Dichtefunktion einer normalverteilten Größe mit Populationsmittelwert μ und Populationsstreuung σ dar (korrekter: Lässt sich die Dichtefunktion einer Verteilung durch eine solche Formel darstellen, nennt man die Größe normalverteilt). Die Wahrscheinlichkeit für ein Populationselement, mit seinem Wert zwischen x_1 und x_2 zu liegen, berechnet sich dann zu:

$$P(x_1 < X \le x_2) = \int_{x_1}^{x_2} \frac{1}{\sigma \cdot \sqrt{2\pi}} \cdot e^{-\frac{1}{2}\left(\frac{t-\mu}{\sigma}\right)^2} dt \text{ (s. Anmerkung 5).}$$

Für eine positive reelle Zahl ist lnx (natürlicher Logarithmus von x oder Logarithmus von x zur Basis e) diejenige Zahl, die als Exponent von e die Zahl x ergibt. Also: $e^{lnx} = x$ (s. Anmerkung 6). Da stets $e^x > 0$, ist die Funktion lnx nur für positive x definiert (e^x hingegen für alle reellen Werte von x). Aus der Definition ist ersichtlich, dass $ln1 = 0$, $lne = 1$. Mit wachsendem x wächst auch lnx, jedoch ausgesprochen langsam; man berechnet nämlich: $ln10 = 2,3$, $ln 100 = 4,6$, $ln 1000 = 6,9$, $ln 10000 = 9,2$. Es gilt die wichtige Aussage: Der natürliche Logarithmus (selbstverständlich auch ein anderer Logarithmus) eines Produktes reeller positiver Zahlen ist gleich der Summe der natürlichen Logarithmen dieser Zahlen, also $ln\, x \cdot y = ln\, x + ln\, y$. Multiplikationen im Reellen lassen sich somit auf Additionen von Logarithmen zurück führen. Weiter gilt: $ln\, x^a = a \cdot ln\, x$ für beliebige reelle Zahlen a und positive reelle Zahlen x. Daher gilt wie oben gezeigt: $ln\, 10000 = ln\, 10^4 = 4 \cdot ln\, 10 = 4 \cdot 2{,}3 = 9{,}2$.

Die so genannten Winkelfunktionen Sinus und Cosinus sind zunächst aus der Geometrie des rechtwinkligen Dreiecks bekannt. Dort versteht man unter dem Sinus eines Winkels α (geschrieben als $sin\, α$) den Quotienten aus den Längen der α gegenüber liegenden Kathete (der „Gegenkathete") und der Hypotenuse; als Cosinus von α ($cos\, α$) bezeichnet man den Quotienten aus den Längen von Ankathete und Hypothenuse. Es gilt dann bekanntlich:
$sin\, α = cos\, (90° - α)$; $cos\, α = sin\, (90° - α)$; $sin\, 0° = 0$; $sin\, 90° = 1$; $sin\, 180° = 0$; $cos\, 0° = 1$; $cos\, 90° = 0$; $cos\, 180° = -1$.

Jedoch lassen sich diese beiden Winkelfunktionen sehr viel allgemeiner für beliebige reelle Zahlen x definieren, nämlich:

$$sin\, x = \sum_{n=0}^{\infty}(-1)^n \cdot \frac{x^{2n+1}}{(2n+1)!} \text{ und } cos\, x = \sum_{n=0}^{\infty}(-1)^n \cdot \frac{x^{2n}}{(2n)!}$$

Die Verbindung zur bekannten geometrischen Definition ergibt sich über das Bogenmaß: Der Winkel α im Gradmaß lässt sich im Bogenmaß schreiben als:

$$x_α = \frac{α}{180°} \cdot \pi, \text{also etwa: } x_{0°} = \frac{0°}{180°} \cdot \pi = 0;\, x_{90°} = \frac{90°}{180°} \cdot \pi = \frac{\pi}{2};\, x_{180°} = \frac{180°}{180°} \cdot \pi = \pi.$$

Beide Funktionen haben periodischen Verlauf mit Periode 2π, also:
$sin\, (x + 2\pi) = sin\, (x)$ und $cos(x + 2\pi) = cos(x)$.

8.4 Matrizen und Vektoren

8.4.1 Matrizen

Definition; Formen von Matrizen; Matrizenaddition

Ein Gebilde der Form

$$\begin{pmatrix} a_{11} & a_{12} & .. & a_{1i} & .. & a_{1n} \\ a_{21} & .. & .. & .. & .. & .. \\ .. & .. & .. & .. & .. & .. \\ a_{j1} & .. & .. & a_{ji} & .. & a_{jn} \\ .. & .. & .. & .. & .. & .. \\ a_{m1} & .. & .. & a_{mi} & .. & a_{mn} \end{pmatrix}$$

mit reellen Zahlen a_{ji} heißt reelle Matrix mit m Zeilen und n Spalten (oder Matrix vom Typ($m;n$) oder mxn-Matrix). Der erste laufende Index (hier j) indiziert die Nummer der Zeile, der zweite Index (hier i) die der Spalte. Eine reelle Zahl ist dann eine 1x1 Matrix, ein Spaltenvektor eine mx1-Matrix, ein Zeilenvektor eine 1xn-Matrix. Eine Matrix wird entweder durch ((a_{ji})) symbolisiert oder mit einem fett gedruckten Großbuchstaben, hier also **A**.

Eine Matrix heißt **quadratisch**, wenn $m = n$, wenn sie also so viele Zeilen wie Spalten besitzt. Eine quadratische Matrix wird symmetrisch genannt, wenn in der j-ten Zeile und i-ten Spalte das gleiche Element steht wie in der i-ten Zeile und j-ten Spalte, also $a_{ji} = a_{ij}$ für alle j und i gilt. So ist etwa

$$A = \begin{pmatrix} 3 & -1 \\ -1 & 4 \end{pmatrix}$$ eine symmetrische 2x2-Matrix.

Symmetrische Matrizen sind uns wiederholt begegnet: Interkorrelationsmatrizen als Ausgangspunkt von Faktorenanalysen und die Matrizen der summierten Abweichungsquadrate **SAQ** (als Ausgangspunkt multivariater Varianzanalysen und von Diskriminanzanalysen) sind symmetrisch. Unter einer Einheitsmatrix vom Typ mxm versteht man eine symmetrische Matrix mit m Zeilen und m Spalten, in deren Diagonale jeweils die Werte 1 stehen, an den anderen Stellen nur die 0. Wie leicht nachzurechnen, ergibt jede quadratische Matrix, von links oder rechts mit der Einheitsmatrix multipliziert, sich selbst.

Als Transponierte $\mathbf{A}^T$ einer Matrix **A** versteht man jene, in der gegenüber **A** Zeilen und Spalten vertauscht sind. Die 1. Zeile von **A** wird also 1. Spalte von $\mathbf{A}^T$. Bei quadratischen Matrizen ergibt sich die Transponierte einfach durch Spiegelung an der Hauptdiagonalen (deren Elemente dabei unverändert bleiben); für symmetrische Matrizen gilt: $\mathbf{A}^T = \mathbf{A}$.

Haben 2 Matrizen **A** und **B** dieselbe Zeilen- und Spaltenzahl, lässt sich ihre Summe $\mathbf{C} = \mathbf{A} + \mathbf{B}$ bilden: Die Elemente c_{ji} von **C** ergeben sich als $a_{ji} + b_{ji}$. Summation der beiden Matrizen

$$A = \begin{pmatrix} 3 & -1 \\ -1 & 4 \end{pmatrix} \text{ und } B = \begin{pmatrix} 2 & 3 \\ -1 & 1 \end{pmatrix} \text{ liefert } \mathbf{C} = \mathbf{A} + \mathbf{B} = \begin{pmatrix} 5 & 2 \\ -2 & 5 \end{pmatrix}.$$

Multiplikation einer Matrix mit einer reellen Zahl (einem Skalar) geschieht so, dass jedes ihrer Elemente mit diesem Skalar multipliziert wird. So gilt etwa:

$$3 \cdot \begin{pmatrix} 2 & -1{,}5 \\ 0 & 1 \\ 2 & -4 \end{pmatrix} = \begin{pmatrix} 6 & -4{,}5 \\ 0 & 3 \\ 6 & -12 \end{pmatrix}.$$

Multiplikation von Matrizen

Es sei $\mathbf{A} = ((a_{ji}))$ eine Matrix mit m Zeilen und n Spalten und $\mathbf{B} = ((b_{ji}))$ eine Matrix mit n Zeilen und p Spalten; dann – aber auch nur dann – lässt sich das Matrixprodukt $\mathbf{C} = \mathbf{A} \cdot \mathbf{B}$ bilden. Die neue Matrix **C** hat m Zeilen und p Spalten; ihre Elemente c_{gh} ergeben sich aus der Rechenvorschrift:

$$c_{gh} = \sum_{i=1}^{n} a_{gi} \cdot b_{ih}. \qquad 8.9$$

8.4 Matrizen und Vektoren

In Worten: Um das Element in der *g*-ten Zeile und *h*-ten Spalte der Produktmatrix zu erhalten, ist die g-te Zeile der linken Matrix mit der *h*-ten Spalte der rechten zu „multiplizieren". Das bedeutet: Multipliziere das 1. Glied der *g*-ten Zeile von **A** (also a_{g1}) mit dem 1. Glied der *h*-ten Spalte von **B** (also b_{1h}), mache dasselbe mit dem 2. Glied der *g*-ten Zeile von **A** (a_{g2}) und dem 2. Glied der *h*-ten Spalte von **B** (b_{2h}) usw., um dann alle Produkte zu addieren. Da die *g*-te Zeile von **A** *n* Elemente hat (Zahl der Spalten von **A**) und die *h*-te Spalte von **B** ebenfalls *n* (Zahl der Zeilen von **B**), ist dieser Rechenvorgang wohldefiniert.

Wir üben dies am einfachen Beispiel der 2x3-Matrix **A** und der 3x4-Matrix **B**. Die Produktmatrix **C** wird dann 2 Zeilen und 4 Spalten haben.

$$\mathbf{A} = \begin{pmatrix} 2 & 0 & 1 \\ 3 & 2 & 1 \end{pmatrix}; \mathbf{B} = \begin{pmatrix} 1 & 0 & 5 & 2 \\ 3 & 4 & 5 & -1 \\ 0 & 1 & 1 & 2 \end{pmatrix}; \mathbf{A} \cdot \mathbf{B} =$$

$$\begin{pmatrix} 2\cdot 1+0\cdot 3+1\cdot 0 & 2\cdot 0+0\cdot 4+1\cdot 1 & 2\cdot 5+0\cdot 5+1\cdot 5 & 2\cdot 2+0\cdot(-1)+1\cdot 2 \\ 3\cdot 1+2\cdot 3+1\cdot 0 & 3\cdot 0+2\cdot 4+1\cdot 1 & 3\cdot 5+2\cdot 5+1\cdot 1 & 3\cdot 2+2\cdot(-1)+1\cdot 2 \end{pmatrix} = \begin{pmatrix} 2 & 1 & 15 & 6 \\ 9 & 9 & 26 & 6 \end{pmatrix}.$$

Sind **A** und **B** quadratische Matrizen, deren Zeilen- bzw. Spaltenzahl gleich ist, lassen sich sowohl $\mathbf{A}\cdot\mathbf{B}$ als auch $\mathbf{B}\cdot\mathbf{A}$ bilden. Diese Produkte sind i. Allg. unterschiedlich. Es ist also keineswegs gleichgültig, ob man **A** „von links" oder „von rechts" an **B** „heranmultipliziert". Zur Illustration multiplizieren wir in beiden Reihenfolgen die folgenden 2x2-Matrizen miteinander:

Mit $\mathbf{A} = \begin{pmatrix} 1 & 3 \\ 0 & 2 \end{pmatrix}; \mathbf{B} = \begin{pmatrix} 4 & 0 \\ 0 & 1 \end{pmatrix}$ erhält man:

$$\mathbf{A}\cdot\mathbf{B} = \begin{pmatrix} 1 & 3 \\ 0 & 2 \end{pmatrix}\cdot\begin{pmatrix} 4 & 0 \\ 0 & 1 \end{pmatrix} = \begin{pmatrix} 4 & 3 \\ 0 & 2 \end{pmatrix}; \mathbf{B}\cdot\mathbf{A} = \begin{pmatrix} 4 & 0 \\ 0 & 1 \end{pmatrix}\cdot\begin{pmatrix} 1 & 3 \\ 0 & 2 \end{pmatrix} = \begin{pmatrix} 4 & 12 \\ 0 & 2 \end{pmatrix}.$$

Als Sonderfälle ergeben sich die Feststellungen: Ein Zeilenvektor mit *n* Elementen, von links an eine *n*x*n*-Matrix heranmultipliziert, ergibt einen Zeilenvektor mit *n* Elementen; ein Spaltenvektor mit *n* Elementen, von rechts an eine *n*x*n*-Matrix heranmultipliziert, einen Spaltenvektor mit *n* Elementen; multipliziert man von links einen Zeilenvektor mit *n* Elementen an einen *n*-elementigen Spaltenvektor heran, erhält man eine reelle Zahl; das Produkt eines Zeilenvektors mit *n* Elementen mit einer *n*x*n*-Matrix und einem weiteren *n*-elementigen Spaltenvektor ist eine Zahl. An Zahlenbeispielen illustriert:

$$(1;2)\cdot\begin{pmatrix} 3 & 2 \\ 4 & 3 \end{pmatrix} = (1\cdot 3+2\cdot 4; 1\cdot 2+2\cdot 3) = (11;8); \quad \begin{pmatrix} 5 & 4 \\ 2 & 3 \end{pmatrix}\cdot\begin{pmatrix} 1 \\ 2 \end{pmatrix} = \begin{pmatrix} 5\cdot 1+4\cdot 2 \\ 2\cdot 1+3\cdot 2 \end{pmatrix} = \begin{pmatrix} 13 \\ 8 \end{pmatrix};$$

$$(1;2)\cdot\begin{pmatrix} 1 \\ 2 \end{pmatrix} = 1\cdot 1+2\cdot 2 = 5;$$

$$(1;2)\cdot\begin{pmatrix} 3 & 2 \\ 4 & 3 \end{pmatrix}\cdot\begin{pmatrix} 1 \\ 2 \end{pmatrix} = (1\cdot 3+2\cdot 4; 1\cdot 2+2\cdot 3)\cdot\begin{pmatrix} 1 \\ 2 \end{pmatrix} = (11;8)\cdot\begin{pmatrix} 1 \\ 2 \end{pmatrix} = 11+16 = 27.$$

Determinanten, Adjunkte und Inverse

Die Determinante einer reellen quadratischen Matrix ist stets eine reelle Zahl und ein wichtiger Kennwert der Matrix; sie wird entweder mit det **A** oder $|\mathbf{A}|$ symbolisiert (s. Anmerkung 7). An Hand von ihr lässt sich u.a. entscheiden, ob eine Matrix überhaupt eine Inverse hat (s. unten), und in die Berechnung dieser Inversen geht die Determinante gleichfalls ein. Weiter benötigen wir Determinanten, um die Eigenwerte von Matrizen zu bestimmen. Zu ihrer Bildung werden die Elemente der Matrix miteinander verrechnet.

Ist **A** eine 1x1-Matrix, also eine reelle Zahl, ist die Determinante diese Zahl selbst. Bei einer 2x2-Matrix berechnet sich die Determinante als Differenz der Produkte der Elemente beider Diagonalen, also:

$$|\mathbf{A}| = \left|\begin{pmatrix} a_{11} & a_{12} \\ a_{21} & a_{22} \end{pmatrix}\right| = a_{11} \cdot a_{22} - a_{21} \cdot a_{12}. \text{ Etwa}: \left|\begin{pmatrix} 1 & 2 \\ 3 & 6 \end{pmatrix}\right| = 1 \cdot 6 - 2 \cdot 3 = 0.$$

Bei höherer Anzahl von Zeilen bzw. Spalten wird die Determinante nach einer der Zeilen oder Spalten „entwickelt". Nehmen wir zur Entwicklung etwa die 1. Spalte: Dann ist das 1. Glied der die Determinante bildenden Summe das 1. Element der 1. Zeile und 1. Spalte (also a_{11}), multipliziert mit der Determinante der Matrix ohne 1. Zeile und ohne 1. Spalte. Das 2. Glied ist das 2. Element der 1. Spalte (a_{21}), multipliziert mit der Determinante der Matrix ohne 1. Spalte und 2. Zeile. Da die Summe der Indizes des Elements a_{12}, nämlich 1 + 2, ungerade ist, müssen wir zusätzlich mit −1 multiplizieren. Beim Glied a_{11} war die Summe gerade und wir konnten das Vorzeichen so belassen; multipliziert wird also immer mit $(-1)^{j+i}$. Formalisiert (für Entwicklung nach Spalte 1):

$$det\,\mathbf{A} = \sum_{j=1}^{m} a_{j1} \cdot (-1)^{j+1} \cdot det\,\mathbf{A}_{j1},$$

wobei a_{j1} das j-te Element der 1. Spalte der Matrix **A** sind, $\mathbf{A}_{j1}$ die nach Streichung der 1. Spalte und *j*-ten Zeile entstehende Untermatrix von **A**.

Zur Übung bestimmen wir die Determinante der Matrix **SAQ**$_{inn}$ aus 7.2.3. Wir entwickeln sie dabei nach der 1. Spalte und – zur Kontrolle – nach der 2. Zeile.

$$\left|\begin{pmatrix} 18 & 7 & 15 \\ 7 & 18 & 11 \\ 15 & 11 & 18 \end{pmatrix}\right| = 18 \cdot (-1)^{1+1} \cdot \left|\begin{pmatrix} 18 & 11 \\ 11 & 18 \end{pmatrix}\right| + 7 \cdot (-1)^{2+1} \cdot \left|\begin{pmatrix} 7 & 15 \\ 11 & 18 \end{pmatrix}\right| + 15 \cdot (-1)^{3+1} \cdot \left|\begin{pmatrix} 7 & 15 \\ 18 & 11 \end{pmatrix}\right| =$$

$18 \cdot (18 \cdot 18 - 11 \cdot 11) - 7(7 \cdot 18 - 11 \cdot 15) + 15(7 \cdot 11 - 18 \cdot 15) = 3654 + 273 - 2895 = 1032.$

$$\left|\begin{pmatrix} 18 & 7 & 15 \\ 7 & 18 & 11 \\ 15 & 11 & 18 \end{pmatrix}\right| = 7 \cdot (-1)^{1+2} \cdot \left|\begin{pmatrix} 7 & 11 \\ 15 & 18 \end{pmatrix}\right| + 18 \cdot (-1)^{2+2} \cdot \left|\begin{pmatrix} 18 & 15 \\ 15 & 18 \end{pmatrix}\right| + 11 \cdot (-1)^{2+3} \cdot \left|\begin{pmatrix} 18 & 15 \\ 7 & 11 \end{pmatrix}\right| =$$

$-7 \cdot (7 \cdot 18 - 11 \cdot 15) + 18 \cdot (18 \cdot 18 - 15 \cdot 15) - 11 \cdot (18 \cdot 11 - 15 \cdot 7) = 273 + 1782 - 1023 = 1032.$

8.4 Matrizen und Vektoren

Eine Matrix heißt singulär, wenn ihre Determinante 0 ist. Das ist immer dann gegeben, wenn entweder mindestens ein Paar von Zeilen oder ein Paar von Spalten linear abhängig ist, also durch Multiplikation ineinander übergeführt werden können. Das ist beispielsweise der Fall bei der Matrix
$\begin{pmatrix} 1 & 2 \\ 3 & 6 \end{pmatrix}$.

Multipliziert man die 1. Zeile mit 3, ergibt sich die 2. Zeile. Ist eine Matrix singulär, so hat sie keine Inverse. Ist sie umgekehrt nicht singulär (also ihre Determinante von 0 verschieden), lässt sich ihre Inverse bilden.

Die Inverse einer $m \times m$-Matrix **A** (symbolisiert mit $\mathbf{A}^{-1}$) ist jene, deren Produkt mit **A** sowohl von links wie von rechts die $m \times m$-Einheitsmatrix **E** ergibt: $\mathbf{A} \cdot \mathbf{A}^{-1} = \mathbf{A}^{-1} \cdot \mathbf{A} = \mathbf{E}$.

Die Inverse einer Matrix bildet man mit Hilfe ihrer Adjunkten und ihrer Determinante.

Die Adjunkte einer Matrix **A** $((a_{ji}))$, häufig symbolisiert mit **AdjA**, enthält an Stelle der Elemente a_{ji} deren mit einem Vorzeichen versehene Kofaktoren (s. Anmerkung 8). Darunter versteht man die Determinante der Untermatrix $\mathbf{A}_{ji}$ (also **A** *ohne j*-te Zeile und *i*-te Spalte); das Vorzeichen ergibt sich als $(-1)^{j+i}$. Bildung der Adjunkten einer 2x2-Matrix macht dies rasch verständlich: Für

$A = \begin{pmatrix} 2 & 4 \\ 5 & 8 \end{pmatrix}$ ergibt sich:

$\mathbf{AdjA} = \begin{pmatrix} (-1)^{1+1} \cdot det(8) & (-1)^{1+2} \cdot det(5) \\ (-1)^{2+1} \cdot det(4) & (-1)^{2+2} \cdot det(2) \end{pmatrix} = \begin{pmatrix} 8 & -5 \\ -4 & 2 \end{pmatrix}$.

(Wir haben sicherheitshalber det(8) geschrieben, um Verwechslungen mit dem Absolutbetrag zu vermeiden.)

Dann gilt – vorausgesetzt die Determinante von A ist nicht 0: Die Inverse ergibt sich als transponierte Adjunkte, dividiert durch die Determinante, also:

$$\mathbf{A}^{-1} = \frac{1}{det \mathbf{A}} \cdot (\mathbf{AdjA})^T. \qquad 8.10$$

Für $\mathbf{A} = \begin{pmatrix} 2 & 4 \\ 5 & 8 \end{pmatrix}$ berechnet man:

$$\mathbf{A}^{-1} = \frac{1}{det \mathbf{A}} \cdot \begin{pmatrix} 8 & -5 \\ -4 & 2 \end{pmatrix}^T = \frac{1}{-4} \cdot \begin{pmatrix} 8 & -4 \\ -5 & 2 \end{pmatrix} = \begin{pmatrix} -2 & 1 \\ 1{,}25 & -0{,}5 \end{pmatrix}.$$

Wir machen die Probe:

$$\begin{pmatrix} 2 & 4 \\ 5 & 8 \end{pmatrix} \cdot \frac{1}{-4} \cdot \begin{pmatrix} 8 & -4 \\ -5 & 2 \end{pmatrix} = \frac{1}{-4} \cdot \begin{pmatrix} 2 \cdot 8 - 4 \cdot 5 & 2 \cdot (-4) + 4 \cdot 2 \\ 5 \cdot 8 - 8 \cdot 5 & 5 \cdot (-4) + 8 \cdot 2 \end{pmatrix} = \begin{pmatrix} 1 & 0 \\ 0 & 1 \end{pmatrix}.$$

Als kompliziertere Übung bestimmen wir die Inverse von **SAQ**$_{inn}$ aus 7.2.3, also der Matrix:

$$\begin{pmatrix} 18 & 7 & 15 \\ 7 & 18 & 11 \\ 15 & 11 & 18 \end{pmatrix}$$

Zunächst ermitteln wir mit Hilfe des beschriebenen Verfahrens ihre Adjunkte:

$$\mathbf{Adj}\begin{pmatrix} 18 & 7 & 15 \\ 7 & 18 & 11 \\ 15 & 11 & 18 \end{pmatrix} = \begin{pmatrix} (-1)^{1+1}\begin{vmatrix} 18 & 11 \\ 11 & 18 \end{vmatrix} & (-1)^{1+2}\begin{vmatrix} 7 & 11 \\ 15 & 18 \end{vmatrix} & (-1)^{1+3}\begin{vmatrix} 7 & 18 \\ 15 & 11 \end{vmatrix} \\ (-1)^{2+1}\begin{vmatrix} 7 & 15 \\ 11 & 18 \end{vmatrix} & (-1)^{2+2}\begin{vmatrix} 18 & 15 \\ 15 & 18 \end{vmatrix} & (-1)^{2+3}\begin{vmatrix} 18 & 7 \\ 15 & 11 \end{vmatrix} \\ (-1)^{3+1}\begin{vmatrix} 7 & 15 \\ 18 & 11 \end{vmatrix} & (-1)^{3+2}\begin{vmatrix} 18 & 15 \\ 7 & 11 \end{vmatrix} & (-1)^{3+3}\begin{vmatrix} 18 & 7 \\ 7 & 18 \end{vmatrix} \end{pmatrix}$$

$$= \begin{pmatrix} 203 & 39 & -193 \\ 39 & 99 & -93 \\ -193 & -93 & 275 \end{pmatrix}.$$

Da diese symmetrisch ist, ist sie identisch mit ihrer Transponierten. Division durch die Determinante liefert daher die gesuchte Inverse **SAQ**$_{inn}^{-1}$, nämlich:

$$\frac{1}{1032} \cdot \begin{pmatrix} 203 & 39 & -193 \\ 39 & 99 & -93 \\ -193 & -93 & 275 \end{pmatrix}.$$

Wir machen die Probe (diesmal zur Abwechslung durch Multiplikation von rechts) und erhalten:

$$\frac{1}{1032} \cdot \begin{pmatrix} 18 & 7 & 15 \\ 7 & 18 & 11 \\ 15 & 11 & 18 \end{pmatrix} \cdot \begin{pmatrix} 203 & 39 & -193 \\ 39 & 99 & -93 \\ -193 & -93 & 275 \end{pmatrix} = \frac{1}{1032} \cdot \begin{pmatrix} 1032 & 0 & 0 \\ 0 & 1032 & 0 \\ 0 & 0 & 1032 \end{pmatrix} = \begin{pmatrix} 1 & 0 & 0 \\ 0 & 1 & 0 \\ 0 & 0 & 1 \end{pmatrix}.$$

Eigenwerte und Eigenvektoren

Ein Skalar λ heißt Eigenwert und ein Vektor $\vec{G}$ (im Text meist **g** geschrieben) heißt Eigenvektor zur quadratischen Matrix **A**, wenn gilt:

$$\mathbf{A} \cdot \vec{G} = \lambda \cdot \vec{G}. \qquad 8.11a$$

Diese Eigenwerte sind von zentraler Bedeutung, u.a. bei Faktorenanalysen, multivariaten Varianzanalysen und Diskriminanzanalysen. Exakt lassen sich Eigenwerte von Matrizen mittels ihrer Determinanten bestimmen; zur Be-

8.4 Matrizen und Vektoren

stimmung der Eigenwerte von Interkorrelationsmatrizen wurde in Anmerkung 14 von Kapitel 3 ein Iterationsverfahren angegeben. Die Gleichung 8.11a ist äquivalent zur Gleichung:

$$(\mathbf{A} - \lambda \cdot \mathbf{E}) \cdot \vec{G} = \vec{0} \qquad \text{8.11b}$$

und hat dann eine nichttriviale Lösung (also eine Lösung mit $\vec{G} \neq \vec{0}$), wenn die Determinante von $\mathbf{A} - \lambda \cdot \mathbf{E}$ gleich 0 ist (verschwindet). Diese Bedingung liefert i. Allg. eine Anzahl von Eigenwerten (abhängig von der Zahl unabhängiger Zeilen der Matrix); aus ihnen lassen sich dann die zugehörigen Eigenvektoren bestimmen, die bis auf ihre Länge (ihren Betrag, s. 8.4.2) eindeutig sind. Man normiert deshalb die Eigenvektoren (bei der Hauptkomponentenanalyse üblicherweise so, dass ihr Betrag 1 ist). Wir erklären die Vorgehensweise zunächst an einem einfachen Beispiel: Gesucht sind Eigenwerte und Eigenvektoren von

$$\mathbf{A} = ((a_{jk})) = \begin{pmatrix} 1 & 2 \\ 3 & 2 \end{pmatrix};$$

Gleichungen zur Bestimmung der Eigenvektoren erhalten wir, indem wir – wie ausgeführt – folgenden Ausdruck gleich 0 setzen:

$$\left| ((a_{jk})) - \lambda \cdot \mathbf{E} \right| = \left| \begin{pmatrix} 1 & 2 \\ 3 & 2 \end{pmatrix} - \lambda \cdot \begin{pmatrix} 1 & 0 \\ 0 & 1 \end{pmatrix} \right| = \left| \begin{pmatrix} 1-\lambda & 2 \\ 3 & 2-\lambda \end{pmatrix} \right| = 0.$$

Dies liefert die Gleichung:

$(1-\lambda) \cdot (2-\lambda) - 6 = 0$ mit den Lösungen: $\lambda_1 = 4$ und $\lambda_2 = -1$.

Für den zu λ_1 gehörigen Eigenvektor $\vec{G}_1 = \begin{pmatrix} g_{1,1} \\ g_{1,2} \end{pmatrix}$ gilt dann:

$$\begin{pmatrix} 1 & 2 \\ 3 & 2 \end{pmatrix} \cdot \begin{pmatrix} g_{1,1} \\ g_{1,2} \end{pmatrix} = 4 \cdot \begin{pmatrix} g_{1,1} \\ g_{1,2} \end{pmatrix} \text{ oder } \begin{pmatrix} 1-4 & 2 \\ 3 & 2-4 \end{pmatrix} \cdot \begin{pmatrix} g_{1,1} \\ g_{1,2} \end{pmatrix} = \begin{pmatrix} 0 \\ 0 \end{pmatrix}$$

und damit:

$-3g_{1,1} + 2g_{1,2} = 0$ sowie $3g_{1,1} - 2g_{1,2} = 0$, also $g_{1,2} = 3/2 g_{1,1}$.

Wegen $\sqrt{g_{1,1}^2 + g_{1,2}^2} = 1$ (Normierung) ergibt sich:

$$\vec{G}_1 = \begin{pmatrix} \dfrac{1}{\sqrt{3{,}25}} \\ 1{,}5 \cdot \dfrac{1}{\sqrt{3{,}25}} \end{pmatrix}$$

Wir zeigen, dass es sich bei $\vec{G}_1$ tatsächlich um einen Eigenvektor mit Eigenwert 4 handelt:

$$\begin{pmatrix} 1 & 2 \\ 3 & 2 \end{pmatrix} \cdot \begin{pmatrix} \dfrac{1}{\sqrt{3{,}25}} \\ 1{,}5 \cdot \dfrac{1}{\sqrt{3{,}25}} \end{pmatrix} = \begin{pmatrix} \dfrac{1}{\sqrt{3{,}25}} + 2 \cdot 1{,}5 \cdot \dfrac{1}{\sqrt{3{,}25}} \\ 3 \cdot \dfrac{1}{\sqrt{3{,}25}} + 2 \cdot 1{,}5 \cdot \dfrac{1}{\sqrt{3{,}25}} \end{pmatrix} =$$

$$\begin{pmatrix} 4 \cdot \dfrac{1}{\sqrt{3{,}25}} \\ 6 \cdot \dfrac{1}{\sqrt{3{,}25}} \end{pmatrix} = 4 \cdot \begin{pmatrix} \dfrac{1}{\sqrt{3{,}25}} \\ 1{,}5 \cdot \dfrac{1}{\sqrt{3{,}25}} \end{pmatrix}.$$

Zur Übung bestimme man den Eigenvektor zum Eigenwert -1 und sollte erhalten:

$$\vec{G}_2 = \begin{pmatrix} \dfrac{1}{\sqrt{2}} \\ -\dfrac{1}{\sqrt{2}} \end{pmatrix}.$$

Als kompliziertere Übung berechnen wir die Eigenwerte des Produkts von **SAQ**$_{zwGr}$ und **SAQ**$_{inn}^{-1}$ aus 7.2.3, also die der Matrix

$$\begin{pmatrix} 168 & 42 & 42 \\ 42 & 42 & 42 \\ 42 & 42 & 42 \end{pmatrix} \dfrac{1}{1032} \cdot \begin{pmatrix} 203 & 39 & -193 \\ 39 & 99 & -93 \\ -193 & -93 & 275 \end{pmatrix} = \begin{pmatrix} 26{,}78 & 6{,}59 & -24{,}01 \\ 1{,}99 & 1{,}83 & -0{,}45 \\ 1{,}99 & 1{,}83 & -0{,}45 \end{pmatrix}.$$

Da die 2. und 3. Zeile identisch sind, ist die Matrix singulär, besitzt also auf jeden Fall 0 als einen Eigenwert. Um die anderen Eigenwerte zu erhalten, setzen wir die Determinante von

$$\begin{pmatrix} 26{,}78-\lambda & 6{,}59 & -24{,}01 \\ 1{,}99 & 1{,}83-\lambda & -0{,}45 \\ 1{,}99 & 1{,}83 & -0{,}45-\lambda \end{pmatrix} \text{ gleich } 0.$$

Entwicklung der Determinante nach der 1. Zeile liefert:

$(26{,}78-\lambda) \cdot [(1{,}83-\lambda) \cdot (-0{,}45-\lambda) + 0{,}45 \cdot 1{,}83] - 6{,}59[1{,}99 \cdot (-0{,}45-\lambda) - 1{,}99 \cdot (-0{,}45)]$
$-24{,}01[1{,}99 \cdot 1{,}83 - 1{,}99 \cdot (1{,}83-\lambda)] = -\lambda^3 + 28{,}16 \cdot \lambda^2 - 71{,}63 \cdot \lambda = 0.$

Wie erwartet, erfüllt $\lambda_1 = 0$ diese Gleichung. Zur Bestimmung der anderen Eigenwerte setzen wir $-\lambda^2 + 28{,}16 \cdot \lambda - 71{,}63 = 0$ und erhalten als weitere Lösungen
$\lambda_2 = 2{,}83$, $\lambda_3 = 25{,}33$. Die Probe ergibt:

$$\left| \begin{pmatrix} 26{,}78-2{,}83 & 6{,}59 & -24{,}01 \\ 1{,}99 & 1{,}83-2{,}83 & -0{,}45 \\ 1{,}99 & 1{,}83 & -0{,}45-2{,}83 \end{pmatrix} \right| = 0.$$

8.4 Matrizen und Vektoren

Analog zeigt man, dass bei Berechnung der anderen Eigenwerte kein Fehler gemacht wurde.

Nun wollen wir zum größten Eigenwert, nämlich $\lambda_3 = 25{,}33$, den zugehörigen Eigenvektor ermitteln. Setzen wir den Vektor mit den noch unbekannten Komponenten $g_{1,1}$, $g_{1,2}$ und $g_{1,3}$ in Gleichung 8.11a ein, erhalten wir:

$$\begin{pmatrix} 26{,}78 & 6{,}59 & -24{,}01 \\ 1{,}99 & 1{,}83 & -0{,}45 \\ 1{,}99 & 1{,}83 & -0{,}45 \end{pmatrix} \cdot \begin{pmatrix} g_{1,1} \\ g_{1,2} \\ g_{1,3} \end{pmatrix} = 25{,}33 \cdot \begin{pmatrix} g_{1,1} \\ g_{1,2} \\ g_{1,3} \end{pmatrix}.$$

Ausmultiplizieren liefert 3 Gleichungen:

$26{,}78 g_{1,1} + 6{,}59 g_{1,2} - 24{,}01 g_{1,3} = 25{,}33 g_{1,1}$;

$1{,}99 g_{1,1} + 1{,}83 g_{1,2} - 0{,}45 g_{1,3} = 25{,}33 g_{1,2}$;

$1{,}99 g_{1,1} + 1{,}83 g_{1,2} - 0{,}45 g_{1,3} = 25{,}33 g_{1,3}$;

Aus Gleichungen 2 und 3 ergibt sich $g_{1,2} = g_{1,3}$; dies eingesetzt in Gleichung 1 liefert: $1{,}45 g_{1,1} = 17{,}42 g_{1,3}$; normiert man schließlich auf die Länge 1, erhält man:

$$\mathbf{g} = \begin{pmatrix} 0{,}99 \\ 0{,}08 \\ 0{,}08 \end{pmatrix}.$$

8.4.2 Vektoren

Spalten- und Zeilenvektoren; Vektoraddition und skalare Multiplikation

Ein Zeilenvektor ist definitionsgemäß eine $1 \times n$-Matrix, ein Spaltenvektor eine $m \times 1$-Matrix. Wenn wir im Weiteren von Vektoren sprechen, meinen wir i. Allg. Spaltenvektoren. Wir haben sie in diesem Buch meist mit $\vec{G}$ symbolisiert, zuweilen auch durch ein fettgedrucktes kleines $\mathbf{g}$. Die einzelnen Matrixelemente nennen wir die Komponenten des Vektors, ihre Zahl seine Dimension. Für Vektoren als spezielle Matrizen gelten die in 8.4.1 eingeführten Regeln der Matrixaddition und der skalaren Multiplikation. Es gilt deshalb beispielsweise:

$$\begin{pmatrix} 1 \\ 2 \end{pmatrix} + \begin{pmatrix} 3 \\ 2 \end{pmatrix} = \begin{pmatrix} 4 \\ 4 \end{pmatrix} \text{ und } 3 \cdot \begin{pmatrix} 1 \\ 2 \end{pmatrix} = \begin{pmatrix} 3 \\ 6 \end{pmatrix}.$$

(Zur räumlichen Veranschaulichung von Vektoraddition und skalarer Multiplikation s. 3.5.2.)

Länge von Vektoren; Skalarprodukt; Winkel zwischen Vektoren

Die Länge (der Betrag eines Vektors), symbolisiert mit $|\vec{G}|$, ist die Wurzel aus seinen quadrierten Komponenten; also:

$$|\vec{G}| = \sqrt{g_1^2 + g_2^2 + ... + g_m^2}; z.B. \left|\binom{2}{3}\right| = \sqrt{2^2 + 3^2} = \sqrt{13} = 3,6.$$

Als Skalarprodukt (nicht zu verwechseln mit dem hier nicht eingeführten Vektorprodukt) zweier Vektoren $\vec{A}$ und $\vec{B}$ ist definiert:

$$\vec{A} \cdot \vec{B} = \begin{pmatrix} a_1 \\ a_2 \\ .. \\ a_m \end{pmatrix} \cdot \begin{pmatrix} b_1 \\ b_2 \\ .. \\ b_m \end{pmatrix} = a_1 \cdot b_1 + a_2 \cdot b_2 + ... + a_m \cdot b_m; z.B. \binom{1}{2} \cdot \binom{2}{1} = 1 \cdot 2 + 2 \cdot 1 = 4.$$

Dann gilt der wichtige Satz: Das Skalarprodukt zweier Vektoren, dividiert durch das Produkt der Vektorbeträge – vorausgesetzt, keiner hat die Länge 0 –, ergibt den Cosinus des Winkels φ zwischen beiden Vektoren. Also:

$$cos\varphi = \frac{\vec{A} \cdot \vec{B}}{|\vec{A}| \cdot |\vec{B}|}; wegen \frac{\binom{1}{2} \cdot \binom{2}{1}}{\sqrt{1^2 + 2^2} \cdot \sqrt{2^2 + 1^2}} = \frac{4}{\sqrt{5} \cdot \sqrt{5}} = 0,8$$

beträgt der Winkel zwischen den beiden Vektoren 36,87°(cos 36,87° = 0,8). Man zeichne die beiden Vektoren in ein Koordinatensystem ein und überzeuge sich durch Anschauung von der Richtigkeit dieser Aussage. Als Sonderfall ergibt sich der wichtige Satz: Zwei Vektoren stehen genau dann aufeinander senkrecht, wenn ihr Skalarprodukt 0 ergibt.

Drehung von Vektoren

Diese spielt bei der Rotation von Faktoren eine wichtige Rolle (s. 3.5.4) und soll hier zunächst an einem einfachen zweidimensionalen Beispiel eingeführt werden. Man betrachte noch einmal die beiden Vektoren gleicher Länge

$$\vec{A} = \binom{1}{2} \text{ und } \vec{B} = \binom{2}{1},$$

beide mit der Länge $\sqrt{5}$ und dazwischen liegendem Winkel $\varphi = 36,87°$. Dreht man $\vec{A}$ um 36,87° im Uhrzeigersinn, erhält man also $\vec{B}$; Drehung des letzteren Vektors um 36,87° gegen den Uhrzeigersinn liefert $\vec{A}$ (s. Abb. 8.2).

Eine Drehung im Uhrzeigersinn um φ leistet man, indem man an den Vektor von links die Matrix

$$\begin{pmatrix} cos\varphi & sin\varphi \\ -sin\varphi & cos\varphi \end{pmatrix}$$

8.4 Matrizen und Vektoren

heranmultipliziert, Drehung gegen den Uhrzeigersinn geschieht durch Multiplikation mit

$$\begin{pmatrix} \cos\varphi & -\sin\varphi \\ \sin\varphi & \cos\varphi \end{pmatrix}.$$

Wir demonstrieren dies am Beispiel: Wegen cos 36,87°= 0,8, sin 36,87° = 0,6, sollte Multiplikation mit

$\begin{pmatrix} 0,8 & 0,6 \\ -0,6 & 0,8 \end{pmatrix}$ $\vec{A}$ in $\vec{B}$ überführen; in der Tat ergibt sich:

$$\begin{pmatrix} \cos 36,87° & \sin 36,87° \\ -\sin 36,87° & \cos 36,87° \end{pmatrix} \cdot \begin{pmatrix} 1 \\ 2 \end{pmatrix} = \begin{pmatrix} 0,8 & 0,6 \\ -0,6 & 0,8 \end{pmatrix} \cdot \begin{pmatrix} 1 \\ 2 \end{pmatrix} = \begin{pmatrix} 0,8 \cdot 1 + 0,6 \cdot 2 \\ -0,6 \cdot 1 + 0,8 \cdot 2 \end{pmatrix} = \begin{pmatrix} 2 \\ 1 \end{pmatrix}.$$

Ebenso:

$$\begin{pmatrix} \cos 36,87° & -\sin 36,87° \\ \sin 36,87° & \cos 36,87° \end{pmatrix} \cdot \begin{pmatrix} 2 \\ 1 \end{pmatrix} = \begin{pmatrix} 0,8 & -0,6 \\ 0,6 & 0,8 \end{pmatrix} \cdot \begin{pmatrix} 2 \\ 1 \end{pmatrix} = \begin{pmatrix} 0,8 \cdot 2 - 0,6 \cdot 1 \\ 0,6 \cdot 2 + 0,8 \cdot 1 \end{pmatrix} = \begin{pmatrix} 1 \\ 2 \end{pmatrix}.$$

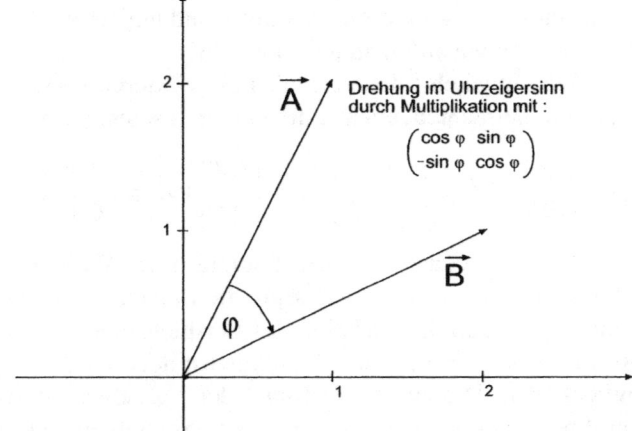

Abbildung 8.2 Drehung von Vektoren

Im mehrdimensionalen Fall müssen mehrere Rotationen der obigen Art hintereinander ausgeführt werden (s. Anmerkung 9).

Wir kommen zur Anwendung der Vektordrehung auf die Faktorrotation (s. dazu auch 3.5.4 für Beispiele und Diagramme). Wie dort ausgeführt, liefert sowohl Extraktion nach dem Zentroidverfahren wie Hauptkomponentenanalyse eine Faktorladungsmatrix **A**, die wir aus dem Rechenbeispiel in 3.5 übernehmen wollen. Sie lautete (unter Weglassung von Kommunalitäten und erklärten Varianzen):

$$A = \begin{pmatrix} & \vec{F}_1 & \vec{F}_2 \\ \vec{Z}_1 & 0{,}47 & -0{,}85 \\ \vec{Z}_2 & 0{,}85 & -0{,}49 \\ \vec{Z}_3 & 0{,}87 & 0{,}48 \\ \vec{Z}_4 & 0{,}49 & 0{,}86 \end{pmatrix}.$$

Die Elemente sind die Faktorladungen, also die Korrelationen der Faktoren mit den ursprünglichen z-transformierten Variablen; sie entsprechen dem jeweiligen Cosinus des Winkels zwischen Faktor und Variable. Dabei kann man die beiden Faktoren als Vektoren im durch die 4 (nicht senkrecht aufeinander stehenden) Variablenvektoren $\vec{Z}_1, \vec{Z}_2, \vec{Z}_3, \vec{Z}_4$ aufgespannten Raum ansehen, also:

$$\vec{F}_1 = \begin{pmatrix} 0{,}47 \\ 0{,}85 \\ 0{,}87 \\ 0{,}49 \end{pmatrix}; \vec{F}_2 = \begin{pmatrix} -0{,}85 \\ -0{,}49 \\ 0{,}48 \\ 0{,}86 \end{pmatrix}.$$

Das Skalarprodukt zwischen $\vec{F}_1$ und $\vec{F}_2$ ergibt bis auf Rundungsfehler 0, d.h. die beiden (Faktor-)Vektoren stehen aufeinander senkrecht.

Nun können wir aber auch umgekehrt die Variablen als Vektoren im von $\vec{F}_1$ und $\vec{F}_2$ aufgespannten Raum betrachten, ebenso die Faktoren selbst, also:

$$\vec{F}_1 = \begin{pmatrix} 1 \\ 0 \end{pmatrix}; \vec{F}_2 = \begin{pmatrix} 0 \\ 1 \end{pmatrix}; \vec{Z}_1 = \begin{pmatrix} 0{,}47 \\ -0{,}85 \end{pmatrix}; \vec{Z}_2 = \begin{pmatrix} 0{,}85 \\ -0{,}49 \end{pmatrix}; \vec{Z}_3 = \begin{pmatrix} 0{,}87 \\ 0{,}48 \end{pmatrix}; \vec{Z}_4 = \begin{pmatrix} 0{,}49 \\ 0{,}86 \end{pmatrix}.$$

Ziel der Faktorenrotation ist es bekanntlich, die Ladung einer Variable auf einem der Faktoren zu maximieren – möglichst sollte die Ladung der anderen Variablen dort damit niedrig werden. In Variation des Beispiels von 3.5.4 wollen wir erreichen, dass die Ladung von $\vec{Z}_3$ auf $\vec{F}_1$ möglichst hoch wird.

Dazu gibt es 2 Möglichkeiten. Die zweite, Drehung der Variablen, ist zwar die einfachere, aber in ihrer Logik schwerer darzustellen: Schließlich sind die Variablen Vektoren, die durch die Probandenwerte eindeutig festgelegt sind. Hingegen ist es nachvollziehbar, dass man Faktoren rotieren kann; diese Kunstprodukte (Konstrukte) sind ja auf eine bis zu gewissem Grade willkürliche Weise gewonnen worden. Wir wollen erst letztere Variante darstellen.

Wir stellen uns also die Aufgabe, $\vec{F}_1$ so zu drehen, dass der Vektor mit $\vec{Z}_3$ zur Deckung kommt; also ist eine Drehung von $\vec{F}_1$ entgegen dem Uhrzeigersinn um den Winkel φ durchzuführen, dessen Cosinus sich folgendermaßen berechnet:

$$\cos\varphi = \frac{\begin{pmatrix} 1 \\ 0 \end{pmatrix} \cdot \begin{pmatrix} 0{,}87 \\ 0{,}48 \end{pmatrix}}{1 \cdot \sqrt{0{,}87^2 + 0{,}48^2}} = \frac{0{,}87}{0{,}994} = 0{,}87.$$

8.4 Matrizen und Vektoren

Dann gilt: $\varphi = 28{,}92°$ und $\sin \varphi = 0{,}48$. Es ergibt sich somit als Drehungsmatrix

$$D = \begin{pmatrix} \cos\varphi & -\sin\varphi \\ \sin\varphi & \cos\varphi \end{pmatrix} = \begin{pmatrix} 0{,}87 & -0{,}48 \\ 0{,}48 & 0{,}87 \end{pmatrix}.$$

Multipliziert man **D** von links an $\vec{F}_1$, ergibt sich der neue Faktor $\vec{F}_1'$:

$$\vec{F}_1' = \mathbf{D} \cdot \vec{F}_1 = \begin{pmatrix} 0{,}87 & -0{,}48 \\ 0{,}48 & 0{,}87 \end{pmatrix} \cdot \begin{pmatrix} 1 \\ 0 \end{pmatrix} = \begin{pmatrix} 0{,}87 \\ 0{,}48 \end{pmatrix},$$

also tatsächlich $\vec{Z}_3$.
Multiplikation von $\vec{F}_2$ mit **D** liefert:

$$\vec{F}_2' = \mathbf{D} \cdot \vec{F}_2 = \begin{pmatrix} 0{,}87 & -0{,}48 \\ 0{,}48 & 0{,}87 \end{pmatrix} \cdot \begin{pmatrix} 0 \\ 1 \end{pmatrix} = \begin{pmatrix} -0{,}48 \\ 0{,}87 \end{pmatrix}.$$

Die Faktorladungen der Variablen nach Rotation ergeben sich dann als Cosinus der Winkel mit den rotierten Faktoren, also:

$$a'_{11} = \frac{\vec{Z}_1 \cdot \vec{F}_1'}{|\vec{Z}_1| \cdot |\vec{F}_1'|} = \frac{\begin{pmatrix} 0{,}47 \\ -0{,}85 \end{pmatrix} \cdot \begin{pmatrix} 0{,}87 \\ 0{,}48 \end{pmatrix}}{\left|\begin{pmatrix} 0{,}47 \\ -0{,}85 \end{pmatrix}\right| \cdot \left|\begin{pmatrix} 0{,}87 \\ 0{,}48 \end{pmatrix}\right|} = 0; \quad a'_{12} = \frac{\vec{Z}_1 \cdot \vec{F}_2'}{|\vec{Z}_1| \cdot |\vec{F}_2'|} = \frac{\begin{pmatrix} 0{,}47 \\ -0{,}85 \end{pmatrix} \cdot \begin{pmatrix} -0{,}48 \\ 0{,}87 \end{pmatrix}}{\left|\begin{pmatrix} 0{,}47 \\ -0{,}85 \end{pmatrix}\right| \cdot \left|\begin{pmatrix} -0{,}48 \\ 0{,}87 \end{pmatrix}\right|} = -0{,}98.$$

$$a'_{21} = \frac{\vec{Z}_2 \cdot \vec{F}_1'}{|\vec{Z}_2| \cdot |\vec{F}_1'|} = \frac{\begin{pmatrix} 0{,}85 \\ -0{,}49 \end{pmatrix} \cdot \begin{pmatrix} 0{,}87 \\ 0{,}48 \end{pmatrix}}{\left|\begin{pmatrix} 0{,}85 \\ -0{,}49 \end{pmatrix}\right| \cdot \left|\begin{pmatrix} 0{,}87 \\ 0{,}48 \end{pmatrix}\right|} = 0{,}52; \quad a'_{22} = \frac{\vec{Z}_2 \cdot \vec{F}_2'}{|\vec{Z}_2| \cdot |\vec{F}_2'|} = \frac{\begin{pmatrix} 0{,}85 \\ -0{,}49 \end{pmatrix} \cdot \begin{pmatrix} -0{,}48 \\ 0{,}87 \end{pmatrix}}{\left|\begin{pmatrix} 0{,}85 \\ -0{,}49 \end{pmatrix}\right| \cdot \left|\begin{pmatrix} -0{,}48 \\ 0{,}87 \end{pmatrix}\right|} = -0{,}86;$$

$$a'_{31} = \frac{\vec{Z}_3 \cdot \vec{F}_1'}{|\vec{Z}_3| \cdot |\vec{F}_1'|} = \frac{\begin{pmatrix} 0{,}87 \\ 0{,}48 \end{pmatrix} \cdot \begin{pmatrix} 0{,}87 \\ 0{,}48 \end{pmatrix}}{\left|\begin{pmatrix} 0{,}87 \\ 0{,}48 \end{pmatrix}\right| \cdot \left|\begin{pmatrix} 0{,}87 \\ 0{,}48 \end{pmatrix}\right|} = 1; \quad a'_{32} = \frac{\vec{Z}_3 \cdot \vec{F}_2'}{|\vec{Z}_3| \cdot |\vec{F}_2'|} = \frac{\begin{pmatrix} 0{,}87 \\ 0{,}48 \end{pmatrix} \cdot \begin{pmatrix} -0{,}48 \\ 0{,}87 \end{pmatrix}}{\left|\begin{pmatrix} 0{,}87 \\ -0{,}49 \end{pmatrix}\right| \cdot \left|\begin{pmatrix} -0{,}48 \\ 0{,}87 \end{pmatrix}\right|} = 0;$$

$$a'_{41} = \frac{\vec{Z}_4 \cdot \vec{F}_1'}{|\vec{Z}_4| \cdot |\vec{F}_1'|} = \frac{\begin{pmatrix} 0{,}49 \\ 0{,}86 \end{pmatrix} \cdot \begin{pmatrix} 0{,}87 \\ 0{,}48 \end{pmatrix}}{\left|\begin{pmatrix} 0{,}49 \\ 0{,}86 \end{pmatrix}\right| \cdot \left|\begin{pmatrix} 0{,}87 \\ 0{,}48 \end{pmatrix}\right|} = 0{,}86; \quad a'_{42} = \frac{\vec{Z}_4 \cdot \vec{F}_2'}{|\vec{Z}_4| \cdot |\vec{F}_2'|} = \frac{\begin{pmatrix} 0{,}49 \\ 0{,}86 \end{pmatrix} \cdot \begin{pmatrix} -0{,}48 \\ 0{,}87 \end{pmatrix}}{\left|\begin{pmatrix} 0{,}49 \\ 0{,}86 \end{pmatrix}\right| \cdot \left|\begin{pmatrix} -0{,}48 \\ 0{,}87 \end{pmatrix}\right|} = 0{,}52.$$

Auf dasselbe Resultat (von Rundungsfehlern abgesehen) kommt man schneller – wenn auch weniger leicht logisch nachvollziehbar –, indem man die Variablenvektoren um denselben Winkel im Uhrzeigersinn (also „anders herum") dreht, d.h. von links mit der Matrix

$$\mathbf{D}^T = \begin{pmatrix} 0{,}87 & 0{,}48 \\ -0{,}48 & 0{,}87 \end{pmatrix} \text{ multipliziert; man erhält dann:}$$

$$\vec{Z}'_1 = \begin{pmatrix} 0{,}87 & 0{,}48 \\ -0{,}48 & 0{,}87 \end{pmatrix} \cdot \begin{pmatrix} 0{,}47 \\ -0{,}85 \end{pmatrix} = \begin{pmatrix} 0 \\ -0{,}97 \end{pmatrix}; \vec{Z}'_2 = \begin{pmatrix} 0{,}87 & 0{,}48 \\ -0{,}48 & 0{,}87 \end{pmatrix} \cdot \begin{pmatrix} 0{,}85 \\ -0{,}49 \end{pmatrix} = \begin{pmatrix} 0{,}50 \\ -0{,}83 \end{pmatrix};$$

$$\vec{Z}'_3 = \begin{pmatrix} 0{,}87 & 0{,}48 \\ -0{,}48 & 0{,}87 \end{pmatrix} \cdot \begin{pmatrix} 0{,}87 \\ 0{,}48 \end{pmatrix} = \begin{pmatrix} 0{,}99 \\ 0 \end{pmatrix}; \quad \vec{Z}'_4 = \begin{pmatrix} 0{,}87 & 0{,}48 \\ -0{,}48 & 0{,}87 \end{pmatrix} \cdot \begin{pmatrix} 0{,}49 \\ 0{,}86 \end{pmatrix} = \begin{pmatrix} 0{,}84 \\ 0{,}51 \end{pmatrix}.$$

Als Faktorladungsmatrix nach Rotation (ohne eventuelle Vertauschung der Faktoren) ergibt sich damit:

$$\begin{pmatrix} & \vec{F}'_1 & \vec{F}'_2 \\ \vec{Z}_1 & 0 & -0{,}97 \\ \vec{Z}_2 & 0{,}50 & -0{,}83 \\ \vec{Z}_3 & 0{,}99 & 0 \\ \vec{Z}_4 & 0{,}84 & 0{,}51 \end{pmatrix}.$$

Anmerkungen Kapitel 8

Anmerkung 1: Dies ist natürlich keine Aussage, sondern eine Definition der Summe zweier Funktionen. Die mathematische Terminologie benutzt in diesem Fall einen Doppelpunkt vor dem =-Zeichen, also: $(f_1 + f_2)(x) := f_1(x) + f_2(x)$. Hingegen verzichten wir hier im Text auf die Einführung dieser Symbolik.

Anmerkung 2: Häufig findet man in der Literatur als Synonym für kontinuierlich „stetig", was i. Allg. nur dann korrekt sein kann (aber nicht muss), wenn der Definitionsbereich M_1 ein Intervall der reellen Zahlen ist. In den meisten Fällen hat aber M_1 (z.B. die Menge der Probanden) eine andere Gestalt. Es handelt sich also auch hier um eine (meist konsequenzenlose) Ungenauigkeit des Sprachgebrauchs. Korrekt wäre eine reelle Abbildung dann als stetig zu bezeichnen, wenn sie kontinuierlich ist und ihre Verteilungsfunktion zusätzlich stetig.

Anmerkung 3: Allgemein ist ein Polynom ein Ausdruck der Form:
$$f(x) = a_0 \cdot x^0 + a_1 \cdot x^1 + a_2 \cdot x^2 + \ldots + a_n \cdot x^n = \sum_{j=0}^{n} a_j \cdot x^j,$$
wobei a_i reelle Zahlen sind; n heißt der Grad des Polynoms – bekanntlich gilt $x^0 = 1$; für die 1. Ableitung berechnet sich dann:
$$f'(x) = a_1 \cdot x^0 + 2 \cdot a_2 \cdot x^1 + \ldots + n \cdot a_n \cdot x^{n-1} = \sum_{j=0}^{n} j \cdot a_j \cdot x^{j-1}.$$

Anmerkungen Kapitel 8

Anmerkung 4: Im Falle einer diskreten Variable mit den Werten $x_1,..,x_j,..,x_m$ und ihren Wahrscheinlichkeiten $f(x_1),..,f(x_j)..,f(x_m)$ berechnet sich dieser Mittelwert als:

$$\mu = \sum_{j=1}^{m} f(x_j) \cdot x_j.$$

Im kontinuierlichen Fall entspricht $f(x_j)x_j$ die Größe $f(x)xdx$ und der Summenbildung die Integration.

Anmerkung 5: Interessanterweise lässt sich für diese Funktion keine explizite Stammfunktion angeben, welche die Berechnung des bestimmten Integrals so bequem macht. Für die spezifische Normalverteilung mit $\mu = 0$ und $\sigma = 1$ sind jedoch für alle relevanten Werte x die bestimmten Integrale

$$\int_{-\infty}^{x} \frac{1}{\sqrt{2\pi}} \cdot e^{-\frac{1}{2}t^2} dt$$

mit hinreichender Genauigkeit tabelliert und einfache Umformung gestattet es, auch im allgemeinen Fall das bestimmte Integral anzugeben (s. 5.4.3).

Anmerkung 6: $f(x) = lnx$ ist somit für positive Werte von x die Umkehrfunktion von $g(x) = e^x$; also: $f(g(x)) = g(f(x)) = x$. Man schreibt in diesem Fall auch $g(x) = f^{-1}(x)$ bzw. $f(x) = g^{-1}(x)$. Die Umkehrfunktion von $f(x) = x$ wäre $g(x) = x$ (also $f^{-1} = g = f$), denn: $g(f(x)) = g(x) = x$.

Anmerkung 7: Die Symbole für die Determinante einer Matrix und den Betrag eines Vektors sind also dieselben. Dennoch kommt es kaum zu Verwechslungen: Determinanten sind ausschließlich für quadratische Matrizen definiert (also nur für einelementige Vektoren); lediglich im letzteren Fall könnte es Missverständnisse geben: Die Determinante einer negativen Zahl ist negativ, der Betrag einer Zahl positiv (oder 0).

Anmerkung 8: In der Literatur findet man auch die Bezeichnung Adjunkte für ein Element $\tilde{a}_{ji}$ der adjunkten Matrix, was wir hier vermeiden wollen.

Anmerkung 9: Wollen wir beispielsweise den Vektor $\vec{A} = \begin{pmatrix} 4 \\ 3 \\ 1 \end{pmatrix}$ so rotieren, dass er in den ebenso langen Vektor

$\vec{B} = \begin{pmatrix} 5 \\ 1 \\ 0 \end{pmatrix}$ über geht, könnten wir ihn beispielsweise zunächst mit der Matrix

$\begin{pmatrix} cos\varphi & sin\varphi & 0 \\ -sin\varphi & cos\varphi & 0 \\ 0 & 0 & 1 \end{pmatrix}$ multiplizieren, wobei φ der Winkel zwischen den Vektoren

$\begin{pmatrix} 4 \\ 3 \end{pmatrix}$ und $\begin{pmatrix} 5 \\ 1 \end{pmatrix}$ ist

– wir führen also zunächst die Projektionen in der xy-Ebene ineinander über. Weitere Rotationen mittels 3x3-Matrizen liefert schließlich das gewünschte Resultat.

9 Literaturverzeichnis

Bortz, J. (1999) *Statistik für Sozialwissenschaftler*. 5. Auflage. Berlin: Springer.

Bortz, J., Lienert, G.A. & Boehnke, K. (1990) *Verteilungsfreie Methoden in der Biostatistik*. Berlin: Springer.

Bunge, M. (1967) *Scientific research I/II*. New York: Springer.

Clauß, G. & Ebner, H. (1977) *Grundlagen der Statistik für Psychologen, Pädagogen und Soziologen*. 2. Auflage. Thun: Harry Deutsch.

Cohen, J. (1988) *Statistical power analysis for the behavioral sciences*. Hillsdale: Erlbaum.

Geisser, S. & Greenhouse, S.W. (1958) An extension of Box's results on the use of the F-distribution in multivariate analysis. *Annals of Mathematical Statistics* 29, 885-891.

Guilford, J.P. (1959) *Statistical methods in psychology and education*. New York: McGraw-Hill.

Glass, G.V. & Stanley, J.C. (1970) *Statistical methods in education and psychology*. Englewood Cliffs, New Jersey: Prentice Hall.

Graf, U., Henning, H.J., Stange, K. & Wilrich, P.T. (1988) *Formeln und Tabellen der angewandten Statistik*. 3. Auflage. Berlin: Springer.

Hays, W.L. (1973) *Statistics for the social sciences*. 2nd edition. New York: Holt, Rinehart & Winston.

Huynh, H. & Feldt, L.S. (1976) Estimation of the Box correction for degrees of freedom from sample data in randomized block and splitplot designs. *Journal of Education Statistics* 1, 69-82.

Krauth, J. & Lienert, G.A. (1973) *KFA: Die Konfigurationsfrequenzanalyse*. Freiburg: Alber.

Kreyszig, E. (1968) *Statistische Methoden und ihre Anwendung*. 3. Auflage. Göttingen: Vandenhoeck & Ruprecht.

Mann, H.B. & Whitney, D.R. (1947) On a test of whether one of two random variables is stochastically larger than the other. *Annals of Mathematical Statistics* 18, 52-54.

Nachtigall, C. & Wirtz, M. (2002) *Wahrscheinlichkeitsrechnung und Inferenzstatistik– Statistische Methoden für Psychologen Teil 2*. 2. Auflage. Weinheim: Juventa.

Pawlik, K. (1968) *Dimensionen des Verhaltens. Eine Einführung in Methodik und Ergebnisse faktorenanalytischer psychologischer Forschung*. Bern: Huber.

Pospeschill, M. (1996) *Praktische Statistik.* Weinheim: Psychologie Verlags-Union.
Schilling, O. (2001) *Grundkurs: Statistik für Psychologen.* München: Fink.
Siegel, S.S. (1956) *Nonparametric statistics for the behavioral sciences.* New York: McGraw Hill.
Überla, K. (1968) *Faktorenalyse.* Berlin: Springer.
Ward, J.H. (1963) Hierarchical grouping to optimize objective function. *Journal of the American Statistical Association* 58, 236-244.
Westmayer, H. (1979) Wissenschaftstheoretische Grundlagen der Einzelfallanalyse. In: Petermann, F. & Hehl, F.J. (Hrsg.) *Einzelfallanalyse.* München: Urban & Schwarzenberg.
Winer, B.J. (1962) *Statistical principles in experimental design.* New York: McGraw Hill.
Wirtz, M. & Nachtigall, C. (2002) *Deskriptive Statistik – Statistische Methoden für Psychologen Teil 1.* 2. Auflage. Weinheim: Juventa.
Zöfel, P. (2003) *Statistik für Psychologen im Klartext.* München: Pearson Studium.

10 Statistische Tafeln

Tafel 1: Dichtefunktion der Standardnormalverteilung (Ordinaten der Gauss'schen Normalkurve mit $\mu = 0$, $\sigma = 1$)

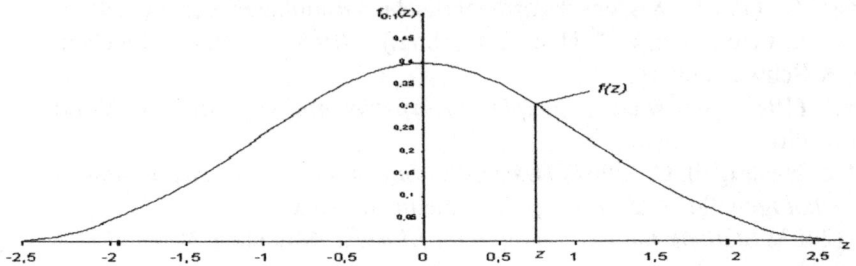

Die rechte Tafel zeigt die Ordinaten $f(z)$ der Dichtefunktion normalverteilter z-standardisierter Werte; also: $f(z) = \dfrac{e^{-\frac{z^2}{2}}}{\sqrt{2\pi}}$.

Anleitung: Um die Ordinate $f(z)$ eines Wertes z zwischen 0 und 3,99 zu finden (z.B. von 1,33), geht man zunächst in der linken Spalte so weit nach unten, bis man die 1. Stelle vor und die 1. Stelle nach dem Komma von z erreicht hat (also 1,3 in der Spalte unter z), dann in dieser Zeile so weit nach rechts, bis die Spalte die 2. Dezimalstelle von z anzeigt (hier 3). In diesem Kästchen der Tafel findet man dann $f(z) = 0{,}1647$. Für negative Werte von z ist die Ordinate des Absolutbetrags von z abzulesen; für Werte von $z \geq 4$ bzw. $z \leq -4$ lässt sich der Wert der Ordinate ohne wesentlichen Fehler gleich 0 setzen.

Aufgabe: Es sind die Ordinaten der Gauss'schen Dichtefunktion für $z_1 = 2{,}76$ und $z_2 = -0{,}82$ zu bestimmen.

Lösung: Man geht in der linken Spalte nach unten bis 2,7, dann in der Zeile rechts bis 6 und erhält als gesuchten Wert 0,0088. Die Ordinate von –0,82 ist gleich der von 0,82, also 0,2850.

10 Statistische Tafeln

z	0	1	2	3	4	5	6	7	8	9
0,0	,3989	,3989	,3989	,3988	,3986	,3984	,3982	,3980	,3977	,3973
0,1	,3970	,3965	,3961	,3956	,3951	,3945	,3939	,3932	,3925	,3918
0,2	,3910	,3902	,3894	,3885	,3876	,3867	,3857	,3847	,3836	,3825
0,3	,3814	,3802	,3790	,3778	,3765	,3752	,3739	,3726	,3712	,3697
0,4	,3683	,3668	,3653	,3637	,3621	,3605	,3589	,3572	,3555	,3538
0,5	,3521	,3503	,3485	,3467	,3448	,3429	,3410	,3391	,3372	,3352
0,6	,3332	,3312	,3292	,3271	,3251	,3230	,3209	,3187	,3166	,3144
0,7	,3123	,3101	,3079	,3056	,3034	,3011	,2989	,2966	,2943	,2920
0,8	,2897	,2874	,2850	,2827	,2803	,2780	,2756	,2732	,2709	,2685
0,9	,2661	,2637	,2613	,2589	,2565	,2541	,2516	,2492	,2468	,2444
1,0	,2420	,2396	,2371	,2347	,2323	,2299	,2275	,2251	,2227	,2203
1,1	,2179	,2155	,2131	,2107	,2083	,2059	,2036	,2012	,1989	,1965
1,2	,1942	,1919	,1895	,1872	,1849	,1826	,1804	,1781	,1758	,1736
1,3	,1714	,1691	,1669	,1647	,1626	,1604	,1582	,1561	,1539	,1518
1,4	,1497	,1476	,1456	,1435	,1415	,1394	,1374	,1354	,1334	,1315
1,5	,1295	,1276	,1257	,1238	,1219	,1200	,1182	,1163	,1145	,1127
1,6	,1109	,1092	,1074	,1057	,1040	,1023	,1006	,0989	,0973	,0957
1,7	,0940	,0925	,0909	,0893	,0878	,0863	,0848	,0833	,0818	,0804
1,8	,0790	,0775	,0761	,0748	,0734	,0721	,0707	,0694	,0681	,0669
1,9	,0656	,0644	,0632	,0620	,0608	,0596	,0584	,0573	,0562	,0551
2,0	,0540	,0529	,0519	,0508	,0498	,0488	,0478	,0468	,0459	,0449
2,1	,0440	,0431	,0422	,0413	,0404	,0396	,0387	,0379	,0371	,0363
2,2	,0355	,0347	,0339	,0332	,0325	,0317	,0310	,0303	,0297	,0290
2,3	,0283	,0277	,0270	,0264	,0258	,0252	,0246	,0241	,0235	,0229
2,4	,0224	,0219	,0213	,0208	,0203	,0198	,0194	,0189	,0184	,0180
2,5	,0175	,0171	,0167	,0163	,0158	,0154	,0151	,0147	,0143	,0139
2,6	,0136	,0132	,0129	,0126	,0122	,0119	,0116	,0113	,0110	,0107
2,7	,0104	,0101	,0099	,0096	,0093	,0091	,0088	,0086	,0084	,0081
2,8	,0079	,0077	,0075	,0073	,0071	,0069	,0067	,0065	,0063	,0061
2,9	,0060	,0058	,0056	,0055	,0053	,0051	,0050	,0048	,0047	,0046
3,0	,0044	,0043	,0042	,0040	,0039	,0038	,0037	,0036	,0035	,0034
3,1	,0033	,0032	,0031	,0030	,0029	,0028	,0027	,0026	,0025	,0025
3,2	,0024	,0023	,0022	,0022	,0021	,0020	,0020	,0019	,0018	,0018
3,3	,0017	,0017	,0016	,0016	,0015	,0015	,0014	,0014	,0013	,0013
3,4	,0012	,0012	,0012	,0011	,0011	,0010	,0010	,0010	,0009	,0009
3,5	,0009	,0008	,0008	,0008	,0008	,0007	,0007	,0007	,0007	,0006
3,6	,0006	,0006	,0006	,0005	,0005	,0005	,0005	,0005	,0005	,0004
3,7	,0004	,0004	,0004	,0004	,0004	,0004	,0003	,0003	,0003	,0003
3,8	,0003	,0003	,0003	,0003	,0003	,0003	,0002	,0002	,0002	,0002
3,9	,0002	,0002	,0002	,0002	,0002	,0002	,0002	,0002	,0001	,0001

Tafel 2: Verteilungsfunktion der Standardnormalverteilung (Gauss'sche Summenfunktion F(z); Flächen unter der standardisierten Normalverteilung)

Die nachstehende (zweigeteilte) Tafel zeigt die Gauss'sche Summenfunktion $F(z)$, d.h. die Fläche unter der Standardnormalverteilung links vom Punkt z; also:

$$F(z) = \int_{-\infty}^{z} f(t)\,dt = \int_{-\infty}^{z} \frac{e^{-\frac{t^2}{2}}}{\sqrt{2\pi}}\,dt\,.$$

Anleitung: Um zu z den zugehörigen Wert $F(z)$ der Gauss'schen Summenfunktion (das Integral unter der Standardnormalverteilung von $-\infty$ bis z) zu erhalten (z.B. von 1,45), sucht man in der Spalte links die 1. Stelle vor dem Komma und die 1. Dezimalstelle von z (d.h. 1,4 in der rechten Tafelhälfte, S. 335) und geht dann in der Zeile nach rechts bis zur 2. Dezimalstelle von z (hier 5). Der Wert innerhalb der Tafel ist die gesuchte Zahl (hier 0,9265).
Aufgabe: Bestimme zu $z_1 = 0,95$; $z_2 = -1,36$ die Werte der Gauss'schen Summenfunktion.
Lösung: In der linken Spalte der rechten Tafel (s. 335) geht man nach unten bis 0,9, dann 5 Stellen nach rechts und liest 0,8289 ab. Für $F(z_2) = F(-1,36)$ erhält man 0,0869.
Hinweis: Für $z \leq -3,6$ kann man ohne großen Fehler $F(z) = 0$ setzen, für $z \geq 3,6$ $F(z) = 1$.

z	0	1	2	3	4	5	6	7	8	9
-0,0	,5000	,4960	,4920	,4880	,4840	,4801	,4761	,4721	,4681	,4641
-0,1	,4602	,4562	,4522	,4483	,4443	,4404	,4364	,4325	,4286	,4247
-0,2	,4207	,4168	,4129	,4090	,4052	,4013	,3974	,3936	,3897	,3859
-0,3	,3821	,3783	,3745	,3707	,3669	,3632	,3594	,3557	,3520	,3483
-0,4	,3446	,3409	,3372	,3336	,3300	,3264	,3228	,3192	,3156	,3121
-0,5	,3085	,3050	,3015	,2981	,2946	,2912	,2877	,2843	,2810	,2776
-0,6	,2743	,2709	,2676	,2643	,2611	,2578	,2546	,2514	,2483	,2451
-0,7	,2420	,2389	,2358	,2327	,2297	,2266	,2236	,2206	,2177	,2148
-0,8	,2119	,2090	,2061	,2033	,2005	,1977	,1949	,1922	,1894	,1867
-0,9	,1841	,1814	,1788	,1762	,1736	,1711	,1685	,1660	,1635	,1611
-1,0	,1587	,1562	,1539	,1515	,1492	,1469	,1446	,1423	,1401	,1379
-1,1	,1357	,1335	,1314	,1292	,1271	,1251	,1230	,1210	,1190	,1170
-1,2	,1151	,1131	,1112	,1093	,1075	,1056	,1038	,1020	,1003	,0985
-1,3	,0968	,0951	,0934	,0918	,0901	,0885	,0869	,0853	,0838	,0823
-1,4	,0808	,0793	,0778	,0764	,0749	,0735	,0721	,0708	,0694	,0681
-1,5	,0668	,0655	,0643	,0630	,0618	,0606	,0594	,0582	,0571	,0559
-1,6	,0548	,0537	,0526	,0516	,0505	,0495	,0485	,0475	,0465	,0455
-1,7	,0446	,0436	,0427	,0418	,0409	,0401	,0392	,0384	,0375	,0367
-1,8	,0359	,0351	,0344	,0336	,0329	,0322	,0314	,0307	,0301	,0294
-1,9	,0287	,0281	,0274	,0268	,0262	,0256	,0250	,0244	,0239	,0233
-2,0	,0228	,0222	,0217	,0212	,0207	,0202	,0197	,0192	,0188	,0183
-2,1	,0179	,0174	,0170	,0166	,0162	,0158	,0154	,0150	,0146	,0143
-2,2	,0139	,0136	,0132	,0129	,0125	,0122	,0119	,0116	,0113	,0110
-2,3	,0107	,0104	,0102	,0099	,0096	,0094	,0091	,0089	,0087	,0084
-2,4	,0082	,0080	,0078	,0075	,0073	,0071	,0069	,0068	,0066	,0064
-2,5	,0062	,0060	,0059	,0057	,0055	,0054	,0052	,0051	,0049	,0048
-2,6	,0047	,0045	,0044	,0043	,0041	,0040	,0039	,0038	,0037	,0036
-2,7	,0035	,0034	,0033	,0032	,0031	,0030	,0029	,0028	,0027	,0026
-2,8	,0026	,0025	,0024	,0023	,0023	,0022	,0021	,0021	,0020	,0019
-2,9	,0019	,0018	,0018	,0017	,0016	,0016	,0015	,0015	,0014	,0014
-3,0	,0013	,0013	,0013	,0012	,0012	,0011	,0011	,0011	,0010	,0010
-3,1	,0010	,0009	,0009	,0009	,0008	,0008	,0008	,0008	,0007	,0007
-3,2	,0007	,0007	,0006	,0006	,0006	,0006	,0006	,0005	,0005	,0005
-3,3	,0005	,0005	,0005	,0004	,0004	,0004	,0004	,0004	,0004	,0003
-3,4	,0003	,0003	,0003	,0003	,0003	,0003	,0003	,0003	,0003	,0002
-3,5	,0002	,0002	,0002	,0002	,0002	,0002	,0002	,0002	,0002	,0001

10 Statistische Tafeln

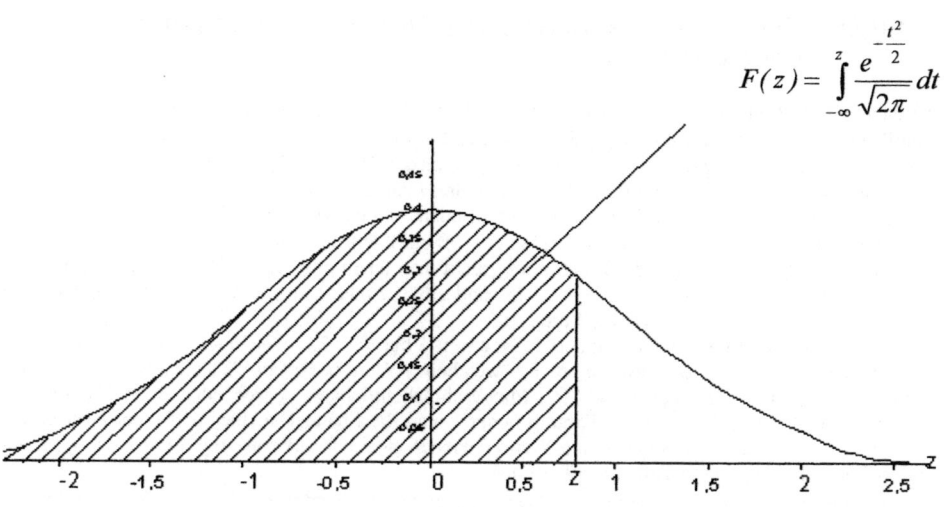

$$F(z) = \int_{-\infty}^{z} \frac{e^{-\frac{t^2}{2}}}{\sqrt{2\pi}} dt$$

z	0	1	2	3	4	5	6	7	8	9
0,0	,5000	,5040	,5080	,5120	,5160	,5199	,5239	,5279	,5319	,5359
0,1	,5398	,5438	,5478	,5517	,5557	,5596	,5636	,5675	,5714	,5753
0,2	,5793	,5832	,5871	,5910	,5948	,5987	,6026	,6064	,6103	,6141
0,3	,6179	,6217	,6255	,6293	,6331	,6368	,6406	,6443	,6480	,6517
0,4	,6554	,6591	,6628	,6664	,6700	,6736	,6772	,6808	,6844	,6879
0,5	,6915	,6950	,6985	,7019	,7054	,7088	,7123	,7157	,7190	,7224
0,6	,7257	,7291	,7324	,7357	,7389	,7422	,7454	,7486	,7517	,7549
0,7	,7580	,7611	,7642	,7673	,7703	,7734	,7764	,7794	,7823	,7852
0,8	,7881	,7910	,7939	,7967	,7995	,8023	,8051	,8078	,8106	,8133
0,9	,8159	,8186	,8212	,8238	,8264	,8289	,8315	,8340	,8365	,8389
1,0	,8413	,8438	,8461	,8485	,8508	,8531	,8554	,8577	,8599	,8621
1,1	,8643	,8665	,8686	,8708	,8729	,8749	,8770	,8790	,8810	,8830
1,2	,8849	,8869	,8888	,8907	,8925	,8944	,8962	,8980	,8997	,9015
1,3	,9032	,9049	,9066	,9082	,9099	,9115	,9131	,9147	,9162	9177
1,4	,9192	,9207	,9222	,9236	,9251	,9265	,9279	,9292	,9306	,9319
1,5	,9332	,9345	,9357	,9370	,9382	,9394	,9406	,9418	,9429	,9441
1,6	,9452	,9463	,9474	,9484	,9495	,9505	,9515	,9525	,9535	,9545
1,7	,9554	,9564	,9573	,9582	,9591	,9599	,9608	,9616	,9625	,9633
1,8	,9641	,9649	,9656	,9664	,9671	,9678	,9686	,9693	,9699	,9706
1,9	,9713	,9719	,9726	,9732	,9738	,9744	,9750	,9756	,9761	,9767
2,0	,9772	,9778	,9783	,9788	,9793	,9798	,9803	,9808	,9812	,9817
2,1	,9821	,9826	,9830	,9834	,9838	,9842	,9846	,9850	,9854	,9857
2,2	,9861	,9864	,9868	,9871	,9875	,9878	,9881	,9884	,9887	,9890
2,3	,9893	,9896	,9898	,9901	,9904	,9906	,9909	,9911	,9913	,9916
2,4	,9918	,9920	,9922	,9925	,9927	,9929	,9931	,9932	,9934	,9936
2,5	,9938	,9940	,9941	,9943	,9945	,9946	,9948	,9949	,9951	,9952
2,6	,9953	,9955	,9956	,9957	,9959	,9960	,9961	,9962	,9963	,9964
2,7	,9965	,9966	,9967	,9968	,9969	,9970	,9971	,9972	,9973	,9974
2,8	,9974	,9975	,9976	,9977	,9977	,9978	,9979	,9979	,9980	,9981
2,9	,9981	,9982	,9982	,9983	,9984	,9984	,9985	,9985	,9986	,9986
3,0	,9987	,9987	,9987	,9988	,9988	,9989	,9989	,9989	,9990	,9990
3,1	,9990	,9991	,9991	,9991	,9992	,9992	,9992	,9992	,9993	,9993
3,2	,9993	,9993	,9994	,9994	,9994	,9994	,9994	,9995	,9995	,9995
3,3	,9995	,9995	,9996	,9996	,9996	,9996	,9996	,9996	,9996	,9997
3,4	,9997	,9997	,9997	,9997	,9997	,9997	,9997	,9997	,9997	,9998
3,5	,9998	,9998	,9998	,9998	,9998	,9998	,9998	,9998	,9998	,9999

Tafel 3a: Verteilungsfunktionen von *t*-Werten (Flächen unter der *t*-Verteilung)

Aufgabe: Zu bestimmen ist, welcher *t*-Wert bei 22 Freiheitsgraden nach links unter der *t*-Verteilung eine Fläche von 95% abgrenzt (entsprechend nach rechts eine Fläche von 5% abschneidet).
Lösung: In der linken Spalte *df* sucht man die Freiheitsgrade (hier 22) und geht in der gefundenen Zeile nach rechts bis in die unter 0,95 stehende Spalte; man liest den Wert 1,717 ab; die Wahrscheinlichkeit, in der Verteilung einen Wert $t > 1{,}717$ zu finden, beträgt weniger als 5%.
Aufgabe: Links von welchem *t*-Wert liegen bei $df = 30$ nur 2,5% der Fläche?
Lösung: Wegen der Symmetrie der *t*-Verteilung sucht man jenen positiven *t*-Wert, rechts dessen 2,5% der Fläche liegen (links dessen 97,5% = 0,975) und erhält 2,042. Links von $t = -2{,}042$ liegen daher bei 30 Freiheitsgraden nur 2,5% der *t*-Werte.
Hinweis: Meist lautet das Problem anders, z.B. ermittle bei $df = 22$, einseitiger Testung und $\alpha = 5\%$ den kritischen *t*-Wert – anders formuliert: Bei welchem *t*-Wert beträgt die Wahrscheinlichkeit, einen noch größeren zu finden, weniger als 5% (die Wahrscheinlichkeit, diesen oder einen kleineren zu erhalten, also 95%). Bei einseitiger Testung benutzt man die Spalte $1-\alpha$ (hier 0,95), bei zweiseitiger die Spalte $1-\alpha/2$ – die hier aufgelisteten Werte beziehen sich also auf einseitige Fragestellung. Kritische *t*-Werte sind explizit in Tafel 3b aufgeführt.

	Fläche										
df	0,5	0,6	0,7	0,75	0,80	0,9	0,95	0,975	0,990	0,995	0,9995
1	0	0,325	0,727	1,000	1,376	3,078	6,314	12,71	31,82	63,66	636,6
2	0	0,289	0,617	0,816	1,061	1,886	2,920	4,303	6,965	9,925	31,59
3	0	0,277	0,584	0,765	0,978	1,638	2,353	3,182	4,541	5,841	12,94
4	0	0,271	0,569	0,741	0,941	1,533	2,132	2,776	3,747	4,604	8,610
5	0	0,267	0,559	0,727	0,920	1,476	2,015	2,571	3,365	4,032	6,859
6	0	0,265	0,553	0,718	0,906	1,440	1,943	2,447	3,143	3,707	5,959
7	0	0,263	0,549	0,711	0,896	1,415	1,895	2,365	2,998	3,499	5,405
8	0	0,262	0,546	0,706	0,889	1,397	1,860	2,306	2,896	3,355	5,041
9	0	0,261	0,543	0,703	0,883	1,383	1,833	2,262	2,821	3,250	4,781
10	0	0,260	0,542	0,700	0,879	1,372	1,812	2,228	2,764	3,169	4,587
11	0	0,260	0,540	0,697	0,876	1,363	1,796	2,201	2,718	3,106	4,437
12	0	0,259	0,539	0,695	0,875	1,356	1,782	2,179	2,681	3,055	4,318
13	0	0,259	0,538	0,694	0,870	1,350	1,771	2,160	2,650	3,012	4,221
14	0	0,258	0,537	0,692	0,868	1,345	1,761	2,145	2,624	2,977	4,140
15	0	0,258	0,536	0,691	0,866	1,341	1,753	2,131	2,602	2,947	4,073
16	0	0,258	0,535	0,690	0,865	1,337	1,746	2,120	2,583	2,921	4,015
17	0	0,257	0,534	0,689	0,863	1,333	1,740	2,110	2,567	2,898	3,965
18	0	0,257	0,534	0,688	0,862	1,330	1,734	2,101	2,551	2,878	3,922
19	0	0,257	0,533	0,688	0,861	1,328	1,729	2,093	2,539	2,861	3,883
20	0	0,257	0,533	0,687	0,860	1,325	1,725	2,086	2,528	2,845	3,850
21	0	0,257	0,532	0,686	0,859	1,323	1,721	2,080	2,518	2,831	3,819
22	0	0,256	0,532	0,686	0,858	1,321	1,717	2,074	2,508	2,819	3,792
23	0	0,256	0,532	0,685	0,858	1,319	1,714	2,069	2,500	2,807	3,767
24	0	0,256	0,531	0,685	0,857	1,318	1,711	2,064	2,492	2,797	3,745
25	0	0,256	0,531	0,684	0,856	1,316	1,708	2,065	2,485	2,787	3,725
26	0	0,256	0,531	0,684	0,856	1,315	1,706	2,056	2,479	2,779	3,707
27	0	0,256	0,531	0,684	0,855	1,314	1,703	2,052	2,473	2,771	3,690
28	0	0,256	0,530	0,683	0,855	1,313	1,701	2,048	2,467	2,763	3,674
29	0	0,256	0,530	0,683	0,854	1,311	1,699	2,045	2,462	2,756	3,659
30	0	0,256	0,530	0,683	0,854	1,310	1,697	2,042	2,457	2,750	3,646
40	0	0,255	0,529	0,681	0,851	1,303	1,684	2,021	2,423	2,704	3,551
50	0	0,255	0,528	0,680	0,849	1,299	1,676	2,009	2,403	2,678	3,496
60	0	0,254	0,527	0,679	0,848	1,296	1,671	2,000	2,390	2,660	3,460
70	0	0,254	0,527	0,679	0,847	1,294	1,667	1,994	2,381	2,648	3,435
80	0	0,254	0,526	0,678	0,846	1,292	1,664	1,990	2,374	2,639	3,416
90	0	0,254	0,526	0,678	0,845	1,291	1,662	1,987	2,368	2,632	3,402
100	0	0,254	0,526	0,677	0,845	1,290	1,660	1,984	2,364	2,626	3,390
120	0	0,254	0,526	0,677	0,845	1,289	1,658	1,980	2,358	2,617	3,373
200	0	0,254	0,525	0,676	0,844	1,287	1,652	1,972	2,345	2,601	3,340
500	0	0,253	0,525	0,675	0,843	1,286	1,648	1,965	2,334	2,586	3,310
∞	0	0,253	0,524	0,674	0,842	1,282	1,645	1,960	2,326	2,576	3,291

Tafel 3b: Kritische *t*-Werte für ein- und zweiseitige Fragestellung

Aufgabe: Gesucht ist der kritische *t*-Wert bei zweiseitiger Fragestellung, 30 Freiheitsgraden und α = 5%.
Lösung: In der 2. Zeile von oben (weil zweiseitige Fragestellung) sucht man den Wert 5 (entsprechend 5%) und geht in dieser Zeile nach unten bis auf Höhe von df = 30; man liest 2,04 ab (das wäre der kritische Wert für α = 2,5% bei einseitiger Fragestellung).

df	Signifikanzniveau α (in %) für zweiseitige Fragestellung							
	50	25	10	5	2	1	0,2	0,1
1	1,00	2,41	6,31	12,7	31,82	63,7	318,3	637,0
2	,816	1,60	2,92	4,30	6,97	9,92	22,33	31,6
3	,765	1,42	2,35	3,18	4,54	5,84	10,22	12,9
4	,741	1,34	2,13	2,78	3,75	4,60	7,17	8,61
5	,727	1,30	2,01	2,57	3,37	4,03	5,89	6,87
6	,718	1,27	1,94	2,45	3,14	3,71	5,21	5,96
7	,711	1,25	1,89	2,36	3,00	3,50	4,79	5,40
8	,706	1,24	1,86	2,31	2,90	3,36	4,50	5,04
9	,703	1,23	1,83	2,26	2,82	3,25	4,30	4,78
10	,700	1,22	1,81	2,23	2,76	3,17	4,14	4,59
11	,697	1,21	1,80	2,20	2,72	3,11	4,03	4,44
12	,695	1,21	1,78	2,18	2,68	3,05	3,93	4,32
13	,694	1,20	1,77	2,16	2,65	3,01	3,85	4,22
14	,692	1,20	1,76	2,14	2,62	2,98	3,79	4,14
15	,691	1,20	1,75	2,13	2,60	2,95	3,73	4,07
16	,690	1,19	1,75	2,12	2,58	2,92	3,69	4,01
17	,689	1,19	1,74	2,11	2,57	2,90	3,65	3,96
18	,688	1,19	1,73	2,10	2,55	2,88	3,61	3,92
19	,688	1,19	1,73	2,09	2,54	2,86	3,58	3,88
20	,687	1,18	1,73	2,09	2,53	2,85	3,55	3,85
21	,686	1,18	1,72	2,08	2,52	2,83	3,53	3,82
22	,686	1,18	1,72	2,07	2,51	2,82	3,51	3,79
23	,685	1,18	1,71	2,07	2,50	2,81	3,49	3,77
24	,685	1,18	1,71	2,06	2,49	2,80	3,47	3,74
25	,684	1,18	1,71	2,06	2,49	2,79	3,45	3,72
26	,684	1,18	1,71	2,06	2,48	2,78	3,44	3,71
27	,684	1,18	1,71	2,05	2,47	2,77	3,42	3,69
28	,683	1,17	1,70	2,05	2,47	2,76	3,41	3,67
29	,683	1,17	1,70	2,04	2,46	2,76	3,40	3,66
30	,683	1,17	1,70	2,04	2,46	2,75	3,39	3,65
40	,681	1,17	1,68	2,02	2,42	2,70	3,31	3,55
60	,679	1,16	1,67	2,00	2,39	2,66	3,23	3,46
120	,677	1,16	1,66	1,98	2,35	2,62	3,17	3,37
∞	,674	1,15	1,64	1,96	2,33	2,58	3,09	3,29
df	25	12,5	5	2,5	1	0,5	0,1	0,05
	Signifikanzniveau α (in %) für einseitige Fragestellung							

Tafel 4: Kritische F-Werte bei α = 5% (normal) und α = 1% (fett)

df_N	df_Z Freiheitsgrade Zähler											
	1	2	3	4	5	6	7	8	9	10	12	14
1	161,4 **4052**	199,5 **4999**	215,7 **5403**	224,6 **5625**	230,2 **5764**	234,0 **5859**	236,8 **5928**	238,9 **5981**	240,5 **6022**	241,9 **6056**	243,9 **6106**	245,4 **6143**
2	18,51 **98,50**	19,00 **99,00**	19,16 **99,22**	19,25 **99,33**	19,30 **99,33**	19,33 **99,33**	19,35 **99,40**	19,37 **99,45**	19,38 **99,45**	19,40 **99,45**	19,41 **99,55**	19,42 **99,57**
3	10,13 **34,12**	9,55 **30,82**	9,28 **29,46**	9,12 **28,71**	9,01 **28,24**	8,94 **27,91**	8,89 **27,67**	8,85 **27,49**	8,81 **27,35**	8,79 **27,23**	8,74 **27,05**	8,71 **26,92**
4	7,71 **21,20**	6,94 **18,00**	6,59 **16,69**	6,39 **15,98**	6,26 **15,52**	6,16 **15,21**	6,09 **14,98**	6,04 **14,80**	6,00 **14,66**	5,96 **14,55**	5,91 **14,37**	5,87 **14,25**
5	6,61 **16,26**	5,79 **13,27**	5,41 **12,06**	5,19 **11,39**	5,05 **10,97**	4,95 **10,67**	4,88 **10,46**	4,82 **10,29**	4,77 **10,16**	4,74 **10,05**	4,68 **9,89**	4,64 **9,77**
6	5,99 **13,75**	5,14 **10,92**	4,76 **9,78**	4,53 **9,15**	4,39 **8,75**	4,28 **8,47**	4,21 **8,26**	4,15 **8,10**	4,10 **7,98**	4,06 **7,87**	4,00 **7,72**	3,96 **7,60**
7	5,59 **12,25**	4,74 **9,55**	4,35 **8,45**	4,12 **7,85**	3,97 **7,46**	3,87 **7,19**	3,79 **6,99**	3,73 **6,84**	3,68 **6,72**	3,64 **6,62**	3,57 **6,47**	3,53 **6,36**
8	5,32 **11,26**	4,46 **8,65**	4,07 **7,59**	3,84 **7,01**	3,69 **6,63**	3,58 **6,37**	3,50 **6,18**	3,44 **6,03**	3,39 **5,91**	3,35 **5,81**	3,28 **5,67**	3,24 **5,56**
9	5,12 **10,56**	4,26 **8,02**	3,86 **6,99**	3,63 **6,42**	3,48 **6,06**	3,37 **5,80**	3,29 **5,61**	3,23 **5,47**	3,18 **5,35**	3,14 **5,26**	3,07 **5,11**	3,03 **5,01**
10	4,96 **10,04**	4,10 **7,56**	3,71 **6,55**	3,48 **5,99**	3,33 **5,64**	3,22 **5,39**	3,14 **5,20**	3,07 **5,06**	3,02 **4,94**	2,98 **4,85**	2,91 **4,71**	2,86 **4,60**
11	4,84 **9,65**	3,98 **7,21**	3,59 **6,22**	3,36 **5,67**	3,20 **5,32**	3,09 **5,07**	3,01 **4,89**	2,95 **4,74**	2,90 **4,63**	2,85 **4,54**	2,79 **4,40**	2,74 **4,29**
12	4,75 **9,33**	3,89 **6,93**	3,49 **5,95**	3,26 **5,41**	3,11 **5,06**	3,00 **4,82**	2,91 **4,64**	2,85 **4,50**	2,80 **4,39**	2,75 **4,30**	2,69 **4,16**	2,64 **4,05**
13	4,67 **9,07**	3,81 **6,70**	3,41 **5,74**	3,18 **5,21**	3,03 **4,86**	2,92 **4,62**	2,83 **4,44**	2,77 **4,30**	2,71 **4,19**	2,67 **4,10**	2,60 **3,96**	2,55 **3,86**
14	4,60 **8,86**	3,74 **6,51**	3,34 **5,56**	3,11 **5,04**	2,96 **4,69**	2,85 **4,46**	2,76 **4,28**	2,70 **4,14**	2,65 **4,03**	2,60 **3,94**	2,53 **3,80**	2,48 **3,70**
15	4,54 **8,68**	3,68 **6,36**	3,29 **5,42**	3,06 **4,89**	2,90 **4,56**	2,79 **4,32**	2,71 **4,14**	2,64 **4,00**	2,59 **3,89**	2,54 **3,80**	2,48 **3,67**	2,42 **3,56**
16	4,49 **8,53**	3,63 **6,23**	3,24 **5,29**	3,01 **4,77**	2,85 **4,44**	2,74 **4,20**	2,66 **4,03**	2,59 **3,89**	2,54 **3,78**	2,49 **3,69**	2,42 **3,55**	2,37 **3,45**
17	4,45 **8,40**	3,59 **6,11**	3,20 **5,18**	2,96 **4,67**	2,81 **4,34**	2,70 **4,10**	2,61 **3,93**	2,55 **3,79**	2,49 **3,68**	2,45 **3,59**	2,38 **3,46**	2,33 **3,35**
18	4,41 **8,29**	3,55 **6,01**	3,16 **5,09**	2,93 **4,58**	2,77 **4,25**	2,66 **4,01**	2,58 **3,84**	2,51 **3,71**	2,46 **3,60**	2,41 **3,51**	2,34 **3,37**	2,29 **3,27**
19	4,38 **8,18**	3,52 **5,93**	3,13 **5,01**	2,90 **4,50**	2,74 **4,17**	2,63 **3,94**	2,54 **3,77**	2,48 **3,63**	2,42 **3,52**	2,38 **3,43**	2,31 **3,30**	2,26 **3,19**
20	4,35 **8,10**	3,49 **5,85**	3,10 **4,94**	2,87 **4,43**	2,71 **4,10**	2,60 **3,87**	2,51 **3,70**	2,45 **3,56**	2,39 **3,46**	2,35 **3,37**	2,28 **3,23**	2,22 **3,13**
22	4,30 **7,95**	3,44 **5,72**	3,05 **4,82**	2,82 **4,31**	2,66 **3,99**	2,55 **3,76**	2,46 **3,59**	2,40 **3,45**	2,34 **3,35**	2,30 **3,26**	2,23 **3,12**	2,17 **3,02**
24	4,26 **7,82**	3,40 **5,61**	3,01 **4,72**	2,78 **4,22**	2,62 **3,90**	2,51 **3,67**	2,42 **3,50**	2,36 **3,36**	2,30 **3,26**	2,25 **3,17**	2,18 **3,03**	2,13 **2,93**
26	4,23 **7,72**	3,37 **5,53**	2,98 **4,64**	2,74 **4,14**	2,59 **3,82**	2,47 **3,59**	2,39 **3,42**	2,32 **3,29**	2,27 **3,18**	2,22 **3,09**	2,15 **2,96**	2,09 **2,86**
28	4,20 **7,64**	3,34 **5,45**	2,95 **4,57**	2,71 **4,07**	2,56 **3,75**	2,45 **3,53**	2,36 **3,36**	2,29 **3,23**	2,24 **3,12**	2,19 **3,03**	2,12 **2,90**	2,06 **2,79**
30	4,17 **7,56**	3,32 **5,39**	2,92 **4,51**	2,69 **4,02**	2,53 **3,70**	2,42 **3,47**	2,33 **3,30**	2,27 **3,17**	2,21 **3,07**	2,16 **2,98**	2,09 **2,84**	2,04 **2,74**
35	4,12 **7,42**	3,27 **5,27**	2,87 **4,40**	2,64 **3,91**	2,49 **3,59**	2,37 **3,37**	2,29 **3,20**	2,22 **3,07**	2,16 **2,96**	2,11 **2,88**	2,04 **2,74**	1,99 **2,64**
40	4,08 **7,31**	3,23 **5,18**	2,84 **4,31**	2,61 **3,83**	2,45 **3,51**	2,34 **3,29**	2,25 **3,12**	2,18 **2,99**	2,12 **2,89**	2,08 **2,80**	2,00 **2,66**	1,95 **2,56**
45	4,06 **7,23**	3,20 **5,11**	2,81 **4,25**	2,58 **3,77**	2,42 **3,45**	2,31 **3,23**	2,22 **3,07**	2,15 **2,94**	2,10 **2,83**	2,05 **2,74**	1,97 **2,61**	1,92 **2,51**
50	4,03 **7,17**	3,18 **5,06**	2,79 **4,20**	2,56 **3,72**	2,40 **3,41**	2,29 **3,19**	2,20 **3,02**	2,13 **2,89**	2,07 **2,78**	2,03 **2,70**	1,95 **2,56**	1,89 **2,46**
60	4,00 **7,08**	3,15 **4,98**	2,76 **4,13**	2,53 **3,65**	2,37 **3,34**	2,25 **3,12**	2,17 **2,95**	2,10 **2,82**	2,04 **2,72**	1,99 **2,63**	1,92 **2,50**	1,86 **2,39**
70	3,98 **7,01**	3,13 **4,92**	2,74 **4,07**	2,50 **3,60**	2,35 **3,29**	2,23 **3,07**	2,14 **2,91**	2,07 **2,78**	2,02 **2,67**	1,97 **2,59**	1,89 **2,45**	1,84 **2,35**
80	3,96 **6,96**	3,11 **4,88**	2,72 **4,04**	2,49 **3,56**	2,33 **3,26**	2,21 **3,04**	2,13 **2,87**	2,06 **2,74**	2,00 **2,64**	1,95 **2,55**	1,88 **2,42**	1,82 **2,31**
100	3,94 **6,90**	3,09 **4,82**	2,70 **3,98**	2,46 **3,51**	2,31 **3,21**	2,19 **2,99**	2,10 **2,82**	2,03 **2,69**	1,97 **2,59**	1,93 **2,50**	1,85 **2,37**	1,79 **2,27**
150	3,90 **6,81**	3,06 **4,75**	2,66 **3,91**	2,43 **3,44**	2,27 **3,14**	2,16 **2,92**	2,07 **2,76**	2,00 **2,62**	1,94 **2,53**	1,89 **2,44**	1,82 **2,30**	1,76 **2,20**
200	3,89 **6,76**	3,04 **4,71**	2,65 **3,88**	2,42 **3,41**	2,26 **3,11**	2,14 **2,89**	2,06 **2,73**	1,98 **2,60**	1,93 **2,50**	1,88 **2,41**	1,80 **2,27**	1,74 **2,14**
500	3,86 **6,69**	3,01 **4,64**	2,62 **3,82**	2,39 **3,36**	2,23 **3,06**	2,12 **2,84**	2,03 **2,68**	1,96 **2,55**	1,90 **2,44**	1,85 **2,36**	1,77 **2,22**	1,71 **2,11**
1000	3,85 **6,66**	3,00 **4,63**	2,61 **3,80**	2,38 **3,34**	2,22 **3,04**	2,11 **2,82**	2,02 **2,66**	1,95 **2,53**	1,89 **2,43**	1,84 **2,34**	1,76 **2,20**	1,70 **2,10**
>5000	3,84 **6,63**	3,00 **5,61**	2,61 **3,78**	2,37 **3,32**	2,22 **3,02**	2,10 **2,80**	2,01 **2,64**	1,94 **2,51**	1,88 **2,41**	1,83 **2,32**	1,75 **2,18**	1,69 **2,08**

10 Statistische Tafeln

df_N	\multicolumn{11}{c}{df_Z (Freiheitsgrade Zähler)}										
	15	16	18	20	24	30	40	50	60	100	1000
1	245,9 **6157**	246,5 **6170**	247,3 **6192**	248,0 **6209**	249,1 **6234**	250,1 **6261**	251,1 **6287**	251,8 **6303**	252,2 **6313**	253,0 **6334**	254,3 **6363**
2	19,43 **99,43**	19,43 **99,43**	19,44 **99,44**	19,45 **99,45**	19,45 **99,46**	19,46 **99,47**	19,47 **99,47**	19,48 **99,48**	19,48 **99,48**	19,49 **99,49**	19,50 **99,49**
3	8,70 **26,87**	8,69 **26,83**	8,67 **26,75**	8,66 **26,69**	8,64 **26,60**	8,62 **26,47**	8,59 **26,38**	8,58 **26,33**	8,57 **26,32**	8,55 **26,11**	8,53 **26,11**
4	5,86 **14,20**	5,84 **14,15**	5,82 **14,08**	5,80 **14,02**	5,77 **13,93**	5,75 **13,84**	5,72 **13,75**	5,70 **13,69**	5,69 **13,65**	5,66 **13,58**	5,63 **13,43**
5	4,62 **9,72**	4,60 **9,68**	4,58 **9,61**	4,56 **9,55**	4,53 **9,47**	4,50 **9,38**	4,46 **9,29**	4,44 **9,24**	4,43 **9,20**	4,41 **9,13**	4,37 **8,99**
6	3,94 **7,56**	3,92 **7,52**	3,90 **7,45**	3,87 **7,40**	3,84 **7,31**	3,81 **7,23**	3,77 **7,14**	3,75 **7,09**	3,74 **7,06**	3,71 **6,99**	3,67 **6,89**
7	3,51 **6,31**	3,49 **6,27**	3,47 **6,21**	3,44 **6,16**	3,41 **6,07**	3,38 **5,99**	3,34 **5,91**	3,32 **5,86**	3,30 **5,82**	3,27 **5,75**	3,23 **5,66**
8	3,22 **5,52**	3,20 **5,48**	3,17 **5,41**	3,15 **5,36**	3,12 **5,28**	3,08 **5,20**	3,04 **5,12**	3,02 **5,07**	3,01 **5,03**	2,97 **4,96**	2,93 **4,87**
9	3,01 **4,96**	2,99 **4,92**	2,96 **4,86**	2,94 **4,81**	2,90 **4,73**	2,86 **4,65**	2,83 **4,57**	2,80 **4,52**	2,79 **4,48**	2,76 **4,41**	2,71 **4,32**
10	2,85 **4,56**	2,83 **4,52**	2,80 **4,46**	2,77 **4,41**	2,74 **4,33**	2,70 **4,25**	2,66 **4,16**	2,64 **4,12**	2,62 **4,08**	2,59 **4,01**	2,54 **3,92**
11	2,72 **4,25**	2,70 **4,21**	2,67 **4,15**	2,65 **4,10**	2,61 **4,02**	2,57 **3,94**	2,53 **3,86**	2,51 **3,81**	2,49 **3,78**	2,46 **3,71**	2,41 **3,61**
12	2,62 **4,01**	2,60 **3,97**	2,57 **3,91**	2,54 **3,86**	2,51 **3,78**	2,47 **3,70**	2,43 **3,62**	2,40 **3,57**	2,38 **3,54**	2,35 **3,47**	2,30 **3,37**
13	2,53 **3,82**	2,51 **3,78**	2,48 **3,72**	2,46 **3,66**	2,42 **3,59**	2,38 **3,51**	2,34 **3,43**	2,31 **3,38**	2,30 **3,34**	2,26 **3,27**	2,21 **3,18**
14	2,46 **3,66**	2,44 **3,62**	2,41 **3,56**	2,39 **3,51**	2,35 **3,43**	2,31 **3,35**	2,27 **3,27**	2,24 **3,22**	2,22 **3,18**	2,19 **3,11**	2,13 **3,01**
15	2,40 **3,52**	2,38 **3,49**	2,35 **3,42**	2,33 **3,37**	2,29 **3,29**	2,25 **3,21**	2,20 **3,13**	2,18 **3,08**	2,16 **3,05**	2,12 **2,98**	2,07 **2,88**
16	2,35 **3,41**	2,33 **3,37**	2,30 **3,31**	2,28 **3,26**	2,24 **3,18**	2,19 **3,10**	2,15 **3,02**	2,12 **2,97**	2,11 **2,93**	2,07 **2,86**	2,01 **2,76**
17	2,31 **3,31**	2,29 **3,27**	2,26 **3,21**	2,23 **3,16**	2,19 **3,08**	2,15 **3,00**	2,10 **2,92**	2,08 **2,87**	2,06 **2,83**	2,02 **2,76**	1,96 **2,66**
18	2,27 **3,23**	2,25 **3,19**	2,22 **3,13**	2,19 **3,08**	2,15 **3,00**	2,11 **2,92**	2,06 **2,84**	2,04 **2,78**	2,02 **2,75**	1,98 **2,68**	1,92 **2,58**
19	2,23 **3,15**	2,21 **3,12**	2,18 **3,05**	2,16 **3,00**	2,11 **2,92**	2,07 **2,84**	2,03 **2,76**	2,00 **2,71**	1,98 **2,67**	1,94 **2,60**	1,88 **2,50**
20	2,20 **3,09**	2,18 **3,05**	2,15 **2,99**	2,12 **2,94**	2,08 **2,86**	2,04 **2,78**	1,99 **2,69**	1,97 **2,64**	1,95 **2,61**	1,91 **2,54**	1,84 **2,43**
22	2,15 **2,98**	2,13 **2,94**	2,10 **2,88**	2,07 **2,83**	2,03 **2,75**	1,98 **2,67**	1,94 **2,58**	1,91 **2,53**	1,89 **2,50**	1,85 **2,42**	1,78 **2,32**
24	2,11 **2,89**	2,09 **2,85**	2,05 **2,79**	2,03 **2,74**	1,98 **2,66**	1,94 **2,58**	1,89 **2,49**	1,86 **2,44**	1,84 **2,40**	1,80 **2,33**	1,73 **2,22**
26	2,07 **2,81**	2,05 **2,78**	2,02 **2,72**	1,99 **2,66**	1,95 **2,58**	1,90 **2,50**	1,85 **2,42**	1,82 **2,36**	1,80 **2,33**	1,76 **2,25**	1,69 **2,14**
28	2,04 **2,75**	2,02 **2,72**	1,99 **2,65**	1,96 **2,60**	1,91 **2,52**	1,87 **2,44**	1,82 **2,35**	1,79 **2,30**	1,77 **2,26**	1,73 **2,19**	1,66 **2,08**
30	2,01 **2,70**	1,99 **2,66**	1,96 **2,60**	1,93 **2,55**	1,89 **2,47**	1,84 **2,39**	1,79 **2,30**	1,76 **2,25**	1,74 **2,21**	1,70 **2,13**	1,62 **2,02**
35	1,96 **2,60**	1,94 **2,56**	1,91 **2,50**	1,88 **2,44**	1,83 **2,37**	1,79 **2,28**	1,74 **2,19**	1,70 **2,14**	1,68 **2,09**	1,63 **2,02**	1,56 **1,90**
40	1,92 **2,52**	1,90 **2,48**	1,87 **2,42**	1,84 **2,37**	1,79 **2,26**	1,74 **2,20**	1,69 **2,11**	1,66 **2,06**	1,64 **2,02**	1,59 **1,94**	1,51 **1,82**
45	1,89 **2,47**	1,87 **2,43**	1,84 **2,36**	1,81 **2,31**	1,76 **2,23**	1,71 **2,14**	1,66 **2,05**	1,63 **2,00**	1,61 **1,96**	1,55 **1,88**	1,47 **1,75**
50	1,87 **2,42**	1,85 **2,38**	1,81 **2,32**	1,78 **2,27**	1,74 **2,18**	1,69 **2,10**	1,63 **2,01**	1,60 **1,95**	1,58 **1,91**	1,52 **1,82**	1,44 **1,70**
60	1,84 **2,35**	1,82 **2,31**	1,78 **2,25**	1,75 **2,20**	1,70 **2,12**	1,65 **2,03**	1,59 **1,94**	1,56 **1,88**	1,53 **1,84**	1,48 **1,75**	1,39 **1,62**
70	1,81 **2,31**	1,79 **2,27**	1,75 **2,20**	1,72 **2,15**	1,67 **2,07**	1,62 **1,98**	1,57 **1,89**	1,53 **1,83**	1,51 **1,78**	1,45 **1,70**	1,36 **1,56**
80	1,79 **2,27**	1,77 **2,23**	1,73 **2,17**	1,70 **2,12**	1,65 **2,03**	1,60 **1,94**	1,54 **1,85**	1,51 **1,79**	1,49 **1,75**	1,43 **1,65**	1,33 **1,51**
100	1,77 **2,22**	1,75 **2,19**	1,71 **2,12**	1,68 **2,07**	1,63 **1,98**	1,57 **1,89**	1,52 **1,80**	1,48 **1,74**	1,46 **1,69**	1,39 **1,60**	1,29 **1,45**
150	1,73 **2,16**	1,71 **2,12**	1,67 **2,06**	1,64 **2,00**	1,59 **1,91**	1,54 **1,83**	1,48 **1,72**	1,44 **1,66**	1,42 **1,58**	1,34 **1,52**	1,23 **1,34**
200	1,71 **2,13**	1,69 **2,09**	1,66 **2,02**	1,62 **1,97**	1,57 **1,88**	1,52 **1,79**	1,46 **1,69**	1,41 **1,62**	1,39 **1,58**	1,32 **1,48**	1,19 **1,28**
500	1,68 **2,07**	1,66 **2,04**	1,62 **1,97**	1,59 **1,92**	1,59 **1,83**	1,48 **1,74**	1,42 **1,63**	1,38 **1,56**	1,36 **1,52**	1,28 **1,41**	1,12 **1,17**
1000	1,67 **2,06**	1,65 **2,02**	1,61 **1,95**	1,58 **1,90**	1,53 **1,81**	1,47 **1,72**	1,41 **1,61**	1,36 **1,54**	1,34 **1,50**	1,26 **1,38**	1,09 **1,16**
> 5000	1,67 **2,04**	1,65 **2,00**	1,61 **1,93**	1,57 **1,88**	1,52 **1,79**	1,46 **1,70**	1,40 **1,59**	1,35 **1,52**	1,32 **1,47**	1,25 **1,36**	1,05 **1,11**

Tafel 5: Kritische χ^2-Werte bei verschiedenen Freiheitsgraden (nach Guilford 1959)

Anleitung: Man geht in der 1. Spalte mit Überschrift *df* nach unten bis zu den Freiheitsgraden der ermittelten Prüfgröße χ^2; geht man in dieser Zeile nach rechts bis zur gesetzten Irrtumswahrscheinlichkeit, erhält man den kritischen χ^2-Wert, der erreicht oder überschritten sein muss, damit Signifikanz vorliegt.

Aufgabe: Bei einem 4-Felder-χ^2-Test wurde ein Wert von 4,75 erhalten; ist das Ergebnis auf dem 5%-Niveau signifikant?

Lösung: Beim 4-Felder-χ^2 gilt *df* =1; der kritische χ^2-Wert wird in der entsprechenden Zeile als 3,84 abgelesen; der Befund ist auf dem 5%-Niveau signifikant.

df	α (in %)											
	99,0	97,5	95	90	70	50	30	10	5	2,5	1	0,1
1	<,001	<,001	,004	,016	,148	,455	1,07	2,71	3,84	5,02	6,64	10,8
2	,020	,051	,103	,211	,713	1,39	2,41	4,61	5,99	7,38	9,21	13,8
3	,115	,216	,352	,584	1,42	2,37	3,67	6,25	7,81	9,35	11,3	16,3
4	,297	,484	,711	1,06	2,19	3,36	4,88	7,78	9,49	11,1	13,3	18,5
5	,554	,831	1,15	1,61	3,00	4,35	6,06	9,24	11,1	12,8	15,1	20,5
6	,872	1,24	1,64	2,20	3,83	5,35	7,23	10,6	12,6	14,4	16,8	22,5
7	1,24	1,69	2,17	2,83	4,67	6,35	8,38	12,0	14,1	16,0	18,5	24,3
8	1,65	2,18	2,73	3,49	5,53	7,34	9,52	13,4	15,5	17,5	20,1	26,1
9	2,09	2,70	3,33	4,17	6,39	8,34	10,7	14,7	16,9	19,0	21,7	27,9
10	2,56	3,25	3,94	4,87	7,27	9,34	11,8	16,0	18,3	20,5	23,2	29,6
11	3,05	3,82	4,57	5,58	8,15	10,3	12,9	17,3	19,7	21,9	24,7	31,3
12	3,57	4,40	5,23	6,30	9,03	11,3	14,0	18,5	21,0	23,3	26,2	32,9
13	4,11	5,01	5,89	7,04	9,93	12,3	15,1	19,8	22,4	24,7	27,7	34,5
14	4,66	5,63	6,57	7,79	10,8	13,3	16,2	21,1	23,7	26,1	29,1	36,1
15	5,23	6,26	7,26	8,55	11,7	14,3	17,3	22,3	25,0	27,5	30,6	37,7
16	5,81	6,91	7,96	9,31	12,6	15,3	18,4	23,5	26,3	28,8	32,0	39,9
17	6,41	7,56	8,67	10,1	13,5	16,3	19,5	24,8	27,6	30,2	33,4	40,8
18	7,01	8,23	9,39	10,9	14,4	17,3	20,6	26,0	28,9	31,5	34,8	42,3
19	7,63	8,91	10,1	11,7	15,4	18,3	21,7	27,2	30,1	32,9	36,2	43,8
20	8,26	9,59	10,9	12,4	16,3	19,3	22,8	28,4	31,4	34,2	37,6	45,3
21	8,90	10,3	11,6	13,2	17,2	20,3	23,9	29,6	32,7	35,5	38,9	46,8
22	9,54	11,0	12,3	14,0	18,1	21,3	24,9	30,8	33,9	36,8	40,3	48,3
23	10,2	11,7	13,1	14,8	19,0	22,3	26,0	32,0	35,2	38,1	41,6	49,7
24	10,9	12,4	13,8	15,7	19,9	23,3	27,1	33,2	36,4	39,1	43,0	51,2
25	11,5	13,1	14,6	16,5	20,9	24,3	28,2	34,4	37,7	40,6	44,3	52,6
26	12,2	13,8	15,4	17,3	21,8	25,3	29,2	35,6	38,9	41,9	45,6	54,1
27	12,9	14,6	16,2	18,1	22,7	26,3	30,3	36,7	40,1	43,2	47,0	55,5
28	13,6	15,3	16,9	18,9	23,6	27,3	31,4	37,9	41,3	44,5	48,3	56,9
29	14,3	16,0	17,7	19,8	24,6	28,3	32,5	39,1	42,6	45,7	49,6	58,3
30	15,0	16,8	18,5	20,6	25,5	29,3	33,5	40,3	43,8	47,0	50,9	59,7
40	22,2	24,4	26,5	29,1	34,9	39,3	44,2	51,8	55,8	59,3	63,7	73,4
50	29,7	32,4	34,8	37,7	44,3	49,3	54,7	63,2	67,5	71,4	76,2	86,7
60	37,5	40,5	43,2	46,5	53,8	59,3	65,2	74,4	79,1	83,3	88,4	99,6
70	45,4	48,8	51,7	55,3	63,3	69,3	75,1	85,5	90,5	95,0	100,4	112,3
80	53,5	57,2	60,4	64,3	72,9	79,3	86,1	96,6	101,9	106,6	112,3	124,8
90	61,8	65,6	69,1	73,3	82,5	89,3	96,5	107,6	113,1	118,1	124,1	137,2
100	70,1	74,2	77,9	82,4	92,1	99,3	106,9	118,5	124,3	129,6	135,8	149,4

Tafel 6: Kritische Werte für T beim Wilcoxon-Test, modifiziert und verkürzt nach Siegel (1956)

Anleitung: Man suche in der mit n überschriebenen Spalte den Stichprobenumfang der mit dem Wilcoxon-Test geprüften Daten und in der obersten (bzw. untersten) Zeile das fest gesetzte Signifikanzniveau (oben bei zweiseitiger Testung, unten im Falle einseitiger). Im Schnittpunkt zwischen gewählter Zeile und Spalte findet sich der kritische Wert; dieser muss erreicht oder **unterschritten** werden, um H_0 verwerfen zu können.

Aufgabe: Bei einer zweimal untersuchten Stichprobe mit dem Umfang $n = 12$ wurde beim Wilcoxon-Test für die Prüfgröße T ein Wert von 9,5 erhalten, wobei von einer gerichteten Hypothese ausgegangen wurde; ist dieses Ergebnis signifikant auf dem 5%-Niveau?

Lösung: Man gehe in der Tafel unter der Spalte n (also der linken) nach unten bis zum Wert 12; wegen der einseitigen Testung ist das Signifikanzniveau in der unteren Zeile zu suchen. Als kritischen Wert liest man 17 ab; da dieser Wert unterschritten wird, ist H_0 zu verwerfen.

Hinweis: Für $n > 25$ normiert man den gefundenen Wert T nach der Vorschrift:

$$z_T = \frac{T - \frac{n \cdot (n+1)}{4}}{\sqrt{\frac{n \cdot (n+1) \cdot (2n+1)}{24}}}$$

und vergleicht mit den Werten der Gauss'schen Summenfunktion aus Tafel 2. Erreicht oder **überschreitet** $|z_T|$ bei zweiseitiger Fragestellung 1,96 (bei 5%-Niveau) bzw. 2,58 (bei 1%-Niveau), kann H_0 verworfen werden; bei einseitiger Fragestellung betragen die zu erreichenden Werte 1,65 bzw. 2,33.

	Signifikanzniveau α für zweiseitige Fragestellung			
n	α = 0,10 (10%)	α = 0,05 (5%)	α = 0,02 (2%)	α = 0,01 (1%)
5	0	–	–	–
6	2	0	–	–
7	3	2	0	–
8	5	4	2	0
9	8	6	3	2
10	10	8	5	3
11	13	11	7	5
12	17	14	10	7
13	21	17	13	10
14	25	21	16	13
15	30	25	20	16
16	35	30	24	20
17	41	35	28	23
18	47	40	33	28
19	53	46	38	32
20	60	52	43	38
21	67	59	49	43
22	75	66	56	49
23	83	73	62	55
24	91	81	69	61
25	100	89	77	68
	α = 0,05 (5%)	α = 0,025 (2,5%)	α = 0,01 (1%)	α = 0,005 (0,5%)
	Signifikanzniveau α für einseitige Fragestellung			

Tafel 7 Kritische Werte für den U–Test (Mann–Whitney–Test), modifiziert und verkürzt nach Mann u. Whitney (1947)

Normaldruck: kritische Werte für α = 0,05 ($\hat{=}$ 5%); Kursivdruck: kritische Werte für α = 0,025 ($\hat{=}$ 2,5%); Fettdruck: kritische Werte für α = 0,01 ($\hat{=}$ 1%).
Anleitung: Man geht in der Spalte mit dem Umfang der größeren Stichprobe nach unten, bis man in die Zeile mit Umfang der kleineren Stichprobe gelangt; die oberste Zahl in diesem Kästchen gibt den kritischen Wert für α = 5% an (bei einseitiger Fragestellung), die mittlere für α = 2,5% (bei einseitiger Fragestellung, entsprechend 5% bei zweiseitiger Fragestellung), die unterste den kritischen Wert bei α = 1% (einseitig). Gegebenenfalls ist umzuindizieren, sodass $n_2 \geq n_1$.
Aufgabe: An zwei Stichproben mit Umfang 6 und 4 wurde ein U von 1 erhalten; ist dieser Wert signifikant auf dem 5%-Niveau bei zweiseitiger Fragestellung?
Lösung: 5% bei zweiseitiger Fragestellung entspricht 2,5% bei einseitiger; der kritische U-Wert in der Spalte mit Überschrift 6 und Zeile mit Überschrift 4 beträgt 2 (mittlerer Wert). Dieser wird **unter**schritten; also kann H_0 verworfen werden.
Hinweis: Für $n_2 > 20$ transformiert man U in einen z-Wert z_U nach der Gleichung:

$$z_U = \frac{U - \frac{n_1 \cdot n_2}{2}}{\sqrt{\frac{n_1 \cdot n_2 \cdot (n_1 + n_2 + 1)}{12}}}.$$

Erreicht oder überschreitet $|z_U|$ $z_{1-\alpha}$ aus Tafel 2, ist U signifikant auf Niveau α bei einseitiger Fragestellung, auf Niveau 2α bei zweiseitiger. Beispiel: Bei $n_1 = 12$, $n_2 = 23$ hat man U = 14 erhalten; Transformation liefert $z_U = -4{,}71$. Als $z_{0,975}$ entnimmt man Tafel 2 1,96; also ist U auf dem 2,5%-Niveau bei einseitiger, auf dem 5%-Niveau bei zweiseitiger Fragestellung signifikant (ebenso natürlich auf niedrigerem, also strengerem Niveau).

Für Stichproben mit Umfang bis einschließlich 8 (einseitige Fragestellung)

n_1 (Umfang der kleineren Stichprobe) ↓	n_2 (Umfang der größeren Stichprobe) →					
	3	4	5	6	7	8
1	–	–	–	–	–	–
	–	–	–	–	–	–
	–	–	–	–	–	–
2	–	–	0	0	0	1
	–	–	–	–	–	*0*
	–	–	–	–	–	–
3	0	0	1	2	2	3
	–	–	*0*	*1*	*1*	*2*
	–	–	–	–	**0**	**0**
4		1	2	3	4	5
		0	*1*	*2*	*3*	*4*
		–	**0**	**1**	**1**	**2**
5			4	5	6	8
			2	*3*	*5*	*6*
			1	**2**	**3**	**4**
6				7	8	10
				5	*6*	*8*
				3	**4**	**6**
7					11	13
					8	*10*
					6	**8**
8						15
						13
						10

Kritische Werte für U im Mann-Whitney-Test mit $n_2 \geq 9$ für die größere Stichprobe (bei einseitiger Fragestellung):

$n_1 \downarrow$	9	10	11	12	13	14	15	16	17	18	19	20
1	– – –	– – –	– – –	– – –	– – –	– – –	– – –	– – –	– – –	– – –	0 – –	0 – –
2	1 *0* –	1 *0* –	1 *0* –	2 *1* –	2 *1* **0**	2 *1* **0**	3 *1* **0**	3 *1* **0**	3 *2* **0**	4 *2* **0**	4 *2* **1**	4 *2* **1**
3	3 *2* **1**	4 *3* **1**	5 *3* **1**	5 *4* **2**	6 *4* **2**	7 *5* **2**	7 *5* **3**	8 *6* **3**	9 *6* **4**	9 *7* **4**	10 *7* **4**	11 *8* **5**
4	6 *4* **3**	7 *5* **3**	8 *6* **4**	9 *7* **5**	10 *8* **5**	11 *9* **6**	12 *10* **7**	14 *11* **7**	15 *11* **8**	16 *12* **9**	17 *13* **9**	18 *13* **10**
5	9 *7* **5**	11 *8* **6**	12 *9* **7**	13 *11* **8**	15 *12* **9**	16 *13* **10**	18 *14* **11**	19 *15* **12**	20 *17* **13**	22 *18* **14**	23 *19* **15**	25 *20* **16**
6	12 *10* **7**	14 *11* **8**	16 *13* **9**	17 *14* **11**	19 *16* **12**	21 *17* **13**	23 *19* **15**	25 *21* **16**	26 *22* **18**	28 *24* **19**	30 *25* **20**	32 *27* **22**
7	15 *12* **9**	17 *14* **11**	19 *16* **12**	21 *18* **14**	24 *20* **16**	26 *22* **17**	28 *24* **19**	30 *26* **21**	33 *28* **23**	35 *30* **24**	37 *32* **26**	39 *34* **28**
8	18 *15* **11**	20 *17* **13**	23 *19* **15**	26 *22* **17**	28 *24* **20**	31 *26* **22**	33 *29* **24**	36 *31* **26**	39 *34* **28**	41 *36* **30**	44 *38* **32**	47 *41* **34**
9	21 *17* **14**	24 *20* **16**	27 *23* **18**	30 *26* **21**	33 *28* **23**	36 *31* **26**	39 *34* **28**	42 *37* **31**	45 *39* **33**	48 *42* **36**	51 *45* **38**	54 *48* **40**
10	24 *20* **16**	27 *23* **19**	31 *26* **22**	34 *29* **24**	37 *33* **27**	41 *36* **30**	44 *39* **33**	48 *42* **36**	51 *45* **38**	55 *48* **41**	58 *52* **44**	62 *55* **47**
11	27 *23* **18**	31 *26* **22**	34 *30* **25**	38 *33* **28**	42 *37* **31**	46 *40* **34**	50 *44* **37**	54 *47* **41**	57 *51* **44**	61 *55* **47**	65 *58* **50**	69 *62* **53**
12	30 *26* **21**	34 *29* **24**	38 *33* **28**	42 *37* **31**	47 *41* **35**	51 *45* **38**	55 *49* **42**	60 *53* **46**	64 *57* **49**	68 *61* **53**	72 *65* **56**	77 *69* **60**
13	33 *28* **23**	37 *33* **27**	42 *37* **31**	47 *41* **35**	51 *45* **39**	56 *50* **43**	61 *54* **47**	65 *59* **51**	70 *63* **55**	75 *67* **59**	80 *72* **63**	84 *76* **67**
14	36 *31* **26**	41 *36* **30**	46 *40* **34**	51 *45* **38**	56 *50* **43**	61 *55* **47**	66 *59* **51**	71 *64* **56**	77 *67* **60**	82 *74* **65**	87 *78* **69**	92 *83* **73**
15	39 *34* **28**	44 *39* **33**	50 *44* **37**	55 *49* **42**	61 *54* **47**	66 *59* **51**	72 *64* **56**	77 *70* **61**	83 *75* **66**	88 *80* **70**	94 *85* **75**	100 *90* **80**
16	42 *37* **31**	48 *42* **36**	54 *47* **41**	60 *53* **46**	65 *59* **51**	71 *64* **56**	77 *70* **61**	83 *75* **66**	89 *81* **71**	95 *86* **76**	101 *92* **82**	107 *98* **87**
17	45 *39* **33**	51 *45* **38**	57 *51* **44**	64 *57* **49**	70 *63* **55**	77 *67* **60**	83 *75* **66**	89 *81* **71**	96 *87* **77**	102 *93* **82**	109 *99* **88**	115 *105* **93**
18	48 *42* **36**	55 *48* **41**	61 *55* **47**	68 *61* **53**	75 *67* **59**	82 *74* **65**	88 *80* **70**	95 *86* **76**	102 *93* **82**	109 *99* **88**	116 *106* **94**	123 *112* **100**
19	51 *45* **38**	58 *52* **44**	65 *58* **50**	72 *65* **56**	80 *72* **63**	87 *78* **69**	94 *85* **75**	101 *92* **82**	109 *99* **88**	116 *106* **94**	123 *113* **101**	130 *119* **107**
20	54 *48* **40**	62 *55* **47**	69 *62* **53**	77 *69* **60**	84 *76* **67**	92 *83* **73**	100 *90* **80**	107 *98* **87**	115 *105* **93**	123 *112* **100**	130 *119* **107**	138 *127* **114**

Tafel 8 Kritische Werte für den H-Test bei 3 Stichproben geringen Umfangs, nach Zöfel (2003)

Normaldruck: Kritische Werte für $\alpha = 0{,}05$ ($\hat{=}$ 5%); Fettdruck: Kritische Werte für $\alpha = 0{,}01$.
Anleitung: Man sucht unterhalb der Überschrift $n_1\ n_2\ n_3$ die Kombination von Stichprobenumfängen, die den Daten entspricht; darunter ist der zugehörige kritische Wert für H aufgelistet.
Beispiel: In 3 Stichproben mit den Umfängen $n_1 = 3$; $n_2 = 4$; $n_3 = 4$ wurde ein Wert von $H = 6{,}20$ erhalten; ist dieser Wert signifikant auf dem 5%-Niveau?
Lösung: Die in der Tafel angeführte Kombination $n_1\ n_2\ n_3 = 4\ 4\ 3$ entspricht den Umfängen der Stichproben; als kritischen Wert liest man darunter 5,60 ab, welcher erreicht bzw. überschritten wird. Also ist H_0 abzulehnen und H_1 anzunehmen.
Hinweis: Für k Stichproben mit größeren Umfängen entnimmt man den kritischen Wert für H Tafel 5 (χ^2-Tafel) bei $k-1$ Freiheitsgraden.

	$n_1\ n_2\ n_3$ 3 2 2	$n_1\ n_2\ n_3$ 3 3 2	$n_1\ n_2\ n_3$ 3 3 3			
H_{krit}	4,69 –	5,22 –	5,60 **6,59**			
	$n_1\ n_2\ n_3$ 4 2 2	$n_1\ n_2\ n_3$ 4 3 2	$n_1\ n_2\ n_3$ 4 3 3	$n_1\ n_2\ n_3$ 4 4 2	$n_1\ n_2\ n_3$ 4 4 3	$n_1\ n_2\ n_3$ 4 4 4
H_{krit}	5,15 –	5,41 **6,35**	5,73 **6,75**	5,31 **6,91**	5,59 **7,14**	5,68 **7,58**
	$n_1\ n_2\ n_3$ 5 2 2	$n_1\ n_2\ n_3$ 5 3 2	$n_1\ n_2\ n_3$ 5 3 3	$n_1\ n_2\ n_3$ 5 4 2	$n_1\ n_2\ n_3$ 5 4 3	$n_1\ n_2\ n_3$ 5 4 4
H_{krit}	5,07 **6,37**	5,20 **6,82**	5,58 **7,03**	5,27 **7,12**	5,63 **7,45**	5,62 **7,75**
	$n_1\ n_2\ n_3$ 5 5 2	$n_1\ n_2\ n_3$ 5 5 3	$n_1\ n_2\ n_3$ 5 5 4	$n_1\ n_2\ n_3$ 5 5 5		
H_{krit}	5,27 **7,30**	5,64 **7,56**	5,64 **7,81**	5,72 **7,98**		

Tafel 9 Kritische Werte für den Friedman-Test bei 3 und 4 Stichproben geringen Umfangs, nach Zöfel (2003)

Normaldruck: Kritische Werte für $\alpha = 0{,}05$ ($\hat{=}$ 5%); Fettdruck: kritische Werte für $\alpha = 0{,}01$.
Anleitung: Man suche unterhalb der Überschrift k und n die Zahl der Messungen (k) und den Stichprobenumfang (n), die den eigenen Daten entsprechen; darunter findet man die zugehörigen kritischen Werte für die Prüfgröße χ^2.
Beispiel: Eine Stichprobe mit dem Umfang $n = 5$ wurde 3-mal untersucht und für die Prüfgröße χ_{Fr}^2 einen Wert von 5,5 erhalten; ist dieser signifikant auf dem 5%-Niveau?
Lösung: Man sucht in der Tafel unter $k = 3$ und $n = 5$; als kritischen Wert liest man darunter 6,2 ab, welcher nicht erreicht wird. Also ist H_0 beizubehalten.
Hinweis: Für $k = 3$ Messungen und Stichprobenumfang $n > 9$ oder $k = 4$ Messungen und Stichprobenumfang $n > 4$ (und für mehr Messungen bzw. größere Umfänge) entnimmt man den kritischen Wert für χ^2 der Tafel 5 (χ^2-Tafel) bei $k-1$ Freiheitsgraden.

$k = 3$							
$n = 3$	$n = 4$	$n = 5$	$n = 6$	$n = 7$	$n = 8$	$n = 9$
5,8 –	6,4 **7,8**	6,2 **8,3**	6,4 **8,7**	6,1 **8,7**	6,2 **9,0**	6,2 **8,7**
$k = 4$						
$n = 3$	$n = 4$					
7,1 **8,6**	8,6 **9,4**					

Tafel 10: Transformation und Rücktransformation von Korrelationskoeffizienten in Fisher-Z-Werte

Anleitung: Transformation von r in Z nach der Formel $Z = \dfrac{1}{2} \cdot ln\dfrac{1+r}{1-r}$:

Man sucht im **Tafelinneren** den Wert, welcher dem zu transformierenden $|r|$ am Nächsten kommt. In der Spalte links liest man die 1. Stelle vor dem Komma und die 1. Dezimalstelle des entsprechenden Z-Wertes ab, in der oberen Zeile dessen 2. Dezimalstelle.

Transformation von Z in r nach der Formel: $r = \dfrac{e^{2Z}-1}{e^{2Z}+1}$

Man sucht mittels der Spalte links und der obersten Zeile Z und liest im Inneren der Tafel das gehörige r ab.

Aufgabe: a) Was ist der Z-Wert zu $r = 0{,}73$? b) Was ist der Wert r zu $Z = 1{,}24$?

Lösung: Im Inneren der Tafel kommt 0,7306 r am Nächsten; man findet dafür $Z = 0{,}93$. b) Der 1,24 entsprechende Wert r beträgt 0,8455.

Hinweis: Für negative Werte von r führt man die Transformation mit den Absolutbeträgen durch und setzt vor das erhaltene Z ein Minuszeichen.

Z	0	1	2	3	4	5	6	7	8	9
0,0	,0000	,0100	,0200	,0300	,0400	,0500	,0599	,0699	,0708	,0898
0,1	,0997	,1096	,1194	,1293	,1391	,1489	,1586	,1684	,1781	,1877
0,2	,1974	,2070	,2165	,2260	,2355	,2449	,2543	,2636	,2729	,2821
0,3	,2913	,3004	,3095	,3185	,3275	,3364	,3452	,3540	,3627	,3714
0,4	,3800	,3885	,3969	,4053	,4136	,4219	,4301	,4382	,4462	,4542
0,5	,4621	,4699	,4777	,4854	,4930	,5005	,5080	,5154	,5227	,5299
0,6	,5370	,5411	,5511	,5580	,5649	,5717	,5784	,5850	,5915	,5980
0,7	,6044	,6107	,6169	,6231	,6291	,6351	,6411	,6469	,6527	,6584
0,8	,6640	,6696	,6751	,6805	,6858	,6911	,6963	,7014	,7064	,7114
0,9	,7163	,7211	,7259	,7306	,7352	,7398	,7443	,7499	,7531	,7574
1,0	,7616	,7658	,7699	,7739	,7779	,7818	,7857	,7895	,7932	,7969
1,1	,8005	,8041	,8076	,8110	,8144	,8178	,8210	,8243	,8275	,8306
1,2	,8337	,8367	,8397	,8426	,8455	,8483	,8511	,8538	,8565	,8591
1,3	,8617	,8643	,8668	,8692	,8717	,8741	,8764	,8787	,8810	,8832
1,4	,8854	,8875	,8896	,8917	,8937	,8957	,8977	,8996	,9015	,9033
1,5	,9015	,9069	,9087	,9104	,9121	,9138	,9154	,9170	,9186	,9201
1,6	,9217	,9232	,9246	,9261	,9275	,9289	,9302	,9316	,9329	,9341
1,7	,9354	,9366	,9379	,9391	,9402	,9414	,9425	,9436	,9447	,9458
1,8	,94681	,94783	,94884	,94983	,95080	,95175	,95268	,95359	,95449	,95537
1,9	,95624	,95709	,95792	,95873	,95953	,96032	,96109	,96185	,96259	,96331
2,0	,96403	,96473	,96541	,96609	,96675	,96739	,96803	,96865	,96926	,96986
2,1	,97045	,97103	,97159	,97215	,97269	,97323	,97375	,97426	,97477	,97526
2,2	,97574	,97622	,97668	,97714	,97759	,97803	,97846	,97888	,97929	,97970
2,3	,98010	,98049	,98087	,98124	,98161	,98197	,98233	,98267	,98301	,98335
2,4	,98367	,98399	,98431	,98462	,98492	,98522	,98551	,98579	,98607	,98635
2,5	,98661	,98688	,98714	,98739	,98764	,98788	,98812	,98835	,98858	,98881
2,6	,98903	,98924	,98945	,98966	,98987	,99007	,99026	,99045	,99064	,99083
2,7	,99101	,99118	,99136	,99153	,99170	,99186	,99202	,99218	,99233	,99248
2,8	,99263	,99278	,99292	,99306	,99320	,99333	,99346	,99359	,99372	,99384
2,9	,99396	,99408	,99420	,99431	,99443	,99454	,99464	,99475	,99485	,99495

Tafel 11: Kritische Werte für Produkt-Moment-Korrelationskoeffizienten

Anleitung: Man sucht zu gegebenen Stichprobenumfang die Freiheitsgrade df für den Korrelationskoeffizienten (nämlich $n-2$) und liest im Inneren der Tafel den dazu gehörigen kritischen Wert ab; erreicht oder überschreitet $|r|$ diesen, ist die Korrelation signifikant. Hat man sich vorab auf eine Richtung der Korrelation fest gelegt (positives oder negatives Vorzeichen), sucht man das Signifikanzniveau unter der Zeile (einseitige Testung), sonst unter zweiseitige Testung.

Aufgabe: In einer Stichprobe von $n = 39$ wurde ein r von $-0,65$ erhalten; ist dieser Wert signifikant auf dem 1%-Niveau?

Lösung: Für df ergibt sich $39 - 2 = 37$; über die Richtung (das Vorzeichen von r) war keine Festlegung erfolgt, sodass unter „zweiseitige Testung" abgelesen werden muss. Für $df = 35$ findet man $r_{krit} = 42$, für $df = 40$ $r_{krit} = 0,39$. Auch der größere Wert wird von $|r|$ überschritten, sodass H_0 zu verwerfen ist (Wahl des „konservativeren" Werts, eventuell auch Interpolation).

df	Signifikanzniveau α (in %) für zweiseitige Fragestellung					
	α = 10%	α = 5%	α = 2%	α = 1%	α = 0,2%	α = 0,1%
5	,69	,75	,84	,87	,93	,95
10	,50	,58	,66	,71	,80	,82
15	,42	,48	,56	,61	,70	,72
20	,36	,42	,49	,53	,62	,65
25	,32	,38	,45	,49	,58	,60
30	,30	,35	,41	,45	,56	,55
35	,27	,32	,38	,42	,50	,52
40	,26	,30	,36	,39	,47	,49
45	,24	,28	,34	,37	,46	,46
50	,23	,27	,32	,35	,44	,44
60	,21	,25	,30	,33	,40	,41
70	,20	,23	,28	,30	,37	,38
80	,19	,22	,26	,28	,34	,36
90	,18	,21	,25	,26	,33	,34
100	,17	,19	,23	,25	,32	,32
120	,15	,18	,21	,23	,29	,30
150	,14	,16	,19	,21	,26	,26
200	,12	,14	,17	,18	,23	,23
300	,10	,11	,14	,15	,19	,19
400	,09	,10	,12	,13	,17	,17
500	,08	,09	,11	,11	,15	,15
600	,07	,08	,10	,11	,14	,14
700	,06	,07	,09	,10	,12	,12
800	,06	,07	,08	,09	,12	,12
900	,06	,06	,08	,09	,11	,11
1000	,05	,06	,08	,08	,10	,11
2000	,04	,05	,05	,06	,07	,08
5000	,02	,03	,03	,04	,05	,05
df	α = 5%	α = 2,5%	α = 1%	α = 0,5%	α = 0,1%	α = 0,05%
Signifikanzniveau α (in %) für einseitige Fragestellung						

Tafel 12: Trendkoeffizienten (auszugsweise zitiert nach Hays 1973, S. 893)

Anzahl der Faktorstufen	Art des Trends	c_1	c_2	c_3	c_4	c_5
$k=2$	linear	1	-1	–	–	–
$k=3$	linear	-1	0	1	–	–
	quadratisch	1	-2	1	–	–
$k=4$	linear	-3	-1	1	3	–
	quadratisch	1	-1	-1	1	–
	kubisch	-1	3	-3	1	–
$k=5$	linear	-2	-1	0	1	2
	quadratisch	2	-1	-2	-1	2
	kubisch	-1	2	0	-2	1
	quartisch	1	-4	6	-4	1

Tafel 13: Binomialkoeffizienten

Anleitung: Um $\binom{n}{k}$ zu finden, sucht man in der zu n gehörigen Spalte, in der zu k gehörigen Zeile.

Beispiele: $\binom{16}{7} = 11440$; $\binom{7}{5} = 21$.

$k\downarrow$	0	1	2	3	4	5	6	7	8	9	10	11	12	13	14	15	16	17	18	19	20
0	1	1	1	1	1	1	1	1	1	1	1	1	1	1	1	1	1	1	1	1	1
1	–	1	2	3	4	5	6	7	8	9	10	11	12	13	14	15	16	17	18	19	20
2	–	–	1	3	6	10	15	21	28	36	45	55	66	78	91	105	120	136	153	171	190
3	–	–	–	1	4	10	20	35	56	84	120	165	220	286	364	455	560	680	816	969	1140
4	–	–	–	–	1	5	15	35	70	126	210	330	495	715	1001	1365	1820	2380	3060	3876	4845
5	–	–	–	–	–	1	6	21	56	126	252	462	792	1287	2002	3003	4368	6188	8568	11628	15504
6	–	–	–	–	–	–	1	7	28	84	210	462	924	1716	3003	5005	8008	12376	18564	27132	38760
7	–	–	–	–	–	–	–	1	8	36	120	330	792	1716	3432	6435	11440	19448	31824	50388	77520
8	–	–	–	–	–	–	–	–	1	9	45	165	495	1287	3003	6435	12870	24310	43758	75582	125970
9	–	–	–	–	–	–	–	–	–	1	10	55	220	715	2002	5005	11440	24310	48620	92378	167960
10	–	–	–	–	–	–	–	–	–	–	1	11	66	286	1001	3003	8008	19448	43758	92378	184756
11	–	–	–	–	–	–	–	–	–	–	–	1	12	78	364	1365	4368	12376	31824	75582	167960
12	–	–	–	–	–	–	–	–	–	–	–	–	1	13	91	455	1820	6188	18564	50388	125970
13	–	–	–	–	–	–	–	–	–	–	–	–	–	1	14	105	560	2380	8568	27132	77520
14	–	–	–	–	–	–	–	–	–	–	–	–	–	–	1	15	120	680	3060	11628	38760
15	–	–	–	–	–	–	–	–	–	–	–	–	–	–	–	1	16	136	816	3876	15504
16	–	–	–	–	–	–	–	–	–	–	–	–	–	–	–	–	1	17	153	969	4845
17	–	–	–	–	–	–	–	–	–	–	–	–	–	–	–	–	–	1	18	171	1140
18	–	–	–	–	–	–	–	–	–	–	–	–	–	–	–	–	–	–	1	19	190
19	–	–	–	–	–	–	–	–	–	–	–	–	–	–	–	–	–	–	–	1	20
20	–	–	–	–	–	–	–	–	–	–	–	–	–	–	–	–	–	–	–	–	1

11 Sachregister

Ablehnungsbereich (von H_0, H_1) 160 ff., 178 f., 279
Absolutskala 17
Abweichungsquadrat 157, 199 ff.
Adjunkte, s. Matrix
AD-Streuung 29
Alpha (α) 214 ff.
 -Adjustierung 214 ff., 256
 -Fehler 160, 214 ff., 267, 280
 -Fehler-Kumulierung 214 ff., 224, 279
 -Risiko 165, 215
Annahmebereich (von H_0, H_1) 160 ff., 178 f., 279
ANOVA, s. Varianzanalyse
Anschlusstests 200, 209 ff., 221 ff., 230 f., 255
a-posteriori/a-priori-Hypothese, s. Hypothese
arithmetisches Mittel 25 ff., 32 f.
 Definition 25
 Eigenschaften 26
 Voraussetzungen der Berechnung 25 f.
Assoziationsmaße 36 ff., 260 f.
Aussagen, s. Hypothesen

Bartlett-Test 208, 271 f.
Bayes-Theorem (Bayes-Satz) 119
beta-Fehler (β-Fehler) 160 ff., 215, 266 ff., 280
beta-Gewichte, b-Gewichte 60 ff., 102
Binomialtest 248, 258
Binomialkoeffizienten 107, 114 ff., 120, 347
Binomialverteilung 106, 116 ff., 135 ff., 152, 258
Bonferoni-Korrektur 214 ff., 280

Cattell'sches Profilähnlichkeitsmaß 299
Chi-Quadrat, Chi^2-Test 51, 139 ff., 155, 175, 247 ff.
Clusteranalyse 277 f., 298 ff.
Cochran-Test 272
Cosinus 51 f., 70 ff., 315, 324 ff., 329

Deduktion 159
degrees of freedom *(df)*, s. Freiheitsgrade
deskriptive Statistik, s. Statistik, deskriptive
Determinante, s. Matrix
Determinationskoeffizient 40, 63
Dichtefunktion 125 ff., 129 ff., 153
Differentiation, D.regeln 100, 129, 153, 307 ff.
Diskriminanzanalyse 279, 290 ff.
Diskriminanzfaktor 290 ff.
Diskriminanzgerade 291 ff.
Diskriminanzkriterium 291 ff.
Dispersionsmaße 21, 28 ff.
Duncan-Test 200
Durchschnitt, s. arithmetisches Mittel

Effektgröße 266
Effektstärke 207, 266
Eigenvektor, E.wert, s. Matrix
Eigenwertdiagramm, E.kriterium 95

Einfachstruktur 86 ff., s. auch Faktorenanalyse
einseitige Fragestellung 161 ff., 177 ff., 251
Einzelvergleiche 209 f., 221 f.
Ereignis(se) 108 ff.
 Abhängigkeit von E. 111 f.
 Durchschnitt von E. 109 f.
 Elementareign. 109
 Kombination von E. 109 f., 114 f.
 komplementäres 109, 115
 E.raum 119, 152
 sicheres 108
 Unabhängigkeit von E. 111 ff.
 unmögliches 108
 Vereinigung von E. 109, 119
 Zufallsereign.. 107 ff.
Erwartungswert 18, 121 f., 125 f., 153, 268 f., 313
Euler'sche Zahl 41, 130, 154, 302, 314
Exponentialfunktion (e-Funktion) 154, 307, 314
Exzess 33

Faktoren, fixe, zufällige (random factors) 228, 274 f.
Faktorenanalyse (FA) 14, 22 f., 64 ff.
 Abbruchkriterien 80, 95 f.
 Eigenwertkriterium 95 f.
 Extraktionskriterien 65, 95
 Extraktionsverfahren 73 ff.
 Faktor (Definition) 70 f.
 Faktorladung, F.ladungsmatrix 66, 73 ff., 81 ff.
 Faktorwerte 89 ff., 102 ff.
 Hauptachsenmethode, s. H.komponentenanalyse
 Hauptkomponentenanalyse 91 ff.
 Kaiser'sches Kriterium 95
 Rotationsverfahren 65, 85 ff.
 Screetest 95 ff.
 Spiegelung 79 ff.
 Varimaxrotation 89, 104, 299
 Voraussetzungen der FA 99
 Zentroidmethode 70 ff.
Fakultät 106 f., 113
Fehler 1. und 2. Art 160 ff., 267
Fehlerquadratsumme 204
Fehlerwert 18 f.
Fisher's Z-Transformation 41 ff., 260 ff., 276
Fisher-Test (Fisher-Yates-Test) 252 f., 276
F_{max}-Test 208
Fragestellung, s. Hypothese
Freiheitsgrad 139 ff., 222 f., 245, 250
Friedman-Test 241 f.
F-Test 207, 276, 294 ff.
Funktionen 305 ff., s. auch Differentiation, Integration, Stetigkeit
 Maxima und Minima 26, 56 f., 154, 309 f.
 reelle 305 ff.
 Umkehrf. 101, 329
F-Verteilung 144 f.

11 Sachregister

Gamma-Funktion 155 f.
Gauss'sche Normalverteilung, G.-Funktion, s. Normalverteilung
Generalisierung 123 ff., 159, 266, 269
gewogenes (gewichtetes, gepooltes) Mittel 202
  g. Standardabweichung (Varianz) 173 ff., 180, 271
graphische Darstellung 21, 306
Greenhouse-Geisser-Korrektur (G.-G.-Epsilon) 217, 222 f., 228, 273
Grenzwertsatz (zentraler) 146 ff., 156
Grundgesamtheit 28, 121 ff., 151 ff., 156, 171 f., s. auch Population

Häufigkeit 22 ff., 34 ff., 126 ff.
  kumulierte 127
  relative 127
  H.tabelle 22 f.
  Vergleich von H. 247 ff.
  H.verteilungen 22 ff., 34 ff., 126 ff.
Haupteffekte 229 f., 232 f.
Hauptkomponentenmethode, s. Faktorenanalyse
Histogramm 22
Homogenität 40 ff., 122, 152, 266, s. auch Varianzh.
Hotellings-T_2^2-Test 283 ff.
Hotellings-T_3^2-Test 280 ff.
H-Test 239 ff.
Huynh-Feldt-Epsilon 223
Hypothese
  Aggregath. 12 f., 160, 267
  Alternativh. 120, 160 f.
  a-posteriori/a-priori-H. 214 ff.
  Arten von H. 12 f.
  Existenzh. 12
  gerichtete 162 f., 167, 181
  Nullh. 120, 160 f., 199
  singuläre 12
  spezifische 266 ff.
  ungerichtete 162 f., 177, 181, 279
  universelle 12, 267

Index, Indizierung 22, 64 ff., 228, 301 ff.
Induktion 159
Induktionsschluss, statistischer 13, 106, 124, 159 ff.
Inferenzstatistik, inferenzstatistisch 121 ff., 159 ff.
Integral, Integrierbarkeit 129, 133 ff., 155, 310 ff.
Interaktion, s. Wechselwirkung
Interkorrelationsmatrix 70 ff.
Intervallskalierung, i.skaliert 16 ff., 21 ff., 36 ff., 176
Irrtumswahrscheinlichkeit 161 f., 211, 267 f., 270

Kausalität 40, 271
Kennwerte 21, 28, 126, 146 ff.
Kendall's tau (τ) 36, 46 ff.
Kettenregel 100, 146, 308
KFA (Konfigurationsfrequenzanalyse) 255 f.
klassische Testtheorie 18 ff.
k-means-Methode 299 f.
Kolmogorov-Axiome 111, 119
Kolmogorov-Smirnov-Test 270 f.
Kombination 113 ff., 120

Kombinatorik 113 ff.
Kommunalität 66 ff.
Konfidenzintervall 121, 146 ff.
Konfigurationsfrequenzanalyse (KFA) 255 f.
konservative Entscheidung (Testung) 223, 273
Kontingenz 36 ff.
  K.maße 36 ff., 51
  K.tafel 49 f., 248 ff., 276
Kontinuitätskorrektur, s. Yates-Korrektur
Kontraste 272 f.
Korrelation, K.koeffizient 21, 37 ff.
  biseriale 49 ff.
  Interpretation von K. 40
  Maßk., s. Produkt-Moment-K.
  multiple K. 21, 59 ff.
  Pearson-K., s. Produkt-Moment-K.
  Produkt-Moment-K., s. Produkt-Moment-Korrelation
  Rang-K. 36, 43 ff.
  Spearman-K. 36, 43 ff.
  K. als Kendall's tau 36, 46 ff.
  punktbiseriale 49 ff.
  tetrachorische 51 f.
Kovarianz 37, 57 f., 243 ff.
Kovarianzanalyse 179, 243 ff.
Kovariate 179, 243 f.
kritische Werte 199 ff., 268
Kruskal-Wallis-Analyse, s. H-Test
Kurtosis 33

Levene-Test 272
Logarithmus (natürlicher) 41, 51, 260 ff., 271, 314
lower-bound ε 223, 238

Mann-Whitney-Test, s. U-Test
MANOVA, s. Varianzanalyse, multivariate
Maße der zentralen Tendenz 21, 24 ff., 269
Matrix, Matrizen 64 ff., 91 ff., 315 ff.
  Addition von M. 316
  Adjunkte 319 f., 329
  Determinante 90, 318 ff.
  Eigenvektor 93, 320 ff.
  Eigenwert 93, 285 ff., 320 ff.
  Einheitsm. 92, 316
  inverse M. 90, 319 f.
  Multiplikation von M. 91 ff., 101 ff., 316 ff.
  quadratische 92, 316
  symmetrische 92, 316
  transponierte 92, 316
Mauchly-Sphärizitäts-Test 273
Maximum-likelihood-Methode 157
McNemar-Test 247, 257 f.
Median 25 ff., 32 f., 100
Mehrfeldertafel, M.-Chi^2 34, 254 ff.
Merkmal(e) 16 ff.
Messen 15 ff.
  M.fehler 17 ff.
  M.genauigkeit 17 ff.
  M.theorie 14 ff.
Methode der kleinsten Quadrate 55 f., 157

metrische Skalierung 16 f., 283
Mittelwert 21, 24 ff., s. auch arithmetisches Mittel
Mittelwertvergleiche 209, 277 ff.
　bivariate 278 ff.
　multiple 209
　multivariate 278 ff.
　univariate 278
Moderatorvariable, s. Variable
Modus (Modalwert) 25, 28, 32 f.
multivariate Verfahren 14, 277 ff.

Newman-Keuls-Analyse 209
nominalskaliert, N.skalierung 15 f., 36 f., 49 ff.
nonparametrische Verfahren 171, 188 ff., 239 ff., 269 f.
Normalkurve, s. Normalverteilung
Normalverteilung 23, 39, 129 ff., 170 ff., 314
　N. und Binomialverteilung 135 ff.
　Gauss'sche N. 129 ff.
　Prüfung auf N. 137 ff., 175 ff., 201, 261, 270
　Standardn. 132 ff.
Nullhypothese 120, 199, 267

Operatoren 26, 106
ordinalskaliert, O.skalierung 16, 25, 29, 36 ff., 43 ff., 188

Parameter 146 ff., 249
parameterfreie Tests 188 ff., 239 ff., 270
Parameterschätzung 149 ff., 156 f., 249
Partialkorrelationen 42, 243
Pearson-Koeffizient, s. Produkt-Moment-Korrelation
Pearsonsches Schiefemaß 33
Permutation 113
Perzentil 27
Phi-Koeffizient 49 ff., 260, 298
Pillai-Spurkriterium 287 ff.
Polygonzug 23
Polynom 272, 307, 328
　P., orthogonale 272
Population 121 ff., 151, 163 ff., 269, s. auch Grundgesamtheit
　P.parameter 120 ff., 149 ff., 249
　P.varianz 19, 30, 126
Power 175 f., 194 ff., 266, 268
Prädiktorvariable 59 ff.
Produkt-Moment-Korrelation 36 ff.
　Definition 37 f.
　Eigenschaften 37 f.
　inferenzstatistische Absicherung 39, 41, 258 ff.
progressive Entscheidung (Testung) 222
punktbiserialer Korrelationskoeffizient 42, 52 ff.

Quadratsummen 179 ff., 185 ff., 197 ff.
Quartil 27

R-Analyse (R-Technik) 278
Range 28
Rangkorrelation 36, 43 ff., 260
rangskaliert, s. ordinals.

Regression 21, 55 ff., 243 ff.
　bivariate 21, 55 ff.
　einfache 21, 55 ff., 243 ff.
　R.gerade 36, 55 ff., 100, 243 ff.
　R.gleichung 21, 55 ff., 100, 243 ff.
　R.koeffizienten 55 ff., 100, 243 ff., 264 f.
　lineare 55 ff., 243 ff.
　multiple 21, 59 ff.
Reliabilität 17 f.
Residualwert, Residuum 55 ff., 60 ff., 243 ff.
Rotationsverfahren 85 ff., 324 ff.

Schätzung, Sch.fehler 20, 58, 146 ff., 156 f., 262
Scheffé-Test 200, 209 ff., 230 ff.
Schiefemaß 21, 33
Screeplot, Screetest, s. Faktorenanalyse
Signifikanz (statistische) 161 ff., 266 ff.
　S.niveau 161 ff., 267
　Overall-S. 209, 255
　S.tests, s. u.a. Chi^2-, F-, t-Test
Sinus 51 f., 86 ff., 315, 329
Skala, s. Messen, Intervalls., Nominals., Ordinals.
Spearman-Korrelation 36, 43 ff.
Stammfunktion 154, 311 ff., 329
Standardabweichung 20 f., 28 ff.
　Definition 29 ff.
　Eigenschaften 29 ff.
Statistik
　Aggregats. 11 f.
　Aufgaben der S. 11 f.
　deskriptive 11 ff., 13 f., 21 ff.
　Einzelfalls. 11 f., 269 f.
　Gruppens. 11 f.
　Inferenzs. 11
　Subdisziplinen der S. 11 f.
statistischer Induktionsschluss, s. Induktionsschluss
Stetigkeit 14, 306, 328
Stichprobe 28 ff., 121 ff., 146 ff.
　Kennwerte einer S. 125 ff., 146 ff.
　repräsentative 121, 123 f., 266
　Zufallss. 121 ff., 152, 183, 269
stochastische (Un)Abhängigkeit 170 f., 185 ff., 269
Streuung, Streuungsmaße 28 ff.
Streuungsdiagramm 35, 39, 55 ff., 292 f.
Summenfunktion 131 ff.
Summenoperator 26, 303 f.

treatment-Faktor 204, 219
Trendanalysen, T.koeffizienten 200, 210 ff., 273
Tripelinteraktion 232
t-Test 197, 210, 214 ff., 221 ff., 278 ff.
　bivariater 280 ff.
　für abhängige (korrelierende) Stichproben 183 ff., 197, 217
　für unabhängige (nichtkorrelierende) Stichproben 170 ff., 197
　multipler 214 ff., 278
　multivariater 278 ff.
　und Varianzanalyse 197, 210
Tukey-Test 209, 274

Überschreitungswahrscheinlichkeit 116 ff., 191, 267 ff.
Überzufälligkeit 116 ff., 267
univariate Verteilungen, s. Verteilungen
Urliste 22, 34
U-Test 171, 176, 188 ff., 269

Validität 16
Variable 15 ff.
   abhängige 123, 197 ff., 223 f., 271
   Darstellung als Vektor 66 ff.
   diskrete 15, 125, 153
   Gruppierungsv. 35, 179, 197 , 223
   kontinuierliche 15, 23, 125, 153
   Kriteriumsv. 59 ff.
   Moderatorv. 121, 123 f., 152
   Prädiktorv. 59 ff.
   stetige 15, 123, 153
   unabhängige 123, 197 f., 223, 271
   Zufallsv. 14, 127 f.
Varianz 29 ff., 150 ff.
   Definitionen 29 f., 150 f.
   Eigenschaften 29 f.
   Populationsv. 30, 125 ff.
   Stichprobenv. 29 f., 125 ff.
   Treatment-V. 204, 219
Varianzanalyse 179 ff. 197 ff., 279, 285 ff.
   bivariate 285 ff.
   doppelte 197 f., 223 ff.
   einfache (einfaktorielle) 179, 197, 201 ff., 271
   mehrfache (mehrfaktorielle) 197, 223 ff.
   mit Messwiederholung 185 ff., 217 f., 233 ff.
   multifaktorielle 197 ff.
   multivariate 179, 197, 285 ff.
   ohne Messwiederholung 179 ff., 200 ff., 223 ff., 285 ff.
   overall-V. 209
   Rangv. 200, 239 ff.
   univariate 197 ff.
   zweifache (zweifaktorielle) 179, 198 f.
Varianzaufklärung 40, 63, 65 ff.
Varianzhomogenität 208, 222, 272
Varianz-Kovarianz-Matrix 222 f.
Varianzzerlegung 185 ff., 199 ff.
Variationsbreite 28 f.
Varimaxkriterium, V.rotation, s. Faktorenanalyse
Vektor(en) 66 ff., 316, 323 ff.
   Addition von V. 66 f., 323
   Betrag e. V. 66, 324
   Drehung, s. Rotation v. V.
   Komponenten (Koordinaten) e. V. 66
   Linearkombination 70
   Rotation 86 ff., 103, 324 ff.
   skalare Multiplikation 66, 323
   Skalarprodukt 70, 324
   Spaltenv. 66 f., 280 ff., 316
   Zeilenv. 280 ff., 316
Verhältnisskala 17
Verteilung(en) 23 ff., 32 ff.
   bimodale 23, 32
   bivariate 34 ff.

Chi^2-V. 139 ff., 175
diskrete 117
eingipflige 23, 32 f.
empirische 118, 126 ff.
F-V. 144 f., 182
Formen von V. 23 ff., 32 ff.
glockenförmige 23
kontinuierliche 117
linksgipflige 32 f.
linksschiefe 32 ff.
linkssteile 32 ff., 117
mehrgipflige 23, 32, 268
monovariable, s. V., univariate
multimodale 23, 28, 32
Normalv., s. Normalverteilung
rechtsschiefe 32 ff., 117
rechtssteile 32 ff., 117
theoretische 118, 126 ff.
t-V. 142 ff., 148, 156, 164 f., 171 ff., 184
unimodale 23, 28, 32 ff.
univariate (univariable) 21 ff.
verteilungsfreie Verfahren, s. nonparametrische V.
Verteilungsfunktion 127 ff., 139 ff., 153
Verteilungsmodelle 139 ff.
Vertrauensintervall 58, s. auch Konfidenzintervall
Vier-Felder-(Kontingenz)tafel 49 f., 248 ff., 276
Wahrscheinlichkeit 106 ff., 127 ff.
   Additionsatz 109
   a-posteriori-/a-priori-W. 108
   bedingte 110 f.
   Definitionen 106 ff., 119
   Dichte d. W. 128
   exakte 252 f., 258
   Multiplikationssatz 109 f.
   unbedingte 110 f.
Wahrscheinlichkeitsfunktion 127 ff.
Wahrscheinlichkeitsrechnung 14, 106 ff.
Wahrscheinlichkeitstheorie, Axiomensystem 106
Ward-Analyse 299 f.
Wechselwirkung 106, 226 ff.
Wilcoxon-Test 171, 194 ff., 241 f., 270
Wilk's Λ (lambda) 288

Yates-Korrektur 251

Zahlenarten (natürliche, rationale, reelle) 302 ff.
Zeitreihenanalysen 12, 269
zentraler Grenzwertsatz, s. Grenzwertsatz
zentrale Tendenz 21, 24 ff., 269
Zentroidmethode, s. Faktorenanalyse
z-Standardisierung (z-Transformation) 30 ff.
Zufälligkeit, Zufall 106 ff., 116 ff., 152
   Z.ereignis 107 f.
   Z.prinzip 118, 124, 139 ff., 146 ff., 157
   Z.stichprobe, s. Stichprobe
   Z.variable 15, 127 f.
   Z.ziehung 124
Zusammenhangmaße 36 ff.
Zuverlässigkeit 17 f., s. auch Reliabilität
zweiseitige Fragestellung 161 ff., 177 ff., 247 ff.
z-Werte 30 ff.

Vom selben Autor sind im Kohlhammer Verlag erschienen

Thomas Köhler

Biopsychologie
Ein Lehrbuch
2001. 430 Seiten
Kart. € 36,40
ISBN 3-17-016984-X
In diesem Buch wird besonderer Wert auf eine verständliche Darstellung relevanter biopsychologischer Sachverhalte gelegt. Wichtige Themen sind u.a.: Neuroanatomie und Neurophysiologie (insbesondere synaptische Übertragung und ihre Beeinflussung); vegetatives Nervensystem und Hormone; biologische Grundlagen psychischer Störungen; Lernen und Gedächtnis; Denken und Sprache; Sexualität und Fortpflanzung; biologische Grundlagen psychischer Störungen; Drogen; Genetik und Evolution.

Psychische Störungen
Symptomatologie, Erklärungsansätze, Therapie
1998. 255 Seiten
Kart. € 15,24
ISBN 3-17-01516-4
Urban Taschenbuch, Band 469

Rauschdrogen und andere psychotrope Substanzen
Formen, Wirkungen, Wirkmechanismen
2000. 238 Seiten
Kart. € 17,90
ISBN 3-17-016529-1

Psychosomatische Krankheiten
Eine Einführung in die Allgemeine und Spezielle Psychosomatische Medizin
3. überarbeitete und erweiterte Auflage
1995. 316 Seiten
Kart. € 16,36
ISBN 3-17-013041-2
Urban Taschenbuch, Band 367

Freuds Psychoanalyse: eine Einführung
1995. 157 Seiten
Kart. € 14,80
ISBN 3-17-012728-4